DRONE

Drone Instructor Course

최신 법규 적용

김재윤 | 권승주 | 권경미 | 권미영
정기포 | 정건수 | 신정일 | 이상협 공편

구민사

김재윤(대표 저자)
㈜영남드론항공 대표이사, 실기평가조종자

권승주
㈜영남드론항공 이사, 실기평가조종자

권경미
㈜영남드론항공 이사, 실기평가조종자

권미영
㈜영남드론항공 이사, 지도조종자

정기포
㈜에프씨드론어벤져스 대표이사, 지도조종자

정건수
㈜에프씨드론어벤져스 이사, 지도조종자

신정일
백석대학교 백석무인항공센터 수석교관, 실기평가조종자

이상협
포항서 112치안종합상황팀 경감,
㈜영남드론항공 겸임교관, 지도조종자

※ 문의사항 이메일 접수 : 김재윤(captakjy@hanmail.net)

드론 교관 과정

2020년 9월 10일 초판 발행
2021년 4월 20일 개정 1판 발행
2022년 1월 10일 개정 2판 발행
2023년 1월 10일 개정 3판 발행
2023년 7월 1일 개정 4판 발행
2024년 1월 30일 개정 5판 발행
2025년 1월 20일 개정 6판 발행
2026년 1월 20일 개정 7판 발행
2026년 1월 30일 개정 7판 2쇄 발행

저자	김재윤 · 권승주 · 권경미 · 권미영 · 정기포 · 정건수 · 신정일 · 이상협 공편
발행인	조규백
발행처	도서출판 구민사
	(07293) 서울특별시 영등포구 문래북로 116, 604호(문래동3가 46, 트리플렉스)
전화	(02) 701-7421
팩스	(02) 3273-9642
홈페이지	www.kuhminsa.co.kr

신고번호 제 2012-000055호(1980년 2월4일)
ISBN 979-11-6875-569-7(93550)

값 42,000원

이 책은 구민사가 저작권자와 계약하여 발행했습니다.
본사의 서면 허락 없이는 어떠한 형태나 수단으로도 이 책의 내용을 이용할 수 없음을 알려드립니다.

Prologue

드론 산업은 이제 대한민국 미래 혁신성장의 핵심 동력으로 확고히 자리매김하고 있습니다. 정부는 2017년 11월 드론을 '혁신성장 선도사업'으로 선정한 이래, 「드론산업발전 기본계획(2017.12)」, 「드론법 제정(2019.4)」, 「드론산업 육성정책 2.0(2020.11)」, 「드론산업 경쟁력 강화방안(2021.12)」 등을 통해 실증 지원과 규제 개선에 집중하며 드론 산업의 제도적 기반을 구축해왔습니다. 또한 기존 전략을 보완하고 새로운 비전을 지속적으로 제시함으로써, 국내 드론 산업은 기체 신고 대수, 관련 예산, 자격 취득자 수 등 여러 지표에서 괄목할 만한 성장을 이어가고 있습니다.

국토교통부에 따르면 국내 드론 시장은 2025년 약 9,700억원에서 2030년 약 2조2천억원 규모로 확대될 것으로 전망됩니다. 이러한 급성장은 드론 기체와 기술의 안정화 및 고도화에 따른 활용 범위의 확장에 기인하며, 드론은 물류 산업의 신속한 배송, 농업 분야의 정밀 작물 관리, 국방 및 재난 대응 영역에서의 정보 수집과 수색 활동 등 다양한 분야에서 필수적인 도구로 자리잡고 있습니다. 이제 드론은 단순한 취미를 넘어, 실생활과 산업 현장의 중심으로 자리매김하고 있습니다.

그러나 이와 같은 성장세에도 불구하고, 산업 분야의 편중(촬영, 측량, 농업, 교육 중심), 도심 내 비행에 대한 사회적 수용성 부족, 종합적 안전관리 시스템의 미비, 전문 인력의 지속적 확보, 정책의 적시성 확보 등은 여전히 해결해야 할 주요 과제로 남아 있습니다.

이러한 산업 환경 속에서 드론 조종교육 교관과정도 함께 발전해왔으며, 이에 따라 한국교통안전공단의 교재 역시 시대적 흐름을 반영하여 지속적으로 개정되어 왔습니다. 2020년부터 2025년까지 총 여섯 차례에 걸쳐 개정된 공단 교재는, 드론 교육의 최신 동향과 요구를 반영한 결과물이라 할 수 있습니다. 이에 저는 국내 최초로 발간한 드론 교관과정 수험서에 대한 자부심을 바탕으로, 개정된 최신 법령과 무인비행장치 조종자증명 운영세칙 등을 충실히 반영하여 개정7판을 출간하게 되었습니다.

이번 개정판에서는 공단 최신 교재 내용을 과목별로 체계적으로 그룹핑하여 정리하였으며, 최근 기출문제를 철저히 분석하여 총 29회차의 실전 모의고사를 수록하였습니다. 이를 통해 수험생들이 실전 감각을 익히고 보다 효과적으로 시험에 대비할 수 있도록 구성하였습니다.

드론 교관은 단순한 조종 기술을 넘어, 교육자로서의 소양과 전문성을 겸비해야 하는 직무입니다. 조종은 물론 이론 강의, 조립·정비, 영상 촬영 및 편집, 농업·측량·시설 감시 등 다양한 분야에 대한 지속적인 관심과 연구가 병행되어야 하며, 이를 통해 장기적이고도 지속적인 역량을 구축해 나가야 합니다. 본 수험서가 드론 교육의 출발점에 선 여러분께 자신감과 통찰을 제공하는 든든한 길잡이가 되기를 진심으로 바랍니다.

끝으로 초판부터 개정7판에 이르기까지 아낌없는 도움과 격려를 보내주신 우종현님, 주은혜님, 도서출판 구민사의 대표님과 임직원 여러분, 그리고 친구 신문철과 한정훈, 맛방 동기들, ROTC 34기 대구·경북 지회원, 우리끼리 부부회원 여러분께 진심으로 감사의 마음을 전합니다. 이 책이 드론 교관을 꿈꾸는 모든 분들께 실질적이고 유익한 지침서가 되기를 바랍니다. 여러분의 합격을 기원합니다.

대표 저자 김재윤

본 수험서의 학습 방법

1. 본 수험서는 공단 교재의 순서에 따라 「과목별 정리 → 과목별 기출복원문제 풀이 → 실전 모의고사」 순으로 구성되어 있습니다. 학습자는 총 8개 과목을 순서대로 학습하며, 각 과목의 내용을 체계적으로 정리합니다. 그런 다음, 각 과목별 기출복원문제를 풀어 기출 유형을 완벽히 이해하도록 합니다. 마지막으로, 전체 실전모의고사를 통해 종합적인 실력을 점검하고 강화할 수 있습니다. 이러한 구조를 통해 학습자는 단계별로 지식을 쌓고, 시험 준비를 체계적으로 진행할 수 있습니다.

2. 공단 교재는 항공교육훈련포털의 공지사항에서 다운로드할 수 있습니다. 본 수험서는 공단 교재에 수록된 내용의 순서를 최대한 따르며, 과목별로 체계적으로 정리하였습니다. 학습자의 이해도를 높이기 위해, 항공사업법과 공역 등 일부 과목은 별도로 내용을 그룹핑하거나 분리하고, 단순 참고 설명을 추가하여 쉽게 이해할 수 있도록 구성하였습니다. 또한, 과목별 정리 내용 중에 ┗→독립성X, →독립성X, 또는 (→독립성X) 등과 같이 적색으로 표시된 부분은 '문제에서 틀린 것은? 하고 출제되면 이게 답이다!'라고 이해하면서 학습하시기 바랍니다. 중요한 부분은 청색 또는 적색으로 강조하여 학습 효율을 높였습니다. 이러한 구조를 통해 학습자는 보다 명확하고 체계적으로 내용을 이해할 수 있으며, 기출 문제를 풀 때 더욱 자신감을 가질 수 있을 것입니다.

3. 학습자는 최소 2주 정도의 준비 기간을 가지고 학습하시기를 권장드립니다.

    1주차에는 각 과목별 정리를 통해 기본 개념과 내용을 충분히 학습하고, 이어서 과목별 기출문제를 풀이하여 이해도를 높입니다. 이 과정에서 각 과목의 핵심 내용을 완전히 숙지하는 데 중점을 둡니다.

    2주차에는 실전 모의고사를 풀어 실제 시험과 유사한 환경에서 연습합니다. 실전 모의고사를 푼 후에는 틀린 문제를 오답노트에 정리하여 자신의 약점을 파악하고 보완합니다. 이를 통해 실전 감각을 키우고, 시험에 대한 자신감을 높일 수 있습니다. 이러한 체계적인 학습 방법은 시험 준비를 더욱 효과적으로 할 수 있도록 도와줄 것입니다.

4. 입교 후에는 각 과목별 강사들의 강의에 집중하여 강조하시는 핵심 내용을 잘 체크하시기 바랍니다. 강의 중 중요한 부분을 메모하고 이해가 되지 않는 부분은 적극적으로 질문하여 해결하세요. 저녁 시간에는 실전 모의고사와 오답노트를 활용하여 학습한 내용을 복습하고 부족한 부분을 보완합니다. 실전 모의고사를 풀어보면서 시험의 흐름과 문제 유형에 익숙해지고, 틀린 문제는 오답노트에 기록하여 반복 학습함으로써 실력을 확고히 다질 수 있습니다. 이러한 준비 과정을 통해 최종 시험에 완벽히 대비할 수 있을 것입니다.

Drone Instructor Course

무인멀티콥터 조종교육 교관과정 소개

1. 교육은 경기도 시흥시 해송십리로 40에 위치한 시흥드론교육센터 1층 대강당 또는 경상북도 김천시 개령면 덕촌2길 110에 위치한 김천드론자격센터 2층 대회의실에서 2박 3일간(수~금요일) 진행됩니다. 입교 시 개인 준비물로는 신분증(주민등록증, 운전면허증 등 공단에서 인증한 신분증)과 필기구만 필요합니다. 시험은 OMR 카드로 실시되며, 컴퓨터용 사인펜은 공단에서 제공하므로 따로 준비할 필요가 없습니다. 숙식은 교육장 인근에서 개별적으로 해결해야 합니다.

2. 일자별 교육 시간은 다음과 같습니다. 수요일은 13시부터 18시까지, 목요일은 09시부터 18시까지, 금요일은 10시부터 15시까지이며, 시험은 OMR카드 작성방식으로 금요일 15시에 진행됩니다.(컴퓨터용 사인펜은 공단에서 제공)
   일자별 세부 교육 시간표는 공단 상황에 따라 변동될 수 있습니다.

구 분	1일차(수요일)	2일차(목요일)	3일차(금요일)
09:00~10:00		안전관리 및 사고사례	
10:00~11:00			비행교수법
11:00~12:00		시스템 및 기체 운용	
12:00~13:00	입과 등록		중식
13:00~14:00	OT	중식	
14:00~15:00	인적 오류	항공안전법 및 운영세칙	비행공역
15:00~16:00			시험
16:00~17:00	드론 산업 및 기술동향	항공사업법	
17:00~18:00			

3. 수료 기준은 출석률 90% 이상과 평가점수 70점 이상을 모두 충족해야 합니다. 출석을 체크하기 위해 매일 입과 시 신분 확인 및 출석부에 서명해야 합니다. 미참석 시 미수료 처리되며, 30일 동안 입과할 수 없습니다. 미수료된 경우 교육 종료일로부터 30일 이후에 일정 조회 및 신청이 가능합니다.

4. 평가 시험은 45분 동안 진행되며, 4지선다형으로 구성된 25문항으로 출제됩니다. 각 문항당 배점은 4점입니다.

5. 항공교육훈련포털에 시험 결과가 등록되었다는 안내 문자는 다음 주 월요일 중에 개별 통보됩니다. 결과는 항공교육훈련포털의 교육 이수내역에서 확인할 수 있습니다. 미수료자는 평가시험일로부터 30일이 경과한 후 시험 접수가 가능하며, 별도의 교육 없이 시험에만 응시하면 됩니다. 응시료는 3만 원입니다.

6. 지도조종자 등록 완료 문자를 수신한 후에는 지도조종자 활동이 가능하며, 자격증 뒷면에 지도조종자 표기가 된 자격증 재발급이 가능합니다.

Contents

Part 01 초경량비행장치 인적오류 008

Part 02 비행 공역 060

Part 03 안전관리 및 사고사례 104

Part 04 무인비행장치 시스템 및 기체 운용 142

Part 05 항공안전법 및 운영세칙 186

Part 06 항공사업법 274

Part 07 비행교수법 344

Part 08 드론 산업 및 기술 동향 374

Part 09 기 타 426

Part 10 기출복원·실전 모의고사 436

제1회 실전 모의고사	제16회 실전 모의고사
제2회 실전 모의고사	제17회 실전 모의고사
제3회 실전 모의고사	제18회 실전 모의고사
제4회 실전 모의고사	제19회 실전 모의고사
제5회 실전 모의고사	제20회 실전 모의고사
제6회 실전 모의고사	제21회 실전 모의고사
제7회 실전 모의고사	제22회 실전 모의고사
제8회 실전 모의고사	제23회 실전 모의고사
제9회 실전 모의고사	제24회 실전 모의고사
제10회 실전 모의고사	제25회 실전 모의고사
제11회 실전 모의고사	제26회 실전 모의고사
제12회 실전 모의고사	제27회 실전 모의고사
제13회 실전 모의고사	제28회 실전 모의고사
제14회 실전 모의고사	제29회 실전 모의고사
제15회 실전 모의고사	

Part 01

초경량비행장치 인적오류

Chapter 1. 초경량비행장치 인적오류 핵심정리

Chapter 2. 기출복원문제 풀이

CHAPTER 01

초경량비행장치 인적오류 핵심정리

드론 관련 사고 분석

1. 드론 관련 논란

   1) 비행안전 문제 : 드론과 여객기 충돌 위험, 고장으로 인한 추락시 인명피해 우려, 드론을 이용한 테러 위험

   2) 사생활 침해 문제 : 드론을 활용한 불법적인 영상 촬영 증가 → 산업종사자의 해직 X

2. 불법적인 드론 활용 사례

   1) (2015.1.26) 미국 정보기관 요원이 만취상태로 드론을 날려 백악관을 들이받고 추락

   2) (2015.4.22) 아베신조 일본 총리 관저 옥상에 드론 추락(방사성 물질 검출)

   3) (2018.7.3) 그린피스가 슈퍼맨 모양 드론을 제작, 원전 위로 날려 보내 건물 외벽 충돌 후 추락

   4) (2018.12.21) 영국 게트윅 공항 활주로 부근 드론 출현, 800편의 비행기 결항, 11만명 탑승 지연, 218억 손실

3. 국내 주요 드론 관련 사고사례

일시/장소	2009년 8월 전북 임실	2017년 7월 경남 밀양
개요	이륙 직후 후진을 하면서 무인헬리콥터가 지면과 함께 조종자 충돌	항공방제 중 안개 속으로 들어간 후 실종, 추락 기체는 약 5개월 후에 4km 떨어진 곳에서 발견
원인	피치트림 스위치가 기수 상승 3단위로 잘못 설정, 조종자를 향한 기체 후진비행이 제어 되지 못함	부적절한 귀환조작 및 비정상상황에 대한 조치 미흡
결과	비행중 조종자와 충돌 사망	항공방제 중 실종후 추락

4. 무인항공기 관련 사고 통계

   1) 미국 국방부 사고통계 : 무인항공기의 사고율은 유인기에 비행 약 10배~100배 이상 높은 수치를 보임

   2) 이스라엘 IAI사 사고통계

      ↳ 비행조종계통(28%) 〉 추진계통(24%) 〉 인적오류(22%) 〉 통신계통(11%) 〉 동력계통(8%) 〉 기타(7%)

5. 각 산업분야의 인적 오류에 의한 사고율

1) 타 산업분야에서 인적에러에 의한 사고율은 대략 80~90% 수준
   ↳ 항공교통관제(90%) 〉 화학공업(80~90%) 〉 해상운송(80~85%), 도로교통(85%) 〉 항공사(70~80%)
   〉 원자력발전(70%)
2) 인적에러는 특정분야에서만 나타나는 특정적 문제가 아닌
   인간의 고유 특성에 기초한 보편적 현상(이강준&권오영, 2002)

6. 인적 오류 VS 기계적 결함

1) 민간항공 분야 : 기술 발전, 기계적 결함 사고는 감소하고 사람에 의한 사고는 증가(→ 감소 X)
2) 무인항공기 분야 : 사람에 의한(인적요인) 사고 비율 증가(→ 감소 X) 예상

7. 국내 무인항공기 관련 사고

1) (주)청림, 2021 : 무인항공기 조종자의 인적 오류(Human Error)에 의한 사고비율은 49%인 것으로 나타남
   ↳ 인적에러(49%) 〉 기술적 에러(28%) 〉 통신 및 외부환경(10%) 〉 장애물(8%) 〉 원인불상(5%)
      ↳ 조종자 실수 측면의 단순 인적 오류는 28.75% : 조종자 주의집중 부재, 점검사항 누락, 세팅 값 입력 실수 등

✈ 초경량비행장치 인적 오류

8. 인적 오류(Human Error)

1) 인적 오류는 어떤 기계, 시스템에 의해 기대되는 기능을 발휘하지 못하고 부적절하게 반응하여 효율성, 안전성, 성과 등을 감소시키는 인간의 결정이나 행동을 말한다.
2) 좁은 의미의 인적 오류는 일반적으로 기계나 시스템을 최종 조작하는 조작자의 오류만 인적 오류라고 생각할 수 있다. 그러나 넓은 의미의 인적 오류는 설계자, 관리자, 감독자 등 시스템 설계와 조작에 관여하는 모든 사람에 대한 오류를 의미한다.
3) 인적 오류는 개인의 실수의 관점만으로 보기 보다는 사회적 환경 및 조직의 문제까지 고려한 포괄적 인식 및 다양한 접근이 필요하다.
4) 인적 오류는 다양한 환경에서 발생할 수 있으며, 인간이 기계나 시스템을 이용할 때 효율성, 안전성, 성과 등에 영향을 끼친다. 특히, 산업사회의 발전으로 인적 오류가 개인적 상해나 손실에 그치지 않고 예기치 못한 경로로 파급되어 사업장은 물론 사회적으로도 막대한 인명 또는 재산 피해를 낳은 심각한 사고로 이어지면서 인적 오류에 대한 관심이 높아지고 있다.(예, 1977년 스페인의 테네리페 공항에서 B747 2대 활주로 충돌사고)

5) 심리학의 행동주의 연구자들은 인간이 업무와 생활 속에서 부딪히는 여러 상황을 이해하기 위하여 인간과 인간, 인간과 기계, 인간과 시스템/절차, 그리고 인간과 주변 환경과의 관계 등을 다루는 인적 요인(Human Factors)이라는 분야를 연구하게 되었으며, 점차 학문 간 연구로 발전하여 경영학, 의학, 공학 등을 포함한 많은 분야에서 응용되고 적용되며 발전하고 있다.

9. 인적 요인(Human Factors)의 유형 : J.Reason

1) 의도한 오류(지식 기반 오류)

- 위반(Violation) : 의도적으로 부적절한 행위를 하는 것(인적에러로 보지 않는다.)
  ↳ 예) 제한속도 내에서 운전해야 함을 알면서도 의도적으로 과속하는 경우
- 실책, 착각(Mistake) : 처음부터 부적절한 행위가 계획 된 것(의도와 다른 행동)
  ↳ 예) 감속 구간을 인지하지 못하고 속도를 줄이지 않는 경우

2) 의도하지 않은 오류(숙련기반 오류)

- 망각, 착오(Lapse) : 기억의 실패로 의도하지 않은 잘못된 행위(건망증)
  ↳ 예) 차량 급정거 시 후방 차량에게 인지시키려면 비상등을 켜야 한다는 사실을 알고 있지만 비상등을 켜지 않고 정차하는 경우
- 실수(Slip) : 의도하지 않은 행동으로 인지 과정에서 주의력 부족 또는 지나친 주의력 집중에 의해 발생하는 행위 (모르고 한 행동)
  ↳ 예) 속도를 줄이기 위해 브레이크를 밟지 않고 잘못하여 가속 페달을 밟은 경우

10. J.Reason 스위스 치즈 모델(1990)

인적요인에 의한 직접적인 사고원인은 시스템을 다루는 운영자 오류에 있지만, 구체적으로 원인 분석을 해보면 치즈의 구멍처럼 오류를 발생시킬 수밖에 없는 요소들이 잠재해 있고 그러한 행동의 조건, 부적절한 문화, 조직의 영향 등의 요인들이 하나로 연결되어 사고의 원인으로 작용한다는 이론

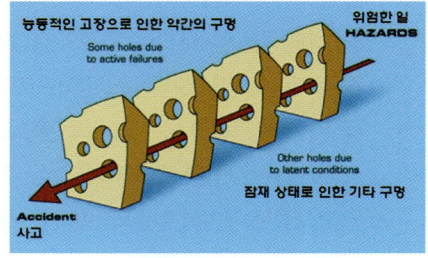

11. Wickens & Hollands 모델(2000 : 정보처리관점)

Wickens & Hollands의 정보처리 모델(2000)은 인간이 감각 정보로부터 시작해 행동으로 이어지는 과정에서 거치는 다양한 정보 처리 단계를 설명하며, 이를 통해 인적 오류를 분석하고 예방하는 데 중요한 도구로 사용된다. 주의 자원, 작업 기억, 장기 기억, 그리고 피로도와 같은 요소들이 정보 처리에 어떻게 영향을 미치는지를 이해하는 것이 핵심이다.

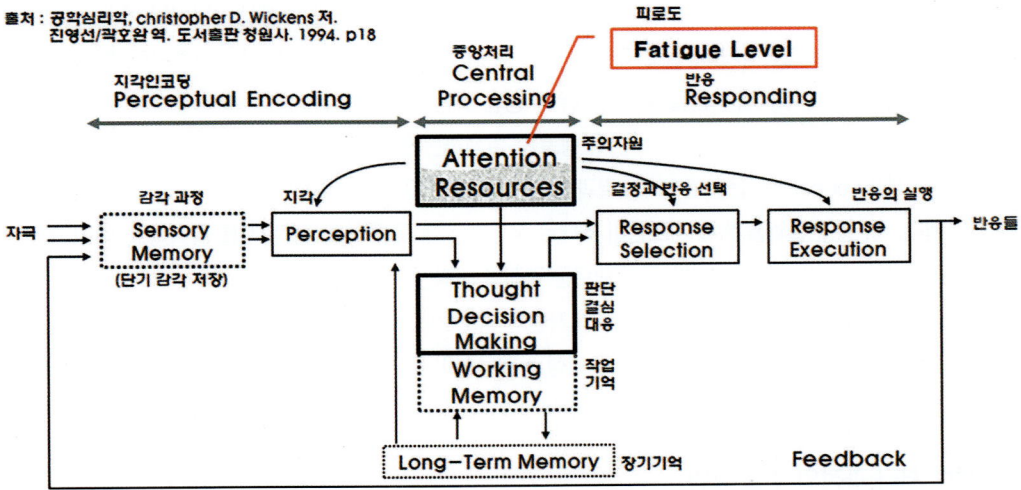

1) 주요 구성 요소

(1) 감각기억(Sensory Memory) : 자극은 외부 환경에서 입력되어 감각 기관을 통해 감각 기억으로 전달된다. 감각 기억은 짧은 시간 동안 시각, 청각, 촉각 등의 정보를 저장하며, 이 정보는 지각(Perception)으로 이어진다. 이 단계에서는 정보가 매우 짧은 시간 동안 보존된다.

(2) 지각(Perception) : 감각기관(시각, 청각 등)을 통해 정보를 받아들이는 단계이다. 여기서 중요한 점은 모든 자극이 지각되는 것이 아니라, 주의 자원(Attention Resources)에 의해 선택된 자극만 지각된다는 것이다. 이는 사람들이 자신에게 중요한 정보를 선택적으로 받아들이는 현상을 설명하고 있다. 예를 들면 비행기 조종사는 다양한 경고음, 시각적 정보 중에서 가장 중요한 정보를 선택적으로 지각하여 필요한 대응을 한다.

　　※ 오류 원인 : 잘못된 정보 수집, 주의 부족 등

(3) 주의 자원(Attention Resources) : 주의 자원은 한정된 인지 자원으로, 사람이 동시에 처리할 수 있는 정보의 양에 한계가 있음을 나타낸다. 주의 자원이 어느 부분에 할당되는지에 따라 중앙 처리(Central Processing) 과정에서 어떤 정보가 처리될지 결정된다. 주의가 분산되거나 피로도가 높을 경우 정보 처리가 잘못될 수 있다.

(4) 정보 처리(Central Processing) : 지각된 정보는 중앙 처리(Central Processing) 단계에서 생각(Thought), 결정(Decision Making), 작업 기억(Working Memory) 등을 통해 처리된다. 이는 상황에 맞게 판단을 내리기 위해 정보를 처리하는 단계로, 이 과정에서 장기 기억(Long-Term Memory)에서 저장된 정보를 불러오기도 한다. 예를 들면 조종사가 비상 상황에서 어떤 조치를 취할지 결정하는 과정은 중앙 처리 단계에서 일어난다. 그는 과거에 훈련한 비상 절차를 장기 기억에서 불러와 현재의 상황에 적용할 수 있다.

　　※ 오류 원인 : 정보 과부하(overload), 부정확한 해석 등

(5) 의사 결정(Response Selection) : 분석된 정보를 바탕으로 적합한 행동 방안을 결정하는 단계가 진행된다. 여기서는 다양한 대안 중에서 어떤 행동을 취할지 선택하게 된다. 이 선택은 조종사나 운전자가 즉각적인 행동을 할지, 신중하게 결정할지에 따라 달라진다. 예를 들면 조종사가 경고음을 듣고 엔진을 꺼야 할지, 또는 비행을 계속할지를 선택하는 과정이 이에 해당한다.

※ 오류 원인 : 시간 부족, 스트레스 등

(6) 행동 수행(Response Execution) : 의사 결정을 행동으로 옮기는 단계에서 나타난다. 이는 실제로 손을 움직여 장비를 조작하거나, 발로 페달을 밟는 등 신체적인 행동으로 이어지는 단계이다. 예를 들면 조종사가 엔진을 끄기 위해 버튼을 누르는 행위가 응답 실행에 해당한다.

※ 오류 원인 : 신체적 한계, 기술 부족, 행동 중 발생하는 환경 변화 등

(7) 피드백(Feedback) : 응답 실행 후, 결과는 피드백으로 돌아오며, 이는 다시 새로운 정보 처리의 시작점이 된다. 즉, 행동 결과를 통해 시스템이 제대로 작동했는지, 오류가 발생했는지를 파악하고, 이에 대한 정보를 다시 감각 기관을 통해 받아들여 새로운 결정을 내리는 순환 과정이다.

(8) 피로도(Fatigue Level) : 피로도는 주의 자원과 정보 처리 속도에 큰 영향을 미친다. 피로도가 높아지면, 주의 자원이 감소하고, 정보 처리의 정확성과 효율성이 떨어지게 된다. 이는 특히 장시간의 작업이나 복잡한 작업에서 인적 오류가 발생할 가능성을 높인다.

2) 정보 처리 과정의 주요 요인

(1) 감각 입력 및 지각 : 외부 자극이 감각기관을 통해 들어오는 정보 처리의 초기 단계로 이 단계에서 주의 자원이 부족하면 중요한 정보를 놓칠 수 있다.

(2) 작업 기억 : 작업 기억은 단기 기억과 관련된 것으로, 현재 상황에서 즉각적으로 처리해야 할 정보를 보유하고 있다. 그러나 작업 기억의 용량은 제한적이므로 많은 양의 정보를 동시에 처리할 수 없다.

(3) 장기 기억 : 장기 기억은 오래전에 학습한 정보를 저장하며, 작업 기억과 상호작용하여 의사결정과 문제 해결에 중요한 역할을 한다.

(4) 주의 자원 분배 : 인간은 한 번에 처리할 수 있는 주의 자원이 제한되어 있기 때문에, 여러 가지 자극이 있을 때 어떤 정보에 더 집중할지 선택해야 한다. 주의 자원의 분배가 효율적이지 않으면 중요한 정보를 놓치거나 오류를 범할 수 있다.

3) 모델의 적용 : 이 모델은 항공, 의료, 운전 등 다양한 산업에서 사용되며, 인간의 정보 처리 과정에서 발생 수 있는 인적 오류를 분석하는 데 중요한 역할을 한다. 이를 통해 시스템 설계자는 인지적 한계를 고려하여 더 안전하고 효과적인 시스템을 개발할 수 있다.

(1) 항공 : 조종사가 다양한 계기와 경고음을 동시에 모니터링할 때 주의 자원이 어떻게 분배되는지, 그리고 피로가 의사결정에 어떤 영향을 미치는지를 설명할 수 있다.

(2) 의료 : 수술 중 의료진이 다양한 정보를 처리할 때, 주의 자원의 한계와 피로가 어떻게 영향을 미치는지 이해하는 데 도움을 준다.

12. 인적 요인(Human Factors)

구분	내 용
박수애 등, 2006	• 인적 요인은 인간에 대한 학문으로 인간이 업무 및 생활 속에서 부딪히는 여러 상황에 대해서 연구하는 분야 – 인간과 인간, 기계, 각종 절차, 환경 등과의 상호작용을 다룸 – 다양한 분야(예:경영학, 심리학, 인체공학 등)에서 중요하게 연구됨
변순철, 2016	• 인적 요인은 넓은 의미에서 인간 본질의 능력과 과학적 요소를 인식하고 그 관계를 최적화하여 능력성, 안정성, 효율성 등을 향상시키는 것
Meister, 1989	• 인적 요인은 인간이 작업을 어떻게 수행하는지 행동적, 비행동적 변인들이 인간 수행에 어떻게 영향을 미치는가를 다루는 분야
국제민간항공기구 사고방지 매뉴얼	• 인적 요인은 항공기 사고, 준사고, 사고방지와 관련된 인간관계 및 인간능력을 총칭하는 것

13. SHELL 모델(Hawkins, 1975)

└▶ 인적 요인은 인간과 관련 주변요소들 간의 관계성에 초점
　　└▶ 인간만의 관계성 X, 독립성에 초점 X, 단독성에 초점 X

• **Hardware**
• 비행과 관련된 장비·장치
　(예: 무인비행체, 항공기, 장비, 연장, 시설 등)

Software •
법규·비행절차·프로그램
(예: 규정, 매뉴얼, 직업카드, 점검표)

• **Environment**
• 비행과 관련된 주변 환경
　(예: 온도, 습도, 조명, 기상, 소음, 시차 등)

• **Liveware**
• 조종사 등 인간 관련된 특징
　(예: 성격, 의사소통, 리더십, 문화 등)

• 인간의 특징에 맞는 조종기 설계, 감각 및 정보처리 특성에 부합하는 디스플레이 설계

• 인간과 절차, 매뉴얼 및 체크리스트 레이아웃 등 시스템의 비물리적인 측면

• 인간에게 맞는 환경 조성

• 조종자와 관제사 혹은 조종자와 육안감시자 등 사람 간의 관계 작용을 의미

14. 인적 오류(Human Error)의 대책

1) 선발 단계에서 직무 적성에 적합한 작업자를 선발하여 적재적소에 배치함으로써 인적 오류 발생 확률을 줄일 수 있다.
2) 훈련 단계에서 시스템 이해를 위한 올바른 훈련이 필요하다.
3) 시스템과 관련된 모든 개인이 오류를 일으키지 않도록 동기 부여와 조직 문화를 수립하는 것이 필요하다.
4) 직무 분석을 통해 오류 발생을 막고 위협적 요인이 확인된 오류를 방지하기 위한 효과적인 시스템을 수립하는 시스템의 인간 공학적 설계가 필요하다.

15. 무인기와 인적 오류

1) 보고 피하기 & 탐지하고 피하기

- 유인항공기의 보고 피하기(See & Avoid)
  - 유인항공기는 조종석에 위치한 조종사가 눈으로 외부를 탐색하면서 타 항공기 혹은 지형 장애물을 확인하면서 피해가며 비행
- 무인항공기의 탐지하고 피하기(Detect & Avoid)
  - 무인항공기는 조종사가 직접 탑승하지 않고 영상장치, 레이더 등 전자장비로 비행하기 때문에 탐지하고 피하기(Detect & Avoid or Sense & Avoid)로 표현
  - 하지만 현재까지 개발된 장치는 성능이 인간의 눈에 필적하지 못함

광학시스템	날씨가 좋을 때는 문제가 없으나, 안개, 연기 등 기상조건의 제약을 받으며, 탐색율 또한 항적을 탐지해 내기에는 아직 느린 편
레이더	유상하중에 제약이 많은 소형 무인항공기에 적합한 소형레이더는 아직 없음
트랜스폰더 or ADS-B (Automatic Dependent Surveillance-Broadcast)	대형 무인항공기 장착에는 문제없으나, 소형 무인항공기는 탑재하중 및 전력량에 제약이 있으므로 소형화 및 저전력형 장비 개발이 관건
TCAS(공중충돌방지장치, Traffic alert and Collision Avoidance System)	장착에는 문제가 없으나 유인항공기에 비해 속도가 느리고 기동성이 낮은 무인항공기는 경고음만 발생하는 골칫거리가 될 수 있기 때문에 추후 연구가 필요

2) 유인항공기, 무인항공기 상황인식 차이

구 분	유인항공기	무인항공기
감각입력	• 조종사가 직접 몸으로 비행 상태를 느끼며 비행	• 영상장치(카메라), 레이더 등의 탐지기를 통해 들어오는 정보를 간접적으로(→직접적으로X) 인식하며 비행
상황개입의 신속성	• 조종사가 비행 상황을 바로 인식할 수 있기 때문에 필요시에 신속하게 개입	• 지상에서 조종하기 때문에 직접적 상황 인식이 어렵고 상황개입이 지체될 수 있음 ↳ 즉각 반응 X
Motion Feedback (체감각)	○	×

3) 인간과 기계와의 조화(Human-Machine Interface)

조종자와 자동화 시스템 간 상호작용, 인간-기계 인터페이스, 인간공학적 설계

예) 조종기 모드 구분

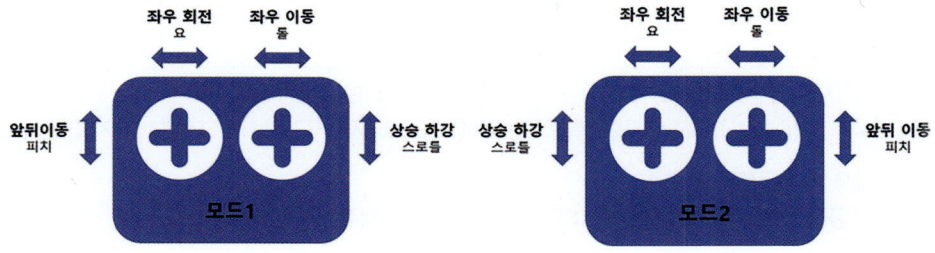

4) 의사소통(Communication)

- 항공에서의 의사소통은 비대면 상황이기 때문에 3대 원칙 준수 : 간단성, 명료성, 명확성
  공감성 X, 상대성 X, 신속성 X, 정확성 X

간단성(Simplicity)	명료성(Clarity)	명확성(Accuracy)
전달하고자 하는 의도를 간단하게 표현한다.	잘 전달될 수 있는 톤으로 또박또박 발음함으로써 다시 물어봐야 하는 시간적 손실과 오류를 줄일 수 있도록 한다.	의도한 내용을 정확하게 전달해야 한다.

- 비행에 대한 일반적인 지식 보유는 기본
- 업무 분담 및 의사소통(표준 비행용어 및 약속된 언어 사용)이 중요
  ↳ Phonetic Alphabet(음성기호)
    - A(alpha), B(brovo), C(charlie), D(delta), E(echo), F(foxtrot), G(golf), H(hotel), I(india), J(juliet), K(Kilo), L(lima), N(november), O(oscar), P(papa), Q(quebec), R(romeo), S(sierra), T(tango), U(uniform), V(vuctor), W(wiskey), X(x-ray), Y(yankee), Z(zulu)
  ↳ 항공정기기상보고(METAR:Aviation Routine Weather Report)
  ↳ 타항공기가 정면으로 접근할 때 충돌을 회피하기 위한 비행기동 방향은 오른쪽이다.
    ↳ 왼쪽 X

※ 단순 참고 : Phonetic alphabet(음성기호) 사용 목적   출처 : 미 육군 기초군사교육자료

포네틱 알파벳은 미 육군과 타군종에서도 사용되는 특별한 알파벳 명명법이다. 포네틱 알파벳을 사용하는 주요 목적은 무선교신이나 기타 장치를 사용한 통신법에서 말하고자 하는 단어, 특정한 알파벳 문자 혹은 숫자를 조금 더 명확하게 알리기 위해서 사용된다.

※ 단순 참고 : 항공정기기상보고 형식 이해

① 항공정기기상보고 : 정시관측보고로써 1시간 또는 30분 간격으로 공항 반경 10km 내 기상현상 명시

```
METAR RKSI 290001Z 31010G 20KT280V350 1000 R15R/1300 SHRABR
  1     2     3         4              5     6        7

SCT03 BKN005 SCT020CB 0VC025 02/M01 Q1013A2992 WS RWY 33R FM0100 BKN008
              8                9      10      11              12
```

1 보고형태지시자 : 정기기상보고
  ↳ METAR(정시관측보고), SPECI(특별관측보고), MET REPORT(국지정시관측보고), SPECIAL(국지특별관측보고)

2 지역지시자 : 인천국제공항
  ↳ ICAO 공항 코드(RKSI-인천공항, RKSS-김포공항, RKPC-제주공항 등)

3 관측시각 : 29일 00시 01분 UTC
  ↳ 관측 수행 시각을 일/시간/분으로 구성(UTC)

4 풍향 & 풍속 : 310도에서 10노트로 부는 바람, 돌풍은 20노트까지 발생, 바람은 280도에서 350도 사이로 변동
  ↳ 풍향은 진북 10도 단위, 풍속은 kt 또는 m/s 단위 사용, 지상풍 관측은 활주로 위 10m 높이에서 10분간 평균값 사용

5 시정 : 시정 1000m
  ↳ 우세시정 기준 4자리 숫자로 m 또는 km 단위 사용, 활주로 위 2.5m 높이에서 10분간 평균 측정값 사용

6 활주로 가시거리 : 활주로 15R의 활주로 가시거리는 1,300m
  ↳ 활주로 위 2.5m 높이 & 활주로 중심선 120m 이내 위치에서 10분간 평균값을
     Transmissometer/forward scatter meter로 측정
       ↳ 투과계와 전방 산란 측정기로 주로 항공 안전을 위해 공항에서 가시성을 측정하는데 사용되는 기기

7 현재 일기 : 약한 소나기 비와 안개
  ↳ 강수(비, 눈), 대기물 현상으로 인한 차례(안개, 박무), 대기먼지현상(연무, 먼지, 모래, 연기, 화산), 스콜 등

8 운량 : 300피트에 드문드문 구름이 있고, 500피트에 구름이 깨어지며, 2000피트에 드문드문 적란운
  ↳ OKTA(8분위) 단위로 FEW(1~2), SCT(3~4), BKN(5~7), OVC(8)로 표현

9 운고 : 2500피트에 구름이 덮여 있다.

10 기온 & 이슬점 : 온도는 2℃, 이슬점은 -1℃
  ↳ 기온과 이슬점 온도사이에 "/"넣어 구분, 온도가 영하인 경우 "M"은 온도값 앞에 붙여 보고

11 기압 : 기압은 1013hPa(29.92인치 Hg)
  ↳ METAR/SPECI 보고에서 기압은 QNH값을 포함하여 보고, QNH는 4자리 정수의 hPa로 보고, hPa의 소수
     점 이하는 버림, QNH를 보고 시 "Q"를 4자리 정수값 앞에 붙여 보고

12 보충정보 : 활주로 33R에 풍속 변화가 있고, 01시부터 800피트에 구름이 깨어질 것으로 예상
  ↳ 어는/보통/강한 강수, 높게 날린 눈, 먼지/모래폭풍, 뇌전, 화산재, 적란운, 윈드시어, 해수면 온도, 활주로 상태 정보 등

✈ 인적 오류에 영향을 미치는 인적 요인

16. 눈(Visual System)

※ 단순 참고(출제된 문제/25년 교재에는 없음) : 외부로부터 들어오는 정보를 받아들이고 해석하는 과정에서 시각이 가장 큰 관심을 받고 있다. 인체의 모든 감각 수용체중 약 70%가 시각에 관여한다.

1) 뇌는 평생 동안 변화한다.

- 우리 뇌에는 몇 개의 신경세포(뉴런)가 있을까? 1000억개(100,000,000,000개)
- 신경세포의 구성 : 수상돌기(1~10만개), 세포체, 축색돌기 등

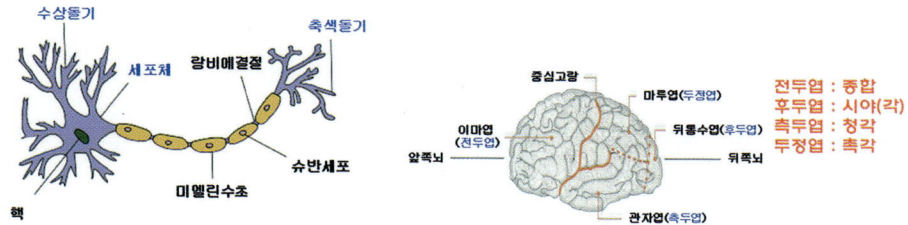

2) 눈의 구성요소

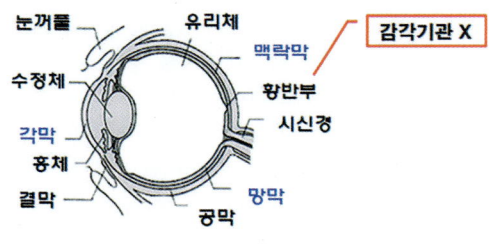

- 수정체 : 초점
- 홍체 : 빛의 양 조절

3) 시각의 특징 : 입체시, 광수용기(추상체, 간상체), 맹점

(1) 입체시

- 인간의 양안은 평균적으로 6.5cm 떨어져 있음

- 거리감 및 입체감 판단에 도움을 줌(드론 비행과 연관 : 전·후진 비행)
  - 두 눈은 각기 다른 면을 보지만 이것을 뇌가 하나의(→ 각각의 X) 영상으로 합성하여 입체적으로 감각
  - 대상을 바라볼 때 두 눈이 안쪽으로 모이며, 이때의 수렴각도를 뇌가 해석하여 거리감을 판단

- 주시안(우세안) : 양 눈 중에서 시각정보를 받아들일 때 주로 의존하는 눈
  └▶ 주시안 확인 방법
    1. 두 눈을 뜬 상태에서 한 손으로 그림과 같이 원을 만든다. 👌
    2. 멀리 있는 사물 하나를 정하고 손가락으로 만든 원을 통해 본다.
    3. 오른쪽, 왼쪽 눈을 번갈아 가면서 눈을 감아 본다.
    4. 주시안으로 볼 때에는 물체가 손으로 만든 원 안에 그대로 보이지만 아닌 경우에는 사라진다.
  └▶ 드론 비행과 연관 : 삼각비행, 원주비행(오른쪽 주시안은 반시계방향인 오른쪽으로 비행)

(2) 광수용기(Photoreceptor)

- 눈의 망막에는 빛을 받아들이는 세포인 광수용기가 존재
- 광수용기 세포가 빛에 반응하는 전기신호를 만들며, 이것이 시신경을 통해 뇌로 전달됨
- 광수용기는 추상체(cone)와 간상체(rod)로 구성

구분	색	활동시간대	망막의 분포	개수	해상도
추상체	컬러	주간	중심	약 7백만개	높음
간상체	흑백	야간	주변	약 1억3천만개	낮음

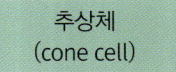  (원추모양)

 (막대모양)

- 주간시(Photopic Vision) : 높은 해상도, 색채시, 중심시, 추상체만 기능
- 야간시(Scotopic Vision) : 낮은 해상도, 색채시 상실, 야간 암점, 간상체만 기능
- 이중시 : 추상체와 간상체의 기능 분화
- 입체시 : 양안시에서 거리와 입체 판단

- 암순응(Dark Adaptation) : 밝은 곳에서 어두운 곳으로 들어갔을 때 점진적으로 보이는 현상
  - 동공순응 : 동공의 크기변화 조절, 비교적 짧은 시간 내에 적응
  - 망막순응 : 망막의 감도 변화를 위해 상당한 시간 필요(30분)
- 암점(Scotoma) : 망막에서 시세포가 없는 시야 결손 지점
  - 야간시에는 주변시법(Off-Center Vision)을 사용하는 것이 효율적
    ↳ 7~15도 흘겨보는 방법으로 안구를 계속 조금씩 움직여야 함
- 푸르키네 현상 : 추상체와 간상체가 서로 민감하게 반응하는 색이 다르기 때문에 발생
  - 낮은 빨강색이, 밤은 파랑색이 더 잘 보임, 중간시에는 푸르키네 현상이 존재하지 않음

(3) 맹점(Blind Spot) : 망막에서 시신경이 한 곳에 모이는 지점으로 시세포가 없어 빛에 대한 반응이 일어나지 않는 부분으로, 항공 분야에선 특정 구역이나 영역이 시각적으로 차단되어 있거나 제한되는 상황을 의미

- 맹점의 위치 : 망막의 중심부에서 코쪽으로 약15도 밑에 있음
  ↳ 맹점 찾기
    1. 백지에 + 표시
    2. 오른쪽으로 5~10cm 떨어진 곳에 작은 원을 그린다.
    3. 그 간격의 3.5배 거리에서 왼쪽 눈을 감고 +표시를 주시하면 작은 원이 보이지 않는다.
- 맹점현상은 두 눈으로 볼 때는 한쪽 눈이 각각 다른 쪽 눈의 맹점을 보기 때문에 양안시에는 나타나지 않음

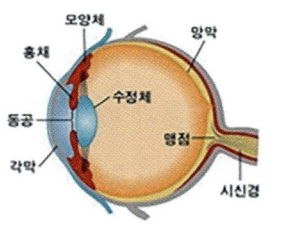

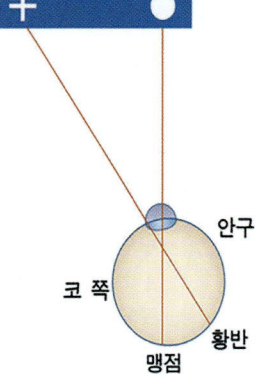

※ 아래 17. 비행 감각계, 18. 전정계 착각, 19. 착시 현상은 2025년 공단교재에 일부 그림만 추가되어 있어 학습자들에 이해를 돕고자 「국토교통부, 초경량비행장치 조종자 표준교재」에서 일부 내용을 발췌하여 본 수험서에 포함하였음을 밝힙니다.

여기에서 학습자들이 이해할 부분은 세 반고리관은 머리의 회전운동 각속도를 감지하는 청각기관이며, 다양하게 발생하는 비행 착각 현상과 관련이 있다는 것입니다. 기타 내용은 단순 참고하시기 바랍니다.

17. 비행 감각계

비행 감각계는 파일럿이 비행 중 균형과 방향을 유지하는 데 중요한 역할을 한다.
특히 세 반고리관(semicircular canals)은 머리의 회전운동 각속도를 감지하는 중요한 청각기관이다.
이들은 각각 롤, 피치, 요(Yaw) 축에 대해 직각으로 배열되어 있어, 모든 방향의 회전운동을 감지할 수 있다.
비행 감각계의 올바른 이해는 다양한 비행 착각 현상을 예방하고 안전한 비행을 유지하는 데 필수적이다.

비행 착각(Spatial Disorientation and Illusions)은 비행 중에 비행기의 자세, 위치 및 운동방향 등에 대하여 조종사가 적절한 지향점을 잃어버리고 착각에 빠지는 것을 의미한다.
인체는 공간에서 운동방향, 속도 및 자세 등을 확인할 때는 3가지 전정계(Vestibular system), 체성(몸) 감각신경계(Somatosensory system), 시각계(Visual system) 인체기관에서의 정보를 통합하여 판단한다.

1) 전정계(Vestibular system)

(1) 전정계는 내이(inner ear)에 있으며 3개의 반고리관(semicircular canal)과 이석기관(otolithic organ)이 자세유지에 중요한 역할을 담당한다.

- 세 반고리관은 머리의 회전운동 각속도(angular acceleration)를 감지
- 이석기관은 타원주머니(수평 운동 감지)와 둥근주머니(수직 운동 감지) 등으로 구성

(2) 각 반고리관 내부는 림프액으로 차 있으며 짧은 섬모가 나 있는데, 몸이 가속되면 림프액이 한쪽으로 흐름에 따라 섬모가 눕혀져 몸의 가속을 감지하게 된다.

(3) 세 반고리관(Three semicircular canals)은 0.3~0.5mm 지름을 가진 세 개의 반원 모양의 관이 세 방향으로 연결되어, 전반고리관, 후반고리관, 수평반고리관으로 나누어져 있으면서 각 방향에 맞게 몸의 회전 및 가속을 느끼는 청각기관이다. 이러한 형태 덕분에 3차원 공간의 모든 방향에서 가/감속을 느낄 수 있다.

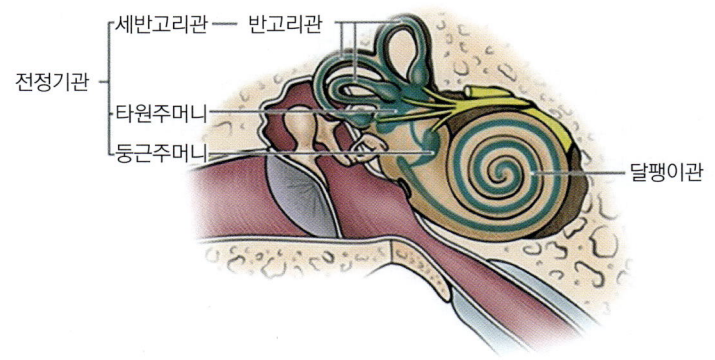

2) 체성감각신경계(Somatosensory system)

(1) 체성(몸)감각은 피부, 골격근, 관절에서 발생하여 신경계를 통하여 뇌로 전달되는 감각이며, 중력, 소리 등 자극 특성에 따라 소리를 듣고 진동을 느끼며, 위치 감각을 느낄 수 있다.

(2) 시계 비행 조건에서 계기에 의존하지 않고 반사적인 비행 감으로 비행할 때는 주로 이러한 감각에 의존한다. 정상적인 비행 조건에서 비행할 때는 이러한 체성 감각은 시각 및 전정계 감각과 함께 상당히 믿을만한 감각이 된다.

(3) 그러나 비행 중 발생하는 다양한 형태의 가속도를 지구중력과 구분할 능력이 없으므로, 비행 중 불일치한 조작 및 자세 등으로 인한 감각의 오류 등은 비행착각에 빠지게 된다.

3) 시각계(Visual system)

(1) 시각계는 시각에 의하여 얻어진 시각정보를 통하여 자세 및 위치 등을 파악한다. 비행 시 주요한 시계 참조점인 수평선이 분명한 정상적인 시계 비행상태에서는 내이의 감각기관은 항공기의 피치, 롤, 요 운동을 정확하게 느끼지만 안개 등으로 수평선이 불분명해져서 시각 참조점이 없어지면 전정계의 감각은 신뢰할 수 없게 된다. 결국 비행에 따른 항공기의 움직임과 가해지는 힘의 변화가 합쳐져서 착각에 빠지게 된다.

18. 전정계 착각(Vestibular Illusions)

전정계 착각은 파일럿이 실제와 다른 방향이나 속도를 감지하게 되는 현상으로, 특히 시각 정보가 제한된 상황에서 발생할 수 있습니다. 세 반고리관의 감각은 일정한 속도에서는 점차 감소하기 때문에, 비행 중 일정한 속도로 회전하면 회전이 멈춘 것처럼 느끼게 되거나, 회전을 멈추면 반대 방향으로 회전하는 착각을 느낄 수 있습니다. 이러한 착각 현상은 비행 안전에 큰 영향을 미칠 수 있으므로, 이를 인지하고 대비하는 것이 중요합니다.

1) 경사착각(lean)

(1) 항공기 선회 기동 중에 속도 자세 등의 변화 없이 완만하게 선회가 계속되면, 세 반고리관 내의 림프의 이동이 없어지면서 신경 세포에서 움직임을 나타내는 신호가 발생하지 않게 된다. 이에 따라서 조종사는 이 상태에서는 선회를 느끼지 못하고 수평 비행감을 느끼게 된다. 여기에서 갑자기 선회를 멈추고 수평비행으로 돌아오면 반고리관 내의 림프가 가속도에 의하여 반대로 이동하게 되고 반고리관 섬모의 자극 한계치를 초과하여 반대방향의 운동감으로 신호가 생겨서 뇌로 전달된다. 이때 조종사는 일시적으로 반대편으로 경사진 것(banked) 같은 착각을 느끼게 된다.

(2) 예를 들면 장시간 좌선회하다가 선회를 멈추고 수평비행으로 돌아오면 조종사는 수평상태에서 불구하고 우측으로 쏠려 있는 것처럼 느끼게 돼서 수평비행 상태에서 좌측으로 몸을 기울이거나 다시 좌선회로 들어가려고 하는 착각을 하게 된다.

2) 전향성착각(Coriolis Illusion)

(1) 전향성착각은 항공기가 선회할 때 머리의 움직임에 의하여 나타나는 흔한 착각이다. 장시간 안정된 선회 중에는 반고리관 내의 림프의 움직임이 없게 되는데, 이러한 선회 중에 조종사가 비행 차트나 계기를 보기 위하여 머리를 움직이면 반고리관 내의 림프의 이동이 갑자기 일어나게 되면서, 항공기 이동방향과 다르게 항공기의 자세나 진로가 급변하는 것 같은 착각을 느끼게 된다.

(2) 이 착각을 막기 위해서는 비행 중 선회할 때는 조종사는 머리 움직임을 최소로 하여야 한다. 선회 중 비행계기나 차트를 보거나 바닥에 떨어진 차트를 주울 때 머리 움직임을 최소화하도록 주의하여야 한다.

3) 악성나선강하(graveyard spiral)

(1) 선회 비행 초기에는 조종사는 선회하는 방향을 잘 인지하지만 선회가 안정적으로(constant rate coordinated turn) 계속되면(20초 이상) 선회 감각이 반고리관 내 신경의 감각 역치 이하로 되면서 감각이 둔감해져 더 이상 선회를 느끼지 못하게 된다.

(2) 정상 선회 중에는 선회 방향 벡터로 양력이 분산되므로 전체 양력이 감소되므로 출력의 증가가 없으면 고도를 잃게 된다. 이때에 회전 감각이 없어진 조종사는 실제로는 선회 비행에도 불구하고 수평비행을 한다는 착각을 하게 되는 상태에서 잃어버린 고도를 회복하기 위하여 상승자세를 위하여 조종간을 뒤로 당기는 조작까지 하게 되면 더욱 심한 나선 하강 자세에 빠지면서 고도 침하가 현저하게 일어나게 된다. 이를 악성 나선강하(graveyard spiral)라고 하며, 어느 시점에서는 비행기를 통제할 수 없게 되어 추락하기도 한다.

4) 신체중력 착각(Somatogravic illusion)

(1) 이륙 때 발생하는 갑작스러운 가속은 이석(otolith) 기관을 자극할 수 있는데 가속에 의하여 항공기 탑승객의 목이 뒤로 젖히는 것 같은 상승 감각효과가 이석에서도 일어날 수 있다. 이러한 경우 외부 시계 참조점이 없으면 조종사는 이륙 시 비행기 기수가 정상보다 들려 있다는 착각에 빠지고 이것을 교정하기 위하여 기수를 정상보다 급격히 낮추는 조종간 조작을 할 수 있다.

(2) 반대로 추력감소에 의한 급격한 감속은 반대효과를 보여서 하강 착각에 빠진 조종사는 비행기의 기수를 비정상적으로 들어 올려서 실속에 빠지게 할 수도 있다.

5) 배면감 착각(Inversion Illusion)

(1) 상승자세에서 수평비행으로 갑자기 비행자세가 변화하면 이석 기관이 자극을 받게 되어 조종사는 마치 뒤로 넘어가거나 배면 비행하는 착각에 순간적으로 빠지게 된다.

(2) 착각에 빠진 조종사는 이를 만회하기 위하여 급격한 조작을 하게 될 수 있고 이로 인하여 착각이 더 심해지기도 한다.

6) 승강타 착각(Elevator Illusion)

(1) 난류나 상승기류 속에서 갑작스럽게 수직가속이 되면 이석 기관은 상승되고 있다는 착각에 빠질 수 있다.

(2) 이에 따라 조종사는 조종간을 앞으로 밀어서 비행기를 하강자세로 들어가게 하려고 한다. 반대로 하강가속상태에서는 반대 현상이 일어난다.

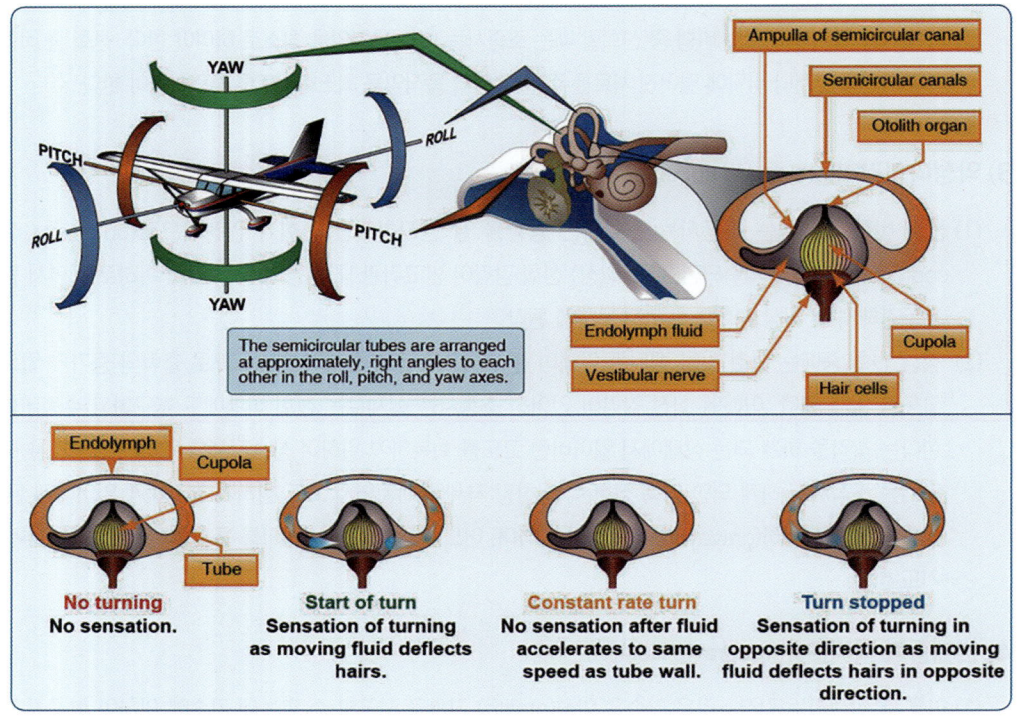

「반고리관의 역할 및 각속도·감각」

19. 착시 현상(Optical Illusions)

> 착시 현상은 파일럿이 시각적으로 잘못된 정보를 받아들이는 현상을 의미합니다. 이는 지상 물체의 모양이나 위치를 잘못 인식하게 하여 착륙이나 이륙 시 위험을 초래할 수 있습니다. 예를 들어, 경사진 활주로는 파일럿에게 활주로가 짧거나 길게 보이게 하여 착륙 접근 각도를 잘못 판단하게 할 수 있습니다. 따라서 파일럿은 착시 현상을 예방하기 위해 계기 비행을 통해 시각적 정보의 신뢰성을 높이고, 정기적인 훈련을 통해 착시 현상에 대한 대처 능력을 강화해야 합니다.

1) 감각 중에서 시각이 비행에 있어서 가장 중요하다. 산악지형이나 기상변화 등에 의하여 시각의 능력이 제한되기도 하고 착시 현상도 나타날 수 있다. 비행 과정 중에 착시 현상이 비행안전에 가장 문제가 되는 것은 착륙할 때이다.
2) 착시 현상 종류에는 활주로 폭 착시(Runway Width Illusion), 활주로 지형 경사 착시(Runway and Terrain Slopes Illusion), 희미한 지형 착시(Featureless Terrain Illusion), 수분에 의한 굴절(water refraction), 안개(fog)에 의한 착각, 연무(haze)에 의한 착각 등이 있다.

    (1) 활주로 폭 착시(Runway Width Illusion) : 폭이 좁은 활주로에 착륙하고자 하는 경우, 조종사는 자신의 고도가 높다고 하는 착각에 빠지게 되는데, 이에 맞추어 정상보다 낮게 착륙 접근을 하게 된다. 낮은 접근 중에 지상의 구조물과 충돌하거나 활주로에 못 미쳐 착륙하는 사고가 발생할 수 있다. 반면에, 폭이 넓은 활주로의 경우는 반대로 자신의 고도가 낮은 것처럼 보여서, 높은 고도로 접근하고 착륙 직전 활주로 상방에서의 착륙자세 전환(flare)을 정상보다 높게 해서 거친 착륙이 되거나 심지어 적절한 활주로 내 착지점을 지나쳐 버려서(overshoot) 착륙하지 못하는 경우도 발생한다.

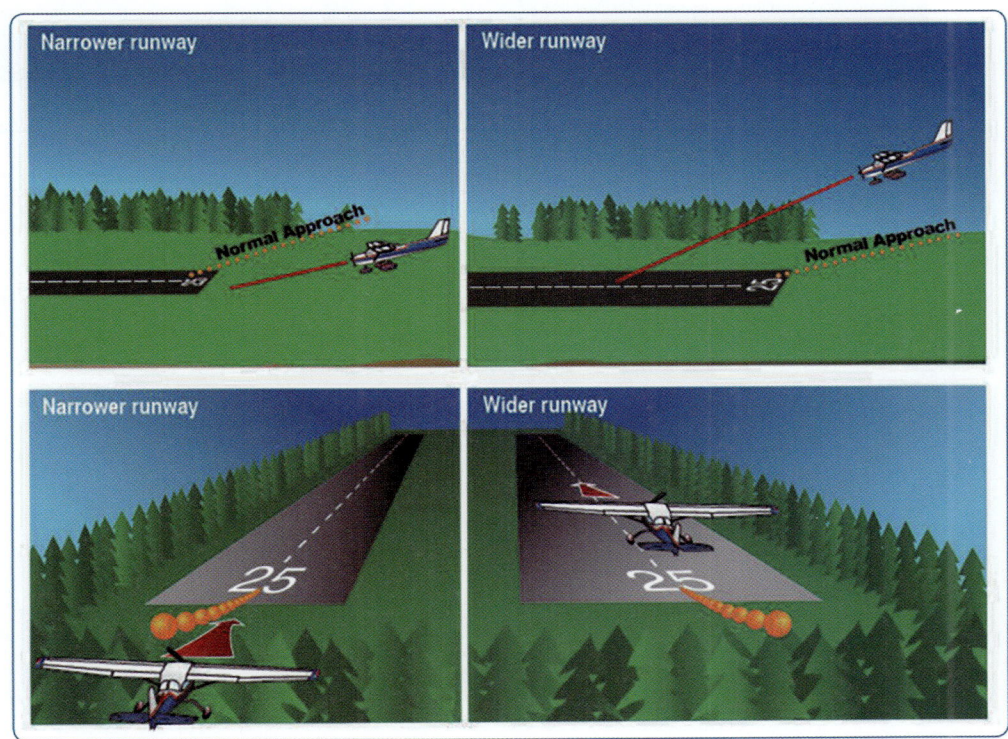

(2) 활주로 지형 경사 착시(Runway and Terrain Slopes Illusion) : 위로 경사진(upslope) 활주로나 지형은 실제 보다 항공기가 높게 있다는 착각에 빠지게 되고 조종사는 접근 시 정상보다 낮은 고도를 유지하게 된다. 아래로 경사진(downslope) 활주로의 경우는 반대의 현상이 일어난다.

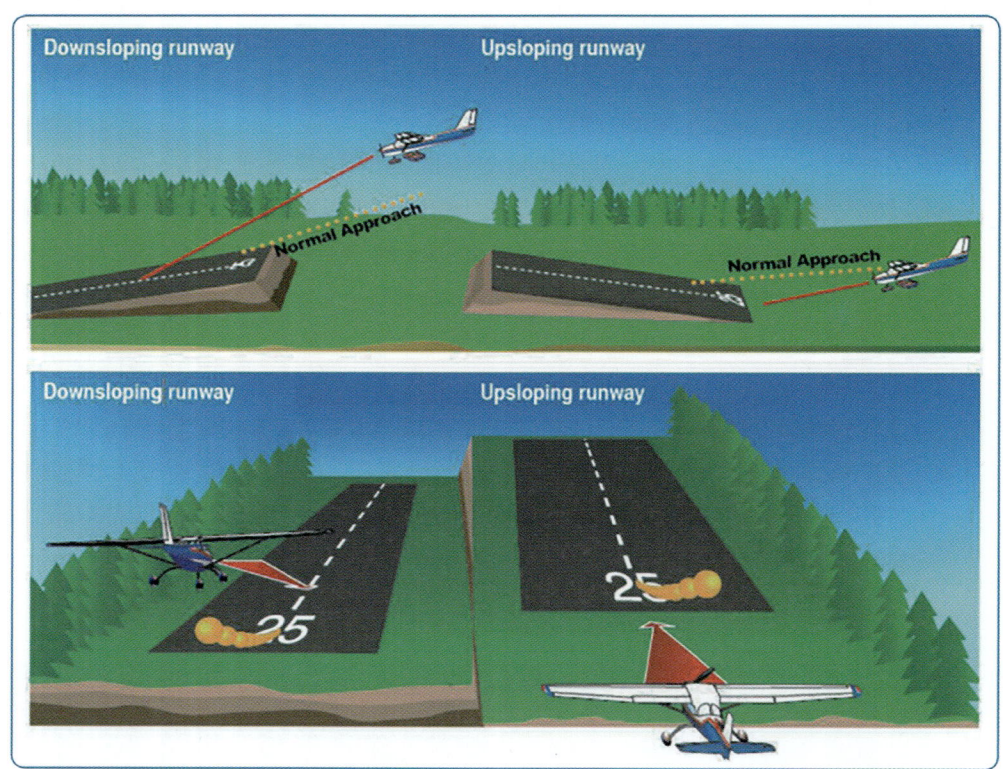

20. 피로(Fatigue)

1) 피로가 비행안전에 미치는 부정적 영향

- 다양한 항공분야(조종사, 관제사, 정비사 등)에서 피로관리의 중요성을 다루고 있음
  (예) ICAO에서 항공조종사 및 항공교통관제사 피로위험관리 내용 추가, 규정 및 요구사항 명시
- 특히, 피로는 무인기 조종자의 수행능력에 부정적 영향(Arrabito et al, 2010 ; Thompson et al, 2006)
  ↳ 의사결정 능력, 기억 능력, 주의집중 능력

2) 피로할 때 나타나는 증상

- 안색이 창백하거나 시야가 어두워진다.(→ 시각에 영향을 미치지 않는다 X)
- 원기가 없어지며 주위에서 말을 시켜도 대답하기 싫어한다.
- 동작이 서툴고 동작의 자각이 느리다. 긴장이 풀리고 주의력이 산만해진다. 정신집중이 안되고 무기력해진다.

3) 피로의 정의 / 분류

- 국제민간항공기구(ICAO)에서는 피로를 수면부족, 긴 시간동안의 각성상태, 일주기 리듬 변동, 또는 업무 과부하 등으로 발생하는 정신적 혹은 신체적 수행능력이 저하된 생리적 상태로 정의
  ↳ 정신적 피로는 피로가 아니다 X
- 피로의 분류

특징	급성피로(Acute Fatigue)	만성피로(Chronic Fatigue)
발생	급격하게 나타남	서서히 나타남
지속시간	짧다	길다
회복	휴식, 식이, 운동 등을 통해 회복	일반적인 휴식으로 잘 회복되지 않음
심각도	정상적	비정상적
삶의 질에 미치는 영향	거의 없음	매우 크다

4) 피로 유발 요인

- 업무 관련 요인 : 업무량, 시간압박, 신체적 부담 작업, 장시간 근무, 교대 근무, 부적절한 휴식 등
- 업무 외 요인 : 연령, 건강상태, 낮은 수면의 질, 수면 부족, 휴식시간 부족, 장거리 출·퇴근 등
※ 피로를 예방 및 회복하기 위해서는 충분한 양과 질의 수면이 필수!

21. 수면(Sleep)

1) 수면의 특징

- 충분한 양의 수면과 높은 질의 수면은 피로를 완화하기 위해 가장 중요한 요인(Caldwell et al, 2009)

- Defense R&D Canada는 피로관리를 위한 수면 교육의 필요성을 강조
  ↳ 수면손실효과, 낮잠, 카페인, 음주, 수면환경 등

- 수면의 기능
  ↳ 수면은 생체리듬 유지와 피로회복의 필수 요소, 성인의 경우 평균 7~9시간 정도의 수면은 필수, 규칙적인 수면습관은 정상적인 뇌 기능을 위해 중요

- 수면이 부족할 경우 나타나는 증상
  ↳ 시각지각 저하(Quant, 1992), 단기기억 저하(Polzella, 1975), 논리적 추론 저하(Angus et al, 1985)
  지속주의 능력 저하(Davies & Parasuraman, 1982)

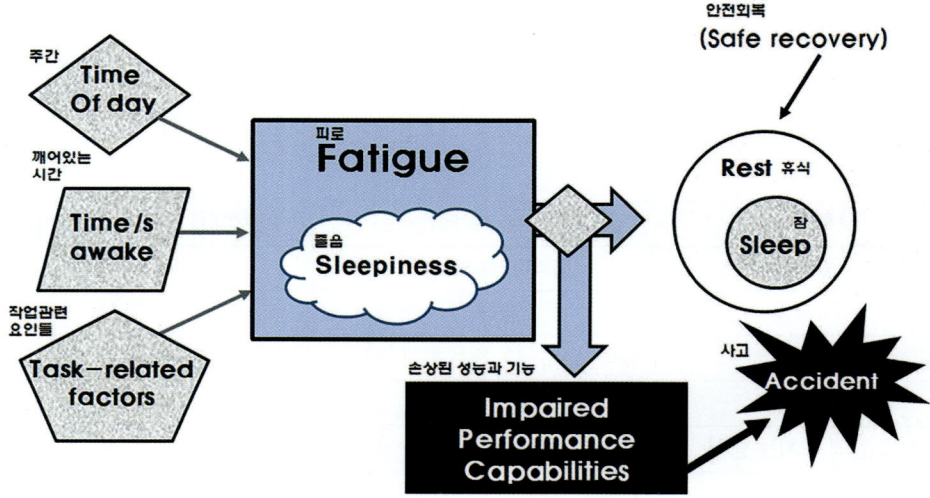

위 그림은 피로(Fatigue)가 어떻게 수면 부족과 작업 관련 요인에 의해 발생하며, 수행 능력 저하(Impaired Performance Capabilities)와 사고(Accident)로 이어질 수 있음을 설명하면서 관리의 중요성을 강조하며, 피로를 예방하고 회복하기 위해 규칙적인 수면과 적절한 휴식이 필수적이라는 메시지를 전달하고 있다. 피로를 관리하지 않으면 결국 비행 중 사고로 이어질 수 있으므로, 조종자는 자신의 피로 상태를 인식하고 충분한 휴식을 통해 이를 관리해야 한다.

2) 수면 손실 효과

- 경계에 대한 효과(Vigilance Effects)
  ↳ 지속적인 주의와 신속한 반응을 요하는 경계과제에 민감
- 상실(Lapsing) : Williams, Lubin & Goodnow, 1995
  ↳ 상실이란 순간적이고 간헐적으로 나타나는 완전한 주의 상실과 외부 자극에 대한 반응 실패를 의미, 이는 미세수면(Microsleeps)의 현상과 비슷
- 인지적 처리 지연(Cognitive Slowing) : Angus et al, 1985
  ↳ 주로 정확성보다는 속도에 영향을 미침
- 과제 지속에 대한 민감도(Sensitive to time on task) : Dinges et al, 1991)
  ↳ 수면이 부족할 경우 과업수행 시간이 길어질수록 눈에 띄는 수행저하 효과가 나타남

3) 비REM 수면, REM 수면

비REM 수면	REM수면 (Rapid Eye Movement, 급속안구운동)

• 뇌파에 따라 1~3단계로 구분
• 1, 2단계 거쳐 깊은 수면인 3단계로 진행
• 1, 2단계 : 약 55%(얕은 잠을 자는 단계)
• 3단계 : 숙면(서파수면, Slow wave sleep)
  ↳ 외부에서 오는 정보처리를 멈춤, 뇌의 뉴런이 거대하고 느린 전기파를 생성 기억병합이 일어나 학습에 중요
  ↳ 빠른 전기파 X
	• 뇌파는 각성상태와 유사
	• 심장박동 및 호흡이 불규칙
	• 꿈을 꾸는 단계
	• 전체 수면의 25%
	• 음주시 REM 수면이 억제
	  ↳ 수면이 활성화 X

4) 수면의 단계

- 보통 7~9시간 수면 동안 4~5회의 수면주기를 경험
- 각 주기는 약 1.5시간이며, 어떤 단계에서 깨든 1단계 비REM 수면에서 시작

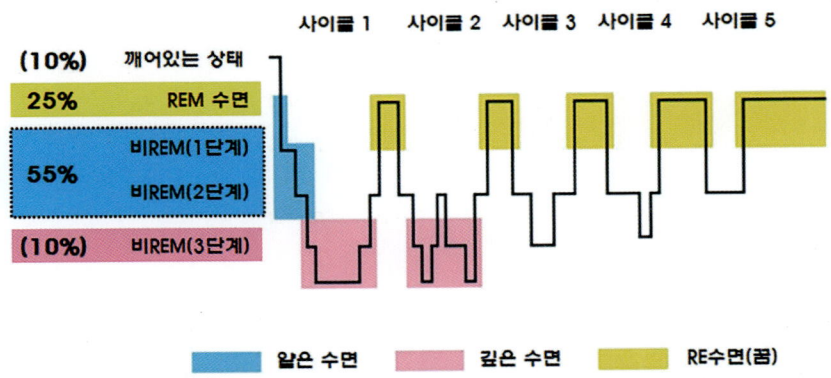

5) 효율적인 수면

- 규칙적인 수면 습관 : 일정한 수면습관은 뇌의 수면 중추 안정에 기여

- 카페인 및 음주 : 늦은 오후의 카페인 섭취는 지양, 잦은 알코올 섭취는 숙면에 방해

- 디지털 디톡스
  ↳ 수면 전 TV, 컴퓨터, 스마트폰 사용은 수면 방해(→ 수면 전 잔잔한 영상 시청 X)
      전자기기의 빛이 생체 리듬에 부정적 영향(멜라토닌 분비 억제)(→ 멜라토닌 분비 향상 X)

- 충분한 양의 햇빛 : 햇빛은 멜라토닌 분비 촉진, 우울증 감소 효과
  ※ 단순 참고 내용(공단교재에 설명 없음)
      멜라토닌(Melatonin)이란 뇌에서 분비되는 생체 호르몬으로 불면증 치료에 사용되는 약물이다.
      기존의 뇌를 억제하여 수면을 유도하는 약물과는 다르게 멜라토닌 수용체를 활성화시켜 자연적인 수면을 유도하는 작용을 한다.

22. 약물(Drug)

- 진정제, 신경안정제, 일부 진통제, 기침 억제제, 근육이완제, 지사제, 멀미 방지 약
  ↳ 판단을 흐리게 하고 각성상태 저하, 시각이상 초래, 신체조정능력 감소(→ 신체조정능력 향상 X)

- 진통제, 항생제, 항히스타민제, 소염제, 각성제
  ↳ 인간의 능력에 직간접적으로 영향을 주므로 항상 의사의 처방을 따르고 과용 금지

- 졸음 또는 정신전력 저하 등의 부작용에 대해서 인지해야 하며,
  투약 받은 약물의 부작용 범위가 분명하지 않은 경우 항공 전문의사와의 상담 필요

CHAPTER 02

기출복원문제 풀이

01 다음 중 눈의 추상체와 간상체에 대한 설명으로 옳지 않은 것은?

① 주간에는 간상체로 물체를 식별한다.
② 추상체는 원뿔의 형태이고 망막의 중심에 위치한다.
③ 인간의 눈은 가시광선인 빛의 반사로 물체를 식별한다.
④ 밝은 곳에서 어두운 곳으로 이동할 때 암순응이 일어난다.

해설 주간에는 추상체, 야간에는 간상체로 물체를 식별한다.

정답 : ①

02 다음 중 무인기 운용인력에 대한 설명으로 옳지 않은 것은?

① 무인비행장치 운용 시 육안감시자가 반드시 필요하다.
② 육안감시자는 조종사, 관제사 등과 원활한 의사소통이 가능하도록 비행, 기상, 관제에 관한 교육 훈련 과정 이수가 필수적이다.
③ 비행중 통신두절(C2, command & control)에 대비할 수 있도록 평소 시뮬레이션 훈련이 되어야 한다.
④ 무인비행장치 조종자의 신체검사 증명 기준은 항공조종사 3종 기준이다.

해설 무인비행장치 조종자의 신체검사 증명 기준은 2종 보통 이상의 자동차 운전면허증 또는 2종 보통 이상의 자동차 운전면허를 발급받는 데 필요한 신체검사증명서를 기준으로 한다.

정답 : ④

03 '멀리 가면 속도감이 떨어진다.' 이와 같은 시각 현상과 관련 있는 비행은 무엇인가?

① 원주비행 ② 전·후진비행 ③ 삼각비행 ④ 호버링

해설 인간의 양안은 평균적으로 6.5cm 떨어져 있어 거리감 및 입체감 판단에 도움을 준다. 거리감과 관련이 있는 드론 비행은 전·후진 비행이다.

정답 : ②

04 다음 중 인적요인의 목적에 대한 설명으로 옳지 않은 것은?

① 사용의 편리성　　② 생산성 향상　　③ 기계적 성능 향상　　④ 삶의 질 향상

> **해설** 인적요인의 목적에는 수행의 증진(사용의 편리성, Human Error 감소, 생산성 향상)과 인간가치의 상승(안전향상, 피로와 스트레스 감소, 편리함·직무만족·삶의 질 향상)이 있다.

정답 : ③

05 비행 중 사고요인이 아닌 것은?

① 시스템 고장　　② 기상 악화　　③ 사회로부터의 공포감　　④ 조종자 부주의

> **해설** 사회로부터의 공포감이 비행 중 사고요인은 아니다.

정답 : ③

06 다음 중 Attention Resources에 대한 설명으로 옳은 것은?

① Attention Resources는 피로, 수면, 약물에 영향을 받는다.
② 의사결정 단계에서 한 번만 영향을 미친다.
③ 직접적인 상황인식이 어려워 결정을 내리는데 오래 걸린다.
④ Attention Resources는 외부 환경 변화에 영향을 받지 않는다.

> **해설** Attention Resources는 의사결정 과정에서 지속적으로 영향을 미치며, 주의 자원이 충분할 때는 상황을 인식하고 결정을 내리는 속도가 오히려 빨라질 수 있다. 또한 외부 환경 변화가 주의 자원의 사용에 미치는 영향이 크다.

정답 : ①

07 다음 중 인적요인의 목적에 대한 설명으로 옳지 않은 것은?

① 사용의 편리성　　② 안전의 향상　　③ 기계의 신뢰도 향상　　④ 생산성 향상

> **해설** 인적요인의 목적은 수행(Performance)의 증진과 관련있는 생산성 향상, Human Error의 감소, 사용의 편리성이 있고 인간가치의 상승과 관련있는 안전성 증대, 피로와 스트레스 감소, 건강 및 안락함 증가, 직무만족 증가, 삶의 질 향상이 있다.

정답 : ③

08 다음 중 초경량비행장치 비행 중 주의사항에 대한 설명으로 옳지 않은 것은?

① 철저한 비행계획을 세워 일어날 수 있는 오류를 줄여야 한다.
② 자율비행 중에는 모니터링하지 않아도 된다.
③ 자동화 비행시스템을 이용하여 인적 오류를 줄인다.
④ 한 공간에서 여러 대의 기체를 비행할 수 있다.

> **해설** 자율비행 중에도 지상에서 모니터링을 계속해야 한다.

정답 : ②

09 다음 중 드론비행 시 전·후진비행과 관련이 있으며, 거리감 및 입체감 판단에 도움을 주는 시각의 특성은?

① 양안으로서의 입체시　　② 주시안　　③ 색채시　　④ 중심시

해설 인간의 양안은 평균적으로 6.5cm 정도 떨어져 있어 거리감 및 입체감 판단에 도움을 준다.

정답 : ①

10 항공분야의 대표적인 인적모델 중 규정, 절차, 매뉴얼, 작업카드에 해당하는 것은?

① L-H 모델　　② L-L 모델　　③ L-S 모델　　④ L-E 모델

해설 S는 Software의 약자로 법규, 비행절차 프로그램 등을 의미한다. 예로 규정, 매뉴얼, 작업카드, 점검표 등이 있다.

정답 : ③

11 다음 중 무인항공기와 유인항공기와의 차이점에 대한 설명한 것으로 옳지 않은 것은?

① 유인기는 See & Avoid, 무인기는 sense & Avoid 또는 detect Avoid의 원칙이 적용된다.
② 무인항공기 조종사는 항공기가 아닌 지상에서 조종하는 관계로 비행 상황에 대한 즉각적이고 직접적인 상황인식이 어려울 수 있다.
③ 무인항공기의 경우 상황인식을 잘 할 수 있도록 지상통제소를 잘 설계하는 것이 중요하며, 시뮬레이터 훈련을 통해 C2링크 끊김 상황 등에 대한 체계적인 훈련이 필요하다.
④ 무인기는 비행 상황에 대한 즉각적이고 직접적인 상황인식이 가능하기 때문에 비행에 유리하다.

해설 무인기는 지상에서 조종하기 때문에 직접적 상황인식이 어렵고 상황 개입이 지체될 수 있다.

정답 : ④

12 다음 중 주간시에 대한 설명으로 옳지 않은 것은?

① 주간에는 간상체(원뿔)가 사용되었다.
② 암순응은 낮에 영화관에 들어갔을 때 나타나는 현상이다.
③ 두 눈이 있기 때문에 입체시로 거리 판단 및 원근감을 확인할 수 있다.
④ 푸르키네 현상으로 밤에는 파란색이 빨간색보다 눈에 더 잘 뜨인다.

해설 주간에는 추상체, 야간에는 간상체로 물체를 식별한다.

정답 : ①

13 다음 중 인적요인의 목적에 대한 설명으로 옳지 않은 것은?

① 사용의 편리성　　② 안전의 향상　　③ 인간관계 향상　　④ 생산성 향상

> 해설　인간관계 향상은 인적요인의 목적에 해당하지 않는다.

정답 : ③

14 인적요인 대표 모델 SHELL 모델에서 L-S에 해당하는 것은?

① 드론　　② 육안감시자　　③ 기상 환경　　④ 매뉴얼

> 해설　S는 Software의 약자로 법규, 비행절차, 프로그램 등을 의미한다. 예로 규정, 매뉴얼, 작업카드, 점검표 등이 있다.

정답 : ④

15 다음 중 SHELL 모델에서 육안감시자와 관련이 있는 것은?

① L-L 모델　　② L-H 모델　　③ L-S 모델　　④ L-E 모델

> 해설　L은 Liveware의 약자로서 조종사 등 인간 관련된 특징을 의미하며 예로, 성격 의사소통, 리더십, 문화 등이 있다.

정답 : ①

16 인적요인의 대표모델인 SHELL모델에 해당하지 않는 것은?

① Liveware　　② Hardware　　③ System　　④ Environment

> 해설　S는 Software를 의미한다.

정답 : ③

17 다음 중 드론 관련 사고 분석에 대한 설명으로 옳지 않은 것은?

① 무인항공기 사고율은 유인기에 비해 약 10~100배 이상 높은 수치를 보임
② 이스라엘 IAI사의 우인항공기 사고통계 내역에 따르면 인적오류는 약 22%를 차지함
③ 무인항공기도 유인항공기와 유사하게 기계적 결함 사고 비율이 증가가 예상됨
④ 주청림, 2021년 자료에 따르면 무인항공기 조종사의 인적 오류(Human Error)에 의한 사고 비율은 49%인 것으로 나타남

> 해설　유인항공기와 유사하게 무인항공기 분야 역시 사람에 의한(인적요인) 사고 비율 증가 예상

정답 : ③

18 다음 중 인적요인의 목적에 대한 설명으로 옳지 않은 것은?

① 사용의 편리성 ② 생산성 향상 ③ 장비의 편리성 ④ 삶의 질 향상

해설 장비의 편리성은 인적요인의 목적에 해당하지 않는다.

정답 : ③

19 다음 중 삼각비행 시 관여하는 시각 특성으로 옳은 것은?

① 입체시 ② 이중시 ③ 색채시 ④ 주시안

해설 주시안은 양쪽 눈 중에서 주로 쓰는 쪽의 눈을 말한다. 반대쪽 눈은 비주시안(부시안)이라 한다. 오른쪽 눈이 주시안이면 오른눈잡이, 왼쪽 눈이 주시안이면 왼눈잡이라 부른다. 삼각비행과 원주비행을 왼쪽으로 할 것인가, 오른쪽으로 할 것인가가 여기에 해당된다.

정답 : ④

20 다음 중 사고의 진행과정에 대한 설명으로 옳은 것은?

① 조직문화>불안전행동>불안전조건>사고
② 불안전조건>불안전행동>조직문화>사고
③ 조직문화>불안전조건>불안전행동>사고
④ 불안전행동>불안전조건>조직문화>사고

해설 사고의 진행과정은 조직문화, 환경/임무(불안전 조건들), 개인의 특성(불안전 행동), 사고 순이다.

정답 : ③

21 SHELL 모델 중 매뉴얼, 규정, 절차와 관련된 것은?

① L-L 모델 ② L-S 모델 ③ L-H 모델 ④ L-E 모델

해설 S는 Software의 약자로 법규, 비행절차 프로그램 등을 의미한다. 예로 규정, 매뉴얼, 작업카드, 점검표 등이 있다.

정답 : ②

22 다음 중 사고의 진행과정에 대한 설명으로 옳은 것은?

① 조직 - 환경/임무 - 개인의 특성 - 사고발생
② 사고발생 - 환경/임무 - 개인의 특성 - 조직
③ 환경/임무 - 조직 - 개인의 특성 - 사고발생
④ 조직 - 개인의 특성 - 환경/임무 - 사고발생

해설 사고의 진행과정은 조직문화, 환경/임무(불안전 조건들), 개인의 특성(불안전 행동), 사고 순이다.

정답 : ①

23 다음 중 직진 비행과 관련있는 시각의 특성으로 옳은 것은?

① 양안으로의 입체시
② 추상체, 간상체의 기능 분화의 이중시
③ 주안시의 색채시
④ 양안시에 나타나는 맹점

해설 인간의 양안은 평균적으로 6.5cm 정도 떨어져 있어 거리감 및 입체감 판단에 도움을 준다.

정답 : ①

24 다음 중 SHELL 모델 중 E(Environment)에 대한 설명으로 옳지 않은 것은?

① 시설 ② 기상 ③ 온도 ④ 조명

해설 E는 Environment의 약자로 비행과 관련된 주변 환경을 의미한다. 예로 온도, 습도, 조명, 기상, 소음, 시차 등이 있다. H는 Hardware로 비행과 관련된 장비·장치 등을 의미한다. 예로 무인비행체, 항공기, 장비, 연장, 시설 등이 있다.

정답 : ①

25 다음 중 암순응에 대한 설명으로 옳지 않은 것은?

① 밝은 곳에서 어두운 곳으로 들어왔을 때 적응하는 데 약 30분 소요된다.
② 야간에 적응하기가 어려우므로 야간비행을 하는 것은 위험하다.
③ 환한 대낮에 영화구경하기 위해 영화관에 들어간 경험과 유사하다.
④ 망막의 분포는 중심에 있는(삼각형 고깔모양의 뿔) 추상체다.

해설 망막의 분포는 주변에 있는 간상체이다. 간상체가 암순응과 관련이 있다.

구분	내용
암순응 (Dark Adaptation)	· 우리 눈이 어둠에 적응하는 과정(예 : 영화관에 들어갈 때) · 밝은 곳에서 어두운 곳으로 들어갔을 때, 처음에는 보이지 않던 것이 시간이 지남에 따라 차차 보이기 시작하는 현상 · 처음에는 원추세포가 주로 작용하여 감도를 약 10배로 증가시키지만, 암순응이 진행됨에 따라 간상세포의 감도가 높아져서 원추세포를 대신하게 됨

정답 : ④

26 다음 중 인적 오류에 대한 설명으로 옳은 것은?

① 맹점현상은 양안시에는 나타나지 않는다.

② 양안시를 사용하면 시각적 착시가 사라진다.

③ 피로는 인적 오류의 원인이 아니다.

④ 조종 경험이 많으면 인적 오류는 발생하지 않는다.

> **해설** 양안시에도 시각적 착시현상이 발생한다. 피로는 무인기 조종자의 수행능력에 부정적 영향을 미친다. 조종 경험이 많아도 인적 오류는 발생할 수 있다.

정답 : ①

27 다음 중 시각의 특징에 대한 설명으로 옳지 않은 것은?

① 인간은 양안을 가지고 있어 거리판단 및 원근감을 느끼는 입체시 특징이 있다.

② 해가 질 무렵에는 명순응 때문에 일시적으로 잘 보이지 않는다.

③ 거리판단을 위해서 양안의 기능이 중요하므로 안대를 착용하고서는 비행체를 운용하기가 쉽지 않다.

④ 외부에 대한 대부분의 정보를 시각에 의존하여 얻는다.

> **해설** 해가 질 무렵에는 암순응 때문에 일시적으로 잘 보이지 않는다.

정답 : ②

28 무인항공기 논란 중 비행안전상의 문제가 아닌 것은?

① 드론과 여객기 충돌 위험　　　② 고장으로 인한 추락 시 인명피해의 우려

③ 원치 않는 사생활 노출　　　　④ 무인기를 이용한 테러 문제

> **해설** 무인항공기 논란에는 비행안전 문제(드론과 여객기 충돌 위험, 고장으로 인한 추락 시 인명피해 우려, 무인기를 이용한 테러 문제)와 사생활 침해의 우려(무인기를 활용한 촬영활동(취미) 증가, 원치 않는 사생활 노출)가 있다.

정답 : ③

29 다음 중 눈에 관한 설명으로 옳은 것은?

① 야간시에는 추상체에 상이 맺히도록 주변시법을 사용하여야 한다.
② 암순응은 망막의 간상체와 관련되어 시간이 지남에 따라 어두운 환경에 적응하는 과정이다.
③ 맹점 현상은 양안시에도 나타난다.
④ 푸르키네 현상이란 밤에 빨간색이 더 잘보이는 현상이다.

> 해설 야간에 작용하는 세포는 간상체이며, 맹점현상은 양안시에는 나타나지 않는다. 푸르키네 현상이란 추상체와 간상체가 서로 민감하게 반응하는 색이 다르기 때문에 나타나는 현상으로 낮에는 빨강색이, 밤에는 파랑색이 상대적으로 더 밝게 보인다.

정답 : ②

30 대형 무인항공기에는 장착해도 문제가 없지만, 소형무인항공기는 탑재하중 및 전력량에 제약이 있으므로 소형화 및 저전력형 개발이 관건인 장비는?

① 레이더　　　② 트랜스폰더　　　③ 광학시스템　　　④ TCAS

> 해설 트랜스폰더란 라디오 주파수를 통해 상호 문의를 통하도록 제공하는 전기장치로 항공기에서 상대 비행물체를 식별하여 공중 충돌을 방지하는 시스템의 일부이다. 이러한 트랜스폰더는 대형 무인항공기 장착에는 문제가 없으나, 소형 무인항공기는 탑재하중 및 전력량에 제약이 있으므로 소형화 및 저전력형 장비 개발이 관건이다.

정답 : ②

31 다음 중 사고의 원인에 대한 설명으로 옳지 않은 것은?

① 기계적 결함　　　　　　② 인간에러
③ 육안감시자 추가　　　　④ 기술적 완성도 충분하지 못한 점

> 해설 육안감시자 추가는 사고가 예방된다.

정답 : ③

32 다음 중 무인기의 인적에러에 의한 사고비율이 낮은 이유에 대한 설명으로 옳지 않은 것은?

① 무인기 개발이 한창 진행중이어서 기술적 완성도가 충분치 못한 점
② 기술력이 발전함에 따라 인적에러에 의한 사고는 감소한다.
③ 무인기 자동화률이 높아서 인간의 개입 필요성이 적기 때문에 인적에러의 의한 사고비율이 유인기에 비해 상대적으로 낮다.
④ 설계 개념상 Fail-safe 개념의 시스템 이중설계 적용이 미흡하기 때문에 기계적 신뢰성이 상대적으로 낮아 기계적 결함에 의한 사고비율이 높다.

> 해설 민간 무인기 개발 역사가 상대적으로 초창기이기 때문에 기존 항공운송 분야와 마찬가지로 무인기 기술이 발전하면서 기계적 결함에 의한 사고는 크게 줄고 인적에러에 의한 사고는 증가할 것이라 예상한다.

정답 : ②

33 다음 중 타항공기가 정면으로 접근할 때 충돌을 회피하기 위한 비행기동 방향으로 옳은 것은?

① 오른쪽   ② 왼쪽   ③ 위   ④ 아래

> **해설** 항공에서의 의사소통은 주로 비대면 상황이기 때문에 간단성, 명료성, 명확성의 세가지 기본원칙을 지키는 것이 바람직하다. 공중에서 의사소통의 하나로 타항공기가 정면으로 접근할 때 충돌을 회피하기 위해 약정된 비행기동 방향은 오른쪽이다.

정답 : ①

34 다음 중 유인항공기의 인적에러 대 기계적 결함에 의한 사고율 변천에 대한 설명으로 옳지 않은 것은?

① 인적에러에 의한 사고가 60~70% 정도를 차지한다.
② 현재 기계적 결함에 의한 사고는 20% 이하이다.
③ 인적에러에 의한 사고는 점진적으로 증가하였다.
④ 기계적 결함에 의한 사고는 점진적으로 감소하였다.

> **해설** 유인항공기 뿐만 아니라 타 산업분야에서 인적에러에 의한 사고율은 대략 80~90% 수준이다. 이러한 인적에러는 특정분야에서만 나타나는 특징적 문제가 아니라 인간 고유 특성에 기초한 보편적 현상이다.

정답 : ①

35 인체는 공간에서 운동방향, 속도 및 자세 등을 확인할 때 비행 감각계를 사용하여 인체기관에서의 정보를 통합하여 판단한다. 다음 중 비행 감각계에 해당하지 않는 것은?

① 압력계
② 전정계(Vestibular system)
③ 체성(몸) 감각신경계(Somatosensory)
④ 시각계(Visual system)

정답 : ①

36 다음 중 수면에 대한 설명으로 옳지 않은 것은?

① 3단계 수면은 외부에서 오는 정보처리를 멈추고 뇌의 뉴런이 거대하고 빠른 전기파를 생성한다.
② 수면은 크게 REM 수면과 비REM 수면으로 구분된다.
③ REM 수면은 심방 박동 및 호흡이 불규칙하여 꿈을 꾸는 단계이다.
④ 수면이 부족할 경우에는 시각지각, 단기기억, 논리적 추론 등의 저하를 가져온다.

> **해설** 3단계 수면은 외부에서 오는 정보처리를 멈추고 뇌의 뉴런이 거대하고 느린 전기파를 형성한다.

정답 : ①

37 푸르키네 현상에 의하면 어두운 밤에 가장 잘 보이는 색은?

① 노랑 ② 초록 ③ 파랑 ④ 빨강

해설 푸르키네 현상이란 추상체와 간상체가 서로 민감하게 반응하는 색이 다르기 때문에 나타나는 현상으로 낮에는 빨강색이, 밤에는 파랑색이 더 잘 보인다.

정답 : ③

38 다음 중 초경량비행장치 인적요인(Human Factors)에 대한 설명으로 옳지 않은 것은?

① 인적요인은 인간에 대한 학문으로 인간이 업무 및 생활 속에서 부딪히는 여러 상황에 대해서 연구하는 분야(박수애 등, 2006)

② 인적요인은 넓은 의미에서 인간본질의 능력과 과학적 요소를 인식하고 그 관계를 최적화하여 능력성, 안정성, 효율성 등을 향상시키는 것(변순철, 2016)

③ 인적요인은 인간이 작업을 어떻게 수행하는지 행동적 변인들이 인간수행에 어떻게 영향을 미치는가를 다루는 분야(Meister, 1989)

④ 인적요인은 항공기 사고, 준사고, 사고방지와 관련된 인간관계 및 인간능력을 총칭하는 것(국제민간항공기구(ICAO) 사고방지 매뉴얼)

해설 인적요인은 인간이 작업을 어떻게 수행하는지 행동적, 비행동적 변인들이 인간수행에 영향을 어떻게 미치는가를 다루는 분야(Meister, 1989)

정답 : ③

39 인적요인(Human Factors)의 목적 중 Performance의 증진과 관련있는 것은?

① Human Error의 감소 ② 안전 향상
③ 직무 만족 ④ 삶의 질 향상

해설 Human Error의 감소는 수행(Performance)의 증진과 관련이 있다.

정답 : ①

40 다음 중 피로(Fatigue)에 대한 설명으로 옳지 않은 것은?

① 수면부족, 긴 시간 동안의 각성상태 등의 결과로 정신적 혹은 신체적 수행능력이 저하된 상태

② 업무량, 시간 압박 등 업무관련으로 발생되는 요인은 해당되지 않는다.

③ 만성피로는 서서히 증상이 나타나며 일상생활 및 삶의 질에 미치는 영향이 매우 크다.

④ 급성피로의 경우 휴식, 식이, 운동 등을 통해 회복 가능하다.

해설 업무량, 시간 압박, 신체적 부담작업, 실수에 대한 부담감, 장시간 근무, 교대근무, 부적절한 휴식 등은 업무 관련 피로 유발 요인이다.

정답 : ②

41 다음 중 인적 요인(Human Factors)의 유형에 대한 설명으로 옳은 것은?

① 위반 : 기억의 실패로 의도하지 않은 잘못된 행위

② 실책, 착각 : 의도적으로 부적절한 행위를 하는 것

③ 망각, 착오 : 처음부터 부적절한 행위가 계획된 것

④ 실수 : 의도하지 않은 행동으로 인지 과정에서 주의력 부족 또는 지나친 주의력 집중에 의해 발생하는 행위

> 해설 의도한 오류
> ■ 위반 : 의도적으로 부적절한 행위를 하는 것
> ■ 실책, 착각 : 처음부터 부적절한 행위가 계획된 것
>
> 의도하지 않은 오류
> ■ 망각, 착오 : 기억의 실패로 의도하지 않은 잘못된 행위
> ■ 실수 : 의도하지 않은 행동으로 인지 과정에서 주의력 부족 또는 지나친 주의력 집중에 의해 발생하는 행위

정답 : ④

42 다음 중 비REM 수면 과 REM 수면의 특징에 대한 설명으로 옳지 않은 것은?

① 비REM 수면은 1~3단계로 구분하며 2단계는 깊은 수면단계이다.

② 3단계 수면시기에는 외부에서 오는 정보처리를 멈추고 뇌의 뉴런이 거대하고 느린 전기파를 생성한다.

③ REM 수면 중 빠른 눈동자 움직임이 특징이다.

④ REM 수면단계는 꿈을 꾸는 단계로 전체 수면의 약 25%를 차지한다.

> 해설 비REM수면 : 1·2단계 얕은 잠(약 55%) → 3단계 깊은 수면(서파수면, 약 20%)
> REM수면 : 꿈을 꾸는 단계(전체수면의 약 25%)

정답 : ①

43 다음 중 무인기의 인적에러에 의한 사고비율이 낮은 이유에 대한 설명으로 옳지 않은 것은?

① 무인기는 자동화율이 높아서 인간의 개입 필요성이 적기 때문에 인적에러에 의한 사고비율이 유인기에 비해 상대적으로 낮다.

② 설계 개념상 Fail safe 개념의 시스템 이중 설계 적용이 미흡하기 때문에 기계적 신뢰성이 상대적으로 낮아서 기계적 결함에 의한 사고비율이 높다.

③ 무인기의 인적에러의 의한 사고 비율은 약 20% 수준이다.

④ 향후 기술이 발전하면 인적에러에 의한 사고는 점점 줄어들 것이다.

> 해설 무인기는 기술이 발전하면서 기계적 결함에 의한 사고는 크게 줄고 상대적으로 인적에러에 의한 사고가 증가할 것으로 예상된다.

정답 : ④

44 다음 중 피로에 대한 설명으로 옳지 않은 것은?

① 정신적 피로는 피로가 아니다.
② 만성피로는 장기간 회복이 필요하다.
③ 급성피로는 단기간에 회복된다.
④ 피로는 수면부족, 긴시간 동안의 각성상태, 업무 과부하의 결과 등으로 발생한다.

해설 국제민간항공기구(ICAO)에서는 피로를 수면부족, 긴시간 동안의 각성상태, 일주기 리듬의 변동 또는 업무 과 부하의 결과로 발생하는 정신적 혹은 신체적 수행능력이 저항된 생리적 상태로 정의한다.

정답 : ①

45 다음 중 휴먼에러의 효과적인 개선방법으로 가장 적합한 것은?

① 절차 개선   ② 엄격한 처벌   ③ 설계 및 디자인 개선   ④ 개인 교육훈련

해설 휴먼에러는 교육훈련을 통해서 개선하는 것이 효과적이다.

정답 : ④

46 다음 중 간상체와 관련된 특징에 대한 설명으로 옳지 않은 것은?

① 밤에는 색채시를 상실한다
② 간상체의 개수는 약 1억 3천만개이다
③ 간상체는 야간 시와 관련되어 있다
④ 간상체의 특징은 중심시라는 점이다

해설 간상체의 특징은 주변시라는 점이다.

정답 : ④

47 인간 눈은 양안수렴에 의해서 대상물체가 가까울수록 수렴각도의 차이 변화가 커서 확실하게 거리감을 느끼지만 대상물체가 어느 정도 이상으로 멀어지면 수렴각도의 차이가 미미해서 거리감이 희미해지는데 이러한 현상을 극명하게 보여주는 무인멀티콥터 비행종류는 다음 중 어느 것인가?

① 좌우 호버링   ② 전후진 비행   ③ 삼각비행   ④ 원주비행

정답 : ②

48 다음 중 무인기의 사고통계에 대한 설명으로 옳지 않은 것은?

① 무인기 사고율은 유인기에 비해 10~100배 이상 높은 수치를 기록한다.
② 무인기 사고통계를 살펴보면 비행조종계통이 28%를 차지한다.
③ 무인기 사고통계를 살펴보면 인적에러는 22%를 차지한다.
④ 기계적 결함 대 인간에러 비율이 20:80이다.

> 해설 이스라엘 IAI사에 따르면 기계적 결함 대 인간에러 비율은 80:20 수준이다.

정답 : ④

49 다음 중 무인기(드론) 논란으로 옳지 않은 것은?

① 드론과 여객기의 충돌 위험   ② 무인기를 이용한 테러 문제
③ 원치 않는 사생활 노출   ④ 드론 일자리가 줄어들고 있다.

> 해설 드론 일자리가 늘어나고 있다.

정답 : ④

50 다음 중 오른쪽으로 원주비행하는 것과 관련있는 시각의 특징은 무엇인가?

① 주간시   ② 주시안   ③ 입체시   ④ 양안시

정답 : ②

51 추상체와 간상체의 비교로 옳지 않은 것은?

구분	추상체	간상체
① 색각의 형태	컬러	흑백
② 활동 주시간대	주간	야간
③ 망막의 분포	중심	주변
④ 개수	많다	적다

> 해설 추상체 약 7백만개, 간상체 약 1억3천만개로 간상체 개수가 더 많다.

정답 : ④

52 다음 중 인간의 시각 특징으로 옳지 않은 것은?

① 입체시는 양안에 의한 거리판단으로 두눈에 비춰지는 면리 각기 다르며, 뇌가 두 눈의 영상을 합성하여 입체적으로 감각하는 양안부등이다.

② 인간의 시각은 이중시로 추상체와 간상체의 기능이 분화되어 있다.

③ 맹점현상은 간상체가 망막주변에 있어서 발생한다.

④ 주시안이 오른쪽 눈일 때 삼각비행은 오른쪽으로 하는 것이 유리하다.

해설 맹점은 눈과 통하는 시신경의 바로 앞 부분에 있는 것으로 시세포가 없어 물체가 보이지 않는 망막의 한 부분이다.

정답 : ③

53 다음 중 시각의 특징에 대한 설명으로 옳은 것은?

① 암순응시 망막순응을 위해 1시간 이상의 시간이 필요하다.

② 주시안이 오른쪽일 경우 시계방향으로 원주비행하기가 편하다.

③ 한쪽 눈을 감고 운전을 해도 잘 보인다.

④ 양안부등으로 두 눈에 비쳐지는 면이 각기 다르며, 뇌가 하나의 영상으로 합성하여 입체적으로 감각한다.

해설 암순응시 망막의 감도변화를 위해 약 30분의 시간이 필요하고, 주시안이 오른쪽일 경우 반시계방향으로 원주비행하는 것이 편하며, 한쪽 눈을 못 볼땐 운전이나 비행을 안하는 것이 좋다.

정답 : ④

54 다음 중 인적 오류에 대한 설명으로 옳지 않은 것은?

① 인적 오류는 어떤 기계, 시스템 등에 의해 기대되는 기능을 발휘하지 못하고 부적절하게 반응하여 효율성, 안전성, 성과 등을 감소시키는 인간의 결정이나 행동을 말한다.

② 좁은 의미의 인적 오류는 일반적으로 기계나 시스템을 최종 조작하는 조작자의 오류만 인적 오류라고 생각할 수 있다.

③ 넓은 의미의 인적 오류는 설계자, 관리자, 감독자 등 시스템 설계와 조작에 관여하는 일부 사람에 대한 오류를 의미한다.

④ 인적 오류는 개인의 실수의 관점만으로 보기 보다는 사회적 환경 및 조직의 문제까지 고려한 포괄적 인식 및 다양한 접근이 필요하다.

해설 넓은 의미의 인적 오류는 설계자, 관리자, 감독자 등 시스템 설계와 조작에 관여하는 모든 사람에 대한 오류를 의미한다.

정답 : ③

55 다음 중 피로와 관련된 설명으로 옳지 않은 것은?

① 다양한 항공분야에서 피로관리를 중요하게 다루고 있다.

② 인간은 피로할 경우 시야가 어두워지며 무기력해진다.

③ 급성피로와 만성피로 모두 일상생활에 미치는 영향이 크다.

④ 급성피로는 휴식, 식이, 운동 등을 통해 회복된다.

해설 급성피로는 삶의 질에 미치는 영향이 거의 없고 만성피로는 매우 크다.

정답 : ③

56 다음 중 시각의 특징에 대한 설명으로 옳지 않은 것은?

① 추상체는 간상체보다 그 수가 많다.

② 간상체는 파랑색에 더 민감하게 반응한다.

③ 야간에 파랑색이 더 잘 보이는 현상을 푸르키네 현상이라 부른다.

④ 눈의 망막에는 빛을 받아들이는 세포인 광수용기가 존재한다.

해설 추상체는 약 7백만개, 간상체는 약 1억3천만개이다.

정답 : ①

57 다음 중 광수용기에 대한 설명으로 옳은 것은?

① 추상체는 야간에 흑백을 보는 것과 관련이 있다.

② 간상체는 낮 시간동안의 높은 해상도와 관련이 있다.

③ 추상체는 주로 망막의 주변부에 위치하기 때문에 야간시 암점과 관련이 있다.

④ 추상체와 비교할 때 간상체의 개수가 더 많다.

해설 눈의 망막에는 빛을 받아들이는 세포인 광수용기가 존재한다. 이 광수용기 세포가 빛에 반응하여 전기신호를 만들며, 이것이 시신경을 통해 뇌로 전달되는데 광수용기에는 주간에 작용하는 추상체(약 7백만개)와 야간에 작용하는 간상체(약 1억3천만개)가 있다

정답 : ④

58 인적요인 대표 모델 SHELL 모델에서 L-S에 해당하는 것은?

① 드론　　　　② 육안감시자　　　　③ 기상 환경　　　　④ 관련 규정

해설 S는 Software의 약자로 법규, 비행절차, 프로그램 등을 의미한다. 예로 규정, 매뉴얼, 작업카드, 점검표 등이 있다.

정답 : ④

59 차량 급정거 시 후방 차량에게 인지시키려면 비상등을 켜야 한다는 사실을 알고 있지만 비상등을 켜지 않고 정차하는 경우에 해당하는 오류는 무엇인가?

① 위반　　　　② 실책, 착각　　　　③ 망각, 착오　　　　④ 실수

해설　위반(의도적 과속), 실책, 착각(감속구간 인지못하고 미감속), 실수(속도를 줄이기 위해 잘못하여 가속 페달을 밟은 경우)

정답 : ③

60 다음 중 양안의 시각에 대한 설명으로 옳지 않은 것은?

① 인간의 양안은 평균적으로 6.5cm 정도 떨어져 있다.
② 두눈에 비쳐지는 면이 각기 다르며, 뇌가 두 눈의 영상을 각각으로 입체적으로 감각한다.
③ 대상을 바라볼 때 두 눈이 안쪽으로 모이며, 이때의 수렴각도를 뇌가 해석하여 거리감을 판단한다.
④ 입체시는 거리감 및 입체감 판단에 도움을 준다.

해설　두 눈은 각기 다른면을 보지만 이것을 뇌가 하나의 영상으로 합성하여 입체적으로 감각한다.

정답 : ②

61 다음 중 드론의 발전으로 인하여 생긴 문제가 아닌 것은?

① 사고 위험　　　② 사생활 침해　　　③ 추락 시 인명 피해　　　④ 산업종사자의 해직

해설　무인기 관련 비행안전문제(드론과 여객기 충돌, 추락 시 인명피해, 테러 위험)와 사생활 침해(불법 영상촬영 증가 등) 논란이 있다.

정답 : ④

62 다음 중 WIckens & Hollands 모델의 반응(Responding)단계에서 행동수행(Response Execution)의 오류 원인에 대한 설명으로 옳지 않은 것은?

① 신체적 한계　　　　　　　　　② 기술 부족
③ 행동 중 발생하는 환경 변화　　④ 시간 부족

해설　시간 부족과 스트레스는 반응(Responding)단계에서 의사결정(Response Selection)의 오류 원인이다.

정답 : ④

63 다음 중 인적요인의 대표 모델인 SHELL 모델에 대한 설명으로 옳지 않은 것은?

① H - Hardware　　② E - Environment　　③ L - Liveware　　④ S - System

해설　S는 Software의 약자로 법규, 비행절차, 프로그램 등을 의미한다. 예로 규정, 매뉴얼, 작업카드, 점검표 등이 있다.

정답 : ④

64 다음 중 유인항공기(보고 피하기), 무인항공기(탐지하고 피하기)에 대한 설명으로 옳지 않은 것은?

① 유인항공기는 조종사가 직접 몸으로 비행상태를 느끼며 비행
② 무인항공기는 영상장치(카메라), 레이더 등의 탐지기기를 통해 들어오는 정보를 간접적으로 인식하며 비행
③ 유인항공기는 조종사가 비행상황을 바로 인식할 수 있기 때문에 필요시에 신속하게 개입
④ 무인기는 최신 탐지기 설치로 즉각 반응이 가능

> [해설] 무인기는 지상에서 조종하기 때문에 직접적인 상황인식이 어렵고 상황 개입이 지체될 수 있다.

정답 : ④

65 다음 중 비REM 수면에 대한 설명으로 옳지 않은 것은?

① 뇌파에 따라 1~3단계로 구분한다.
② 1, 2단계를 거쳐 깊은 수면인 3단계 수면으로 진행한다.
③ 1, 2단계는 얕은 잠을 자는 단계이다.
④ 2단계 수면은 외부에서 오는 정보처리를 멈추고 뇌의 뉴런이 거대하고 느린 전기파를 생성한다.

> [해설] 3단계 수면은 서파수면(Slow wave sleep ; 숙면)으로 외부에서 오는 정보처리를 멈추고 뇌의 뉴런이 거대하고 느린 전기파를 생성, 기억 병합이 일어나 학습에 중요하다.

정답 : ④

66 다음 중 SHELL 모델에 대한 설명으로 옳지 않은 것은?

① SHELL은 인간의 특징에 맞는 조종기 설계, 감각 및 정보 처리 특성에 부합하는 디스플레이 설계
② SHELL은 인간과 절차, 매뉴얼 및 체크리스트 레이아웃 등 시스템의 비 물리적인 측면
③ SHELL은 인간에게 맞는 환경 조성
④ SHELL은 인간만의 관계성에 초점

> [해설] ①은 L-H, ②는 L-S, ③은 L-E, ④ L-L 조종자와 관제사 혹은 조종자와 육안 감시자 등 사람 간의 관계작용을 의미한다. 인적요인은 인간과 관련 주변요소들 간의 관계성에 초점이 있다.

정답 : ④

67 항공에서의 의사소통 기본 원칙 중에서 잘 전달될 수 있는 톤으로 또박또박 발음함으로써 다시 물어봐야 하는 시간적 손실과 오류를 줄일 수 있도록 하는 것은 무엇인가?

① 간단성   ② 명료성   ③ 명확성   ④ 신속성

> [해설] 간단성(전달하고자 하는 의도를 간단하게 표현), 명확성(의도한 내용을 정확하게 전달)

정답 : ②

68 다음 중 REM 수면에 대한 설명으로 옳지 않은 것은?

① 뇌파는 각성상태와 유사하고 심장박동 및 호흡이 불규칙하다.

② 꿈을 꾸는 단계이다.

③ 전체 수면의 약 25%를 차지한다.

④ 음주 시 REM 수면이 활성화된다.

해설 음주 시 REM 수면이 억제된다.

정답 : ④

69 다음 중 무인기 이슈 및 사고관련에 대한 설명으로 옳지 않은 것은?

① 미군 국방부 사고통계 자료에 따르면 사고율은 유인기에 비해 약 10~100배 이상 높은 수치를 보인다.

② 무인기 자동화율이 높기 때문에 상대적으로 인간 개입의 필요성이 적기 때문에 무인기 사고 원인 중 인적에러 비율이 낮다.

③ 무인기는 설계 개념상 Fail-Safe 개념의 시스템 이중 설계 적용이 미흡하기 때문에 기계적 신뢰성이 상대적으로 높다.

④ 민간항공분야와 유사하게 무인기 분야 역시 사람에 의한 인적요인 사고 비율은 증가할 것으로 예상된다.

해설 설계 개념상 Fail-Safe 개념의 시스템 이중 설계 적용이 미흡하기 때문에 기계적 신뢰성이 상대적으로 낮다.

정답 : ③

70 다음 중 시각의 특징에 대한 설명으로 옳지 않은 것은?

① 추상체는 야간에 사용된다.

② 입체시로 거리감 및 입체감 판단에 도움을 준다.

③ 암순응 중 망막순응은 망막의 감도 변화를 위해 약 30분의 시간이 필요하다.

④ 낮에는 빨강색이, 밤에는 파랑색이 더 잘 보인다.

해설 야간에는 간상체가 사용된다.

정답 : ①

71 다음 중 피로할 때나 수면이 부족 시 인체에 미치는 영향에 대한 설명으로 옳지 않은 것은?

① 원기가 없어지면 주위에서 말을 시켜도 대답하기 싫어한다.

② 긴장이 풀리고 주의력이 산만해 진다.

③ 수면 부족 시 시각에는 영향을 미치지 않는다.

④ 정신 집중이 안 되고 무기력해진다.

해설 수면 부족 시 시각 지각 능력이 저하된다.

정답 : ③

72 다음 중 눈의 구성요소가 아닌 것은?

① 망막 ② 맥락막 ③ 각막 ④ 감각기관

> 해설 눈은 공막, 맥락막, 망막, 각막, 결막, 홍채, 수정체로 구성되어 있다.

정답 : ④

73 다음 중 약물 섭취 시 신체에 미치는 영향에 대한 설명으로 옳지 않은 것은?

① 판단력을 흐리게 하고 각성상태를 저하시킨다.
② 인간의 능력에 직간접적으로 영향을 준다.
③ 졸음 또는 정신능력 저하 등의 부작용에 대해서 인지해야 한다.
④ 신체 조정 능력이 향상되고, 시각 이상을 초래할 수 있다.

> 해설 신체 조정 능력이 감소하고 시각 이상을 초래 할 수 있다.

정답 : ④

74 다음 중 시야(각)와 관련되어 있는 뇌의 부분은?

① 전두엽 ② 후두엽 ③ 측두엽 ④ 두정엽

> 해설 전두엽(종합), 측두엽(청각), 두정엽(촉각)

정답 : ②

75 다음 중 광수용기(photoreceptor)에 대한 설명으로 옳지 않은 것은?

① 눈의 망막에는 빛을 받아들이는 세포인 광수용기가 존재한다.
② 광수용기 세포가 빛에 반응하는 전기 신호를 만들며, 이것이 시신경을 통해 뇌로 전달된다.
③ 광수용기는 추상체(cone)와 간상체(rod)로 구성된다.
④ 간상체의 비해 추상체의 개수가 더 많다.

> 해설 추상체는 약 7백만개, 간상체는 약 1억3천만개가 있다.

정답 : ④

76 다음 중 유인기에 비해 무인기의 사고 원인에서 인적에러 비율이 낮은 이유에 대한 설명으로 옳지 않은 것은?

① 무인기 자동화율이 높기 때문에 상대적으로 인간 개입의 필요성이 적기 때문이다.
② 설계 개념상 Fail-safe 개념의 시스템 이중 설계 적용이 미흡하고, 기계적 신뢰성이 상대적으로 높기 때문이다.
③ 민간 무인기 개발 역사가 상대적으로 초창기이기 때문에 기준 항공운송 분야와 마찬가지로 무인기 기술이 발전하면서 기계적 결함에 의한 사고는 크게 줄고 인적에러에 의한 사고가 증가할 것이라 예상된다.
④ 다른 항공산업 분야와 마찬가지로 무인기 조종사를 대상으로한 인적요인(Human Factors) 교육의 중요성이 요구되고 있다.

해설 무인기 사고 원인 중 인적에러 비율이 낮은 이유는 설계 개념상 Fail-safe 개념의 시스템 이중 설계 적용이 미흡하기 때문에 기계적 신뢰성이 낮기 때문이다.

정답 : ②

77 다음 중 SHELL 모델의 구성요소가 아닌 것은?

① Human   ② Software   ③ Environment   ④ Liveware

해설 H는 Hardware로서 비행과 관련된 장비·장치 등을 의미한다.(예 : 무인비행체, 항공기, 장비, 연장, 시설 등)

정답 : ①

78 다음 중 인적요인의 대표모델인 SHELL 모델 중 Software에 해당하지 않는 것은?

① 매뉴얼   ② 점검표   ③ 시설   ④ 법규

해설 시설은 Hardware에 해당한다.

정답 : ③

79 다음 중 실제 생활에서 맹점이 느껴지지 않은 이유로 옳은 것은?

① 양안시   ② 주간시   ③ 이중시   ④ 입체시

해설 인간은 양안시로 한쪽 눈이 각각 다른 쪽 눈의 맹점을 보완하기 때문에 실제 생활에서 맹점이 안 느껴진다.

정답 : ①

80 의사소통은 주로 비대면 상황이기 때문에 세가지 원칙을 지키는 것이 바람직하다. 세 가지 원칙에 해당하지 않는 것은?

① 간단성   ② 명료성   ③ 명확성   ④ 정확성

해설 의사소통 3대 원칙은 간단성, 명료성, 명확성이다.

정답 : ④

81 다음 중 인적요인에 대한 설명으로 옳지 않은 것은?

① 인적요인은 인간과 관련 주변 요소들 간의 독립성에 초점을 둔다.
② 호킨스에 의한 인적요인의 대표 모델은 인간, 하드웨어, 소프트웨어, 환경이다.
③ 인적요인의 목적은 수행의 증진과 인간가치의 상승이다.
④ 인간은 불완전한 존재이기 때문에 누구나 실수를 한다.

해설 인적요인은 인간과 관련 주변 요소들간 관계성에 초점을 둔다.

정답 : ①

82 다음 중 간상체의 특징에 대한 설명으로 옳은 것은?

① 주간   ② 높은 해상도   ③ 색채시   ④ 약 1억3천만개

해설 주간, 높은 해상도, 색채시, 추상체는 주간시에 해당한다.

정답 : ④

83 다음 중 간상체에 대한 설명으로 옳은 것은?

① 활동 주시간대는 야간이다.   ② 해상도가 높다.
③ 개수가 추상체보다 적다.   ④ 망막의 중심에 분포되어 있다.

해설 간상체는 색각의 형태는 흑백, 활동 주시간대는 야간, 망막의 주변에 분포, 약 1억3천만개로 추상체보다 개수가 많으며, 해상도는 낮다.

정답 : ①

84 다음 중 피로에 대한 설명으로 옳지 않은 것은?

① 연령이 높을 수록 피로에 약하다고 알려져 있다.
② 피로는 무인기 조종사의 수행능력에 부정적 영향을 미친다.
③ 급성피로는 삶의 질에 미치는 영향이 거의 없다.
④ 수면의 질과 상관없이 수면시간이 길면 피로하지 않다.

해설 피로를 예방 및 회복하기 위해서는 충분한 양과 질의 수면이 필수적이다. 급성피로는 삶의 질에 미치는 영향이 거의 없고 만성피로는 매우 크다.

정답 : ④

85 드론으로 아파트 주민을 관찰한 사례와 관련된 무인기의 문제는?

① 사생활 침해 ② 여객기 충돌 위험
③ 테러 위험 ④ 추락으로 인한 인명피해

해설 드론의 비행안전 문제는 충돌 위험, 추락 시 인명피해, 드론을 이용한 테러위험이 있고, 사생활 침해 문제는 드론을 활용한 불법적인 영상촬영 증가가 있다.

정답 : ①

86 다음 중 SHELL 모델에서 L-H에 대한 설명으로 옳은 것은?

① 인간의 특징에 맞는 조종기 설계, 감각 및 정보처리 특성에 부합하는 디스플레이 설계
② 인간과 절차, 매뉴얼 및 체크리스트 레이아웃 등 시스템의 비물리적인 측면
③ 인간에게 맞는 환경 조성
④ 조종자와 관제사 혹은 조종자와 육안 감시자 등 사람 간의 관계작용을 의미

해설 ② : L-S, ③ : L-E, ④ : L-L

정답 : ①

87 다음 중 광수용기에 대한 설명으로 옳은 것은?

① 추상체는 야간에 흑백을 보는 것과 관련이 있다.
② 간상체는 낮 시간 동안의 높은 해상도와 관련이 있다.
③ 추상체는 주로 망막의 주변부에 위치하기 때문에 야간시 암점과 관련이 있다.
④ 추상체와 비교할 때 간상체의 개수가 더 많다.

해설 눈의 망막에는 빛을 받아들이는 세포인 광수용이기 존재하며 광수용기는 추상체와 간상체로 구성된다.

구분	색깔의 형태	활동 주시간대	망막의 분포	개수	해상도
추상체	컬러	주간	중심	약 7백만개	높다
간상체	주간	야간	주변	약 1억3천만개	낮다

정답 : ④

88 무인기 인적에러에 의한 사고 비율은 유인기와 비교할 때 상대적으로 낮은 것으로 나타났다. 그 이유로 적절하지 않은 것은?

① 유인기와 비교할 때 무인기는 자동화율이 낮기 때문이다.

② 유인기에 비해 무인기는 인간 개입의 필요성이 적기 때문이다.

③ 무인기는 아직까지 기계적 신뢰성이 낮기 때문이다.

④ 설계 개념상 Fail-Safe 개념의 시스템 이중설계 적용이 미흡하기 때문이다.

해설 무인기의 자동화율이 높기 때문에 상대적으로 인간 개입의 필요성이 적다.

정답 : ①

89 다음 중 수면에 대한 설명으로 옳지 않은 것은?

① 수면은 크게 REM 수면과 비REM 수면으로 구분된다.

② REM 수면은 심장박동 및 호흡이 불규칙하며 꿈을 꾸는 단계이다.

③ 3단계 수면은 외부에서 오는 정보처리를 멈추고 뇌의 뉴런이 거대하고 빠른 전기파를 생성한다.

④ 수면이 부족할 경우에는 시각 지각, 단기 기억, 논리적 추론 등의 저하를 가져온다.

해설 비REM 수면 중 3단계 수면은 서파수면(Slow Eye Movement ; 급속안구운동)은 외부에서 오는 정보처리를 멈추고 뇌의 뉴런이 거대하고 느린 전기파를 생성, 기억 병합이 일어나 학습에 중요하다.

정답 : ③

90 다음 중 인적요인에 대한 설명으로 옳지 않은 것은?

① 인적요인이란 인간이 작업을 어떻게 수행하는지 행동적, 비행동적 변인들이 인간수행에 어떻게 영향을 미치는가를 다루는 분야이다(Meester, 1989).

② 인적요인(Human Factors)의 목적은 수행(Performance)의 증진과 인간가치의 상승이다.

③ 인적요인의 대표 모델인 Hawkins의 SHELL 모델은 인간과 관련 주변 요소들간의 관계성에 초점이 있다.

④ 인간과 인간, 기계, 각종 절차, 환경 등과의 독립적 작용을 다룬 것이다.

해설 인적요인은 인간과 인간, 기계, 각종 절차, 환경 등과의 상호작용을 다룬 것이다(박수애 등, 2006).

정답 : ④

91 망막에서 시신경이 한 곳에 모이는 지점으로 시세포가 없어 빛에 대한 반응이 일어나지 않는 부분을 무엇이라 하는가?

① 암점   ② 동공순응   ③ 맹점   ④ 망막순응

해설 맹점이 항공 분야에선 특정 구역이나 영역이 시각적으로 차단되어 있거나 제한되는 상황을 의미한다.

정답 : ③

92 다음 중 SHELL 모델이 대한 설명으로 옳지 않은 것은?

① L-H : 다수의 독립된 물적 또는 개념적 요소의 집합체

② L-L : 조종자와 관제사 혹은 조종자와 육안 감시자 등 사람 간의 관계작용을 의미

③ L-S : 인간과 절차, 매뉴얼 및 체크리스트 레이아웃 등 시스템의 비물리적인 측면

④ L-E : 인간에게 맞는 환경 조성

> 해설 L-H : 인간의 특징에 맞는 조종기 설계, 감각 및 정보처리 특성에 부합하는 디스플레이 설계

정답 : ①

93 다음 중 수면이 부족할 경우에 나타나는 증상으로 옳지 않은 것은?

① 시각지각 저하　　② 장기기억 저하　　③ 논리적 추론 저하　　④ 지속주의 능력 저하

> 해설 수면이 부족할 경우 단기기억이 저하된다.

정답 : ②

94 다음 중 피로 유발 요인 중 업무 관련 요인이 아닌 것은?

① 업무량　　② 실수에 대한 부담감　　③ 교대근무　　④ 연령

> 해설 업무 관련 피로유발 요인 → 업무량, 시간압박, 신체적 부담 작업, 실수에 대한 부담감, 장시간 근무, 교대근무, 부적절한 휴식 등
> 업무 외 요인 → 연령, 건강상태, 낮은 수면의 질, 수면 부족, 휴식시간 부족, 장거리 출퇴근 등

정답 : ④

95 다음 중 피로에 대한 설명으로 옳지 않은 것은?

① 피로는 무인기 조종자의 수행능력에 부정적 영향을 미친다.

② 피로할 때 원기가 없어지며 주위에서 말을 시켜도 대답하기 싫어한다.

③ 피로는 업무 과부하 등으로부터 발생하는 정신적 혹은 신체적 수행능력이 저하된 생리적 상태이다.

④ 업무량, 시간압박 등은 피로가 아니다.

> 해설 업무량, 시간압박은 업무 관련 피로유발 요인이다.

정답 : ④

96 다음 중 입체시에 대한 설명으로 옳은 것은?

① 주시안이 오른쪽일 경우 시계방향으로 원주비행하기가 편하다.
② 한쪽 눈을 감고 운전을 해도 잘 보인다.
③ 맹점현상은 양안시에 나타난다.
④ 두눈은 각기 다른 면을 보지만 이것을 뇌가 하나의 영상으로 합성하여 입체적으로 감각한다.

해설 주시안이 오른쪽일 경우 반시계방향 원주비행이 편하며, 맹점 현상은 양안시에는 나타나지 않는다.

정답 : ④

97 다음 중 피로 유발 요인 중 업무 관련 요인이 아닌 것은?

① 장시간 근무　　② 휴식시간 부족　　③ 교대 근무　　④ 시간 압박

해설 휴식시간 부족은 업무 외 피로 유발 요인이다.

정답 : ②

98 다음 중 국제민간항공기구 ICAO 사고방지 매뉴얼에서 정의하고 있는 인적 요인에 대한 설명으로 옳은 것은?

① 인적 요인은 인간에 대한 학문으로 인간이 업무 및 생활 속에서 부딪히는 여러 상황에 대해서 연구하는 분야
② 인적 요인은 넓은 의미에서 인간본질의 능력과 과학적 요소를 인식하고 그 관계를 최적화하여 능력성, 안정성, 효율성 등을 향상시키는 것
③ 인적 요인은 항공기 사고, 준사고, 사고방지와 관련된 인간관계 및 인간능력을 총칭하는 것
④ 인적 요인은 인간이 작업을 어떻게 수행하는지 행동적, 비행동적 변인들이 인간 수행에 어떻게 영향을 미치는가를 다루는 분야

해설 ① : 박수애 등(2006년), ② : 변순철(2016년), ④ : Meister(1989년)

정답 : ③

99 다음 중 드론 관련 사고 분석 내용에 대한 설명으로 옳지 않은 것은?

① 미군 국방부 사고통계 자료에 따르면 무인항공기 사고율은 유인기에 비해 약 10~100배 이상 높은 수치를 보임
② 이스라엘 IAI사의 무인항공기 사고통계 내역에 따르면 인적 오류는 약 22%를 차지함
③ 유인항공기도 무인항공기와 동일하게 기계적 결함으로 사고 비율이 증가하고 있다.
④ 유인항공기와 유사하게 무인항공기 분야 역시 사람에 의한(인적요인) 사고 비율 증가 예상

해설 민간항공 분야 기술 발전으로 기계적 결함 사고는 감소하고 사람에 의한 사고는 증가하고 있다.

정답 : ③

100 다음 중 이중시에 대한 설명으로 옳은 것은?

① 추상체만 기능
② 간상체만 기능
③ 추상체와 간상체의 기능 분화
④ 양안시에서 거리와 입체 판단

해설 주간시 → 추상체만 기능, 야간시 → 간상체만 기능,
이중시 → 추상체와 간상체의 기능 분화, 입체시 → 양안시에서 거리와 입체 판단

정답 : ③

101 광수용기는 추상체와 간상체로 구성되어 있다. 다음 중 광수용기에 대한 설명으로 옳은 것은?

① 추상체보다 간상체가 개수가 많고 주로 야간에 활동한다.
② 간상체보다 추상체가 개수가 많고 주로 야간에 활동한다.
③ 추상체보다 간상체가 개수가 많고 주로 주간에 활동한다.
④ 간상체보다 추상체가 개수가 많고 주로 주간에 활동한다.

해설 추상체 → 컬러, 주간, 약 7백만개, 간상체 → 흑백, 야간, 약 1억3천만개

정답 : ①

102 다음 중 유인항공기와 무인항공기의 감각입력 및 상황개입의 신속성에 대한 설명으로 옳지 않은 것은?

① 유인항공기는 조종사가 직접 몸으로 비행상태를 느끼며 비행
② 무인항공기는 영상장치(카메라), 레이더 등의 탐지기기를 통해 들어오는 정보를 간접적으로 인식하며 비행
③ 유인항공기는 조종사가 비행상태를 바로 인식할 수 있기 때문에 필요시에 신속하게 개입
④ 무인기는 지상에서 조종하기 때문에 간접적 상황인식이 어렵고 상황 개입이 지체될 수 있음

해설 무인기는 지상에서 조종하기 때문에 직접적 상황인식이 어렵고 상황 개입이 지체될 수 있음

정답 : ④

103 무인항공기는 전자장비로 비행하기 때문에 탐지하고 피하기(Detect & Avoid or Sense & Avoid)로 표현한다. 다음 중 현재까지 개발된 장치에 대한 설명으로 옳은 것은?

① 광학시스템 - 대형 무인항공기 장착에는 문제가 없으나, 소형 무인항공기는 탑재하중 및 전력량에 제약이 있으므로 소형화 및 저전력형 장비 개발이 관건이다.
② 레이더 - 날씨가 좋을 때는 문제가 없으나 안개, 연기 등 기상조건의 제약을 받는다.
③ 트랜스폰더 or ADS-B - 날씨가 좋을 때는 문제가 없으나 안개, 연기 등 기상 조건의 제약을 받는다.
④ TCAS - 속도가 느리고 기동성이 낮은 무인항공기에는 경고음만 발생하는 골칫거리가 될 수 있기 때문에 추후 연구가 필요하다.

해설 현재까지 개발된 장치의 성능이 인간의 눈에 필적하지 못함
- 광학시스템 : 안개, 연기 등 기상조건의 제약을 받는다.
- 레이더 : 유상하중에 제약이 많은 소형 무인항공기에 적합한 소형레이더가 아직 없다.
- 트랜스폰더 or ADS-B : 소형 무인항공기에는 탑재하중 및 전력량에 제약이 있으므로 소형화 및 저전력형 장비 개발이 관건이다.
- TCAS : 속도가 느리고 기동성이 낮은 무인항공기는 경고음만 발생하는 골칫거리가 될 수 있기 때문에 추후 연구가 필요하다.

※ TCAS(Traffic alert and Collision Avoidance System) : 공중충돌방지장치

정답 : ④

104 다음 중 초경량비행장치 인적 오류에 대한 설명으로 옳지 않은 것은?

① 인적 오류는 어떤 기계, 시스템 등에 의해 기대되는 기능을 발휘하고 못하고 부적절하게 반응하여 효율성, 안전성, 성과 등을 감소시키는 인간의 결정이나 행동을 말한다.
② 좁은 의미의 인적 오류는 일반적으로 기계나 시스템을 최종 조작하는 조작자의 오류만 인적 오류라고 생각할 수 있다.
③ 넓은 의미의 인적 오류는 설계자, 관리자, 감독자 등 시스템 설계와 조작에 관여하는 모든 사람에 대한 오류를 의미한다.
④ 인적 오류는 개인의 실수의 관점만으로 보기 때문에 사회적 환경 및 조직의 문제까지 고려한 포괄적 인식 및 다양한 접근이 필요 없다.

해설 인적 오류는 개인의 실수의 관점만으로 보기 보다는 사회적 환경 및 조직의 문제까지 고려한 포괄적 인식 및 다양한 접근이 필요하다.

정답 : ④

105 다음 중 드론 관련 사고 분석 내용으로 옳지 않은 것은?

① 드론과 여객기 충돌 위험
② 드론 관련 일자리 감소
③ 드론을 이용한 테러 위험
④ 사생활 침해

해설 드론 관련 일자리는 증가하고 있다.

정답 : ②

106 드론 관련 논란 중 드론을 활용한 불법적인 영상촬영 증가와 관련 있는 것은?

① 드론과 여객기 충돌
② 사생활 침해
③ 고장으로 인한 추락 시 인명 피해 우려
④ 드론을 이용한 테러 위험

해설 드론을 활용한 불법적인 영상촬영 증가는 개인 사생활 침해와 관련이 있다.

정답 : ②

107 다음 중 효율적인 수면을 위한 방법으로 옳지 않은 것은?

① 수면 전 잔잔한 영상 시청 ② 규칙적인 수면 습관
③ 충분한 양의 햇빛 ④ 적당한 운동

해설 수면 전 TV, 컴퓨터, 스마트폰 사용은 수면을 방해한다. 전자기기의 빛이 생체 리듬에 부정적 영향을 미쳐 멜라토닌 분비가 억제된다.

정답 : ①

108 다음 중 추상체에 대한 설명으로 옳은 것은?

① 추상체는 어두운 곳에서 움직이는 시세포이다.
② 추상체는 막대모양으로 생겼다.
③ 추상체는 색채시와 관련이 있다.
④ 추상체는 약1억3천만개가 있다.

해설 어두운 곳에서 움직이는 시세포는 간상체이며 간상체가 막대모양(추상체는 원추모양)이다. 이러한 간상체는 약1억3천만개가 있다.

정답 : ③

109 SHELL 모델에서 L-H에 해당하는 것은 무엇인가?

① 시설 ② 규정 ③ 매뉴얼 ④ 작업카드

해설 H는 Hardware의 약자로 비행과 관련된 장비·장치 등을 의미한다.(예:무인비행체, 항공기, 장비, 연장, 시설 등)

정답 : ①

110 다음 중 수면의 특징에 대한 설명으로 옳지 않은 것은?

① 수면은 생체리듬 유지와 피로회복의 필수요소이다.
② 짧게 잠을 자도 숙면을 취하면 피로하지 않다.
③ 규칙적인 수면습관은 정상적인 뇌 기능을 위해 중요하다.
④ 충분한 양의 수면과 높은 질의 수면은 피로를 완화하기 위해 가장 중요한 요인이다.

해설 성인의 경우 평균 7~9시간 정도의 수면이 필수적이다.

정답 : ②

111 SHELL 모델에서 조종자와 관제사 혹은 조종자와 육안감시자 등 사람 간의 관계작용을 의미하는 것은?

① L-H ② L-S ③ L-L ④ L-E

해설 L-L : 조종자와 관제사 혹은 조종자와 육안감시자 등 사람 간의 관계작용을 의미
L-H : 인간의 특징에 맞는 조종기 설계, 감각 및 정보 처리 특성에 부합하는 디스플레이 설계
L-S : 인간과 절차, 매뉴얼 및 체크리스트 레이아웃 등 시스템의 비물리적인 측면
L-E : 인간에게 맞는 환경 조성

정답 : ③

Part 02

비행 공역

Chapter 1. 비행 공역 핵심정리

Chapter 2. 기출복원문제 풀이

CHAPTER 01

비행 공역 핵심정리

✈ 공역의 개념 및 관리

1. 공역 정의 및 관리 (국토교통부 공역관리규정 제2조)

1) 공역의 정의

공역이란 (→ 방공식별구역이란 X) 항공기, 초경량비행장치 등의 안전한 활동을 보장하기 위하여 지표면 또는 해수면으로부터 일정 높이의 특정 범위로 정해진 공간을 말한다.

2) 공역의 관리

항공기 등의 안전하고 신속한 항행과 국가안전보장을 위하여 국가 공역을 체계적이고 효율적으로 관리·운영하는 제반 업무를 말한다.

3) 공역관리의 권한 : 국토교통부장관

- 인천 비행정보구역(인천FIR) 내 공역의 지정 및 관리
- 체계적이고 효율적인 공역 관리를 위해 타 기관 또는 소속기관에 공역에 관한 권한의 일부를 위임·위탁 가능 (→ 불가능 X)
- 인천 FIR 내 공역의 권한과 범위는 국토교통부장관이 정하여 고시

2. 공역의 관리 및 운영

1) 국토교통부장관이 통제 : 공역위원회 운영

국토교통부장관은 인천 비행정보구역내 항공기의 안전하고 효율적인 비행과 항공기의 수색 또는 구조에 필요한 정보제공을 위한 공역을 지정·공고하며, 공역의 설정 및 관리에 필요한 사항을 심의하기 위하여 공역위원회를 운영
관제공역, 비관제공역, 통제공역, 주의공역 등의 설정·조정 및 관리 ↵

2) 항공교통본부장이 통제 : 공역실무위원회 운영

항공교통본부장은 공역위원회에 상정할 안건을 사전에 심의·조정하고, 공역위원회로부터 위임 받은 사항을 처리하기 위한 실무기구로 공역실무위원회를 운영

3. 공역 설정 기준(항공안전법 시행규칙 제221조제2항)

> 법 제78조(공역 등의 지정)제3항에 따른 공역의 설정기준은 다음 각 호와 같다.
> 1. 국가안전보장과 항공안전을 고려할 것
> 2. 항공교통에 관한 서비스의 제공 여부를 고려할 것
> 3. 이용자의 편의에 적합하게 공역을 구분할 것
> 4. 공역이 효율적이고 경제적으로 활용될 수 있을 것

4. 주권공역

> - 영공 : 대한민국의 영토와 내수 및 영해의 상공으로 완전하고 배타적인 주권을 행사할 수 있는 공간
> - 영토 : 헌법제3조에 의한 한반도와 그 부속도서
> - 영해 : 영해 및 접속수역법에 따라 기선으로부터 측정하여 그 외측 12해리(→ 13해리 X) 선까지 이르는 수역
> ※ 공해상(Over The High Seas)에서의 체약국의 의무
>   - 체약국은 공해상에서 운항하는 항공기에 적용할 자국의 규정을 시카고조약에 의거하여 수립하여야 하며, 수립된 규정을 위반하는 경우 처벌 가능(시카고 조약 12조)

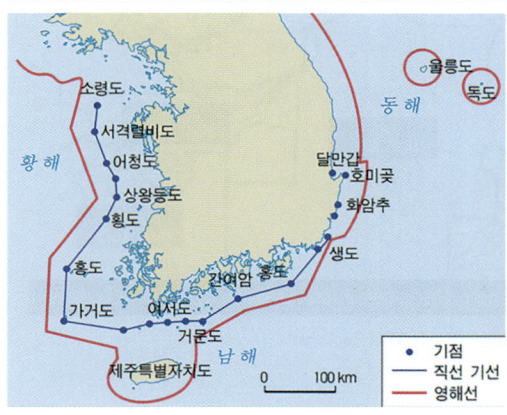

「기선과 영해의 범위」 　　　「영해와 영공의 범위」

5. 비행정보구역(FIR, Flight Information Region)

> - 항공기, 경량항공기 또는 초경량비행장치의 안전하고 효율적인 비행과 수색 또는 구조에 필요한 정보를 제공하기 위한 공역으로서 국제민간항공협약 및 부속서에 따라 국토교통부장관이 그 명칭, 수직 및 수평 범위를 지정·공고한 공역(항공안전법 제2조)
> ※ FIR은 ICAO 지역항행협정에서의 합의에 따라 이사회가 결정하며, 국제민간항공협약 부속서 2(항공규칙) 및 11(항공교통업무)에서 정한 기준에 따라 당사국들은 관할 공역내에서 등급별 공역을 지정하고 항공교통업무를 제공하도록 규정하고 있음

※ 단순 참고

> - 국제민간항공협약 부속서 2(항공규칙) : 항공기의 비행과 관련된 규칙을 규정하고 있으며, 모든 항공기는 지정된 공역 내에서 이 규칙을 준수해야 한다. 여기에는 항공기의 운영, 통신, 비행 규칙 등이 포함된다.
> - 국제민간항공협약 부속서 11(항공교통업무) : 항공 교통 관제, 비행 정보 제공, 경고 서비스 등 항공교통업무에 관한 기준을 규정하고 있다. 여기에는 항공 교통의 안전성과 효율성을 보장하기 위한 다양한 업무 절차와 요구 사항을 명시한다.

공역의 분류

6. 국제민간항공기구 항공교통관리공역(ICAO ATM Regions)

1) 국제민간항공기구의 경우 전 세계를 8개의 항공교통관리공역으로 구분

구 분	계	NAT	EUR	AFI	MID/ASIA	PAC	NAM	CAR	SAM
FIR 수	343	7	101	36	118	6	31	24	20

↳ 우리나라가 속해 있는 항공교통관리공역 : MID/AISA 권역

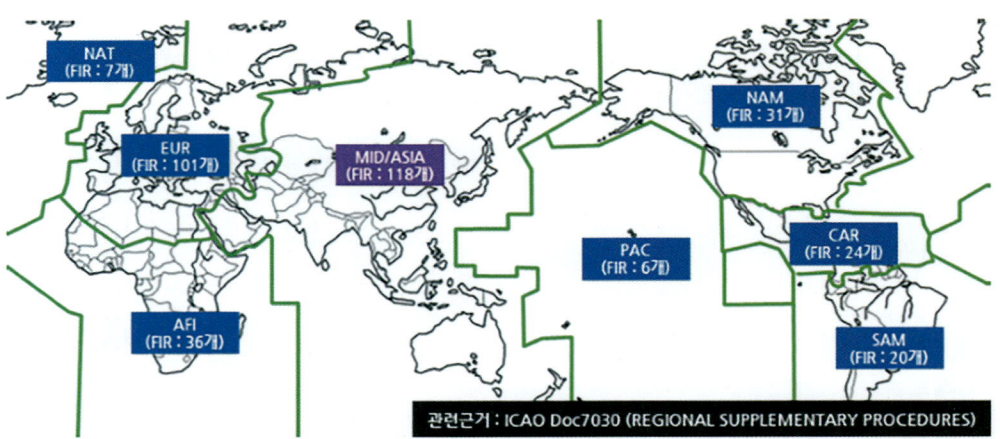

국제민간항공기구의 항공교통관리권역(ICAO ATM Regions)

2) ICAO 지역사무소 : 7개소

약 어	권역사무소 명칭	위 치
APAC	아·태(Asia·Pacific) 권역사무소	태국 방콕
ESAF	동·남아프리카(East·South Africa) 권역사무소	케냐 나이로비
WACAF	중·서아프리카(Middle·West Africa) 권역사무소	세네갈 다카
EUR/NAT	유럽·북대서양(Europe·North Atlantic) 권역사무소	프랑스 파리
MID	중동(Middle) 권역사무소	이집트 카이로
NACC	북·중미(North·Middle America, Caribbean) 권역사무소	멕시코 멕시코시티
SAM	남미(South America) 권역사무소	페루 리마

↳ 우리나라가 속해 있는 지역사무소 : APAC(태국 방콕에 위치)

7. 인천 FIR 범위 / 구성 / 인접 FIR

1) 인천 FIR 범위

북쪽	동쪽	남쪽	서쪽
휴전선	속초 동쪽 약 210NM	제주 남쪽 약 200NM (→ 남쪽 약 100NM X)	인천 서쪽 약 130NM (→ 서쪽 약 180NM X)

※ 1NM(Nautical Mile) = 1,852m = 1.852km

┗ ※ 단순 참고 : 노티컬 마일은 지구의 경도와 위도를 기준으로 정의되며, 지구의 둘레를 360도로 나누고 각도를 60분으로 나눴을 때, 1분의 호에 해당하는 거리이다. 노티컬 마일은 지리적 좌표계와 일치하기 때문에, 항해와 항공에서 더 정확한 거리 측정이 가능하며, 이는 지구의 곡률을 고려한 측정이기 때문에 유용한 것이다.

2) 구성

- 항공로 : 52개(국내 41개, 국제 11개)
- 관제권 : 31개
- 접근관제구역 : 14개
- 특수사용공역 : 223여 개(통제공역 90개, 주의공역 133개 등)

3) 인천 FIR의 인접 FIR : 북쪽으로 **평양 FIR**, 서쪽으로 **상해 FIR**, 동쪽으로 **후꾸오카 FIR**

4) 인접 국가 FIR 면적 비교 순위

> 중국 960만㎢ 〉 일본 930만㎢ 〉 한국 43만㎢ 〉 대만 41만㎢ 〉 홍콩 37만㎢ 〉 북한 32만㎢

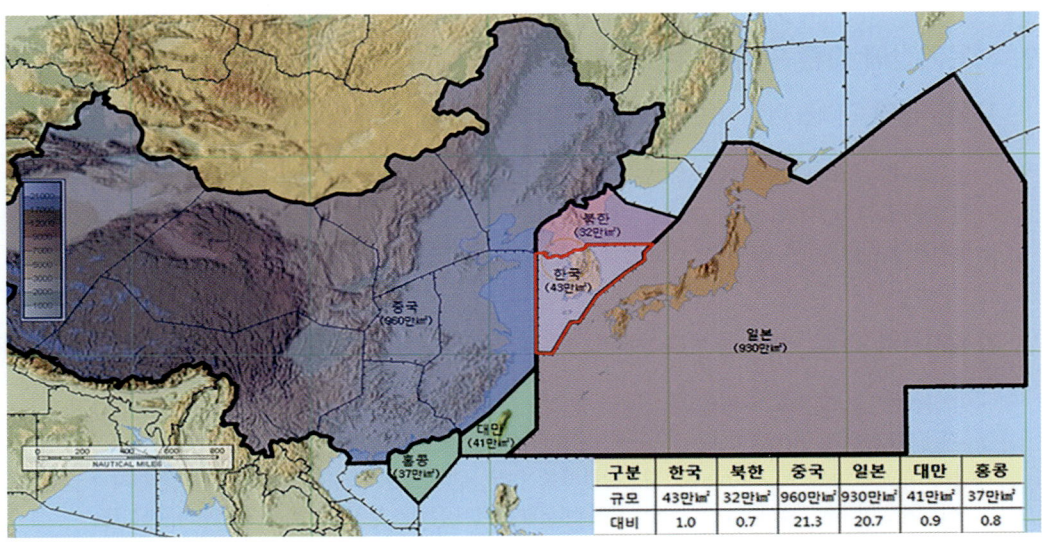

공역의 구분

8. 공역의 구분

1) 목적

비행정보구역(FIR)을 여러 공역으로 등급화하여 설정하고, 각 공역 등급별 비행 규칙, 항공교통업무 제공, 필요한 항공기 요건 등을 정하여 구분·운영하기 위함

2) 공역의 구분 방법 : 사용기간에 따른 구분, 항공교통업무 제공에 따른 구분, 사용목적에 따른 구분

- 사용기간에 따른 구분 : 영구 공역(3개월 이상), 임시 공역(3개월 미만)
- 항공교통업무 제공에 따른 구분 : 관제공역(A등급, B등급, C등급, D등급, E등급), 비관제공역(F등급, G등급)
- 사용목적에 따른 구분
  ↳ 관제공역 : 관제권, 관제구, 비행장교통구역
  　비관제공역 : 조언구역, 정보구역
  　통제공역 : 비행금지구역, 비행제한구역, 초경량비행장치 비행제한구역
  　주의공역 : 훈련구역, 군작전구역, 위험구역, 경계구역, 초경량비행장치 비행구역

3) 공역의 등급 개수 / 등급 구분 목적

공역의 등급은 7개 등급(A등급, B등급, C등급, D등급, E등급, F등급, G등급)으로 각 등급별 준수해야 할 비행요건, 제공업무 및 비행절차 등에 관하여 기준을 정함으로써 항공기의 안전운항 확보를 목적으로 함

9. 사용기간에 따른 구분 : 영구공역, 임시공역

1) 영구공역 : 3개월 이상 사용 목적으로 항공정보간행물(AIP)에 국토교통부장관이 지정하고 고시

- 영구공역은 공역의 사용기간이 명시되어 있지 않거나 또는 통상적으로 3개월 이상 동일 목적으로 사용되는 일정한 수평 및 수직 범위의 공역
- 관제공역, 비관제공역, 통제공역, 주의공역 등 항공정보간행물(AIP)에 국토교통부장관이 지정하고 고시

2) 임시공역 : 3개월 미만 사용 목적으로 국토교통부 항공교통본부장 또는 지방항공청장이 NOTAM 등으로 지정

- 임시공역은 공역의 설정 목적에 맞게 3개월 미만의 기간 동안 단기적으로 설정되는 수평 및 수직 범위의 공역
- 국토교통부 항공교통본부장 또는 지방항공청장이 NOTAM 등으로 지정
※ NOTAM(Notice To Airmen) : 항공관련시설, 업무, 절차 또는 장애요소, 항공기 운항관련자가 필수적으로 적시에 알아야할 지식 등의 신설, 상태 또는 변경과 관련된 정보를 통신수단을 통해 배포하는 공고문

10. 제공하는 항공교통업무에 따른 구분 : 관제공역(A, B, C, D, E등급), 비관제공역(F, G 등급)

1) 제공하는 항공교통업무에 따른 공역 구분 도표

구 분		내 용
관제 공역	A등급	• 모든 항공기가 계기비행을 해야 하는 공역(관제 및 분리 제공) ※ FL 200 초과 ~ FL 600 이하
	B등급	• 계기비행 및 시계비행을 하는 항공기가 비행 가능하고, 모든 항공기에 분리를 포함한 항공교통관제업무가 제공되는 공역 ※ 3개 : 인천, 김포, 제주공항
	C등급	• 모든 항공기에 항공교통관제업무가 제공되나, 시계비행을 하는 항공기간에는 교통정보만 제공되는 공역 ※ 11개 : 김해, 광주, 사천, 대구, 강릉, 중원, 서산, 원주, 예천, 군산, 포항
	D등급	• 모든 항공기에 항공교통관제업무가 제공되나, 계기비행을 하는 항공기와 시계비행을 하는 항공기 및 시계비행을 하는 항공기간에는 교통정보만 제공되는 공역 ※ 17개 : 오산, 양양, 서울, 청주, 수원, 성무, 평택, 울산, 여수, 목포, 무안, 울진, 정석, 진해, 이천, 논산, 속초
	E등급	• 계기비행을 하는 항공기에 항공교통관제업무가 제공되고, 시계비행을 하는 항공기에 교통정보가 제공되는 공역 ※ 인천 FIR 중 A, B, C, D등급 공역 이외의 관제공역
비관제 공역	F등급	• 계기비행을 하는 항공기에 비행정보업무와 항공교통조언업무가 제공되고, 시계비행을 하는 항공기에 비행정보가 제공되는 공역
	G등급	• 모든 항공기에 비행정보업무만 제공되는 공역 ※ 드론이 비행가능한 공역

※ 단순 참고 : 공역의 수직범위 표기 방법(공역관리규정 별표4)

• 고도는 피트(feet)를 사용하며, 비행고도가 1만4천 피트 이상일 때는 비행고도(FL:Flight Level)로 표기한다. 고도표기는 평균해수면(MSL:Mean Sea Level)를 기준으로 하며 필요시 지면고도(AGL:Above Ground Level)로 표기할 수 있다.
이 경우 반드시 고도에 "AGL"을 명시하여야 한다.
• FL200=20,000ft, 1ft=0.3048m, FL200=20,000ft=6.096m

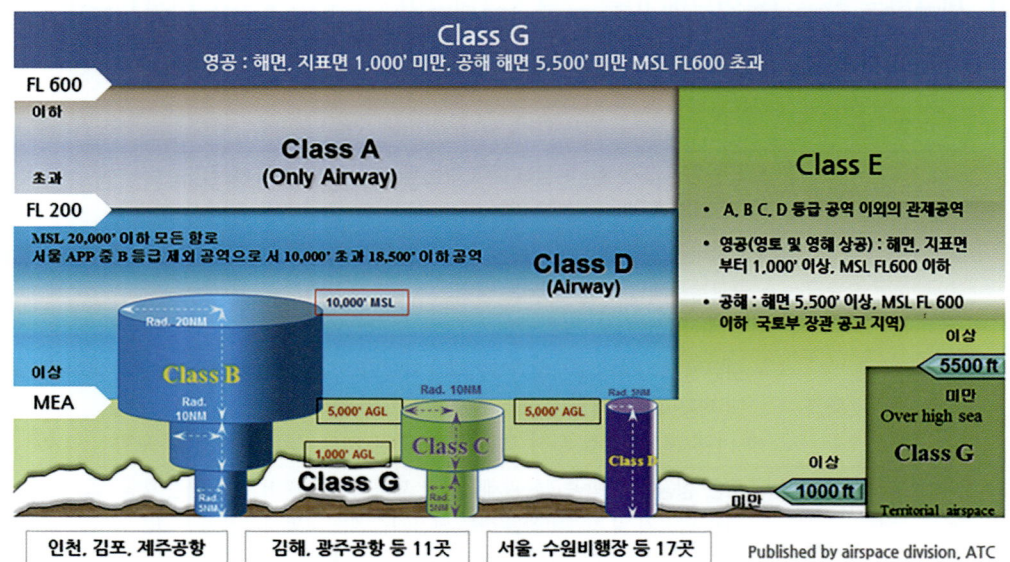

2) G등급 공역

- 공역 범위 : 인천FIR 중 A, B, C, D, E, F등급 이외의 비관제공역으로 국토교통부장관이 공고한 공역
  ↳ 영공(영토 및 영해 상공) : 해면 또는 지표면으로부터 1,000ft 미만
     공해상 해면에서 5,500ft 미만, 평균 해면 : 60,000ft 초과 공역
- 비행 요건 : IFR 및 VFR 비행이 모두 가능하며(→ 모든 항공기가 계기비행을 해야 한다 X), 조종사에게 특별한 자격이 요구되지 않는다.(→ 요구된다 X)
- 무선설비 및 장비 : 구비해야 할 장비가 특별히 요구되지 않는다.(→ 요구된다 X)
- 제공 업무 : 모든 항공기에게 비행정보업무만 제공된다.
  ↳ 비행정보업무(Flight Information Service)는 안전하고 효율적인 비행에 유용한 조언 및 정보를 제공할 목적으로 수행하는 업무를 말한다.

※ 단순 참고 : IFR(계기비행 규칙), VFR(시계비행 규칙)

- IFR(Instrument Flight Rules) : 관제사에 의해 다른 항공기로부터 분리업무를 받을 동안 오직 계기에 의존하여 운항하는 비행규칙으로 고도, 속도, 비행방향 등 운항에 영향을 미치는 모든 조작은 관제사의 허락 없이 변경이 불가능
- VFR(Visual Flight Rules) : 시계비행기상 최저치의 시정(3SM, 1SM=1,609m) 이상의 조건하에서 운항하는 비행규칙으로 조종사가 스스로 시각적으로 주변 지형지물이나 항공기를 확인하고 회피해야 할 의무가 있으며, 이 때 조종사는 비행 조작에 대한 자율성이 보장됨

11. 공역의 사용 목적에 따른 구분 : 관제공역, 비관제공역, 통제공역, 주의공역

1) 관제공역 : 관제권, 관제구, 비행장교통구역
 └ 항공교통의 안전을 위하여 항공기의 비행 순서·시기 및 방법 등에 관하여 국토교통부장관의 지시를 받아야 할 필요가 있는 공역

(1) 관제권(CTR : Control Zone) : 비행장 또는 공항과 그 주변의 공역

- 항공안전법 제2조제25호에 따른 공역으로서 비행정보구역 내의 B, C 또는 D등급 공역 중에서 시계 및 계기비행을 하는 항공기에 대하여 항공교통관제업무를 제공하는 공역
- 계기비행 항공기가 이착륙하는 공항 주위에 설정하는 공역으로 공항중심(ARP)으로부터 반경 5NM 내에 있는 원통구역과 계기출발 및 도착절차를 포함하는 공역을 말하며,
  그 권역 상공에 다른 공역이 설정되지 않는 한 상한고도는 없음(→ 있다 X)
- 관제권은 기본 공항을 포함하여 다수의 공항을 포함(→ 하나의 공항을 포함 X, 다수의 공항을 포함하지 않는다 X)
- 관제권을 지정하기 위해서는 관제탑, 항공무선통신시설과 기상관측시설이 있어야 함
- 이 공역은 항공지도상에 운영에 관한 조건과 청색 단속선으로 표시
- 수평적으로 비행장 또는 공항 반경 5NM(9.3km),
  수직적으로 지표면으로부터 3,000ft 또는 5,000ft까지의 공역
- 국내 공항 현황
  └ 국제 공항(8개소) : 김포, 인천, 양양, 청주, 대구, 무안, 김해, 제주
    국내 공항(8개소) : 원주, 울진, 포항, 울산, 군산, 광주, 여수, 사천
    군민 공항(8개소) : 원주, 청주, 대구, 포항, 군산, 광주, 사천, 김해

※ 단순 참고 : 공항중심(ARP)   출처:항공위키

- 공항중심은 비행장 표점(ARP : Ariport 또는 Aerofdrome Reference Point)을 의미한다.
  - 비행장, 공항의 지정된 지리적 위치를 말하며 비행장 표점이라고도 한다.
  - 모든 공항에는 착륙대의 중심을 표시하는 기준지점으로 공항과 공항 간의 거리를 측정할 때 사용되는 항로원표
  - 비행장 표점은 일반적으로 착륙대를 포함한 공항 전체의 기하학적 중심점으로 정해지는 것이 일반적이지만 장기적인 확장 계획이 있는 경우 이를 고려해 비행장 표점을 정하기도 한다.
  - 비행장 표점은 단순한 중심점이 아니며 ICAO에 등록된 공항으로서의 현주소다.
    또한 공항 주변에 대한 행정 규제 등도 이 비행장 표점을 기준으로 한다.
    예를 들어 공항 반경 4킬로미터 이내 높이 제한을 둔다거나 할 때의 '4킬로미터'의 기준이 바로 비행장 표점이다.

(2) 관제구(CTA : Control Area) : 항공로 및 접근관제구역을 포함

- 항공안전법 제2조제26호에 따른 공역(항공로 및 접근관제구역 포함)으로 비행정보구역 내의 A, B, C, D, E등급 공역에서 시계 및 계기비행 항공기에 대해 항공교통관제업무를 제공하는 공역
- 지표면 또는 수면으로부터 200미터 이상(→ 초과 X, 미만 X, 이하 X) 높이의 공역
- FIR내의 접근관제구역(TCA 또는 TMA)과 항공로를 포함한(→ 제외한 X) 구역

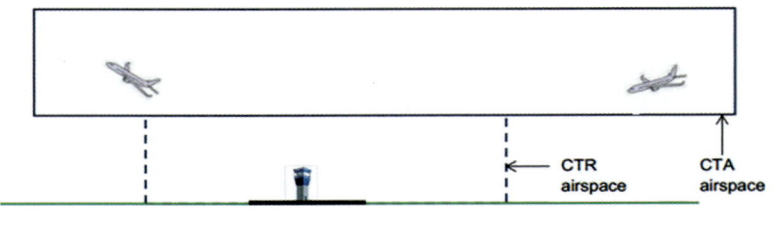

① 항공로

- 항공기의 항행에 적합하도록 항행안전무선시설(VOR : VHF Omnidirectional Range, 단방향 무선 항법 시스템 등)을 이용하여 설정하는 공간의 통로
- 항공로는 일정한 폭(보통 중심선 좌우 5NM)을 가짐
- 항공로 폭 및 고도 : 최저항공로고도(MEA:Minimum Enroute Altitude)~FL600까지의 공역
  - D등급 공역 : 최저항공로고도(MEA) 이상 ~ FL200 이하의 공역
  - A등급 공역 : FL200 초과 ~ FL600 이하까지 공역
- 52개소 : 국제 11개, 국내 41개
  └ 국제 항공로 : 코스번호를 알파벳 A, B, G, L 한 글자에 아라비아 숫자 3글자 붙여 표기
     국내 항공로 : 코스번호를 알파벳 V, W, Y, Z 한 글자에 아라비아 숫자 2~3글자 붙여 표기

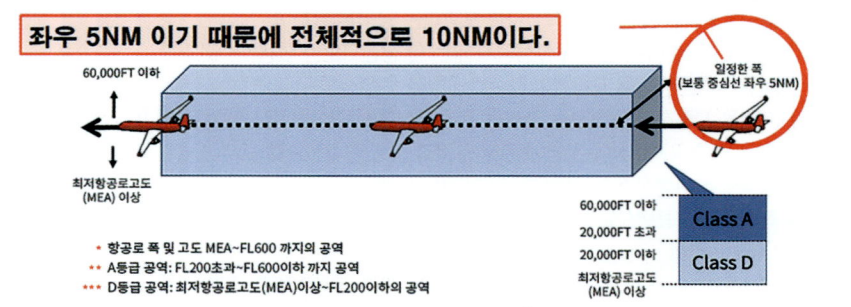

② 접근관제구역(TCA : Terminal Control Area 또는 TMA : Terminal Maneuvering Area)

- 관제구의 일부분으로 항공교통센터(ACC : Area Control Center)로부터 구역, 업무범위, 사용 고도 등을 위임받아 운영
- 계기비행 항공기가 공항을 출발 후 항공로에 도달하기까지의 과정이나 도착하는 항공기가 항공로를 벗어난 후 공항에 착륙하는 비행단계에 대하여 항공교통업무(ATS : Air Traffic Services)(→ 비행정보업무를 제공 X)를 제공하기 위하여 설정된 공역
- 접근관제소에서 레이더 절차나 비레이더 절차에 따라 운영하며, 이 구역 내에는 하나 이상의 공항이 포함되어 해당 접근관제소의 접근관제업무를 제공
- 인천 FIR내 접근관제구역 : 14개소
  └ 국토교통부 통제(2개소) : 서울, 제주
     한국 공군 통제(9개소) : 김해, 광주, 사천, 대구, 강릉, 중원, 해미, 원주, 예천
     한국 해군 통제(1개소) : 포항
     미 공군 통제(2개소) : 오산, 군산

(3) 비행장교통구역(ATZ : Aerodrome Traffic Zone)

- 항공안전법 제2조제25호에 따른 공역 외의 공역으로서 비행정보구역 내의 D등급에서 시계비행(→ 계기비행 X)을 하는 항공기 간에 교통정보를 제공하는 공역
- 비행장교통구역 설정기준
  └ 시계비행 항공기가 운항하는 비행장관제탑이 설치된 비행장
     출발·도착 시계비행절차가 있을 것
     무선교신시설 및 기상측정장비 구비
- 수평적으로 비행장 또는 공항 반경 3NM, 수직적으로 지표면으로부터 3,000ft까지의 공역
- 13개 : 육군 11개, 민간 2개
  └ 군 비행장교통구역만 있다 X

2) 비관제공역 : 조언구역, 정보구역

↳ 관제공역 외의 공역으로서 항공기에 탑승하고 있는 조종사에게 비행에 필요한 조언이나 비행정보 등을 제공하는 공역

(1) 조언구역 : 항공교통조언업무가 제공되도록 지정된 비관제공역
(2) 정보구역 : 비행정보업무가 제공되도록 지정된 비관제공역

3) 통제공역 : 비행금지구역, 비행제한구역, 초경량비행장치 비행제한구역

↳ 항공교통의 안전을 위하여 항공기의 비행을 금지하거나 제한할 필요가 있는 공역

(1) 비행금지구역(P : Prohibited Area)

- 안전, 국방상, 그 밖의 이유로 항공기의 비행을 금지하는 공역
- 5개소 : P73 1/2, P518, P518W, P518E
  - P73 : 대통령 집무실 및 관저로부터 반경 3.7km인 2개의 원 외곽 경계선을 연결한 구역
  - P518 : 휴전선

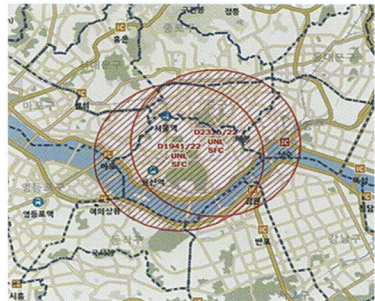

P73(관저, 집무실 각 2NM 외곽을 연결하는 선(2022.12.29.부)

P518
 - 2018. 11월 1일부 유효, 2024. 6월 4일부 전부 효력정지

(2) 비행제한구역(R : Restricted Area)

- 항공사격·대공사격 등으로 인한 위험으로부터 항공기의 안전을 보호하거나 그 밖의 이유로 비행허가를 받지 않은 항공기의 비행을 제한하는 공역
- 84개소

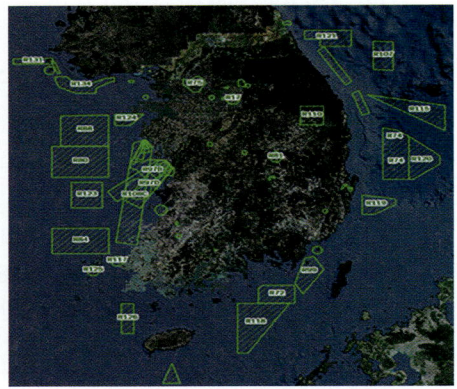

「수도권 R75 비행제한구역」

(3) 초경량비행장치 비행제한구역(URA : Ultralight Vehicle Flight Restricted Area)

초경량비행장치의 비행안전을 확보하기 위하여 초경량비행장치의 비행활동에 대한 제한이 필요한 공역

4) 주의공역 : 훈련구역, 군작전구역, 위험구역, 경계구역, 초경량비행장치 비행구역

↳ 항공기의 비행 시 조종사의 특별한 주의·경계·식별 등이 필요한 공역

구분	영문	내용	개소
훈련구역 CATA	Civil Aircraft Training Area	민간항공기의 훈련공역으로서 계기비행 항공기로부터 분리를 유지할 필요가 있는 공역	민간 9개소
군작전구역 MOA	Military Operation Area	군사작전을 위하여 설정된 공역으로서 계기비행 항공기로부터 분리를 유지할 필요가 있는 공역	군 55개소
위험구역 D	Danger Area	항공기의 비행 시 항공기 또는 지상시설물에 대한 위험이 예상되는 공역 ※ 지상시설물 : 원자력발전소, 사격장, 폭발물처리장 등 포함	민간/군 32개소
경계구역 A	Alert Area	대규모 조종사의 훈련이나 비정상 형태의 항공활동이 수행되는 공역 ※ 2004년 7월부 주의공역 편성	7개소
초경량비행장치 비행구역 UA	Ultralight Vehicle Flight Area	초경량비행장치의 비행 활동이 수행되는 공역으로 그 주변을 비행하는 자의 주의가 필요한 공역 ※ 2022년 12월부 주의공역 편성	30개소

12. 기타 공역

1) 방공식별구역(ADIZ : Air Defense Identification Zone)

- 영공방위를 위하여 동 공역을 비행하는 항공기에 대하여 식별, 위치결정 및 통제업무를 실시하는 공역
- 비행정보구역과는 별도로 한국방공식별구역(KADIZ)을 설정하여 국방부(→ 국토교통부에서 관리 X)에서 관리

※ 단순 참고

방공식별구역은 관할 국가의 배타적 주권이 미치는 영토·영해·영공과는 법적 성질이 다르다.
일반적으로 외국 항공기가 자국의 방공식별구역에 진입했다는 이유로 무력공격을 하거나 격추하는 것은 국제법상 허용되지 않지만, 위치와 국적확인 등 식별과 퇴거유도는 허용된다고 보는 것이 국제법 전문가들의 통상적 해석이다.

2) 제한식별구역(LIZ : Limited Identification Zone)

- 방공식별구역에서 평시 국내 운항을 용이하게 하고, 방공작전의 편의를 도모하기 위하여 설정한 구역
- 우리나라 해안선을 따라 한국제한식별구역(KLIZ)을 설정하여 국방부(→ 국토교통부에서 관리 X)에서 관리
- 항공기 식별 안 될 경우 요격기 투입

초경량비행장치 비행공역

13. 초경량비행장치 비행구역(UA:Ultralight Vehicle Flight Areas) : 30개소(UA2 ~ UA43)

- 초경량비행장치 : 17개 구역(UA2 ~ UA30)
- 무인비행장치만 가능 : 13개 구역(UA31 ~ UA43)
- UA 구역에서 주간, 500ft 이하의 고도로 제약 없이 비행할 수 있음
- 초경량비행장치 비행제한공역에서 비행승인을 받은 경우는 비행 가능

14. 초경량비행장치 종류별 사용 공역 및 승인

종 류	비 행 승 인
동력비행장치 (자체중량 115kg 이하)	• 타면조종형 비행장치 및 체중이동형 비행장치의 경우 UA공역을 제외한 모든 공역에서 비행승인을 받아야 함
회전익비행장치 (자체중량 115kg 이하)	• 초경량헬리콥터 및 자이로플레인 경우 UA공역을 제외한 모든 공역에서 비행승인을 받아야 함
동력패러글라이더 (자체중량 115kg 이하)	• UA공역을 제외한 모든 공역에서 비행승인을 받아야 함
유인자유기구 및 무인자유기구	
인력활공기 (자체중량 70kg 이하)	• 비사업용 행글라이더/패러글라이더는 관제권 및 비행금지구역을 제외하고 고도 500ft 이하에서 제약 없이 비행할 수 있음 • 사업용의 경우 UA공역을 제외한 모든 공역에서 비행승인이 필요함
계류식 무인비행장치 및 낙하산	• 비사업용의 경우 관제권 및 비행금지구역을 제외하고 고도 500ft 이하에서 제약 없이 비행할 수 있음 • 사업용의 경우 UA공역을 제외한 모든 공역에서 비행승인이 필요함
유인 계류식기구 및 무인 계류식기구	
무인동력비행장치 (무인비행기, 무인멀티콥터, 무인헬리콥터)	• 최대이륙중량 25kg을 초과한 경우 UA공역을 제외한 모든 공역에서 비행승인을 받아야 함 • 최대이륙중량 25kg이하인 경우 관제권 및 비행금지구역을 제외하고 500ft 이하의 고도에서 제약 없이 비행할 수 있음
무인비행선	• 자체중량이 12kg 초과 180kg 이하, 길이가 7m 초과 20m 이하인 경우 UA공역을 제외한 모든 공역에서 비행승인을 받아야 함 • 자체중량이 12kg이하이며 길이가 7m 이하인 경우 관제권 및 비행금지구역을 제외하고 500ft 이하의 고도에서 제약 없이 비행할 수 있음

공역 기타 내용

15. 공역 관련 조종자로서 알아야 할 내용

1) 취미활동으로 무인비행장치를 이용하는 경우라도 조종자 준수사항은 반드시 지켜야 한다.
2) 비행금지구역이나 관제권에서 비행할 경우에도 무게나 비행 목적에 관계없이 허가가 필요하다.
3) 실내 공간에서 드론을 비행 시 비행승인은 필요 없다. 실내 공간이라면 비행승인 없이 야간에도 가능하다.
4) 항공사진 촬영 허가권자는 국방부 장관이며 국방정보본부 보안암호정책과에서 업무를 담당하고 있다. 공공기관, 신문방송사 사용 목적인 경우 대행업체(촬영업체 등)가 아닌 직접 신청만 가능하며, 일반 업체의 경우 원 발주처의 신청을 원칙으로 하되, 촬영업체가 신청하는 경우 계약서 등 첨부하면 된다.
5) 항공촬영 허가와 비행승인은 별도이다. 드론 원스톱 민원서비스에서 신청하면 된다.
6) 야간비행, 비가시권 비행은 원칙적으로 금지되어 있다. 단 특별비행승인 시 가능하다.
7) 비행제한구역에서 비행하고자 할 경우 드론원스톱민원서비스로 비행승인을 신청해야 한다.

16. 일출 일몰 시간 산정 방법

- SR(SunRise) → 일출, SS(SunSet) → 일몰
- UTC(Universal Time Coordinated)는 1971년 1월1일부터 시행된 국제표준시로 전 세계 모든 시간대의 기준이 되는 시간으로 각 시간대는 UTC를 기준으로 시간 차이를 계산함
- 국제표준시(UTC)를 한국표준시(KST)로 환산하는 방법 : +9시간을 해주면 됨 예) UTC 21:45 → KST 6:45

17. 항공고시보(NOTAM) A~G 항목

A항목	B항목	C항목	D항목	E항목	F항목	G항목
지명	발효일시	종료일시	일정	NOTAM 본문	하한 고도	상한 고도

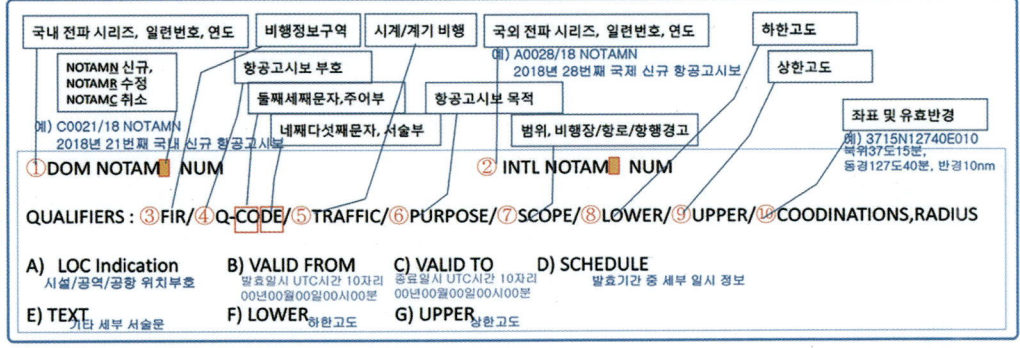

18. 지방항공청 관할 지역

1) 서울지방항공청 : 서울특별시, 경기도, 인천광역시, 강원도, 대전광역시, 충청남도, 충청북도, 세종특별자치시, 전라북도
2) 부산지방항공청 : 부산광역시, 대구광역시, 울산광역시, 광주광역시, 경상남도, 경상북도, 전라남도
3) 제주지방항공청 : 제주특별자치도(→ 인천지방항공청 X)

CHAPTER 02 기출복원문제 풀이

01 공역의 사용목적 구분 중 관제공역이 아닌 것은?

① 정보구역　　② 관제권　　③ 관제구　　④ 비행장교통구역

해설　관제공역에는 관제권, 관제구, 비행장교통구역이 있다. 정보구역은 비관제공역이다.

정답 : ①

02 항공기 이착륙하는 공항 주위에 설정되는 공역으로 공항중심으로 반경 5NM 내에 있는 구역은?

① 정보구역　　② 관제권　　③ 관제구　　④ 비행장교통구역

해설　공항중심으로 반경 5NM 내에 있는 구역을 관제권이라 한다.

정답 : ②

03 다음 중 항공교통관제업무가 제공되지 않는 관제공역은?

① A등급　　② B등급　　③ E등급　　④ G등급

해설　비관제공역인 G등급공역은 모든 항공기에 비행정보업무만 제공되는 공역이다.

정답 : ④

04 공항중심(ARP)으로부터 반경 5NM 내에 있는 원통구역과 계기출발 및 도착절차를 포함하는 공역은?

① 관제구　　② 비행장교통구역　　③ 관제권　　④ 항공로

해설　관제권은 계기비행 항공기가 이착륙하는 공항 주위에 설정되는 공역으로 수평적으로는 비행장 또는 공항 반경 5NM(9.3km), 수직적으로는 지표면으로부터 3,000ft 또는 5,000ft까지의 공역이다.

정답 : ③

05 모든 항공기에 비행정보업무만 제공되는 공역은?

① A등급　　　　② B등급　　　　③ E등급　　　　④ G등급

해설　비관제공역 중 G등급 공역이 모든 항공기에 비행정보업무만 제공한다.

정답 : ④

06 다음 중 주간, 500ft 이하의 고도로 제약 없이 비행할 수 있는 공역으로 옳은 것은?

① UA
② 비행금지구역
③ 비행제한구역
④ 초경량비행장치 비행제한구역

해설　UA(Ultralight Vehicle Areas)는 초경량비행장치 전용 비행구역으로 국토교통부에서 지정하며, 주간 500ft 이하의 고도로 제약없이 비행할 수 있다.

정답 : ①

07 공역의 사용목적에 따른 구분 중에 주의공역에 속하지 않는 것은?

① 훈련구역　　② 위험구역　　③ 정보구역　　④ 경계구역

해설　주의공역에는 훈련구역, 군작전구역, 위험구역, 경계구역이 포함되며, 정보구역은 비관제공역이다.

정답 : ③

08 다음 내용이 설명하는 공역으로 옳은 것은?

> 항공사격, 대공사격 등으로 인한 위험으로부터 항공기의 안전을 보호하거나 그 밖의 이유로 비행 허가를 받지 않은 항공기의 비행을 제한하는 공역

① 비행금지구역　　② 관제구역　　③ 비행제한구역　　④ 비행장교통구역

해설　통제공역에는 비행금지구역, 비행제한구역, 초경량비행장치 비행제한구역이 있다.

정답 : ③

09 계기비행 항공기가 이착륙하는 공항 주위에 설정되는 공역으로 공항중심(ARP)으로부터 반경5NM 내에 있는 원통구역과 계기출발 및 도착절차를 포함하는 공역을 말하며 그 권역상공에 다른 공역이 설정되지 않는 한 상한고도는 없는 것은?

① 관제구　　② 관제권　　③ 비행장교통구역　　④ 접근관제구역

해설　관제권은 계기비행 항공기가 이착륙하는 공항 주위에 설정되는 공역으로 수평적으로 비행장 또는 공항반경 5NM(9.3km), 수직적으로 지표면으로부터 3,000ft 또는 5,000ft 까지의 공역으로 우리나라에 총31개소가 있다.

정답 : ②

10 다음 중 초경량비행장치 비행 공역에 대한 설명으로 옳지 않은 것은?

① 초경량비행장치 전용 구역이 있다.

② 무인비행장치만 가능한 구역이 있다.

③ 경량 및 초경량비행장치 비행 가능한 에어파크가 있다.

④ 동력비행장치만 가능한 구역이 있다.

> [해설] 현 국내에는 초경량비행장치 비행 공역(UA)은 총 30개이다. 이중 초경량비행장치 전용구역은 17개소, 무인 비행장치만 가능한 공역은 13개소, 경량 및 초경량비행장치 비행 가능한 에어파크는 3개소이다.

정답 : ④

11 다음 중 모든 항공기에게 비행정보업무만 제공되는 공역으로, 초경량비행장치가 비행하는 공역에 해당하는 것은?

① A등급 공역　② D등급 공역　③ E등급 공역　④ G등급 공역

정답 : ④

12 다음 중 주의공역에 대한 설명으로 옳지 않은 것은?

① 위험구역은 항공기가 비행시 항공기 또는 원자력발전소를 제외한 지상시설물에 대한 위험이 예상되는 공역

② 훈련구역(CATA)은 민간항공기의 훈련공역으로 IFR항공기로부터 분리는 유지할 필요가 있는 공역

③ MOA는 군사작전을 위하여 설정된 공역으로 IFR항공기로부터 분리는 유지할 필요가 있는 공역

④ 경계구역은 대규모 조종사의 훈련이나 비정상 형태의 항공활동이 수행되어지는 공역

> [해설] 위험구역은 사격장, 폭발물처리장, 원자력 발전소 등 위험시설의 상공에 설정한다.

정답 : ①

13 다음 중 우리나라 공역의 범위에 대한 설명으로 옳지 않은 것은?

① 우리나라는 43만㎢ 규모의 공역범위를 가지고 있다.

② 인천FIR은 북쪽으로는 휴전선, 동쪽으로는 속초 동쪽으로 약 100NM, 남쪽으로는 제주 남쪽 약 200NM, 서쪽으로는 인천 서쪽 약 130NM 범위이다.

③ 인천FIR은 52개 항공로, 14개 접근관제구역, 31개 관제권, 223여 개 특수사용공역이 있다.

④ 인접 FIR로는 평양FIR, 상해FIR, 후쿠오카 FIR이 있다.

> [해설] 인천 FIR은 속초 동쪽으로 약 210NM 범위이다.

정답 : ②

14 다음 중 우리나라의 공항 현황으로 옳은 것은?

① 국제공항 10개소, 국내공항 10개소
② 국제공항 9개소, 국내공항 9개소
③ 국제공항 8개소, 국내공항 8개소
④ 국제공항 7개소, 국내공항 7개소

해설 우리나라에는 국제공항 8개, 국내공항 8개, 군민 공용 공항 8개가 있다.

정답 : ③

15 다음 중 공역의 영문 약어로 옳지 않은 것은?

① 위험구역 : D
② 군작전구역 : MOA
③ 경계구역 : A
④ 비행제한구역 : P

해설 위험구역(D : Danger Area), 군작전구역(MOA : Military Operation Area), 비행금지구역(P : Prohibit Area), 비행제한구역(R : Restrict Area)

정답 : ④

16 다음 중 인천비행정보구역(인천 FIR)의 범위로 옳지 않은 것은?

① 북쪽 : 휴전선
② 동쪽 : 속초 동쪽으로 약 210NM
③ 남쪽 : 제주 남쪽 약 100NM
④ 서쪽 : 인천 서쪽 약 130NM

해설 남쪽 : 제주 남쪽 약 200NM

정답 : ③

17 B, C 또는 D등급 공역 중에서 시계 및 계기비행을 하는 항공기에 대하여 항공교통관제업무를 제공하는 공역은?

① 관제권
② 관제구
③ 비행장교통구역
④ 조언구역

해설 관제권은 비행정보구역 내의 B, C, D등급 공역 중에서, 관제구는 A, B, C, D, E등급 공역 중에서 시계 및 계기비행을 하는 항공기에 대하여 항공교통관제업무를 제공한다. 비행장 교통구역은 D등급에서 시계비행을 항공기 간에 교통정보를 제공하는 공역이다.

정답 : ①

18 다음 중 인천 FIR 내 접근관제구역의 관할기관으로 옳지 않은 것은?

① 서울 : 한국교통안전공단
② 포항 : 한국 해군
③ 대구 : 한국 공군
④ 해미 : 한국 공군

해설 서울과 제주는 국토교통부가 관할기관이다.

정답 : ①

19 다음 중 관제구에 대한 설명으로 옳지 않은 것은?

① 관제구(Control Area)는 지표면 또는 수면으로부터 200m 이상 높이의 공역이다.
② 관제구는 FIR내의 접근관제구역(TMA)과 항공로를 포함한 구역을 말한다.
③ 비행정보구역 내의 A, B, C, D 및 E등급 공역에서 시계 및 계기비행을 하는 항공기에 대하여 항공교통관제업무를 제공하는 공역이다.
④ 비행정보구역 내의 B, C 또는 D등급 공역중에서 시계 및 계기비행을 하는 항공기에 대하여 항공교통관제업무를 제공하는 공역이다.

해설 ④는 관제권에 대한 설명이다.

정답 : ④

20 다음 중 주변국가의 FIR 범위가 큰 국가부터 찾아서 나열한 것으로 옳은 것은?

| 가. 중국 | 나. 한국 | 다. 북한 | 라. 대만 | 마. 일본 | 바. 홍콩 |

① 가, 나, 다, 라, 마, 바
② 가, 마, 나, 다, 바, 라
③ 가, 마, 나, 다, 라, 바
④ 가, 마, 나, 라, 바, 다

해설 중국(960만㎢) 〉 일본(930만㎢) 〉 한국(43만㎢) 〉 대만(41만㎢) 〉 홍콩(37만㎢) 〉 북한(32만㎢)

정답 : ④

21 다음 중 우리나라 공항 현황으로 옳지 않은 것은?

① 우리나라 국제공항은 9개이다.
② 군민 공항은 8개이다.
③ 울진 비행장을 포함해서 국내공항은 8개다.
④ 우리나라 국제공항은 8개다.

해설 국제공항 8개 : 김포, 인천, 양양, 청주, 대구, 무안, 김해, 제주
국내공항 8개 : 원주, 포항, 울산, 군산, 광주, 여수, 사천, 울진
군민공항 8개 : 원주, 청주, 대구, 포항, 군산, 광주, 사천, 김해

정답 : ①

22 다음 중 공역의 구분 내용으로 옳지 않은 것은?

① A등급은 비관제공역으로 계기비행만 가능하다.

② G등급은 계기비행 및 시계비행 모두 가능하다.

③ 관제구는 지표면 또는 수면으로부터 200m 이상 높이의 공역이다.

④ 관제구는 비행정보구역 내의 A, B, C, D 및 E등급 공역에서 시계 및 계기비행을 하는 항공기에 대하여 항공교통관제업무를 제공하는 공역이다.

해설 A등급은 관제공역으로 모든 항공기가 계기비행을 해야 하는 공역이다.

정답 : ①

23 다음 중 공역의 사용목적에 대한 구분 중 관제공역에 대한 설명으로 옳지 않은 것은?

① 관제권은 비행정보구역 내의 B, C 또는 D등급 공역 중에서 시계 및 계기비행을 하는 항공기에 대하여 항공교통관제업무를 제공하는 공역이다.

② 관제구는 비행정보구역 내의 A, B, C, D 및 E등급 공역에서 시계 및 계기비행을 하는 항공기에 대하여 항공교통관제업무를 제공하는 공역이다.

③ 비행장교통구역은 관제권 외에 C등급에서 시계비행을 하는 항공기 간에 교통정보를 제공하는 공역이다.

④ 관제권은 계기비행 항공기가 이착륙하는 공항 주위에 설정하는 공역이다.

해설 비행장교통구역은 비행정보구역 내의 D등급에서 시계비행을 하는 항공기 간에 교통정보를 제공하는 공역으로 수평적으로는 비행장 중심으로부터 반경 3NM 내, 수직적으로 지표면으로부터 3,000ft까지의 공역이다.

정답 : ③

24 다음 중 항공교통업무 제공에 따른 공역에 대한 설명으로 옳지 않은 것은?

① A등급 : 모든 항공기가 계기비행을 해야 하는 공역

② B등급 : 계기비행 및 시계비행 모두 가능하고, 모든 항공기에 분리를 포함한 항공교통관제업무 제공되는 공역

③ C등급 : 모든 항공기에 항공교통관제업무가 제공되나, 시계비행을 하는 항공기에는 교통정보만 제공되는 공역

④ F등급 : 계기비행을 하는 항공기에 비행정보업무와 항공교통관제업무가 제공

해설 F등급은 계기비행을 하는 항공기에 비행정보업무와 항공교통조언업무가 제공되고, 시계비행 항공기에 비행정보업무가 제공되는 공역

정답 : ④

25 다음 중 항공교통업무 제공에 따른 공역에 대한 설명으로 옳지 않은 것은?

① A등급 : 모든 항공기가 계기 비행을 해야 하는 공역

② B등급 : 계기비행 및 시계비행 모두 가능하고, 모든 항공기에 항공교통관제업무를 제공

③ C등급 : 모든 항공기에 항공교통관제업무가 제공되나, 시계비행을 하는 항공기간에는 교통정보만 제공되는 공역

④ F, G등급 : 항공교통관제업무와 비행정보업무 모두 제공

해설 비관제공역 중 F등급은 계기비행을 하는 항공기에 비행정보업무와 항공교통조언업무가 제공되고, 시계비행을 하는 항공기에 비행정보업무가 제공되는 공역이고, G등급 공역은 모든 항공기에 비행정보업무만 제공되는 공역이다.

정답 : ④

26 다음 중 통제공역의 범위 및 개수에 대한 설명으로 옳지 않은 것은?

① 비행금지구역은 안전, 국방상, 그 밖의 이유로 항공기의 비행을 금지하는 공역으로 5개소

② 비행제한구역은 항공사격, 대공사격 등으로 인한 위험으로부터 항공기의 안전을 보호하거나 그 밖의 이유로 비행허가를 받지 않은 항공기의 비행을 제한하는 공역, 84개소

③ 초경량비행장치 비행제한구역은 초경량비행장치의 비행안전을 확보하기 위하여 초경량비행장치의 비행활동에 대한 제한이 필요한 공역, 1개소

④ 군작전구역은 군사작전을 위하여 설정된 공역으로서 IFR항공기로부터 분리를 유지할 필요한 있는 공역, 53개소

해설 군작전구역은 주의공역으로 55개소가 있다.

정답 : ④

27 다음 중 인천 FIR 내 접근관제구역 관할기관에 대한 설명으로 옳은 것은?

① 서울, 제주 : 국방부 ② 군산 : 한국 공군
③ 포항 : 한국 해군 ④ 김해, 광주 : 미 공군

해설 인천 FIR 내 접근관제구역(14개소) 관할 기관

국토교통부 통제	한국 공군 통제	한국 해군 통제	미 공군 통제
서울, 제주	김해, 광주, 사천, 대구 강릉, 중원, 해미, 원주, 예천	포항	오산, 군산

정답 : ③

28 다음 중 공역의 설정기준에 대한 설명으로 옳지 않은 것은?

① 국가안전보장과 항공안전을 고려할 것

② 항공교통에 관한 서비스의 제공 여부를 고려할 것

③ 사업주 및 이용자의 편의에 적합하게 공역을 구분할 것

④ 공역이 효율적이고 경제적으로 활용될 수 있을 것

해설 이용자의 편의에 적합하게 공역을 구분하고 있다.

정답 : ③

29 다음 중 비행장교통구역에 대한 설명으로 옳지 않은 것은?

① 수평적으로 비행장 중심으로부터 반경 3NM 이내

② 수직적으로 지표면으로부터 3,000ft까지의 공역

③ 관제권 외에 D등급에서 시계비행을 하는 항공기 간에 교통정보를 제공하는 공역

④ 시계비행, 계기비행을 하는 항공기에 대하여 항공교통관제업무를 제공하는 공역

해설 시계비행 및 계기비행을 하는 항공기가 비행 가능하고, 모든 항공기에 분리를 포함한 항공교통관제업무가 제공되는 공역은 B등급 공역으로 인천공항, 김포공항, 제주공항이 해당된다.

정답 : ④

30 다음 중 주변 국가의 FIR 범위가 큰 순서로 바르게 나열한 것은?

가. 중국	나. 북한	다. 한국	라. 일본	마. 대만

① 가-나-다-라-마 　　　　② 가-라-다-마-나

③ 가-다-라-나-마 　　　　④ 가-라-나-다-마

해설 주변 국가의 FIR 범위
　　중국(960만㎢) 〉 일본(930만㎢) 〉 한국(43만㎢) 〉 대만(41만㎢) 〉 홍콩(37만㎢) 〉 북한(32만㎢)

정답 : ②

31 다음 중 항공로에 대한 설명으로 옳지 않은 것은?

① 항공기의 항행에 적합하도록 항행안전무선시설을 이용하여 설정하는 공간의 통로

② 일정한 폭 : 보통 중심선 좌우 5NM

③ A등급 공역 : FL200 초과 ~ FL600 이하까지 공역

④ B등급 공역 : 최저항공로고도(MEA) 이상 ~ FL200 이하의 공역

해설 D등급 공역 : 최저항공로고도(MEA) 이상 ~ FL200 이하의 공역

정답 : ④

32 다음 중 초경량비행장치 비행가능 공역으로 옳은 것은?

① 초경량비행장치 비행제한구역(URA)
② G등급 공역의 고도 150m 이상
③ 관제권 및 비행금지구역
④ 초경량비행장치 전용 비행구역(UA)

해설 UA(Ultralight Vehicle Flight Areas)는 주간, 500ft 이하의 고도에서는 제약없이 비행할 수 있다.

정답 : ④

33 다음 중 영구공역에 대한 설명으로 옳은 것은?

① 사용기간이 명시되어 있다.
② 통상적으로 3개월 이하의 동일 목적으로 사용되는 일정한 수평 및 수직의 공역
③ 지방항공청장이 NOTAM 등으로 고시
④ 국토교통부장관이 지정하고 고시

해설 영구공역은 공역의 사용기간이 명시되어 있지 않거나 또는 통상적으로 3개월 이상 동일 목적으로 사용되는 일정한 수평 및 수직 범위의 공역이다.

정답 : ④

34 다음 중 임시공역에 대한 설명으로 옳지 않은 것은?

① 사용기간이 명시되어 있지 않다.
② 3개월 미만의 기간 동안 단기적으로 설정되는 수평 및 수직의 공역
③ 항공교통본부장이 NOTAM 등으로 고시
④ 지방항공청장이 NOTAM 등으로 고시

해설 사용기간이 명시되어 있지 않은 것은 영구공역이다.

정답 : ①

35 다음 중 관제권에 대한 설명으로 옳지 않은 것은?

① 관제권은 하나의 공항에 대해 설정하며, 다수의 공항을 포함하지 않는다.
② 관제권은 수평으로는 비행장 또는 공항 중심(ARP)으로부터 반경 5NM내에 있는 원통구역과 계기출발 및 도착절차를 포함하는 공역이다.
③ 관제권은 계기 비행항공기가 이착륙하는 공항에 설정되는 공역이다.
④ 관제권은 수직적으로 지표면으로부터 3,000ft 또는 5,000ft까지의 공역이다.

해설 관제권은 기본 공항을 포함하여 다수의 공함을 포함할 수 있다.

정답 : ①

36 드론의 비행가능 허용범위는?

① AGL 300ft 미만　　② MSL 300ft 미만　　③ AGL 500ft 미만　　④ MSL 500ft 미만

해설 AGL(Above Ground Level) : 지표면 고도, MSL(Mean Sea Level) : 해수면 고도

정답 : ③

37 다음 중 관제구에 대한 설명으로 옳지 않은 것은?

① 지표면 또는 수면으로부터 200미터 이상 높이의 공역이다.
② 계기비행 항공기가 이착륙하는 공항 주위에 설정되는 공역이다.
③ FIR내의 접근관제구역(TMA)과 항공로를 포함한 구역을 말한다.
④ 비행정보구역 내의 A, B, C, D, 및 E등급 공역에서 시계 및 계기비행을 하는 항공기에 대하여 항공교통관제업무를 제공하는 공역이다.

해설 ②는 관제권에 대한 설명이다.

정답 : ②

38 다음 중 시계비행과 계기비행을 하는 항공기가 비행가능한 공역이 아닌 것은?

① A등급　　② B등급　　③ C등급　　④ D등급

해설 A등급 공역은 모든 항공기가 계기비행을 해야 하는 공역이다.

정답 : ①

39 다음 중 관제공역에 대한 설명으로 옳지 않은 것은?

① 관제공역은 항공기의 안전운항을 위하여 규제가 가해지고 인력과 장비가 투입되어 적극적으로 항공통제업무가 제공되는 공역이다.
② 관제권은 비행정보구역 내의 B, C 또는 D 등급 공역 중에서 시계 및 계기비행을 하는 항공기에 대하여 항공교통관제업무를 제공하는 공역이다.
③ 관제구는 비행정보구역 내의 A, B, C , D 및 E 등급 공역에서 시계 및 계기비행을 하는 항공기에 대하여 항공교통관제업무를 제공하는 공역이다.
④ 비행장교통구역은 비행정보구역 내의 D등급 공역에서 계기비행을 하는 항공기간에 교통정보를 제공하는 공역이다.

해설 비행장교통구역은 비행정보구역 내의 D등급 공역에서 시계비행을 하는 항공기간에 교통정보를 제공하는 공역이다.

정답 : ④

40 다음 중 관제권에 대한 설명으로 옳지 않은 것은?

① 계기비행 항공기가 이착륙하는 공항 주위에 설정되는 공역이다.

② 수평적으로 비행장 또는 공항 반경 5NM(9.3km) 이내이다.

③ 관제권을 지정하기 위해서는 항공무선통신 시설과 기상관측 시설이 있어야 한다.

④ 비행정보구역 내의 A, B, C, D 및 E등급 공역에서 시계 및 계기비행을 하는 항공기에 대하여 항공교통 관제업무를 제공하는 공역이다.

> [해설] ④는 관제구에 대한 설명이다. 관제권은 B, C, D등급 공역 중에서 시계 및 계기비행을 하는 항공기에 대하여 항공교통관제업무를 제공하는 공역이다.

정답 : ④

41 다음 중 공역에 대한 설명으로 옳지 않은 것은?

① 항공기, 초경량비행장치 등의 안전을 보장하기 위하여 지표면 또는 해수면으로부터 일정 높이의 특정 범위로 정해진 공간을 방공식별구역이라 한다.

② 통제공역으로 비행금지구역, 비행제한구역, 초경량비행장치 비행제한구역이 있다.

③ 비관제공역으로 F, G등급이 있다.

④ 주의공역으로 훈련구역, 군작전구역, 위험구역, 경계구역이 있다.

> [해설] ①은 공역의 정의에 대한 설명이다. 방공식별구역(Air Defense Identification Zone)은 영공방위를 위하여 동 공역을 비행하는 항공기에 대하여 식별, 위치결정 및 통제업무를 실시하는 공역이며, 제한식별구역(Limited Identification Zone)은 방공식별구역에서 평시 국내운항을 용이하게 하고 방공작전의 편의를 도모하기 위하여 설정한 구역이다.

정답 : ①

42 다음 중 주의공역에 대한 설명으로 옳지 않은 것은?

① 민간항공기 훈련구역은 계기비행 항공기로부터 분리가 유지될 필요가 있는 공역이다.

② 군 작전구역은 군 훈련항공기를 IFR항공기로부터 분리시킬 목적으로 설정된 수직과 횡적 한계를 규정한 공역이다.

③ 위험구역은 원자력발전소를 제외한 항공기의 비행시 항공기 또는 지상시설물에 위험이 예상되어 지정된 공역이다.

④ 경계구역은 대규모 조종사의 훈련이나 비정상 형태의 항공활동이 수행되어지는 공역이다.

> [해설] 위험구역은 사격장, 폭발물처리장, 원자력발전소 등 위험시설의 상공으로서 항공기의 비행시 항공기 또는 지상시설물에 위험이 예상되어 지정된 공역으로 원자력발전소도 포함된다.

정답 : ③

43 다음 중 관제권에 대한 설명으로 옳지 않은 것은?

① 계기비행 항공기가 이착륙하는 공항 주위에 설정되는 공역이다.

② 관제권은 하나의 공항에 대해 설정하며, 다수의 공항을 포함할 수 없다.

③ 수평적으로 비행장 또는 공항반경 5NM(9.3km)까지의 공역

④ 수직적으로 지표면으로부터 3,000ft 또는 5,000ft까지의 공역

[해설] 관제권은 기본 공항을 포함하여 다수의 공함을 포함할 수 있다.

정답 : ②

44 다음 중 150미터 미만의 고도에서 초경량비행장치를 자유롭게 비행할 수 있는 공역은?

① C등급 공역　　　　　　② D등급 공역

③ E등급 공역　　　　　　④ G등급 공역

[해설] G등급 공역은 모든 항공기에 비행정보업무만 제공하는 비관제공역으로 드론이 비행가능한 공역이다.

정답 : ④

45 다음 중 ICAO 지역 사무소 중 아시아 태평양 권역사무소는 어느 것인가?

① APAC　　　　　　　　② ESAF

③ MID　　　　　　　　　④ NACC

[해설] ICAO(국제민간항공기구) 지역 사무소는 세계 7개소로 그중 우리나라가 속해 있는 곳은 APAC(Asia·Pacific) 권역 사무소로 태국 방콕에 위치하고 있다.

정답 : ①

46 다음 중 공역의 영문 표기가 옳지 않은 것은?

① 비행금지구역 - P　　　② 비행제한구역 - R

③ 군작전구역 - CATA　　④ 위험구역 - D

[해설] 비행금지구역(P ; Prohibit Area), 비행제한구역(R ; Restrict Area), 군작전구역(MOA ; Military Operation Area), 위험구역(D ; Danger Area)

정답 : ③

47 다음 중 공역의 구분에 대한 설명으로 옳지 않은 것은?

① 우리나라는 비행정보구역(FIR)을 여러 공역으로 등급화하여 설정하고, 각 공역 등급별 비행규칙, 항공교통업무 제공, 필요한 항공기 요건 등을 정한다.
② 사용목적에 따른 구분 중 통제구역은 비행금지구역, 비행제한구역, 초경량비행장치 비행제한구역으로 구분된다.
③ 사용목적에 따른 구분 중 관제공역은 관제권, 관제구, 비행장교통구역으로 구분된다.
④ 제공되는 항공교통업무에 따른 구분 중 비관제공역은 조언구역과 정보구역으로 구분된다.

[해설] 제공되는 항공교통업무에 따른 구분 중 비관제공역은 F등급과 G등급 공역이다.

정답 : ④

48 다음 중 관제구에 대한 설명으로 옳지 않은 것은?

① 관제구는 지표면 또는 수면으로부터 200미터 이상 높이의 공역이다.
② 관제구는 FIR내의 항공로와 접근관제구역을 포함한 구역을 말한다.
③ 비행정보구역 내의 A, B, C, D, E등급 공역에서 시계 및 계기비행을 하는 항공기에 대하여 항공교통관제업무를 제공하는 공역이다.
④ 비행정보구역 내의 모든 공역에서 시계 및 계기비행을 하는 항공기에 대하여 항공교통관제업무를 제공하는 공역이다.

[해설] 관제구(Control Area, CTA)는 비행정보구역내의 A, B, C, D, E등급 공역에서 시계 및 계기비행을 하는 항공기에 대하여 항공교통관제업무를 제공하는 공역으로서 G등급 공역은 항공교통관제업무를 제공하지 않는다.

정답 : ④

49 다음 중 비행정보업무가 제공되도록 지정된 비관제공역은?

① 위험구역　　　　　　② 조언구역
③ 정보구역　　　　　　④ 훈련구역

[해설] 비행정보업무가 제공되도록 지정된 비관제공역은 정보구역이다.

정답 : ③

50 다음 중 G등급 공역에 대한 설명으로 옳지 않은 것은?

① 인천비행정보구역 중 A, B, C, D, E, F등급 이외의 비관제공역이다.
② 모든 항공기가 계기비행을 해야 하는 공역이다.
③ 구비해야 할 장비가 특별히 요구되지 않는다.
④ 조종사 요구 시 모든 항공기에게 비행정보업무만 제공한다.

해설 모든 항공기가 계기비행을 해야 하는 공역은 A등급 공역이다.

정답 : ②

51 다음 중 공역의 사용목적에 따른 구분이 다른 것은?

① 훈련구역　　　　　　　② 군작전구역
③ 정보구역　　　　　　　④ 경계구역

해설 주의공역은 훈련구역, 군작전구역, 위험구역, 경계구역으로 구분된다. 정보구역은 비관제공역이다.

정답 : ③

52 영구공역은 통상적으로 몇 개월간 동일 목적으로 사용되는 일정한 수평 및 수직 범위의 공역인가?

① 1개월 이상　　　　　　② 1개월 미만
③ 3개월 이상　　　　　　④ 3개월 미만

해설 영구공역은 관제공역, 비관제공역, 통제공역, 주의공역 등이 항공로 지도 및 항공정보간행물(AIP)에 고시되어 통상적으로 3개월 이상 동일 목적으로 사용되는 일정한 수평 및 수직 범위의 공역으로 국토교통부장관이 지정하고 고시한다.

정답 : ③

53 임시공역은 통상적으로 몇 개월간 단기간으로 설정되는 수평 및 수직 범위의 공역인가?

① 1개월 이상　　　　　　② 1개월 미만
③ 3개월 이상　　　　　　④ 3개월 미만

해설 임시공역은 공역의 설정 목적에 맞게 3개월 미만의 기간동안만 단기간으로 설정되는 수평 및 수직 범위의 공역으로 국토교통부 항공교통본부장 등이 NOTAM(Notice To AirMen ; 항공고시보)으로 지정한다.

정답 : ④

54 우리나라는 ICAO 어느 지역에 속해 있는가?

① MID/ASIA   ② PAC   ③ NAM   ④ NAT

> **해설** ICAO 항공교통관리권역은 8개이며, ICAO지역사무소는 7개이다. 우리나라는 항공교통관리권역(ATM Regions)으로는 MID/ASIA에 속하고, ICAO 지역 사무소로는 태국방콕에 위치하고 있는 APAC(Asia-Pacific) 권역사무소에 속한다.

정답 : ①

55 다음 중 접근관제구역에 대한 설명으로 옳지 않은 것은?

① 관제구의 일부분으로 항공교통센터(ACC)로부터 구역, 업무범위, 사용 고도 등을 협정으로 위임받아 운영
② 계기비행항공기가 공항을 출발 후 항공로에 도달하기까지의 과정이나 도착하는 항공기가 항공로를 벗어난 후 공항에 착륙하기까지 비행단계에 대하여 비행정보업무를 제공하기 위하여 설정된 공역
③ 이 공역은 접근관제소에서 레이더 절차나 비레이더 절차에 따라 운영하며, 이 구역 내에는 하나 이상의 공항이 포함되어 해당 접근관제소의 접근관제업무를 제공
④ 고도 FL225까지의 공역

> **해설** 접근관제구역(Approach Controlled Area 또는 Terminal Control Area)은 관제구의 일부분으로 계기비행항공기가 공항을 출발 후 항공로에 도달하기까지의 과정이나 도착하는 항공기가 항공로를 벗어난 후 공항에 착륙하기까지 비행단계에 대하여 항공교통업무(ATS)를 제공하기 위하여 설정된 공역으로 고도 1,000ft~FL185 또는 FL 225까지의 공역이다.

정답 : ②

56 다음 중 공역의 사용 목적에 따른 구분으로 옳은 것은?

① 관제공역 : 정보구역
② 비관제공역 : 비행장 교통구역
③ 통제공역 : 군작전구역
④ 주의공역 : 훈련구역

> **해설** 주의공역에는 훈련구역, 군작전구역, 위험구역, 경계구역, 초경량비행장치 비행구역이 있다.

정답 : ④

57 다음 중 항공로에 대한 설명으로 옳지 않은 것은?

① 항공로는 항행에 적합하도록 항행안전무선시설(VOR 등)을 이용하여 설정하는 공간의 통로이다.
② 항공로 폭 및 고도는 최저항공로 고도(MEA) 이상 ~ FL 600 이하 까지의 공역이다.
③ 항공로는 일정한 폭을 가지며, 보통 중심선 좌우 10NM이다.
④ A등급 공역은 FL 200 초과 ~ FL 600 이하 까지의 공역이며, D등급 공역은 최저항공로 고도(MEA) 이상~FL 200 이하 까지의 공역이다.

> **해설** 항공로는 일정한 폭을 가지며, 보통 중심선 좌우 5NM이다.

정답 : ③

58 다음 중 비행정보구역의 수가 가장 많은 항공교통관리공역은 무엇인가?

① MID/ASIA　　　② EUR　　　③ AFI　　　④ NAM

해설 MID/ASIA(118개), EUR(101개), AFI(36개), NAM(31개)

정답 : ①

59 다음 중 제공되는 항공교통업무에 따른 구분으로 다른 것은?

① A등급　　　② 비관제공역　　　③ F등급　　　④ G등급

해설 A등급 공역은 관제공역이다.

정답 : ①

60 항공기의 비행 시 항공기 또는 지상시설물에 대한 위험이 예상되는 공역은?

① 훈련구역　　　② 군작전구역　　　③ 위험구역　　　④ 경계구역

해설 위험구역의 지상시설물에는 사격장, 원전 시설 등이 포함된다.

정답 : ③

61 초경량비행장치의 비행안전을 확보하기 위하여 초경량비행장치의 비행활동에 대한 제한이 필요한 공역은?

① 비행금지구역　　　② 비행제한구역
③ 초경량비행장치 비행제한구역　　　④ 비행장교통구역

해설 비행제한구역은 항공사격, 대공사격 등으로 인한 위험으로부터 항공기의 안전을 보호하거나 그 밖의 이유로 비행 허가를 받지 않은 항공기의 비행을 제한하는 공역으로 초경량비행장치 비행제한구역과는 다르다.

정답 : ③

62 다음 중 공역의 사용목적에 따른 구분으로 다른 것은 무엇인가?

① 관제권　　　② 비행금지구역　　　③ 관제구　　　④ 비행장 교통구역

해설 공역의 사용목적에 따른 구분 중 관제공역은 관제권, 관제구, 비행장교통구역으로 구분되며 통제공역은 비행금지구역, 비행제한구역, 초경량비행장치 비행제한구역으로 구분된다.

정답 : ②

63 다음 중 공역의 사용목적에 따른 구분으로 다른 것은 무엇인가?

① 관제권　　　② 비행금지구역　　　③ 비행제한구역　　　④ 초경량비행장치 비행제한구역

해설 관제권은 관제공역이며, 나머지는 통제공역에 해당한다.

정답 : ①

64 관제권 외에 D등급에서 시계비행을 하는 항공기 간에 교통정보를 제공하는 공역은?

① 조언구역　　② 훈련구역　　③ 비행장교통구역　　④ 군작전구역

> 해설　비행장교통구역(Aerodrome Traffic Zone, ATZ)은 관제권 외에 D등급에서 시계비행을 하는 항공기 간에 교통정보를 제공하는 공역이다.

정답 : ③

65 다음 보기에서 설명하는 공역은 무엇인가?

> 사격장, 폭발물처리장 등 위험시설의 상공으로서 항공기의 비행 시 항공기 또는 지상시설물에 위험이 예상되어 지정된 공역

① 비행제한구역　　② 주의공역
③ 위험구역　　④ 초경량비행장치 비행제한구역

> 해설　위험구역은 영문으로 D(Danger), 32개소가 지정되어 있다.

정답 : ③

66 공역의 사용목적에 따른 구분 중 관제권은 비행정보구역 내의 (　), (　) 또는 (　)등급 공역 중에서 시계 및 계기비행을 하는 항공기에 대하여 항공교통관제업무를 제공하는 공역을 말한다. (　)에 포함되지 않는 공역은?

① A등급 공역　　② B등급 공역　　③ C등급 공역　　④ D등급 공역

> 해설　관제권은 B, C, D등급 공역 중에서 시계 및 계기비행을 하는 항공기에 대하여 항공교통관제업무를 제공하는 공역이다.

정답 : ①

67 제공되는 항공교통업무에 따른 공역 구분 중 B등급 공역에 해당하는 것은?

① 모든 항공기가 계기비행을 해야 하는 공역

② 계기비행 및 시계비행을 하는 항공기가 비행 가능하고, 모든 항공기에 분리를 포함한 항공교통관제업무가 제공되는 공역

③ 모든 항공기에 항공교통관제업무가 제공되나, 시계비행을 하는 항공기 간에는 교통정보만 제공되는 공역

④ 모든 항공기에 항공교통관제업무가 제공되나, 계기비행을 하는 항공기와 시계비행을 하는 항공기 및 시계비행을 하는 항공기간에는 교통정보만 제공되는 공역

> 해설　①은 A등급 공역, ③은 C등급 공역, ④는 D등급 공역에 대한 설명이다.

정답 : ②

68 공역의 사용 목적에 따른 구분 중 비관제공역으로 F등급 공역은?

① 비행장 교통구역　② 훈련구역　③ 조언구역　④ 정보구역

해설　비관제공역은 조언구역인 F등급 공역과 정보구역인 G등급 공역으로 구분된다.

정답 : ③

69 다음 중 UA구역에서 비행승인 없이 비행할 수 있는 기준으로 옳은 것은?

① MSL 500FT 이하, 주간　② AGL 500FT 이하, 야간
③ AGL 500FT 이하, 주간　④ AGL 500FT 이하, 주간과 야간

해설　UA구역은 AGL 500FT 이하, 주간에는 비행승인 없이 비행할 수 있다.

정답 : ③

70 모든 항공기에 비행정보업무만 제공되는 공역으로 지표면으로부터 1,000피트 미만의 공역의 등급은?

① A등급 공역　② C등급 공역　③ E등급 공역　④ G등급 공역

해설　G등급 공역은 비관제공역으로 모든 항공기에 비행정보만 제공하는 공역이다.
　　・영공에서는 해면 또는 지표면으로부터 1,000피트 미만
　　・공해상에서는 해면에서 5,500피트 미만, 평균해면 60,000피트 초과

정답 : ④

71 다음 중 통제공역에 해당하는 공역은?

① 훈련구역　② 군작전구역　③ 비행제한구역　④ 경계구역

해설　통제공역은 항공교통의 안전을 위하여 항공기의 비행을 금지하거나 제한할 필요가 있는 공역으로 비행금지구역, 비행제한구역, 초경량비행장치 비행제한구역이 있다.

정답 : ③

72 비행장 중심으로부터 3NM 이내 시계비행을 하는 회전익비행장치 간에 교통정보를 제공하는 공역은?

① 관제권　② 관제구　③ 비행장교통구역　④ 정보구역

해설　비행장교통구역(ATZ, Aerodrome Traffic Zone)은 관제권 외에 D등급에서 시계비행을 하는 항공기 간에 교통 정보를 제공하는 공역으로 수평적으로 비행장 또는 공항 반경 3NM내, 수직적으로 지표면으로부터 3,000ft까지의 공역으로 13개소가 있다.(육군 11개, 민간 2개)

정답 : ③

73 제공되는 항공교통업무에 따른 구분 중 G등급 공역에 대한 설명으로 옳지 않은 것은?

① 조종사 요구 시 모든 항공기에게 비행정보업무만 제공된다.

② 계기비행만 가능하다.

③ 지표면으로부터 1,000피트 미만이다.

④ 구비해야할 장비가 특별히 요구되지 않는다.

해설 모든 항공기가 계기비행을 해야 하는 공역은 A등급 공역이다.

정답 : ②

74 공역이란 항공기, 초경량비행장치 등의 안전한 활동을 보장하기 위하여 지표면 또는 해수면으로부터 일정 높이의 특정 범위로 정해진 공간을 말한다. 이러한 공역의 관리 및 운영에 관하여 필요한 사항을 확인할 수 있는 곳은?

① NOTAM　　　　　　　　　　　② 항공안전법

③ 항공정보간행물(AIP)　　　　　　④ 국토교통부 고시 공역관리 규정

해설 국토교통부고시 제2019-177호, 공역관리규정은 인천 비행정보구역(인천 FIR: Incheon Flight Information Region) 내 항공기 등의 안전하고 신속한 항행과 국가안전보장을 위하여 체계적이고 효율적인 공역의 관리 및 운영에 관하여 필요한 사항을 규정함을 목적으로 한다.

정답 : ④

75 다음 중 비행금지구역에 대한 설명으로 옳은 것은?

① 항공기, 대공사격 등으로 인한 위험으로부터 항공기의 안전을 보호하기 위해 설정하는 공역이다.

② 비행금지구역을 표시할 때는 금지는 뜻하는 Prohibit의 첫 글자인 P를 사용하여 표시한다.

③ 비행금지구역을 표시할 때는 금지는 뜻하는 Restrict의 첫 글자인 R를 사용하여 표시한다.

④ 초경량비행장치의 비행안전을 확보하기 위해 설정하는 공역이다.

해설 ①:비행제한구역에 대한 설명, ③:R은 비행제한구역, ④:초경량비행장치 비행제한구역에 대한 설명

정답 : ②

76 항공기, 경량항공기 또는 초경량비행장치의 안전하고 효율적인 비행과 수색 또는 구조에 필요한 정보를 제공하기 위한 공역은?

① 주권공역　　② 비행정보구역(FIR)　　③ 방공식별구역　　④ 공해

정답 : ②

77 영구공역이란 관제공역, 비관제공역, 통제공역, 주의공역 등이 통상적으로 3개월 이상 동일 목적으로 사용되는 일정한 수평 및 수직 범위의 공역을 말한다. 다음 중 영구공역을 확인할 수 있는 것은?

① AIP ② NOTAM ③ 공역관리규정 ④ 국제민간항공기구

해설 영구공역은 3개월 이상 동일 목적으로 사용되는 일정한 수평 및 수직 범위의 공역으로 항공정기간행물(AIP)에 국토교통부장관이 지정하고 고시한다. 반면에 임시공역은 3개월 미만의 단기간으로 설정되는 수평 및 수직 범위의 공역으로 국토교통부 항공교통본부장 등이 NOTAM으로 지정한다.

정답 : ①

78 임시공역은 3개월 미만의 기간 동안만 단기간으로 설정되는 수평 및 수직공역을 말한다. 다음 중 임시공역을 확인할 수 있는 것은?

① AIP ② NOTAM ③ 공역관리규정 ④ 국제민간항공기구

정답 : ②

79 다음 중 관제공역에 해당하지 않는 것은?

① 비행장교통구역 ② 관제권 ③ 관제구 ④ 조언구역

해설 조언구역과 정보구역은 비관제공역이다.

정답 : ④

80 다음 중 평균해면 60000피트 초과의 국토교통부장관이 지정한 공역에 대한 설명으로 옳지 않은 것은?

① IFR 및 VFR 운항이 모두 가능하다.

② 조종자에게 특별한 자격이 요구된다.

③ 구비해야 할 장비가 특별히 요구되지 않는다.

④ 조종자 요구시 모든 항공기에게 비행정보업무만 제공된다.

해설 G등급 공역은 영공에서는 해면 또는 지표면으로부터 1000피트 미만, 공해상에서는 해면에서 5500피트 미만과 평균해면 60000피트 초과의 국토교통부 장관이 공고한 공역으로 조종자에게 특별한 자격이 요구되지 않는다.

정답 : ②

81 다음 중 공역의 개념 및 분류에 대한 설명으로 옳지 않은 것은?

① 공역은 영공과 같은 것으로 배타적인 주권을 행사할 수 있는 공간이다.

② FIR은 ICAO 지역항행협정에서의 합의에 따라 이사회가 결정한다.

③ 영토는 헌법 제3조에 의한 한반도와 그 부속도서

④ 영해는 영해법 제1조에 의한 기선으로부터 측정하여 그 외측 12해리 선까지 이르는 수역

해설 영토와 영해의 상공으로서 완전하고 배타적인 주권을 행사할 수 있는 공간은 영공이다.

정답 : ①

82 인천 비행정보구역 내 공역의 지정 및 관리는 어디에서 하는가?

① ICAO 이사회　　② 국토교통부　　③ 국제항공안전기구　　④ 국가안보위원회

해설 국토교통부장관은 인천 FIR 내 공역의 지정 및 관리의 권한이 있다. 또한 인천 FIR 내 공역의 관할과 범위는 국토교통부장관이 정하여 고시한다.

정답 : ②

83 대규모 조종사의 훈련이나 비정상 형태의 항공활동이 수행되는 공역은?

① 훈련구역　　② 경계구역　　③ 군작전구역　　④ 위험구역

해설 대규모 조종사의 훈련이나 비정상 형태의 항공활동이 수행되는 공역은 경계구역이다.

정답 : ②

84 다음 중 공역에 대한 설명으로 옳지 않은 것은?

① 영구공역이란 관제공역, 비관제공역, 통제공역, 주의공역 등이 통상적으로 3개월 이상 동일목적으로 사용되는 일정한 수평 및 수직 범위의 공역이다.
② 임시공역이란 공역의 설정 목적에 맞게 3개월 미만의 기간 동안만 단기간으로 설정되는 수평 및 수직 범위의 공역이다.
③ 영구공역은 항공정보간행물에 고시되어 있다.
④ 공역은 제공되는 비행정보업무에 따른 구분과 사용 목적에 따라 구분하고 있다.

해설 공역은 제공되는 항공교통업무에 따른 구분과 사용목적에 따른 구분이 있다.

정답 : ④

85 다음 중 주권공역 및 비행정보구역에 대한 설명으로 옳지 않은 것은?

① 공역은 영공과 같은 것으로 배타적 주권을 행사할 수 있는 공간이다.
② 체약국은 공해상에서 운항하는 항공기에 적용할 자국의 규정을 시카고 조약에 의거하여 수립하여야 한다.
③ 비행정보구역은 국제민간항공협약 및 부속서에 따라 국토교통부장관이 그 명칭, 수직 및 수평 범위를 지정·공고한 공역이다.
④ FIR은 ICAO 지역항행협정에서의 합의에 따라 이사회가 결정한다.

해설 영공(Territorial Airspace)은 대한민국의 영토와 내수 및 영해의 상공으로 완전하고 배타적인 주권을 행사할 수 있는 공간이며, 공역은 항공기, 초경량비행장치 등의 안전한 활동을 보장하기 위하여 지표면 또는 해수면으로부터 일정 높이의 특정 범위로 정해진 공간을 말한다.(국토교통부 공역관리규정 제2조)

정답 : ①

86 다음 중 비행장교통구역에 대한 설명으로 옳지 않은 것은?

① 수평적으로 비행장 중심으로부터 반경 3NM 내

② 수직적으로 지표면으로부터 3,000ft까지의 공역

③ 시계비행을 하는 항공기 간에 교통정보를 제공하는 공역

④ 시계비행, 계기비행하는 항공기에 대하여 항공교통관제업무를 제공하는 공역

해설 비행장교통구역은 관제권 외에 D등급에서 시계비행을 하는 항공기 간에 교통정보를 제공하는 공역이다.

정답 : ④

87 다음 중 관제권에 대한 설명으로 옳지 않은 것은?

① 관제권은 계기비행 항공기가 이착륙하는 공항 주위에 설정되는 공역으로 공항중심(ARP)으로부터 반경 10NM 내에 있는 원통구역과 계기출발 및 도착절차를 포함하는 공역을 말한다.

② 관제권은 그 권역상공에 다른 공역이 설정되지 않는 한 상한고도는 없다.

③ 관제권은 기본 공항을 포함하여 다수의 공항을 포함할 수 있다.

④ 관제권을 지정하기 위해서는 관제탑, 항공무선통신시설과 기상관측시설이 있어야 하며, 그 공역은 항공지도상에 운영에 관한 조건과 함께 청색 단속선으로 표시한다.

해설 관제권은 계기비행 항공기가 이착륙하는 공항 주위에 설정되는 공역으로 공항중심(ARP)으로부터 반경 5NM 내에 있는 원통구역과 계기출발 및 도착절차를 포함하는 공역을 말한다.

정답 : ①

88 공역의 사용 목적에 따른 구분 중 주의공역에 해당되지 않는 것은?

① 훈련구역　　　　　　　　　　　② 초경량비행장치 비행제한구역
③ 초경량비행장치 비행구역　　　　④ 군작전구역

해설 초경량비행장치 비행제한구역은 통제공역이다.

정답 : ②

89 다음 중 관제구에 대한 설명으로 옳지 않은 것은?

① 관제구는 공역의 사용 목적에 따른 구분 중 관제공역에 포함된다.

② 관제구는 지표면 또는 수면으로부터 200미터 초과 높이의 공역이다.

③ 관제구는 FIR내의 접근관제구역(TMA)과 항공로를 포함한 구역이다.

④ 비행정보구역 내의 A, B, C, D 및 E등급 공역에서 시계 및 계기비행을 하는 항공기에 대하여 항공교통관제업무를 제공하는 공역이다.

해설 관제구는 지표면 또는 수면으로부터 200미터 이상 높이의 공역이다.

정답 : ②

90 다음 중 국가를 위도 순으로 큰 것부터 작은 순서로 나열한 것으로 옳은 것은?

① 중국 - 일본 - 북한 - 한국 - 대만 - 홍콩

② 중국 - 일본 - 한국 - 대만 - 홍콩 - 북한

③ 중국 - 한국 - 일본 - 북한 - 홍콩 - 대만

④ 중국 - 일본 - 한국 - 북한 - 대만 - 홍콩

> 해설 위도는 적도(0°)에서 극지방(90°)까지의 거리를 의미하며, 북반구에서는 위도가 클수록 더 북쪽에 위치하고, 위도가 작을수록 남쪽에 위치한다. 즉, 위도가 큰 나라부터 작은 나라 순서로 정렬하려면 북쪽에서 남쪽으로 배열하면 된다.(중국-일본-북한-한국-대만-홍콩), 만약 질문이 FIR의 면적 크기 순이라면 중국-일본-한국-대만-홍콩-북한 순이 맞다.

정답 : ①

91 다음 중 주의공역에 대한 설명으로 옳지 않은 것은?

① 훈련구역(CATA)은 민간항공기의 훈련공역으로서 시계비행 항공기로부터 분리를 유지할 필요가 있는 공역

② 위험구역(D)은 항공기의 비행 시 항공기 또는 지상시설물에 대한 위험이 예상되는 공역

③ 경계구역(A)은 대규모 조종사의 훈련이나 비정상 형태의 항공활동이 수행되는 공역

④ 초경량비행장치 비행구역(UA)은 초경량비행장치의 비행 활동이 수행되는 공역으로 그 주변을 비행하는 자의 주의가 필요한 공역

> 해설 훈련구역은 민간항공기의 훈련공역으로서 계기비행항공기로부터 분리를 유지할 필요가 있는 공역이다.

정답 : ①

92 계기비행 및 시계비행을 하는 항공기가 비행가능하고, 모든 항공기에 분리를 포함한 항공교통관제업무가 제공되는 공역은?

① A등급   ② B등급   ③ C등급   ④ D등급

> 해설 모든 항공기에 분리를 포함한 항공교통관제업무가 제공되는 공역은 B등급 공역이다.

정답 : ②

93 다음 중 공역의 사용기간에 따른 구분 중 영구공역에 대한 설명으로 옳은 것은?

① 공역의 사용기간이 명시되어 있지 않거나 또는 통상적으로 3개월 이상 동일 목적으로 사용되는 일정한 수평 및 수직 범위의 공역으로 관제공역 등 항공정보간행물(AIP)에 국토교통부장관이 지정하고 고시
② 공역의 사용기간이 명시되어 있지 않거나 또는 통상적으로 3개월 이상 동일 목적으로 사용되는 일정한 수평 및 수직 범위의 공역으로 국토교통부 항공교통본부장 또는 지방항공청장이 NOTAM 등으로 지정
③ 공역의 사용기간이 명시되어 있지 않거나 또는 통상적으로 3개월 미만 동일 목적으로 사용되는 일정한 수평 및 수직 범위의 공역으로 관제공역 등 항공정보간행물(AIP)에 국토교통부장관이 지정하고 고시
④ 공역의 사용기간이 명시되어 있지 않거나 또는 통상적으로 3개월 미만 동일 목적으로 사용되는 일정한 수평 및 수직 범위의 공역으로 국토교통부 항공교통본부장 또는 지방항공청장이 NOTAM 등으로 지정

해설 영구공역은 사용기간이 명시되어 있지 않거나 또는 통상적으로 3개월 이상 동일 목적으로 사용되는 일정한 수평 및 수직 범위의 공역으로 국토교통부장관이 관제공역, 비관제공역, 통제공역, 주의공역 등 항공정보간행물(AIP)에 지정하고 고시한다.

정답 : ①

94 다음 중 공역의 사용기간에 따른 구분 중 임시공역에 대한 설명으로 옳은 것은?

① 공역의 사용기간이 명시되어 있지 않거나 또는 통상적으로 3개월 이상 동일 목적으로 사용되는 일정한 수평 및 수직 범위의 공역
② 관제공역, 비관제공역, 통제공역, 주의공역 등 항공정보간행물(AIP)에 국토교통부장관이 지정하고 고시
③ 공역의 설정 목적에 맞게 3개월 미만의 기간 동안 단기간으로 설정되는 수평 및 수직 범위의 공역으로 국토교통부 항공교통본부장 또는 지방항공청장이 NOTAM 등으로 지정
④ 관제공역, 비관제공역, 통제공역, 주의공역 등 NOTAM으로 국토교통부장관이 지정하고 고시

해설 임시공역은 공역의 설정 목적에 맞게 3개월 미만의 기간 동안 단기간으로 설정되는 수평 및 수직 범위의 공역으로 국토교통부 항공교통본부장 또는 지방항공청장이 NOTAM 등으로 지정한다.

정답 : ③

95 다음 중 주권공역 및 비행정보구역에 대한 설명으로 옳지 않은 것은?

① 영토 : 헌법 제3조에 의한 한반도와 그 부속도서
② 영해 : 영해 및 접속수역법에 따라 기선으로부터 측정하여 그 외측 13해리 선까지 이르는 수역
③ 공해상에서의 체약국의 의무 : 체약국은 공해상에서 운항하는 항공기에 적용할 자국의 규정을 시카고 조약에 의거하여 수립하여야 하며, 수립된 규정을 위반하는 경우 처벌 가능(시카고 조약 12조)
④ FIR은 ICAO 지역항행협정에서의 합의에 따라 이사회가 결정하며, 국제민간항공협약 부속서 2 및 11에서 정한 기준에 따라 당사국들은 관할 공역 내에서 등급별 공역을 지정하고 항공교통업무를 제공하도록 규정하고 있음

해설 영해는 영해 및 접속수역법에 따라 기선으로부터 측정하여 그 외측 12해리 선까지 이르는 수역이다.

정답 : ②

96 다음 중 주권공역에 대한 설명으로 옳지 않은 것은?

① 영공은 대한민국의 영토와 내수 및 영해의 상공으로 완전하고 배타적인 주권을 행사할 수 있는 공간

② 영토는 헌법 제3조에 의한 한반도와 그 부속도서

③ 항공기, 경량항공기 또는 초경량비행장치의 안전하고 효율적인 비행과 수색 또는 구조에 필요한 정보를 제공하기 위한 공역

④ 영해는 영해 및 접속수역법에 따라 기선으로부터 측정하여 그 외측 12해리 선까지 이르는 수역

해설 항공기, 경량항공기 또는 초경량비행장치의 안전하고 효율적인 비행과 수색 또는 구조에 필요한 정보를 제공하기 위한 공역은 비행정보구역(FIR:Flight Information Region)이다.

정답 : ③

97 안전하고 효율적인 비행에 유용한 조언 및 정보를 제공할 목적으로 수행하는 업무를 무엇이라 하는가?

① 비행 조언정보 업무   ② 비행정보업무   ③ 비행조언업무   ④ 비행안전업무

정답 : ②

98 다음 중 비행장교통구역에 대한 설명으로 옳지 않은 것은?

① 관제권 외에 D등급에서 시계비행을 하는 항공기 간에 교통정보를 제공하는 공역

② 수평적으로 비행장 중심으로부터 반경 3NM 내

③ 수직적으로 지표면으로부터 3,000ft까지의 공역

④ 군부대 공역으로만 설정된다.

해설 비행장교통구역(ATZ)은 총 13개소로 육군 11개소, 민간 2개소이다.

정답 : ④

99 다음 중 비행장교통구역의 설정 기준에 대한 설명으로 옳지 않은 것은?

① 계기비행 항공기가 운항하는 비행장

② 관제탑이 설치된 비행장

③ 출발·도착 시계비행절차가 있을 것

④ 무선교신시설 및 기상측정장비 구비

해설 비행장교통구역은 시계비행 항공기가 운항하는 비행장에 설정할 수 있다.

정답 : ①

100 모든 항공기가 비행이 가능하고 항공기에 분리업무가 제공되는 공역은?

① A등급 ② B등급 ③ C등급 ④ D등급

해설 B등급 공역은 계기비행 및 시계비행을 하는 항공기가 비행 가능하고, 모든 항공기에 분리를 포함한 항공교통관제업무가 제공되는 공역이다.

정답 : ②

101 모든 항공기에 항공교통관제업무가 제공되나, 계기비행을 하는 항공기와 시계비행을 하는 항공기 및 시계비행을 하는 항공기 간에는 교통정보만 제공되는 공역은?

① A등급 공역 ② B등급 공역 ③ C등급 공역 ④ D등급 공역

해설 A등급 공역 : 모든 항공기가 계기비행을 해야 하는 공역
B등급 공역 : 계기비행 및 시계비행을 하는 항공기가 비행 가능하고, 모든 항공기에 분리를 포함한 항공교통관제업무가 제공되는 공역
C등급 공역 : 모든 항공기에 항공교통관제업무가 제공되나, 시계비행을 하는 항공기간에는 교통정보만 제공되는 공역
D등급 공역 : 모든 항공기에 항공교통관제업무가 제공되나, 계기비행을 하는 항공기와 시계비행을 하는 항공기 및 시계비행을 하는 항공기 간에는 교통정보만 제공되는 공역

정답 : ④

102 모든 항공기에 항공교통관제업무가 제공되나, 시계비행을 하는 항공기간에는 교통정보만 제공되는 공역은?

① A등급 공역 ② B등급 공역 ③ C등급 공역 ④ D등급 공역

해설 101번 문제 해설 참조

정답 : ③

103 대규모 조종사의 훈련이나 비정상 형태의 항공활동이 수행되는 공역은?

① 위험구역 ② 경계구역
③ 군작전구역 ④ 초경량비행장치 비행구역

해설 경계구역은 대규모 조종사의 훈련이나 비정상 형태의 항공활동이 수행되는 공역이다.

정답 : ②

104 다음 중 우리나라의 지방항공청이 아닌 것은?

① 서울지방항공청 ② 인천지방항공청 ③ 부산지방항공청 ④ 제주지방항공청

해설 인천지방항공청은 없다.

정답 : ②

105 다음 중 우리나라 인천 FIR 범위로 옳지 않은 것은?

① 북쪽 휴전선
② 동쪽은 속초 동쪽으로 약 210NM
③ 남쪽은 제주 남쪽 약 200NM
④ 서쪽은 인천 서쪽 약 180NM

해설 서쪽은 인천 서쪽 약 130NM이다.

정답 : ④

106 공역의 사용목적에 따른 구분 중 관제공역에 포함되는 것은?

① 비행금지구역
② 비행제한구역
③ 초경량비행장치 비행제한구역
④ 비행장교통구역

해설 ①~③은 통제공역이며, 관제공역은 관제권, 관제구, 비행장교통구역이다.

정답 : ④

107 다음 중 비행장교통구역의 설정 기준으로 옳지 않은 것은?

① 시계비행항공기가 운항하는 비행장
② 관제탑이 설치된 비행장
③ 출발·도착 계기비행절차가 있을 것
④ 무선교신시설 및 기상측정장비 구비

해설 출발·도착 시계비행절차가 있을 것

정답 : ③

108 다음 중 제한식별구역에 대한 설명으로 옳지 않은 것은?

① 영공방위를 위하여 동 공역을 비행하는 항공기에 대하여 식별, 위치결정 및 통제업무를 실시하는 공역
② 방공식별구역에서 평시 국내 운항을 용이하게 하고 방공작전의 편의를 도모하기 위하여 설정한 구역
③ 우리나라 해안선을 따라 한국제한식별구역(KLIZ)을 설정, 국방부 관리
④ 항공기 식별 안될 경우 요격기 투입

해설 ①은 방공식별구역에 대한 설명이다.

정답 : ①

109 다음 중 공역의 구분 방법이 아닌 것은?

① 비행정보업무 제공에 따른 구분
② 사용기간에 따른 구분
③ 항공교통업무 제공에 따른 구분
④ 사용목적에 따른 구분

정답 : ①

110 관제공역 외의 공역으로서 항공기에 탑승하고 있는 조종사에게 비행에 필요한 조언이나 비행정보 등을 제공하는 공역은?

① 비관제공역　　　② 조언구역　　　③ 정보구역　　　④ 조언정보구역

해설 조언구역은 항공교통조언업무가 제공되도록 지정된 비관제공역, 정보구역은 비행정보업무가 제공되도록 지정된 비관제공역이다.

정답 : ①

111 다음 중 비행정보구역에 대한 설명으로 옳지 않은 것은?

① 항공기, 경량항공기 또는 초경량비행장치의 안전하고 효율적인 비행과 수색 또는 구조에 필요한 정보를 제공하기 위한 공역이다.
② 국제민간항공협약 및 부속서에 따라 국토교통부장관이 그 명칭, 수직 및 수평 범위를 지정·공고한 공역이다.
③ FIR은 ICAO 지역항행협정에서의 합의에 따라 이사회가 결정한다.
④ 국제민간항공협약 부속서 2 및 11에서 정한 기준에 따라 당사국들은 관할 공역 내에서 등급별 공역을 지정하고 비행정보업무를 제공하도록 규정하고 있다.

해설 국제민간항공협약 부속서 2 및 11에서 정한 기준에 따라 당사국들은 관할 공역 내에서 등급별 공역을 지정하고 항공교통업무를 제공하도록 규정하고 있다.

정답 : ④

112 다음 중 관제구에 대한 설명으로 옳지 않은 것은?

① 관제구는 지표면 또는 수면으로부터 200미터 이상 높이의 공역
② 항공로는 항행에 적합 하도록 항행안전시설(VOR 등)을 이용하여 설정하는 공간의 통로
③ 접근관제구역은 관제구의 일부분으로 항공교통센터(ACC)로부터 구역, 업무범위, 사용고도 등을 위임 받아 운영
④ 비행장교통구역은 관제권 외에 D등급에서 시계비행을 하는 항공기 간에 교통정보를 제공하는 공역

해설 관제구는 FIR내의 접근관제구역(TMA)과 항공로를 포함한 구역이다. 비행장교통구역은 관제구의 포함구역이 아니다.

정답 : ④

113 공역의 사용 목적에 따른 구분 중 통제공역이 아닌 것은?

① 군작전구역　　② 비행금지구역　　③ 비행제한구역　　④ 초경량비행장치 비행제한구역

해설 군작전구역은 주의공역이다.

정답 : ①

Part 03

안전관리 및 사고사례

Chapter 1. 안전관리 및 사고사례 핵심정리
Chapter 2. 기출복원문제 풀이

CHAPTER 01

안전관리 및 사고사례 핵심정리

🚁 무인비행장치

1. 항공안전법상 초경량비행장치

구분	범위
동력비행장치	동력을 이용하는 것으로서 다음 각 목의 기준을 모두 충족하는 고정익비행장치. 다만, 전기모터에 의한 동력을 이용하는 경우에는 나목을 적용하지 않는다. 가. 탑승자, 연료 및 비상용 장비의 중량을 제외한 자체중량[배터리의 전원(電源)을 이용하는 초경량비행장치의 경우에는 배터리의 중량을 포함한다. 이하 같다]이 115킬로그램 이하일 것 나. 연료의 탑재량이 19리터 이하일 것 다. 좌석이 1개일 것
행글라이더	탑승자 및 비상용 장비의 중량을 제외한 자체중량이 70킬로그램 이하로서 체중이동, 타면조종 등의 방법으로 조종하는 비행장치
패러글라이더	탑승자 및 비상용 장비의 중량을 제외한 자체중량이 70킬로그램 이하로서 날개에 부착된 줄을 이용하여 조종하는 비행장치
기구류	기체의 성질·온도차 등을 이용하는 다음 각 목의 비행장치 가. 유인자유기구 나. 무인자유기구(기구 외부에 2킬로그램 이상의 물건을 매달고 비행하는 것만 해당한다. 이하 같다) 다. 계류식(繫留式) 기구
무인비행장치	사람이 탑승하지 아니하는 것으로서 다음 각 목의 비행장치 가. 무인동력비행장치 : 연료의 중량을 제외한 자체중량이 150킬로그램 이하인 무인비행기, 무인헬리콥터, 무인멀티콥터 또는 무인수직이착륙기(시행일:2025.5.14.) 나. 무인비행선 : 연료의 중량을 제외한 자체중량이 180킬로그램 이하이고 길이가 20미터 이하인 무인비행선
회전익비행장치	동력비행장치 각 목(전기모터에 의한 동력을 이용하는 경우에는 나목은 제외한다)의 요건을 갖춘 헬리콥터 또는 자이로플레인
동력패러글라이더	패러글라이더에 추진력을 얻는 장치를 부착한 다음 각 목의 어느 하나에 해당하는 비행장치 가. 착륙장치가 없는 비행장치 나. 착륙장치가 있는 것으로서 동력비행장치 각 목(전기모터에 의한 동력을 이용하는 경우에는 나목은 제외한다)의 요건을 갖춘 비행장치
낙하산류	항력(抗力)을 발생시켜 대기(大氣) 중을 낙하하는 사람 또는 물체의 속도를 느리게 하는 비행장치

2. 농업용 무인헬리콥터

1) 2003년, Yamaha R-Max 무성항공 국내 최초 도입(기체번호 S7008)
2) 2004년, 성우엔지니어링 리모에이치(Remo-H) 개발 시작, 2007년 출시
3) 2014년 무인헬리콥터 전문교육기관 인가 : 성우엔지니어링, 무성항공
4) 2015년 무인멀티콥터 전문교육기관 인가 : 카스컴
5) 2023년 8월 현재 교육기관(총758개) : 전문교육기관 263개, 사설교육기관 495개

3. 무인비행장치 신고 현황 (2024.10월 기준)

무인멀티콥터	무인비행기	무인헬리콥터	비고
56,349대	4,784대	1,847대	약 5% 말소

4. 무인비행장치 조종자 자격증명 취득 현황 (2024.10월 기준/조종자격은 4종 제외)

구분	계	무인멀티콥터	무인비행기	무인헬리콥터
조종 자격	149,815명	145,001명	3,050명	1,764명
지도조종자	17,367명	16,922명	284명	161명

5. 초경량비행장치 조종자 준수사항 (항공안전법 제129조, 항공안전법 시행규칙 제310조)

1) 무인비행장치 조종자에게는 적용하지 아니하는 조종자 준수사항

- 안개 등으로 인하여 지상목표물을 육안으로 식별할 수 없는 상태에서 비행하는 행위
- 비행시정 및 구름으로부터의 거리기준을 위반하여 비행하는 행위

2) 조종자 준수사항

- 인명이나 재산에 위험을 초래할 우려가 있는 낙하물을 투하(投下)하는 행위
- 주거지역, 상업지역 등 인구가 밀집된 지역이나 그 밖에 사람이 많이 모인 장소의 상공에서 인명 또는 재산에 위험을 초래할 우려가 있는 방법으로 비행하는 행위
  ↳ 사람 또는 건축물이 밀집된 지역의 상공에서 건축물과 충돌할 우려가 있는 방법으로 근접하여 비행하는 행위
- 관제공역·통제공역·주의공역에서 비행하는 행위. 다만, 비행승인을 받은 경우와 다음 각 목의 행위는 제외
  ↳ 군사목적으로 사용되는 초경량비행장치를 비행하는 행위
  ↳ 다음의 어느 하나에 해당하는 비행장치를 관제권 또는 비행금지구역이 아닌 곳에서 최저비행고도(150미터) 미만의 고도에서 비행하는 행위
    1. 무인비행기, 무인헬리콥터, 무인멀티콥터 또는 무인수직이착륙기 중 최대이륙중량이 25킬로그램 이하인 것
    2. 무인비행선 중 연료의 무게를 제외한 자체 무게가 12킬로그램 이하이고, 길이가 7미터 이하인 것
- 일몰 후부터 일출 전까지의 야간에 비행하는 행위. 다만, 최저비행고도(150미터) 미만의 고도에서 운영하는 계류식 기구 또는 허가를 받아 비행하는 초경량비행장치는 제외한다.
- 주류, 마약류 또는 환각물질 등(이하 "주류등"이라 한다)의 영향으로 조종업무를 정상적으로 수행할 수 없는 상태에서 조종하는 행위 또는 비행 중 주류 등을 섭취하거나 사용하는 행위
- 지표면 또는 장애물과 가까운 상공에서 360도 선회하는 등 조종자의 인명에 위험을 초래할 우려가 있는 방법으로 패러글라이더를 비행하는 행위
- 그 밖에 비정상적인 방법으로 비행하는 행위
- 초경량비행장치 조종자는 항공기 또는 경량항공기를 육안으로 식별하여 미리 피할 수 있도록 주의하여 비행하여야 한다.
- 동력을 이용하는 초경량비행장치 조종자는 모든 항공기, 경량항공기 및 동력을 이용하지 아니하는 초경량비행장치에 대하여 진로를 양보하여야 한다.
- 무인비행장치 조종자는 해당 무인비행장치를 육안으로 확인할 수 있는 범위에서 조종하여야 한다. 다만, 허가를 받아 비행하는 경우는 제외한다.

✈ 초경량비행장치 사고관련 법령

6. 초경량비행장치 사고 정의(항공안전법 제2조)

> 8. "초경량비행장치사고"란 초경량비행장치를 사용하여 비행을 목적으로 이륙[이수(離水)를 포함한다.
> 이하 같다]하는 순간부터 착륙[착수(着水)를 포함한다. 이하 같다]하는 순간까지 발생한
> 다음 각 목의 어느 하나에 해당하는 것으로서 국토교통부령으로 정하는 것을 말한다.
> 가. 초경량비행장치에 의한 사람의 사망, 중상(→ 경상 X) 또는 행방불명
> 나. 초경량비행장치의 추락, 충돌 또는 화재 발생
> 다. 초경량비행장치의 위치를 확인할 수 없거나 초경량비행장치에 접근이 불가능한 경우

7. 초경량비행장치 조종자 증명(항공안전법 제125조)

> ⑤ 국토교통부장관은 초경량비행장치 조종자 증명을 받은 사람이 다음 각 호의 어느 하나에 해당하는 경우에는 초경량비행장치 조종자 증명을 취소하거나 1년 이내의 기간을 정하여 그 효력의 정지를 명할 수 있다.
>   3. 초경량비행장치의 조종자로서 업무를 수행할 때 고의 또는 중대한 과실로 초경량비행장치사고를 일으켜 인명피해나 재산피해를 발생시킨 경우

8. 초경량비행장치 조종자 준수사항(항공안전법 제129조)

> ③ 초경량비행장치 조종자는 초경량비행장치사고가 발생하였을 때에는 국토교통부령으로 정하는
> 항공안전법 시행규칙 제312조(초경량비행장치사고의 보고 등)

> 법 제129조제3항에 따라 초경량비행장치사고를 일으킨 조종자 또는 그 초경량비행장치소유자등은 다음 각 호의 사항을 지방항공청장에게 보고하여야 한다.
>   1. 조종자 및 그 초경량비행장치소유자등의 성명 또는 명칭
>   2. 사고가 발생한 일시 및 장소
>   3. 초경량비행장치의 종류 및 신고번호(→ 종류 및 소속 X)
>   4. 사고의 경위(→ 사고의 세부 경위 X)
>   5. 사람의 사상(死傷)(→ 사망 X) 또는 물건의 파손 개요(→ 물건의 파손 관련 세부적인 내용 X)
>   6. 사상자의 성명(→ 사망자의 성명 X) 등 사상자의 인적사항 파악을 위하여 참고가 될 사항
>   └ 안전성인증서 X, 신고증명서 X, 보험가입증명서 X

바에 따라 지체 없이 국토교통부장관에게 그 사실을 보고하여야 한다. 다만, 초경량비행장치 조종자가 보고할 수 없을 때에는 그 초경량비행장치소유자 등이 초경량비행장치사고를 보고하여야 한다.

9. 과태료(항공안전법 제166조)

> ⑦ 다음 각 호의 어느 하나에 해당하는 자에게는 30만원 이하의 과태료를 부과한다.
>   2. 제129조제3항을 위반하여 초경량비행장치사고에 관한 보고를 하지 아니하거나 거짓으로 보고한 초경량비행장치 조종자 또는 그 초경량비행장치소유자 등

10. 권한의 위임 위탁(항공안전법 시행령 제26조)

① 국토교통부장관은 법 제135조제1항에 따라 다음 각 호의 권한을 지방항공청장에게 위임한다.
  55. 법 제129조제3항에 따른 초경량비행장치 조종자 또는 초경량비행장치소유자 등의 초경량비행장치사고 보고의 접수

11. 사망·중상 등의 적용기준(항공안전법 시행규칙 제6조)

② 법 제2조제6호가목, 같은 조 제7호가목 및 같은 조 제8호가목에 따른 행방불명은 항공기, 경량항공기 또는 초경량비행장치 안에 있던 사람이 항공기사고, 경량항공기사고 또는 초경량비행장치사고로 1년간 생사가 분명하지 아니한 경우에 적용한다.
③ 법 제2조제7호가목 및 같은 조 제8호가목에 따른 사람의 사망 또는 중상에 대한 적용기준은 다음 각 호와 같다.
  1. 경량항공기 및 초경량비행장치에 탑승한 사람이 사망하거나 중상을 입은 경우.
     다만, 자연적인 원인 또는 자기 자신이나 타인에 의하여 발생된 경우는 제외한다.(→ 포함한다 X)
  2. 비행 중이거나 비행을 준비 중인 경량항공기 또는 초경량비행장치로부터 이탈된 부품이나 그 경량항공기 또는 초경량비행장치와의 직접적인 접촉 등으로 인하여 사망하거나 중상을 입은 경우

12. 사망·중상의 범위(항공안전법 시행규칙 제7조)

① 법 제2조제6호가목, 같은 조 제7호가목 및 같은 조 제8호가목에 따른 사람의 사망은 항공기사고, 경량항공기사고 또는 초경량비행장치사고가 발생한 날부터 30일 이내(→ 15일 X)에 그 사고로 사망한 경우를 포함한다.
② 법 제2조제6호가목, 같은 조 제7호가목 및 같은 조 제8호가목에 따른 중상의 범위는 다음 각 호와 같다.
  1. 항공기사고, 경량항공기사고 또는 초경량비행장치사고로 부상을 입은 날부터 7일 이내에 48시간을 초과하는 입원치료가 필요한 부상
  2. 골절(코뼈, 손가락, 발가락 등의 간단한 골절은 제외한다)(→ 포함한다 X)
  3. 열상(찢어진 상처)으로 인한 심한 출혈, 신경·근육 또는 힘줄의 손상
  4. 2도나 3도의(→ 1도나 2도 X, 4도 X) 화상 또는 신체표면의 5퍼센트(→ 10% X)를 초과하는 화상
     (화상을 입은 날부터 7일 이내에 48시간을 초과하는 입원치료가 필요한 경우만 해당한다)
  5. 내장의 손상
  6. 전염물질이나 유해방사선에 노출된 사실이 확인된 경우

13. 초경량비행장치사고의 보고 등(항공안전법 시행규칙 제312조)

법 제129조제3항에 따라 초경량비행장치사고를 일으킨 조종자 또는 그 초경량비행장치소유자등은 다음 각 호의 사항을 지방항공청장에게 보고하여야 한다.
  1. 조종자 및 그 초경량비행장치소유자등의 성명 또는 명칭
  2. 사고가 발생한 일시 및 장소
  3. 초경량비행장치의 종류 및 신고번호(→ 소속 X)
  4. 사고의 경위(→ 사고의 세부 경위 X)
  5. 사람의 사상(死傷)(→ 사망 X) 또는 물건의 파손 개요
  6. 사상자의(→ 사망자의 X) 성명 등 사상자의(→ 사망자의 X) 인적사항 파악을 위하여 참고가 될 사항

무인비행장치 사고사례

14. 사고조사의 목적

1) 국제민간항공조약 부속서 13.3.1항과 5.4.1항

사고나 준사고 조사의 궁극적인 목적은 사고나 준사고를 방지하기 위함이므로 비난이나 책임을 묻기 위한 목적으로 사용하여서는 아니 된다. 비난이나 책임을 묻기 위한 사법적 또는 행정적 소송절차는 본 부속서의 규정 하에 수행된 어떠한 조사와도 분리되어야 한다.(→ 벌칙을 부과하기 위해서 존재한다 X)

2) 항공·철도 사고조사에 관한 법률 제4장 제30조(다른 절차와의 분리)

사고조사는 민·형사상 책임과 관련된 사법절차, 행정처분절차 또는 행정쟁송절차와 분리·수행되어야 한다. 그러므로 항공·철도 사고조사에 관한 법률에 의거 실시한 사고조사 결과에 따라 작성된 본 사고조사 보고서는 항공안전을 증진시킬 목적 이외의 용도로 사용하여서는 아니 된다.

15. 무인헬리콥터 사고사례

2005년 RC 모형헬리콥터 사망사고, 2009년 농업용 무인헬리콥터 사망사고, 2012년 군납예정 무인헬리콥터 화재 사망사고 이후 2013년 무인비행장치 조종자 자격증명 제도 시행

1) RC 모형헬리콥터 사망사고 : 2005.4.1 / 경남 진주 초등학교
↳ 「과학의 달 행사」시 RC헬리콥터 비행시범 중 초등 1년생 1명 사망, 2명 중·경상
→ 인근에서 작업 중인 농업용 드론이 날아와서 사고가 발생하였다 X

2) 무인헬리콥터 사망사고(UAR0903) : 2009.8.3 14:46 / 전북 임실군 오수면 둔덕리 소재 논

(1) 사고 개요

- 일본 야마하 RMAX L17(S7044)가 이륙 후 기체가 후진하여 조종자와 충돌, 조종자 사망
- 사고조사후 조치 : 오수농협 4건, 제작사인 일)야마하모터사에 4건의 안전권고 발행

(2) 사고조사 보고서

① 조종자 정보

2008.2월	비행장치 수입사가 제공하는 농업용 무인회전익비행장치 운용자 교육 수료
2008.7월	(사)한국농업무인헬기협회로부터 기능인정증 취득 후 비행일지에 비행시간 기록하지 않아 실무에서 무인회전익비행장치 조종한 시간은 확인 불가
2009.5.29	조종자는 정기신체검사에서 특정질환에 대한 관리가 필요하다는 판정 받음 (인지와 운동능력에 영향이 있을 수 있는 질환)

② 비행장치 정보

2008.5.2	일본 야마하모터사가 항공방제용으로 제작
2008.7.20	국내 도입
2008.8.17	최초의 방제작업 도중 전선과 충돌하여 추락, 사고당일 수리 완료(이번 사고 조종자와 동일한 조종자)
2009.5.15	안전성인증검사

③ 비행기록장치(FDR) 분석 결과 : 비행기록데이터 정밀분석 결과 기체 고장이나 기능이상은 미발견

④ 사고 조사 내용

- 무선조종기를 수납 또는 이동하는 과정에서 피치 트림스위치가 외부 물체에 걸려 기수상승 3단위로 설정되어 있었던 것으로 판단됨
    └ 이러한 설정이 오후 작업 전 점검단계에서 조종자에 의해 확인되지 않았음
      비행장치의 점검을 생략 또는 소홀하게 수행하였을 가능성
- 기체 시동 후에 지상에서 조종자는 GPS 스위치를 2회 작동. 이는 당시 GPS 수신신호가 불량하였기 때문에 시동 후 GPS 표시등이 점등되지 않아, 조종자가 조급하게 불필요한 반응을 한 것으로 판단됨. 부양 후 유효한 GPS 신호가 가용한 상태인데도 조종자가 GPS 신호를 켜지 않았음
- 기체가 후진하는 동안 조종자는 2회에 걸쳐 후진을 멈추기 위해 피치 조종간을 작동
    └ 그러나 후진 멈춤을 위해 조종자가 취한 두 번의 순간적인 조작은 그 양이나 시간이 충분하지 않았음
- 기체와 충돌하기 전에 뒷걸음질로만 피하려고 한 점 등은 조종자의 상황인지 및 회피동작이 미흡했다는 사실을 의미함
- 인간이 외부의 자극을 감지하고 처리하고 반응하는데 약 1~2초가 소요. 15m 안전거리는 조종자에게 무인회전익비행장치의 비정상적 움직임으로부터 적절한 보호를 제공하기에는 충분하지 못한 것으로 판단됨
- 비행전후 점검표에는 무선조종기 트림스위치 위치를 점검하는 항목이 없었음
- 제작사가 트림스위치의 설계 관련 소프트웨어 개선 필요가 있음
- 초기교육 후 조종자의 기술수준유지를 위한 훈련방법과 요구량이 없었음

⑤ 안전권고(UAR0903-1~8)

오수 농협	1. 아래의 내용이 포함된 방제업무 안전규정을 수립하여 시행
	└ 방제팀의 인적 구성(조종자 자격 보유자)
	  방제작업에 대한 안전관리 및 감독
	  조종자 작업환경 조건 및 연속 근무시간 제한 등
	2. 비행점검기록부의 비행전후 점검표에 무선조종기 트림스위치의 위치 점검절차 추가
	3. 조종자들이 점검표의 항목과 점검행위를 소리 내어 부르고 이에 따라 실행하는 방식 채용
	4. 조종자들의 인적실수에 의한 사고를 방지할 수 있도록 아래 내용 포함하여 현행 훈련프로그램 개선
	└ 인적실수 예방프로그램 개발
	  기술수준 유지를 위한 조종자 훈련방법 개발 및 요구량 설정
	→ 사고 이후 조종자들은 과감하게 비행전후 점검을 생략한다 X

야마하 모터사	5. 트림스위치가 잘못 설정될 경우 엔진이 시동되지 않도록 하는 등 부적절한 설정에 의한 위험을 방지하기 위한 무선조종기 트림스위치의 설계 관련 소프트웨어 개선 검토 6. 무인회전익비행장치 운영자들에게 안전규정 수립에 필요한 세부적인 자료 제공 7. 운영자교범에 비행 전 무선조종기 트림스위치의 위치 점검 절차를 추가 8. 현행 조종자와 무인회전익비행장치 사이의 안전거리 15m의 적절성 재검토

3) 군납 무인헬리콥터 사망사고 : 2012.5.10 / 인천 연수구 송도국제도시 상공

- 대북 정찰용으로 해군에 납품예정인 오스트리아 Schiebel사 Camcopter S100 무인헬리콥터 시험운항 중 통제 차량 충돌 후 화재로 무인헬리콥터와 통제트럭 전소
- 제조사에사 파견한 슬로바키아 기술자 사망, 한국지사 직원 2명 화상

4) 무인헬리콥터 충돌·화재사고(UAR1504) : 2015.7.14 06:50 / 경남 합천군 삼가면 소재 논

(1) 사고 개요

- ㈜성우엔지니어링 REMO-12(S7346) 농약 운반용 트럭에 충돌 후 화재로 전소
- 사고조사후 조치 : 농협중앙회 2건, 성우/무성/카스컴에 1건의 안전권고 발행

(2) 사고조사 보고서

① 조종자 / 부조종자 정보

조종자	2014.7월	㈜성우엔지니어링 비행교육원 수료(비행시간 20.8시간)
	2014.7.31	무인회전익비행장치 조종자격 취득 후 29.5시간 비행(총 50.3시간)
부조종자	2014.7월	㈜성우엔지니어링 비행교육원 수료(비행시간 22시간)
	2014.7.31	무인회전익비행장치 조종자격 취득 후 12.1시간 비행(총 34.1시간)

② 비행장치 정보

2014.10.7	㈜성우엔지니어링 REMO-12 제작
2014.12.1	안전성인증검사
2014.12.5	제주 구좌농협에 납품(총 비행시간 29.8시간)

③ 비행기록장치(FDR) 분석 결과 : 비행사고 직후 발생한 화재로 비행기록장치가 모두 소실되어 조사 불가

④ 사고 조사 내용

- 제주 방제를 마치고 구좌농협 보유 비행장치 1대로 7.1부터 경남 및 전남 일대의 합동방제를 진행. 전남 화순 방제-성우엔지니어링 비행장치 점검-경남 합천으로 이동
- 2015.7.14. 06:00 방제 현장 도착, 안개로 06:40까지 대기하였다가 안개가 걷히자 부조종자를 방제대상 논의 건너편으로 보내 전선줄 등 장애물 유무와 위치를 확인하고 방제 시작
- 두 번째 논에서 방제 중 건너편 농로 상에 위치한 농약 운반용 트럭에 충돌되면서 추락. 추락 시 충격으로 전파되었고, 추락과 동시에 화재가 발생하여 전소
  ↳ 의령농협 소유 농약 운반용 1톤 트럭이 화재로 인한 손상, 농약 운반차량과 우사 사이에 있던 호두나무 1식(약20년생)이 화재 피해
- 부조종사의 임무는 주변 장애물 확인 및 비행장치가 정지선 도달 전 50, 40, 30, 20, 10, 정지를 호창하여야 하나, 사고 전 50을 호창하고 의령농협 직원과 무전교신을 하였으며, (교신내용은 추가 방제 대상 논 지번과 논 주인 인적사항을 기록해 줄 것을 요청) 무전교신 시 시선은 의령농협 직원을 주시하고 있어서 비행장치를 보지 못하였고, 무전교신 후 비행장치를 정지선 10~20m 전에서 발견, 급히 정지 호창함. 정지 신호 후 비행장치가 밀리면서 차량을 충돌하였고, 비행장치는 전복 후 화재가 발생
- 비행장치는 이미 정지선으로부터 5m 이내로 접근한 상태로 추정됨

⑤ 사고 조사 내용(계속)

- 사고 당시 조종자가 보조자의 정지 소리를 듣고 정지조작을 하였으나 비행장치가 정지하지 않았던 점을 고려하여 비행장치의 비행관성에 의한 정지거리를 확인하기 위하여 사고 기체와 동형의 다른 비행장치를 이용하여 2015.8.31. 16~17:00까지 성우엔지니어링실기훈련장에서 모의비행 시험을 하였다.
- 모의비행은 약20km/h 속도로 비행(방제속도)을 하다가 정지조작을 하여 비행장치가 밀리는 거리를 측정하는 방식으로 진행하였으며, 그 결과 비행장치는 정지조작 후 약13m 밀려서 정지되는 것을 확인하였다.

⑥ 안전권고(UAR1504-1~3)

농협중앙회 (자재부)	1. 농업용 무인회전익비행장치를 보유하고 있는 단위농협의 비행장치 운용자에 대한 사고사례를 전파하고 안전교육 실시 2. 조종자 및 부조종자가 방제 비행 중 다른 업무에 주의력을 빼앗기지 않도록 업무분장표의 적절성 검토
성우엔지니어링, 무성항공, 카스컴	3. 농업용 무인회전익비행장치 안전교육 과목에 사고사례를 포함하여 교육

5) 무인헬리콥터 실종사고(UAR1703) : 2017.7.13 07:40 / 경남 밀양시 하남읍

(1) 사고 개요

- 일본 야마하 RMAX L17(S7224) 방제 중 안개 속으로 실종, 약 5개월 후 실종한 기체 잔해 회수
- 사고조사후 조치 : 지방항공청, 남밀양 농업협동조합, 무성항공 및 제작사에 4건의 안전권고 발행

(2) 사고 경과

- 사고 당일부터 조종자와 부조종자 그리고 남밀양농협 직원 및 무성항공 직원들이 예상 추락지역을 수색하였고, 드론을 이용하여 사진 촬영 및 수색
- 위원회에서는 7.21 함양에 있는 산림청 소속 헬리콥터(KA-32T, HL9416)를 지원받아 조사관 2명 및 무성항공 직원 1명이 탑승하여 산악지역을 1시간 동안 수색
- 무성항공에서는 S7224가 비행 중 산에 부딪혀서 산악지역에 추락하였을 것으로 판단하였고 장시간이 소요될 것으로 예상하여 매일 6~7명의 인부를 고용하여 7.17~8.4까지 산악지역 수색. 낙엽이 떨어져서 산악지역이나 숲 속이 잘 보이는 12.18~12.22까지 5일간 인부와 드론을 이용하여 2차 수색
- 12.24 저녁에 4km 떨어진 하남공단 조성부지에서 기체를 발견한 작업자가 남밀양농협으로 연락하여 추락한 기체 잔해 회수

(3) 사고조사 보고서

① 조종자 정보 : 유효한 조종자 자격증명 보유, 2014.7~2017.7월까지 남밀양농협에서 항공방제 작업
② 비행장치 정보 : 2014.5. 15 기체 신고
③ 기상 정보 : 논 인근의 수평시정 약 200~300m 정도로 옅은 안개,
　　　　　　　논 상공의 수직시정 20~30m 정도의 짙은 안개, 바람은 거의 없었음
④ 사고 원인 : 초경량비행장치 조종자의 적절하지 못한 귀환조작 및 비정상 상황에 대한 조치 미흡

⑤ 기여 원인 : 비행 전 기상상태 확인 작동절차 준수 미흡

⑥ 사고 조사 내용

- 07:40경 조종자가 기체의 시동을 걸고 항공방제 작업 시작. 기체가 방제작업 중인 논의 건너편 끝에 도달할 즈음에 비행을 감시하던 부조종자가 기체가 흘러가니 정지하라고 조종자에게 무전을 연락
- GPS 해제로 기체가 흐르다가 안개 속으로 사라지자 조종자가 고도를 높여 안개 속으로 실종(조종기의 GPS 제어 스위치는 이륙한 상태에서 스위치를 켜야 한다. GPS 수신기의 상태는 미적용 상태로 기록되어 있었다. 항공방제를 시작하는 시점에 조종기의 GPS 스위치를 잘못 조작한 것으로 판단됨)
- 기체는 농약 살포지역에서 약2km 정도 떨어져 있는 마을 상공에서 주민들에 의해 목격되었고, 다시 농약 살포지역 상공을 지나 뒤편에 있는 동산을 통과하여 4km 정도 떨어져 있는 지점에서 조종기의 신호가 끊겨 전파 페일세이프(Fail Safe) 기능이 작동되었다. 페일 세이프 기능 작동 후에 약 40초간의 2m/sec 속도로 감하하였다. 그 후 약60초 동안 자유 낙하를 하다 엔진회전수가 2,000rpm 이하가 되어 비행자료 기록이 중지되었고 곧 바로 추락한 것으로 보인다.
- 기체가 통상적으로 비행속도인 20km/h로 비행했다고 보면 이륙 후 비행한 거리가 최소 10km 이상이 된다고 보인다. 그 후 조종기와 무선신호가 두절되면서 페일세이프 기능이 작동하여 2m/sec 속도로 40초간 하강하다 연료도 고갈되어 엔진회전수가 감소하면서 추락하였다.

⑦ 안전권고(UAR1703-1~4)

지방항공청	1. 무인헬리콥터를이용하여 사용사업을 하는 관할지역 업체에 대하여 안전관리를 강화하도록 지도 및 감독 방안 마련
㈜무성항공	2. 이 실종사고의 경우 추가적인 2차 사고로 연결될 가능성이 있으므로 실종이나 사고가 발생한 기체를 쉽게 찾을 수 있도록 GPS 위치 추적기를 장착하는 방안 검토
남밀양농협	3. 무인헬리콥터를 이용하여 항공방제를 할 수 있는 기상상태 및 안전관리 기준 마련 4. 매년 처음으로 항공방제 작업을 시작할 경우에는 사전에 전 조종자들에게 일정한 수전의 안전교육을 실시 후 방제작업 실시

6) 농업용 무인헬리콥터 사고원인 분석 : 충돌사고가 가장 많음

충돌사고 81%				충돌사고 외
전선 및 지주선	수목	전주 및 철탑	기타	
59.5%	10.4%	4.7%	펜스, 작업차량, 비닐하우스, 폐가옥, 잡초에 감김 등	조종실수, 과적, 연료불량, 전파장애 등

7) 농업용 무인헬리콥터 추락외 사고 유형

- 농약 중독 : 조종자, 부조종자, 보조원, 농약 비산 피해 : 인근 친환경 / 유기농 경작지 오염
- 약해 발생 : 정지비행, 저속 이동에 의한 살포 과다, 출하 중단 : 추락 / 파손으로 인한 농경지 오염

16. 무인멀티콥터 사고사례

1) 다양한 사고 발행

(1) 인파 위 비행 중 사고 : 2017.5.5 / 경북 봉화, 어린이날 행사 사탕 투하 중 추락, 4명 부상(어린이3, 성인1)

(2) 추락사고로 차량 파손 : 2018.4.6 / 서울 신설동, 조종자 미상

(3) 교육용 드론 사고사례 빈번
　　↳ 2017. 경기 소재 교육원 기체 돌진으로 교관 부상, 얼굴 봉합
　　　 2018. 경기 상설시험장 응시자간 기체 충돌
　　　 2019. 충남 실기평가자 과정 기체 돌진으로 축구골대 충돌로 응시기체 완파
　　　 → 교육 중에는 사고가 일어나지 않는다 X

(4) 2018년, 2020년 드론 추락 원인별 현황

구	계	조종자 결함	나뭇가지	건물벽/장애물	전선	기타
2018년	454건	429건 / 94%	128건	72건	38건	216건
2020년	229건	206건 / 90%	72건	36건	20건	99건

(5) 다수의 사고가 발행하였으나 사고조사와 집계 등이 제대로 이루어지고 있지 않음

- 사고조사 : 2019년 기준, 항공·철도 사고조사 위원회의 사고조사보고서 1건
- 국토교통부 국회 제출 자료 : 2015년~2019년 11건
- 금융감독원 국회 제출 자료 : 2015년~2020년 보험금 지급건수는 668건, 금액은 64억원

2) 2019년 무인멀티콥터 추락사고(UAR1902) : 2019.4.2 15:00 / 대전우체국 인근

(1) 사고 개요

- '독립의 횃불 대전릴레이' 행사에 참가한 횃불봉송(X4-10), 축하비행(Inspire1), 사진촬영(Inspire2) 3대 중 축하비행(Inspire1) 드론이 이륙 직후 행사장인 도로의 군중위로 추락, 참가자 3인 드론에 얼굴 및 머리를 맞아 경상

(2) 사고조사 보고서

- 조종자 3인 모두 지도조종자, P-65 비행금지구역에서 비행승인 없이 비행
- 군중이 없는 골목에서 이륙 직후 돌풍(빌딩풍)에 의해 태극기와 프로펠러가 접촉하여 행사장인 도로의 군중위로 추락

3) 2022년 무인멀티콥터 추락사고(UAR2211) : 2022.8.12. 08:40 / 경기도 여주군 대신면 당산리 443 인근 도로

(1) 사고 개요

- 중국 DJI Inspire2 기체로 뮤직비디오 촬영 테스트 비행 중 추락하여 1명 중상하였으며 드론 프로펠러와 착륙장치 파손
- 사고조사후 조치 : 한국교통안전공단에 1건의 안전권고 발행

(2) 사고조사 보고서

① 조종자 정보 : 80년생(남), 1종 조종자 증명(91-015020 / 2018.10.25 취득), 지도조종자(2019.8.19 취득)

② 비행장치 정보

기체	배터리 전압	GPS	자기장
Inspire 2, 4.03kg (카메라 짐벌 460g, 렌즈 130g)	3.6V~3.8V 정상	13~16개 유지	KP3

③ 사고 원인 : 드론 조종 중 시선을 영상 촬영 배경에 집중, 드론 위치변화 통제/확인하지 못하여 지상 인원과 접촉

④ 사고 조사 내용

- 조종자는 주위 사물과 배경 인물을 중심 촬영 위해 현장서 영상 촬영 모니터를 보면서 테스트 비행 중, 기체 후방에 대역으로 서 있던 인원을 확인하지 못한 상태로 기체가 뒤로 밀리면서 지상 인원의 얼굴 부위와 접촉 후 추락
- 여주시청에서 운영하는 CCTV가 평상시 사고 방향으로 위치되어 있으나, 전일 하천 범람 우려 카메라 각도 방향을 하천 방향으로 전환, 이륙 및 이동 장면만 녹화
- 인원과 충돌은 이륙후 3분 4초에 이루어졌고, 전원차단은 3분 44초(40초간 유지)

⑤ 안전권고(UAR2211-1)

한국교통안전공단은 드론 교육과정 운영 시 기체 위치 확인 등 위기 상황대처를 위한 조종자 준수사항 및 사고사례 교육 강화 방안 마련

※ 단순 참고 : 연도별 사고사례 이해 도표

무인헬리콥터			무인멀티콥터		
연도	사고	피해	연도	사고	피해
2005년	과학의 달 RC모형헬기 사망사고	초등학생 사망 1명, 중경상 2명	2017년	어린이날 사탕 투하 중 추락	4명 부상 (어린이3, 성인1)
2009년 (UAR0903)	농업용 무인헬리콥터 사망사고	조종자 사망 1명	2019년 (UAR1902)	무인멀티콥터 추락사고 (축하비행 드론 추락)	3명 경상
2012년	군납 무인헬리콥터 사망사고	슬로바키아 기술자 사망 1명, 한국지사 직원 화상 2명	2022년 (UAR2211)	뮤직비디오 촬영 중 추락	1명 중상
→ 2013년 무인비행장치 조종자 자격증명제도 시행					
2015년 (UAR1504)	농업용 무인헬리콥터 충돌·화재사고	트럭에 충돌 후 화재로 전소 트럭 손상, 호두나무 1식 화재			
2017년 (UAR1703)	농업용무인헬리콥터 실종사고	방제 중 안개 속으로 실종			

농업용 무인비행장치 비행안전

17. 무인항공살포기의 안전사용 매뉴얼

무인항공살포기의 안전사용 매뉴얼 목차
제1장 개요
제2장 항공방제 준비단계 주의사항
　1. 항공방제지역에 대한 조사
　2. 살포약제에 대한 사항
　3. 무인항공살포기에 대한 준비사항
　4. 항공방제 계획공지 및 지상에서 비산방지대책 수행
제3장 항공방제 실시단계 주의사항
　1. 항공방제 비행 시행 직전 준비사항
　2. 살포 시 주의사항
　3. 무인항공살포기 운용 시 비산방지를 위한 주의사항
　4. 기타 주의사항
　5. 무인항공살포기 사고 대처방법
제4장 항공방제 실시 후 주의사항

1) 부조종사는 필히 배치

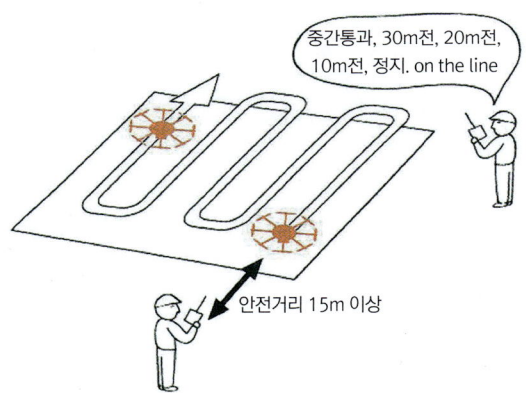

2) 항공방제예정지 표시 깃발 설치 : 미식별 장애물 발견 가능성 증대

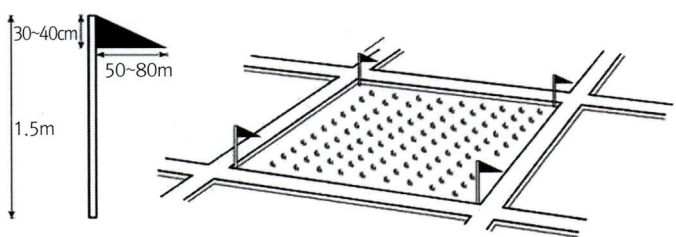

3) 안전거리 15m는 최소한의 거리임을 명심(→ 안전거리 12m X, 안전거리 10m X)

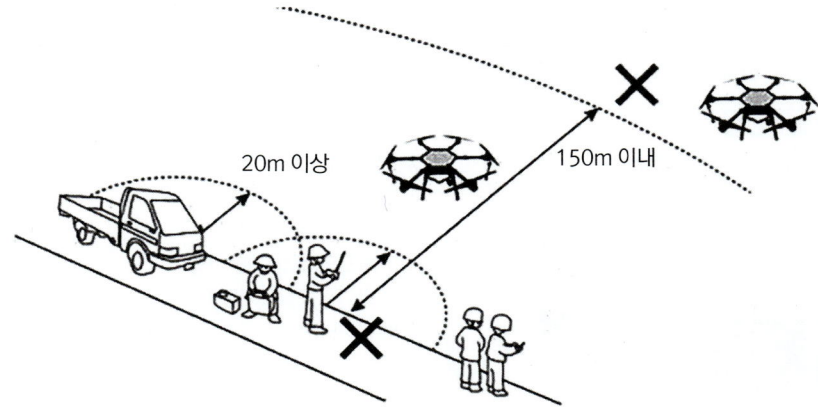

4) 풍향에 의한 농약 중독 방지

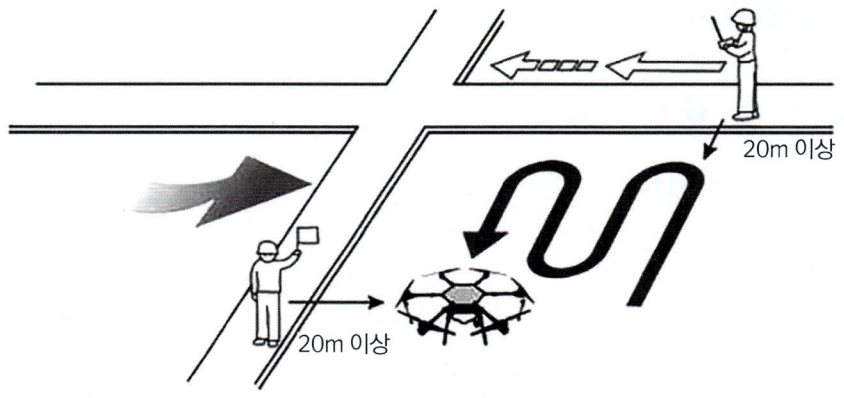

5) 장애물을 등지고 비행(조종자는 이동거리 단축에 집착하지 말 것)

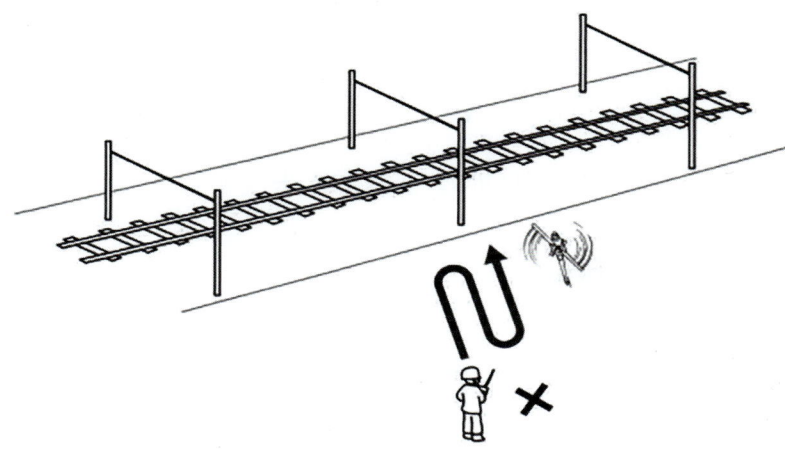

✈ 무인비행장치 안전관리

18. 무인멀티콥터에 사용되는 기본 센서

↳ 현재의 상용 드론은 유인항공기와 달리 각종 센서 오류에 대한 2중, 3중의 대책이 없음

자이로 센서 (Gyrosensor)	각속도를 측정하는 센서로 물체가 회전하는 속도를 측정하여 기체의 수평자세를 유지함. 진동과 충격에 취약하므로 방진하여 고정
기압 센서 (Barometer)	기압을 측정하는 센서로 기체의 고도를 유지함 온도/습도, 기상에 따른 기압의 변화, 풍속에 따라 오차 발생
지자기 센서 (Magnetometer)	지구자기장을 감지하여 방위각 측정하는 전자나침반으로 기수방향을 유지함 태양흑점활동에 의한 지자기 교란, 주변 전류에 의한 전자기장에 영향, 주변 금속/철광석 등에 의한 지자기 왜곡
GPS 수신기	인공위성의 미약한 전파를 수신하여 위치를 파악하거나 고정함 태양흑점활동에 의한 전리층 변화와 대기권에 의한 오차 발생, 주변 전류에 대한 전자기장에 영향, 전파교란 가능성

19. 사전 비행계획

1) 공역 : 관제공역(비행금지구역, 비행제한구역, 비행장교통구역) 확인
2) 항공고시보(NOTAM:Notice to Airmen) 발효 여부 확인
3) 기상 : 안개, 강수, 강풍, 천둥번개(무선통신/전자장비/센서에 지장), 일출/일몰시간 확인
4) 지구자기장 : SafeFlight, DRONEFLY 등 앱을 활용해서 지구자기장 관측데이터(K-Index) 확인
5) 안정성 인증검사, 기체보험의 유효기간 확인
6) 조종자 준수사항 : 항공안전법 시행규칙 제310조 항상 복기

20. 비행전·후 점검

1) 점검표에 따라 비행전후 점검 철저히 시행, 형식적이고 상투적인 점검 배제
2) 정비주기에 다른 정기점검 실시, 기계적인 부품에 비해 주로 전자부품으로 이루어진 멀티콥터는 예고 없는 이상 현상이 발생(특히 비행제어기, 각종 센서, 전자변속기)
3) 상황에 따라 수시 점검 실시(이동 후, 장기간 보관 후, 비를 맞은 경우 등), 정비관리자 보다는 최일선에서 장치를 운영하는 교관이 1차적인 수시 점검을 시행

21. 비행 전 공역 확인

1) 장애물 : 전신주(특히 전주 지지선), 전선, 구조물, 수목
2) 시정 확보 : 수평시정 약 300m, 수직시정 50m
3) 풍향 및 풍속 확인
4) 차량 및 구경꾼 접근 통제
5) 군, 소방, 경찰 헬기 등 저고도 접근에 대비하여 관찰자 배치
6) 정전사태 등 심각한 피해가 우려되는 송전선(15.4만~76.5만V)과 일반도로 주변에 위치하여 GPS 수신 불량, 지자기센서 오류가 발생하는 배전선(2.29만V) 확인
7) 지자계 왜곡이 발생하는 철골구조물, 조립식 건물, 철판, 차량/선박 위, 철광석 성분이 많은 곳 확인

22. 배터리 안전관리

1) 비행 전 기체 및 조종기의 배터리 충전상태 확인
2) 배행 후 배터리 잔량 확인
3) 사용횟수 / 수명 체크, 배부른 배터리 사용 금지(미련 없이 과감하게 폐기)
4) 과충전, 과방전 금지
5) 배터리 충전 시 자리를 비우지 말 것(화재 위험)
6) 여름철 고온의 차량 내부에서 충전 및 보관 금지
7) 겨울철 추운기온에서 배터리 전압이 급속도로 하강
8) 장기간 보관 시 보관 전압 유지(3.8V/셀)

23. 통신안전

1) 무인비행장치는 무선조종기와 수신기간의 전파로 조종. 항상 통신두절 및 제어불능 상황 발생을 염두에 두고, 사고피해를 최소화 하도록 운영
2) 조종기 Range Test 모드로 30~50m 거리에서 시동 / 시동해제 여부 확인
   ↳ ※ 단순 참고 : 조종기의 Range Test 모드는 무선 조종기와 수신기 간의 통신 범위를 테스트하는 기능으로써 조종기와 수신기가 정상적으로 연결되고 통신하는 최대 거리를 확인하기 위해 사용된다.
3) HOLD : 무선 조종기 신호 손실 시 수신기가 마지막으로 받은 조종기 명령 값을 그대로 유지하는 기능
4) 페일세이프(Failsafe) : 고장 시 안전 확보
   (1) 조종기 페일세이프 : 조종기 신호 손실 시 수신기에 미리 설정된 값으로 수신기가 PWM 신호를 내보내며, 현장 상황에 따라 적절한 복귀 방법 선택(호버링, RTH, Auto Landing)
      ↳ 소형 : 호버링 또는 RTH
         대형 : 스로틀을 조금 낮추어 서서히 하강하여 현 위치에 불시착(복귀 중 사고발생 우려)
   (2) 배터리 페일세이프
      ↳ 1차 저전압 시 : 설정된 1차 저전압에서 LED 경고
         2차 저전압 시 : 설정된 2차 저전압에서 현 위치에 불시착

24. 비행범위 제한(Geo-Fencing)
  └ 임무구역을 고려하여 비행범위 제한

1) 교육용 무인멀티콥터(1종)

   (1) 임무거리(7.5m+40m=47.5m)에 안전거리(예:12.5m)를 추가하여 거리 80m로 제한
   (2) 임무고도(5m+7.5m=12.5m)에 안전고도(예:7.5m)를 추가하여 고도 20m로 제한
       또는 수목이나 전주 높이(20m)를 고려하여 30~50m 제한

2) DJI Assistant 2의 Flight Restriction에서 최대고도와 거리 제한 '예'

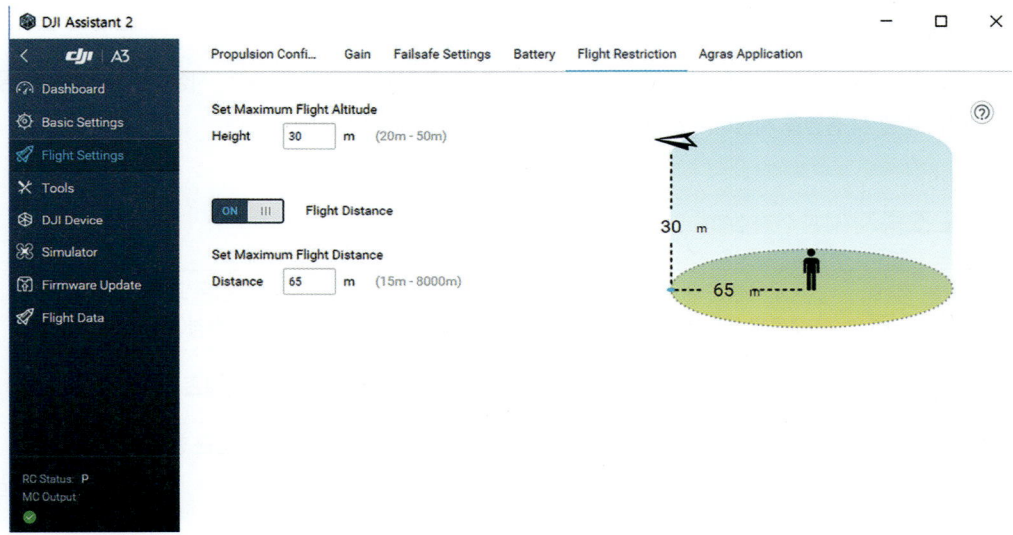

25. 무인비행장치 안전수칙

1) 조종자는 항상 경각심을 가지고 사고를 예방할 수 있는 방법으로 비행하여야 한다.
2) 조종자는 비행 전 비상사태에 대비하여 비행절차 숙지하고 있어야 하며, 비상사태에 직면하여 비행장치에 의해 인명과 재산에 손상을 줄 수 있는 가능성을 최소화할 수 있도록 고려하여야 한다.
3) 비행장치의 이착륙 활주로 가시범위(RVR:Runway Visual Range) 또는 시정이 적용 최저치와 같거나 그 이상임을 필히 확인하여야 한다.
4) 무인비행장치 조종자는 이륙 시 육안을 통해 주변 상황을 지속적으로 감지할 수 있는 보조요원과 이착륙 시 활주로에 접근하는 내·외부인의 부주의한 접근을 통제할 수 있는 지상 안전 요원을 필히 배치하여야만 한다.
5) 비행은 반드시 규정 및 절차에 의한 것이어야 하며 인가되지 않은 조작을 하여서는 아니 된다. 무인비행장치 조종자는 곡기비행 및 수평비행고도에서 옆 기울기 60도 또는 피치 30도를 초과하는 조작을 하여서는 아니 된다.

6) 교통량이나 인적이 드문 지역의 상공 이외의 지역에서 비행을 하여서는 아니 된다. 건축물, 도로, 철도, 석유·화학·가스·화약 저장소 인근에서 비행을 해서는 아니 된다. 송전소, 변전소, 송전선, 배전선 인근에서 비행을 해서는 아니 된다.

7) 조종자는 전신주 주위 및 그 연장선 부근에 저고도 미식별 장애물이 존재한다는 의식하에 회피기동을 하여야 하며 당해 전신주 직상공을 통과할 수 있도록 비행계획을 수립하여야 하며 전신주 사이를 통과하는 것은 자제한다.(전깃줄 미식별에 따른 사고 방지)

8) 조종자는 비행 중 원격 연료량 및 배터리 지시계를 주의 깊게 관찰하며, 잔여 연료량 및 배터리 잔량을 확인하여 계획된 비행을 안전하게 수행 하여야 한다.

9) 비행장치내 탑재물을 안전하게 고정하여 비행 중 탑재물 이동에 의한 비행장치 손상을 방지하여야 한다.

10) 조종자는 비행 중 원격제어장치, 원격계기 등의 이상이 있음을 인지하는 경우에는 즉시 가장 가까운 이착륙장에 안전하게 착륙하여야 한다.

11) 조종자는 연료공급 및 배출 시, 이륙 중 및 이륙 직후, 착륙 직전 및 착륙 중, 모든 지상운영 중, 밀폐된 공간 작업 수행 시 흡연을 제한하며 운영 시 소화기를 배치하여야만 한다.

26. 지도조종자(교관 안전수칙)

비행 전·후 점검 철저	피교육생은 점검 능력 역시 미숙달 상태로 실질적인 비행장치 점검은 교관이 담당. 교육용 무인비행장치는 1일 최대 8시간까지 운용을 하는 혹독한 환경에 놓여 있다.
교관 위치이탈 금지	피교육생은 조종능력 미숙달 상태로, 긴급 상황 시 오조작 가능성 상존
시선 유지	VLOS(within visual line of sight) 항상 유지하여 접근자 관찰, 접근 항공기 관찰 LED 숙지 및 주시 └ 조종기 연결 상태, 위성 수신 상태, Homepoint 인식, GPS/ATTI mode, 저전압, Error, 지자기캘리 등
책임 소재	교육 시에 발생하는 모든 사고는 피교육생이 아닌 교관의 책임임을 항상 명심 └ 규칙위반 및 고의적인 경우만 예외

CHAPTER 02 기출복원문제 풀이

01 다음 중 농업용 무인멀티콥터 운용에 대한 설명으로 옳지 않은 것은?

① 방제 전 장화를 신고 긴 팔 옷을 입고 마스크를 착용하였다.
② 방제할 장소에 비행구간 수기를 설치하고 부조종사를 배치하였다.
③ 바람을 무시하고 가시거리 내 비행하였다.
④ 비행 시 조종사, 부조종사 안전거리를 유지하며 비행하였다.

해설 풍향을 고려하면서 농약 중독을 방지해야 한다.

정답 : ③

02 다음 중 무인비행장치 운영 시 안전장비 착용에 대한 설명으로 옳지 않은 것은?

① 두부의 부상을 위해 헬멧을 착용한다.
② 눈 보호를 위해 고글을 착용한다.
③ 이동 시 발을 보호하기 위해 안전화를 착용한다.
④ 지속적인 소음으로 인해 귀마개 또는 이어폰을 착용한다.

해설 소음이 발생한다고 귀마개 또는 이어폰을 착용하면 사고에 대응이 늦어지기 때문에 착용하지 않고 드론을 운영해야 한다.

정답 : ④

03 다음 중 야간에 산불 발생지역을 긴급히 확인하기 위한 조치로 옳지 않은 것은?

① 열영상 장치를 장착한다.
② 선조치 후보고하면 된다.
③ 산불 발생지역을 잘 모르기 때문에 비행 포인트를 계획하여 비행한다.
④ 긴급한 사항으로 계획을 하지 않는다.

해설 산불 발생으로 드론을 긴급히 운용 시 선조치 후보고 하면 되지만 사고예방을 위해 비행계획을 수립하여 운영하는 것이 타당하다.

정답 : ④

PART 03 안전관리 및 사고사례

04 기체를 이륙하고자 할 때 확보해야 하는 최소 안전거리는?

① 이륙 반경 15m
② 이륙 반경 5m
③ 이륙 반경 3m
④ 조종하는 상황에 따라 다르다.

해설 조종자와 기체와의 최소 안전거리는 15m이다.

정답 : ①

05 다음 중 초경량비행장치 비행 중 주의사항에 대한 설명으로 옳지 않은 것은?

① 철저한 비행계획을 세워 일어날 수 있는 오류를 줄여야 한다.
② 자율비행 중에는 모니터링하지 않아도 된다.
③ 자동화 비행시스템을 이용하여 인적 오류를 줄인다.
④ 한 공간에서 여러 대의 기체를 비행할 수 있다.

해설 자율비행중에도 비행에 대한 모니터링은 계속 해야 한다.

정답 : ②

06 다음 중 비행 전 준비사항에 대한 설명으로 옳지 않은 것은?

① 배터리 충전상태를 점검했다.
② 조종기의 스틱과 스위치를 확인했다.
③ 프로펠러와 랜딩기어의 유격상태를 확인했다.
④ 정확한 위치센서 확인을 위해 실내에서의 GPS 수신감도를 확인했다.

해설 GPS는 실내에서 작동하지 않는다. 반드시 실외에서 점검해야 한다.

정답 : ④

07 다음 중 농업용 드론 운용 관련 주의사항에 대한 설명으로 옳지 않은 것은?

① 장애물, 풍향을 고려하지 않고 가시권에서만 비행하면 된다.
② 육안감시자를 배치하여야 한다.
③ 장애물을 등지고 비행하여야 한다.
④ 조종자, 부조종자, 작업보조자 3인 1조로 작업하며 농약중독 방지를 위해 여유공간을 확보한다.

해설 장애물과 풍향을 고려하여 비행해야 한다.

정답 : ①

08 다음 중 산불발생 시 현장상황을 파악하기 위한 방법에 대한 설명으로 옳지 않은 것은?

① 산불현장의 진행 상황 파악과 진화 지휘에 활용하기 위해 드론을 운영한다.

② 현장 상황을 자세하게 확인하기 위해 아주 낮게 비행하였다.

③ 출발하기 전 산불현장을 파악하기 위해 지도, 지형 등을 미리 확인하였다.

④ 드론에 열감지기를 장착, 산림 온도를 측정해 잔불을 파악한다.

해설 현장 상황을 확인하기 위해 아주 낮게 비행하는 행동은 사고를 유발할 수 있다.

정답 : ②

09 다음 중 초경량비행장치 비행 전 안전에 대한 준비사항으로 옳지 않은 것은?

① 머리를 보호하기 위해 안전모(헬멧)를 착용하였다.

② 발을 보호하기 위해 안전화를 준비하였다.

③ 여름철에는 기상변화가 잦으므로 날씨를 고려해야 한다.

④ 방역을 위해 마스크를 착용하고 안전복은 더운 날씨로 벗었다.

해설 방역간 안전복은 필히 착용해야 한다.

정답 : ④

10 다음 중 fail & safe 시스템에 대한 설명으로 옳지 않은 것은?

① 조종기 신호 손실 시 수신기에 미리 설정된 값으로 수신기가 PWM 신호를 내보낸다.

② 조종기 신호 손실 시 대형멀티콥터는 Land(제자리착륙)한다.

③ 조종기 신호 손실시 직전의 값을 그대로 유지한다.

④ 조종기의 전원을 의도적으로 끄면 실행되지 않는다.

해설 조종기 신호를 의도적으로 끄더라도 fail-safe는 실행된다.

정답 : ④

11 다음 중 일본 야마하 RMAXL17(S7224) 농업용 무인헬리콥터 실종사고(경남 밀양)에 대한 설명으로 옳지 않은 것은?

① 20일간 수색하였으나 실패하였다.

② 3개월 후 동쪽으로 약4km 떨어진 하남공단 부지조성 작업중인 공터에서 작업자가 발견하였다.

③ GPS해제로 기체가 흐르다가 안개속으로 실종되어 상승을 시켰다.

④ 높은 고도로 비행 후 무선신호 두절로 페일세이프가 작동되어 하강 중 연료 고갈로 추락한 것으로 추정된다.

해설 5개월 후에 발견된 사고이다.

정답 : ②

12 다음 중 농업용 무인비행장치 비행안전에 대한 설명으로 옳지 않은 것은?

① 항공방제 예정지에 표시 깃발을 설치해야 한다.

② 풍향에 의한 농약중독을 방지해야 한다.

③ 조종자, 부조종자, 작업보조자 3인 1조로 작업하는 것이 원칙이다.

④ 기체로부터 안전거리는 10m 이상 유지한다.

해설 풍향에 의한 농약중독 방지 안전거리는 20m 이상, 기체로부터는 15m 이상 안전거리를 유지해야 한다. 이외에 장애물은 등지고 비행해야 전선, 지주선, 수목과의 충돌을 예방할 수 있다. 또한 조종자는 방제시 이동거리 단축에 집착하면 안된다.

정답 : ④

13 다음 중 비행전 공역확인 관련 옳지 않은 것은?

① 수평시정 약 300m, 수직시정은 50m를 확보하여야 한다.

② 군 / 소방 / 헬기 등 저고도 접근에 대비하여 관찰자를 배치하여야 한다.

③ 철골구조물, 철판, 차량/선박위, 철광석 성분이 많은 곳에서는 자자계에 심각한 영향이 있으므로 비행하면 안된다.

④ 고압 송전선 주위에서는 주의하면서 비행한다.

해설 건축물, 도로, 철도, 석유·화학·가스·화약 저장소 인근에서 비행해서는 안되며, 송전소, 변전소, 송전선, 배전선 인근에서도 비행을 해서는 안된다.

정답 : ④

14 다음 중 초경량비행장치 사고로 인한 중상에 대한 설명으로 옳지 않은 것은?

① 중상은 부상을 입은 날부터 7일 이내에 48시간을 초과하는 입원치료가 필요한 부상이다.

② 열상은 피부가 찢어져서 생긴 상처로 신경손상 등이 해당된다.

③ 골절사고는 손가락, 발가락, 코뼈 골절은 제외한다.

④ 화상은 4도화상이 신체표면 10% 이상으로 7일 이내에 48시간 이상 입원한 사고를 의미한다.

해설 2도나 3도의 화상 또는 신체표면의 5퍼센트를 초과하는 화상이 중상의 범위이다.

정답 : ④

15 2009년 8월 전라북도 임실군 오수면 둔덕리에서 농업용 무인헬리콥터 기체가 이륙후 기체가 후진하며 조종자와 충돌, 조종자 사망사고가 발생하였다. 이러한 사고를 예방하기 위한 조치로 옳지 않은 것은?

① 비행전 점검 단계에서 피치 트림 스위치는 확인할 필요는 없다.

② 이륙 후 GPS 인가 상태를 확인후 조작한다.

③ 15m 이상의 안전거리를 확보한다.

④ 조종자가 위험한 상황을 인지한 즉시 신속한 회피동작을 실시한다.

[해설] 트림 스위치는 비행전 점검단계에서 반드시 확인하여야 한다.

정답 : ①

16 다음 중 경남 합천군 삼가면 어전리에서 발생한 농업용 무인헬리콥터 충돌 사고 관련 설명으로 옳은 것은?

① 농약 운반용 트럭에 충돌하여 트럭이 화재로 전소하였다.

② 부조종자가 잠시 다른 업무를 하다가 비행체를 보고 갑자기 정지를 외쳤다.

③ GPS모드로 조종을 하지 않고 ATTI모드로 조종하였다.

④ 비행기록장치를 확인하고 조사에 참고하였다.

[해설] 합천군 삼가면 무인헬리콥터 사고 시 농약 운반용 트럭에 무인헬리콥터가 충돌 후 화재로 전소되었으며, 비행기록 전송장치가 모두 소실되어 조사가 불가하였다.

정답 : ②

17 다음 중 2009년 8월 3일 전라북도 임실군 오수면 둔덕리 농업용 무인헬리콥터 사고 관련 설명으로 옳지 않은 것은?

① 이륙 후 기체가 후진하면서 조종자와 충돌, 조종자는 중상을 입었다.

② 피치 트림 스위치가 외부물체에 걸려 3단계로 이동되었으나 비행전 점검단계에서 확인하지 않았다.

③ 15m 이상의 안전거리를 확보하였으나 두 번의 기체 후진 멈춤조작이 양이나 시간이 부족하였다.

④ 조종자의 상황인지 및 회피동작이 미흡하였다.

[해설] 2009년 8월 3일 전라북도 임실군 오수면 둔덕리에서 발생한 일본 야마하 RMAX L17기체사고는 이륙후 기체가 후진하며 조종자와 충돌, 조종자가 사망한 사고이다.

정답 : ①

18 다음 중 멀티콥터 조종 중 비상상황 발생 시 가장 우선적으로 취해야 하는 행동은?

① 큰 소리로 주변에 비상상황을 알린다.

② GPS모드를 자세모드로 변환하여 조종을 시도한다.

③ RPM을 올려 빠르게 비상위치로 긴급히 착륙한다.

④ 공중에 호버링된 상태로 정지시켜 놓는다.

해설 비상상황 발생 시 최우선적으로 큰소리로 주변에 상황을 전파한다.

정답 : ①

19 다음 중 초경량비행장치 비행 전 안전장구 준비에 대한 설명으로 옳지 않은 것은?

① 활동에 편하기 위해서 반팔, 반바지를 착용하였다.

② 머리를 보호하기 위해 안전모를 착용하였다.

③ 발을 보호하기 위해서 안전화를 준비하였다.

④ 방역을 위해 안전복 및 마스크를 착용하였다.

해설 신체를 보호하기 위해 긴팔, 긴바지를 착용한다.

정답 : ①

20 다음 중 2019년 4월 2일 대전 '독립의 횃불 대전릴레이' 행사 중 추락한 사고 관련 설명으로 옳지 않은 것은?

① 횃불봉송(X4-10), 축하비행(Inspire1), 사진촬영(Inspire2) 3대 중 축하비행 드론이 이륙직후 행사장인 도로에 추락하였다.

② 조종자는 전문교육기관 교육원장, 지도조종자로서 P-65 비행금지구역에서 비행승인을 받은 후 비행하였다.

③ 군중이 없는 골목에서 이륙직후 돌풍(빌딩풍)에 의해 태극기와 프로펠러가 접촉하며 행사장인 도로의 군중위로 추락하였다.

④ 참가자 3명이 드론에 얼굴 및 머리를 맞아 경상을 입었다.

해설 P-65(대전, 한국원자력원구원) 비행금지구역에서 비행승인 없이 비행한 사고이다.

정답 : ②

21 다음 중 장치에 문제가 발생할 시 해야 하는 비상행동 요령으로 옳지 않은 것은?

① 큰소리로 비상이라고 외치고 안전한 곳으로 착륙한다.

② 자세모드로 변경해서 기체를 비상 착륙한다.

③ 기체가 안정이 되면 점검을 위해 다시 날린다.

④ 기체를 착륙한 후 점검을 실시한다.

[해설] 기체 문제 발생 시 착륙 후 점검하고 문제를 해결하고 이상유무 확인을 위해 비행해야 한다.

정답 : ③

22 다음 중 Geo-Fencing에 대한 설명으로 옳지 않은 것은?

① 미리 설정해놓은 고도와 거리를 넘어가면 이동을 제한한다.

② 임무 고도와 거리를 고려하여 비행 범위를 제한한다.

③ 기체가 안전거리를 벗어나면 제자리로 돌아온다.

④ 고도와 거리를 제한하여 설정할 수 있다.

[해설] Geo-Fencing은 임무구역으로 비행범위를 제한하는 기술이다.

정답 : ③

23 다음 중 2005년 4월 1일 경남 진주에서 발생한 사고사례 관련 설명으로 옳지 않은 것은?

① 초등학교에서 과학의 달 행사 중 발생하였다.

② RC 헬리콥터 비행시범 중 발생하였다.

③ 초등 1년생 1명이 사망하였고, 2명이 중경상을 입었다.

④ 인근에서 작업중인 농업용 드론이 날아와서 사고가 발생하였다.

[해설] 경남진주 초등학교 사고는 과학의 달 RC 헬리콥터 비행시범 중 발생하여, 1명이 사망하고 2명이 중경상을 입었다.

정답 : ④

24 다음 중 농업용 초경량비행장치 조종 시 주의사항에 대한 설명으로 옳지 않은 것은?

① 10m 안전거리를 확보해야 한다.

② 3인 1조 작업이 원칙이나, 최소 2명 이상은 작업해야 한다.

③ 깃발을 설치하여 미식별 장애물 발견 가능성을 증대해야 한다.

④ 장애물을 등지고 비행해야 한다.

[해설] 최소 안전거리는 15m를 확보해야 한다.

정답 : ①

25 다음 중 무인멀티콥터 추락사고(UAR1902)에 대한 설명으로 옳지 않은 것은?

① P-65 비행금지구역에서 비행승인 없이 비행

② 군중이 없는 골목에서 이륙 직후 돌풍(빌딩풍)에 의해 태극기와 프로펠러가 접촉하며 행사장인 도로의 군중 위로 추락

③ 관람객 다수 인원이 드론에 얼굴 및 머리를 맞아 중상을 입음

④ 축하비행 드론이 이륙직후 행사장인 도로에 추락

> 해설 2019년 4월 대전 우체국 인근에서 발생한 무인멀티콥터 추락사고로 참가인 3명이 드론에 얼굴 및 머리를 맞아 경상을 입었다.

정답 : ③

26 다음 중 Battery Fail-safe에 대한 설명으로 옳지 않은 것은?

① 1차 저전압시 LED 경고가 들어온다.

② 1차 저전압시 LED 경고가 들어온 상태로 정상 작동한다.

③ 2차 저전압시 LED가 붉은색으로 더 빨리 깜박인다.

④ 2차 저전압시 천천히 하강한다.

> 해설 설정된 1차 저전압시 LED 경고가 들어오고, 2차 저전압 시 현 위치에 불시착한다.

정답 : ④

27 다음 중 자동안전장치(Fail-safe)에 관한 설명으로 옳지 않은 것은?

① 충돌방지를 위한 호버링이나 RTH

② 파손 등으로 기동이 불가능할 때 미리 설정된 값으로 신호를 보낸다.

③ 장애물 회피를 위해 계속 상승으로 설정하기도 한다.

④ 서서히 고도를 낮추어 하강한다.

> 해설 계속 상승으로 설정하면 배터리 고갈로 분실사고가 일어난다.

정답 : ③

28 다음 중 무인비행장치로 농약 방제작업을 할 때 안전사항에 대한 설명으로 옳은 것은?

① 비행 이동거리를 최단 거리로 한다.
② 조종자는 이동거리를 최소화한다.
③ 효율성을 위해 일출 전, 일몰 후 비행한다.
④ 장애물을 등지고 비행한다.

해설 안전거리 15m는 최소한의 거리임을 명심하고 풍향에 의한 농약중독을 방지해야 하고, 장애물을 등지고 비행해야 한다. 조종자는 이동거리 단축에 집착하면 안된다.

정답 : ④

29 다음 중 초경량초경량비행장치사고에서 중상의 범위에 대한 설명으로 옳지 않은 것은?

① 초경량비행장치사고로 부상을 입은 날부터 7일 이내에 48시간을 초과하는 입원치료가 필요한 부상
② 골절(코뼈, 손가락, 발가락 등의 간단한 골절은 제외한다)
③ 열상(찢어진 상처)으로 인한 심한 출혈, 신경·근육 또는 힘줄의 손상
④ 1~2도의 화상 또는 신체표면의 5%를 초과하는 화상

해설 2도나 3도의 화상 또는 신체표면의 5퍼센트를 초과하는 화상이 중상의 범위이다.

정답 : ④

30 다음중 드론 사고사례에 대한 설명으로 옳지 않은 것은?

① 다수의 사고발생하였으나 사고조사와 집계 등이 제대로 이루어지지 않고 있다.
② 충돌사고가 가장 많다.
③ 교육 중에는 일어나지 않았다.
④ 충돌사고 외 조종실수, 과적, 연료불량, 전파장애 등이 사고원인이다.

해설 교육 중에도 많은 사고들이 발생하고 있다.

정답 : ③

31 다음 중 비행사고 발생 시 보고내용에 반드시 포함되지 않아도 되는 것은?

① 비행 조종자 또는 사용자의 이름
② 사고가 발생한 일시 및 장소
③ 보험가입증명서
④ 사망 또는 중상자의 인적사항

해설 사고 발생 시 조종자 또는 소유자 등은 성명 또는 명칭, 사고 발생 일시/장소, 비행장치 종류/신고번호, 사고 경위, 사람의 사상 또는 물건의 파손 개요 등을 지방항공청장에게 보고해야 한다.

정답 : ③

32 다음 중 배터리 페일세이프에 대한 설명으로 옳지 않은 것은?

① 1차 배터리 부족 시 LED가 천천히 깜빡인다.

② 1차 배터리 부족 시 장애물을 피해 기체가 천천히 상승한다.

③ 2차 배터리 부족 시 LED가 빠르게 깜빡인다.

④ 2차 배터리 부족 시 현 위치에 불시착한다.

> 해설 1차 저전압 경고 시 설정된 저전압에서 LED 경고를 한다.

정답 : ②

33 다음 중 2009년 농약살포 무인헬리콥터 사고(야마하)로 인해서 바뀐 조종자들의 태도와 다른 것은?

① 방제업무 안전규정을 수립하여 시행한다.

② 과감하게 비행전후 기체 점검을 생략한다.

③ 조종자들이 점검표의 항목과 점검행위를 소리 내어 부르고 이에 따라 실행한다.

④ 조종자들의 인적실수에 의한 사고를 방지할 수 있도록 인적실수 예방프로그램을 개발하는 등 현행 훈련 프로그램을 개선한다.

> 해설 사고 후 비행전후 점검표 항목을 소리 내어 부르는 등 비행전후 점검이 강화되었다.

정답 : ②

34 다음 중 Geo-Fencing에 대한 설명으로 옳지 않은 것은?

① 임무거리에 안전거리를 추가하여 거리를 제한한다.

② 임무고도에 안전고도를 추가하여 고도를 제한한다.

③ 임무고도에 수목이나 전주 높이를 고려하여 고도를 제한한다.

④ 리턴투홈 기능으로 제자리로 돌아온다.

> 해설 Geo-fencing 기술은 임무구역을 고려하여 비행범위(거리, 고도 등)를 제한하는 기술이며, failsafe는 고장시 안전 확보를 위한 기술로써 호버링, 리턴투홈(RTH), 제자리 착륙 등이 있다.

정답 : ④

35 다음 중 무인비행장치 사고 내용에 대한 설명으로 옳지 않은 것은?

① 2009년 오수농협 사고로 조종자 사망

② 2017년 경북 봉화 어린이날 행사에서 추락사고로 어린이 3명, 성인 1명 부상

③ 드론 조종자 실기시험 시 추락과 충돌사고가 빈번히 발생한다.

④ 실기평가 조종자 실기시험 시 사고가 한번도 발생하지 않았다.

> 해설 조종자 및 실기평가조종자 실기시험에서 펜스에 충돌하는 사고가 빈번히 발생하고 있다.

정답 : ④

36 다음 중 발생한 무인비행장치 사고로 사망사고가 발생하지 않은 것은?

① 군납 예정인 무인헬리콥터 화재 사고

② 경남 진주 초등학교에서 RC 모형헬리콥터 사고

③ 경남 합천군 삼가면 무인헬리콥터 충돌로 화재 사고

④ 전북 임실 오수 농협 농업용 무인헬리콥터 사고

해설 경남 합천군 삼가면 사고는 충돌한 농업용 무인헬리콥터가 화재로 전소한 사고이다.

정답 : ③

37 다음 중 농업용 무인헬리콥터 사고원인 분석에 대한 설명으로 옳지 않은 것은?

① 충돌사고가 81%를 차지한다.

② 충돌사고 중 전선 · 철탑 사고가 59.5%로 가장 많다.

③ 충돌사고 외 조종실수, 과적, 연료 불량, 전파 장애 등으로 사고가 발생하고 있다.

④ 사고조사와 집계 등이 제대로 이루어지지 않고 있다.

해설 충돌사고가 81%는 전선 및 지주선 사고 59.5%, 수목 10.4%, 전주 및 철탑 4.7%순이다.

정답 : ②

38 다음 중 고도를 측정할 수 없는 것은?

① GNSS ② 지자계 센서 ③ 바로미터 센서 ④ 기압 센서

해설 지자계 센서는 방향을 측정하는 센서이다.

정답 : ②

39 다음 중 국제민간항공조약 부속서13의 사고조사 목적에 대한 설명으로 옳지 않은 것은?

① 사고나 준사고를 방지하기 위함

② 비난이나 책임을 묻기 위한 목적으로 사용하여서는 아니된다.

③ 사법적 또는 행정적 소송절차는 본 부속서의 규정하에 수행된 어떠한 조사와도 분리되어야 한다.

④ 벌칙을 부과하기 위해서 존재한다.

해설 국제민간항공조약 부속서 13, 3.1항과 5.4.1항에 의한 사고나 준사고 조사의 목적
· 사고나 준사고를 방지하기 위함이므로 비난이나 책임을 묻기 위한 목적으로 사용 금지
· 사법적 또는 행정적 소송절차는 분리
· 사고조사 보고서는 항공안전을 증진 시킬 목적 이외의 용도 사용 금지

정답 : ④

40 다음의 무인비행장치 사고사례 중 사망사고가 발생한 사고는 무엇인가?

① UAR0903 야마하 헬기 사고 ② UAR1703 야마하 헬기 방제 사고
③ UAR1902 DJI 추락 사고 ④ UAR1504 무인헬기콥터 충돌 화재 사고

해설 2012년 5월 10일 오스트리아 Schiebe사 Camcopter S100 사고가 마지막 사망사고이다.

정답 : ①

41 다음 중 2009년 야마하 헬리콥터 사고(UAR 0903)에 관한 설명으로 옳지 않은 것은?

① 피치트림 스위치가 외부 물체에 걸려 기수 상승 3단위에 설정된 것을 비행 전 점검에서 발견하지 못했다.
② GPS 수신신호가 불량하여 시동후 GPS의 표시등이 점등되지 않아 조종자가 조급하게 불필요한 반응을 한 것으로 판단된다.
③ 조종기 신호가 끊어지자 Fail-Safe로 낙하다 연료가 없어서 추락한 사고이다.
④ 조종기 스틱 조작 미숙으로 인한 사고이다.

해설 ③ 사고는 2017년 7월 13일 경남 밀양시 하남읍에서 일본 야마하 RMAX L17(S7224)기체가 방제 중 안개 속으로 실종된 사고이다.

정답 : ③

42 다음 중 농업용 무인비행장치 안전사항에 대한 설명으로 옳지 않은 것은?

① 안전거리 12m는 최소한의 거리임을 명심한다. ② 풍향에 의한 농약 중독을 방지한다.
③ 조종자 이동거리 단축에 집착하지 않는다. ④ 항공방제 예정 표시 깃발을 설치한다.

해설 안전거리는 15m가 최소한의 거리이다.

정답 : ①

43 다음 중 초경량비행장치 사고 보고내용으로 포함사항이 아닌 것은?

① 초경량비행장치의 종류 및 신고번호 ② 사고의 경위
③ 안전성인증 검사서 ④ 사람의 사상 또는 물건의 파손 개요

해설 안전성인증검사서는 사고 보고내용에 포함되지 않는다.

정답 : ③

44 다음 중 초경량비행장치사고에 관한 보고를 하지 아니하거나 거짓으로 보고한 조종자 또는 소유자에 대한 처벌기준으로 옳은 것은?

① 벌금 50만원 이하
② 과태료 50만원 이하
③ 벌금 30만원 이하
④ 과태료 30만원 이하

해설 초경량비행장치사고에 관한 보고를 하지 아니하거나 거짓으로 보고한 조종자 또는 소유자는 30만원 이하의 과태료에 처한다.

정답 : ④

45 다음 중 초경량비행장치 사망사고의 적용 기준에 대한 설명으로 옳은 것은?

① 초경량비행장치에 탑승한 사람이 자연적인 원인에 의하여 사망한 경우
② 비행중이거나 비행을 준비 중인 초경량비행장치로부터 이탈된 부품이나 그 초경량비행장치의 직접적인 접촉 등으로 인하여 사망한 경우
③ 초경량비행장치에 탑승한 사람이 타인에 의하여 사망한 경우
④ 초경량비행장치 사고가 발생한 날부터 15일 이내에 그 사고로 사망한 경우

해설 자연적 원인 또는 자기 자신이나 타인에 의하여 발생한 경우는 사망 또는 중상 적용기준에서 제외된다. 또한 사고가 발생한 날부터 30일 이내에 그 사고로 사망한 경우 사망으로 적용된다.

정답 : ②

46 다음 중 2009년 임실군 무인헬리콥터 사망사고 이후 사고조사 보고서의 안전권고 사항에 대한 설명으로 옳지 않은 것은?

① 방제업무 안전규정을 수립하여 시행하였다.
② 조종자들의 점검표의 항목과 점검행위를 소리 내어 부르고 이에 따라 실행하는 방식을 채용한다.
③ 조종자들의 인적실수에 의한 사고를 방지할 수 있도록 인적실수 예방프로그램 개발, 기술수준 유지를 위한 조종자 훈련방법 개발 및 요구량 설정 내용을 포함하여 현행 훈련 프로그램을 개선하였다.
④ 비행점검기록부의 비행전후 점검을 절대 실시하지 않는다.

해설 비행점검기록부의 비행전후 점검표에 무선조종기 트림스위치의 위치 점검 절차를 추가하였다.

정답 : ④

47 다음 중 사고 보고 시 보고내용에 대한 설명으로 옳지 않은 것은?

① 조종자 및 그 초경량비행장치 소유자 등의 성명 또는 명칭

② 사고가 발생한 일시 및 장소

③ 초경량비행장치의 종류 및 소속

④ 사상자의 성명 등 사상자의 인적사항 파악을 위하여 참고가 될 사항

해설 초경량비행장치의 종류 및 소속이 아니라 초경량비행장치의 종류 및 신고번호를 보고해야 한다.

정답 : ③

48 다음 중 사망, 중상의 적용기준에 대한 설명으로 옳지 않은 것은?

① 사람이 사망은 항공기사고, 경량항공기사고 또는 초경량비행장치사고가 발생한 날부터 30일 이내에 그 사고로 사망한 경우를 포함한다.

② 중상은 항공기사고, 경량항공기사고 또는 초경량비행장치사고로 부상을 입은 날부터 7일 이내에 36시간을 초과하는 입원치료가 필요한 부상이다.

③ 중상에서 코뼈, 손가락, 발가락 등의 간단한 골절은 제외한다.

④ 2도나 3도의 화상 또는 신체표면의 5%를 초과하는 화상은 중상이다.

해설 중상은 항공기사고, 경량항공기사고 또는 초경량비행장치사고로 부상을 입은 날부터 7일 이내에 48시간을 초과하는 입원치료가 필요한 부상이다.

정답 : ②

49 초경량비행장치사고를 일으킨 조종자 또는 그 초경량비행장치 소유자 등은 지방항공청장에서 보고하여야 한다. 다음 중 보고내용으로 옳지 않은 것은?

① 조종자 및 그 초경량비행장치소유자 등의 성명 또는 명칭

② 사고의 경위

③ 사람의 사망 또는 물건의 파손 개요

④ 사상자의 성명 등 사상자의 인적사항 파악을 위하여 참고가 될 사항

해설 사람의 사상(死傷) 또는 물건의 파손 개요를 보고해야 한다.

정답 : ③

50 다음 중 드론에 장착된 LED로 확인할 수 없는 것은?

① 조종기 연결 상태
② 위성 수신 상태
③ 배터리의 잔류량 확인
④ 장착된 센서의 오류

해설 배터리 잔류량의 경우, LED만으로 정확한 배터리 잔량을 파악하는 것은 어렵다. 일부 드론은 배터리가 낮아지면 LED가 빨간색으로 점등되거나 빠르게 깜빡여 배터리 부족을 경고하지만, 이는 배터리의 잔류량을 구체적으로 알리는 것이 아니라 배터리가 거의 소진되었음을 알리는 신호에 불과하다. 배터리의 남은 전력에 대한 구체적인 정보는 주로 드론 조종기의 화면이나 전용 애플리케이션을 통해 퍼센트로 표시되어 사용자에게 전달된다.

정답 : ③

51 다음 중 초경량비행장치 사고에 대한 설명으로 옳지 않은 것은?

① 초경량비행장치를 사용하여 비행을 목적으로 비행 준비하는 순간부터 착륙하는 순간까지 발생한 것을 사고라 한다.
② 초경량비행장치에 의한 사람의 사망, 중상 또는 행방불명을 사고라 한다.
③ 초경량비행장치의 추락, 충돌 또는 화재 발생 시 사고라 한다.
④ 초경량비행장치의 위치를 확인할 수 없거나 초경량비행장치에 접근이 불가능한 경우를 사고라 한다.

해설 초경량비행장치를 사용하여 비행을 목적으로 이륙(이수(離水)를 포함한다)하는 순간부터 착륙(착수(着水)를 포함한다)하는 순간까지 발생한 것을 사고라 한다.

정답 : ①

52 다음 중 초경량비행장치 사고 중 중상의 범위에 대한 설명으로 옳지 않은 것은?

① 초경량비행장치 사고로 부상을 입은 날부터 7일 이내에 48시간을 초과하는 입원치료가 필요한 부상
② 열상(찢어진 상처)으로 인한 심한 출혈, 신경·근육 또는 힘줄의 손상
③ 코뼈, 손가락, 발가락 등의 간단한 골절을 제외한 골절
④ 2도나 3도의 화상 또는 신체표면의 10퍼센트를 초과하는 화상으로 화상을 입은 날부터 7일 이내에 48시간을 초과하는 입원치료가 필요한 경우

해설 신체표면의 5퍼센트를 초과하는 화상이 중상이다.

정답 : ④

53 다음 중 초경량비행장치 사고에 대한 설명으로 옳지 않은 것은?

① 초경량비행장치 사고란 초경량비행장치를 사용하여 비행을 목적으로 이륙하는 순간부터 착륙하는 순간까지 발생한 것이다.

② 초경량비행장치 조종자가 보고할 수 없을 때에는 그 초경량비행장치소유자 등이 초경량비행장치 사고를 보고하여야 한다.

③ 초경량비행장치 사고에 관한 보고를 하지 아니하거나 거짓으로 보고한 초경량비행장치 조종자 또는 그 초경량비행장치 소유자는 100만원 이하의 벌금에 처한다.

④ 초경량비행장치 조종자 또는 초경량비행장치 소유자 등의 초경량비행장치 사고 보고의 접수는 국토교통부장관이 지방항공청장에게 위임하였다.

해설 초경량비행장치 사고에 관한 보고를 하지 아니하거나 거짓으로 보고한 초경량비행장치 조종자 또는 그 초경량비행장치 소유자는 30만원 이하의 과태료에 처한다.

정답 : ③

54 다음 중 초경량비행장치 사고가 아닌 것은?

① 초경량비행장치 행방불명

② 초경량비행장치의 충돌 또는 화재 발생

③ 초경량비행장치의 위치를 확인할 수 없거나 접근이 불가능한 경우

④ 초경량비행장치에의한 경상

해설 초경량비행장치에 의한 경상은 사고가 아니다.

정답 : ④

55 다음 중 중상의 범위에 대한 설명으로 옳지 않은 것은?

① 부상을 입은 날부터 7일 이내에 48시간을 초과하는 입원 치료가 필요한 부상

② 코뼈, 손가락, 발가락 골절

③ 열상으로 인한 심한 출혈

④ 2도나 3도의 화상 또는 신체표면의 5%를 초과하는 화상

해설 코뼈, 손가락, 발가락 등의 간단한 골절은 중상에서 제외한다.

정답 : ②

56 다음 중 초경량비행장치 사고로 인한 중상에 대한 설명으로 옳지 않은 것은?

① 사망은 사고가 발생한 날부터 30일 이내 사망한 것이며, 실종은 1년간 생사확인이 되지 않는 것이다.
② 열상은 찢어진 상처로 인한 심한 출혈, 신경·근육 또는 힘줄의 손상이 해당된다.
③ 골절사고에서 코뼈, 손가락, 발가락 등의 간단한 골절은 제외한다.
④ 화상은 4도 또는 신체표면의 10% 이상으로 7일 이내에 48시간을 초과하는 입원치료가 필요한 경우만 해당한다.

해설 2도나 3도의 화상 또는 신체표면의 5퍼센트를 초과하는 화상이 중상이다.(화상을 입은 날부터 7일 이내에 48시간을 초과하는 입원치료가 필요한 경우만 해당한다.)

정답 : ④

57 다음 중 농업용 무인비행장치로 방제를 하기 위한 비행안전사항에 대한 설명으로 옳지 않은 것은?

① 안전거리 15m는 최소한의 거리임을 명심한다.
② 풍향에 의한 농약 중독을 방지한다.
③ 장애물을 등지고 비행하며, 조종자의 이동거리 단축에 집착하지 않는다.
④ 드론은 시끄러우니 헤드폰을 착용하고 방제를 실시한다.

해설 드론 비행 시 헤드폰은 착용하면 안 된다.

정답 : ④

58 다음 중 드론 비행 후 배터리 보관방법에 대한 설명으로 옳지 않은 것은?

① 배터리 충전 시 반드시 전용 충전기를 사용 할 것
② 과충전, 과방전 금지
③ 배터리를 충전시키고 낮잠을 자고 온다.
④ 사용횟수/수명 체크, 배부른 배터리 사용 금지

해설 배터리 충전 시 화재위험이 있기 때문에 자리를 비우면 안 된다.

정답 : ③

59 초경량비행장치 사고를 일으킨 조종자 또는 그 초경량비행장치 소유자 등은 사고 보고를 누구에게 하는가?

① 국토부장
② 지방항공청장
③ 한국교통안전공단 이사장
④ 관할지역 지방자치단체장

> 해설 사고발생 시 초경량비행장치사고를 일으킨 조종자 또는 그 초경량비행장치 소유자 등은 지방항공청장에게 보고하여야 한다.(항공안전법 시행규칙 제312조)

정답 : ②

60 다음 중 무인멀티콥터에 사용하는 기본 센서 중 지자계 센서에 대한 설명으로 옳은 것은?

① 지구자기장을 감지하여 방위각 측정하는 전자나침반으로 기수방향을 유지함
② 기압을 측정하는 센서로 기체의 고도를 유지함
③ 각속도를 측정하는 센서로 물체가 회전하는 속도를 측정하여 기체의 수평자세를 유지함
④ 인공위성의 미약한 전파를 수신하여 위치를 파악하거나 고정함

> 해설 ② : 기압(고도)센서, ③ : 자이로 센서, ④ : GPS 수신기

정답 : ①

61 다음 중 초경량비행장치 사고 중 중상의 범위에 대한 설명으로 옳지 않은 것은?

① 피부, 근육의 타박상으로 인해 심각한 멍이 생겨난 것
② 내장의 손상
③ 전염물질에 노출된 사실이 확인된 경우
④ 유해방사선에 노출된 사실이 확인된 경우

> 해설 피부, 근육의 타박상으로 인해 심각한 멍이 생겨난 것은 중상이 아니다.

정답 : ①

Part 04

무인비행장치 시스템 및 기체 운용

Chapter 1. **무인비행장치 시스템 및 기체 운용 핵심정리**

Chapter 2. **기출복원문제 풀이**

CHAPTER 01
무인비행장치 시스템 및 기체 운용 핵심정리

무인비행장치 시스템

1. 무인비행장치 시스템 구성 : 추진시스템, 비행제어시스템, 지상통제시스템, 탑재체시스템, 기체시스템

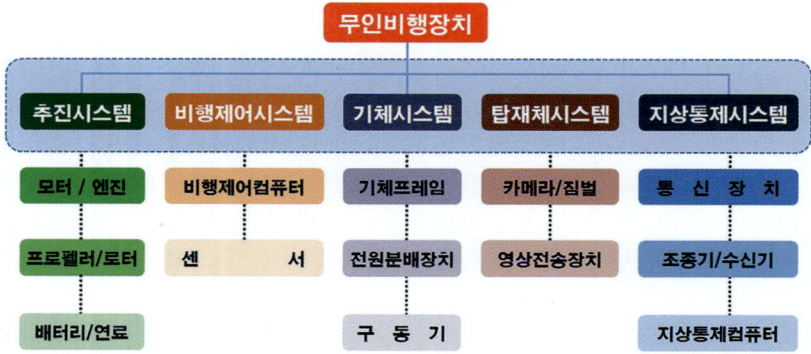

추진시스템

2. 추진시스템 : 모터, 전자변속기(ESC), 배터리, 프로펠러

1) 브러쉬 DC 모터(Brushed DC Motor), 브러쉬리스 DC 모터(Brushless DC Motor)

브러쉬 DC 모터	브러쉬리스 DC 모터
• 영구자석과 모터 권선의 전자기력을 이용해 회전력 발생 • 브러쉬와 정류자를 이용해 전자석의 극성 변경 　- 브러쉬와 정류자의 기계식 접점으로 인해 발열과 소음이 발생 　- 브러쉬 마모에 따른 수명의 한계 존재 • 인가 전압을 이용해 회전수 제어, 전류를 이용해 토크 제어	• 영구자석과 모터 권선의 전자기력을 이용해 회전력 발생 • 회전수 제어를 위해 별도의 전자변속기(ESC) 필요 Electric Speed Controller ↵ • 브러쉬 DC 모터에 비해 수명 및 내구성 우수 • 모터에 인가되는 전류가 클수록 강한 토크 발생 (전류-토크 비례 관계) • 비행 전과 후에 베어링 및 이물질 확인 필요

※ 단순 참고(출제된 문제임) : 인러너(In Runner) 모터, 아웃러너(Out Runner) 모터

인러너 모터	아웃러너 모터
• 고정자가 바깥쪽, 회전자가 안쪽에 있는 형태 • 밀폐형으로 제작되어 있기 때문에 흙먼지 같은 이물질에 강한 반면, 발열에 취약하고 회전자의 거리가 짧기 때문에 회전수(RPM)는 높지만 토크가 약하기 때문에 FRV 드론에는 거의 쓰지 않음	• 회전자가 바깥쪽에 위치, 드론에 적합한 모터 • 코일을 노출시켜 발열을 줄이고, 토크를 받는 부분이 회전축에서 멀리 떨어져 있어, 인러너에 비해 고속회전은 불리하지만 강한 토크를 낼 수 있음

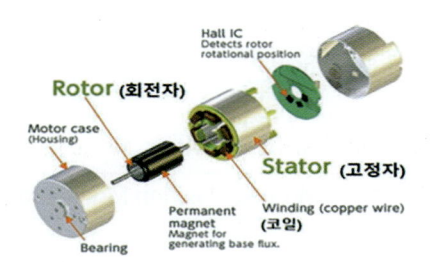 

2) 모터의 속도 상수(Kv)

- 무부하 상태에서 모터에 전압 1V 인가될 때 모터의 회전수(부하 시 회전수 감소)
  └ 모터의 회전수(RPM/분) = 전압(V) X Kv값   예) 이론상 100Kv 모터에 10V 전압 인가 시 회전수 1000RPM
- 동급 출력(전력) 모터에서 다양한 Kv 모터 존재, 토크와 상관성 존재 → Kv와 토크는 반비례
- Kv가 작을수록 인가전압 대비 낮은 회전수가 발생되지만 상대적으로 큰 토크 발생
- Kv가 클수록 인가전압 대비 높은 회전수가 발생되지만 상대적으로 작은 토크 발생
- 모터의 토크가 부족할 경우 회전수 유지가 어려워 회전수가 낮아짐

3) 모터의 토크/회전수/소모전류 관계

- 모터에 인가되는 전압이 일정할 때 모터의 회전수와 토크는 반비례 관계
  └ 부하로 인해 모터 정지 시 최대 토크(스톨토크), 무부하 시 최대 회전수 및 최소 토크(≈0)
- 토크와 소모 전류는 비례 관계
- 프로펠러는 모터의 부하 요소(직경과 피치가 커질수록 부하 증가)
  → 프로펠러는 모터에 부하가 가장 심하게 작용하는 요소임 ○
- 모터의 순간적 토크를 생성하기 위해 배터리 방전율(C-rate) 확보 필요
  ※ 단순 참고 : 방전율
    - 배터리가 안정적으로 출력 가능한 최대치를 의미한다. 용량은 물탱크, 방전율은 수도꼭지 크기라 생각하면 이해가 쉬우며, 아래 배터리 그림에서 95C는 순간적으로 배터리의 용량을 95배, 즉 95X1600mAh=152A 까지 순간 출력이 가능하다는 의미이다.
- 모터에 부하가 걸릴 때 발생하는 현상
  └ 모터 부하 걸림 → 회전 수 감소 → 토크 증가 → 소모 전류 증가 → 발열
    과부하 걸릴 시 모터 과열 및 전자변속기 및 배터리 수명에 악영향, 과부하 및 과열 확인을 위해 비행 후 모터 및 전자변속기 온도 체크 필요, 모터의 부하를 줄이기 위해 프로펠러의 직경과 피치를 줄이거나 출력 및 토크가 큰 모터로 변경 필요

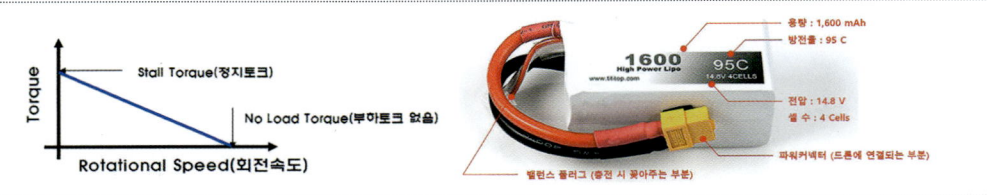

4) 전자변속기(ESC)

(1) 전자변속기 개요

- 일반적으로 3상 전기를 이용해 BLDC 모터 회전수 제어
  └ 비행제어컴퓨터로부터 신호(PWM 등)을 받아 회전수 제어
     측정한 회전자의 위치에 따라 전자기력 형태를 변화 시켜 회전수 제어
- 배터리의 전력(전압X전류)을 BLDC 모터로 전달
- 모터의 최대 소모전류를 허용할 수 있는 전자변속기 사용
- 신호 잡음이 발생할 수 있으므로 통신 및 전자장비 등에 영향이 작은 위치에 장착

※ 단순 참고 : 수신기가 받은 비행정보를 FC로 보내는 방법(PWM, PPM 방식)

PWM(Pulse Width Modulation)	PPM(Pulse Position Modulation)
• 일정 간격동안 신호가 들어오는 시간을 검출하는 방식 • 1초에 50번을 확인해서 각 신호가 얼마나 오래 들어오는지를 검출해 신호의 세기를 감지하는 방법, 따라서 신호가 들어오는 선 하나에 한 개 채널 밖에 처리할 수 없음, 그러므로 8채널을 사용하고 싶으면 8개의 전선이 필요 (정확하게는 수신기를 동작시키는 +선과 –선이 추가)	• 일정 간격동안 어느 위치에 신호가 들어오는지 검출하는 방식 • 신호의 위치를 바꾸어 그 양을 표시하는 방법으로 각 채널별 진폭을 달리하면 한 개의 신호선에 많은 채널을 전송할 수 있는 방법 • PPM으로 연결 시 수신기와 FC를 전선 1개로 연결, 따라서 배선이 간단하기 때문에 최근에 PPM방식 사용(물론 수신기 동작을 위한 전원 공급 +선과 –선이 연결되어야 한다.)

(2) 전자변속기 특징 및 제어 성능

- 모터 과부하 시 전자변속기 과열 방지를 위한 냉각
  └ 냉각핀을 이용해 냉각 효과 향상 가능, 프로펠러 후류에 노출시켜서 냉각 효과 향상 가능
- 정밀한 자세제어를 위한 모터 회전수 제어
  └ 비행 안정성 확보 및 정렬 자세 제어를 위해 비행제어모듈로부터 빠른 주기의 제어 입력 인가(200Hz 이상)
     호버링과 같은 정적인 기동에서도 빠른 주기의 회전수 제어 필요
     조종 입력에 따라 일관된(선형적) 회전수 제어 성능 필요

5) 리튬폴리머 배터리 특징 및 주의사항

- 자연 방전율이 낮아 장기간 보관 가능(50~70% 충전 상태로 보관)
- 메모리 현상이 거의 없음
 ※ 단순 참고 : 메모리 현상
    배터리 메모리 현상(memory effect)은 배터리의 충전 및 방전 패턴에 따라 배터리의 용량이 감소하는 현상을 의미한다. 메모리 현상이 발생하는 이유는 배터리가 완전히 방전되지 않은 상태에서 반복적으로 충전되었을 때, 배터리가 자주 사용되는 방전 수준을 '기억'하여 해당 수준까지만 충전 용량을 사용하게 되기 때문이다.
    예를 들어, 배터리를 50% 방전된 상태에서 자주 충전하면 배터리는 그 수준을 기억하고 50% 이상으로 방전되지 않는 것처럼 인식하여 실제 사용 가능한 용량이 줄어들게 된다.
- 연료전지와 비교하여 에너지 밀도가 낮지만 순간 방전율이 높음
- 배터리 외형 손상 시 주의사항
  └ 내부 손상이 있을 경우 시간이 경과 후 화재 발생 가능(폐기)(→ 전문가 수리 후 사용 X)
    충전 및 비행을 통한 테스트 금지, 다른 배터리들과 함께 보관 금지
- 완전 충전 후 보관 금지, 과방전 금지
- 배터리 폐기 시 주의사항
  └ 환기가 잘 되는 곳에서 소금물을 이용해 완전 방전 후 폐기(유독성 기체 주의 필요)
    전기적 저항요소를 배터리에 연결하여 완전 방전 후 폐기
    비행을 통한 방전 금지, 전기적 단락(→ 단선 X)을 통한 방전 금지, 장기간 보관을 통한 방전 금지
- 배터리 사용 중 전기적 단락 시 주의사항
  └ 과방전으로 인해 충전기 인식이 안 될 경우 충전 금지
    시간 경과 후 화재 발생 가능(안전을 위해 배터리 폐기)
    배터리 화재가 발생할 경우 열폭주 현상을 막기 위해 신속한 냉각 필요
- 배터리 사용(충/방전) 횟수 증가에 따른 주의사항
  └ 배터리 내부 저항 증가로 사용 시 전압강하 증가(→ 감소 X), 배터리 내부 저항 증가로 방전율 저하(→ 향상 X)
    비행 시간 단축에 대한 고려 필요

※ 단순 참고 : 배터리 화재 시 대응
1. 건조한 모래나 흙 등으로 덮어 외부 산소 차단을 하는 것이 효과적이며, 소화기의 경우 리튬 전용 소화기를 사용해야 함
   - 현재 리튬 전용 소화기의 경우, 소방청 정식 인증 제품은 없으나 행정안전부 재난안전 제품 인증 소화기만 존재
   - D급 소화기(CO_2소화기 등)의 경우, 질식 및 냉각 등의 원리이며, 초기진화에 효과가 있음
2. 물을 이용할 경우, 해당 제품을 물속에 완전히 담수시켜야 함
   - (한국전지재활용협회/02-6954-0666) 문의 후 담수 된 상태로 배출
3. 충격 및 화재 등으로 인해 배터리에서 불화수소 등의 유독가스가 발생할 수 있어 주의해야 함

6) 프로펠러

(1) 규격 및 추력

- 프로펠러 규격 : 직경 X 피치 (→ 피치 X 직경 X)
  └ 직경은 프로펠러가 만드는 회전면의 지름
     피치는 프로펠러가 한 바퀴 회전하였을 때 앞으로 나아가는 거리(기하학적 피치)
     동일한 회전 수에서 직경과 피치가 증가할 경우 추력 증가 (→ 감소 X)

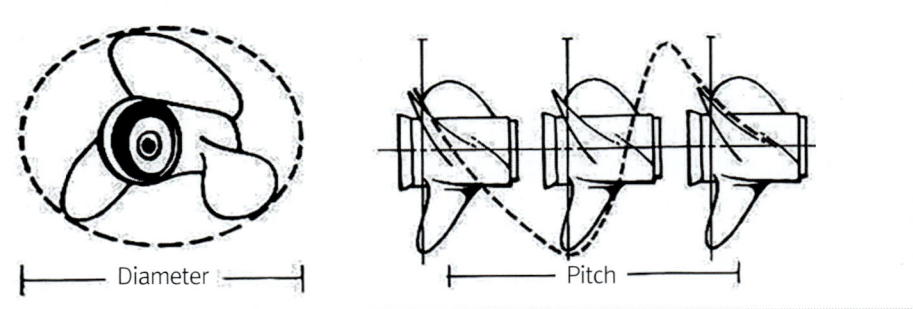

(2) 프로펠러 결빙 시 주의사항

- 기온이 낮고 습도가 높은 경우 결빙 발생
- 프로펠러의 결빙은 주로 앞전(→ 뒷전 X)에서 발생
- 공기 흐름의 분리가 발생하여 기체 불안정 발생
- 비행 중 주기적으로 프로펠러 결빙 확인 필요

(3) 프로펠러 효율

- 저속비행을 하는 비행체는 저 피치 프로펠러가 효율이 좋음
- 고속비행을 하는 비행체는 고 피치 프로펠러가 효율이 좋음
- 가변피치 프로펠러를 통해 넓은(→ 좁은 X) 속도 영역에서 프로펠러 효율 향상 가능(→ 불가능 X)

(4) 프로펠러 진동

- 프로펠러의 무게중심과 회전중심의 불일치로 인한 진동 발생
  └ 프로펠러 부분 손상으로 인해 진동 발생 가능
     프로펠러 회전수에 따라 진동 주파수 변화
     특정 회전수에서 공진 발생 가능 → 회전수가 낮아도 큰 진동 발생 가능
     프로펠러 밸런싱을 통해 진동 저감 가능
     탑재 무게 및 구조물 유격에 따라 진동 영향 변화→ 센서 악영향 → 적절한 진동 댐퍼 고려 필요

비행제어시스템

3. 비행제어시스템 : 비행제어컴퓨터, GNSS, IMU, 지자계, 기압고도계, 센서 융합

1) 비행제어컴퓨터(FC : Flight Controller) : 비행제어를 통해 비행 안정성 및 조종성 확보

(1) 비행제어 원리 및 특징

- 비행제어는 제어명령과 센서로부터 측정한 기체 상태값 필요
- 기체의 현재 상태가 제어명령을 따라가도록 제어 수행
- 센서의 측정치 반드시 필요 → 심각한 센서 오차 발생 시 추락 가능
- FC는 조종사의 조종명령이 없어도(→ 있어야 X) 지속적으로 비행 안정성 확보를 위한 제어명령 생성 및 조종 수행

(2) 비행조종 모드에 따른 조종 특성

- 자세각속도제어 모드(Acro 모드) : 조종사의 자세 변화율 제어 명령에 따라 조종(IMU 센서 사용)
- 자세제어 모드(ATTI 모드) : 조종사의 자세 조종 명령에 따라 조종(IMU 센서 사용)
- 속도/위치(경로점)제어 모드(GPS 모드) : 조종사의 속도 / 위치 조종 명령에 따라 조종(GNSS, 고도/가속도센서(압력센서) 사용) → 비행제어를 통해 비교적 쉬운 난이도로 조종자가 제자리 비행 수행 가능
- ※ 비행하기 쉬운 모드 순서 : 속도/위치 제어 → 자세 제어 → 자세각속도제어

(3) 무인멀티콥터 비행제어 특징

- 비행제어시스템의 도움 없이 수동 조종만으로 비행 안정성 확보 어려움(비행 안전성 확보 위해 제어 필수)
- 센서 데이터 및 비행제어시스템에 대한 의존도 높음(→ 낮다 X)
- 비행 안정성 증대를 위해 자세 안정화 제어 필요(IMU 필요) → IMU 오류 시 비행 안정성 확보 어려움

2) 위성항법시스템(GNSS:Global Navigation Satellite System)

(1) GNSS 운영 국가 : 미국(GPS), 러시아(GLONASS), 유럽(GALILEO), 중국(BEIDOU), 인도(NAVIC), 일본(QZSS)

(2) 위성항법시스템 특징

- 4개 이상의 위성신호(외부신호)가 반드시 필요
- 지구 전역에서 기체의 항법 데이터(3차원 위치(위도/경도/고도), 3차원 속도, 이동방향, 시간)(→ 기체 자세 측정 X) 측정 가능
- L밴드(1.2/1.5GHz) 대역의 위성신호 사용 → 동일 대역의 다른 신호 및 잡음에 의한 전파 간섭 발생 가능

※ 단순 참고 : GHz 단위의 주파수

GHz(기가헤르츠, gigahertz)는 주파수를 나타내는 단위로, 1GHz는 10억(1,000,000,000) 헤르츠(Hz)를 의미한다. 헤르츠는 주파수의 기본 단위로, 1초 동안에 발생하는 진동 또는 주기의 수를 나타낸다.

(3) GNSS의 오차를 발생시키는 다양한 요소 존재

- 위성신호 전파 간섭(Interference)
  ↳ 다른 신호나 잡음으로 인해 위성 신호가 왜곡되거나 손실되는 현상
- 전리층 지연 오차(Ionospheric Delay Error)
  ↳ 전리층은 태양의 자외선과 X선에 의해 이온화된 입자가 많이 존재하는 대기층으로, 전파가 이 층을 통과할 때 굴절 및 지연이 발생
- 다중 경로 오차(Multipath Error)
  ↳ 신호가 직접 경로 외에 건물, 지면 등에서 반사되어 수신기에 도달하는 현상으로 인해 발생
- 위성 궤도 오차
  ↳ 위성의 궤도 예측에 사용되는 모델이 불완전하거나, 중력의 영향, 태양풍, 달의 중력 등으로 인해 발생
- 대류층 지연 오차(Tropospheric Delay Error)
  ↳ 대류층 내에서의 신호 굴절 및 지연은 대기의 압력, 온도, 습도 등의 변수에 의해 발생

→ 바람에 의해 GNSS 오차가 발생 X

(4) GNSS의 항법 오차 발생 시 주의사항

- 기체 고도 및 수평 위치 유지 성능 저하 → 기체 불안정 발생 가능
- 건물 근처에서 항법 오차로 인해 건물에 충돌 주의
- 비행제어시스템에서 GNSS의 항법 오차를 인식하지 못할 수 있음

(5) GNSS RTK(Real Time Kinematic)

- 기준국으로부터 오차 보정 신호를 받아 실시간으로 정밀 항법(cm급) 수행 가능
- 위성항법시스템의 실시간운동학(RTK) 특징
  ↳ 정확한 위치정보를 확보한 기준국으로부터 오차 보정 신호 필요
    기준국으로부터 멀어질수록 항법 정확도 낮아짐(→ 높아짐 X)
    GNSS가 동작하는 실외에서 사용 가능(→ 실내에서 사용 가능 X)

(6) GNSS 위성 배치도에 의한 정밀도 영향

- 수신 중인 위성의 배치에 의해 정밀도 희석(DOP:Dilution of Precision) 변화
  ↳ DOP는 GNSS 신호를 사용하는 위치 결정의 정밀도를 나타내는 척도로,
    위성의 기하학적 배치에 따라 달라진다.
    낮은 DOP 값은 더 높은 정확도를 의미하며, 높은 DOP 값은 낮은 정확도를 의미한다.
- 높은 빌딩 등에 의해 위성 신호가 가려질 경우 DOP에 영향
- DOP의 모니터링을 통해 항법 정밀도 저하에 의한 기체 비행 오차 대비 필요
- 낮은 DOP 값(좋은 기하학적 배치)
  ↳ 위성이 넓게 분포된 경우(예 : 위성이 동쪽, 서쪽, 남쪽, 북쪽에 각각 하나씩 위치 할 때)
    결과 : 높은 위치 정확도
- 높은 DOP 값(나쁜 기하학적 배치)
  ↳ 위성이 좁게 밀집된 경우(예 : 위성이 모두 수평선 근처에 위치하거나, 특정 방향에 몰려 있을 때)
    결과 : 낮은 위치 정확도

3) 관성측정장치(IMU : Inertial Measurement Unit)

(1) IMU 구성 요소 : 가속도계, 자이로스코프, 지자계 센서 등으로 구성 → 자세제어 및 자세각속도 제어 활용
(2) IMU를 통해 가속도, 자세각속도, 자세각도 등을 측정 및 계산

- 가속도 센서 → 가속도 측정 → 자세각 계산 가능
- 자이로스코프 → 자세각속도 측정 → 자세각 계산 가능
- 지자계 센서 → 기수 방위각 측정
※ 가속도계, 자이로스코프, 지자계 센서 정보를 융합하여 자세 데이터 추정

(3) 미세전자기계시스템(MEMS) IMU의 진동 주의사항

- 소형 무인멀티콥터에는 MEMS IMU가 주로 활용됨
- MEMS IMU의 경우 프로펠러 진동에 영향을 받아 자세 오차 발생 가능
- 기체 구조물의 유격 등에 의한 진동에 영향을 받아 자세 오차 발생 가능
- 진동에 대비하기 위해 진동 특성이 다른(→ 같은 X) MEMS IMU를 다중으로 사용 가능
- 진동에 강인한(→ 약한 X) 광섬유(FOG) 기반 IMU, 링레이저(RLG) 기반 IMU 등이 있음

(4) IMU 초기화 시 주의사항

- 초기화 시 되도록 기체를 움직이지 않아야 함 → 움직였거나 충격 가했을 시 전원 재인가 및 초기화 재수행
- 초기화가 비정상적으로 수행 될 경우 이륙 직후 기체 자세가 불안정해질 수 있음

4) 지자계(Magnetometer) 역할 및 특징

- 지구의 자기장을 측정하여 자북 방향 측정
- 기체의 기수 방향을 측정하고 자이로스코프로 추정한 기수각의 오차를 보정하기 위해 사용
- 기체 주의의 자기장(금속 또는 자성 물체), 전자기장에 민감하게 영향을 받음 → 오차 발생 → 기수 회전 발생
- GNSS 안테나 2개 이상(→ 3개 이상 X, 4개 이상 X)을 활용해 기수방향 측정 후 지자계 오차 보정 가능

5) 기압 고도계(Barometer) 역할 및 특징

- 대기압을 측정하여 고도에 따른 대기압 변화 관계식을 통해 고도 측정
- 지면 대기압을 기준할 경우 지면고도, 해수면 대기압을 기준할 경우 해수면 고도 측정 가능
- 센서 주위의 압력이 변할 경우 고도값 변화 가능 → 고도 오차 발생
- GNSS의 고도 오차 보정

6) 센서 데이터 융합 원리

- 기체에 탑재된 IMU(가속도계, 자이로스코프, 지자계), GNSS, 기압고도계 등의 데이터를 결합하여 정밀하고 신뢰도가 향상된 기체 상태 측정
- 각 센서 데이터의 오차 특징 및 단점을 보완할 수 있도록 데이터 융합
- 여러 센서의 데이터를 융합해서 사용하므로 단일 센서 고장에 대처할 수 있음

✈ 비행데이터 분석

4. 비행데이터 분석

1) 비행데이터 저장 및 분석

- 비행데이터 저장 시 주의사항
  ↳ 기체의 이상 여부를 분석하기 위해서는 가급적 빠른(→ 느린 주기 X)주기로 저장된 미가공(Raw)(→ 가공 X) 데이터 필요
   각 센서 및 모듈에서 저장된 데이터의 저장 주기가 다를 수 있음(예 : GNSS 10회/초, IMU 400회/초)
   저장매체(SD Card)의 여유 공간이 없을 경우 데이터 손실 가능

- 기체 이상 및 원인 분석 주의사항
  ↳ 기체의 이상 기동 및 추락 원인은 센서 오류, 구동기 오류, 비행제어 불안정, 환경적 요인을 복합적으로 확인
   저장된 비행데이터는 센서 데이터 저장 → 센서 오류 시 부정확한 데이터 저장
   기체 이상 및 추락 원인을 명확하게 분석하기 위해서는 별도의 계측장비 또는 비행영상이 필요할 수 있음
   기체의 진동으로 인해 기체 이상 기동 및 추락이 발생할 수 있음

CHAPTER 02

기출복원문제 풀이

01 다음 중 GPS 센서에 대한 설명으로 옳지 않은 것은?

① 4개 이상의 위성과 수신기 사이의 거리를 측정한다.

② 수신기 시계 오차를 보정하기 위해 3개 이하의 위성신호를 수신한다.

③ GPS의 위치 오차를 발생시키는 다양한 요소들이 존재한다.

④ 교점을 계산하여 수신기 위치를 도출한다.

해설 GPS 센서는 4개 이상의 위성과 수신기 사이의 거리를 측정하고, 교점을 계산하여 수신기 위치를 도출하며, 수신기 시계 오차를 보정하기 위해 4개 이상의 위성신호를 수신한다.

정답 : ②

02 다음 중 무인비행장치 배터리 사용법에 대한 설명으로 옳지 않은 것은?

① 장기 보관 시 50~70% 상태로 방전 후 보관한다. ② 배터리는 소금물에 2~3일간 담궈둔 후 폐기한다.

③ 배터리 완충 후 충전기에서 분리해야 한다. ④ 부푼 배터리는 냉장고에 냉장 보관 후 재사용한다.

해설 스웰링 현상(배부름 현상)이 발생한 배터리는 폐기한다.

정답 : ④

03 다음 중 프로펠러 표기법이 12x9에 대한 설명으로 옳은 것은?

① 프로펠러 직경이 12센티이고 피치가 9인치이다.

② 프로펠러 직경이 12인치이고 프로펠러가 1회전했을 때 9인치의 거리를 전진한다.

③ 프로펠러 직경이 12인치이고 폭이 9인치이다.

④ 프로펠러 직경이 12센티이고 길이가 9센티이다.

해설 직경은 프로펠러가 만드는 회전면의 지름(단위는 inch), 피치는 프로펠러가 한 바퀴 회전하였을 때 앞으로 나아가는 거리/기하학적 피치이다.(단위는 inch)

정답 : ②

04 다음 중 GPS에 대한 설명으로 옳은 것은?

① 수신기 시계오차를 보정하기 위해 2개의 위성신호를 수신한다.
② GPS수신기는 신호를 위성으로 송신한다.
③ GPS(미국)는 GNSS로 불리우며 비슷한 위성으로는 GLONASS(러시아)와 GALILEO(유럽)이 있다.
④ GPS는 비행제어의 알고리즘에서 자세제어를 위한 장치이다.

> **해설** 위성항법시스템(GNSS ; Global Navigation Satellite System)에는 GPS(미국), GLONASS(러시아), GALILEO(유럽), BEIDOU(중국) 등이 있다.

정답 : ③

05 다음 중 무인비행장치 배터리 사용법에 대한 설명으로 옳지 않은 것은?

① 장기 보관 시 완충상태로 보관한다.
② 배터리는 소금물에 2~3일간 담궈둔 후 폐기한다.
③ 배터리 완충 후 충전기에서 분리해야 한다.
④ 다른 제품의 배터리를 연결해서는 안 된다.

> **해설** 자연 방전률이 낮아 장기간 보관이 가능하다. 단 50~70% 충전상태로 장기보관해야 한다.

정답 : ①

06 다음 중 모터와 배터리에 대한 설명으로 옳은 것은?

① 멀티콥터에서는 구동이 간단하고 저렴한 BLDC 모터를 사용하여야 한다.
② 리튬폴리머 배터리는 리튬이온에 비해 용량이 크고 안정성이 높다.
③ 리튬폴리머 배터리는 메모리 현상이 있다.
④ Brushless 모터는 제어기(ESC)없이 사용할 수 있다.

> **해설** BLDC 모터는 수명 및 내구성이 우수하지만 Brushed DC 모터에 비해 가격이 비싸고 회전수 제어를 위한 별도의 전자변속기(ESC)가 필요하다. 리튬폴리머 배터리는 메모리 현상이 거의 없다.

정답 : ②

07 다음 중 최근 산업용 드론에서 주로 사용되는 모터의 종류로 옳은 것은?

① 브러쉬 모터
② 브러쉬리스 아웃러너 모터
③ 브러쉬리스 인너 모터
④ 가솔린 왕복엔진

> **해설** 브러쉬리스 모터는 회전자의 위치에 따라 인너 모터와 아웃러너 모터로 구분한다. 산업용 드론에는 주로 아웃러너 모터를 사용하고 아웃러너 모터는 회전자가 바깥쪽, 고정자가 안쪽에 위치하고 있다.

정답 : ②

08 다음 중 리튬폴리머 배터리 특징 및 주의사항에 대한 설명으로 옳지 않은 것은?

① 배터리가 부풀어 오르면 부풀어 오른 1개의 cell만 교체하여 사용하면 된다.
② 배터리 완충 시에는 충전기에서 반드시 분리한다.
③ 다른 제품의 배터리를 연결해서는 안된다.
④ 배터리 폐기시 소금물에 2~3일간 담가둔다.

> **해설** 리튬폴리머 배터리는 상대적으로 가볍기 때문에 드론에 주로 사용하고, 전해질이 젤 상태이므로 리튬이온에 비해 상대적으로 안정성이 높으며, 자연방전 및 메모리 현상이 거의 없는 장점이 있지만 저온에 약한 단점이 있다.

정답 : ①

09 다음 중 브러쉬리스 DC 모터에 대한 설명으로 옳지 않은 것은?

① 정확한 속도제어가 가능하다.
② 브러쉬 DC 모터에 비해서 수명이 길다.
③ 구동을 위한 제어기가 필요하다.
④ 브러쉬 DC 모터에 비해 가격이 저렴하다.

> **해설** 브러쉬리스 DC 모터는 브러쉬 DC 모터에 비해 가격이 비싸다

정답 : ④

10 다음 중 AC / DC 모터에 대한 설명으로 옳지 않은 것은?

① AC모터는 수명이 길다.
② DC모터는 속도제어를 위한 제어기가 필요하다.
③ DC모터는 AC모터에 비해 수명이 길다.
④ DC모터는 정확한 속도제어가 가능하다.

> **해설** DC 모터는 AC 모터에 비해 수명이 짧다.

정답 : ③

11 다음 중 리튬폴리머 배터리 사용간 유의사항에 대한 설명으로 옳은 것은?

① 사용 가능한 전부를 소모하는 것이 배터리수명 연장에 좋다.
② 사용가능 잔량은 개략적인 계산을 해서 사용한다.
③ 배터리 보호회로 작동상태를 확인 및 점검한다.
④ 배터리 장기보관 시 완충상태로 보관한다.

> **해설** 리튬폴리머 배터리는 잔량이 30% 남을 때 까지 소모하는 것이 좋으며, 장기보관 시 50~70% 충전 상태로 보관한다.

정답 : ③

12 다음 중 프로펠러 진동에 대한 설명으로 옳지 않은 것은?

① 프로펠러 회전수가 낮을수록 진동이 감소하고 공명이 줄어든다.

② 프로펠러 밸런싱을 통해 진동을 감소시킬 수 있다.

③ 프로펠러에 손상이 있으면 진동이 심해진다.

④ 프로펠러 회전수에 따라 진동 주파수가 변화한다.

[해설] 프로펠러의 회전수가 낮아도 큰 진동이 발생 가능하다.

정답 : ①

13 다음 중 GPS로 알 수 있는 것으로 옳은 것은?

① 속도, 위치, 시간   ② 속도, 위치, 방향   ③ 속도, 시간, 방향   ④ 시간, 위치, 방향

정답 : ①

14 다음 중 비행데이터 저장 및 분석에 대한 설명으로 옳지 않은 것은?

① 각 센서 및 모듈에서 저장된 데이터의 저장 주기가 다를 수 있다.

② 저장매체의 여유공간이 없을 경우 데이터의 손실이 있을 수 있다.

③ 기체의 이상 여부를 분석하기 위해서는 가급적 느린 주기로 저장된 미가공(raw) 데이터가 필요하다.

④ 센서 오류 시 부정확한 데이터가 저장될 수 있다.

[해설] 기체의 이상여부를 분석하기 위해서는 가급적 빠른 주기로 저장된 미가공(raw) 데이터가 필요하다.

정답 : ③

15 다음 중 브러쉬리스 모터에 대한 설명으로 옳지 않은 것은?

① 속도제어기가 필요하다.   ② 브러쉬모터보다 수명이 길다.

③ 브러쉬모터보다 가격이 싸다.   ④ 고속회전이 가능하다.

[해설] 브러쉬리스 모터는 브러쉬모터보다 가격이 비싸다.

정답 : ③

16 다음 중 무인멀티콥터를 구성하는 부품 및 장비들에 대한 설명으로 옳지 않은 것은?

① ESC : 모터의 속도를 제어한다.

② GPS : 위치를 확인할 수 있다.

③ LED 등 : 조종기 연결 상태, 위성 수신 상태 등을 확인할 수 있다.

④ 모터 : 기체의 모든 부분을 제어한다.

[해설] 무인비행장치 추진시스템에는 모터, 프로펠러, 배터리가 있고, 비행제어시스템에는 비행제어컴퓨터, 센서가 있다.

정답 : ④

17 다음 중 Brush없는 모터에 대한 설명으로 옳지 않은 것은?

① 정확한 속도제어가 가능하다. ② Brush 모터에 비해서 수명이 길다.
③ Brush 모터에 비해 가격이 비싸다. ④ 구동을 위한 제어기가 필요없다.

해설 Brushless 모터는 구동을 위한 전자변속기(ESC)가 필요하다.

정답 : ④

18 다음 중 무인멀티콥터에 사용되는 리튬폴리머 배터리에 대한 설명으로 옳은 것은?

① 메모리 현상이 거의 없다.
② 수소와 산소의 화학반응으로 발생하는 전기를 사용한다.
③ Ni-Cd에 비해 무겁다.
④ 납축전지에 비해 무겁다.

해설 리튬폴리머 배터리는 메모리 현상이 거의 없으며, 양극(+)과 음극(-)간의 산화와 환원 반응으로 화학에너지를 전기에너지로 변환시키는 장치이다. 여기서 산화와 환원은 아주 작은 전자의 이동이며, 전자를 잃은 쪽을 산화 그리고 전자를 얻은 쪽을 환원이라 한다.

정답 : ①

19 다음 중 무인멀티콥터를 구성하는 부품 및 장비들에 대한 설명으로 옳은 것은?

① FCC : 전원공급장치
② ESC : 전자변속기로서 모터의 속도를 제어한다.
③ 기압센서 : 기체의 기울어지는 속도를 계측할 수 있다.
④ 자이로센서 : 위성항법시스템으로 위성을 관측하여 위치를 결정한다.

해설 FCC는 비행제어컴퓨터, 기압센서는 고도 측정 센서, 자이로 센서는 자세제어 센서이다.

정답 : ②

20 다음 중 리튬폴리머 배터리의 특성에 대한 설명으로 옳은 것은?

① 리튬이온에 비해 안정성이 낮다. ② 메모리 현상이 거의 없다.
③ 니켈카드뮴에 비해 무겁고 용량이 작다. ④ 리튬이온에 비해 저온에 강하다.

해설 리튬폴리머 배터리는 고체 또는 젤 형태의 고분자 종합체인 폴리머 상태의 전해질을 사용하기 때문에 리튬이온에 비해 안정성이 높으나 저온에 약하다.

정답 : ②

21 다음 중 프로펠러에 대한 설명으로 옳지 않은 것은?

① 재질은 카본이나 금속재질로 된 것이 좋다.

② 프로펠러에 홈이 생기면 고쳐서 사용하면 안된다.

③ 프로펠러의 속도는 위치에 따라 다르다.

④ 프로펠러 끝단의 속도가 음속의 0.85배 이상이 될 경우 효율이 급저하 된다.

> 해설 프로펠러는 금속재질은 무거워서 사용하지 않는다.

정답 : ①

22 다음 중 DOP(Dilution of Precision)에 대한 설명으로 옳지 않은 것은?

① 위성들이 하늘에서 서로 가까이 모이게 되면 DOP 값이 높다.

② 눈에 보이는 위성들이 흩어지게 되면 DOP 값은 낮다

③ 눈에 보이는 위성들의 수가 많아지면 대개는 더 높은 DOP 값을 보인다.

④ 장애물이 있으면 DOP 값은 높다.

> 해설 위성신호 리시버의 정확성은 주로 몇 개의 위성이 보이느냐, 즉, 위성들이 어디에 위치해 있느냐에 달려있다. 위성의 개수와 기하학을 그 정확도와 연계시키는 메트릭스를 '정밀도 저하율(DOP: Dilution of Precision)'이라고 한다. 위성이 하늘에 서로 가까이 모이거나, 장애물이 있으면 DOP 값이 높아진다. 즉 오차가 증가하여 정확성이 낮아진다. 위성들이 흩어지게 되면 기하학적 구조가 강해지고, DOP 값이 낮아진다. 즉 오차가 감소하여 정확성이 높아진다. 그리고 눈에 눈에 보이는 위성들의 수가 많아지면 대개는 더 낮은 DOP값을 보여 결국 정확성이 높아진다.

정답 : ③

23 다음 중 배터리 외부손상 시 취급방법에 대한 설명으로 옳은 것은?

① 고장인지 여부를 확인해 보기 위해 비행해 본다. ② 내부 손상이 우려되므로 폐기를 고려한다.

③ 비행을 해보니 괜찮아서 그대로 사용한다. ④ 60% 방전해서 다른 배터리와 같이 보관한다.

> 해설 충격 등으로 외부손상이 확인되면 배터리는 안전을 고려해서 폐기한다.

정답 : ②

24 다음 중 조종기 보관방법에 대한 설명으로 옳지 않은 것은?

① 배터리는 분리 후 보관한다. ② 다른 조건이 이상 없을 시 보관장소는 상관없다.

③ 조종기 전용 보관함에 보관한다. ④ 비행 전 기체 및 조종기의 배터리 충전상태를 확인한다.

> 해설 조종기도 상온에 보관한다.

정답 : ②

25 다음 중 배터리 종류별 특징에 대한 설명으로 옳지 않은 것은?

① 리튬폴리머 배터리는 리튬이온에 비해 용량이 크고 안정성이 높고 메모리 현상이 조금 있다.

② 납축전지는 자동차시동용, 산업기기 예비전원용으로 사용되는데 경제적이지만 무겁다.

③ 연료전지는 수소와 산소의 화학반응으로 발생하는 전기를 사용하며 수소는 상온에서 기체이므로 저장용기의 용량이 커진다.

④ 리튬이온 배터리는 자연방전 / 메모리 현상이 없다.

해설 리튬폴리머 배터리는 메모리 현상이 거의 없다.

정답 : ①

26 다음 중 유럽에서 사용하는 위성측위시스템(GNSS)으로 옳은 것은?

① GPS   ② GLONASS   ③ GALILEO   ④ BEIDOU

해설 GPS(미국), GLONASS(러시아), BEIDOU(중국)

정답 : ③

27 다음 중 GPS의 오차를 발생시키는 다양한 요소가 아닌 것은?

① 전리층 지연 오차   ② 다중 경로 오차

③ 대류층 지연 오차   ④ GPS에는 오차 요소가 거의 없다.

해설 GPS의 위치 오차를 발생시키는 다양한 요소
- 위성궤도 오차, 전리층 지연 오차, 다중 경로 오차, 대류층 지연 오차, 수신기 잡음 오차 등

정답 : ④

28 다음 중 배터리 보관 방법에 대한 설명으로 옳지 않은 것은?

① 장기 보관 시 완충해서 보관한다.

② 충전 시간을 지켜 충전한다.

③ 오랫동안 사용하지 않을 때는 배터리를 기기에서 분리해 놓는다.

④ 약 15~28℃의 상온에서 보관한다.

해설 배터리는 10일 이상 장기간 미사용 시 약 50~70% 충전상태로 보관한다.

정답 : ①

29 다음 중 진동 발생 원인에 대한 설명으로 옳지 않은 것은?

① 기체 유격으로 진동이 발생한다.

② 탄성이 있는 재질의 프로펠러에 의해 특정부분 진동으로 공진이 발생한다.

③ 무게이동이 있는 물체를 장착하게 되면 진동이 발생한다.

④ 유연한 댐퍼 설치로 인해 진동이 줄어든다.

해설 댐퍼는 용수철이나 고무와 같은 탄성체를 이용하여 충격이나 진동을 약하게 하는 장치이다.

정답 : ④

30 다음 중 무인비행장치 시스템 구성 요소 중 기체시스템에 해당하지 않는 것은?

① 기체　　　　② 전원분배장치　　　　③ 구동기　　　　④ 지상통제컴퓨터

해설 지상통제컴퓨터는 지상통제시스템의 구성요소이다.
　　　지상통제 시스템 구성요소 : 통신장치, 조종기/수신기, 지상통제컴퓨터

정답 : ④

31 다음 중 입력전압에 따른 모터에 대한 설명으로 옳지 않은 것은?

① AC모터는 DC모터에 비해 비교적 수명이 길다.

② AC모터는 교류의 특성상 정확한 속도제어가 불가능하다.

③ DC모터는 정확한 속도제어가 불가능하다.

④ DC모터는 브러쉬 또는 회전수 제어가 반드시 필요하다.

해설 DC모터는 정확한 속도제어가 가능하다.

정답 : ③

32 다음 중 Brush 유무에 따른 모터에 대한 설명으로 옳지 않은 것은?

① Brush모터는 가격이 저렴하고 구동이 간단하나 브러쉬 마모에 의해 수명이 짧고 발열이 있다.

② Brushless 모터는 브러쉬가 없으므로 수명이 길고 고속회전이 가능하다.

③ Brushless 모터는 가격이 비싸고 구동을 위한 제어기(ESC)가 필요하다.

④ Brushless 모터는 발열이 적으나 회전수 변동이 많다.

해설 BLDC모터는 발열이 적고 회전수 변동도 적다.

정답 : ④

33 다음 중 GPS 수신 DOP(Dilution of Precision)가 가장 좋은 경우는 어느 것인가?

① 4개의 위성간의 위치가 멀고 분산 되었다.

② 4개의 위성간의 위치가 멀고 밀집 되었다.

③ 4개의 위성간의 위치가 멀고 분산되고 도심의 건물 안에 있다.

④ 4개의 위성간의 위치가 멀고 밀집되고 도심의 건물 안에 있다.

> **해설** 위성들이 흩어지게 되면 기하학적 구조가 강해지고, DOP 값이 낮아진다. 즉 오차가 감소하여 정확성이 높아진다. 그리고 눈에 보이는 위성들의 수가 많아지면 대개는 더 낮은 DOP값을 보여 결국 정확성이 높아진다.

정답 : ①

34 다음 중 무인멀티콥터 모터의 효율선택에 대한 설명으로 옳지 않은 것은?

① 토크를 높이기 위해 높은 KV값의 모터를 사용한다.

② 모터 권선의 두께 및 길이에 따라 KV값 변경

③ KV값이 낮아진다는 것은 회전속도가 낮아진다는 것을 의미한다. 반대로 회전력(토크)은 증가하여 직경이 큰 프로펠러를 회전시킬 수 있다.

④ 프로펠러의 크기에 따른 적절한 모터 선정이 필요하다.

> **해설** KV값이 낮을수록 토크가 증가하고 KV값이 높을수록 토크가 감소한다

정답 : ①

35 다음 중 위성항법시스템 GNSS RTK에 대한 설명으로 옳은 것은?

① 실시간으로 정밀한 위치정보를 가진 기지국에서 오차값을 수정할 수 있게 데이터를 받아 오차를 보정한다.

② 지상 기지국에서 위성에서 수신된 오차를 위성으로 다시 알려줘 위성에서 위성 자체가 가지는 시간 지연 및 오차를 미리 수정해서 보내는 방식이다.

③ 정확한 좌표값을 가진 특정 위치를 이용하여 위성에서 좌표값 오류를 계산하고 이를 통하여 이동하는 GNSS 장착 장치에 오류를 수정해 주는 기술

④ 지상 통신 중계기의 위치는 정해진 고정 값에 전파 속도를 고려하여 수신하는 장치와의 거리를 감안 위성에서 받은 신호의 차이를 계산해 오차를 줄여 준다.

> **해설** 위성항법시스템의 실시간 운동학(RTK)의 특징
> – 정확한 위치정보를 확보한 기준국으로부터 오차 보정 신호 필요
> – 기준국으로부터 멀어질수록 항법 정확도는 낮아진다.
> – GNSS가 동작하는 실외에서 사용이 가능하다.
> ②는 SBAS에 대한 설명, ③은 DGPS에 대한 설명, ④는 AGNSS에 대한 설명이다.

정답 : ①

36 다음 중 전자변속기(ESC)의 특징에 대한 설명으로 옳은 것은?

① 배터리로부터 펄스 폭 변조 신호를 받아 회전수를 제어한다.

② 일반적으로 단상 전기를 이용해서 BLDC 모터의 회전수를 제어한다.

③ 측정한 회전자의 위치에 따라 전자기력 형태를 변화시켜 회전수를 제어한다.

④ 수신기의 전력을 BLDC 모터로 전달한다.

> **해설** 전자변속기(ESC)는 비행제어컴퓨터(FCC)로부터 PWM 등 신호를 받아 3상 전기를 이용해 BLDC 모터 회전수를 제어하며, 측정한 회전자의 위치에 따라 전자기력 형태를 변화시켜 회전수를 제어한다.

정답 : ③

37 다음 중 위성항법시스템(GNSS)의 특징에 대한 설명으로 옳은 것은?

① 고도를 측정할 수 없다.
② 위치 이동하는 것을 파악할 수 없다.
③ 속도를 측정할 수 있다.
④ 기압, 습도, 온도를 측정할 수 있다.

> **해설** GPS로 속도, 위치, 시간을 알 수 있다.

정답 : ③

38 다음 중 관성측정장치(IMU)에 대한 설명으로 옳은 것은?

① 지자계 센서는 기수 방위각을 측정한다.

② 가속도 센서는 자세각속도를 측정한다.

③ 자이로스코프 센서는 자세각을 계산한다.

④ IMU는 가속도계, 자이로스코프, 지자계 센서 정보를 각각 계산하여 데이터를 추정한다.

> **해설** 관성측정장치(IMU)를 통해 가속도, 자세각속도, 자세각도 등을 측정하고 계산한다.
> – 가속도 센서 → 가속도 측정 → 자세각 계산 가능
> – 자이로스코프 → 자세각속도 측정
> – 지자계 센서 → 기수 방위각 측정
> – 가속도계, 자이로스코프, 지자계 센서 정보를 융합하여 데이터를 추정

정답 : ①

39 다음 중 프로펠러 직경에 대한 설명으로 옳지 않은 것은?

① 프로펠러가 회전하면서 만드는 회전면의 지름
② 프로펠러 직경에 따라 추력 변화
③ 프로펠러 직경과 피치는 프로펠러의 규격
④ 프로펠러 직경이 짧을수록 대형기체에 유리

> **해설** 프로펠러 직경이 짧을수록 소형기체에 유리하다.

정답 : ④

40 다음 중 정밀도 희석(DOP)에 대한 설명으로 옳지 않은 것은?

① 눈에 보이는 위성의 수가 많아지면 DOP가 낮다.

② DOP가 높을수록 정밀도가 높다.

③ 높은 빌딩 등 장애물에 의해 위성신호가 가려질 경우 DOP가 높아진다.

④ DOP의 모니터링을 통해 항법 정밀도 저항에 의한 사고를 대비해야 한다.

> **해설** GNSS 위성 배치에 의한 정밀도 영향
> – 수신중인 위성의 배치에 의해 정밀도 희석(DOP) 변화
> – DOP(Dilution of Precision)가 낮을수록 정밀도가 높음 → DOP 율과 정밀도는 반비례 관계
> – 높은 빌딩 등에 의해 위성 신호가 가려질 경우 DOP에 영향 → DOP율이 높아 정밀도가 낮다.
> – DOP의 모니터링을 통해 항법 정밀도 저하에 의한 사고에 대비해야 한다.

정답 : ②

41 다음 중 조종기 및 지상통제장치에 대한 설명으로 옳지 않은 것은?

① 지상통제장치를 통해 비행체로부터 데이터를 받으며 비행상태 파악 가능하다.

② 기체 전원을 먼저 인가하고 조종기 및 지상통제장치 전원을 이후에 인가하는 것이 적절하다.

③ 전원을 차단할 때는 조종기 및 지상통제장치 전원을 마지막에 차단하는 것이 적절하다.

④ 안전을 위해 조종기 및 지상통제장치와 통신이 두절 되었을 경우 자동귀환 설정이 필요하다.

> **해설** 조종기 및 지상통제장치 전원을 먼저 인가하고 기체 전원을 인가해야 한다.

정답 : ②

42 다음 중 프로펠러 피치에 대한 설명으로 옳은 것은?

① 프로펠러의 두께를 의미한다.

② 프로펠러가 한 바퀴 회전했을 때 앞으로 나아가는 기하학적 거리를 의미한다.

③ 프로펠러 직경이 클수록 피치가 작아진다.

④ 고속 비행체일수록 저피치 프로펠러가 유리하다.

> **해설** 프로펠러의 규격은 직경(단위는 inch) X 피치(단위는 inch)로 나타낸다.
> 직경은 프로펠러가 만드는 회전면의 지름을 나타내며, 피치는 프로펠러가 한 바퀴 회전했을 때 앞으로나아가는 거리(기하학적 피치)를 나타낸다. 직경이 클수록 피치는 커지며, 동일한 회전수에서 직경과 피치가 증가할 경우 추력은 증가한다. 저속비행을 하는 비행체(교육용, 방제 기체 등)는 저 피치 프로펠러가 효율이 좋고 고속비행을 하는 비행체(레이싱드론 등)는 고 피치 프로펠러가 효율이 좋다.

정답 : ②

43 다음 중 리튬폴리머 배터리에 대한 설명으로 옳지 않은 것은?

① 배터리 1셀의 정격전압은 3.7V 이다.

② 배터리 용량은 mAh 단위로 표기한다.

③ 방전율이 클수록 전압이 높다.

④ 4셀 배터리 정격전압은 14.8V 이다.

해설 배터리 용량은 방전율에 따라 크게 다르고 큰 전류로 방전할수록 용량은 감소한다.

정답 : ③

44 다음 중 위성항법시스템(GNSS)에 대한 설명으로 옳은 것은?

① 실내에서도 동작이 가능하다.

② 주로 자세를 측정하기 위해 사용된다.

③ GNSS 안테나는 기체 내부나 하부에 장착하는 것이 적절하다.

④ 위성신호 교란에 의해 위치 오차가 발생할 수 있으므로 주의가 필요하다.

해설 GPS는 실내에서 동작되지 않는다. 기체 외부에 안테나를 장착하여 주로 위치를 측정하기 위해 사용된다.

정답 : ④

45 다음 중 비행제어컴퓨터(FC)에 대한 설명으로 옳지 않은 것은?

① 경로점 비행, 자동이착륙, 자동귀환 등을 수행하기 위해 비행제어컴퓨터가 필요하다.

② 자세모드, GPS모드 비행을 하기 위해 비행제어컴퓨터가 필요하다.

③ 비행제어컴퓨터를 통해 통신 두절 시 자동귀환 비행이 가능하다.

④ 탑재센서와 무관하게 비행제어컴퓨터를 통해 자동비행 수행이 가능하다.

해설 FC의 명령과 탑재센서의 각 역할로 자동비행 수행이 가능하다.

정답 : ④

46 다음 중 GPS에 대한 설명으로 옳지 않은 것은?

① GPS는 4개 이상의 위성신호를 수신 받는다.

② 멀리 떨어져 있는 위성을 사용하여 GPS 신호를 수신하는 것이 좋다.

③ GPS는 빌딩이 많은 곳에서 효율이 떨어진다.

④ DOP값이 클수록 신뢰도가 크다.

> 해설 수신중인 위성의 배치에 의해 정밀도 희석(DOP)은 변화한다. DOP 값이 낮을수록 정밀도는 높다. 즉 DOP 값과 정밀도 또는 신뢰도는 반비례한다.

정답 : ④

47 다음 중 IMU에 대한 설명으로 옳은 것은?

① 자이로스코프를 통해 측정된 각속도를 적분하여 자세의 각도를 계산한다.

② 일반적으로 대형 무인비행장치에 MEMS 센서를 사용한다.

③ 무인비행장치의 GPS와 같은 역할을 하며 더 정확한 위치정보를 수집한다.

④ 가속도계를 통해 자세 각속도를 측정한다.

> 해설 관성측정장치(IMU)를 통해 가속도, 자세각속도, 자세각도 등을 측정하고 계산한다.
> - 가속도 센서 → 가속도 측정 → 자세각 계산 가능
> - 자이로스코프 → 자세각속도 측정
> - 지자계 센서 → 기수 방위각 측정
> - 가속도계, 자이로스코프, 지자계 센서 정보를 융합하여 데이터를 추정

정답 : ①

48 다음 중 프로펠러 크기와 피치 크기에 따른 속도와 토크의 작동에 대한 설명으로 옳은 것은?

① 프로펠러가 크고 피치가 작으면 속도가 빨라지고 토크는 커진다.

② 프로펠러가 작고 피치가 작으면 속도가 느려지고 토크는 작아진다.

③ 프로펠러가 작고 피치가 크면 속도가 빨라지고 토크는 커진다.

④ 프로펠러가 크고 피치가 크면 속도가 빨라지고 토크는 작아진다.

> 해설 프로펠러가 크고 피치가 크면 속도가 빨라지고 토크(회전하는 힘)는 커진다.
> 프로펠러가 작고 피치가 작으면 속도가 느려지고 토크(회전하는 힘)는 작아진다.
> 프로펠러가 크고 피치가 작으면 속도가 빨라지고 토크(회전하는 힘)는 작아진다.
> ※ 고속비행에는 프로펠러가 작을수록, 피치가 클수록 좋다.

정답 : ②

49 다음 중 프로펠러의 특징에 대한 설명으로 옳지 않은 것은?

① 프로펠러 사이즈가 커질수록 양력은 커지고 비행시간은 늘어난다.
② 프로펠러 수량이 많을수록 양력은 커지고 사이즈는 줄어들고 급상승이 줄어든다.
③ 프로펠러의 피치가 커질수록 모터온도가 올라가고 진동이 커진다.
④ 프로펠러의 경도가 커질수록 반응속도가 빨라지고 파손이 커진다.

해설   프로펠러 크기↑ : 양력↑, 모터부하↑, 비행시간↓
       프로펠러 수량↑ : 양력↑, Banked Turn↑, 사이즈↓, 급상승↓

정답 : ①

50 다음 중 IMU에 대한 설명으로 옳지 않은 것은?

① 무인비행장치의 자세각, 자세각속도, 가속도를 측정하는 센서
② 각속도계를 통해 가속도 측정
③ 자이로스코프를 통해 자세 각속도 측정
④ 코리올리스 가속도를 이용한 회전 각속도 측정

해설   가속도센서를 통해 가속도를 측정하여 자세각 계산이 가능해 진다.

정답 : ②

51 다음 중 모터의 토크와 회전수 관계에 대한 설명으로 옳지 않은 것은?

① 모터에 인가된 전압이 일정할 때 모터의 회전수와 토크는 비례한다.
② 토크와 소모 전류는 비례 관계이다.
③ 프로펠러는 모터의 부하 요소로서 직경과 피치가 커질수록 부하는 증가한다.
④ 모터의 순간적 토크를 생성하기 위해서 배터리 방전률(C-rate) 확보가 필요하다.

해설   모터의 회전수와 토크는 반비례 관계로, 부하로 인해 모터 정지 시 최대 토크가 발생하고 무부하시 최대 회전수 및 최소 토크가 발생한다.

정답 : ①

52 다음 중 위성항법시스템(GNSS)이 측정할 수 없는 것은?

① 속도   ② 위치   ③ 시간   ④ 기체 자세

해설   자세는 자이로 센서로 측정한다.

정답 : ④

53 다음 중 위성항법시스템(GNSS) 오차 발생 시 주의사항에 대한 설명으로 옳지 않은 것은?

① 기체 고도 및 수평 위치 유지 성능 저하시 기체의 불안정이 발생함에 주의해야 한다.

② 건물 근처에서 항법 오차로 인해 건물에 충돌할 수 있기 때문에 주의해야 한다.

③ 비행제어시스템에서 GNSS의 항법 오차를 인식하지 못할 수 있기 때문에 주의해야 한다.

④ 강풍에 따른 GNSS 항법 오차가 발생할 수 있기 때문에 주의해야 한다.

해설 강풍에 따른 GNSS 항법 오차는 발생하지 않는다.

정답 : ④

54 다음 중 위성항법시스템의 실시간 운동학(RTK) 특징에 대한 설명으로 옳지 않은 것은?

① 정확한 위치정보를 확보한 기준국으로부터 오차 보정 신호가 필요하다.

② 기준국으로부터 멀어질수록 항법 정확도는 낮아진다.

③ 실내와 실외 모두 사용이 가능하다.

④ 실시간 cm급 정밀 항법의 수행이 가능하다.

해설 위성항법 시스템은 실내에서는 사용할 수 없다.

정답 : ③

55 다음 중 모터와 토크 회전수 관계에 대한 설명으로 옳지 않은 것은?

① 프로펠러의 직경과 피치가 커질수록 부하가 감소한다.

② 배터리 방전률은 모터의 순간적인 토크 생성에 영향을 준다.

③ 토크와 소모전류는 비례 관계이다.

④ 모터에 인가되는 전압이 일정할 때 모터의 회전수와 토크는 반비례 관계이다.

해설 프로펠러 직경과 피치는 모터 부하와 비례관계로 직경과 피치가 커질수록 부하가 증가한다.

정답 : ①

56 다음 중 미세전자기계시스템(MEMS) 관성측정장치(IMU)에 대한 설명으로 옳지 않은 것은?

① 소형 무인멀티콥터에는 MEMS IMU가 주로 활용된다.

② 프로펠러 진동에 영향을 받아 자세 오차가 발생 할 수 있다.

③ 기체 구조물의 유격 등에 의한 진동에 영향을 받아 자세 오차가 발생 할 수 있다.

④ 진동에 대비하기 위해 진동 특성이 다른 MEMS IMU를 다중으로 사용 할 수 없다.

해설 진동에 대비하기 위해 진동 특성이 다른 MEMS IMU를 다중으로 사용할 수 있다.

정답 : ④

57 다음 중 전자변속기(ESC)에 대한 설명으로 옳지 않은 것은?

① 일반적으로 3상 전기를 이용해 BLDC 모터 회전수 제어

② 배터리의 전력(전압 × 전류)을 BLDC 모터로 전달

③ 모터의 최소 소모전류를 허용할 수 있는 전자변속기 사용

④ 신호 잡음이 발생할 수 있으므로 통신 및 전자장비 등에 영향이 작은 위치에 장착

해설 모터의 최대 소모전류를 허용할 수 있는 전자변속기 사용

정답 : ③

58 다음 중 프로펠러 효율에 대한 설명으로 옳지 않은 것은?

① 정지간 비행 시 가장 적은 효율이 발생한다.

② 저속비행을 하는 비행체는 저 피치 프로펠러가 효율이 좋다.

③ 고속비행을 하는 비행체는 고 피치 프로펠러가 효율이 좋다.

④ 가변피치 프로펠러를 통해 넓은 속도 영역에서 프로펠러 효율 향상이 가능하다.

해설 전진비(Advance Ratio)에 따라 프로펠러 효율의 차이가 발생하는데 호버링 시 프로펠러 효율저하로 더 많은 에너지를 사용할 수 있다.

정답 : ①

59 다음 중 무인비행장치의 전자변속기(ESC)에 대한 설명으로 옳지 않은 것은?

① 브러쉬리스 모터의 회전수를 제어하기 위해 사용   ② 전자변속기 허용 전압에 맞는 배터리 연결 필요

③ 가급적 허용전류가 작은 전자변속기 장착이 안전   ④ 발열이 생길 경우 냉각 필요

해설 모터의 최대 소모전류를 허용할 수 있는 전자변속기를 사용해야 한다.

정답 : ③

60 다음 중 무인비행장치의 프로펠러에 대한 설명으로 옳은 것은?

① 프로펠러를 뒤집어서 장착하면 프로펠러의 회전 방향을 변경할 수 있다.

② 프로펠러의 규격은 직경과 두께로 표현된다.

③ 동일한 회전 수일 때 프로펠러의 직경이 클수록 추력이 증가한다.

④ 프로펠러의 무게가 무거울수록 추력이 증가한다.

해설 프로펠러 규격은 직경과 피치로 표현하며 무게가 무거울수록 추력은 감소한다.

정답 : ③

61 다음 중 BLDC에 관한 설명으로 옳지 않은 것은?

① 회전 수 제어를 위해 ESC가 필요하다.

② 모터에 인가되는 전압의 크기를 변화시켜 회전 수를 제어한다.

③ 영구자석과 모터권선으로 이루어져있다.

④ 브러쉬모터보다 수명이 길다.

> 해설 회전수 제어를 위해 별도의 전자변속기(ESC)가 필요하다.

정답 : ②

62 다음 중 배터리 보관방법에 대한 설명으로 옳은 것은?

① 뚜껑을 덮어 놓는다.

② 만충상태로 보관한다.

③ 배터리 외형 손상이 있을 시 다른 배터리들과 함께 보관해도 상관 없다.

④ 화기를 피해 환기가 잘되는 곳에 보관한다.

> 해설 배터리 장기보관시 50~70% 충전상태로 보관하며, 외형 손상 시 다른 배터리들과 함께 보관하지 않는 것이 좋다.

정답 : ④

63 다음 중 관성측정장치(IMU)의 특징에 대한 설명으로 옳지 않은 것은?

① IMU 장치는 자세제어를 한다.　　② IMU는 자이로스코프와 동일하다.

③ 초기화 시 되도록 기체를 움직이지 않아야 한다.　　④ 초경량비행장치는 MEMS IMU를 주로 활용한다.

> 해설 관성측정장치를 통해 가속도, 자세각속도, 자세각도 등을 측정 및 계산하며, 가속도계, 자이로스코프, 지자계 센서 정보를 융합하여 데이터를 추정한다.

정답 : ②

64 다음 중 배터리 보관방법에 대한 설명으로 옳지 않은 것은?

① 배터리 외형 손상 시 다른 배터리들과 함께 보관을 금지한다.

② 완전 충전 후 보관 금지, 과방전을 금지한다.

③ 배터리 폐기 시 환기가 잘 되는 곳에서 소금물을 이용하여 완전 방전후 폐기한다.

④ 고장난 셀 일부 교체 후 사용한다.

> 해설 고장난 셀이 있을 경우 폐기한다.

정답 : ④

65 다음 중 배터리 외형 손상 시 주의사항에 대한 설명으로 옳지 않은 것은?

① 내부 손상이 있을 경우 시간이 경과 후 화재 발생이 가능하므로 폐기한다.

② 충전 및 비행을 통한 테스트 금지한다.

③ 다른 배터리들과 함께 보관을 금지한다.

④ 수리 후 사용한다.

해설 외형 손상 시 내부 손상이 우려된다. 내부 손상이 있을 경우 시간이 경과 후 화재 발생 가능성이 있기 때문에 외형 손상 시에도 폐기한다.

정답 : ④

66 다음 중 배터리 폐기 시 주의사항에 대한 설명으로 옳지 않은 것은?

① 환기가 잘 되는 곳에서 소금물을 이용해서 완전히 방전 후 폐기한다.

② 전기적 저항요소를 배터리에 연결하여 완전 방전 후 폐기한다.

③ 비행과 장기간 보관을 통한 방전을 금지한다.

④ 전기적 단락을 통한 방전을 실시한다.

해설 배터리 폐기 시 전기적 단락을 통한 방전을 금지한다.

정답 : ④

67 다음 중 리튬폴리머 배터리 사용중 주의사항에 대한 설명으로 옳지 않은 것은?

① 과방전으로 인해 충전기 인식이 안 될 경우 충전을 금지한다.

② 배터리 사용횟수가 증가하면 전압강하가 개선된다.

③ 배터리 사용횟수가 증가하면 방전률이 저하된다.

④ 완전 충전후 보관을 금지하고 과방전을 금지한다.

해설 배터리 사용횟수가 증가하면 내부저항 증가로 전압강하가 증가하고, 방전률이 저하하며, 비행시간도 단축된다.

정답 : ②

68 다음 중 무인비행장치 시스템 구성 중 추진시스템 구성요소가 아닌 것은?

① 모터　　　② 배터리　　　③ GPS　　　④ 프로펠러

해설 비행제어시스템에는 비행제어컴퓨터와 센서가 있다. GPS는 비행제어시스템의 구성요소이다.

정답 : ③

69 다음 중 무인비행장치의 전자변속기와 프로펠러에 대한 설명으로 옳지 않은 것은?

① 전자변속기(ESC)의 열을 내리기 위해 냉각핀을 설치한다.
② 전자변속기(ESC)의 열을 내리기 위해 프로펠러 후류에 노출 시킨다.
③ 프로펠러가 진동하면 댐퍼를 느슨하게 한다.
④ 프로펠러는 특정 회전수에서 공진이 발생하기도 한다.

해설 댐퍼는 진동에너지를 흡수하는 장치,즉 방진장치이다. 짐벌에도 댐퍼가 붙어 있고, 랜딩스키드, FC(비행컨트롤러)에 댐퍼가 붙여 설치하는 경우도 있다. 프로펠러에 진동이 발생하여 댐퍼를 느슨하게 하면 진동이 더 심해진다.

정답 : ③

70 다음 중 리튬폴리머 배터리의 특징에 대한 설명으로 옳은 것은?

① 장기간 보관 시 완전 충전 후에 보관한다.
② 연료전지 대비 에너지 밀도가 낮지만 방전율은 높다.
③ 메모리 현상이 거의 없어 완전 방전해도 된다.
④ 전기적 단락을 통해 방전해도 된다.

해설 완전 방전후 보관 금지, 과방전 금지, 비행을 통한 방전 금지, 전기적 단락을 통한 방전 금지, 장기간 보관을 통한 방전 금지

정답 : ②

71 다음 중 프로펠러의 무게중심과 회전중심의 불일치로 인한 진동에 대한 설명으로 옳지 않은 것은?

① 프로펠러 밸런싱을 통해 진동 저감 가능
② 프로펠러 회전수에 따라 진동주파수 변화
③ 회전수가 낮을수록 진동이 발생하지 않는다.
④ 탑재 무게 및 구조물 유격에 따라 진동 영향에 변화가 생겨 센서에 악영향을 미친다.

해설 프로펠러 특정 회전수에서 공진이 발생가능하며, 회전수가 낮아도 큰 진동이 발생 가능하다.

정답 : ③

72 다음 중 비행제어시스템(FC)에 대한 설명으로 옳은 것은?

① 무인멀티콥터는 비행제어시스템에 대한 의존도가 낮다.
② 비행제어시스템의 도움 없이 수동 조종만으로 비행 안정성을 확보하기 쉽다.
③ 시스템의 오류를 식별하기 위해 많은 데이터를 축적해야 한다.
④ 프로펠러 회전수 제어방식으로 인해 비행 안정성 확보가 가능하다.

해설 무인멀티콥터는 비행제어시스템에 대한 의존도가 높으며, FC의 도움 없이 수동 조종만으로는 비행 안전성 확보가 어렵고, 프로펠러 회전수 제어방식으로 인해 비행 안전성 확보도 또한 어렵다.

정답 : ③

73 다음 중 MEMS IMU의 진동에 관련된 설명으로 옳은 것은?

① 프로펠러 진동에 영향을 받아 자세 오차가 발생 할 수 있다.
② 기체 구조물의 유격 등에 의한 진동에 영향을 받지 않는다.
③ 진동 특성이 같은 MEMS IMU를 다중으로 사용하여 진동에 대비할 수 있다.
④ MEMS IMU는 광섬유 IMU, 링레이저 기반 IMU 보다 진동에 강하다.

> **해설** 기체 구조물의 유격 등에 의한 진동에 영향을 받아 자세 오차가 발생 가능하며, 진동 특성이 다른 MEMS IMU를 다중으로 사용하여 진동에 대비할 수 있고, MEMS IMU는 광섬유 IMU, 링레이저 기반 IMU보다 진동에 약하다.

정답 : ①

74 다음 중 모터의 속도상수(Kv)에 대한 설명으로 옳지 않은 것은?

① 동급 사이즈 모터에서 다양한 Kv 모터가 존재한다.
② Kv가 클수록 동일한 전류로 큰 토크가 발생한다.
③ 1V 인가될 대 모터의 회전수를 의미한다.
④ 동급 사이즈 모터에서 Kv가 클수록 빠른 회전을 위한 큰 토크 필요 시 상대적으로 많은 전류가 소모된다.

> **해설** Kv가 작을수록 동일한 전류로 큰 토크가 발생하고, Kv가 클 수 록 동일한 전류로 작은 토크가 발생한다.(Kv 값과 토크는 반비례 관계)

정답 : ②

75 다음 중 프로펠러의 효율성에 대한 설명으로 옳지 않은 것은?

① 호버링 시 효율이 향상되고 전력이 절약된다.
② 저속비행을 하는 비행체는 저 피치 프로펠러가 효율이 좋다.
③ 고속비행을 하는 비행체는 고 피치 프로펠러가 효율이 좋다.
④ 넓은 속도 영역에서 효율을 향상시키기 위해서는 가변피치를 사용한다.

> **해설** 호버링 시 프로펠러 효율 저하로 더 많은 에너지를 사용할 수 있다.

정답 : ①

76 다음 중 브러쉬리스 DC 모터의 특징에 대한 설명으로 옳은 것은?

① 브러쉬 마모에 따른 수명의 한계가 존재
② 브러쉬와 정류자를 이용해 전자석의 극성 변경
③ 인가전압을 이용해 회전수 제어, 전류를 이용해 토크 제어
④ 회전수 제어를 위해 별도의 전자변속기(ESC) 필요

> **해설** ①, ②, ③은 브러쉬 DC 모터의 특징이다.

정답 : ④

77 다음 중 프로펠러 효율에 대한 설명으로 옳은 것은?

① 저속비행을 하는 비행체는 고피치 프로펠러가 효율이 좋다.
② 고속비행을 하는 비행체는 저피치 프로펠러가 효율이 좋다.
③ 고속비행을 하는 비행체는 고피치 프로펠러가 효율이 좋다.
④ 가변피치 프로펠러를 통해 넓은 속도 영역에서 프로펠러 효율 향상이 불가능하다.

> **해설** 저속비행을 하는 비행체는 저피치 프로펠러가 효율이 좋고, 고속비행을 하는 비행체는 고피치 프로펠러가 효율이 좋다. 또한 가변피치 프로펠러를 통해 넓은 속도 영역에서 프로펠러 효율 향상이 가능하다.

정답 : ③

78 다음 중 비행제어시스템 중 GNSS에 대한 설명으로 옳지 않은 것은?

① 위성항법시스템의 약자로 GPS(미국), GLONASS(러시아), GALILEO(유럽), BEIDOU(중국)가 있다.
② 건물 근처에서 항법 오차로 인한 건물에 충돌을 주의해야 한다.
③ RTK는 GNSS가 동작하는 실외에서 사용 가능하다.
④ DOP가 높을 수록 정밀도가 높다.

> **해설** DOP가 낮을 수록 정밀도가 높다.

정답 : ④

79 다음 중 리튬폴리머 배터리 폐기 시 주의사항에 대한 설명으로 옳은 것은?

① 전기적 저항요소를 배터리에 연결하여 완전 방전 후 폐기
② 비행을 통한 완전 방전 후 폐기
③ 전기적 단락을 통한 빠른 방전 후 폐기
④ 장기간 보관을 통한 완전히 방전 후 폐기

> **해설** ②, ③, ④는 금지사항이다.

정답 : ①

80 다음 중 위성항법시스템(GNSS)의 위치 오차를 발생시키는 요소가 아닌 것은?

① 대류층 지연 오차   ② 전리층 지연 오차   ③ 바람   ④ 위성신호 전파 간섭

> **해설** GNSS의 위치 오차를 발생시키는 원인으로는 위성신호 전파 간섭, 전리층 지연 오차, 다중 경로 오차(건물 및 지면 반사), 위성 궤도 오차, 대류층 지연 오차, 수신기 잡음 오차 등이 있다.

정답 : ③

81 다음 중 브러쉬리스(BLDC) 모터에 대한 설명으로 옳지 않은 것은?

① 모터 권선의 전자기력을 이용해 회전력 발생

② 회전수 제어를 위해 전자변속기(ESC)가 필요

③ 모터의 규격에 KV(속도상수)가 존재하며, 10V 인가했을 때 무부하 상태에서의 회전수를 의미

④ KV가 작을수록 회전수는 줄어드나 상대적으로 토크가 커짐

> **해설** 모터의 속도상수 KV는 무부하 상태에서 전압 1V 인가될 때 모터의 회전수를 의미한다.

정답 : ③

82 다음 중 리튬폴리머(LiPo) 배터리에 대한 설명으로 옳지 않은 것은?

① 충전 시 셀 밸런싱을 통한 셀간 전압 관리 필요

② 강한 충격에 노출되거나 외형이 손상되었을 경우 안전을 위해 완전 방전 후 폐기

③ 배터리 수명을 늘리기 위해 급속충전과 급속방전 필요

④ 장기간 보관 시 완전충전 상태가 아닌 50~70% 충전 상태로 보관

> **해설** 급속충전과 급속방전을 하면 배터리 수명이 단축된다.

정답 : ③

83 다음 중 위성항법시스템(GNSS)에 대한 설명으로 옳지 않은 것은?

① 3개 이상의 위성 신호가 수신되면 무인비행장치 위치 측정 가능

② 무인비행장치의 위치와 속도를 제어하기 위해 활용

③ 위성신호 교란, 다중경로 오차 등 측정값에 오차를 발생시키는 다양한 요인 존재

④ 수평위치보다 수직위치의 오차가 상대적으로 큼

> **해설** 4개 이상의 위성 신호가 수신되어야만 위치 측정이 가능하다.

정답 : ①

84 다음 중 관성측정장치(IMU)에 대한 설명으로 옳지 않은 것은?

① 무인비행장치의 자세각, 자세각속도, 가속도를 측정 및 추정

② 일반적으로 가속도계, 자이로스코프, 지자기센서를 포함

③ 무인비행장치의 자세를 안정화하기 위해 활용

④ 진동에 매우 강인하여 진동에 큰 영향을 받지 않음

> **해설** IMU(관성측정장치)는 진동에 취약하다.

정답 : ④

85 다음 중 배터리 관리에 대한 설명으로 옳지 않은 것은?

① 비행 전 기체 및 조종기의 배터리 충전 상태를 확인한다.

② 배부른 배터리는 미련 없이 과감하게 폐기한다.

③ 배터리 충전 시 반드시 전용 충전기를 사용한다.

④ 배터리 충전 시 자리를 이동해도 된다.

해설 배터리 충전 시 화재위험으로 자리를 비우면 안 된다.

정답 : ④

86 다음 중 모터에 부하가 가장 심하게 작용하는 요소는 무엇인가?

① 전자변속기 ② 배터리 ③ 프로펠러 ④ 비행제어컴퓨터(FC)

해설 프로펠러는 모터의 부하 요소로 직경과 피치가 커질수록 부하는 증가한다.

정답 : ③

87 다음 중 배터리 사용(충/방전) 횟수 증가에 따른 현상에 대한 설명으로 옳은 것은?

① 배터리 내부 저항 증가로 방전율이 저하된다.

② 배터리 내부 저항 증가로 사용 시 전압이 증가한다.

③ 배터리 내부 저항 증가로 비행시간이 증가하는 효과가 발생한다.

④ 배터리 내부 저항 증가로 충전시간이 단축되는 효과가 발생한다.

해설 배터리 사용 횟수가 증가하면 내부 저항 증가로 사용 시 전압이 강하하고 비행시간이 단축된다.

정답 : ①

88 다음 중 위성항법시스템(GNSS)에 대한 설명으로 옳지 않은 것은?

① 무인비행장치의 위치와 속도를 제어하기 위해 활용한다.

② 수평위치보다 수직위치의 오차가 상대적으로 크다.

③ 위성신호 교란, 다중경로 오차 등 측정값에 오차를 발생시키는 다양한 요인이 존재한다.

④ 5m/s 이상의 바람에 의해 GNSS 오차가 발생한다.

해설 바람에 의한 GNSS 오차는 발생하지 않는다.

정답 : ④

89 다음 중 관성측정장치의 특징에 대한 설명으로 옳지 않은 것은?

① 가속도 센서는 각속도를 측정한다.

② 자이로스코프는 자세각속도를 측정한다.

③ 지자계 센서는 기수 방위각을 측정한다.

④ 가속도계, 자이로스코프, 지자계 센서 정보를 융합하여 데이터를 추정한다.

> 해설 가속도 센서는 가속도를 측정하여 자세각을 계산한다.

정답 : ①

90 다음 중 리튬폴리머 배터리의 특징에 대한 설명으로 옳지 않은 것은?

① 자연 방전율이 낮아 장기간 보관 가능하다.

② 메모리 현상이 나타난다.

③ 장기간 보관 시 50~70% 충전 상태로 보관한다.

④ 연료전지와 비교하여 에너지 밀도가 낮지만 순간 방전율이 높다.

> 해설 리튬폴리머 배터리는 메모리 현상이 거의 없다.

정답 : ②

91 다음 중 비행하기 쉬운 모드 순으로 연결된 것은 무엇인가?

① 자세 제어 → 속도/위치 제어 → 자세각속도 제어   ② 자세각속도 제어 → 자세 제어 → 속도/위치 제어

③ 속도/위치 제어 → 자세각속도 제어 → 자세 제어   ④ 속도/위치 제어 → 자세 제어 → 자세각속도 제어

정답 : ④

92 다음 중 프로펠러 결빙 시 주의사항에 대한 설명으로 옳은 것은?

① 기온이 낮고 습도가 낮은 경우 결빙 발생

② 프로펠러의 결빙은 주로 뒷전에서 발생

③ 공기흐름의 분리가 발생하여 기체 불안정 발생하고 비행 시 효율이 감소한다.

④ 비행 중 주기적으로 프로펠러 결빙 확인 불필요

> 해설 프로펠러 결빙은 기온이 낮고 습도가 높은 경우 주로 앞전에서 발생하며 비행 중 주기적으로 프로펠러의 결빙을 확인해야 한다.

정답 : ③

93 다음 중 프로펠러의 회전 속도에 대한 설명으로 옳은 것은?

① 기체 비행 속도에 따라 프로펠러 효율이 좋아지는 적정 회전속도는 존재하지 않는다.

② 프로펠러의 회전 중심에서 멀어질수록 프로펠러 이동 속도는 감소한다.

③ 프로펠러 끝단 속도가 가장 빠르며, 음속에 가까울 경우 효율이 떨어진다.

④ 회전수가 동일할 경우 프로펠러 직경이 길어질수록 끝단 속도는 느려진다.

> **해설** 기체 비행속도에 따라 프로펠러 효율이 좋아지는 적정 회전속도는 존재하며, 프로펠러의 회전 중심에서 멀어질수록 프로펠러 이동 속도는 증가하고 회전수가 동일할 경우 프로펠러 직경이 길어질수록 끝단 속도는 빨라진다.

정답 : ③

94 다음 중 위성항법시스템(GNSS)의 오차에 대한 설명으로 옳은 것은?

① 바람 등에 의해 GNSS 오차가 발생한다.

② 건물 근처에서는 항법 오차로 인한 건물 충돌에 주의해야 한다.

③ 항법오차로 인해 기체 고도 및 수평 위치 유지 성능이 저하되지는 않는다.

④ 비행제어시스템에서 GNSS의 항법 오차를 항상 인식한다.

> **해설** 바람 등에 의해 GNSS 오차는 발생하지 않으며, GNSS 항법 오차로 인해 기체 고도 및 수평 위치 유지 성능이 저하되고, 비행제어시스템에서 GNSS의 항법 오차를 인식하지 못할 수 있다.

정답 : ②

95 다음 중 리튬폴리머 배터리 폐기 시 주의사항에 대한 설명으로 옳은 것은?

① 전기적 저항요소를 배터리에 연결하여 완전 방전 후 폐기
② 비행을 통한 완전 방전 후 폐기
③ 전기적 단락(쇼트)을 통해 빠른 방전 후 폐기
④ 장기간 보관하여 완전히 방전 후 폐기

> **해설** 리튬폴리머 배터리 폐기 시 비행을 통한 방전 금지, 전기적 단락을 통한 방전 금지, 장기간 보관을 통한 방전 금지

정답 : ①

96 다음 중 지자계의 역할 및 특징에 대한 설명으로 옳지 않은 것은?

① 지구의 자기장을 측정하여 자북 방향 측정

② 기체 주위의 자기장, 전자기장에 민감하게 영향을 받음

③ 기체의 기수 방향을 측정하고 자이로스코프로 추정한 기수각의 오차를 보정하기 위해 사용

④ GNSS 안테나 3개 이상을 활용해 기수방향 측정 후 지자계 오차 보정 가능

> **해설** GNSS 안테나 2개 이상을 활용해 기수방향 측정 후 지자계 오차 보정 가능하다.

정답 : ④

97 다음 중 DC 모터에 대한 설명으로 옳은 것은?

① 브러쉬 DC 모터는 브러쉬리스 DC 모터에 비해 수명 및 내구성이 우수하다.

② 브러쉬 DC 모터는 브러쉬 마모에 따른 수명의 한계가 존재하지 않는다.

③ 브러쉬리스 DC 모터는 회전수 제어를 위해 별도의 전자변속기(ESC)가 필요하다.

④ 브러쉬리스 DC 모터는 브러쉬와 정류자를 이용해 전자석의 극성을 변경한다.

> **해설** 브러쉬 DC 모터는 브러쉬와 정류자를 이용해 전자석의 극성을 변경하고 브러쉬 마모에 따른 수명의 한계가 존재하며, 인가 전압을 이용해 회전수 제어, 전류를 이용해 토크를 제어한다.
> 브러쉬리스 DC 모터는 회전수 제어를 위해 별도의 전자변속기(ESC)가 필요하며 브러쉬 DC 모터에 비해 수명 및 내구성이 우수하다.

정답 : ③

98 다음 중 배터리 사용(충/방전) 횟수 증가에 따른 주의사항에 대한 설명으로 옳지 않은 것은?

① 배터리 내부 저항 증가   ② 전압강하 증가

③ 방전율 증가   ④ 비행 시간 단축에 대한 고려 필요

> **해설** 배터리 내부 저항 증가로 방전율이 저하한다.

정답 : ③

99 다음 중 프로펠러 규격 및 추력에 대한 설명으로 옳지 않은 것은?

① 프로펠러 규격 표기로 앞은 피치, 뒤는 직경을 나타낸다.

② 피치는 프로펠러가 한 바퀴 회전하였을 때 앞으로 나아가는 거리이다.

③ 직경은 프로펠러가 만드는 회전면의 지름이다.

④ 동일한 회전 수에서 직경과 피치가 증가할 경우 추력 증가한다.

> **해설** 프로펠러 규격 표기 : 직경X피치

정답 : ①

100 다음 중 기체가 한쪽으로 기울었을 때 확인해야 하는 것으로 옳지 않은 것은?

① 가속도계 센서   ② 자이로스코프 센서   ③ 지자계 센서   ④ GNSS 고도 오차

> **해설** 가속도계, 자이로스코프, 지자계 센서 정보를 융합하여 자세 데이터를 추정한다.

정답 : ④

101 다음 중 모터의 회전수 제어를 위해 필요한 장치는 무엇인가?

① 프로펠러 ② 비행제어컴퓨터 및 센서 ③ ESC ④ GNSS

> 해설 전자변속기(ESC)는 일반적으로 3상 전기를 이용해 BLDC 모터 회전수를 제어한다.

정답 : ③

102 다음 중 무인멀티콥터 비행제어 특징에 대한 설명으로 옳은 것은?

① 비행제어시스템의 도움 없이 수동 조종만으로 비행 안정성을 확보 할 수 있다.
② 비행제어시스템의 도움 없이 수동 조종만으로 비행 안정성을 확보하기 어렵다.
③ 센서 데이터 및 비행제어시스템에 대한 의존도가 낮다.
④ 비행 안정성을 증대를 위해 자세 안정화 제어가 필요 없다.

> 해설 무인멀티콥터 비행제어 특성
> • 비행제어시스템의 도움 없이 수동 조종만으로 비행 안정성을 확보하기 어렵다.
> • 센서 데이터 및 비행제어시스템에 대한 의존도가 높다.
> • 비행 안정성을 증대를 위해 자세 안정화 제어가 필요하다.

정답 : ②

103 다음 중 위성항법시스템(GNSS)의 오차에 대한 설명으로 옳은 것은?

① 비행제어시스템에서 GNSS의 항법 오차를 인식한다.
② 기체 고도 및 수평 위치 유지 성능이 저하되지 않는다.
③ 건물 근처에서 항법 오차로 인해 건물에 충돌하지 않는다.
④ 바람에 의해 GNSS 오차가 발생하지는 않는다.

> 해설 바람에 의해 GNSS 오차는 발생하지 않는다. GNSS의 항법 오차 발생 시 기체 고도 및 수평 위치 유지 성능이 저하되고, 항법 오차로 인해 건물에 충돌을 주의해야하며, 비행제어시스템에서 GNSS의 항법 오차를 인식하지 못할 수 있다.

정답 : ④

104 다음 중 DOP값이 높을 때 방지대책에 대한 설명으로 옳은 것은?

① 더 많은 위성 신호를 받을 수 있도록 한다. ② 특정 방향으로 드론을 이동시킨다.
③ GPS 안테나의 높이를 낮춘다. ④ 위성신호를 4개보다 더 수신되지 않게 한다.

> 해설 DOP 값이 높을 때 위치 정확도는 낮다. 따라서 위치 정확도를 향상시키려면 더 많은 GPS 위성을 사용하여 측정하는 것이 중요하다. 이는 다양한 방향에서 위성 신호를 수신함으로써 위치 정확도를 높일 수 있기 때문이다.

정답 : ①

105 다음 중 배터리 폐기 시 주의사항에 대한 설명으로 옳지 않은 것은?

① 환기가 잘 되는 곳에서 소금물을 이용해 완전 방전 후 폐기(유독성 기체 주의 필요)

② 전기적 저항요소를 배터리에 연결하여 완전 방전 후 폐기

③ 전기적 단선을 통한 방전 금지

④ 장기간 보관을 통한 방전 금지

해설 전기적 단락을 통한 방전 금지가 맞다. 전기적 단락은 전류가 의도하지 않은 경로로 흐르면서 과전류가 발생하는 상태이며, 전기적 단선은 전류가 흐르는 경로가 끊겨 전류가 흐르지 않는 상태를 말한다.

정답 : ③

106 다음 중 프로펠러 규격 및 추력에 대한 설명으로 옳지 않은 것은?

① 프로펠러 규격은 직경X피치

② 직경은 프로펠러가 만드는 회전면의 지름

③ 피치는 프로펠러가 한 바퀴 회전하였을 때 앞으로 나아가는 거리(기하학적 피치)

④ 동일한 회전 수에서 직경과 피치가 증가할 경우 추력 감소

해설 동일한 회전 수에서 직경과 피치가 증가할 경우 추력은 증가한다.

정답 : ④

107 다음 중 프로펠러 결빙으로 추락하는 사례가 발생하였는데 방지대책에 대한 설명으로 옳은 것은?

① 드론 운용 중에 프로펠러 결빙을 방지하기 위해 높은 고도에서만 비행한다.

② 드론 운용 전에 프로펠러에 윤활제를 발라 결빙을 방지한다.

③ 드론 운용 중에 주기적으로 프로펠러를 확인하고, 하얀 살얼음이 있는 것을 보고 수건으로 닦아주었다.

④ 드론 운용 중 프로펠러 결빙이 발생하지 않도록 날씨가 좋을 때만 비행한다.

해설 프로펠러 결빙은 드론의 비행 성능에 심각한 영향을 미치며, 추락의 위험을 높인다. 이를 방지하기 위해서는 주기적으로 프로펠러를 확인하고, 결빙이 발견되면 즉시 제거하는 것이 중요하다.

정답 : ③

108 다음 중 데이터 센서의 특징에 대한 설명으로 옳지 않은 것은?

① 캘리브레이션을 통해서 오차를 보정한다.

② 센서는 항상 참값만 유지한다.

③ 각 센서 데이터의 오차 특징 및 단점을 보완할 수 있도록 데이터를 융합한다.

④ 여러 센서의 데이터를 융합해서 사용하므로 단일 센서 고장에 대처할 수 있다.

> **해설** 모든 센서는 측정 과정에서 물리적 한계, 환경 변화, 노이즈 등의 요인으로 인해 오차가 발생할 수 있다. 따라서 센서가 항상 참값을 유지하는 것은 불가능하다.
> "참값"이란 특정한 측정 대상의 이론적으로 가장 정확한 값, 즉 실제 값이나 기준이 되는 값을 의미한다. 참값은 측정의 이상적인 결과이며, 이를 기준으로 측정의 정확도와 정밀도를 평가할 수 있다.

정답 : ②

109 다음 중 리튬폴리머 배터리 특징 및 주의사항에 대한 설명으로 옳지 않은 것은?

① 완전 충전 후 보관한다.

② 다른 배터리들과 함께 보관을 금지한다.

③ 충전 및 비행을 통한 테스트는 금지한다.

④ 내부 손상이 있을 경우 시간이 경과 후 화재 발생이 가능하기 때문에 폐기한다.

> **해설** 완전 충전 후 보관은 금지한다. 50~70% 충전 상태로 보관한다.

정답 : ①

110 다음 중 위성항법시스템(GNSS)에 대한 설명으로 옳지 않은 것은?

① 위성항법시스템에는 GPS(미국), GLONASS(러시아), GALILEO(유럽), BEIDOU(중국)가 있다.

② 4개 이상의 위성신호가 반드시 필요하다.

③ 지구 전역에서 기체의 항법 데이터 측정이 가능하다.

④ L밴드(1.2/1.5GHz) 대역의 위성신호를 사용하여 다른 대역의 다른 신호 및 잡음에 의한 전파 간섭발생이 가능하다.

> **해설** L밴드(1.2/1.5GHz) 대역의 위성신호를 사용하여 동일 대역의 다른 신호 및 잡음에 의한 전파 간섭발생이 가능하다.

정답 : ④

111 GNSS의 위치 오차를 발생시키는 다양한 요소 중 건물 및 지면 반사에 의해 발생하는 오차는 무엇인가?

① 위성신호 전파 간섭　② 전리층 지연 오차　③ 다중 경로 오차　④ 대류층 지연 오차

> **해설** 건물 및 지면 반사에 의한 오차는 다중 경로 오차이다.

정답 : ③

112 다음 중 기압 고도계의 역할 및 특징에 대한 설명으로 옳지 않은 것은?

① 대기압을 측정하여 고도에 따른 대기압 변화 관계식을 이용해 고도 측정
② 지면 대기압을 기준할 경우 지면고도, 해수면 대기압을 기준할 경우 해수면 고도 측정 가능
③ 센서 주위의 압력이 변하더라도 고도값은 항상 일정하다.
④ GNSS의 고도 오차 보정

해설 센서 주위의 압력이 변할 경우 고도값이 변화 가능하며, 고도 오차가 발생한다.

정답 : ③

113 다음 중 위성항법시스템(GNSS)으로 알 수 없는 것은?

① 위치(Position)   ② 속도(Velocity)   ③ 자세(Attitude)   ④ 고도(Altitude)

해설 위성항법시스템(GNSS) 위치, 속도, 시간, 고도를 측정할 수 있다.

정답 : ③

114 다음 중 위성항법시스템(GNSS)와 관성측정장치(IMU)의 특징에 대한 설명으로 옳지 않은 것은?

① GNSS는 위성신호를 이용하여 위치, 속도, 고도를 측정한다.
② IMU는 가속도 센서와 자이로스코프를 활용하여 기체의 자세각을 계산한다.
③ GNSS는 항상 실시간으로 정확한 위치를 제공한다.
④ IMU는 GPS 신호가 없을 때도 가속도, 자세각속도, 자세각도 등을 측정 및 계산할 수 있다.

해설 GNSS의 위치 오차를 발생시키는 다양한 요소가 존재한다.

정답 : ③

115 다음 중 전자변속기(ESC)의 특징에 대한 설명으로 옳지 않은 것은?

① 일반적으로 3상 전기를 이용해 BLDC 모터 회전수 제어
② 배터리의 전력(전압X전류)을 BLDC 모터로 전달
③ 모터의 최대 소모전류를 허용할 수 있는 전자변속기 사용
④ ESC는 GPS 신호를 기반으로 모터의 회전수를 제어

해설 측정한 회전자의 위치에 따라 전자기력 형태를 변화시켜 회전수를 제어한다.

정답 : ④

116 다음 중 무인멀티콥터에 사용되는 기본 센서의 특징에 대한 설명으로 옳지 않은 것은?

① 자이로 센서는 각속도를 측정하는 센서로 물체가 회전하는 속도를 측정한다.
② 지자계 센서는 기압을 측정하는 센서로 기체의 고도를 유지한다.
③ GPS 센서는 인공위성의 미약한 전파를 수신하여 위치를 파악하거나 고정한다.
④ 가속도 센서는 가속도를 측정하여 자세각 계산 가능하다.

해설 지자계 센서는 기수 방위각을 측정한다. 기압센서가 기체의 고도를 유지한다.

정답 : ②

117 다음 중 전자변속기(ESC) 선정 시 필수 고려사항에 대한 설명으로 옳지 않은 것은?

① 모터의 소모 전류를 확인
② ESC의 소모 전류를 확인
③ 배터리 전압을 확인
④ 배터리 용량을 확인

해설 배터리 용량(mAh)은 비행시간과 관련이 있으며, ESC의 동작 여부에는 직접적인 영향을 미치지 않는다. ESC는 전압과 전류 요구 사항이 더 중요한 요소이다.

정답 : ④

118 다음 중 기압 고도계의 역할 및 특징에 대한 설명으로 옳지 않은 것은?

① 기압을 측정한다.
② 고도에 따른 대기압 변화 관계식을 이용해 고도를 측정한다.
③ GNSS의 고도 오차 보정을 한다.
④ 태양의 흑점 활동에 의한 전리층 오차가 발생한다.

해설 태양의 흑점 활동은 전리층 변화를 초래하여 GNSS 신호에 영향을 줄 수 있지만, 기압 고도계는 전리층과 무관하게 대기압을 측정하여 고도를 산출하므로 이와 관련된 오차가 발생하지 않는다.

정답 : ④

119 다음 중 모터의 속도상수(Kv)에 대한 설명으로 옳지 않은 것은?

① 무부하 상태에서 모터에 전압 1V 인가했을 때 모터의 회전수(부하 시 회전수 감소)
② 동급 출력(전력) 모터에서 다양한 Kv 모터 존재하며 토크와 상관성 존재
③ Kv가 클수록 인가 전압 대비 높은 회전수 발생 되지만 상대적으로 큰 토크 발생
④ 모터의 토크가 부족할 경우 회전수 유지가 어려워 회전수가 낮아짐

해설 Kv가 클수록 인가 전압 대비 높은 회전수 발생 되지만 상대적으로 작은 토크 발생(Kv와 토크는 반비례)

정답 : ③

120 다음 중 비행제어컴퓨터(FC)의 비행제어 원리 및 특징에 대한 설명으로 옳은 것은?

① FC가 제어명령을 따라가도록 제어 수행

② 심각한 센서 오차 발생 시 추락 가능

③ 비행제어시스템의 도움 없이 수동 조종만으로 비행 안전성 확보 가능

④ FC는 조종사의 조종명령이 있어야 지속적으로 비행 안전성 확보를 위한 제어명령 생성 및 조종 수행

해설 기체의 현재 상태가 제어명령을 따라가도록 제어 수행, 비행제어시스템의 도움 없이 수동 조종만으로 비행 안전성 확보 어려움, FC는 조종사의 조종명령이 없어도 지속적으로 비행 안정성 확보를 위한 제어명령 생성 및 조종 수행

정답 : ②

121 다음 중 위성항법시스템에 대한 설명으로 옳지 않은 것은?

① 위성항법시스템에는 GPS, GLONASS, BEIBOU, GALILEO가 있다.

② 외부신호가 필요없다.

③ L밴드(1.2/1.5GHz) 대역의 위성신호를 사용한다.

④ 4개 이상의 위성신호가 반드시 필요하다.

해설 위성항법시스템은 4개 이상의 위성신호(외부신호)가 반드시 필요하다.

정답 : ②

122 다음 중 비행데이터 저장 시 주의사항에 대한 설명으로 옳지 않은 것은?

① 저장되는 RAW 데이터는 미가공된 데이터이다.

② 저장 주기가 느리다.

③ 각 센서 및 모듈에서 저장된 데이터의 저장 주기가 다를 수 있다.

④ 저장매체(SD Card)의 여유 공간이 없을 경우 데이터 손실 가능

해설 기체의 이상 여부를 분석하기 위해서는 가급적 빠른 주기로 저장된 미가공(RAW) 데이터가 필요하다.

정답 : ②

123 다음 중 모터의 토크/회전수/소모전류 관계에 대한 설명으로 옳지 않은 것은?

① 모터에 인가되는 전압이 일정할 때 모터의 회전수와 토크는 반비례 관계

② 토크와 소모 전류는 반비례 관계

③ 프로펠러는 모터의 부하 요소

④ 모터의 순간적 토크를 생성하기 위해 배터리 방전율 확보 필요

해설 토크와 소모 전류는 비례 관계

정답 : ②

124 다음 중 전자변속기(ESC)에 대한 설명으로 옳지 않은 것은?

① 브러쉬리스 모터의 회전수를 제어하기 위해 사용

② 전자변속기 허용 전압에 맞는 배터리 연결 필요

③ 가급적 허용 전류가 작은 전자변속기 장착이 안전

④ 발열이 생길 경우 냉각 필요

해설 모터의 최대 소모전류를 허용할 수 있는 전자변속기 사용

정답 : ③

Part 05

항공안전법 및 운영세칙

Chapter 1. 항공법규 및 운영세칙 핵심정리

Chapter 2. 기출복원문제 풀이

CHAPTER 01 항공법규 및 운영세칙 핵심정리

법령의 위계 이해(단순 참고)

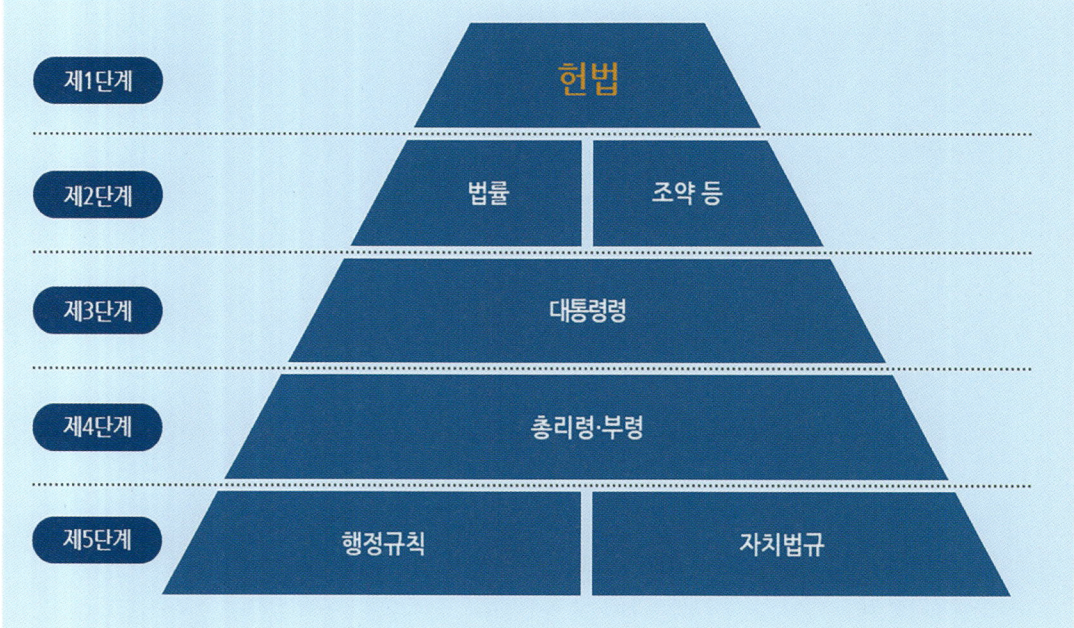

법령의 위계를 이해하는 것은 법규를 학습하는 데 매우 중요합니다. 법령의 위계를 이해하면 법규가 어떻게 구성되고 상호작용하는지 더 쉽게 파악할 수 있습니다. 아래에서 법령의 위계에 대해 항공안전법, 항공사업법, 공항시설법, 무인비행장치 조종자 증명 운영세칙, 초경량비행장치 신고업무 운영세칙을 예를 들어 설명하겠습니다. 학습에 참고가 되길 바랍니다.

제1단계 헌법
헌법은 대한민국의 최고 법규로, 모든 법령의 기초가 됩니다. 헌법은 국민의 기본권을 보호하고 국가의 기본 통치 구조를 규정합니다. 또한, 헌법은 국민의 생명과 안전을 보호할 국가의 책임을 명시하며, 항공 관련 법령의 제정 근거를 제공합니다.

제2단계 법률, 조약

항공안전법, 항공사업법, 공항시설법 등 국회에서 제정된 법률로, 항공 관련 각 분야에서 필요한 규정을 포함합니다. 또한, 조약에는 국제 항공 안전을 위한 협약이나 조약이 포함될 수 있습니다. 대한민국은 국제민간항공기구(ICAO)와 같은 국제 기구의 항공 안전 기준을 준수합니다.

제3단계 대통령령

항공안전법 시행령, 항공사업법 시행령, 공항시설법 시행령은 법률에서 위임받은 내용을 구체적으로 실행하기 위해 필요한 세부 사항을 규정합니다. 이들 시행령은 법률의 집행을 위한 구체적인 기준과 절차를 명확히 하여, 법률이 실효성 있게 적용될 수 있도록 합니다.

제4단계 총리령·부령

항공안전법 시행규칙, 항공사업법 시행규칙, 공항시설법 시행규칙은 법률과 그 시행령의 구체적인 집행을 위해 국토교통부 장관이 제정한 규칙입니다. 이 규칙들은 법률과 시행령에서 정한 사항을 실질적으로 적용하고 집행하기 위한 세부 절차와 기준을 제공합니다.

제5단계 행정규칙

행정규칙은 행정기관에서 내부적으로 필요한 세부 사항을 규정합니다. 예를 들어, 무인비행장치 조종자 증명 운영세칙은 한국교통안전공단에서 제정한 세칙으로, 드론 조종자 증명 발급 및 관리에 대한 구체적인 절차와 기준을 규정합니다. 또한, 초경량비행장치 신고업무 운영세칙은 한국교통안전공단에서 제정한 세칙으로, 초경량비행장치의 신고 절차와 운영 기준을 명시합니다.

항공법규 체계

1. 항공안전법 목적(항공안전법 제1조)

이 법은 「국제민간항공협약」 및 같은 협약의 부속서에서 채택된 표준과 권고되는 방식에 따라 항공기, 경량항공기 또는 초경량비행장치의 안전하고 효율적인 항행을 위한 방법과 국가, 항공사업자 및 항공종사자 등의 의무 등에 관한 사항을 규정함을 목적으로 한다.
→ 국가, 항공사업자 및 항공종사자 등의 권리와 의무 등에 관한 사항 X
→ 국가, 항공사업자 및 항공종사자 등의 권리 등에 관한 사항 X

2. 국제민간항공기구(ICAO:International Civil Aviation Organization)

1) 국제 민간 항공에 관한 협약(Chicago Convention)에 따라 설립된 기구

1944년 12월 7일	1947년 4월 4일	1947년 10월 14일	1952년 12월 11일
시카고 조약 체결	시카고 조약 발효를 통해 ICAO 설립	UN의 전문기구로 정식 인정	우리나라 ICAO 가입

2) 국제 민간 항공에 관한 협약(Chicago Convention) 주요 내용

(1) 협약 : 체약국 상공비행, ICAO 조직운영, 분쟁과 위약 등

(2) 부속서 : Annex는 조약을 이행하기 위해 필요한 표준과 방식으로 Annex 1~19까지 구성

  1 : 항공 종사자 면허(Personnel Licensing)
  2 : 항공 규칙(Rules of the Air)
  3 : 국제항공항행용 기상 업무(Meteorological Service for International Air Navigation)
  4 : 항공도(Aeronautical Charts)
  5 : 측정 단위(Units of Measurement to be Used in Air and Ground Operations)
  6 : 항공기 운항(Operation of Aircraft)
  7 : 항공기 국적기호/등록기호(Aircraft Nationality and Registration Marks)
  8 : 항공기 감항성(Airworthiness of Aircraft)
  9 : 출입국 간소화(Facilitation)
  10 : 항공 통신(Aeronautical Telecommunications)
  11 : 항공 교통 업무(Air Traffic Services)
  12 : 수색 및 구조(Search and Rescue)
  13 : 항공기 사고 조사(Aircraft Accident and Incident Investigation)
  14 : 비행장(Aerodromes)
  15 : 항공정보업무(Aeronautical Information Services)
  16 : 환경 보호(Environmental Protection)
  17 : 항공보안(Security)
  18 : 위험물 항공 수송(The Safe Transport of Dangerous Goods by Air)
  19 : 안전 관리(Safety Management)

3) 현행 무인항공기 기준

(1) ICAO 기준의 무인항공기 기준 마련 단계 (→ 드론은 ICAO 부속서에 관련 규정 있다 X)

(2) 각 국가별 무인항공기 운용 관련 규정을 정하여 운영

3. 항공법 적용 기관

1) 민간항공기 : 항공안전법 전체 적용

2) 국가기관 등 항공기는 아래 사항에 해당될 경우 이 법을 적용하지 아니한다.

(1) 국가, 지방자치단체, 그 밖의 공공기관이 소유하거나 임차한 항공기로 다음 업무 수행

- 재난/재해 등으로 인한 수색구조
- 산불의 진화 및 예방
- 응급환자의 후송 등 구조/구급활동
- 그 밖의 공공의 안녕과 질서유지를 위하여 필요한 업무

(2) 국가기관 등 항공기의 적용 특례(항공안전법 제4조)

제1항. 국가기관 등 항공기와 이에 관련된 항공업무에 종사하는 사람에 대해서는 이 법(제66조, 제69조부터 제73조까지 및 제132조는 제외한다)을 적용한다.
제2항. 제1항에도 불구하고 국가기관 등 항공기를 재해·재난 등으로 인한 수색·구조, 화재의 진화, 응급환자 후송, 그 밖에 국토교통부령으로 정하는 공공목적으로 긴급히 운항(훈련을 포함한다)하는 경우에는 제53조, 제67조, 제68조제1호부터 제3호까지, 제77조제1항제7호, 제79조 및 제84조제1항을 적용하지 아니한다.

3) 군용항공기 등의 적용 특례(항공안전법 제3조)

제1항. 군용항공기와 이에 관련된 항공업무에 종사하는 사람에 대해서는 이 법을 적용하지 아니한다.
제2항. 세관업무 또는 경찰업무에 사용하는 항공기와 이에 관련된 항공업무에 종사하는 사람에 대하여는 이 법을 적용하지 아니한다. 다만, 공중 충돌 등 항공기사고의 예방을 위하여 제51조, 제67조, 제68조제5호, 제79조 및 제84조제1항을 적용한다.
제3항. 「대한민국과 아메리카합중국 간의 상호방위조약」 제4조에 따라 아메리카합중국이 사용하는 항공기와 이에 관련된 항공업무에 종사하는 사람에 대하여는 제2항을 준용한다.

4. 항공법 분법

1) 1961년 3월, 대한민국 항공법 최초 제정(1961.6.7. 부 시행)

2) 2017년 3월, 기존 항공법을 항공안전법, 항공사업법, 공항시설법(→ 항공산업법 X)으로 구분 시행

(1) 개정 취지 : 국제기준 변화에 탄력적 대응, 국민이 이해하기 쉽도록 개선, 운영상 나타난 미비점을 개선 및 보완
(2) 개정 경과 : 2011년 항공법 분법 추진(법무법인 태평양 연구용역 진행), 2015년 국회 본회의 통과(2016년 3월 29일 공표) 2016년 하위 법령 검토(시행령, 시행규칙 제정 등), 2017년 3월 20일 시행

3) 주요 내용

(1) 항공안전법 : 항공기 등록, 형식증명, 항공종사자, 항공교통업무 등 관련
(2) 항공사업법 : 항공운송/사용/항공기정비/취급/대여,
   초경량비행장치 사용/항공레저스포츠/상업서류 송달사업, 교통이용자 보호 등 관련
(3) 공항시설법 : 공항/비행장 개발과 관리/운영, 항행안전시설 등 관련

5. 초경량비행장치 관련 법률

1) 2009년 6월, 경량항공기 제도 도입(이때까지 항공기와 초경량비행장치로 구분)

2) 2017년 3월, 무인비행장치가 추가된 초경량비행장치 관련 법규로 구분 시행

(1) 초경량비행장치 범위(구분)

- 동력비행장치, 회전익비행장치, 동력패러글라이더, 행글라이더, 패러글라이더, 기구류, 낙하산류
- 무인비행장치 : 무인동력비행장치(무인비행기, 무인헬리콥터, 무인멀티콥터, 무인수직이착륙기), 무인비행선
  (→ 비행선 X, 초급활공기 X)

(2) 관련 법규에서 초경량비행장치 내용

- 항공안전법 : 제10장 초경량비행장치(신고, 안전성인증, 조종자증명 등)
- 항공사업법 : 제3장제5절 초경량비행장치사용사업(등록, 준용규정 등)
- 공항시설법 : 공항 및 비행장의 개발, 이착륙장, 항행안전시설 등

3) 찾아보기 : 법제처 국가법령정보센터, 공단 홈페이지

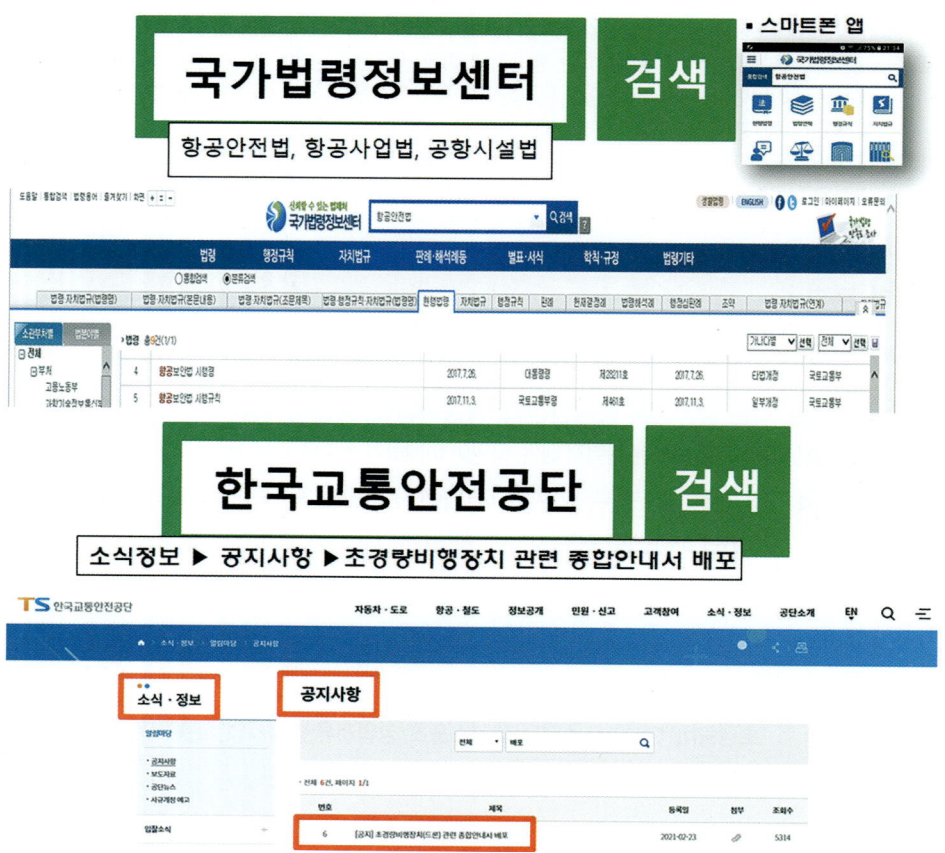

✈ 항공안전법 주요 내용

6. 초경량비행장치 정의 및 기준

1) 항공안전법 제2조(정의)

"초경량비행장치"란 항공기와 경량항공기 외에 공기의 반작용으로 뜰 수 있는 장치로서 자체중량, 좌석 수 등 국토교통부령으로 정하는 기준에 해당하는 동력비행장치, 행글라이더, 패러글라이더, 기구류 및 무인비행장치 등을 말한다.

2) 항공안전법 시행규칙 제5조(초경량비행장치의 기준)

법 제2조제3호에서 "자체중량, 좌석 수 등 국토교통부령으로 정하는 기준에 해당하는 동력비행장치, 행글라이더, 패러글라이더, 기구류 및 무인비행장치 등"이란 다음 각 호의 기준을 충족하는 동력비행장치, 행글라이더, 패러글라이더, 기구류, 무인비행장치, 회전익비행장치, 동력패러글라이더 및 낙하산류 등을 말한다.

1. 동력비행장치 : 동력을 이용하는 것으로서 다음 각 목의 기준을 모두 충족하는 고정익비행장치
   가. 탑승자, 연료 및 비상용 장비의 중량을 제외한 자체중량이 115킬로그램 이하일 것
   나. 연료의 탑재량이 19리터 이하일 것
   다. 좌석이 1개일 것
2. 행글라이더 : 탑승자 및 비상용 장비의 중량을 제외한 자체중량이 70킬로그램 이하로서 체중이동, 타면조종 등의 방법으로 조종하는 비행장치
3. 패러글라이더 : 탑승자 및 비상용 장비의 중량을 제외한 자체중량이 70킬로그램 이하로서 날개에 부착된 줄을 이용하여 조종하는 비행장치
4. 기구류 : 기체의 성질·온도차 등을 이용하는 다음 각 목의 비행장치
   가. 유인자유기구
   나. 무인자유기구(기구 외부에 2킬로그램 이상의 물건을 매달고 비행하는 것만 해당한다. 이하 같다)
   다. 계류식(繫留式)기구
5. 무인비행장치 : 사람이 탑승하지 아니하는 것으로서 다음 각 목의 비행장치
   가. 무인동력비행장치 : 연료의 중량을 제외한 자체중량이 150킬로그램 이하인 무인비행기, 무인헬리콥터, 무인멀티콥터, 무인수직이착륙기
   나. 무인비행선 : 연료의 중량을 제외한
      자체중량이 180킬로그램 이하이고(→ 이거나 X) 길이가 20미터 이하인 무인비행선
6. 회전익비행장치 : 제1호 각 목의 동력비행장치의 요건을 갖춘 헬리콥터 또는 자이로플레인
7. 동력패러글라이더 : 패러글라이더에 추진력을 얻는 장치를 부착한 다음 각 목의 어느 하나에 해당하는 비행장치
   가. 착륙장치가 없는 비행장치
   나. 착륙장치가 있는 것으로서 제1호 각 목의 동력비행장치의 요건을 갖춘 비행장치
8. 낙하산류 : 항력(抗力)을 발생시켜 대기(大氣) 중을 낙하하는 사람 또는 물체의 속도를 느리게 하는 비행장치
9. 그 밖에 국토교통부장관이 종류, 크기, 중량, 용도 등을 고려하여 정하여 고시하는 비행장치

7. 초경량비행장치 장치 신고

1) 항공안전법 제122조(초경량비행장치 신고)

① 초경량비행장치를 소유하거나 사용할 수 있는 권리가 있는 자(이하 "초경량비행장치소유자 등"이라 한다)는 초경량비행장치의 종류, 용도, 소유자의 성명, 제129조제4항에 따른 개인정보 및 개인위치정보의 수집 가능 여부 등을 국토교통부령으로 정하는 바에 따라 국토교통부장관에게 신고하여야 한다. 다만, 대통령령으로 정하는 초경량비행장치는 그러하지 아니하다.

2) 항공안전법 시행령 제24조(신고를 필요로 하지 아니하는 초경량비행장치의 범위)

법 제122조제1항 단서에서 "대통령령으로 정하는 초경량비행장치"란 다음 각 호의 어느 하나에 해당하는 것으로서 「항공사업법」에 따른 항공기대여업 · 항공레저스포츠사업 또는 초경량비행장치사용사업에 사용되지 아니하는 것(→ 사용되는 것)을 말한다.
1. 행글라이더, 패러글라이더 등 동력을 이용하지 아니하는 비행장치
2. 기구류(사람이 탑승하는 것은 제외한다)
3. 계류식(繫留式) 무인비행장치
4. 낙하산류
5. 무인동력비행장치 중에서 최대이륙중량이 2킬로그램 이하인 것(→ 2킬로그램 미만인 것 X)
6. 무인비행선 중에서 연료의 무게를 제외한 자체무게가 12킬로그램 이하이고(→ 이하이거나 X), 길이가 7미터 이하인 것
7. 연구기관 등이 시험 · 조사 · 연구 또는 개발을 위하여 제작한 초경량비행장치
8. 제작자 등이 판매를 목적으로 제작하였으나 판매되지 아니한 것으로서 비행에 사용되지 아니하는 초경량비행장치
9. 군사목적으로 사용되는(→ 사용되지 않는 X) 초경량비행장치

3) 항공안전법 시행규칙 제301조(초경량비행장치 신고)

① 법 제122조제1항 본문에 따라 초경량비행장치소유자등은 법 제124조에 따른 안전성인증을 받기 전(법 제124조에 따른 안전성인증 대상이 아닌 초경량비행장치인 경우에는 초경량비행장치를 소유하거나 사용할 수 있는 권리가 있는 날부터 30일 이내를 말한다)까지 별지 제116호서식의 초경량비행장치 신고서(전자문서로 된 신고서를 포함한다)에 다음 각 호의 서류(전자문서를 포함한다)를 첨부하여 한국교통안전공단 이사장에게 제출하여야 한다. 이 경우 신고서 및 첨부서류는 팩스 또는 정보통신을 이용하여 제출할 수 있다.
1. 초경량비행장치를 소유하거나 사용할 수 있는 권리가 있음을 증명하는 서류
2. 초경량비행장치의 제원 및 성능표
3. 가로 15센티미터, 세로 10센티미터(→ 가로 10센티미터, 세로 15센티미터 X)의 초경량비행장치 측면사진
 (무인비행장치의 경우에는 기체 제작번호 전체를(→ 일부를 X) 촬영한 사진을 포함한다)
② 한국교통안전공단 이사장은 초경량비행장치의 신고를 받으면 별지 제117호서식의 초경량비행장치 신고증명서를 초경량비행장치소유자등에게 발급하여야 하며, 초경량비행장치소유자 등은 비행 시 이를 휴대하여야 한다.
④ 초경량비행장치소유자등은 초경량비행장치 신고증명서의 신고번호를 해당 장치에 표시하여야 하며, 표시방법, 표시장소 및 크기 등 필요한 사항은 국토교통부장관의 승인을 받아 한국교통안전공단 이사장이 정한다.
 → 신고번호 표시방법, 표시장소 및 크기 등 필요한 사항은 한국교통안전공단 이사장이 정한다 X

8. 초경량비행장치 변경 신고

1) 항공안전법 제123조(초경량비행장치 변경 신고 등)

① 초경량비행장치소유자 등은 제122조제1항에 따라 신고한 초경량비행장의 용도, 소유자의 성명 등 국토교통부령으로 정하는 사항을 변경하려는 경우에는 국토교통부령으로 정하는 바에 따라 국토교통부장관에게 변경신고를 하여야 한다.
② 국토교통부장관은 제1항에 따른 변경신고를 받은 날부터 7일 이내에 신고수리 여부를 신고인에게 통지하여야 한다.
③ 국토교통부장관이 제2항에서 정한 기간 내에 신고수리 여부 또는 민원 처리 관련 법령에 따른 처리기간의 연장을 신고인에게 통지하지 아니하면 그 기간(민원 처리 관련 법령에 따라 처리기간이 연장 또는 재연장된 경우에는 해당 처리기간을 말한다)이 끝난 날의 다음 날에 신고를 수리한 것으로 본다.
④ 초경량비행장치소유자등은 제122조제1항에 따라 신고한 초경량비행장치가 멸실되었거나 그 초경량비행장치를 해체(정비 등, 수송 또는 보관하기 위한 해체는 제외한다)한 경우에는 그 사유가 발생한 날부터 15일 이내에 국토교통부장관에게 말소신고를 하여야 한다.

2) 항공안전법 시행규칙 제302조(초경량비행장치 변경신고)

① 법 제123조제1항에서 "초경량비행장치의 용도, 소유자의 성명 등 국토교통부령으로 정하는 사항"이란 다음 각 호의 어느 하나를 말한다.
  1. 초경량비행장치의 용도
  2. 초경량비행장치 소유자등의 성명, 명칭 또는 주소
  3. 초경량비행장치의 보관 장소(→ 보관 장소 변경은 변경신고를 할 필요가 없다 X)
② 초경량비행장치소유자등은 제1항 각 호의 사항을 변경하려는 경우에는 그 사유가 있는 날부터 30일 이내에 별지 제116호서식의 초경량비행장치 변경·이전신고서를 한국교통안전공단 이사장에게 제출하여야 한다.

3) 항공안전법 시행규칙 제303조(초경량비행장치 말소신고)

① 법 제123조제4항에 따른 말소신고를 하려는 초경량비행장치 소유자 등은 그 사유가 발생한 날부터 15일 이내에 별지 제116호서식의 초경량비행장치 말소신고서를 한국교통안전공단 이사장에게 제출하여야 한다.
② 한국교통안전공단 이사장은 제1항에 따른 신고가 신고서 및 첨부서류에 흠이 없고 형식상 요건을 충족하는 경우 지체 없이 접수하여야 한다.
③ 한국교통안전공단 이사장은 법 제123조제6항에 따른 최고(催告)를 하는 경우 해당 초경량 비행장치의 소유자 등의 주소 또는 거소를 알 수 없는 경우에는 말소신고를 할 것을 관보에 고시하고, 한국교통안전공단 홈페이지에 공고하여야 한다.

9. 초경량비행장치 안전성인증

1) 항공안전법 제124조(초경량비행장치 안전성인증)

시험비행 등 국토교통부령으로 정하는 경우로서 국토교통부장관의 허가를 받은 경우를 제외하고는 동력비행장치 등 국토교통부령으로 정하는 초경량비행장치를 사용하여 비행하려는 사람은 국토교통부령으로 정하는 기관 또는 단체의 장으로부터 그가 정한 안정성인증의 유효기간 및 절차·방법 등에 따라 그 초경량비행장치가 국토교통부장관이 정하여 고시하는 비행안전을 위한 기술상의 기준에 적합하다는 안전성인증을 받지 아니하고 비행하여서는 아니 된다.
이 경우 안전성인증의 유효기간 및 절차·방법 등에 대해서는 국토교통부장관의 승인을 받아야 하며, 변경할 때에도 또한 같다.(→ 변경할 때에는 장비의 변경기준을 따른다 X)

2) 항공안전법 시행규칙 제305조(초경량비행장치 안전성인증 대상 등)

① 법에서 "동력비행장치 등 국토교통부령으로 정하는 초경량비행장치"란 다음 각 호의 어느 하나에 해당하는 초경량비행장치를 말한다.
  1. 동력비행장치
  2. 행글라이더, 패러글라이더 및 낙하산류(항공레저스포츠사업에 사용되는 것만 해당한다)
  3. 기구류(사람이 탑승하는 것만 해당한다)(→ 사람이 탑승하지 않는 기구류 X)
  4. 다음 각 목의 어느 하나에 해당하는 무인비행장치
      가. 무인비행기, 무인헬리콥터, 무인멀티콥터 또는 무인수직이착륙기 중에서 최대이륙중량이 25킬로그램을 초과하는 것
          최대이륙중량 25킬로그램 이상 X, 자체중량 25킬로그램을 초과하는 X ←
      나. 무인비행선 중에서 연료의 중량을 제외한
          자체중량이 12킬로그램을 초과하거나 길이가 7미터를 초과하는 것
          → 자체중량이 12킬로그램을 초과하고 길이가 7미터 초과하는 것 X
          → 자체중량이 25킬로그램 이하 또는 길이가 7미터 이하인 것 X
  5. 회전익비행장치
  6. 동력패러글라이더

② 법에서 "국토교통부령으로 정하는 기관 또는 단체"란 기술원 또는 별표 43에
            항공안전기술원을 의미함 O ←
따른 시설기준을 충족하는 기관 또는 단체 중에서 국토교통부장관이 정하여 고시하는 기관 또는 단체(이하 "초경량비행장치 안전성인증기관"이라 한다)를 말한다.
   → 초경량비행장치 안전성인증기관은 기술원(항공안전기술원)만이 수행한다 X

10. 초경량비행장치 조종자 증명

1) 항공안전법 제125조(초경량비행장치 조종자 증명 등)

① 동력비행장치 등 국토교통부령으로 정하는 초경량비행장치를 사용하여 비행하려는 사람은 국토교통부령으로 정하는 기관 또는 단체의 장으로부터 그가 정한 해당 초경량비행장치별 자격기준 및 시험의 절차·방법에 따라 해당 초경량비행장치의 조종을 위하여 발급하는 증명(이하 "초경량비행장치 조종자 증명"이라 한다)을 받아야 한다. 이 경우 해당 초경량비행장치별 자격기준 및 시험의 절차·방법 등에 관하여는 국토교통부령으로 정하는 바에 따라 국토교통부장관의 승인을 받아야 하며, 변경할 때에도 또한 같다.

⑤ 국토교통부장관은 초경량비행장치 조종자 증명을 받은 사람이 다음 각 호의 어느 하나에 해당하는 경우에는 초경량비행장치 조종자 증명을 취소하거나 1년 이내의 기간을 정하여 효력의 정지를 명할 수 있다. 다만, 제1호, 제3호의2, 제3호의3, 제7호 또는 제8호의 어느 하나에 해당하는 경우에는 초경량비행장치 조종자 증명을 취소하여야 한다.(→ 반드시 조종자 증명을 취소해야 한다는 의미이다 ○)
1. 거짓이나 그 밖의 부정한 방법으로 초경량비행장치 조종자 증명을 받은 경우
2. 이 법(→ 항공사업법 X)을 위반하여 벌금 이상의 형을 선고받은 경우
3. 초경량비행장치의 조종자로서 업무를 수행할 때 고의 또는 중대한 과실로 초경량비행장치사고를 일으켜 인명피해나 재산피해를 발생시킨 경우
3의2. 제2항을 위반하여 다른 사람에게 자기의 성명을 사용하여 초경량비행장치 조종을 수행하게 하거나 초경량비행장치 조종자 증명을 빌려 준 경우
3의3. 제4항을 위반하여 다음 각 목의 어느 하나에 해당하는 행위를 알선한 경우
    가. 다른 사람에게 자기의 성명을 사용하여 초경량비행장치 조종을 수행하게 하거나 초경량비행장치 조종자 증명을 빌려 주는 행위
    나. 다른 사람의 성명을 사용하여 초경량비행장치 조종을 수행하거나 다른 사람의 초경량비행장치 조종자 증명을 빌리는 행위
4. 초경량비행장치 조종자의 준수사항을 위반한 경우
5. 주류 등의 영향으로 초경량비행장치를 사용하여 비행을 정상적으로 수행할 수 없는 상태에서 초경량비행장치를 사용하여 비행한 경우
6. 비행하는 동안에 주류 등을 섭취하거나 사용한 경우
7. 주류 등의 섭취 및 사용 여부의 측정 요구에 따르지 아니한 경우
8. 초경량비행장치 조종자 증명의 효력정지기간에 초경량비행장치를 사용하여 비행한 경우

2) 항공안전법 시행규칙 제306조(초경량비행장치 조종자 증명 등)

① 법 제125조제1항 전단에서 "동력비행장치 등 국토교통부령으로 정하는 초경량비행장치"란 다음 각 호의 어느 하나에 해당하는 초경량비행장치를 말한다.
1. 동력비행장치
2. 행글라이더, 패러글라이더 및 낙하산류(항공레저스포츠사업에 사용되는 것만 해당한다)
3. 유인자유기구
4. 무인비행장치. 다만 다음 각 목의 어느 하나에 해당하는 것은 제외한다.
    가. 무인비행기, 무인헬리콥터, 무인멀티콥터 또는 무인수직이착륙기 중에서 연료의 중량을 포함한 최대이륙중량이 250그램 이하(→ 미만 X)인 것
    나. 무인비행선인 것 중에서 연료의 중량을 제외한(→ 포함한 X) 자체중량이 12킬로그램 이하이고(→ 이거나 X), 길이가 7미터 이하인 것
5. 회전익비행장치
6. 동력패러글라이더

11. 초경량비행장치 관련 안전교육

1) 항공안전법 제125조의2(초경량비행장치 관련 안전교육)

① 패러글라이더 등 국토교통부령으로 정하는 초경량비행장치에 대한 초경량비행장치 조종자 증명을 받은 사람은 안전교육을 받아야 한다.
② 패러글라이더 등 국토교통부령으로 정하는 초경량비행장치를 사용하여 조종교육을 하려는 사람(제1항에 따라 안전교육을 받아야 하는 사람은 제외한다)은 안전교육을 받아야 한다.
③ 제1항 및 제2항에 따른 안전교육의 내용·시기 및 방법 등에 필요한 사항은 국토교통부령으로 정한다.

2) 항공안전법 시행규칙 제306조의 2(초경량비행장치 관련 안전교육)

① 법 제125조의2제1항 및 제2항에서 "패러글라이더 등 국토교통부령으로 정하는 초경량비행장치"란 각각 제5조 제3호에 따른 패러글라이더를 말한다.
② 법 제125조의2제1항 및 제2항에 따른 안전교육(이하 "초경량비행장치 안전교육"이라 한다)은 최초교육과 정기교육으로 구분하여 실시하며, 그 내용 및 교육시간은 별표 44의3에 따른다.
   이 경우 최초교육은 특별한 사정이 없는 한 대면(對面)에 의한 방법으로 하는 교육을 포함해야 한다.
③ 초경량비행장치 안전교육의 시기는 다음 각 호의 구분에 따른다.
   1. 최초교육:다음 각 목의 구분에 따른 기한
      가. 법 제125조의2제1항에 따른 안전교육: 제1항에 따른 초경량비행장치에 대해 법 제125조제1항에 따른 초경량비행장치 조종자 증명을 받은 날부터 2년이 되는 날이 속하는 해의 12월 31일까지
      나. 법 제125조의2제2항에 따른 안전교육: 같은 항에 따른 조종교육을 실시하기 7일 전까지
   2. 정기교육:직전의 초경량비행장치 안전교육을 받은 날부터 2년이 되는 날이 속하는 해의 1월 1일부터 12월 31일까지
④ 제1항부터 제3항까지에서 규정한 사항 외에 초경량비행장치 안전교육의 실시에 필요한 세부사항은 영 제26조 제12항에 따라 지정받은 기관·단체(이하 "초경량비행장치 안전교육기관"이라 한다)가 국토교통부장관의 승인을 받아 정한다.

12. 전문교육기관

1) 항공안전법 제126조(초경량비행장치 전문교육기관의 지정 등)

① 국토교통부장관은 초경량비행장치 조종자를 양성하기 위하여 국토교통부령으로 정하는 바에 따라 초경량비행장치 전문교육기관(이하 "초경량비행장치 전문교육기관"이라 한다)을 지정할 수 있다.
② 국토교통부장관은 초경량비행장치 전문교육기관이 초경량비행장치 조종자를 양성하는 경우에는 예산의 범위에서 필요한 경비의 전부 또는 일부를 지원할 수 있다.
③ 초경량비행장치 전문교육기관의 교육과목, 교육방법, 인력, 시설 및 장비 등의 지정기준은 국토교통부령으로 정한다.
④ 국토교통부장관은 초경량비행장치 전문교육기관으로 지정받은 자가 다음 각 호의 어느 하나에 해당하는 경우에는 그 지정을 취소할 수 있다. 다만, 제1호에 해당하는 경우에는 그 지정을 취소하여야 한다.
  1. 거짓이나 그 밖의 부정한 방법으로 초경량비행장치 전문교육기관으로 지정받은 경우
  2. 제3항에 따른 초경량비행장치 전문교육기관의 지정기준 중 국토교통부령으로 정하는 기준에 미달하는 경우
⑤ 국토교통부장관은 초경량비행장치 전문교육기관으로 지정받은 자가 제3항의 지정기준을 충족·유지하고 있는지에 대하여 관련 사항을 보고하게 하거나 자료를 제출하게 할 수 있다.
⑥ 국토교통부장관은 초경량비행장치 전문교육기관으로 지정받은 자가 제3항의 지정기준을 충족·유지하고 있는지에 대하여 관계 공무원으로 하여금 사무소 등을 출입하여 관계 서류나 시설·장비 등을 검사하게 할 수 있다. 이 경우 검사를 하는 공무원은 그 권한을 나타내는 증표를 지니고 이를 관계인에게 내보여야 한다.
⑦ 국토교통부장관은 초경량비행장치 조종자의 효율적 활용과 운용능력 향상을 위하여 필요한 경우 교육·훈련 등 조종자의 육성에 관한 사업을 실시할 수 있다.

2) 항공안전법 시행규칙 제307조(초경량비행장치 조종자 전문교육기관의 지정 등)

① 법에 따른 초경량비행장치 조종자 전문교육기관으로 지정받으려는 자는 (중략)
  전문교육기관 지정신청서에 다음 서류를 첨부하여 한국교통안전공단(→ 지방항공청 X)에 제출하여야 한다.
  1. 전문교관의 현황   2. 교육시설 및 장비의 현황   3. 교육훈련계획 및 교육훈련규정
② 법에 따른 초경량비행장치 조종자 전문교육기관의 지정기준은 다음 각 호와 같다.
  1. 다음 각 목의 전문교관이 있을 것
    가. 비행시간이 200시간(무인비행장치의 경우 조종경력이 100시간)이상이고, 국토교통부장관이 인정한 조종교육교관과정을 이수한 지도조종자 1명 이상
    나. 비행시간이 300시간(무인비행장치의 경우 조종경력이 150시간)이상이고 국토교통부장관이 인정하는 실기평가과정을 이수한 실기평가조종자 1명 이상
  2. 다음 각 목의 시설 및 장비(시설 및 장비에 대한 사용권을 포함한다)를 갖출 것
    가. 강의실 및 사무실 각 1개 이상(→ 강의실 및 사무실 1개 이상 X)
    나. 이륙·착륙 시설
    다. 훈련용 비행장치 1대 이상(→ 훈련용 비행장치 각 1대 이상 X)
    라. 출결 사항을 전자적으로 처리·관리하기 위한 단말기 1대 이상
  3. 교육과목, 교육시간, 평가방법 및 교육훈련규정 등 교육훈련에 필요한 사항으로서 국토교통부장관이 정하여 고시하는 기준을 갖출 것

13. 비행승인

1) 항공안전법 제127조(초경량비행장치 비행승인)

① 국토교통부장관은 초경량비행장치의 비행안전을 위하여 필요하다고 인정하는 경우에는 초경량비행장치의 비행을 제한하는 공역(이하 "초경량비행장치 비행제한공역"이라 한다)을 지정하여 고시할 수 있다.

② 동력비행장치 등 국토교통부령으로 정하는 초경량비행장치를 사용하여 국토교통부장관이 고시하는 초경량비행장치 비행제한공역에서 비행하려는 사람은 국토교통부령으로 정하는 바에 따라 미리 국토교통부장관으로부터 비행승인을 받아야 한다. 다만, 비행장 및 이착륙장의 주변 등 대통령령으로 정하는 제한된 범위에서 비행하려는 경우는 제외한다.

③ 제2항 본문에 따른 비행승인 대상이 아닌 경우라 하더라도 다음 각 호의 어느 하나에 해당하는 경우에는 제2항의 절차에 따라 국토교통부장관의 비행승인을 받아야 한다.
  1. 제68조제1호(최저고도 의미)에 따른 국토교통부령으로 정하는 고도 이상에서 비행하는 경우
  2. 제78조제1항(관제공역 의미)에 따른 관제공역·통제공역·주의공역 중 관제권 등 국토교통부령으로 정하는 구역에서 비행하는 경우

2) 항공안전법 시행령 제25조(초경량비행장치 비행승인 제외 범위)

법 단서에서 "비행장 및 이착륙장의 주변 등 대통령령으로 정하는 제한된 범위"란 다음 각 호의 어느 하나에 해당하는 범위를 말한다.

1. 비행장(군 비행장은 제외한다(→ 포함한다 X))의 중심으로부터 반지름 3킬로미터 이내의(→ 밖의 X) 지역의 고도 500피트 이내의 범위
   (해당 비행장에서 법 제83조에 따른 항공교통업무를 수행하는 자와 사전에 협의가 된 경우에 한정한다)

2. 이착륙장의 중심으로부터 반지름 3킬로미터 이내의(→ 밖의 X) 지역의 고도 500피트 이내의 범위
   (해당 이착륙장을 관리하는 자와 사전에 협의가 된 경우에 한정한다)

3) 항공안전법 시행규칙 제308조(초경량비행장치 비행승인)

① 법 제127조 본문에서 "동력비행장치 등 국토교통부령으로 정하는 초경량비행장치"란 제5조에 따른 초경량비행장치를 말한다. 다만, 다음 각 호의 어느 하나에 해당하는 초경량비행장치는 제외한다.
  1. 영 제24조제1호부터 제4호까지의 규정에 해당하는 초경량비행장치(항공기대여업, 항공레저스포츠사업 또는 초경량비행장치사용사업에 사용되지 아니하는 것으로 한정)
  2. 최저비행고도(150미터) 미만의 고도에서 운영하는 계류식 기구
  3. 「항공사업법 시행규칙」 제6조제2항제1호(→농업지원용 의미)에 사용하는 무인비행장치로서 다음 각 목의 어느 하나에 해당하는 무인비행장치
      가. 관제권, 비행금지구역 및 비행제한구역 외의 공역에서 비행하는 무인비행장치
      나. 가축전염병의 예방 또는 확산 방지를 위하여 소독·방역업무 등에 긴급하게 사용하는 무인비행장치
  4. 다음 각 목의 어느 하나에 해당하는 무인비행장치
      가. 최대이륙중량이 25킬로그램 이하인(→ 미만인 X, 최대이륙중량이 12킬로그램 초과인 X) 무인동력비행장치
      나. 연료의 중량을 제외한 자체중량이 12킬로그램 이하이고(→ 이거나 X) 길이가 7미터 이하인 무인비행선
  5. 그 밖에 국토교통부장관이 정하여 고시하는 초경량비행장치

② 제1항에 따른 초경량비행장치를 사용하여 비행제한공역을 비행하려는 사람은 (중략) 비행승인신청서를 지방항공청장에게 제출하여야 한다. 이 경우 비행승인신청서는 서류, 팩스 또는 정보통신망을 이용하여 제출할 수 있다.

③ 지방항공청장은 제2항에 따라 제출된 신청서를 검토한 결과 비행안전에 지장을 주지 않는다고 판단되는 경우에는 이를 승인해야 한다. 이 경우 동일지역에서 반복적으로 이루어지는 비행에 대해서는 다음 각 호의 구분에 따른 범위에서 비행기간을 명시하여 승인할 수 있다.
  1. 무인비행장치를 사용하여 비행하는 경우 : 12개월
  2. 무인비행장치 외의 초경량비행장치를 사용하여 비행하는 경우 : 6개월

⑤ 법 제127조제3항제1호에서 "국토교통부령으로 정하는 고도"란 다음 각 호에 따른 고도를 말한다.
  1. 사람 또는 건축물이 밀집된 지역 : 해당 초경량비행장치를 중심으로 수평거리 150미터(500피트) 범위 안에 있는 가장 높은 장애물의 상단에서 150미터
  2. 제1호 외의 지역: 지표면·수면 또는 물건의 상단에서 150미터

⑥ 법 제127조제3항제2호에서 "국토교통부령으로 정하는 구역"이란 별표 23 제2호에 따른 관제공역 중 관제권과 통제공역 중 비행금지구역을 말한다.

⑦ 법 제127조제3항제2호에 따른 승인 신청이 다음 각 호의 요건을 모두 충족하는 경우에는 12개월의 범위에서 비행기간을 명시하여 승인할 수 있다.
  1. 교육목적을 위한 비행일 것
  2. 무인비행장치는 최대이륙중량이 7킬로그램 이하(→ 미만 X)일 것
  3. 비행구역은 「초·중등교육법」 제2조 각 호에 따른 학교의 운동장(→ 또는 공터 X)일 것
  4. 비행시간은 정규 및 방과 후 활동 중일 것
  5. 비행고도는 지표면으로부터 고도 20미터(→ 25미터 X) 이내일 것
  6. 비행방법 등이 안전·국방 등 비행금지구역의 지정 목적을 저해하지 않을 것

4) 항공안전법 시행규칙 제312조의 2(무인비행장치의 특별비행승인)

① 법 제129조제5항 전단에 따라 야간에 비행하거나 육안으로 확인할 수 없는 범위(→ 관제권 X)에서 비행하려는 자는 별지 제123호의2서식의 무인비행장치 특별비행승인 신청서에 다음 각 호의 서류를 첨부하여 지방항공청장에게(→ 한국교통안전공단 이사장 X, 국토교통부장관 X) 제출하여야 한다.
  1. 무인비행장치의 종류·형식 및 제원에 관한 서류
  2. 무인비행장치의 성능 및 운용한계에 관한 서류
  3. 무인비행장치의 조작방법에 관한 서류
  4. 무인비행장치의 비행절차, 비행지역, 운영인력 등이 포함된 비행계획서
  5. 안전성인증서(제305조제1항에 따른 초경량비행장치 안전성인증 대상에 해당하는 무인비행장치에 한정한다)
  6. 무인비행장치의 안전한 비행을 위한 무인비행장치 조종자의 조종 능력 및 경력 등을 증명하는 서류
  7. 해당 무인비행장치 사고에 따른 제3자 손해 발생 시 손해배상 책임을 담보하기 위한 보험 또는 공제 등의 가입을 증명하는 서류(「항공사업법」 제70조제4항에 따라 보험 또는 공제에 가입하여야 하는 자로 한정한다)
  8. 별지 제122호서식의 초경량비행장치 비행승인신청서(법 제129조제6항에 따라 법 제127조제2항 및 제3항의 비행승인 신청을 함께 하려는 경우에 한정한다)
  9. 그 밖에 국토교통부장관이 정하여 고시하는 서류

② 지방항공청장은 제1항에 따른 신청서를 제출받은 날부터 30일(새로운 기술에 관한 검토 등 특별한 사정이 있는 경우에는 90일) 이내에 법 제129조제5항에 따른 무인비행장치 특별비행을 위한 안전기준에 적합한지 여부를 검사한 후 적합하다고 인정하는 경우에는 무인비행장치 특별비행승인서를 발급하여야 한다. 이 경우 지방항공청장은 항공안전의 확보 또는 인구밀집도, 사생활 침해 및 소음 발생 여부 등 주변 환경을 고려하여 필요하다고 인정되는 경우 비행일시, 장소, 방법 등을 정하여 승인할 수 있다.

③ 제1항 및 제2항에 규정한 사항 외에 무인비행장치 특별비행승인을 위하여 필요한 사항은 국토교통부장관이 정하여 고시한다.

5) 국토교통부 고시 「무인비행장치의 특별비행승인을 위한 안전기준 및 승인절차에 관한 기준」

→ 안전기준을 충족하는 자에 한하여 야간 및 가시권 밖 비행을 허용해 주기 위한 특별비행승인을 위한 세부 절차 및 안전기준

(1) 주요 내용

- 특별비행이란 야간비행 및 가시권 밖 비행 관련 전문검사기관의 검사 결과 국토교통부장관이 고시하는 무인비행장치 특별비행을 위한 안전기준(이하 특별비행 안전기준이라 한다)에 적합하다고 판단되는 경우에 국토교통부장관이 그 범위를 정하여 승인하는 비행
- 충돌방지·자율비행 기능, 사고 시 피해자 구제를 위한 보험 및 공제 가입, 조종 능력 및 경력의 증명 등 특별비행승인을 위한 안전기준 및 신청자격 규정(안 제4조 별표1)
- 특별비행승인 검사 신청서의 보관, 관리, 제출 서류의 이상 유무 확인 및 안전기준 적합여부 검사, 현장방문을 통한 비행시험 등 항공안전기술원장이 수행하는 안전기준 검사업무의 세부절차 및 방법 규정(안 제5조)
- 특별비행승인 시 제한사항, 유효기간, 변경 및 연장에 대한 세부사항 규정(안 제6조, 제7조 및 제8조)

(2) 특별비행 안전기준의 「공통사항」

- 이/착륙장 및 비행경로에 있는 장애물이 비행 안전에 영향을 미치지 않아야 함
- 자동안전장치(Fail-Safe)를 장착함
- 충돌방지기능을 탑재함
- 추락 시 위치정보 송신을 위한 별도의 GPS 위치 발신기를 장착함
- 비상절차, 비상연락망, 교육훈련계획, 사고보고체계 등을 포함한 비상 대응 매뉴얼을 갖추어야 함

(3) 특별비행 안전기준 「야간 비행」의 주요 내용

- 조종자의 무인비행장치를 지속적으로 주시할 수 없을 경우(촬영, 고글 FPV 비행 등) 한명 이상의 관찰자를 배치해야 함
- 5km 밖에서 인식가능한 정도의 충돌방지등(지속 또는 점멸방식)을 장착하여 전후좌우 식별이 가능하여야 함
- 자동 비행 기능을 갖추어야 함
- 시각보조장치(적외선 카메라 등) 등을 장착하여 비행 중 주변 환경(장애물 등)을 확인 할 수 있어야 함
  (다만, 지오펜스 및 지상통제시스템(GCS)을 통해 자동제어에 의해 비행하거나, 건물 등 간접 조명으로 시야가 확보된 경우에는 제외할 수 있음)
- 이/착륙장 주변에 일반인의 접근을 통제하거나 조명시설을 갖추어 안전을 확보하여야 함

(4) 특별비행 안전기준의 「비가시권 비행」의 주요 내용

- 조종자의 가시권을 벗어나는 범위의 비행시, 계획된 비행경로에 무인비행장치를 확인할 수 있는 관찰자를 한 명 이상 배치해야함(다만, 나대지, 하천 등 피해위험이 없는 지역에서 비상상황시 대응수단(낙하산, 비상착륙지 등)을 마련한 경우에는 관찰자 배치를 제외할 수 있음
- 관찰자를 배치하는 경우, 조종자와 관찰자 사이에 무인비행장치의 원활한 조작이 가능할 수 있도록 통신이 가능해야 함
- 조종자는 미리 계획된 비행과 경로를 확인해야 하며, 해당 무인비행장치는 수동/자동/반자동 비행이 가능하여야 함
- 조종자는 CCC(Command and Control, Communication) 장비가 계획된 비행 범위 내에서 사용가능한지 사전에 확인해야함
- 비행 중 무인비행장치와 항상 통신을 유지하여야 함(통신 이중화 등)
- 지상통제시스템(GCS)을 갖추고 무인비행장치의 상태표시 및 이상 발생 시 해당내용을 조종자 등에게 알릴 수 있어야 함
- 비행상태를 확인 가능한 장치(FPV등)를 장착하여야 함

14. 조종자 준수사항

1) 항공안전법 제129조(초경량비행장치 조종자 등의 준수사항)

① 초경량비행장치를 사용하여 비행하려는 사람(이하 이 조에서 "초경량비행장치 조종자"라 한다)은 초경량비행장치로 인하여 인명이나 재산에 피해가 발생하지 아니하도록 국토교통부령으로 정하는 준수사항을 지켜야 한다.
② 초경량비행장치 조종자는 무인자유기구를 비행시켜서는 아니 된다. 다만, 국토교통부령으로 정하는 바에 따라 국토교통부장관의 허가를 받은 경우에는 그러하지 아니하다.

2) 항공안전법 시행규칙 제310조(초경량비행장치 조종자의 준수사항)

① 초경량비행장치 조종자는 법에 따라 다음 각 호의 어느 하나에 해당하는 행위를 해서는 안 된다. 다만, 무인비행장치의 조종자에 대해서는 제4호 및 제5호를 적용하지 않는다.(→제4.5호는 무인비행장치 조종자 준수사항은 아니다는 의미임)
 1. 인명이나 재산에 위험을 초래할 우려가 있는 낙하물을 투하(投下)하는 행위
 2. 주거지역, 상업지역 등 인구가 밀집된 지역이나 그 밖에 사람이 많이 모인 장소의 상공에서 인명 또는 재산에 위험을 초래할 우려가 있는 방법으로 비행하는 행위
 2의2. 사람 또는 건축물이 밀집된 지역의 상공에서 건축물과 충돌할 우려가 있는 방법으로 근접하여 비행하는 행위
 3. 법에서 정하는 관제공역·통제공역·주의공역에서 비행하는 행위. 다만, 비행승인을 받은 경우와 다음 각 목의 행위는 제외한다.
  가. 군사목적으로 사용되는 초경량비행장치를 비행하는 행위
  나. 다음의 어느 하나에 해당하는 비행장치를 관제권 또는 비행금지구역이 아닌 곳에서 최저비행고도(150미터) 미만의 고도에서 비행하는 행위
   1) 무인비행기, 무인헬리콥터, 무인멀티콥터 또는 무인수직이착륙기 중 최대이륙중량이 25킬로그램 이하인 것
   2) 무인비행선 중 연료의 무게를 제외한 자체 무게가 12킬로그램 이하이고, 길이가 7미터 이하인 것
 4. 안개 등으로 인하여 지상목표물을 육안으로 식별할 수 없는 상태에서 비행하는 행위
 5. 비행시정 및 구름으로부터의 거리기준을 위반하여 비행하는 행위
 6. 일몰 후부터 일출 전까지의 야간에 비행하는 행위. 다만, 제199조제1호나목에 따른 최저비행고도(150미터) 미만의 고도에서 운영하는 계류식 기구 또는 법에 따른 허가를 받아 비행하는 초경량비행장치는 제외한다. (→특별비행승인 등 받은 경우 비행 가능)
 7. 「주세법」에 따른 주류, 「마약류 관리에 관한 법률」에 따른 마약류 또는 「화학물질관리법」에 따른 환각물질 등(이하 "주류 등"이라 한다)의 영향으로 조종업무를 정상적으로 수행할 수 없는 상태에서 조종하는 행위 또는 비행 중 주류 등을 섭취하거나 사용하는 행위
 8. 제308조제4항에 따른 조건(안전관리사항, 기상운용 한계치, 비행경로 등)을 위반하여 비행하는 행위(→유인항공기 사항임)
 8의2. 지표면 또는 장애물과 가까운 상공에서 360도 선회하는 등 조종자의 인명에 위험을 초래할 우려가 있는 방법으로 패러글라이더를 비행하는 행위
 9. 그 밖에 비정상적인 방법으로 비행하는 행위
② 초경량비행장치 조종자는 항공기 또는 경량항공기를 육안으로 식별하여 미리 피할 수 있도록 주의하여 비행하여야 한다.
③ 동력을 이용하는 초경량비행장치 조종자는 모든 항공기, 경량항공기 및 동력을 이용하지 아니하는 초경량비행장치에 대하여 진로를 양보하여야 한다.
④ 무인비행장치 조종자는 해당 무인비행장치를 육안으로 확인할 수 있는 범위에서 조종하여야 한다.(→특별비행승인을 받은 경우 비행 가능) (단, 시험비행 등 국토교통부령으로 정하는 경우로서 국토교통부장관의 허가를 받은 경우 제외)

15. 초경량비행장치 사고 보고

1) 항공안전법 제2조(정의)

8. "초경량비행장치사고"란 초경량비행장치를 사용하여 비행을 목적으로 이륙[이수(離水)를 포함한다. 이하 같다]하는 순간부터 착륙[착수(着水)를 포함한다. 이하 같다]하는 순간까지 발생한 다음 각 목의 어느 하나에 해당하는 것으로서 국토교통부령으로 정하는 것을 말한다.
   가. 초경량비행장치에 의한 사람의 사망(→ 경상 X), 중상 또는 행방불명
   나. 초경량비행장치의 추락, 충돌 또는 화재 발생
   다. 초경량비행장치의 위치를 확인할 수 없거나 초경량비행장치에 접근이 불가능한 경우

2) 항공안전법 제129조(초경량비행장치 조종자 등의 준수사항)

③ 초경량비행장치 조종자는 초경량비행장치사고가 발생하였을 때에는 국토교통부령으로 정하는 바에 따라 지체 없이 국토교통부장관에게 그 사실을 보고하여야 한다. 다만, 초경량비행장치 조종자가 보고할 수 없을 때에는 그 초경량비행장치소유자등이 초경량비행장치사고를 보고하여야 한다.

3) 항공안전법 시행규칙 제312조(초경량비행장치사고의 보고 등)

법 제129조제3항에 따라 초경량비행장치사고를 일으킨 조종자 또는 그 초경량비행장치소유자등은 다음 각 호의 사항을 지방항공청장(→ 국토교통부장관 X, 한국교통안전공단 이사장 X)에게 보고하여야 한다.
1. 조종자 및 그 초경량비행장치소유자 등의 성명 또는 명칭
2. 사고가 발생한 일시 및 장소
3. 초경량비행장치의 종류 및 신고번호(→ 종류 및 소속 X)
4. 사고의 경위(→ 세부 경위 X)
5. 사람의 사상(死傷)(→ 사망 X) 또는 물건의 파손 개요(→ 세부적인 내용)
6. 사상자의(→ 사망자의 X) 성명 등 사상자의(→ 사망자의 X) 인적사항 파악을 위하여 참고가 될 사항
   ↳ 안전성인증서 X, 신고증명서 X, 보험가입증명서 X

※ 초경량비행장치 사고의 보고는 항공안전법 시행령 제26조(권한의 위임 위탁) 제1항제55조에 의거 국토교통부장관이 지방항공청장에게 위임한 사항이다. 따라서 문제에 출제된다면 초경량비행장치 사고의 보고는 지방항공청장으로 답하는 것이 맞다.

16. 초경량비행장치사용사업자에 대한 안전개선명령

1) 항공안전법 제130조(초경량비행장치사용사업자에 대한 안전개선명령)

국토교통부장관은 초경량비행장치사용사업의 안전을 위하여 필요하다고 인정되는 경우에는 초경량비행장치사용사업자에게 다음 각 호의 사항을 명할 수 있다.
 1. 초경량비행장치 및 그 밖의 시설의 개선
 2. 그 밖에 초경량비행장치의 비행안전에 대한 방해 요소를 제거하기 위하여 필요한 사항으로서 국토교통부령으로 정하는 사항

2) 항공안전법 시행규칙 제313조(초경량비행장치사용사업자에 대한 안전개선명령)

법 제130조제2호에서 "국토교통부령으로 정하는 사항"이란 다음 각 호의 어느 하나에 해당하는 사항을 말한다.
 1. 초경량비행장치사용사업자가 운용중인 초경량비행장치에 장착된 안전성이 검증되지 아니한 장비의 제거
 2. 초경량비행장치 제작자가 정한 정비·비행 절차의 이행
 3. 법 제125조제1항에 따른 초경량비행장치 조종자 증명을 받아야 하는 사람에 대한 그 증명의 발급·효력 여부에 대한 확인
 4. 초경량비행장치 조종자에 대한 다음 각 목의 사항의 교육
  가. 제310조에 따른 초경량비행장치 조종자의 준수사항
  나. 초경량비행장치 제작자가 정한 정비·비행 절차
  다. 그 밖에 초경량비행장치사용사업의 안전을 위하여 국토교통부장관이 필요하다고 인정하여 고시하는 사항

17. 초경량비행장치에 대한 준용규정

1) 항공안전법 제131조(초경량비행장치에 대한 준용규정)

초경량비행장치소유자 등 또는 초경량비행장치를 사용하여 비행하려는 사람에 대한 주류 등의 섭취·사용 제한에 관하여는 제57조를 준용한다.

2) 항공안전법 제57조(주류 등의 섭취·사용 제한)

⑤ 주류 등의 영향으로 항공업무 또는 객실승무원의 업무를 정상적으로 수행할 수 없는 상태의 기준은 다음 각 호와 같다.
 1. 주정성분이 있는 음료의 섭취로 혈중알코올농도가 0.02퍼센트 이상인 경우
 2. 「마약류 관리에 관한 법률」제2조제1호에 따른 마약류를 사용한 경우
 3. 「화학물질관리법」제22조제1항에 따른 환각물질을 사용한 경우
⑥ 주류 등의 종류 및 그 측정에 필요한 세부 절차 및 측정기록의 관리 등에 필요한 사항은 국토교통부령으로 정한다.

3) 항공안전법 시행규칙 별표44의2(주류의 경우, 행정처분)

- 혈중알콜농도 0.02퍼센트 이상 0.06퍼센트 미만 : 효력정지 60일
- 혈중알콜농도 0.06퍼센트 이상 0.09퍼센트 미만 : 효력정지 120일
- 혈중알콜농도 0.09퍼센트 이상 : 효력정지 180일
 ※ 주류 등의 섭취 및 사용 여부의 측정 요구에 따르지 않은 경우 : 조종자 증명 취소

18. 초경량비행장치 조종자 의무

1) 최대이륙중량 2kg 초과, 최대이륙중량 2kg 이하에 따른 조종자 의무사항 구분

구분		장치신고/변경신고	신고번호표시	조종자 증명	조종자준수사항
최대이륙중량 2kg 초과	사업	○	○	○(250g초과)	○
	비사업	○	○	○(250g초과)	○
최대이륙중량 2kg 이하	사업	○	○	○(250g초과)	○
	비사업	×	×	○(250g초과)	○

2) 최대이륙중량 25kg 초과, 최대이륙중량 25kg 이하에 따른 안전성인증검사, 비행승인 구분

구분	안전성 인증검사	비행승인			
		비행제한구역	비행금지구역	관제권	고도150m이상
최대이륙중량 25kg 초과	○	○	○	○	○
최대이륙중량 25kg 이하	×	○	○	○	○

19. 항공안전법 위반 시 처벌기준

1) 항공안전법 제161조(초경량비행장치 불법 사용 등의 죄)

① 다음 각 호의 어느 하나에 해당하는 자는 3년 이하의 징역 또는 3천만원 이하의 벌금에 처한다.
  1. 제131조에서 준용하는 제57조제1항을 위반하여 주류 등의 영향으로 초경량비행장치를 사용하여 비행을 정상적으로 수행할 수 없는 상태에서 초경량비행장치를 사용하여 비행을 한 사람
  2. 제131조에서 준용하는 제57조제2항을 위반하여 초경량비행장치를 사용하여 비행하는 동안에 주류 등을 섭취하거나 사용한 사람
  3. 제131조에서 준용하는 제57조제3항을 위반하여 국토교통부장관의 측정 요구에 따르지 아니한 사람

② 제124조에 따른 비행안전을 위한 기술상의 기준에 적합하다는 안전성인증을 받지 아니한 초경량비행장치를 사용하여 제125조제1항에 따른 초경량비행장치 조종자 증명을 받지 아니하고 비행을 한 사람은 1년 이하의 징역 또는 1천만원 이하의 벌금에 처한다.

③ 제122조 또는 제123조를 위반하여 초경량비행장치의 신고 또는 변경신고를 하지 아니하고 비행을 한 자는 6개월 이하의 징역 또는 500만원 이하의 벌금에 처한다.

④ 다음 각 호의 어느 하나에 해당하는 사람은 500만원 이하의 벌금에 처한다.
  1. 제127조제2항을 위반하여 국토교통부장관의 승인을 받지 아니하고 초경량비행장치 비행제한공역을 비행한 사람
  2. 제127조제3항제2호를 위반하여 국토교통부장관의 승인을 받지 아니하고 초경량비행장치를 이용하여 관제권에서 비행함으로써 항공기 이착륙을 지연시키거나 회항하게 하는 등 비행장 운영에 지장을 초래한 사람
  3. 제129조제2항을 위반하여 국토교통부장관의 허가를 받지 아니하고 무인자유기구를 비행시킨 사람

2) 항공안전법 제162조(명령 위반의 죄)

제130조에 따른 초경량비행장치사용사업의 안전을 위한 명령을 이행하지 아니한 초경량비행장치사용사업자는 1천만원 이하의 벌금에 처한다.

3) 항공안전법 제163조(검사 거부 등의 죄)

제132조제2항 및 제3항에 따른 검사 또는 출입을 거부·방해하거나 기피한 자는 500만원 이하의 벌금에 처한다.

4) 항공안전법 제166조(과태료)

구 분	위반 사항
500만원 이하 과태료	• 초경량비행장치 비행안전을 위한 기술상의 기준에 적합하다는 안전성인증을 받지 아니하고 비행한 사람
400만원 이하 과태료	• 초경량비행장치 조종자 증명을 받지 아니하고 초경량비행장치를 비행한 사람
300만원 이하 과태료	• 국토교통부령으로 정하는 고도 이상, 관제권 등 국토교통부령으로 정하는 구역에서 국토교통부장관의 승인을 받지 아니하고 초경량비행장치를 비행한 사람 • 국토교통부령으로 정하는 조종자 준수사항을 따르지 아니하고 초경량비행장치를 비행한 사람 • 다른 사람에게 자기의 성명을 사용하여 초경량비행장치 조종을 수행하거나 초경량비행장치 조종자증명을 빌려준 사람 • 다른 사람의 성명을 사용하여 초경량비행장치 조종을 수행하거나 다른 사람의 초경량비행장치 조종자 증명을 빌린 사람 • 위 두 항의 조종자 증명을 빌려 주거나 빌린 행위를 알선한 사람
100만원 이하 과태료	• 초경량비행장치에 신고번호를 초경량비행장치에 표시하지 아니하거나 거짓으로 표시한 초경량비행장치 소유자
30만원 이하 과태료	• 초경량비행장치의 말소신고를 하지 아니한 초경량비행장치 소유자 • 초경량비행장치 사고에 대한 보고를 하지 아니하거나 거짓으로 보고한 초경량비행장치 조종자 또는 초경량비행장치 소유자

※ 항공안전법에 나오는 각종 일자와 연도 정리

- 초경량비행장치 신고 : 소유하거나 사용할 수 있는 권리가 있는 날부터 30일 이내
- 초경량비행장치 변경신고 : 그 사유가 있는 날부터 30일 이내
  변경신고 수리여부 신고인에게 통지 : 변경신고 받은 날부터 7일 이내
  민원처리기간 연장을 신고인에게 통지하지 않을 시 : 그 기간이 끝난 날의 다음 날에 신고를 수리한 것으로 본다.
- 초경량비행장치 말소신고 : 그 사유가 있는 날부터 15일 이내
  말소신고서 접수 : 신고서 및 첨부서류에 흠이 없고 형식상 요건을 충족시 지체없이 접수
- 무인비행장치를 사용하여 동일지역 비행 시 비행승인 기간 : 12개월
- 무인비행장치 외의 초경량비행장치를 사용하여 동일지역 비행 시 비행승인 기간 : 6개월
- 무인비행장치 특별비행승인서 발급 : 신청서를 제출받은 날부터 30일 이내
  새로운 기술에 관한 검토 등 특별한 사정이 있는 경우 발급 : 90일
- 사망 : 초경량비행장치사고가 발생한 날부터 30일 이내
- 행방불명 : 초경량비행장치사고로 1년간 생사가 분명하지 아니한 경우
- 중상 : 7일 이내에 48시간을 초과하는 입원치료가 필요한 부상

무인비행장치 조종자 증명 운영세칙

※ 무인비행장치 조종자 증명 운영세칙 찾아보기
　↳ 국가법령정보센터 → 공공기관 규정 → 무인비행장치 조종자 증명 운영세칙

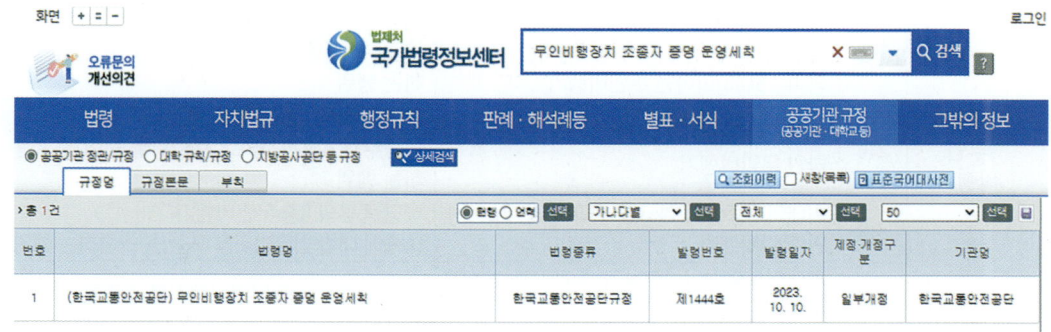

20. 제1조 목적

이 세칙은「항공안전법」(이하 "법"이라 한다) 제125조제1항 및 같은 법 시행규칙(이하 "규칙"이라 한다) 제306조 제1항제4호, 제306조제4항에 따른 초경량비행장치(무인비행장치에 한정한다. 이하 같다) 조종자증명(이하 "조종자 증명"이라 한다)을 위한 자격기준 및 시험의 절차·방법 등 세부사항을 규정함을 목적으로 한다.

21. 제3조(적용 범위)

이 세칙은 항공안전법 제125조제1항 및 같은 법 시행규칙 제306조에 따라 초경량비행장치(무인비행장치에 한정) 조종자 증명을 위한 자격기준 및 시험의 절차·방법 등 세부사항을 규정함을 목적으로 한다.
　↳ 이전, 초경량비행장치 조종자 증명 운영세칙에 포함된 무인비행장치 조종자 증명 관련 내용 분리 제정

22. 제5조(조종자 증명 범위)

1) 규칙 제306조 제4항에 따른 조종자 증명의 종류는 다음과 같다.

구 분	조종자 증명 종류
무인비행기 (UNMANNED AIRPLANE)	1종(1st CLASS), 2종(2nd CLASS), 3종(3rd CLASS), 4종(4th CLASS)
무인헬리콥터 (UNMANNED HELICOPTER)	1종(1st CLASS), 2종(2nd CLASS), 3종(3rd CLASS), 4종(4th CLASS)
무인멀티콥터 (UNMANNED MULTICOPTER)	1종(1st CLASS), 2종(2nd CLASS), 3종(3rd CLASS), 4종(4th CLASS)
무인수직이착륙기(UNMANNED VTOL(Vertical Take-off and Landing)	1종(1st CLASS), 2종(2nd CLASS), 3종(3rd CLASS), 4종(4th CLASS)
무인비행선 (UNMANNED AIRSHIP)	.

2) 제1항 각 호의 조종자 증명 중 4종에 해당하는 조종자 증명을 받으려는 사람은 공단 이사장이 정하는 별표 8의 이러닝(e-Learning) 교육을 이수하고 별지 제1호서식의 교육이수증명서(전자적인 형태의 교육이수증명서를 포함한다)를 발급받아야 한다.

23. 제6조(조종자 증명의 업무범위)

1) 제5조에 따른 조종자 증명의 종류별 업무범위는 별표 1의 조종자 증명 종류별 업무범위와 같다.

종류		무게범위 등	업무범위
무인 비행기	1종	최대이륙중량이 25kg을 초과하고 연료의 중량(배터리 무게 포함)을 제외한 자체중량이 150kg이하인 무인비행기	해당 종류의 1종 무인비행기 (2종부터 4종까지의 업무범위를 포함)을 조종하는 행위
	2종	최대이륙중량이 7kg을 초과하고 25kg이하인 무인비행기	해당 종류의 2종 무인비행기 (3종부터 4종까지의 업무범위를 포함)를 조종하는 행위
	3종	최대이륙중량이 2kg을 초과하고 7kg이하인 무인비행기	해당 종류의 3종 무인비행기 (4종에 대한 업무범위를 포함)를 조종하는 행위
	4종	최대이륙중량이 250g을 초과하고 2kg이하인 무인비행기	해당 종류의 4종 무인비행기를 조종하는 행위
무인 헬리콥터	1종	최대이륙중량이 25kg을 초과하고 연료의 중량을 제외한 자체중량이 150kg이하인 무인헬리콥터	해당 종류의 1종 무인헬리콥터 (2종부터 4종까지의 업무범위를 포함)을 조종하는 행위
	2종	최대이륙중량이 7kg을 초과하고 25kg이하인 무인헬리콥터	해당 종류의 2종 무인헬리콥터 (3종부터 4종까지의 업무범위를 포함)를 조종하는 행위
	3종	최대이륙중량이 2kg을 초과하고 7kg이하인 무인헬리콥터	해당 종류의 3종 무인헬리콥터 (4종에 대한 업무범위를 포함)를 조종하는 행위
	4종	최대이륙중량이 250g을 초과하고 2kg이하인 무인헬리콥터	해당 종류의 4종 무인헬리콥터를 조종하는 행위
무인 멀티콥터	1종	최대이륙중량이 25kg을 초과하고 연료의 중량을 제외한 자체중량이 150kg이하인 무인멀티콥터	해당 종류의 1종 무인멀티콥터 (2종부터 4종까지의 업무범위를 포함)을 조종하는 행위
	2종	최대이륙중량이 7kg을 초과하고 25kg이하인 무인멀티콥터	해당 종류의 2종 무인멀티콥터 (3종부터 4종까지의 업무범위를 포함)를 조종하는 행위
	3종	최대이륙중량이 2kg을 초과하고 7kg이하인 무인멀티콥터	해당 종류의 3종 무인멀티콥터 (4종에 대한 업무범위를 포함)를 조종하는 행위
	4종	최대이륙중량이 250g을 초과하고 2kg이하인 무인멀티콥터	해당 종류의 4종 무인멀티콥터를 조종하는 행위
무인 비행선		연료의 중량을 제외한 자체중량이 12kg을 초과하고 180kg 이하이면서, 길이가 7m를 초과하고 20m 이하인 비행장치	해당종류의 무인비행선을 조종하는 행위

※ 무인수직이착륙기 무게범위/업무범위 추가(25.4.21부)
  - 무인비행기, 무인헬리콥터, 무인멀팁콥터와 무게범위/업무범위 동일

24. 제7조(응시자격)

1) 제5조에 따른 조종자증명을 받으려는 사람은 제37조제1항 각 호의 어느 하나에 해당되지 아니하는 사람으로서 별표 2의 조종자 증명 종류별 응시기준에 따른 경력을 가진 사람이어야 한다.

(1) 공통 : 만14세 이상인 사람(단, 4종의 무인비행기, 무인헬리콥터, 무인멀티콥터는 만10세 이상인 사람)
(2) 무인멀티콥터 응시기준

구분	응시기준
1종	다음 각 호의 어느 하나에 해당하는 사람 1. 1종 무인멀티콥터를 조종한 시간이 총 20시간 이상인 사람 2. 2종 무인멀티콥터 조종자증명(2종 무인멀티콥터로 조종한 시간이 10시간 이상인 사람에 한함)을 취득한 후 1종 무인멀티콥터를 조종한 시간이 15시간 이상인 사람 3. 3종 무인멀티콥터 조종자증명(2종 또는 3종 무인멀티콥터로 조종한 시간이 6시간 이상인 사람에 한함)을 취득한 후 1종 무인멀티콥터를 조종한 시간이 17시간 이상인 사람 4. 1종 무인헬리콥터 조종자증명을 취득한 후 1종 무인멀티콥터를 조종한 시간이 10시간 이상인 사람 5. 1종 무인수직이착륙기 조종자증명을 취득 한 후 1종 무인멀티콥터를 조종한 시간이 14시간 이상인 사람
2종	다음 각 호의 어느 하나에 해당하는 사람 1. 1종 또는 2종 무인멀티콥터를 조종한 시간이 총 10시간 이상인 사람 2. 3종 무인멀티콥터 조종자증명(3종 무인멀티콥터로 조종한 시간이 6시간 이상인 사람에 한함)을 취득한 후 2종 무인멀티콥터를 조종한 시간이 7시간 이상인 사람 3. 2종 무인헬리콥터 조종자증명을 취득한 후 2종 무인멀티콥터를 조종한 시간이 5시간 이상인 사람 4. 2종 무인수직이착륙기 조종자증명을 취득한 후 2종 무인멀티콥터를 조종한 시간이 7시간 이상인 사람
3종	다음 각 호의 어느 하나에 해당하는 사람 1. 1종, 2종, 3종 무인멀티콥터 중 어느 하나를 조종한 시간이 총 6시간 이상인 사람 2. 3종 무인헬리콥터 조종자증명을 취득한 후 3종 무인멀티콥터를 조종한 시간이 3시간 이상인 사람 3. 3종 무인수직이착륙기 조종자증명을 취득 한 후 3종 무인멀티콥터를 조종한 시간이 4시간 이상인 사람
4종	응시기준 없음

25. 제8조(면제기준)

1) 응시자가 다음 각 호의 어느 하나에 해당하는 경우에는 시험의 일부를 면제할 수 있다.

(1) 전문교육기관의 교육과정을 이수한 사람이 교육 이수일로부터 2년 이내에 교육받은 것과 같은 종류의 무인비행장치에 관한 조종자증명시험에 응시하는 경우에는 학과시험을 면제한다.
(2) 무인헬리콥터 조종자증명을 받은 사람이 조종자증명을 받은 날로부터 2년 이내에 무인멀티콥터 조종자증명시험에 응시하는 경우 학과시험을 면제한다.
(3) 무인멀티콥터 조종자증명을 받은 사람이 조종자증명을 받은 날로부터 2년 이내에 무인헬리콥터 조종자증명시험에 응시하는 경우 학과시험을 면제한다.

(4) 무인수직이착륙기 조종자증명을 받은 사람이 조종자증명을 받은 날로부터 2년 이내에 무인비행기, 무인헬리콥터 및 무인멀티콥터 조종자증명시험에 응시하는 경우 학과시험을 면제한다.
(5) 다음 각 목의 어느 하나에 해당하는 사람이 해당 조종자증명을 받은 날(가장 최근에 조종자증명을 받은 날을 말한다)로부터 2년 이내에 무인수직이착륙기 조종자증명시험에 응시하는 경우 학과시험을 면제한다.
① 무인비행기 및 무인헬리콥터 조종자증명을 모두 받은 사람
② 무인비행기 및 무인멀티콥터 조종자증명을 모두 받은 사람

26. 제9조(비행경력의 증명) → 공단 교재에는 없음

1) 제7조에 따른 경력 중 비행시간은(이하 "비행경력"이라 한다)은 다음 각 호의 구분에 따라 증명된 것이어야 한다.

(1) 전문교육기관 : 해당 전문교육기관 소속의 지도조종자가 확인하고 전문교육기관의 대표가 증명한 것
(2) 사설교육기관 : 해당 사설교육기관 소속의 지도조종자가 확인하고 사설교육기관의 대표가 증명한 것

2) 제5조에 따른 조종자증명을 취득한 이후 같은 종류의 무인비행장치로 비행한 경력은 다음 각 호의 구분에 따라 증명된 것이어야 한다.

(1) 전문교육기관의 대표가 증명한 것
(2) 「항공사업법」 제48조제1항에 따라 등록된 초경량비행장치사용사업자가 증명한 것

3) 제1항 및 제2항에 따른 비행경력의 증명은 별지 제2호서식의 비행경력증명서에 따른다.

(1) 비행경력증명서 양식

(2) 비행경력증명서 기재 요령

- 흑색 또는 청남색으로 바르게 기재
- 발급번호는 기관명-년도-월-발급순번으로 기재(예:전문-2020-01-01, 사설-2020-01-01)
- ①항은 년. 월. 일로 기재(예:07.01.01)
- ②항은 해당 일자의 총 비행횟수를 기재
- ③항은 해당 비행장치 종류(무인비행기, 무인헬리콥터, 무인멀티콥터, 무인비행선, 무인수직이착륙기), 형식(모델명), 신고번호, 해당일자에 비행 할 당시 초경량비행장치의 최종인증검사일을 기재
    * 안전성인증검사 면제대상인 기체는 최종인증검사일에 "면제"로 기재
    * 자체중량(연료제외)과 최대이륙중량은 지방항공청 또는 한국교통안전공단에 신고할 때 중량을 기재
- ④항 비행장소는 해당 비행장치로 비행한 장소를 기재   *예:경북 김천
- ⑤항 비행시간(hrs)은 해당일자에 비행한 총 비행시간을 시간(HOUR) 단위로 기재
    * 시간(HOUR) 단위 기재 예시: 48분일 경우 → 시간단위로 환산(48÷60)하여 0.8로 기재, 소수 둘째자리부터 버림
    * 시간은 비행장치가 이륙 및 착륙 직후 시간을 산정하여 인정
- ⑥항 비행임무별 비행시간은 다음과 같다.
    ↳ 기장시간 : 해당 초경량비행장치 조종자 증명서가 없는 사람이 지도조종자의 감독 하에 단독으로 비행한 시간 또는 해당 초경량비행장치 조종자 증명서가 있는 사람이 단독으로 비행한 시간을 시간(HOUR) 단위로 기재
    ↳ 훈련시간 : 지도조종자의 원격조종장치와 함께 연결된 비행훈련용 원격조종장치로 교육을 받는 사람이 비행한 시간을 시간(HOUR) 단위로 기재
    ↳ 교관시간 : 위 훈련시간에 따른 지도조종자로서 비행한 시간을 시간(HOUR)단위로 기재
    * 해당 초경량비행장치 조종자 증명서가 없는 사람의 기장시간 또는 훈련시간은 지도조종자에게 일대일 비행교육을 받은 시간만 기재할 것
- ⑦항은 조종자 증명을 받은 사람은 비행목적을 기재하고, 조종자 증명을 받지 않은 사람은 훈련내용을 기재
- ⑧항은 조종자 증명을 받지 않은 사람은 비행 교육을 실시한 지도조종자의 성명, 자격번호 및 서명을 기재해야 하며, 지도조종자 서명은 교육을 시행한 지도조종자가 직접 자필로 기재
- 왼쪽 하단 발급기관의 대표의 서명 또는 인란에는 발급기관 대표가 직접 자필로 기재 또는 날인

(3) 비행경력증명서 기재 시 주의사항

- 비행경력서상의 인정받을 수 있는 비행시간은 출결관리시스템이 구축되어 확인된 시간('20.4.1 이후 비행경력에 한함)만 인정
- 해당 일자에 비행장치 최종인증검사일로부터 유효기간이 경과된 비행장치로 행한 비행시간은 인정되지 않음(인증검사 면제대상인 기체 제외)
- 비행임무별 비행시간 중 훈련시간은 지도조종자로부터 교육을 받은 시간만 비행경력으로 인정
- 접수된 서류는 일체 반환하지 않으며, 시험(심사)에 합격한 후 허위기재 사실이 발견되거나 또는 응시자격에 해당되지 않는 경우에는 합격을 취소
- 비행경력서상의 인정받을 수 있는 무인수직이착륙기에 대한 비행경력은 '25.5.14 이후 비행경력만 인정

27. 제10조(비행시간의 산정) → 공단 교재에는 없음

1) 제9조에 따른 비행경력은 1대의 무인비행장치를 비행하기 위해 원격조종장치로 조종한 다음 각 호의 시간을 말한다.
   (1) 기장시간 : 해당 무인비행장치 조종자증명이 없는 사람이 조종교육을 위해 지도조종자 감독하에 단독으로 비행한 시간 또는 해당 무인비행장치 조종자 증명을 받은 사람이 단독으로 비행한 시간
   (2) 훈련시간 : 해당 무인비행장치 조종자증명이 없는 사람이 조종교육을 위해 지도조종자의 원격조종장치와 연결된 비행훈련용 원격조종장치로 비행한 시간
   (3) 교관시간 : 지도조종자가 제2호에 따라 비행한 시간
2) 제1항에 의한 비행경력은 다음 각 호의 어느 하나에 해당하는 비행장치로 비행한 경력을 말한다.
   (1) 국토교통부 고시 "무인비행장치 조종자의 자격 및 전문교육기관 지정기준" 제15조제2항에 따라 지정된 훈련용 비행장치
   (2) 「항공사업법」 제48조제1항에 따라 등록된 초경량비행장치사용사업자가 법 제122조제1항에 따라 영리 목적으로 신고한 비행장치

28. 제11조(전문교관의 등록)

1) 전문교관으로 등록하고자 하는 사람은 다음 각 호의 어느 하나에 해당하지 않는 사람으로서 전문교관 등록기준을 충족해야 한다.
   (1) 법 제125조제5항에 따른 처분을 받은 날로부터 2년이 경과하지 않은 사람
   (2) 제12조제1항에 따른 전문교관 등록이 취소된 날로부터 2년이 지나지 않은 사람
2) 전문교관으로 등록하고자 하는 사람은 다음 각 호의 서류를 공단 이사장에게 제출하여야 한다.
   (1) 별지 서식의 전문교관 등록신청서
   (2) 비행경력증명서
   (3) 규칙에 따른 해당 분야 조종교육교관과정 이수증명서(지도조종자 등록신청자에 한함)
         규칙에 따른 해당 분야 실기평가과정 이수증명서(실기평가조종자 등록신청자에 한함)(→ 전문교관 등록신청자에 한함 X)
3) 공단 이사장은 제2항에 따라 전문교관으로 등록된 사람에게 그 등록 사실을 통지하여야 한다.

29. 제12조(전문교관의 등록 취소 등)

1) 공단 이사장은 전문교관으로 등록된 사람이 다음 각 호의 어느 하나에 해당되는 경우에는 전문교관 등록을 취소하여야 한다.
   (1) 법에 따른 행정처분(효력정지 30일 이하인 경우에는 제외)(→ 15일 받은 경우 취소한다 X)을 받은 경우
   (2) 허위로 작성된 비행경력증명서를 확인하지 아니하고 서명 날인한 경우
   (3) 비행경력증명서(비행경력을 확인하기 위해 제출된 자료를 포함한다)(→ 제외한다 X)를 허위로 제출한 경우
   (4) 실기시험위원이 부정한 방법으로 실기시험을 진행한 경우 (→ 실기시험을 치른 경우 X)
   (5) 거짓이나 그 밖의 부정한 방법으로 전문교관으로 등록된 경우

2) 제2항에 따라 전문교관 등록취소 결과에 이의가 있는 사람은 그 결과를 통보받은 날로부터 근무일수 30일 이내에 전문교관 등록 취소에 관한 이의신청서를 공단에 제출하여야 한다.

3) 공단 이사장은 제3항에 따른 이의신청을 받으면 신청일로부터 근무일수 30일 이내에 이를 심사하고 그 결과를 신청인에게 문서로 통지하여야 한다.

4) 제1항에 따라 취소된 사람이 다시 전문교관으로 등록하고자 하는 경우에는 취소된 날로부터 2년이 경과하여야 하며, 규칙 제307조제2항제1호에 따른 해당 분야 조종교육교관과정 또는 실기평가과정을 다시 이수하여야 한다.

30. 제13조(신체검사 증명)

1) 조종자증명 시험에 응시하고자 하는 사람은 다음 각 호의 어느 하나에 해당하는 신체검사증명서류를 제출하여야 한다.
   (1) 항공종사자 신체검사증명서
   (2) 지방경찰청장이 발행한 제2종 보통이상의(→ 제2종 소형이상의 X) 자동차운전면허증
   (3) 자동차운전면허를 받지 아니한 사람은 제2종 보통 이상의 자동차 운전면허를 발급받는데 필요한 신체검사증명서(→ 항공승무원 신체검사증명서 X, 모든 종류의 신체검사증명서 X, 종합건강진단서 X)

2) 1항에 따른 신체검사증명의 유효기간은 각 신체검사증명서류에 기재된 유효기간으로 하며 제1항제3호의 경우 검사 받은 날로부터 2년이 지나지 않아야 한다.

31. 제32조(실기시험의 응시)

1) 공단 이사장은 응시자 1인에 대하여 실기 시험위원 1인을 지정하여야 한다.
2) 실기시험 시간은 20분 이상으로 함을 원칙으로 하며, 공단 이사장이 필요하다고 인정할 때에는 그 시간을 조정할 수 있다.
3) 실기시험은 응시자가 신청한 조종자 증명시험에 해당하는 무인비행장치의 종류, 종(Class)으로 실시하여야 한다.
4) 실기시험에 필요한 기체 및 제반장비, 비행승인 등은 실기시험을 신청한 응시자가 준비하여야 하며, 응시자는 실기시험 당일에 다음 각 호의 사항을 준비하여 실기시험위원에게 제시하여야 한다.
   (1) 응시자의 신분증
   (2) 응시자격부여를 받기위해 제출한 서류
   (3) 실기시험에 사용할 무인비행장치의 신고증명서, 보험증서, 제작사의 제원표
      (최대이륙중량, 운용이 가능한 한계 풍속을 포함하여야 한다)
   (4) 비행승인이 필요한 장소에서 실기시험에 응시할 경우 비행승인을 받은 서류
5) 실기시험 위원은 조종자 증명별로 공단 이사장이 정하는 실기시험표준서(부록)을 기준으로 별지 제10호서식부터 별지 제18호서식까지의 채점표에 따라 평가하여야 한다.
6) 실기시험위원은 평가 시 공단 이사장이 지정한 자동채점시스템을 활용할 수 있다.

32. 비행 로그북 작성 시 유의사항 → 공단 교재에 없음

↳ 관련근거 : 항공교육훈련포털 공지사항 1번, 초경량비행장치 로그북 작성 예시 및 양식 수정 공지

1) 비행 로그북 양식

비 행 로 그 기 록 지

기체(機體) 정보	종류 :		형식 :			신고번호 :	
	자체중량 :		최대이륙중량 :			인정기관 : (서명)	

① 연월일	② 비행 장소	이륙 시각	착륙 시각	비행 시간 (단위:분)	④ 임무별 비행시간			비행 목적 (훈련 내용)	⑥ 교육생		⑦ 지도조종자		
					기 장	훈 련	교 관	소 계		성명	서명	성명	자격 번호	서명
		이륙시점 아워미터	착륙시점 아워미터	아워미터 기간										

2) 비행 로그북 작성 공단 지침

(1) 비행 로그북은 기체를 기준으로 작성하여야 함

- 비행 로그북을 작성하는 지도조종자는 반드시 해당 교육기관의 소속 교관이어야 함. 다만, 조종자증명을 취득한 조종자는 본인이 직접 작성하는 로그북은 객관적 증빙이 가능한 서류(예:조종자 본인이 계약당사자인 방제계약서, 촬영계약서 등)를 함께 제출한 경우 인정 될 수 있음
- 교육생에 대한 개인 비행 로그북의 추가 작성은 교육원의 재량 사항임

(2) 비행 로그북 양식은 자유로 하되, 비행 로그북에는 비행경력증명서에 기재되는 사항의 세부기록이 확인 될 수 있도록 모두 기록되어야 함

- 매 비행횟수를 기준으로 비행일자, 비행횟수, 비행장소, 이륙·착륙시각, 임무별 비행시간, 비행목적, 교육생의 성명·서명, 지도조종자의 성명·자격번호·서명 등을 기록하여야 함
  ↳ 비행시간은 이륙부터 착륙까지의 시간을 의미하며, 비행 전·후의 기체점검 시간은 포함되지 않음
- 안전성인증검사를 받아야 하는 기체의 경우, 안전성인증을 받은 해당일자에 안전성인증 검사를 받은 사실과 안전성인증검사 유효기간을 함께 기재하여야 함

(3) 아워미터 장착 기체는 이·착륙시각 아래에 이·착륙 시의 아워미터 시각을 기록해야 함

3) 비행 로그북 작성 예시

↳ 교육원 재윤교육원(원장 김재윤), 교육생 김동혁, 지도조종자 권승주로 가정 기체는 안전성인증검사를 받아야 하는 최대이륙중량 25kg을 초과, 아워미터 장착 가정

비 행 로 그 기 록 지

기체(機體) 정보	종류 : 무인멀티콥터		형식:SDR H-E2024		신고번호 : C4CM0002437		
	자체중량 : 17.1kg		최대이륙중량 : 26kg		인정기관 : 재윤교육원 (서명) 김재윤		

① 연월일	② 비행 장소	이륙 시각	착륙 시각	비행 시간 (단위:분)	④ 임무별 비행시간				비행 목적 (훈련 내용)	⑥ 교육생		⑦ 지도조종자		
		이륙시점 아워미터	착륙시점 아워미터	아워미터 기간	기장	훈련	교관	소계		성명	서명	성명	자격 번호	서명
24.7.1	경북 경산	09:00	09:18	18	0.3			0.3	종합 비행	김동혁	김동혁	권승주	91-017177	권승주
		100.1	100.4	100.1~100.4										
24.7.2	안전성 인증검사	유효	기간	26.7.1										

🚁 초경량비행장치 신고업무 운영세칙

※ 초경량비행장치 신고업무 운영세칙 찾아보기
　↳ 국가법령정보센터 → 공공기관 규정 → 초경량비행장치 신고업무 운영세칙

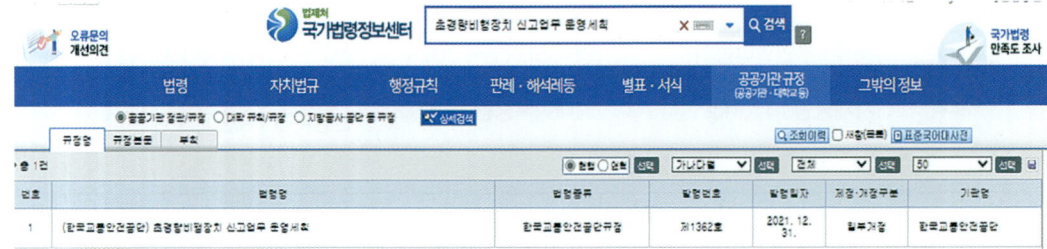

33. 제1조(목적)

이 세칙은 「항공안전법」제122조, 제123조 및 「항공안전법 시행규칙」제301조부터 제303조까지에 따른 초경량비행장치의 신고에 관한 절차·방법·신고대장 관리 등 세부사항을 규정함을 목적으로 한다.

34. 제2조(정의)

신규신고	초경량비행장치를 소유하거나 사용할 수 있는 권리가 있는 자가 최초로 행하는 신고
변경신고	초경량비행장치의 용도, 초경량비행장치 소유자 등의 성명이나 명칭, 주소, 초경량비행장치의 보관처 등이 변경된 경우 행하는 신고
이전신고	초경량비행장치의 소유권이 이전된 경우 행하는 신고
말소신고	초경량비행장치가 멸실되었거나 해체되는 등의 사유가 발생되었을 때 행하는 신고

35. 제3조(적용범위)

초경량비행장치의 신고에 관하여 다른 법령이 정하는 것을 제외하고는 이 세칙에 의한다.

36. 제4조(신규신고)

1) 초경량비행장치소유자등은 법에 따른 안전성인증을 받기 전(안전성인증 대상이 아닌 초경량비행장치인 경우에는 초경량비행장치를 소유하거나 사용할 권리가 있는 날부터 30일 이내를 말한다)까지 별지 서식의 초경량비행장치 신고서에 다음 각 호의 서류를 첨부하여 한국교통안전공단 이사장(→ 지방항공청장, 국토교통부장관 X)에게 제출하여야 한다
　(1) 초경량비행장치를 소유하거나 사용할 수 있는 권리가 있음을 증명하는 서류
　(2) 초경량비행장치의 제원 및 성능표
　(3) 가로 15센티미터. 세로 10센티미터의 초경량비행장치 측면사진(다만, 무인비행장치의 경우에는 기체 제작번호 전체를 촬영한 사진을 함께 제출한다.)

37. 제5조(변경신고)

> 초경량비행장치소유자 등은 초경량비행장치의 용도, 소유자등의 성명·명칭, 주소, 보관처 등이 변경된 경우, 그 변경일로부터 30일 이내에 별지 제1호서식의 초경량비행장치 신고서에 그 사유를 증명할 수 있는 서류를 첨부하여 이사장에게 제출하여야 한다.

→ 보관 장소가 변경 시 신고하지 않아도 된다 X

38. 제6조(이전신고)

> 초경량비행장치소유자등은 초경량비행장치의 소유권이 이전된 경우 소유권이 이전된 날로부터 30일 이내에 별지 제1호서식의 초경량비행장치 신고서에 그 사유를 증명할 수 있는 서류를 첨부하여 이사장에게 제출하여야 한다.

39. 제7조(말소신고)

1) 초경량비행장치소유자 등은 신고된 초경량비행장치에 대하여 다음 각 호에 해당되는 사유가 발생될 경우 그 사유가 있는 날로부터 15일 이내에 별지 제1호서식의 초경량비행장치 신고서에 말소사유를 기재하여 이사장에게 제출하여야 한다.
   (1) 초경량비행장치가 멸실되었거나 해체된 경우
   (2) 초경량비행장치의 존재 여부가 2개월 이상 불분명한 경우
   (3) 초경량비행장치가 외국에 매도된 경우
   (4) 신고대상 기체가 소유자 변경 등으로 인하여 미신고 대상이 된 경우
   (5) 신고대상 기체의 개조 등으로 인하여 신고 된 기체의 신고번호 최대이륙중량 구간(C0~C4)을 벗어난 경우

2) 초경량비행장치소유자 등이 제1항에 따른 말소신고를 하지 아니하면 이사장은 30일 이상의 기간을 정하여 말소신고를 할 것을 해당 초경량비행장치소유자등에게 최고(催告)하여야 한다. 다만, 최고(催告) 대상 초경량비행장치소유자 등의 주소 또는 거소를 알 수 없는 경우에는 말소신고 할 것을 공단 홈페이지에 30일 이상 공고하여야 한다.

40. 제8조(신고접수 창구)

> 초경량비행장치소유자등은 신규·변경·이전·말소 신고 시 신고서 및 첨부서류를 전산시스템 또는 e-mail·팩스·우편·방문을 통하여 제출할 수 있다.

CHAPTER 02 기출복원문제 풀이

01 다음 중 항공안전법 상 혈중알코올농도의 처벌기준으로 옳은 것은?

① 0.03% : 효력정지 30일
② 0.07% : 효력정지 120일
③ 0.05% : 효력정지 100일
④ 0.09% : 효력정지 150일

해설 혈중알코올농도 0.02%퍼센트 이상 0.06퍼센트 미만 : 효력정지 60일
혈중알코올농도 0.06%퍼센트 이상 0.09퍼센트 미만 : 효력정지 120일
혈중알코올농도 0.09%퍼센트 이상 : 효력정지 180일

정답 : ②

02 다음 중 비행승인을 받지 않아도 되는 경우에 대한 설명으로 옳은 것은?

① 비행장 주변 관제권에서 비행을 하고자 하는 경우
② 최대이륙중량이 25kg 이하인 무인동력비행장치로 비행하는 경우
③ 지상고도 150m 이상에서 비행하고자 하는 경우
④ 비행금지구역에서 비행하고자 하는 경우

해설 최대이륙중량 25kg 이하인 무인동력비행장치, 연료의 중량을 제외한 자체중량 12kg 이하이고 길이가 7m 이하인 무인비행선은 비행승인을 받지 않아도 된다.

정답 : ②

03 다음 중 무인비행장치의 특별비행승인 신청관련 내용으로 옳지 않은 것은?

① 관제권 내에서 초경량비행장치 비행
② 야간에 비행을 하고자 할 때
③ 비가시권에서 비행하려 할 때
④ 일몰 후 비행을 하고자 할 때

해설 드론 특별비행승인제도는 야간에 비행하거나 육안으로 확인할 수 없는 범위에서 비행할 경우에 지방항공청장에게 30일 전에 신청한다.

정답 : ①

04 다음 중 조종자 증명을 취소하거나 그 효력의 정지를 명할 수 있는 사유가 아닌 것은?

① 법을 위반하여 벌금이상의 형을 선고받은 경우
② 업무수행 중 개인의 과실로 재산피해를 발생시켰다.
③ 비행하는 동안 주류 등을 섭취하거나 사용한 경우
④ 거짓이나 부정한 방법으로 조종자 증명을 받은 경우

해설 거짓이나 그 밖의 부정한 방법으로 초경량비행장치 조종자 증명을 받은 경우 조종자 증명을 취소해야 한다.

정답 : ④

05 다음 중 전문교관의 등록취소 요건이 아닌 것은?

① 벌금형의 행정처분을 받은 경우
② 부정한 방법으로 지도조종자가 된 경우
③ 만 18세 미만인 교육생의 비행경력증명서에 서명을 할 경우
④ 실기시험위원으로 지정된 사람이 부정한 방법으로 실기시험을 진행할 경우

해설 비행경력증명서는 만 14세 이상 발행되기 때문에 만 18세 미만인 사람에게 서명은 할 수 있는 것이다.

정답 : ③

06 다음 중 비행경력증명서 작성 방법으로 옳지 않은 것은?

종류	형식	신고번호	안전성검사	최대이륙중량
① 무인멀티콥터	② MG-1	③ S7000T	④ 면제	25.3 Kg

해설 최대이륙중량이 25kg를 초과할 경우 안전성인증검사를 받아야 한다. 안전성인증검사는 항공안전기술원에서 받으며 사업용 기체 및 비사업용 기체의 정기검사는 2년 주기이다.

정답 : ④

07 다음 중 안전성인증을 받지 아니하고 초경량장치 조종자 증명을 받지않고 비행한 사람에 대한 처벌기준으로 옳은 것은?

① 1년 이하의 징역 또는 500만원 벌금
② 1년 이하의 징역 또는 1천만원 과태료
③ 1년 이하의 징역 또는 500만원 과태료
④ 1년 이하의 징역 또는 1천만원 벌금

해설 안전성인증을 받지 않고 비행시 최대 500만원 이하 과태료, 조종자 증명 없이 비행 시 최대 400만원 이하 과태료, 안전성인증을 받지 않고 조종자 증명도 없이 비행 시 1년 이하의 징역 또는 1천만원 이하의 벌금에 처한다.

정답 : ④

08 다음 중 초경량비행장치 조종자 전문교육기관의 지정 관련한 설명으로 옳지 않은 것은?

① 초경량비행장치 조종자 양성을 위한 전문교육기관은 국토교통부령으로 정하는 기준에 의한다.
② 전문교육기관으로 지정을 받기 위하여 교관현황, 교육시설 및 장비현황, 교육훈련 계획 및 교육훈련 규정을 국토교통부장관에게 제출해야 한다.
③ 교육과목, 교육시간, 평가방법, 교육훈련 규정 등 필요한 항공전문교육기관 운영세칙에 의한다.
④ 조종교육 교관 1명 이상, 실기평가과정을 이수한 실기평가 조종자 1명 이상의 전문 교관을 필요로 한다.

해설 교육과목, 교육시간, 평가방법 및 교육훈련규정 등 교육훈련에 필요한 사항은 국토교통부장관이 고시하는 기준을 갖추어야 한다. 고시근거는 초경량비행장치 조종자의 자격 기준 및 전문교육기관 지정 요령(국토교통부고시 제 2017-406호)이다.

정답 : ③

09 다음 중 항공안전법의 목적에 대한 설명으로 옳지 않은 것은?

① 항공안전법은 국제민간항공협약 및 같은 부속서에서 채택된 표준과 권고되는 방식을 따른다.
② 항공안전법은 항공기, 경량항공기 또는 초경량비행장치로 구분, 안전사항을 규정한다.
③ 항공안전법은 효율적인 항행을 위한 방법에 관한 사항을 규정한다.
④ 항공안전법은 항공안전을 책임지는 국가의 권리와 항공사업자 및 항공종사자 등의 의무에 대한 사항을 규정한다.

해설 항공안전법은 항공안전을 책임지는 국가, 항공사업자 및 항공종사자 등의 의무에 관한 사항을 규정한다.

정답 : ④

10 다음 중 초경량비행장치에 대한 설명으로 옳지 않은 것은?

① 초경량비행장치는 공기의 반작용으로 뜰 수 있는 장치를 말한다.
② 초경량비행장치는 대통령령(시행령)으로 기준을 정한다.
③ 초경량비행장치에는 무인비행장치가 포함된다.
④ 초경량비행장치 중 무인동력비행장치는 연료의 중량을 제외한 자체중량이 150킬로그램 이하이다.

해설 초경량비행장치는 국토교통부령으로 기준을 정한다.

정답 : ②

11 다음 중 과태료 부과 대상이 아닌 것은?

① 초경량비행장치 장치신고 위반
② 초경량비행장치 조종자증명 위반
③ 초경량비행장치 조종자준수사항 위반
④ 초경량비행장치 신고번호 표시 위반

해설 장치신고 위반은 6개월 이하의 징역 또는 500만원 이하의 벌금에 처한다.

정답 : ①

12 다음 중 비행승인에 대한 설명으로 처벌되지 않은 것은?

① 고도 150m 이상에서 비행승인을 받은 후 비행하였다.
② 관제권에서 비행승인 없이 비행하였다.
③ 비행금지구역에서 비행승인 없이 비행하였다.
④ 초경량비행장치 비행제한공역에서 비행승인 없이 비행하였다.

해설 관제권, 비행금지구역, 비행제한구역은 비행승인을 받은 후 비행해야 한다.

정답 : ①

13 다음 중 무인동력비행장치에 대한 설명으로 옳은 것은?

① 연료의 중량을 제외한 자체중량이 120킬로그램 이하인 무인비행기, 무인헬리콥터, 무인멀티콥터 또는 무인수직이착륙기
② 배터리의 중량을 제외한 자체중량이 120킬로그램 이하인 무인비행기, 무인헬리콥터, 무인멀티콥터 또는 무인수직이착륙기
③ 연료의 중량을 제외한 자체중량이 150킬로그램 이하인 무인비행기, 무인헬리콥터, 무인멀티콥터 또는 무인수직이착륙기
④ 배터리의 중량을 제외한 자체중량이 150킬로그램 이하인 무인비행기, 무인헬리콥터, 무인멀티콥터 또는 무인수직이착륙기

해설 무인비행장치는 무인동력비행장치와 무인비행선으로 분류되고 무인비행선은 연료의 중량을 제외한 자체중량이 180kg 이하이고 길이가 20m 이하이다.

정답 : ③

14 다음 중 전문교관 등록 취소에 관한 설명으로 옳지 않은 것은?

① 허위로 작성된 비행경력증명서등을 확인하지 아니하고 서명 날인한 경우
② 비행경력증명서(비행경력을 확인하기 위해 제출된 자료를 포함한다)를 허위로 제출한 경우
③ 실기시험위원으로 지정된 사람이 부정한 방법으로 실기시험을 진행한 경우
④ 취소된 지도조종자가 다시 지도조종자로 등록하고자 하는 경우 취소된 날로부터 3년이 경과하여야 한다.

해설 취소된 사람이 다시 전문교관으로 등록하고자 하는 경우에는 취소된 날로부터 2년이 경과해야 한다.

정답 : ④

15 다음 중 국제민간항공기구에 대한 설명으로 옳지 않은 것은?

① 1944년 12월 시카고 조약에서 서명되었다.

② ICAO는 ANNEX 19로 구성되어 있다.

③ 우리나라는 1952년에 가입하였다.

④ 현재 ANNEX에서 DRONE 비행관련 규범을 제정하여 운영되고 있다.

해설 현재 국제민간항공기구(ICAO) 기준의 무인비행기준 마련 단계이며, 국가별 Drone 비행관련 규정으로만 운영되고 있다.

정답 : ④

16 다음 중 초경량비행장치 신고에 대한 설명으로 옳지 않은 것은?

① 신고를 받은 날부터 5일 이내에 수리 여부 또는 수리 지연 사유를 통지하여야 한다.

② 신고증명서의 신고번호를 해당 장치에 표시하여야 한다.

③ 초경량비행장치의 제원 및 성능표를 제출하여야 한다.

④ 수리 여부 또는 수리 지연사유를 통지하지 아니하면 7일이 끝난 다음 날에 신고가 수리된 것으로 본다.

해설 신고를 받은 날부터 7일 이내에 신고수리 여부를 신고인에게 통지하여야 한다.

정답 : ①

17 다음 중 비행임무별 비행시간을 기재하는 방법에 대한 설명으로 옳지 않은 것은?

① 기장시간 : 초경량비행장치 조종자 증명서가 있는 사람이 단독으로 비행한 시간을 시간(HOUR) 단위로 기재

② 훈련시간 : 지도조종자의 원격조종장치와 함께 연결된 비행훈련용 원격조종장치로 교육을 받는 사람이 비행한 시간을 시간(HOUR) 단위로 기재

③ 교관시간 : 교관이 피교육자를 교육한 시간을 기재한다.

④ 훈련시간은 지도조종자로부터 교육을 받은 시간만 비행경력으로 인정한다.

해설 교관시간에는 위 훈련시간에 따른 지도조종자로서 비행한 시간을 시간(Hour) 단위로 기재한다.

정답 : ③

18 다음 중 위반 시 과태료 처분 대상이 아닌 것은?

① 안전성인증검사를 받지않은 최대이륙중량 25kg 초과 기체를 비행하였다.

② 조종자 증명을 받지 않고 최대이륙중량 16kg 기체를 비행하였다.

③ 아파트에서 완구용 드론으로 비행하였다.

④ 13kg의 사업용 기체를 신고하지 않고 비행하였다.

해설 ①~③은 과태료 처분 대상이며, ④는 6개월 이하의 징역 또는 500만원 이하의 벌금에 처한다.

정답 : ④

19 다음 중 비행경력증명서에 대한 설명으로 옳지 않은 것은?

① 기장시간은 조종자증명을 받지 않은 사람은 단독으로 비행한 시간을 시간단위로 적는다.
② 훈련시간은 지도조종자의 원격조종장치와 함께 연결된 비행훈련용 원격조종장치로 교육을 받는 사람이 비행한 시간을 시간(HOUR) 단위로 기재한다.
③ 교관시간은 훈련시간에 따른 지도조종자로서 비행한 시간을 시간(HOUR)단위로 기재
④ 지도조종자란에는 훈련지도한 지도조종자의 성명, 자격번호, 서명을 한다.

해설 기장시간은 해당 초경량비행장치 조종자 증명서가 없는 사람이 지도조종자의 감독 하에 단독으로 비행한 시간 또는 해당 초경량비행장치 조종자 증명서가 있는 사람이 단독으로 비행한 시간을 시간(HOUR) 단위로 기재한다.

정답 : ①

20 다음 중 무인비행장치 안전성인증검사 기준에 대한 설명으로 옳지 않은 것은?

① 자체중량이 25kg을 초과하는 무인비행선
② 최대이륙중량 25kg을 초과하는 무인헬리콥터
③ 최대이륙중량 25kg을 초과하는 무인멀티콥터
④ 최대이륙중량 25kg을 초과하는 무인비행기

해설 무인비행선은 연료의 중량을 제외한 자체중량이 12kg을 초과하거나 길이가 7m를 초과하는 것이 안전성인증검사 대상이다.

정답 : ①

21 다음 중 초경량비행장치 전문교관의 등록 취소 요건에 대한 설명으로 옳지 않은 것은?

① 법에 따른 행정처분(효력정지 30일 이하의 경우에는 제외)을 받을 경우
② 허위로 작성된 비행경력증명서를 확인하고 아니하고 서명 날인한 경우
③ 비행경력증명서(비행경력을 확인하기 위해 제출된 자료를 제외한다)를 허위로 제출한 경우
④ 실기시험위원이 부정한 방법으로 실기시험을 진행한 경우

해설 비행경력을 확인하기 위해 제출된 자료를 포함한다.

정답 : ③

22 다음 중 주류 등 섭취·사용 제한 시 처벌되는 기준에 대한 설명으로 옳지 않은 것은?

① 0.03% : 효력정지 60일
② 0.07% : 효력정지 120일
③ 0.08% : 효력정지 120일
④ 0.09% 이상 : 효력정지 190일

해설 0.09% 이상은 효력정지 180일

정답 : ④

23 다음 중 무인비행장치 신고 및 등록기관에 대한 설명으로 옳지 않은 것은?

① 기체신고 : 한국교통안전공단 ② 비행승인 : 한국교통안전공단
③ 안전성인증 : 항공안전기술원 ④ 조종자 자격취득 : 한국교통안전공단

해설 비행승인 신청은 드론원스톱 민원처리시스템에 접속하여 회원가입 후 신청 가능하고 승인은 관할기관(지방항공청, 군부대 등)에서 한다.

정답 : ②

24 다음 중 비행경력증명서 기재요령에 대한 설명으로 옳지 않은 것은?

비행 경력 증명서														
1.성명 :		2. 소속 :		3. 생년월일/여권번호 :						4.연락처 :			
		초경량비행장치							⑦ 임무별 비행시간					⑧ 지도조종자		
① 일자	② 비행 횟수	③ 종류	④ 형식	⑤ 신고 번호	⑥ 최종 인증 검사일	자체 중량 (kg)	최대 이륙 중량 (kg)	비행 장소	비행 시간 (hrs)	기장	훈련	교관	소계	비행 목적 (훈련 내용)	성명	자격 번호	서명

① ④항의 '형식'은 제조사에서 정한 고유 모델명을 기재한다.
② ⑥항의 '최종인증검사일'은 비행 당일 운용하는 기체의 최종적인 안전성인증일자를 기재한다.
③ ⑦항의 '임무별 비행시간' 중의 기장은 조종자 증명을 받지 않은 사람은 단독 또는 지도조종자와 함께 비행한 시간을 기재한다.
④ ⑧항의 '지도조종자'란의 경우 조종자 증명을 받지 않은 사람은 비행교육을 실시한 지도조종자의 성명, 자격번호 및 서명을 기재한다.

해설 기장시간은 해당 초경량비행장치 조종자 증명서가 없는 사람이 지도조종자의 감독 하에 단독으로 비행한 시간 또는 해당 초경량비행장치 조종자 증명서가 있는 사람이 단독으로 비행한 시간을 시간(HOUR) 단위로 기재

정답 : ③

25 다음 중 인명이나 재산에 위험을 초래할 우려가 있는 낙하물을 투하하는 행위를 하였을 때 벌칙으로 옳은 것은?

① 징역 6개월 이하 ② 벌금 500만원 이하 ③ 과태료 500만원 이하 ④ 과태료 300만원 이하

해설 인명이나 재산에 위험을 초래할 우려가 있는 낙하물을 투하하는 행위는 조종자 준수사항 위반으로 300만원 이하의 과태료에 처한다.

정답 : ④

26 다음 중 무인비행장치 말소신고 사유에 대한 설명으로 옳지 않은 것은?

① 멸실되었거나 해체된 경우

② 존재 여부가 1개월 이상 불분명한 경우

③ 외국에 매도된 경우

④ 신고대상 기체가 소유자 변경 등으로 인하여 미신고 대상이 된 경우

해설 존재 여부가 2개월 이상 불분명한 경우 말소 사유이다.

정답 : ②

27 다음 중 초경량비행장비 조종자 준수사항에 대한 설명으로 무인비행장치 조종자에 대해서는 적용하지 않는 것은?

① 인명이나 재산에 위험을 초래할 우려가 있는 낙하물을 투하하는 행위

② 관제공역, 통제구역, 주의공역에서 비행하는 행위

③ 안개 등으로 인하여 지상목표물을 육안으로 식별 할 수 없는 상태에서 비행하는 행위

④ 일몰 후, 일출 전까지 야간 비행하는 행위 등

해설 조종자 준수사항 중 안개 등으로 인하여 지상목표물을 육안으로 식별할 수 없는 상태에서 비행하는 행위와 비행시정 및 구름으로부터의 거리 기준을 위반하여 비행하는 행위는 무인비행장치 조종자에게는 적용하지 않는다.

정답 : ③

28 다음 중 조종자 준수사항 위반 시 처벌기준으로 옳은 것은?

① 징역 6개월 이하   ② 벌금 500만원 이하   ③ 벌금 300만원 이하   ④ 과태료 300만원 이하

해설 국토교통부령으로 정하는 조종자 준수사항을 따르지 아니하고 초경량비행장치를 비행한 사람은 300만원 이하 과태료에 처한다.

정답 : ④

29 다음 중 조종자 증명이 반드시 취소되는 사유로 옳은 것은?

① 거짓이나 부정한 방법으로 조종자 증명을 받은 경우

② 이법을 위반하여 벌금이상의 형을 선고받은 경우

③ 조종자 준수사항을 위반한 경우

④ 업무 수행 중 중대한 과실로 사고를 일으켜 인명 또는 재산피해를 발생시킨 경우

해설 ②~④는 조종자 증명을 취소하거나 1년 이내의 기간을 정하여 그 효력의 정지를 명할 수 있고, ①은 반드시 취소하여야 한다.

정답 : ①

30 다음 중 무인멀티콥터 조종자 증명 종류별 응시기준에 대한 설명으로 옳지 않은 것은?

① 1~3종 : 만 14세 이상인 사람

② 4종 : 만 10세 이상인 사람

③ 2종 : 1종 또는 2종 무인멀티콥터 조종시간이 총 20시간 이상인 사람

④ 2종 : 3종 무인멀티콥터 조종자증명(3종 무인멀티콥터로 조종한 시간이 6시간 이상인 사람에 한함)을 취득한 후 2종 무인멀티콥터를 조종한 시간이 7시간 이상인 사람

해설 2종은 1종 또는 2종 무인멀티콥터를 조종한 시간이 총 10시간 이상인 사람

정답 : ③

31 다음 중 초경량비행장치 신고에 대한 설명으로 옳지 않은 것은?

① 소유하거나 사용할 수 있는 권리가 있음을 증명하는 서류를 제출하여야 한다.

② 초경량비행장치 신고증명서의 신고번호를 해당 장치에 표시하여야 한다.

③ 한국교통안전공단 이사장은 초경량비행장치 신고서를 받은 날로부터 5일 이내에 수리여부 또는 수리 지연사유를 통지하여야 한다.

④ 3번과 같은 경우 기일이내 수리여부 또는 수리지연 사유를 통지하지 않으면 기일이 끝난 날의 다음날에 신고가 수리가 된 것으로 본다.

해설 신고를 받은 날부터 7일 이내에 수리 여부 또는 수리 지연 사유를 통지해야 한다.

정답 : ③

32 다음 중 전문교관의 등록취소 사항 중 반드시 취소해야 하는 사유가 아닌 것은?

① 효력정지 15일 이하 행정처분을 받은 경우

② 허위로 작성된 비행경력증명서를 확인하지 아니하고 서명 날인한 경우

③ 거짓이나 그 밖의 부당한 방법으로 전문교관으로 등록된 경우

④ 실기시험 위원으로 지정된 사람이 부정한 방법으로 실기시험을 진행한 경우

해설 효력정지 30일 이하인 경우에는 해당되지 않는다.

정답 : ①

33 다음 중 무인멀티콥터 조종자 준수사항에 대한 설명으로 옳은 것은?

① A씨는 항공사진촬영 목적으로 지방항공청으로부터 항공사진 촬영 허가를 받고 드론을 날렸다.

② B씨는 관제권내에서 비행승인 없이 지상시정이 3Km이지만 1km까지 육안식별이 가능하여 가시권 비행을 하였다.

③ C씨는 조명장치가 있는 실외공간에서 야간비행을 하였다.

④ D씨는 비행장 주변 관제권에서 비행승인을 받고 비행을 시도하였으나 강풍이 심하여 비행을 포기 하였다.

해설 ① 항공사진촬영 승인은 국방부이다.
② 비행시정은 항공안전법 시행규칙 제172조(시계비행의 금지)에 의거 지상시정이 5km 미만인 경우에는 관제권 안의 비행장에서 이륙 또는 착륙하거나 관제권 안으로 진입할 수 없다.(단, 항공교통관제기관의 승인시 가능)
③ 특별비행승인 없이 야간비행은 할 수 없다.

정답 : ④

34 다음 중 초경량비행장치 조종자 증명 취소사유에 해당 하지 않는 것은?

① 거짓으로 초경량비행장치 조종자 증명을 받은 경우

② 부정한 방법으로 초경량비행장치 조종자 증명을 받은 경우

③ 조종자 증명 효력정지 기간에 초경량비행장치를 비행한 경우

④ 주류를 섭취하고 비행한 경우

해설 주류 섭취하고 비행 : 혈중알콜농도에 따라 자격정지 기간이 차등 적용

정답 : ④

35 다음 중 조종자 준수사항 위반 시 처벌기준으로 옳지 않은 것은?

① 조종자격 취소   ② 조종자격 정지   ③ 벌금 300만원   ④ 과태료 300만원

해설 조종자 준수사항 위반 시 300만원 이하의 과태료 처분을 받는다.

정답 : ③

36 야간에 비행하거나 육안으로 확인할 없는 범위에서 비행하려는 자는 무인비행장치 특별비행승인 신청서에 서류를 첨부하여 지방항공청장에게 제출하여야 한다. 다음 중 그 서류에 해당하지 않는 것은?

① 무인비행장치의 종류, 형식 및 제원에 관한 서류

② 무인비행장치의 성능 및 운용한계에 관한 서류

③ 무인비행장치 조종자의 조종 능력 및 경력 등을 증명하는 서류

④ 무인비행장치의 제조 및 정비에 관한 서류

해설 무인비행장치의 제조 및 정비에 관한 서류는 필요 없다.

정답 : ④

37 다음 중 비행경력증명서 작성 내용에 대한 설명으로 옳지 않은 것은?

① 일자 : '25.06.20
② 최종인증검사일 : '25.04.30
③ 비행장소 : 경북 김천
④ 비행시간 : 0.75

해설 비행시간은 시간단위로 환산하여 기재하고, 소수 둘째자리부터 버린다.

정답 : ④

38 다음 중 초경량비행장치 신고 시 필요한 서류가 아닌 것은?

① 초경량비행장치를 소유하거나 사용할 수 있는 권리가 있음을 증명하는 서류
② 초경량비행장치 보험가입증명서
③ 초경량비행장치 성능 및 제원
④ 초경량비행장치의 사진(가로 15센티미터, 세로 10센티미터의 측면 사진)

해설 보험가입 증명서는 신고할 때 필요 없다. 보험가입을 위해서는 기체 신고증명서가 필요하다.

정답 : ②

39 비행경력증명서 기재요령에 대한 설명으로 옳지 않은 것은?

비행경력증명서															
1.성명:		2. 소속:			3. 생년월일/여권번호 : :			4.연락처:							
① 일자	② 비행 횟수	③ 초경량비행장치				④ 비행 장소	⑤ 비행 시간 (hrs)	⑥ 임무별 비행시간				⑦ 비행목적 (훈련내용)	⑧ 지도조종자		
		종류	형식	신고 번호	최종 인증 검사일	자체 중량 (kg)	최대 이륙 중량 (kg)			기장	훈련	교관	소계		성명	자격 번호	서명

① ①항은 년. 월. 일로 기재한다.(예; 25.01.01)
② ②항은 해당 일자의 총 비행횟수를 기재한다.
③ ⑤항 비행시간(hrs)은 해당일자에 비행한 총 비행시간을 시간(HOUR) 단위로 기재하고, 소수 둘째자리부터 버린다.
④ ⑧항은 지도조종자 서명은 교육을 시행한 지도조종자가 직접 자필로 기재하지 않아도 무방하다.

해설 ⑧항의 서명란은 지도조종자가 직접 자필로 서명해야 한다.

정답 : ④

40 다음 중 초경량비행장치사고에 대한 설명으로 옳지 않은 것은?

① 초경량비행장치사고를 일으킨 조종자 또는 소유자 등은 사고 발생 시 지방항공청장에게 보고해야 한다.
② 초경량비행장치가 추락하였으나 화재가 발생하지 않은 경우에는 초경량비행장치사고에 해당하지 않는다.
③ 초경량비행장치의 위치를 확인할 수 없거나 초경량비행장치에 접근이 불가능한 경우에는 초경량비행장치사고에 해당한다.
④ 초경량비행장치에 의한 사람의 사망, 중상이 발생한 경우에는 초경량비행장치사고에 해당한다.

[해설] 초경량비행장치의 추락, 충돌 또는 화재 발생도 사고이다.

정답 : ②

41 다음 중 초경량비행장치 변경신고사항으로 국토교통부령으로 정하는 사항이 아닌 것은?

① 초경량비행장치의 용도
② 초경량비행장치의 소유자 등의 성명
③ 초경량비행장치의 안전성인증검사 결과의 변경
④ 초경량비행장치의 보관 장소

[해설] 초경량비행장치 소유자 등은 초경량비행장치의 용도, 소유자 등의 성명·명칭, 주소, 보관처 등이 변경된 경우 그 변경일로부터 30일 이내에 신고해야 한다.

정답 : ③

42 다음 중 초경량비행장치 신고서류가 아닌 것은?

① 초경량비행장치를 소유하거나 사용할 수 있는 권리가 있음을 증명하는 서류
② 초경량비행장치의 안전성인증서
③ 초경량비행장치의 제원 및 성능표
④ 초경량비행장치의 사진

[해설] 안전성인증서는 최대이륙중량이 25kg초과하는 기체만 2년마다 받기 때문에 모든 기체가 받는 것이 아니므로 신고할 때 필수 서류는 아니다.

정답 : ②

43 다음 중 초경량비행장치 변경신고 사항에 포함되지 않는 것은?

① 초경량비행장치의 용도
② 초경량비행장치의 보관장소
③ 초경량비행장치의 소유자 성명 또는 주소
④ 초경량비행장치의 운용할 조종사, 정비사 인적사항

[해설] 용도, 보관장소, 소유자 성명 또는 주소가 변경시 변경신고를 30일 이내에 실시한다.

정답 : ④

44 다음 중 초경량비행장치 비행승인 관련 비행승인을 받지 않아도 되는 경우로 옳은 것은?

① 최대이륙중량 25kg을 초과하는 기체를 이용하여 비행

② 최저비행고도 150미터 이상의 고도에서 운영하는 계류식 기구로 비행

③ 최대이륙중량 25kg 이하인 무인동력비행장치로 비행

④ 관제권, 비행금지구역에서 비행

> **해설** 최대이륙중량 25kg 이하인 무인동력비행장치, 연료의 중량을 제외한 자체중량이 12kg 이하이고 길이가 7m 이하인 무인비행선은 초경량비행장치 비행승인을 받지 않아도 된다.

정답 : ③

45 다음 중 초경량비행장치 조종자 전문교육기관지정을 받기 위해 국토교통부 장관에게 제출할 서류가 아닌 것은?

① 전문교관의 현황   ② 교육시설 및 장비의 현황

③ 교육훈련계획 및 교육훈련 규정   ④ 보유한 비행장치의 제원

> **해설** 장치의 제원 및 성능표는 신고할 때 만 제출하는 서류이다.

정답 : ④

46 다음 중 초경량비행장치 신고 시 필요한 서류가 아닌 것은?

① 소유를 증명하는 서류   ② 측면 사진

③ 장치의 제원   ④ 보험을 증명하는 서류

> **해설** 보험은 장치 신고후에 가입한다.

정답 : ④

47 다음 중 초경량비행장치 비행제한구역의 비행승인 제외범위로 옳은 것은?

① 비행장(군비행장은 제외한다) 중심으로부터 반지름 2km 이내, 고도 500ft 이내

② 비행장(군비행장도 포함한다) 중심으로부터 반지름 3km 이내, 고도 500ft 이내

③ 이착륙장 중심으로부터 반지름 3km 이내의 지역의 고도 500ft 이내

④ 이착륙장 중심으로부터 반지름 2km 이내의 지역의 고도 500ft 이내

> **해설** 군비행장을 제외한 비행장 중심으로부터 반지름 3km 이내의 지역의 고도 500ft 이내 범위와 이착륙장의 중심으로부터 반지름 3km 이내의 지역의 고도 500 ft 이내의 범위는 비행승인 제외범위이다.

정답 : ③

48 다음 중 초경량비행장치를 적법하게 비행한 경우가 아닌 것은?

① 초경량비행장치구역(UA)에 주간에 500ft 미만으로 비행
② 초경량비행장치구역(UA)에 야간에 500ft 미만으로 비행
③ 관제권, 비행금지구역이 아닌 곳에서 25kg 이하의 무인비행장치를 100m 고도로 주간에 비행
④ 관제권에서 비행승인을 받은 후 비행

해설 초경량비행장치비행구역(UA)에서는 주간, 500ft 이하의 고도로 제약 없이 비행할 수 있다.

정답 : ②

49 다음 중 안전성인증 대상으로 옳지 않은 것은?

① 무인비행기 : 최대이륙중량이 25킬로그램을 초과하는 것
② 무인헬리콥터 : 최대이륙중량이 25킬로그램을 초과하는 것
③ 무인멀티콥터 : 최대이륙중량이 25킬로그램을 초과하는 것
④ 무인비행선 : 연료 중량을 제외한 최대이륙중량이 12킬로그램을 또는 길이가 7미터를 초과하는 것

해설 무인비행선 중에서 연료 중량을 제외한 자체중량이 12킬로그램 또는 길이가 7미터를 초과하는 것이 안전성인증 대상이다.

정답 : ④

50 다음 중 초경량비행장치에 신고번호를 표시하지 아니하거나 거짓으로 표시한 초경량비행장치 소유자에게 부과되는 과태료로 옳은 것은?

① 50만원 이하   ② 100만원 이하   ③ 150만원 이하   ④ 200만원 이하

정답 : ②

51 다음 중 초경량비행장치 신고에 대한 설명으로 옳지 않은 것은?

① 초경량비행장치소유자 등은 변경하려는 경우에는 그 사유가 있는 날부터 30일 이내에 초경량비행장치 변경·이전신고서를 한국교통안전공단 이사장에게 제출하여야 한다.
② 말소신고를 하려는 초경량비행장치 소유자등은 그 사유가 발생한 날부터 15일 이내에 초경량비행장치 말소신고서를 한국교통안전공단 이사장에게 제출하여야 한다.
③ 한국교통안전공단 이사장은 초경량비행장치의 소유자등의 주소 또는 거소를 알 수 없는 경우에는 말소신고를 할 것을 한국교통안전공단 홈페이지에 고시한다.
④ 한국교통안전공단 이사장은 말소 신고가 신고서 및 첨부서류에 흠이 없고 형식상 요건을 충족하는 경우 지체 없이 접수하여야 한다.

해설 주소 또는 거소를 알 수 없는 경우에는 말소신고를 할 것을 관보에 고시하고, 한국교통안전공단 홈페이지에 공고하여야 한다.

정답 : ③

52 다음 중 신고를 필요로 하지 않는 초경량비행장치의 범위로 옳은 것은?

① 최대이륙중량이 2kg 이하로 사용사업에 사용되는 기체

② 최대이륙중량 2kg 이하로 사용사업에 사용되지 않는 기체

③ 최대이륙중량 25kg 이하로 사용사업에 사용되는 기체

④ 최대이륙중량 25kg 초과로 사용사업에 사용되지 않는 기체

> 해설 최대이륙중량 2kg 이하인 기체 중 사용사업에 사용하는 기체는 신고해야하며, 사용하지 않는 기체는 신고가 필요 없다.

정답 : ②

53 다음 중 항공법 분법의 개정취지에 대한 설명으로 옳지 않은 것은?

① 국민이 이해하기 쉽도록 개선한다.

② 국제기준 변화에 탄력적으로 대응한다.

③ 항공기술과 항공사업의 발전을 위해 분법한다.

④ 현행제도의 운영상 나타난 미비점을 개선 및 보완 한다.

> 해설 2017년 3월 30일부 항공법은 국제기준에 탄력적 대응, 국민이 이해하기 쉽도록, 일부 미비점을 개선·보완하기 위해 항공안전법, 항공사업법, 공항시설법으로 분법되었다.

정답 : ③

54 2017년 3월 항공법은 3가지 법으로 분법되었는데 여기에 해당되지 않는 것은?

① 항공안전법　　② 항공산업법　　③ 공항시설법　　④ 항공사업법

> 해설 우리나라 항공법은 2017년 3월 30일부로 항공안전법, 항공사업법, 공항시설법으로 분법되었다.

정답 : ②

55 다음 중 드론특별승인에 대한 설명으로 옳지 않은 것은?

① 드론특별승인은 항공안전기술원장이 승인한다.

② 야간에 비행하고자 할 때 신청한다.

③ 육안으로 확인할 수 없는 범위에서 비행하려는자가 신청한다.

④ 야간, 비가시권 비행하고자 할 때 신청한다.

> 해설 무인비행장치 특별비행승인 신청서는 지방항공청장에게 제출, 승인은 국토교통부장관이 한다.

정답 : ①

56 다음 중 초경량비행장치 조종자 준수사항에 대한 설명으로 옳지 않은 것은?

① 150m 미만 고도에서 비행하는 행위 금지
② 음주하면서 비행하는 행위 금지
③ 야간에 비행하는 행위 금지
④ 비정상적인 방법으로 비행하는 행위 금지

해설 최대이륙중량이 25킬로그램 이하인 무인멀티콥터로 최저비행고도(150미터) 미만의 고도에서 비행하는 행위는 합법행위이다.

정답 : ①

57 다음 중 신고를 필요로 하지 아니하는 초경량비행장치의 범위가 아닌 것은?

① 행글라이더, 패러글라이더 등 동력을 이용하지 아니하는 비행장치
② 낙하산류
③ 최대이륙중량이 2kg 이하인 초경량비행장치
④ 군사목적으로 사용되지 않는 초경량비행장치

해설 군사목적으로 사용되는 초경량비행장치는 신고를 하지 않아도 된다.

정답 : ④

58 다음 중 위반 시 3년 이하의 징역 또는 3천만원 이하의 벌금에 해당되지 않는 것은?

① 음주를 하면서 비행하는 행위
② 비행 중 음주를 하는 행위
③ 음주를 하고 나서 비행하는 행위
④ 안전 개선 명령 위반

해설 안전 개선 명령 위반은 1천만원 이하의 벌금에 처한다.

정답 : ④

59 다음 중 초경량비행장치 조종자 전문교육기관의 지정에 대한 설명으로 옳지 않은 것은?

① 초경량비행장치 조종자 전문교육기관으로 지정받으려는 자는 관련 서류를 첨부하여 한국교통안전공단에 제출해야 한다.
② 교육과목, 교육시간, 평가방법 및 교육훈련 규정 등 교육훈련에 필요한 사항은 한국전문교육기관 운영세칙에 따른다.
③ 무인비행장치의 경우 조종경력이 100시간 이상이고 조종교육교관과정을 이수한 지도조종자 1명 이상, 조종경력이 150시간 이상이고 실기평가과정을 이수한 실기평가조종자 1명 이상의 전문교관이 있어야 한다.
④ 국토교통부장관은 재심사결과 전문교육기관 지정기준에 부적합하다고 판단될 경우에는 전문교육기관 지정을 취소 할 수 있다.

해설 교육과목, 교육시간, 평가방법 및 교육훈련 규정 등 교육훈련에 필요한 사항은 국토교통부장관이 정하여 고시하는 기준을 따른다.

정답 : ②

60 다음 중 항공안전법 안전관리제도 및 위반 시 처벌기준 중 벌금형 이상인 것은 무엇인가?

① 신고번호 표시 위반
② 조종자 증명 위반
③ 장치신고 및 변경신고 위반
④ 비행금지구역, 관제권, 고도 150m 이상 비행 승인 위반

> 해설 신고번호 표시 위반은 100만원 이하의 과태료, 조종자 증명 위반은 400만원 이하의 과태료, 장치신고 및 변경신고 위반은 6개월 이하의 징역 또는 500만원 이하의 벌금, 비행금지구역/관제권/고도 150m 이상 비행승인 위반 시 300만원 이하의 과태료에 처한다.

정답 : ③

61 다음 중 안전관리제도 및 위반 시 처벌기준으로 옳지 않은 것은?

① 장치 신고 및 변경신고 위반 시 6개월 이하의 징역 또는 500만원 이하의 벌금
② 조종자 증명 위반 시 400만원 이하의 과태료
③ 비행제한공역 비행승인 위반 시 200만원 이하의 과태료
④ 비행금지구역 비행승인 위반 시 300만원 이하의 과태료

> 해설 비행제한공역 비행승인 위반 시 500만원 이하의 벌금에 처한다.

정답 : ③

62 다음 중 신고를 필요로 하지 아니하는 초경량비행장치의 범위가 아닌 것은?

① 연구기관 등이 시험, 조사, 연구 또는 개발을 위하여 제작한 초경량비행장치
② 제작자 등이 판매가 목적이나 판매되지 아니한 것으로서 비행에 사용되지 아니하는 초경량비행장치
③ 무인동력비행장치 중에서 최대이륙중량이 12kg 이하인 것
④ 무인비행선 중 연료의 무게를 제외한 자체무게가 12kg 이하, 길이가 7m 이하인 것

> 해설 무인동력비행장치 중에서 최대이륙중량이 2kg 이하이면서 대여업/사용사업에 사용되는 않는 기체는 신고할 필요가 없다.

정답 : ③

63 초경량비행장치 신고서는 누구에게 제출하여 승인을 받는가?

① 한국교통안전공단 이사장
② 지방항공청장
③ 국토교통부 장관
④ 국방부 장관

> 해설 초경량비행장치 신고서는 안전성인증을 받기 전까지 한국교통안전공단 이사장에게 제출하여 승인을 받는다.

정답 : ①

64 초경량비행장치 조종자 전문교육기관의 지정 신청 요건에 대한 설명으로 옳지 않은 것은?

① 국토교통부장관에게 서류를 제출한다.
② 전문교관의 현황(조종교육교관과정을 이수한 지도조종자 1명 이상, 실기평가과정을 이수한 실기평가조종자 1명 이상)
③ 교육시설 및 장비의 현황(강의실 및 사무실 각 1개 이상, 이륙·착륙 시설, 훈련용 비행장치 1대 이상)
④ 교육훈련계획 및 교육훈련 규정

해설 초경량비행장치 조종자 전문교육기관 지정신청서에 1. 전문교관의 현황, 2. 교육시설 및 장비의 현황, 3. 교육훈련계획 및 교육훈련규정을 적은 서류를 첨부하여 한국교통안전공단에 제출하여야 한다.

정답 : ①

65 다음 중 벌금 이상의 형이 아닌 것은?

① 비행제한구역 비행
② 기체 신고 또는 변경신고 하지 아니하고 비행
③ 안전개선명령 위반
④ 비행금지구역 비행

해설 비행제한구역 비행(500만원 이하 벌금)
기체 신고 또는 변경신고 하지 아니하고 비행(6개월 또는 500만원 이하 벌금)
안전개선명령 위반(1천만원 이하 벌금)
비행금지구역 비행(300만원 이하 과태료)

정답 : ④

66 다음 중 초경량비행장치 사고보고 시 보고내용이 아닌 것은?

① 조종자 및 그 초경량비행장치 소유자 등의 성명 또는 명칭
② 사상자의 성명 등 사상자의 인적사항 파악을 위하여 참고가 될 사항
③ 보험가입 증명서류
④ 사고가 발생한 일시 및 장소

해설 보험가입 증명서류는 사고보고 시 보고내용이 아니다.

정답 : ③

67 다음 중 초경량비행장치가 아닌 것은?

① 패러글라이딩   ② 회전익비행장치   ③ 비행선류   ④ 동력비행장치

해설 비행선류는 항공기로 분류된다.

정답 : ③

68 다음 중 전문교관의 등록 취소사유에 대한 설명으로 옳지 않은 것은?

① 항공안전법을 위반하여 벌금 이상의 행정처분을 받은 경우
② 허위로 작성된 비행경력증명서를 확인하지 아니하고 서명 날인한 경우
③ 비행경력증명서를 허위로 제출한 경우
④ 실기시험위원으로 지정된 사람이 실기시험을 치른 경우

해설 실기시험위원이 부정한 방법으로 실기시험을 진행한 경우 등록이 취소된다.

정답 : ④

69 초경량비행장치 비행승인에 대한 설명으로 옳지 않은 것은?

① 초경량비행장치 비행제한공역에서 비행하려는 사람은 사전에 국토교통부장관의 승인을 받아야 한다.
② 비행승인 제외 범위 중 이착륙장 중심으로부터 반지름 3km 이내의 지역의 고도 500피트 이내의 범위는 해당 이착륙장을 관리하는 자와 사전에 협의가 된 경우는 비행이 가능하다.
③ 초경량비행장치 비행제한공역은 어떠한 경우에도 비행이 불가하다.
④ 관제공역, 통제공역, 주의공역 중 국토교통부령으로 정하는 구역에서 비행하는 경우 국토교통부장관의 비행승인을 받아야 한다.

해설 초경량비행장치 비행제한공역에서 비행승인을 받으면 비행이 가능하다.

정답 : ③

70 다음 중 초경량비행장치 조종자 준수사항에 대한 설명으로 옳지 않은 것은?

① 초경량비행장치는 일출 전 시민박명 시작부터 일출 후 시민박명 종료시까지 주간에 비행할 수 있다.
② 환각물질 등의 영향으로 조종업무를 정상적으로 수행할 수 없는 경우에는 비행해서는 안된다.
③ 초경량비행장치를 이용하여 사람이 모여 있는 상공에서 낙하물을 떨어뜨려서는 안된다.
④ 초경량비행장치 비행제한공역에서 비행승인을 받은 경우 200m 이상의 높이로 비행할 수 있다.

해설 일출 전 시민박명은 태양의 중심점이 지평선(또는 수평선) 아래 6°에 위치할 때부터 일출 직전까지의 야간으로 드론특별비행승인 없이는 비행해서는 안된다.

정답 : ①

71 다음 중 조종자 증명을 받지 아니하고 초경량비행장치장치를 사용하여 비행한 사람의 벌칙으로 옳은 것은?

① 벌금 500만원 이하 ② 과태료 500만원 이하
③ 벌금 300만원 이하 ④ 과태료 400만원 이하

해설 조종자 증명을 받지 않고 비행 시 400만원 이하의 과태료에 처한다.(1차 200만원, 2차 300만원, 3차 400만원)

정답 : ④

72 다음 중 무인비행장치 조종자증명에서 가능한 신체검사증명서류가 아닌 것은?

① 국가기관이 정한 모든 신체검사증명서

② 항공종사자 신체검사증명서

③ 제2종 보통이상의 자동차운전면허증

④ 제2종 보통이상의 운전면허를 발급받는데 필요한 신체검사증명서

해설 모든 신체검사증명서는 아니다.

정답 : ①

73 다음 중 주류 등의 섭취·사용 제한에 대한 기준으로 옳지 않은 것은?

① 혈중알코올 농도가 0.02퍼센트 이상인 경우

② 마약류를 사용한 경우

③ 환각물질을 사용한 경우

④ 주류 등의 종류 및 그 측정에 필요한 세부 절차 및 측정 기록의 관리 등에 필요한 사항은 대통령령으로 정한다.

해설 주류 등의 종류 및 그 측정에 필요한 세부 절차 및 측정 기록의 관리 등에 필요한 사항은 국토교통부령으로 정한다.

정답 : ④

74 다음 중 초경량비행장치 비행승인에 대한 설명으로 옳지 않은 것은?

① 초경량비행장치 비행제한공역에서 비행하려는 사람은 사전에 국토교통부장관의 승인을 받아야 한다.

② 이착륙장 중심으로부터 반지름 3km 밖의 지역의 고도 500ft 이내는 이착륙장을 관리하는 자와 협의가 된 경우 비행승인을 받지 않고 비행할 수 있다.

③ 초경량비행장치 비행제한공역에서 비행승인을 받은 경우는 비행이 가능하다.

④ 관제공역, 통제공역, 주의공역 중 국토교통부령으로 정하는 구역에서 비행하는 경우 국토교통부장관의 비행승인을 받아야 한다.

해설 이착륙장의 중심으로부터 반지름 3km 이내의 지역의 고도 500ft 이내의 범위(해당 이착륙장을 관리하는 자와 사전에 합의가 된 경우에 한정한다.)는 비행승인을 받지 않고 비행할 수 있다.

정답 : ②

75 다음 중 항공안전법에서 정하고 있는 사항에 대한 설명으로 옳지 않은 것은?

① 항공기 등록에 관한 사항
② 항공기 기술기준 및 형식증명에 관한 설명
③ 항행 안전시설 안전에 관한 사항
④ 항공종사자에 관한 사항

해설 항행 안전시설은 공항시설법의 내용이다.

정답 : ③

76 다음 중 초경량비행장치 관련 항공안전법 위반 시 처벌기준과 관련하여 과태료 부과대상이 아닌 것은?

① 초경량비행장치 장치신고 위반
② 초경량비행장치 신고번호 표시 위반
③ 초경량비행장치 조종자 증명 취득 위반
④ 초경량비행장치 조종자 준수사항 위반

해설 초경량비행장치의 신고 또는 변경신고를 하지 아니하고 비행을 한 자는 6개월 이하의 징역 또는 500만원 이하의 벌금에 처한다.

정답 : ①

77 다음 중 무인비행장치 전문교관으로 등록하려는 사람이 제출해야 하는 서류로 옳지 않은 것은?

① 전문교관 등록 신청서
② 비행경력증명서
③ 해당분야 조종교육교관과정 이수증명서(지도조종자 등록신청자에 한함)
④ 해당분야 실기평가과정 이수증명서(전문교관 등록신청자에 한함)

해설 해당분야 실기평가과정 이수증명서는 실기평가 조종자 등록신청자에 한해 공단 이사장에게 제출하여야 한다.

정답 : ④

78 다음 중 초경량비행장치에 대한 설명으로 옳지 않은 것은?

① 초경량비행장치는 공기의 반작용으로 뜰 수 있는 장치를 말한다.
② 초경량비행장치는 대통령령(시행령)으로 기준을 정한다.
③ 초경량비행장치에는 무인비행장치가 포함된다.
④ 초경량비행장치 중 무인동력비행장치는 자체중량이 150킬로그램 이하이다.

해설 초경량비행장치는 국토교통부령으로 기준을 정한다.

정답 : ②

79 다음 중 적법하게 초경량비행장치를 운용한 사람은 누구인가?

① A씨는 이·착륙장을 관리하는 사람과 사전에 협의하여, 비행승인 없이 이·착륙장에서 반경 4km 범위에서 100m 고도로 비행을 하였다.

② B씨는 비행승인 없이 초경량비행장치 비행제한구역에서 200m고도로 비행하였다.

③ C씨는 비행승인 없이 비행금지구역에서 50m 고도로 비행하였다.

④ D씨는 흐린 날씨에 초경량비행장치가 보이는 곳까지만 비행하고 일몰 전에 착륙하였다.

> **해설** 이·착륙장의 중심으로부터 반지름 3km 이내의 지역의 고도 500ft 이내의 범위(해당 이착륙장을 관리하는 자와 사전에 협의된 경우에 한정)는 비행승인을 받지 않고 비행할 수 있다. ②, ③은 비행승인을 받아야 한다.

정답 : ④

80 다음 중 초경량비행장치 조종자 증명 취소 또는 정지사유로 옳지 않은 것은?

① 거짓이나 그 밖의 부정한 방법으로 조종자 증명을 받은 경우 조종자 증명을 취소하여야 한다.

② 항공사업법을 위반하여 벌금 이상의 형을 선고 받은 경우 조종자 증명 취소 또는 정지

③ 주류 등의 섭취 및 사용 여부의 측정 요구에 따르지 아니한 경우 음주상태에 따라 효력 정지 및 취소를 한다.

④ 조종자 증명의 효력정지기간에 초경량비행장치를 비행한 경우 조종자 증명을 취소하여야 한다.

> **해설** 이 법을 위반하여 벌금 이상의 형을 선고받은 경우 초경량비행장치 조종자 증명을 취소하거나 1년 이내의 기간을 정하여 그 효력의 정지를 명할 수 있다. 여기서 이 법은 항공안전법을 의미한다.

정답 : ②

81 다음 중 초경량비행장치 조종자 증명을 취소하여야 하는 사유로 옳지 않은 것은?

① 거짓이나 그 밖의 부정한 방법으로 초경량비행장치 조종자 증명을 받은 경우

② 항공안전법을 위반하여 벌금 이상의 형을 선고받은 경우

③ 다른 사람에게 자기의 성명을 사용하여 초경량비행장치 조종을 수행하게 하거나 초경량비행장치 조종자 증명을 빌려 주는 행위

④ 주류 등의 섭취 및 사용 여부의 측정 요구에 따르지 아니한 경우

> **해설** ②는 초경량비행장치 조종자 증명을 취소하거나 1년 이내의 기간을 정하여 효력의 정지를 명할 수 있는 사유이다.

정답 : ②

82 다음 중 조종자 준수사항에 대한 설명으로 옳지 않은 것은?

① 가시권밖 비행 금지
② 인구밀집지역 비행 금지
③ 야간비행 금지
④ 국토교통부장관이 지정한 고층빌딩에서 고도 150m미만 비행 금지

> **해설** 사람 또는 건축물이 밀집된 지역의 고도는 해당 초경량비행장치를 중심으로 수평거리 150미터(500피트) 범위 안에 있는 가장 높은 장애물의 상단에서 150미터를 말한다.

정답 : ④

83 다음 중 초경량비행장치 조종자 증명 무게범위에 대한 설명으로 옳지 않은 것은?

① 1종 : 최대이륙중량이 25kg초과 연료의 중량을 제외한 자체중량이 150kg 이하
② 2종 : 최대이륙중량이 7kg초과 25kg 이하
③ 3종 : 최대이륙중량이 2kg초과 7kg 이하
④ 4종 : 최대이륙중량이 250g 이하

> **해설** 4종은 최대이륙중량이 250g을 초과하고 2kg 이하이다.

정답 : ④

84 다음 중 초경량비행장치 조종자 준수사항에 대한 설명으로 옳지 않은 것은?

① 일몰 후부터 일출전까지의 야간에 비행하는 행위 금지
② 그 밖에 비정상적인 방법으로 비행하는 행위 금지
③ 동력을 이용하는 모든 항공기, 경량항공기에 대하여 동력을 이용하지 아니하는 초경량비행장치는 진로를 양보하여야 한다.
④ 무인비행장치를 육안으로 확인할 수 있는 범위에서 조종

> **해설** 동력을 이용하는 초경량비행장치 조종자는 모든 항공기, 경량항공기 및 동력을 이용하지 아니하는 초경량비행장치에 대하여 진로를 양보하여야 한다.

정답 : ③

85 다음 중 안전성인증을 받지 않고 비행 시 부과되는 과태료로 옳은 것은?

① 100만원 이하의 과태료
② 200만원 이하의 과태료
③ 300만원 이하의 과태료
④ 500만원 이하의 과태료

> **해설** 안전성인증을 받지 않고 비행 시 500만원 이하의 과태료에 처한다. (1차 250만원, 2차 375만원, 3차 500만원)

정답 : ④

86 다음 중 안전성인증과 조종자 증명을 받지 아니하고 비행한 사람에 대한 처벌기준으로 옳은 것은?

① 1년 이하의 징역 또는 1천만원 이하의 벌금   ② 1천만원 이하의 벌금
③ 500만원 이하의 벌금   ④ 500만원 이하 과태료

해설 안전성인증검사 미실시+조종자 증명 없이 비행 시 1년이하의 징역 또는 1천만원 이하의 벌금에 처한다.

정답 : ①

87 다음 중 위반 시 500만원 이하의 벌금이 아닌 것은?

① 국토교통부장관의 승인을 받지 아니하고 초경량비행장치 비행제한공역에서 비행한 사람
② 국토교통부장관의 승인을 받지 아니하고 관제권에서 비행함으로써 항공기 이착륙을 지연시키거나 회항하게 하는 등 비행장 운영에 지장을 초래한 사람
③ 국토교통부장관의 허가를 받지 아니하고 무인자유기구를 비행한 사람
④ 초경량비행장치를 사용하여 비행 중 주류 등을 섭취한 사람

해설 초경량비행장치를 사용하여 비행 중 주류 등을 섭취한 사람은 3년이하의 징역 또는 3천만원 이하의 벌금에 처한다.

정답 : ④

88 다음 중 비행승인을 받지 않아도 되는 경우로 옳지 않은 것은?

① 최저비행고도(150m) 미만의 고도에서 운영하는 계류식 기구
② 가축전염병의 예방 또는 확산방지를 위하여 소독·방역업무 등에 긴급하게 사용하는 무인비행장치
③ 연료의 중량을 제외한 자체중량이 12kg 이하이고, 길이가 7m 이하인 무인비행선
④ 최대이륙중량이 25kg를 초과하는 무인동력비행장치

해설 최대이륙중량이 25킬로그램 이하인 무인동력비행장치, 연료의 중량을 제외한 자체중량이 12킬로그램 이하이고 길이가 7미터 이하인 무인비행선은 비행승인을 받지 않아도 된다.

정답 : ④

89 다음 중 장치신고를 하지 않거나 변경신고를 하지 않을 경우 처벌기준으로 옳은 것은?

① 1년 이하의 징역 또는 1천만원 이하의 벌금   ② 6개월 이하의 징역 또는 500만원 이하의 벌금
③ 3년 이하의 징역 또는 3천만원 이하의 벌금   ④ 1천만원 이하의 벌금

해설 장치신고를 하지 않거나 변경신고를 하지 않을 경우 6개월 이하의 징역 또는 500만원 이하의 벌금에 처한다.

정답 : ②

90 초경량비행장치를 이용하여 관제권에서 비행함으로써 항공기 이착륙을 지연시키거나 회항하게 하는 등 비행장 운영에 지장을 초래한 사람에 대한 처벌기준으로 옳은 것은?

① 500만원 이하 과태료
② 500만원 이하 벌금
③ 1천만원 이하 벌금
④ 1년 이하의 징역 또는 1천만원 이하 벌금

정답 : ②

91 다음 중 신규, 변경, 이전 신고 관련 설명으로 옳지 않은 것은?

① 최대이륙중량이 2kg을 초과하는 무인동력비행장치는 신고없이 비행 할 수 있다.
② 안전성인증을 받기전까지 초경량비행장치를 신고해야 한다.
③ 초경량비행장치가 멸실되었거나 해체한 경우에는 그 사유가 발생한 날부터 15일 이내에 신고해야 한다.
④ 변경신고는 그 사유가 있는 날부터 30일 이내에 신고해야 한다.

해설 최대이륙중량 2kg 초과하는 기체는 사업용이든 비사업용이든 모두 기체신고를 해야 한다.

정답 : ①

92 다음 중 전문교관 등록 취소 사유가 아닌 것은?

① 법에 따른 행정처분을 받은 경우(효력정지 15일 이하인 경우는 제외)
② 허위로 작성된 비행경력증명서를 확인하지 아니하고 서명 날인한 경우
③ 비행경력증명서를 허위로 제출한 경우(비행경력을 확인하기 위해 제출된 자료 포함)
④ 실기시험위원이 부정한 방법으로 실기시험을 진행한 경우

해설 전문교관 등록 취소 사유중 법(항공안전법)에 따른 행정처분을 받은 경우 중 효력정지 30일 이하인 경우는 제외한다.

정답 : ①

93 다음 중 관제권, 비행금지구역이 아닌 곳에서 최저비행고도 150m미만의 고도에서 비행 가능한 기체는 무엇인가?

① 동력항공기 80kg 미만
② 무인멀티콥터 150kg 미만
③ 무인헬리콥터 25kg 미만
④ 무인비행선 130kg 미만

해설 최대이륙중량 25kg이하인 무인동력비행장치(무인비행기, 무인헬리콥터, 무인멀티콥터)는 비행승인 예외장치에 포함된다.

정답 : ③

94 다음 중 무인비행장치의 기준으로 옳지 않은 것은?

① 연료의 중량을 제외한 자체중량이 150kg 이하인 무인비행기

② 연료의 중량을 제외한 자체중량이 150kg 이하인 무인헬리콥터

③ 연료의 중량을 제외한 자체중량이 150kg 이하인 무인멀티콥터

④ 연료의 중량을 제외한 자체중량이 180kg 초과하고 길이가 20m 초과하는 무인비행선

해설 연료의 중량을 제외한 자체중량이 180kg 이하이고 길이가 20m 이하인 무인비행선이 초경량비행장치의 범위에 속한다.

정답 : ④

95 다음 중 무인멀티콥터 1종 조종자 증명 응시기준으로 옳지 않은 것은?

① 2종 무인멀티콥터 조종자증명(2종 무인멀티콥터로 조종한 시간이 10시간 이상인 사람에 한함)을 취득한 후 1종 무인멀티콥터를 조종한 시간이 15시간 이상인 사람

② 3종 무인멀티콥터 조종자증명(2종 또는 3종 무인멀티콥터로 조종한 시간이 6시간 이상인 사람에 한함)을 취득한 후 1종 무인멀티콥터를 조종한 시간이 17시간 이상인 사람

③ 2종 무인헬리콥터 조종자증명을 취득한 후 1종 무인멀티콥터를 조종한 시간이 10시간 이상인 사람

④ 1종 무인수직이착륙기 조종자증명을 취득 한 후 1종 무인멀티콥터를 조종한 시간이 14시간 이상인 사람

해설 1종 무인헬리콥터 조종자증명을 취득한 후 1종 무인멀티콥터를 조종한 시간이 10시간 이상인 사람

정답 : ③

96 다음 중 무인멀티콥터 2종 조종자 증명 응시기준으로 옳지 않은 것은?

① 1종 또는 2종 무인멀티콥터를 조종한 시간이 총 10시간 이상인 사람

② 3종 무인멀티콥터 조종자증명(3종 무인멀티콥터로 조종한 시간이 6시간 이상인 사람에 한함)을 취득한 후 2종 무인멀티콥터를 조종한 시간이 7시간 이상인 사람

③ 2종 무인헬리콥터 조종자증명을 취득한 후 2종 무인멀티콥터를 조종한 시간이 5시간 이상인 사람

④ 2종 무인수직이착륙기 조종자증명을 취득한 후 2종 무인멀티콥터를 조종한 시간이 5시간 이상인 사람

해설 2종 무인수직이착륙기 조종자증명을 취득한 후 2종 무인멀티콥터를 조종한 시간이 7시간 이상인 사람

정답 : ④

97 다음 중 조종자 준수사항에 대한 설명으로 옳은 것은?

① 200m 이상의 고도에서 비행승인 없이 비행하였다.

② 관제권 내 비행승인 없이 비행하였다.

③ 비행 승인 후, 비행 중 기상악화로 시정이 확보되지 않아 기체를 착륙 시켰다.

④ 비행 승인 없이 초경량비행장치 비행제한구역에서 비행하였다.

해설 고도 150m이상, 관제권, 비행제한구역은 반드시 비행승인을 받은 후에 비행해야 한다.

정답 : ③

98 다음 중 초경량비행장치 변경신고 사항 중 법에서 정한 말소신고 기한으로 옳은 것은?

① 7일　　　　② 14일　　　　③ 15일　　　　④ 30일

해설　그 사유가 발생한 날부터 15일 이내에 말소신고서를 한국교통안전공단 이사장에게 제출하여야 한다.

정답 : ③

99 다음 중 말소 신고 위반 시 처벌기준으로 옳은 것은?

① 벌금 30만원 이하　　② 과태료 30만원 이하　　③ 벌금 100만원 이하　　④ 과태료 100만원 이하

해설　말소 신고 위반 시 30만원 이하 과태료에 처한다.(1차 15만원, 2차 22만5천원, 3차 30만원)

정답 : ②

100 다음 중 조종자 증명 시험에 응시하고자 하는 사람의 신체검사 증명 인정 범위에 대한 설명으로 옳지 않은 것은?

① 항공종사자 신체검사증명서

② 제2종 보통 이상의 자동차 운전면허증

③ 제2종 보통 이상의 자동차 운전면허를 발급받는데 필요한 신체검사증명서

④ 승무원 신체검사증명서

해설　조종자 증명 시험에 승무원 신체검사증명서는 해당서류가 아니다. 신체검사증명의 유효기간은 신체검사증명서류에 기재된 유효기간으로 하며, 제2종 보통 이상의 자동차 운전면허를 발급받는데 필요한 신체검사증명서를 제출한 경우 검사 받은 날로부터 2년이 지나지 않아야 한다.

정답 : ④

101 다음 중 안전성인증검사를 받지 않았을 때의 처벌기준으로 옳은 것은?

① 벌금 500만원 이하　　② 과태료 500만원 이하　　③ 벌금 1000만원 이하　　④ 과태료 1000만원 이하

해설　안전성인증검사를 위반 시 처벌기준은 500만원 이하의 과태료이다.(1차 250만원, 2차 375만원, 3차 500만원)

정답 : ②

102 다음 중 조종자 준수사항 위반사항이 아닌 것은?

① 음주상태 비행　　　　　　　　　　② 시계비행을 함

③ 술을 마시면서 비행　　　　　　　　④ 사람이 많은 곳에서 낙하물을 투하하는 행위

해설　비가시권 비행이 조종자 준수사항 위반사항이며, 시계비행은 적법한 비행이다.

정답 : ②

103 다음 중 무인동력비행장치가 아닌 것은?

① 무인비행기　　② 무인헬리콥터　　③ 무인멀티콥터　　④ 무인비행선

해설 무인비행장치는 아래와 같이 두가지로 분류한다.
1. 자체중량이 150Kg 이하인 무인동력비행장치로 무인비행기, 무인헬리콥터, 무인멀티콥터 또는 무인수직이착륙기
2. 자체중량 180kg 이하이고 길이가 20m 이하인 무인비행선

정답 : ④

104 다음 중 초경량비행장치 변경신고 사항에 대한 설명으로 옳지 않은 것은?

① 사유가 있는 날부터 30일 이내에 신고해야 한다.
② 소유자의 성명, 명칭, 주소가 변경 되었을 때 신고한다.
③ 보관 장소가 변경 시 신고하지 않아도 된다.
④ 변경 신고서를 한국교통안전공단 이사장에게 제출하여야 한다.

해설 보관장소 변경도 변경신고 사유이다.

정답 : ③

105 다음 중 동력비행장치와 무인비행선의 기준에 대한 설명으로 옳은 것은?

① 동력비행장치 : 자체중량 115Kg 이하, 좌석 1개
　무인비행선 : 자체중량 180kg 이하이고, 길이 20m 이하
② 동력비행장치 : 자체중량 115Kg 이하, 좌석 1개 이상
　무인비행선 : 자체중량 180kg 이하이고, 길이 20m 이하
③ 동력비행장치 : 자체중량 115Kg이하, 좌석 1개
　무인비행선 : 자체중량 180kg 이하이거나, 길이 20m 이하
④ 동력비행장치 : 최대이륙중량 25kg 초과, 좌석 1개 이상
　무인비행선 : 자체중량 180kg 이하이거나, 길이 20m 이하

해설 동력비행장치는 자체중량이 115kg 이하이며, 좌석이 1개이다. 무인비행선은 연료의 중량을 제외한 자체중량이 180kg 이하이고 길이가 20m 이하이다.

정답 : ①

106 다음 중 장치신고를 하지 않아도 되는 초경량비행장치로 옳은 것은?

① 사람이 탑승하는 계류식 기구류
② 동력을 이용하는 행글라이더, 패러글라이더
③ 연료의 무게를 제외한 자체무게가 12킬로그램을 초과하거나 길이가 7미터를 초과하는 무인비행선
④ 최대이륙중량이 2킬로그램 이하인 무인동력비행장치

해설 동력을 이용하지 않는 비행장치(행글라이더, 패러글라이더 등), 사람이 탑승하지 않는 기구류, 계류식 무인비행장치, 연료의 무게를 제외한 자체무게가 12킬로그램 이하이고, 길이가 7미터 이하인 무인비행선은 신고하지 않아도 된다.

정답 : ④

107 다음 중 최대이륙중량 25킬로그램 초과 시 안전성인증 대상 무인동력비행장치가 아닌 것은?

① 무인비행기 ② 무인멀티콥터 ③ 무인수직이착륙기 ④ 무인비행선

해설 무인비행선 : 연료의 중량을 제외한 자체중량 12킬로그램을 초과하거나 길이가 7미터를 초과하는 것

정답 : ④

108 다음 중 조종자 증명 위반 시 처벌기준으로 옳은 것은?

① 과태료 300만원 이하 ② 과태료 400만원 이하
③ 과태료 500만원 이하 ④ 벌금 500만원 이하

해설 조종자 증명 위반 시 처벌기준은 400만원 이하의 과태료에 처한다. (1차 위반 200만원, 2차 위반 300만원, 3차 위반 400만원)

정답 : ②

109 다음 중 초경량비행장치 안전성인증 대상으로 옳지 않은 것은?

① 동력비행장치
② 항공레저스포츠사업에 사용되는 행글라이더, 패러글라이더 및 낙하산류
③ 연료의 중량을 제외한 자체중량이 12킬로그램을 초과하고, 길이가 7미터를 초과하는 무인비행선
④ 회전익비행장치, 동력패러글라이더

해설 연료의 중량을 제외한 자체중량이 12킬로그램을 초과하거나 길이가 7미터를 초과하는 무인비행선

정답 : ③

110 다음 중 초경량비행장치 조종자 증명을 반드시 취소하여야 하는 사유가 아닌 것은?

① 거짓이나 그 밖의 부정한 방법으로 초경량비행장치 조종자 증명을 받은 경우
② 항공안전법을 위반하여 벌금 이상의 형을 선고받은 경우
③ 초경량비행장치 조종자 증명을 빌려 준 경우
④ 주류 등의 섭취 및 사용 여부의 측정 요구에 따르지 아니한 경우

해설 항공안전법을 위반하여 벌금 이상의 형을 선고받은 경우 조종자 증명을 취소하거나 1년 이내의 기간을 정하여 효력의 정지를 명할 수 있다.

정답 : ②

111 다음 중 무인비행장치 특별비행을 위한 안전기준 및 승인절차에 관한 기준 중 비가시비행 기준으로 옳지 않은 것은?

① 조종자의 가시권을 벗어나는 범위의 비행 시, 계획된 비행경로에 무인비행장치를 확인할 수 있는 관찰자를 한 명 이상 배치해야 한다.
② 관찰자를 배치하는 경우, 조종자와 관찰자 사이에 무인비행장치의 원활한 조작이 가능할 수 있도록 통신이 가능해야 한다.
③ 통신 이중화 등 비행 중 무인비행장치와 항상 통신을 유지하여야 한다.
④ FPV 등 비행상태를 확인 가능한 장치를 장착할 필요는 없다.

해설 비행상태를 확인 가능한 장치(FPV 등)를 장착하여야 한다.

정답 : ④

112 주류의 경우 행정처분 사항 중 조종자 증명을 취소해야 하는 경우는?

① 혈중알콜농도 0.02퍼센트 이상 0.06퍼센트 미만
② 혈중알콜농도 0.06퍼센트 이상 0.09퍼센트 미만
③ 혈중알콜농도 0.09퍼센트 이상
④ 주류 등의 섭취 및 사용 여부의 측정 요구에 따르지 않은 경우

해설 ① : 효력정지 60일, ② : 효력정지 120일, ③ : 효력정지 180일

정답 : ④

113 다음 중 초경량비행장치의 비행안전에 대한 방해요소를 제거하기 위하여 필요한 사항으로서 국토교통부령으로 정하는 사항 중 초경량비행장치 조종자에 대한 교육사항이 아닌 것은?

① 제310조에 따른 초경량비행장치 조종자의 준수사항
② 초경량비행장치 제작자가 정한 정비·비행 절차
③ 그 밖에 초경량비행장치사용사업의 안전을 위하여 국토교통부장관이 필요하다고 인정하여 고시하는 사항
④ 안전성이 검증되지 아니한 장비의 제거

해설 ④는 초경량비행장치사용사업자가 운용중인 초경량비행장치에 장착된 안전성이 검증되지 아니한 장비의 제거

정답 : ④

114 초경량비행장치 조종자 또는 초경량비행장치 소유자 등의 초경량비행장치사고 보고의 접수는 누구에게 하는가?

① 국토교통부장관　　　　　② 관할 지방항공청장
③ 한국교통안전공단　　　　④ 관할 경찰서

> **해설** 항공안전법 시행령 제26조(권한 및 업무의 위임·위탁)
>
> 제26조(권한 및 업무의 위임 · 위탁)
> ① 국토교통부장관은 법 제135조제1항에 따라 다음 각 호의 권한을 지방항공청장에게 위임한다.
> 　55. 법 제129조제3항에 따른 초경량비행장치 조종자 또는 초경량비행장치소유자 등의
> 　　　초경량비행장치사고 보고의 접수

정답 : ②

115 국토교통부령으로 정하는 초경량비행장치에 대한 초경량비행장치 조종자 증명을 받은 사람은 안전교육을 받아야 한다. 다음 중 국토교통부령을 정하는 초경량비행장치로 옳은 것은?

① 무인비행기　　② 무인헬리콥터　　③ 회전익비행장치　　④ 패러글라이더

정답 : ④

116 다음 중 초경량비행장치의 안전교육 중 최초교육의 시기에 대한 설명으로 옳은 것은?

① 초경량비행장치 조종자 증명을 받은 날부터 6개월이 되는 날이 속하는 해의 12월 31일까지
② 초경량비행장치 조종자 증명을 받은 날부터 1년이 되는 날이 속하는 해의 12월 31일까지
③ 초경량비행장치 조종자 증명을 받은 날부터 2년이 되는 날이 속하는 해의 12월 31일까지
④ 초경량비행장치 조종자 증명을 받은 날부터 3년이 되는 날이 속하는 해의 12월 31일까지

정답 : ③

117 다음 중 초경량비행장치 조종자 전문교육기관의 시설 및 장비 지정기준으로 옳지 않은 것은?

① 강의실 및 사무실 1개 이상
② 이륙·착륙 시설
③ 훈련용 비행장치 1대 이상
④ 출결 사항을 전자적으로 처리·관리하기 위한 단말기 1대 이상

> **해설** 강의실 및 사무실 각 1개 이상

정답 : ①

118 다음 중 초경량비행장치 안전성인증 대상으로 옳은 것은?

① 사람이 탑승하지 않은 기구류

② 자체중량이 25kg을 초과하는 무인멀티콥터

③ 착륙장치가 없는 자체중량 115kg이하 동력패러글라이더

④ 무인비행선 중에서 연료의 중량을 제외한 자체중량이 12kg 초과하거나, 길이가 7m 초과

해설 사람이 탑승한 기구류, 최대이륙중량 25kg 초과하는 무인멀티콥터, 착륙장치가 있는 자체중량 115kg 이하 동력패러글라이더는 안전성인증 대상이다.

정답 : ④

119 다음 중 초경량비행장치 낙하산류에 대한 설명으로 옳은 것은?

① 동력비행장치 요건을 갖춘 자이로플레인

② 패러글라이더에 추진력 장치를 부착한 비행장치

③ 항력을 발생시켜 대기 중에 낙하 속도를 느리게 하는 비행장치

④ 자체중량 70kg 이하로, 날개 부착 줄을 이용하여 조종하는 비행장치

해설 ①은 회전익비행장치, ②는 동력패러글라이더, ④는 패러글라이더에 대한 설명이다.

정답 : ③

120 다음 중 신고가 필요 없는 초경량비행장치는 무엇인가?

① 기구류(사람이 탑승한 것은 제외한다.)

② 동력을 이용하는 패러글라이더

③ 무인동력비행장치 중에서 최대이륙중량이 2kg을 초과하는 것

④ 군사목적으로 사용되지 않는 초경량비행장치

해설 사람이 탑승하는 기구류는 신고해야 한다.

정답 : ①

121 다음 중 초경량비행장치 기준으로 옳지 않은 것은?

① 연료의 중량을 제외한 자체중량이 150킬로그램 이하인 무인멀티콥터

② 연료의 중량을 제외한 자체중량이 150킬로그램 이하인 무인비행기

③ 연료의 중량을 제외한 자체중량이 150킬로그램 이하인 무인헬리콥터

④ 연료의 중량을 제외한 자체중량이 150킬로그램 이하이고 길이가 20미터 이하인 무인비행선

해설 무인비행선은 연료의 중량을 제외한 자체중량이 180킬로그램 이하이고 길이가 20미터 이하이다.

정답 : ④

122 다음 중 초경량비행장치에 대한 설명으로 옳은 것은?

① 회전익 비행장치는 동력비행장치 요건을 갖춘 헬리콥터와 동력패러글라이더로 구분된다.

② 무인비행장치는 무인동력비행장치와 무인비행선으로 구분된다.

③ 무인동력비행치는 무인비행선, 무인헬리콥터, 무인멀티콥터, 무인수직이착륙기로 구분된다.

④ 초경량비행장치는 공기의 반작용으로 뜰 수 있는 장치로서 최대이륙중량과 좌석수 등 국토교통부령으로 정하는 기준에 따라 구분된다.

> 해설 회전익 비행장치는 동력비행장치 요건을 갖춘 헬리콥터와 자이로플레인이 해당되며, 초경량비행장치는 공기의 반작용으로 뜰 수 있는 장치로서 자체중량과 좌석수로 구분한다.

정답 : ②

123 다음 중 특별비행승인에 대한 설명으로 옳지 않은 것은?

① 일몰 후 시민박명시간은 주간이므로 특별비행승인을 안 받아도 된다.

② 특별비행승인 신청서는 지방항공청장에게 제출한다.

③ 야간비행은 특별비행승인 시 가능하다.

④ 비가시권 비행은 특별비행승인 시 가능하다.

> 해설 시민박명시간은 일출 전 시간이기 때문에 비행을 하기 위해서는 특별비행승인을 받아야 한다.

정답 : ①

124 다음 중 국토교통부령으로 정하는 초경량비행장치 변경신고 사항이 아닌 것은?

① 초경량비행장치의 용도 ② 초경량비행장치 소유자 등의 성명

③ 초경량비행장치 소유자 등의 소속 ④ 초경량비행장치 소유자 등의 주소

> 해설 초경량비행장치 소유자 등의 명칭

정답 : ③

125 다음 중 항공안전법의 적용 및 적용 특례에 대한 설명으로 옳지 않은 것은?

① 민간항공기는 항공안전법 전체를 적용

② 군용항공기와 관련 항공업무에 종사하는 사람은 항공안전법 미적용

③ 세관업무 항공기와 관련 항공업무에 종사하는 사람은 항공안전법 적용

④ 경찰업무 항공기는 공중충돌 등 항공기 사고 예방을 위한 사항만 적용

> 해설 세관 또는 경찰업무(관련 항공업무 종사하는 사람 포함)는 이 법을 적용치 아니하나, 단 공중충돌 등 항공기사고 예방위한 사항만(51조, 67조, 68조5, 79조, 82조1) 적용한다.

정답 : ③

126 다음 중 항공안전법에서 정하고 있는 사항에 대한 설명으로 옳지 않은 것은?

① 항공기 등록에 관한 사항
② 항공기 기술기준 및 형식 증명에 관한 사항
③ 항공종사자에 관한 사항
④ 항행안전시설 안전에 관한 사항

해설 공항시설법에는 공항/비행장 개발과 관리/운영, 항행안전시설 등 관련 내용이 포함된다.

정답 : ④

127 다음 중 초경량비행장치가 비행 가능한 공역에 대한 설명으로 옳지 않은 것은?

① 관제권과 비행금지구역에서 비행하려는 경우에는 비행승인이 필요하다.
② 이착륙장을 관리하는 자와 사전에 협의된 경우에는 이착륙장 중심으로부터 반지름 3km 밖에서 고도 500ft 미만으로 비행할 수 있다.
③ 사람 또는 건축물이 밀집된 지역이 아닌 곳에서는 지표면 또는 수면 또는 물건의 상단에서 150m 이상에서 비행하는 경우에는 비행승인이 필요하다.
④ 사람 또는 건축물이 밀집된 지역에는 해당 초경량비행장치를 중심으로 수평거리 150m(500ft) 범위 안에 있는 가장 높은 장애물의 상단에서 150m 이상에서 비행하는 경우에는 비행승인이 필요하다.

해설 이착륙장의 중심으로부터 반지름 3킬로미터 이내의 지역의 고도 500피트 이내의 범위(해당 이착륙장을 관리하는 자와 사전에 협의가 된 경우에 한정)에서는 비행승인을 받을 필요가 없다.

정답 : ②

128 다음 중 초경량비행장치 안전성인증에 대한 설명으로 옳지 않은 것은?

① 초경량비행장치를 사용하여 비행하려는 사람은 국토교통부장관에게 안전성인증을 받고 비행하여야 한다.
② 초경량비행장치 안전성인증의 유효기간 및 절차, 방법 등에 대해서는 국토교통부장관의 승인을 받아야 하며, 변경할 때에는 해당 장비의 변경 기준을 따른다.
③ 무인비행장치 안전성인증 대상은 무인비행기, 무인헬리콥터 또는 무인멀티콥터 중에서 최대이륙중량이 25킬로그램을 초과하는 것을 대상으로 한다.
④ 초경량비행장치 안전성인증 기관은 기술원(항공안전기술원)이 주로 수행한다.

해설 항공안전법 제124조(초경량비행장치 안전성인증) 시험비행 등 국토교통부령으로 정하는 경우로서 국토교통부장관의 허가를 받은 경우를 제외하고는 동력비행장치 등 국토교통부령으로 정하는 초경량비행장치를 사용하여 비행하려는 사람은 국토교통부령으로 정하는 기관 또는 단체의 장으로부터 그가 정한 안전성인증의 유효기간 및 절차·방법에 따라 그 초경량비행장치가 국토교통부장관이 정하여 고시하는 비행안전을 위한 기술상의 기준에 적합하다는 안전성인증을 받지 아니하고 비행하여서는 아니 된다. 이 경우 안전성인증의 유효기간 및 절차·방법 등에 대해서는 국토교통부장관의 승인을 받아야 하며, 변경할 때에도 또한 같다.

정답 : ②

129 다음 중 초경량비행장치 안전성인증에 대한 설명으로 옳지 않은 것은?

① 안전성인증 대상은 국토교통부령으로 정한다.

② 초경량비행장치 중에서 무인비행기도 안전성인증 대상이다.

③ 무인동력비행장치 안전성인증 대상은 최대이륙중량 25킬로그램을 초과하는 것이다.

④ 초경량비행장치 안전성인증 기관은 기술원(항공안전기술원)만이 수행한다.

해설 항공안전법 시행규칙 제305조(초경량비행장치 안전성인증 대상 등) 국토교통부령으로 정하는 기관 또는 단체란 기술원 또는 별표 43에 따른 시설기준을 충족하는 기관 또는 단체 중에서 국토교통부장관이 정하여 고시하는 기관 또는 단체를 말한다.

정답 : ④

130 다음 중 무인비행장치 조종자가 준수해야 하는 사항으로 옳은 것은?

① 일몰 후부터 일출 전까지의 야간에 비행하는 행위

② 주류 등의 영향으로 조종업무를 정상적으로 수행할 수 없는 상태에서 조종하는 행위

③ 비행 중 주류 등을 섭취하거나 사용하는 행위

④ 무인비행장치를 육안으로 확인할 수 있는 범위에서 조종하는 행위

해설 ①~③은 조종자 금지사항이다.

정답 : ④

131 다음 중 적법하게 초경량비행장치를 운영한 사람은 누구인가?

① A씨는 이착륙장을 관리하는 사람과 사전에 협의하여, 비행승인 없이 이착륙장에서 반경 2.5km 범위에서 100m 고도로 비행하였다.

② B씨는 비행승인 없이 초경량비행장치 비행제한구역에서 200m 고도로 비행하였다.

③ C씨는 비행승인 없이 비행금지구역에서 50m 고도로 비행하였다.

④ D씨는 비행승인 없이 관제권이 운용되는 공항으로부터 8.2km 지점에서 100m 고도로 비행하였다.

해설 초경량비행장치 비행제한구역, 비행금지구역, 관제권에서는 비행승인을 받아야만 비행할 수 있다.

정답 : ①

132 다음 중 최대이륙중량이 15kg인 무인멀티콥터를 비행할 때 비행승인을 받아야 하는 공역이 아닌 것은?

① 관제권   ② 비행금지구역

③ 지표면으로부터 200m 고도   ④ ①, ②가 아닌 150m 미만의 구역

해설 관제권, 비행금지구역이 아닌 150m 미만의 구역에서 비행 시 비행승인이 필요 없다.

정답 : ④

133 다음 중 초경량비행장치 신고에 대한 설명으로 옳지 않은 것은?

① 초경량비행장치 신고는 초경량비행장치를 소유하거나 사용할 수 있는 권리가 있는 자가 국토교통부장관(한국교통안전공단 이사장에게 위탁)에게 신고하는 것이다.
② 초경량비행장치 신고는 연료의 무게를 제외한 자체무게가 12킬로그램 이상인 무인동력비행장치가 대상이다.
③ 시험, 조사, 연구개발을 위하여 제작된 초경량비행장치는 신고를 할 필요가 없다.
④ 판매되지 아니한 것으로 비행에 사용되지 아니하는 초경량비행장치는 신고를 할 필요가 없다.

해설 초경량비행장치는 최대이륙중량 2kg 초과할 때에는 영업용이든, 비영업용이든 무조건 신고를 해야 한다.

정답 : ②

134 초경량비행장치 소유자 등은 법에 따른 신고를 해야 한다. 다음 초경량비행장치 신규 신고사항에 대한 설명으로 옳지 않은 것은?

① 신규신고 서류에는 초경량비행장치를 소유하거나 사용할 수 있는 권리가 있음을 증명하는 서류가 포함된다.
② 신규신고 서류에는 초경량비행장치의 제원 및 성능표가 포함된다.
③ 신규신고 서류에는 초경량비행장치의 사진(가로 10cm × 세로 15cm의 정면사진)이 포함된다.
④ 신규신고는 안전성인증을 받기 전(안전성인증 대상이 아닌 경우, 소유 또는 사용할 권리가 있는 날부터 30일 이내) 한국교통안전공단 이사장에게 제출해야 한다.

해설 초경량비행장치 신고 시 사진의 크기는 가로 15cm × 세로 10cm의 측면사진이다.

정답 : ③

135 다음 중 초경량비행장치 안전성인증 대상이 아닌 것은?

① 자체중량 70kg 이하 행글라이더, 패러글라이더, 낙하산(항공레저스포츠사업용만 해당)
② 자체중량 70kg 이하 기구류
③ 자체중량 115k 이하 착륙장치가 있는 동력패러글라이더
④ 자체중량 115kg 이하 동력비행장치

해설 기구류는 사람이 탑승한 것만 안전성인증 대상이다.

정답 : ②

136 다음 중 전문교육기관의 지정에 대한 설명으로 옳지 않은 것은?

① 초경량비행장치 조종자 전문교육기관으로 지정받으려는 자는 전문교육기관 신청서에 서류를 첨부하여 국토교통부(지방항공청)에 제출한다.

② 첨부서류로 전문교관의 현황(지도조종자, 실기평가조종자 각각 1명 이상)

③ 첨부서류로 교육시설 및 장비의 현황

④ 첨부서류로 교육훈련계획 및 교육훈련규정

해설 항공안전법 시행규칙 제307조(초경량비행장치 조종자 전문교육기관의 지정 등) 전문교육기관으로 지정받으려는 자는 전문교육기관 신청서에 서류를 첨부하여 한국교통안전공단에 제출해야 한다.

정답 : ①

137 다음 중 국토교통부령으로 정하는 장비를 장착 또는 휴대하지 않고 비행을 한 사람의 처벌기준으로 옳은 것은?

① 100만원 이하의 과태료   ② 200만원 이하의 과태료
③ 300만원 이하의 과태료   ④ 500만원 이하의 과태료

정답 : ①

138 다음 중 무인비행장치 조종자 준수사항이 아닌 것은?

① 인명, 재산에 위험을 초래할 우려가 있는 낙하물 투하 금지

② 비행시정 및 구름으로부터 거리기준을 위반하여 비행하는 행위 금지

③ 인구가 밀집된 지역이나 그 밖에 사람이 많이 모인 장소의 상공에서 인명 또는 재산에 위험을 초래할 우려가 있는 방법으로 비행하는 행위 금지

④ 일몰 후부터 일출 전까지의 야간에 비행하는 행위 금지

해설 항공안전법 시행규칙 제310조(초경량비행장치 조종자의 준수사항) 안개 등으로 인하여 지상목표물을 육안으로 식별할 수 없는 상태에서 비행하는 행위와 비행 시정 및 구름으로부터 거리기준을 위반하여 비행하는 행위는 무인비행장치 조종자에 대해서는 적용하지 않는다.

정답 : ②

139 다음 중 3년 이하의 징역 또는 3천만원 이하의 벌금에 처하는 항목이 아닌 것은?

① 음주 후 비행   ② 비행 중 음주
③ 음주 측정 요구를 따르지 아니한 사람   ④ 안전 개선 명령 위반 시

해설 안전 개선 명령 위반은 1천만원 이하의 벌금에 처한다.

정답 : ④

140 초경량비행장치 비행제한공역에서 비행하려는 사람은 무엇을 받아야 하는가?

① 초경량비행장치 특별비행승인
② 초경량비행장치 비행승인
③ 초경량비행장치 촬영승인
④ 초경량비행장치 공역승인

해설 초경량비행장치 비행제한공역에서 비행하려는 사람은 국토교통부령으로 정하는 바에 따라 미리 국토교통부장관으로부터 비행승인을 받아야 한다.

정답 : ②

141 다음 중 비행 중 주류 등을 섭취한 사람의 처벌기준으로 옳은 것은?

① 3년 이하의 징역 또는 3천만원 이하의 벌금
② 1년 이하의 징역 또는 1천만원 이하의 벌금
③ 벌금 500만원
④ 과태료 300만원

정답 : ①

142 다음 중 조종자 증명 종류별 응시기준의 무게범위에 대한 설명으로 옳지 않은 것은?

① 1종 : 최대이륙중량 25kg을 초과하고 150kg 이하인 비행장치
② 2종 : 최대이륙중량이 7kg을 초과하고 25kg 이하인 비행장치
③ 3종 : 최대이륙중량이 2kg을 초과하고 7kg 이하인 비행장치
④ 4종 : 최대이륙중량이 250g을 초과하고 2kg 이하인 비행장치

해설 1종 : 최대이륙중량 25kg을 초과하고 연료의 중량을 제외한 자체중량이 150kg 이하인 비행장치

정답 : ①

143 다음 중 비행경력증명서 기재요령에 대한 설명으로 옳지 않은 것은?

① 발급번호는 기관명-년도-월-발급번호 순으로 기재한다.
② 최종인증검사일은 신청일을 기재한다.
③ 비행시간은 해당일자에 비행한 총 비행시간을 시간 단위로 기재한다.
④ 비행목적은 조종자 증명을 받은 사람은 비행목적을 기재하고, 조종자 증명을 받지 않은 사람은 훈련 내용을 기재한다.

해설 최종인증검사일은 인증 검사를 받은 최종인증검사일을 기재한다.

정답 : ②

144 다음 중 초경량비행장치 조종자 전문교육기관으로 지정받으려는 자가 초경량비행장치 조종자 전문교육기관 지정신청서에 첨부하여 한국교통안전공단에 제출해야 할 서류에 해당하지 않는 것은?

① 전문교관의 현황
② 설치자의 성명·주소
③ 교육시설 및 장비의 현황
④ 교육훈련계획 및 교육훈련규정

해설 설치자의 성명·주소는 별도로 제출하지 않는다.

정답 : ②

145 초경량비행장치 소유자 등은 변경신고 사유 발생 시 그 변경일로부터 30일 이내에 초경량비행장치 신고서에 그 사유를 증명할 수 있는 서류를 첨부하여 이사장에게 제출하여야 한다. 다음 중 변경신고 사유가 아닌 것은?

① 초경량비행장치의 용도
② 초경량비행장치의 소유자 등의 성명·명칭 또는 주소
③ 초경량비행장치의 보관 장소
④ 초경량비행장치의 신고번호

해설 초경량비행장치의 신고번호는 변경신고 사유가 아니다.

정답 : ④

146 다음 중 초경량비행장치 신고에 대한 설명으로 옳지 않은 것은?

① 신고번호를 발급받은 초경량비행장치 소유자 등은 그 신고번호를 해당 초경량비행장치에 표시하여야 한다.
② 신고번호의 표시방법, 표시장소 및 크기 등 필요한 사항은 국토교통부장관이 정한다.
③ 한국교통안전공단 이사장은 초경량비행장치의 신고를 받으면 신고증명서를 초경량비행장치 소유자 등에게 발급하여야 한다.
④ 초경량비행장치 소유자 등은 비행 시 신고증명서를 휴대하여야 한다.

해설 신고번호의 표시방법, 표시장소 및 크기 등 필요한 사항은 국토교통부장관의 승인을 받아 한국교통안전공단 이사장이 정한다.

정답 : ②

147 다음 중 초경량비행장치 신고에 대한 설명으로 옳지 않은 것은?

① 초경량비행장치 소유자 등은 안전성인증을 받기 전까지 초경량비행장치 신고서를 한국교통안전공단 이사장에게 제출하여야 한다.
② 무인비행장치의 경우 기체 제작번호 전체를 촬영한 사진을 포함한 서류를 첨부하여야 한다.
③ 한국교통안전공단 이사장은 신고를 받으면 초경량비행장치 신고증명서를 발급하여야 하며, 초경량비행장치 소유자 등은 비행 시 이를 반드시 휴대할 필요는 없다.
④ 신고번호의 표시방법, 표시장소 및 크기 등 필요한 사항은 국토교통부장관 승인을 받아 한국교통안전공단 이사장이 정한다.

해설 초경량비행장치 소유자 등은 비행 시 신고증명서를 휴대하여야 한다.

정답 : ③

148 야간에 비행하거나 육안으로 확인할 수 없는 범위에서 비행하려는 자는 무인비행장치 특별비행승인 신청서에 서류를 첨부하여 지방항공청장에게 제출하여야 한다. 다음 중 제출하여야할 서류가 아닌 것은?

① 무인비행장치의 종류·형식 및 제원에 관한 서류

② 무인비행장치의 성능 및 운용한계에 관한 서류

③ 무인비행장치의 조작방법에 관한 서류

④ 안전성인증서, 국가전파인증서류, 통합 FC 서류

> 해설 안전성인증서는 안전성인증 대상에 해당하는 무인비행장치에 한정하여 제출하여야 하며, 국가전파인증서류와 통합 FC 서류는 필요 없다.

정답 : ④

149 다음 중 초경량비행장치 조종자 전문교육기관 시설 및 장비의 지정기준에 대한 설명으로 옳지 않은 것은?

① 출결 사항을 전자적으로 처리·관리하기 위한 단말기 1대 이상

② 강의실 및 사무실 각 1개 이상, 이륙·착륙 시설

③ 훈련용 비행장치 1대 이상

④ 전문교관, 시설 및 장비, 교육과목 등

> 해설 ④는 시설 및 장비 기준에 해당하지 않는다.

정답 : ④

150 다음 중 초경량비행장치의 비행안전에 대한 방해 요소를 제거하기 위하여 필요한 사항으로서 국토교통부령으로 정하는 사항이 아닌 것은?

① 초경량비행장치 및 그 밖의 시설의 개선

② 초경량비행장치사용사업자가 운용중인 초경량비행장치에 장착된 안전성이 검증되지 아니한 장비의 제거

③ 초경량비행장치 제작자가 정한 정비·비행 절차의 이행

④ 초경량비행장치 조종자 증명을 받아야 하는 사람에 대한 그 증명의 발급 효력 여부에 대한 확인

> 해설 초경량비행장치 및 그 밖의 시설의 개선은 국토교통부장관이 초경량비행장치사용사업자에게 명할 수 있는 사항이다.

정답 : ①

151 다음 중 초경량비행장치 전문교육기관 지정에 대한 설명으로 옳지 않은 것은?

① 국토교통부장관은 초경량비행장치 전문교육기관이 초경량비행장치 조종자를 양성하는 경우에는 예산의 범위에서 필요한 경비의 전부 또는 일부를 지원할 수 있다.

② 초경량비행장치 전문교육기관의 교육과목, 교육방법, 인력, 시설 및 장비의 지정기준은 한국교통안전공단 이사장이 정한다.

③ 국토교통부장관은 초경량비행장치 전문교육기관으로 지정받은 자가 거짓이나 그 밖의 부정한 방법으로 지정받은 경우 그 지정을 취소할 수 있다.

④ 국토교통부장관은 초경량비행장치 전문교육기관으로 지정받은 자가 지정기준을 충족·유지하고 있는지에 대하여 관련 사항을 보고하게 하거나 자료를 제출하게 할 수 있다.

해설 초경량비행장치 전문교육기관의 교육과목, 교육방법, 인력, 시설 및 장비의 지정기준은 국토교통부령으로 정한다.

정답 : ②

152 다음 중 조종자 증명 시험에 응시하고자 하는 사람의 신체검사 증명서류에 대한 설명으로 옳지 않은 것은?

① 항공종사자 신체검사증명서

② 지방경찰청장이 발행한 제2종 소형 이상의 자동차운전면허증

③ 자동차운전면허를 받지 아니한 사람은 제2종 보통 이상의 자동차 운전면허를 발급받는데 필요한 신체검사증명서

④ 신체검사증명의 유효기간은 각 신체검사증명서류에 기재된 유효기간으로 하며 검사받은 날로부터 2년이 지나지 않아야 한다.

해설 지방경찰청장이 발행한 제2종 보통 이상의 자동차운전면허증이 해당된다.

정답 : ②

153 다음 중 초경량비행장치 안전성인증 대상이 아닌 것은?

① 회전익 비행장치

② 동력패러글라이더

③ 무인비행선 중에서 자체중량이 12킬로그램 또는 길이가 7미터를 초과하는 것

④ 무인비행기, 무인헬리콥터, 무인멀티콥터 또는 무인수직이착륙기 중에서 최대이륙중량이 25킬로그램 이상인 기체

해설 최대이륙중량이 25킬로그램 초과인 기체가 안전성인증 대상이다.

정답 : ④

154 다음 중 가시권 밖 비행을 허용해 주기 위한 특별비행 안전기준에 대한 설명으로 옳지 않은 것은?

① 관찰자를 배치하는 경우, 조종자와 관찰자 사이에 무인비행장치를 원활한 조작이 가능할 수 있도록 통신이 가능하여야 함
② 5km 밖에서 인식가능한 정도의 충돌방지등(지속 또는 점멸방식)을 장착하여 전후좌우 식별이 가능하여야 함
③ 비행 중 무인비행장치와 항상 통신을 유지하여야 함(통신 이중화 등)
④ 비행상태를 확인 가능한 장치(FPV 등)를 장착하여야 함

[해설] ②는 야간비행을 허용해 주기위한 특별비행 안전기준이다.

정답 : ②

155 다음 중 안전성인증검사 대상이 아닌 것은?

① 동력비행장치
② 유인자유기구
③ 무인비행선 중에서 연료의 중량을 제외한 자체중량이 25kg 이하 또는 길이가 7미터 이하인 것
④ 동력패러글라이더

[해설] 무인비행선은 연료의 중량을 제외한 자체중량이 12kg 이하 또는 길이가 7미터 이하인 것이 안전성인증검사 대상이다.

정답 : ③

156 다음 중 전문교관 등록 취소 요건에 해당하지 않는 것은?

① 법에 따른 행정처분을 받은 경우(효력정지 30일 이하인 경우는 제외)
② 허위로 작성된 비행경력증명서를 확인하지 아니하고 서명 날인한 경우
③ 비행경력증명서를 허위로 제출한 경우(비행경력을 확인하기 위해 제출된 자료 포함)
④ 20세 미만 교육생에 대한 비행경력증명서에 서명

[해설] 14세 이상의 교육생에 대한 비행경력증명서에 서명할 수 있다.

정답 : ④

157 다음 중 무인비행장치 특별비행을 위한 안전기준에 적합하다고 판단되는 경우에 그 범위를 정하여 승인하는 승인권자는 누구인가?

① 지방항공청장   ② 국토교통부장관   ③ 한국교통안전공단 이사장   ④ 경찰서장

[해설] 관련 서류는 지방항공청장에게 제출, 승인권자는 국토교통부장관이다.

정답 : ②

158 다음 중 비행 가능 공역에 대한 설명으로 옳지 않은 것은?

① 초경량비행장치 비행제한공역에서 비행승인을 받은 경우는 비행이 가능하다.
② 150m 미만 관제권은 비행승인을 받을 필요없다.
③ UA구역에서 주간, 500ft 이하의 고도로 제약 없이 비행할 수 있다.
④ 최대이륙중량이 25kg 이하인 경우 관제권 및 비행금지구역을 제외하고 고도 500ft 미만에서 제약 없이 비행할 수 있다.

해설 관제권은 비행승인을 받아야 한다.

정답 : ②

159 다음 중 다른 사람의 성명을 사용하여 초경량비행장치 조종을 수행하거나 다른 사람의 초경량비행장치 조종자 증명을 빌린 사람의 처벌기준으로 옳은 것은?

① 300만원 이하 과태료
② 300만원 이하 벌금
③ 400만원 이하 과태료
④ 400만원 이하 벌금

정답 : ①

160 다음 중 처벌기준이 가장 높은 것은?

① 검사 또는 출입을 거부·방해하거나 기피한 자
② 초경량비행장치 신고 또는 변경신고를 하지 아니하고 비행을 한 사람
③ 주류 등의 영향으로 초경량비행장치를 사용하여 비행을 정상적으로 수행할 수 없는 상태에서 초경량비행장치를 사용하여 비행을 한 사람
④ 안전성인증을 받지 아니한 초경량비행장치를 사용하여 조종자 증명을 받지 않고 비행을 한 사람

해설 ① : 500만원 이하의 벌금　② : 6개월 이하의 징역 또는 500만원 이하의 벌금
③ : 3년 이하의 징역 또는 3,000만 원 이하의 벌금　④ : 1년 이하의 징역 또는 1천만원 이하의 벌금

정답 : ③

161 다음 중 초경량비행장치 변경신고에 대한 설명으로 옳지 않은 것은?

① 초경량비행장치의 용도가 변경되면 변경신고를 하여야 한다.
② 초경량비행장치 소유자 등의 성명, 명칭 또는 주소가 변경되면 변경신고를 하여야 한다.
③ 초경량비행장치 보관 장소의 변경은 변경신고를 할 필요가 없다.
④ 변경신고는 그 사유가 발생한 날부터 30일 이내에 변경·이전 신고서를 한국교통안전공단 이사장에게 제출하여야 한다.

해설 초경량비행장치의 보관 장소가 변경되면 변경신고를 하여야 한다.

정답 : ③

162 다음 중 초경량비행장치 불법 사용 등의 죄에 해당하지 않는 것은?

① 국토교통부장관의 승인을 받지 아니하고 초경량비행장치 비행제한공역을 비행한 사람
② 국토교통부장관의 승인을 받지 아니하고 초경량비행장치를 이용하여 관제권에서 비행함으로써 항공기 이착륙을 지연시키거나 회항하게 하는 등 비행장 운영에 지장을 초래한 사람
③ 국토교통부장관의 허가를 받지 아니하고 무인자유기구를 비행시킨 사람
④ 초경량비행장치사용사업의 안전을 위한 명령을 이행하지 아니한 초경량비행장치사용사업자

해설 ④는 명령 위반의 죄에 해당한다.

정답 : ④

163 다음 중 항공법 분법에 따른 항공사업법에 포함되는 내용으로 옳은 것은?

① 항공종사자
② 항공교통업무
③ 교통이용자 보호
④ 공항/비행장 개발과 관리/운영

해설 항공안전법 : 항공기등록, 기술기준/형식증명, 항공종사자, 항공교통업무 등 관련
항공사업법 : 항공운송/사용/항공기정비/취급/대여, 초경량비행장치사용/항공레저, 스포츠/상업소류송달사업, 교통이용자 보호 등
공항시설법 : 공항/비행장 개발과 관리/운영, 항행안전시설 등

정답 : ③

164 전문교관 등록 취소 처분 후 몇 년 후에 재응시가 가능한가?

① 2년
② 3년
③ 4년
④ 5년

해설 전문교관이 취소된 사람이 다시 전문교관으로 등록하고자 하는 경우 취소된 날로부터 2년이 경과하여야 하며, 조종교육 교관과정 또는 실기평가 조종자 과정을 다시 이수하여야 한다.

정답 : ①

165 다음 중 최대이륙중량이 25kg을 초과하여 안전성인증 대상 기체가 아닌 것은?

① 무인비행기
② 무인멀티콥터
③ 무인헬리콥터
④ 무인비행선

해설 무인비행선은 자체중량이 12kg 또는 길이가 7m를 초과하는 것이 안전성인증 대상이다.

정답 : ④

166 다음 중 위반 시 3년 이하의 징역 또는 3천만원 이하의 벌금 처분이 아닌 것은?

① 주류 등 영향으로 초경량비행장치를 정상 비행할 수 없는 경우
② 비행 중 주류 등을 섭취한 경우
③ 음주 측정 요구를 따르지 아니한 사람
④ 안전성인증을 받지 아니한 초경량비행장치를 비행한 경우

해설 안전성인증을 받지 않고 비행한 경우 : 1차 250만원 과태료, 2차 375만원 과태료, 3차 500만원 과태료

정답 : ④

167 다음 중 비행승인 예외 초경량비행장치가 아닌 것은?

① 사람이 탑승하지 않는 기구류
② 최저비행고도(150미터) 미만의 고도에서 운영하는 계류식 기구
③ 관제권, 비행금지구역 및 비행제한구역 외의 공역에서 비행하는 농업지원 업무 무인비행장치
④ 연료의 중량을 제외한 자체중량이 12킬로그램 이하이거나, 길이가 7미터 이하인 무인비행선

해설 연료의 중량을 제외한 자체중량이 12킬로그램 이하이고 길이가 7미터 이하인 무인비행선이 비행승인 예외이다.

정답 : ④

168 다음 중 국토교통부령으로 정하는 고도에 대한 설명으로 옳지 않은 것은?

① 사람 또는 건축물이 밀집된 지역은 해당 초경량비행장치를 중심으로 수평거리 150미터 범위 안에 있는 가장 높은 장애물의 상단에서 150미터
② 지표면에서 150미터
③ 수면에서 150미터
④ 장애물 상단에서 150미터

해설 물건의 상단에서 150미터

정답 : ④

169 다음 중 관제권과 비행금지구역에서 12개월의 범위에서 비행기간을 명시하여 승인할 수 있는 요건으로 옳지 않은 것은?

① 교육목적을 위한 비행일 것
② 무인비행장치는 최대이륙중량이 7킬로그램 이하일 것
③ 비행고도는 지표면으로부터 고도 25미터 이내일 것
④ 비행구역은 초·중등교육법에 따른 학교의 운동장일 것

해설 비행고도는 지표면으로부터 고도 20미터 이내일 것

정답 : ③

170 다음 중 300만원 이하의 과태료 처분이 아닌 것은?

① 국토교통부령으로 정하는 고도 이상, 관제권 등 국토교통부령으로 정하는 구역에서 국토교통부장관의 승인을 받지 아니하고 초경량비행장치를 비행한 사람
② 다른 사람에게 자기의 성명을 사용하여 초경량비행장치 조종을 수행하거나 초경량비행장치 조종자 증명을 빌려준 사람
③ 조종자 증명을 빌려주거나 빌린 행위를 알선한 사람
④ 초경량비행장치 조종자 증명을 받지 아니하고 초경량비행장치를 사용하여 비행한 사람

해설 ④는 400만원 이하 과태료에 처한다.

정답 : ④

171 다음 중 초경량비행장치 조종자 증명 취소 조건이 아닌 것은?

① 조종자 증명을 빌리는 행위를 알선한 경우
② 20세 미만 학생을 교육시켜 비행경력증명서 서명
③ 초경량비행장치 조종자 증명을 빌려 주는 행위
④ 거짓이나 그 밖의 부정한 방법으로 자격증을 증명받은 경우

해설 ②는 적법한 행위이다.

정답 : ②

172 다음 중 전문교육기관의 지정에 대한 설명으로 옳지 않은 것은?

① 국토교통부장관은 초경량비행장치 조종자를 양성하기 위하여 국토교통부령으로 정하는 바에 따라 초경량비행장치 전문교육기관을 지정할 수 있다.
② 국토교통부장관은 초경량비행장치 전문교육기관이 초경량비행장치 조종자를 양성하는 경우에는 예산의 범위에서 필요한 경비의 전부 또는 일부를 지원할 수 있다.
③ 초경량비행장치 전문교육기관의 교육과목, 교육방법, 인력, 시설 및 장비 등의 지정기준은 국토교통부장관이 정하여 고시한다.
④ 거짓이나 그 밖의 부정한 방법으로 초경량비행장치 전문교육기관으로 지정받은 경우 그 지정을 취소할 수 있다.

해설 초경량비행장치 전문교육기관의 교육과목, 교육방법, 인력, 시설 및 장비 등의 지정기준은 국토교통부령으로 정한다.

정답 : ③

173 다음 중 초경량비행장치에 대한 설명으로 옳지 않은 것은?

① 동력비행장치 : 자체중량 115킬로그램 이하, 연료 탑재 19리터 이하, 좌석 1개
② 행글라이더 : 자체중량 70킬로그램 이하, 체중이동/타면 조종 등으로 조종비행장치
③ 무인동력비행장치 : 연료의 중량을 포함한 자체중량이 150킬로그램 이하인 무인비행기, 무인멀티콥터 또는 무인수직이착륙기
④ 무인비행선 : 연료의 중량을 제외한 자체중량이 180킬로그램 이하이고 길이가 20미터 이하

[해설] 무인동력비행장치 : 연료의 중량을 제외한 자체중량이 150킬로그램 이하인 무인비행기, 무인헬리콥터, 무인멀티콥터 또는 무인수직이착륙기

정답 : ③

174 수도권 내 드론으로 조종하여 위반사항이 확인되었다. 이에 다른 처벌기준으로 옳은 것은?

① 500만원 이하의 벌금 ② 300만원 이하의 벌금
③ 500만원 이하의 과태료 ④ 300만원 이하의 과태료

[해설] 수도권은 비행제한구역으로 위반 시 500만원 이하의 벌금에 처한다.

정답 : ①

175 다음 중 무인비행장치의 특별비행 승인을 위한 안전기준 중 공통사항이 아닌 것은?

① 이/착륙장 및 비행경로에 있는 장매물이 비행 안전에 영향을 미치지 않아야 함
② 자동안전장치(Fail-Safe)를 장착함
③ 충돌방지기능을 탑재함
④ 자동 비행 기능을 갖추어야 함

[해설] ④는 야간 비행의 안전기준이다.

정답 : ④

176 다음 중 과태료 처분에 대한 설명으로 옳은 것은?

① 초경량비행장치 조종자 증명을 받지 아니하고 초경량비행장치를 사용하여 비행한 사람은 400만원 이하 과태료
② 다른 사람에게 자기의 성명을 사용하여 초경량비행장치 조종을 수행하거나 초경량비행장치 조종자 증명을 빌려준 사람 400만원 이하 과태료
③ 다른 사람의 성명을 사용하여 초경량비행장치 조종을 수행하거나 다른 사람의 초경량비행장치 조종자 증명을 빌린 사람 400만원 이하 과태료
④ ②, ③항의 조종자 증명을 빌려 주거나 빌린 행위를 알선한 사람도 400만원 이하 과태료

[해설] ②~④ : 300만원 이하 과태료

정답 : ①

177 다음 중 국제민간항공협약의 부속서에 포함되는 내용이 아닌 것은?

① 항공종사자 면허 ② 국제항공항행용 기상 업무
③ 측정 단위 ④ 드론 비행 규범

> **해설** 국제민간항공협약의 부속서(Annex)의 구성 : Annex1~19
> • 1(항공종사자 면허), 2(항공규칙), 3(국제항공항행용 기상업무), 4(항공도), 5(측정단위), 6(항공기운항), 7(항공기국적기호/등록기호), 8(항공기 감항성), 9(출입국 간소화), 10(항공통신), 11(항공교통업무), 12(수색 및 구조), 13(항공기 사고조사), 14(비행장), 15(항공정보업무), 16(환경보호), 17(항공보안), 18(위험물 항공수송), 19(안전관리)

정답 : ④

178 다음 중 초경량비행장치의 신고 또는 변경신고를 하지 아니하고 비행을 한자의 처벌기준으로 옳은 것은?

① 500만원 이하의 벌금 ② 6개월 이하의 징역 또는 500만원 이하의 벌금
③ 1년 이하의 징역 또는 1천만원 이하의 벌금 ④ 1천만원 이하의 벌금

> **해설** 초경량비행장치의 신고 또는 변경신고를 하지 아니하고 비행을 한 자는 6개월 이하의 징역 또는 500만원 이하의 벌금에 처한다.

정답 : ②

179 다음 중 초경량비행장치사용사업의 안전을 위하여 필요하다고 인정되는 경우에는 초경량비행장치 사용사업자에게 명할 수 있는 사항으로 옳은 것은?

① 그 밖에 초경량비행장치의 안전에 대한 방해 요소를 제거하기 위하여 필요한 사항으로서 국토교통부령으로 정하는 사항
② 그 밖에 초경량비행장치의 안전에 대한 방해 요소를 제거하기 위하여 필요한 사항으로서 한국교통안전공단 이사장이 정하는 사항
③ 그 밖에 안전을 위하여 지방항공청장이 필요하다고 정하는 사항
④ 그 밖에 안전을 위하여 한국교통안전공단 이사장이 필요하다고 정하는 사항

> **해설** 초경량비행장치 및 그 밖의 시설의 개선과 그 밖에 초경량비행장치의 안전에 대한 방해 요소를 제거하기 위하여 필요한 사항으로서 국토교통부령으로 정하는 사항을 명할 수 있다.

정답 : ①

180 다음 중 안전성인증 대상 초경량비행장치에 대한 설명으로 옳지 않은 것은?

① 무인비행기 최대이륙중량이 25kg 초과하는 것

② 무인멀티콥터 최대이륙중량이 25kg 초과하는 것

③ 무인비행선 중에서 길이가 7m 초과하는 것

④ 무인비행선 중에서 연료 중량을 포함한 자체중량이 12kg 초과하는 것

해설 무인비행선 중에서 연료 중량을 제외한 자체중량이 12kg 또는 길이가 7m 초과하는 것이 안전성인증 대상이다.

정답 : ④

181 다음 중 초경량비행장치의 말소 신고를 하지 아니한 초경량비행장치 소유자의 처벌기준으로 옳은 것은?

① 30만원 이하의 벌금　　② 30만원 이하의 과태료

③ 100만원 이하의 과태료　　④ 300만원 이하의 과태료

해설 30만원 이하의 과태료 : 말소신고를 하지 아니한 초경량비행장치 소유자, 사고에 대한 보고를 하지 아니하거나 거짓으로 보고한 초경량비행장치 조종자 또는 소유자

정답 : ②

182 다음 중 조종자 증명 시험 응시자의 신체검사 증명서류가 아닌 것은?

① 항공종사자 신체검사증명서

② 제2종 보통 이상의 자동차 운전면허증

③ 제2종 보통 이상의 자동차 운전면허 발급을 받는데 필요한 신체검사증명서

④ 종합건강진단서

해설 종합건강진단서는 증명서류가 아니다.

정답 : ④

183 다음 중 조종자 증명 시험 응시자의 신체검사 증명서류가 아닌 것은?

① 모든 종류의 신체검사증명서

② 항공종사자 신체검사증명서

③ 지방경찰청장이 발행한 제2종 보통이상의 자동차운전면허증

④ 자동차운전면허를 받지 아니한 사람은 제2종 보통 이상의 자동차 운전면허를 발급받는데 필요한 신체검사증명서

해설 무인비행장치 조종자 증명 시험에 모든 종류의 신체검사증명서가 가능한 것은 아니다.

정답 : ①

184 초경량비행장치의 소유권이 이전된 경우 행하는 신고를 무엇이라 하는가?

① 신규신고 ② 변경신고 ③ 이전신고 ④ 말소신고

해설 변경신고는 용도, 소유자 등의 성명/명칭/주소, 보관처 등이 변경된 경우 행하는 신고이다.

정답 : ③

185 다음 중 무인비행장치의 특별비행 승인을 위한 야간비행 안전기준이 아닌 것은?

① 조종자가 무인비행장치를 지속적으로 주시할 수 없을 경우 한명 이상의 관찰자를 배치해야 함
② 관찰자를 배치하는 경우, 조종자와 관찰자 사이에 무인비행장치의 원활한 조작이 가능할 수 있도록 통신이 가능해야 함
③ 5km 밖에서 인식가능한 정도의 충돌방지등(지속 또는 점멸 방식)을 장착하여 전후좌우 식별이 가능하여야 함
④ 자동 비행 기능을 갖추어야 함

해설 ②는 비가시권 비행 안전기준이다.

정답 : ②

186 다음 중 초경령비행장치 조종자 전문교육기관으로 지정받으려는 자가 신청서에 첨부하여할 서류에 대한 설명으로 옳지 않은 것은?

① 첨부 서류에 전문교관의 현황 ② 첨부 서류에 교육시설 및 장비의 현황
③ 첨부 서류에 교육훈련계획 및 교육훈련규정 ④ 위 서류를 첨부하여 국토교통부에 제출해야 한다.

해설 전문교육기관으로 지정받으려는 자는 서류를 첨부하여 한국교통안전공단에 제출해야 한다.

정답 : ④

187 다음 중 안전성인증 대상 초경량비행장치가 아닌 것은?

① 모든 기구류
② 무인비행기, 무인헬리콥터 또는 무인멀티콥터 중에서 최대이륙중량이 25킬로그램을 초과하는 것
③ 무인비행선 중에서 연료 중량을 제외한 자체중량이 12킬로그램 또는 길이가 7미터를 초과하는 것
④ 동력패러글라이더

해설 기구류는 사람이 탑승하는 것만 안전성인증 대상이다.

정답 : ①

188 다음 중 초경량비행장치 조종자 증명을 취소하거나 1년 이내의 기간을 정하여 그 효력의 정지를 명할 수 있는 사항이 아닌 것은?

① 항공안전법을 위반하여 벌금 이상의 형을 선고받은 경우

② 초경량비행장치 업무 수행 중 고의 또는 중대한 과실로 사고를 일으켜 인명 또는 재산피해를 발생시킨 경우

③ 초경량비행장치 조종자의 준수사항을 위반한 경우

④ 주류 등의 섭취 및 사용 여부의 측정 요구에 따르지 아니한 경우

[해설] ④는 반드시 취소하여야 한다.

정답 : ④

189 다음 중 초경량비행장치 관련 안전교육에 대한 설명으로 옳지 않은 것은?

① 패러글라이더 등 국토교통부령으로 정하는 초경량비행장치란 패러글라이더를 말한다.

② 안전교육은 최초교육과 정기교육으로 구분하여 실시한다.

③ 최초교육은 특별한 사정이 없는 한 대면에 의한 방법으로 하는 교육을 포함해야 한다.

④ 초경량비행장치 안전교육의 실시에 필요한 세부사항은 지정받은 기관·단체가 한국교통안전공단 이사장의 승인을 받아 정한다.

[해설] 초경량비행장치 안전교육의 실시에 필요한 세부사항은 지정받은 기관·단체가 국토교통부장관의 승인을 받아 정한다.

정답 : ④

190 다음 중 위반 시 처벌기준이 다른 것은?

① 초경량비행장치 조종자 증명을 받지 아니하고 초경량비행장치를 사용하여 비행한 사람

② 다른 사람에게 자기의 성명을 사용하여 초경량비행장치 조종을 수행하거나 초경량비행장치 조종자 증명을 빌려준 사람

③ 다른 사람의 성명을 사용하여 초경량비행장치 조종을 수행하거나 다른 사람의 조종자 증명을 빌린 사람

④ 조종자 증명을 빌려 주거나 빌린 행위를 알선한 사람

[해설] ① : 400만원 이하 과태료, ②, ③, ④ : 300만원 이하 과태료

정답 : ①

191 다음 중 초경량비행장치의 기준에 대한 설명으로 옳지 않은 것은?

① 동력비행장치 : 자체중량 115킬로그램 이하, 연료 탑재 19리터 이하, 좌석 1개

② 행글라이더 : 자체중량 70킬로그램 이하, 체중이동/타면조종 등으로 조종 비행장치

③ 무인동력비행장치 : 연료의 중량을 제외한 자체중량이 150킬로그램 이하인 무인비행기, 무인헬리콥터 또는 무인멀티콥터

④ 무인비행선 : 연료의 중량을 제외한 자체중량이 150킬로그램 이하이고 길이가 20미터 이하인 무인비행선

[해설] 무인비행선 : 연료의 중량을 제외한 자체중량이 180킬로그램 이하이고 길이가 20미터 이하인 무인비행선

정답 : ④

192 다음 중 로그북 작성 방법에 대한 설명으로 옳지 않은 것은?

① 기체정보에는 기체를 기준으로 작성한다.

② 비행시간은 이륙부터 착륙까지의 시간을 의미하며, 비행 전후의 기체 점검시간은 포함되지 않는다.

③ 비행 로그북 양식은 자유로 하되, 비행 로그북에는 비행경력증명서에 기재되는 사항만 기록되면 된다.

④ 지도조종자란에는 성명, 자격번호, 서명 등을 기록하여야 한다.

[해설] 비행로그북에는 비행경력증명서에 기재되는 사항의 세부 기록이 확인될 수 있도록 모두 기록되어야 한다.

정답 : ③

193 패러글라이더 등 국토교통부령으로 정하는 초경량비행장치를 사용하여 조종교육을 하려는 사람은 며칠 전까지 안전교육(최초교육)을 받아야 하는가?

① 5일   ② 7일   ③ 14일   ④ 15일

정답 : ②

194 다음 중 무인동력비행장치가 아닌 것은?

① 무인비행기   ② 무인헬리콥터   ③ 무인수직이착륙기   ④ 무인비행선

[해설] 무인동력비행장치 : 무인비행기, 무인헬리콥터, 무인멀티콥터, 무인수직이착륙기

정답 : ④

195 다음 중 항공법 상 초경량비행장치라고 할 수 없는 것은?

① 낙하산류에 추진력을 얻는 장치를 부착한 동력패러글라이더

② 하나 이상의 회전익에서 양력을 얻는 초경량자이로플레인

③ 좌석이 2개 이상인 비행장치로 자체중량 115킬로그램을 초과하는 동력비행장치

④ 기체의 성질과 온도차를 이용한 유인 또는 계류식 기구류

해설 좌석이 2개인 초경량비행장치는 없다.

정답 : ③

196 야간에 비행하거나 육안으로 확인할 수 없는 범위에서 비행하려는 자는 무인비행장치 특별비행승인 신청서를 누구에게 제출하여야 하는가?

① 한국교통안전공단 이사장 ② 지방항공청장
③ 국토교통부장관 ④ 관할 경찰서장

해설 특별비행승인 신청서 제출은 지방항공청장에게, 승인은 국토교통부장관이 실시한다.

정답 : ②

197 다음 중 로그북 작성방법에 대한 설명으로 옳지 않은 것은?

① 교육생에 대한 개인 비행 로그북의 추가 작성은 교육원의 재량 사항이다.

② 비행시간은 이륙부터 착륙까지의 시간을 의미하며, 비행 전후의 기체 점검시간은 포함되지 않는다.

③ 비행 로그북을 작성하는 지도조종자는 반드시 해당 교육 기관의 교관이어야 한다.

④ 기체 정보 기입 시 기체의 안전성인증검사를 받은 일자를 적는다.

해설 기체 정보 기록사항 : 종류, 형식, 신고번호, 자체중량, 최대이륙중량, 인정기관

정답 : ④

Part 06

항공사업법

Chapter 1. 항공사업법 핵심정리
Chapter 2. 기출복원문제 풀이

CHAPTER 01

항공사업법 핵심정리

항공사업법 일반

1. 항공사업법 목적(항공사업법 제1조)

이 법은 항공정책의 수립 및 항공사업에 관하여 필요한 사항을 정하여 대한민국 항공사업의 체계적인 성장과 경쟁력 강화 기반을 마련하는 한편, 항공사업의 질서유지 및 건전한 발전을 도모하고 이용자의 편의(→ 사업주의 편의 X, 교통이용자 보호 X)를 향상시켜 국민경제(→ 국가경제 X)의 발전과 공공복리의 증진에 이바지함을 목적으로 한다.

2. 항공사업의 정의 및 분류

1) 항공사업 : 국토교통부장관의 면허, 허가 또는 인가를 받거나 국토교통부장관에게 등록 또는 신고하여 경영하는 사업

2) 항공사업법 적용 주요 항공사업

항공운송사업, 항공기사용사업, 항공기정비업, 항공기취급업, 항공기대여업, 항공레저스포츠사업, 초경량비행장치사용사업 등(→ 초경량비행장치 정비업 X)

3. 무인항공 분야 항공산업의 안전증진 및 활성화 정책

1) 항공사업법 제69조의2(무인항공 분야 항공산업의 안전증진 및 활성화)

국가는 초경량비행장치 중 무인비행장치 및 무인항공기의 인증, 정비·수리·개조, 사용 또는 무인항공기와 관련된 서비스를 제공하는 무인항공 분야 항공산업의 안전증진 및 활성화를 위하여 대통령령으로 정하는 바에 따라 다음 각 호의 사업을 추진할 수 있다.(→ 항공기대여업 X, 무인항공기 판매 X)
 1. 무인항공 분야 항공산업의 발전을 위한 기반조성
 2. 무인항공 분야 항공산업에 대한 현황 및 관련 통계의 조사·연구
 3. 무인비행장치 및 무인항공기의 안전기술, 운영·관리체계 등에 대한 연구 및 개발
 4. 무인비행장치 및 무인항공기의 조종, 성능평가·인증, 안전관리, 정비·수리·개조 등 전문인력의 양성
 5. 무인항공 분야의 우수한 기업의 지원 및 육성
 6. 무인비행장치 및 무인항공기의 사용 촉진 및 보급
 7. 무인비행장치 및 무인항공기의 안전한 운영·관리 등을 위한 인프라 또는 비행시험 시설의 구축·운영
 8. 무인항공 분야 항공산업의 발전을 위한 국제협력 및 해외진출의 지원
 9. 그 밖에 무인항공 분야 항공산업의 안전증진 및 활성화를 위하여 필요한 사항

4. 항공사업법 적용 초경량비행장치 관련 항공사업

1) 항공기대여업   2) 항공레저스포츠사업   3) 초경량비행장치사용사업

5. 초경량비행장치 관련 비행의 제한사항

1) 항공사업법 제71조(경량항공기 등의 영리 목적 사용금지)

> 누구든지 경량항공기 또는 초경량비행장치를 사용하여 비행하려는 자는 다음 각 호의 어느 하나에 해당하는 경우를 제외하고는 경량항공기 또는 초경량비행장치를 영리 목적으로 사용해서는 아니 된다.(→ 항공기 취급업 X)
> 1. 항공기대여업에 사용하는 경우   2. 항공레저스포츠사업에 사용하는 경우
> 3. 초경량비행장치사용사업에 사용하는 경우

6. 초경량비행장치 관련 항공사업의 등록 및 변경신고 대상

1) 항공사업법 제46조(항공기대여업의 등록) : 국토교통부장관에게 등록 및 신고
2) 항공사업법 제50조(항공레저스포츠사업의 등록) : 국토교통부장관에게 등록 및 신고
3) 항공사업법 제48조(초경량비행장치사용사업의 등록) : 국토교통부장관에게 등록 및 신고

7. 초경량비행장치 관련 항공사업의 등록 서류 제출

1) 항공사업법 시행규칙 제45조(항공기대여업의 등록신청) : 지방항공청장에게 제출
2) 항공사업법 시행규칙 제49조(항공레저스포츠사업의 등록) : 지방항공청장에게 제출
3) 항공사업법 시행규칙 제47조(초경량비행장치사용사업의 등록) : 한국교통안전공단 이사장에게 제출

항공기대여법, 항공레저스포츠사업, 초경량비행장치사용사업 주요 내용

8. 항공보험 등의 가입 의무

1) 항공사업법 제70조(항공보험 등의 가입 의무)

> ① 다음 각 호의 항공사업자는 국토교통부령으로 정하는 바에 따라 항공보험에 가입하지 아니 하고는 항공기를 운항할 수 없다.
>   1. 항공운송사업자   2. 항공기사용사업자   3. 항공기대여업자
> ② 제1항 각 호의 자 외의 항공기 소유자 또는 항공기를 사용하여 비행하려는 자는 국토교통부령으로 정하는 바에 따라 항공보험에 가입하지 아니하고는 항공기를 운항할 수 없다.
> ④ 초경량비행장치를 초경량비행장치사용사업, 항공기대여업 및 항공레저스포츠사업에 사용하려는 자와 무인비행장치 등 국토교통부령으로 정하는 초경량비행장치를 소유한 국가, 지방자치단체, 「공공기관의 운영에 관한 법률」 제4조에 따른 공공기관은 국토교통부령으로 정하는 보험 또는 공제에 가입하여야 한다.
> ⑤ 제1항부터 제4항까지의 규정에 따라 항공보험 등에 가입한 자는 국토교통부령으로 정하는 바에 따라 보험가입 신고서 등 보험가입 등을 확인할 수 있는 자료를 국토교통부장관에게 제출하여야 한다. 이를 변경 또는 갱신한 때에도 또한 같다.

2) 항공사업법 시행규칙 제70조(항공운송사업자 등의 항공보험 등 가입 의무)

① 항공보험 등에 가입한 자는 항공보험 등에 가입한 날부터 7일 이내(→ 3일 이내 X)에 다음 각 호의 사항을 적은 보험가입신고서 또는 공제가입신고서에 보험증서 또는 공제증서 사본을 첨부하여 국토교통부장관에게 제출하여야 한다. 가입사항을 변경하거나 갱신하였을 때에도 또한 같다.
  1. 가입자의 주소, 성명(법인인 경우에는 그 명칭 및 대표자의 성명)(→ 대표자의 이력 및 경력 X)
  2. 가입된 보험 또는 공제의 종류, 보험료 또는 공제료 및 보험금액 또는 공제금액
  3. 보험 또는 공제의 종류별 발효 및 만료일
  4. 보험증서 또는 공제증서의 개요

③ "국토교통부령으로 정하는 보험이나 공제"란 다른 사람이 사망하거나 부상한 경우에 피해자에게 「자동차손해배상 보장법 시행령」 제3조제1항 각 호에 따른 금액 이상을 보장하는 보험 또는 공제를 말하며, 동승한 사람에 대하여 보장하는 보험 또는 공제를 포함한다.

※ 단순 참고 : 자동차손해배상 보장법 시행령 제3조제1항
  • 자동차보유자가 가입하여야 하는 책임보험 또는 책임공제의 보험금 또는 공제금은 피해자 1명당 사망한 경우에는 1억5천만원의 범위에서 피해자에게 발생한 손해액. 다만, 그 손해액이 2천만원 미만인 경우에는 2천만원으로 한다.

9. 항공사업 종류별 정의 및 사업범위(항공사업법 제2조)

1) 항공기대여업이란 타인의 수요에 맞추어 유상으로 항공기, 경량항공기 또는 초경량비행 장치를 대여(貸與)하는 사업(제26호나목의 사업은 제외한다)을 말한다.

2) 항공레저스포츠사업이란 타인의 수요에 맞추어 유상으로 다음 각 목의 어느 하나에 해당하는 서비스를 제공하는 사업을 말한다.
  ↳ 항공레저스포츠란 취미·오락·체험·교육·경기 등을 목적으로 하는 비행[공중에서 낙하하여 낙하산(落下傘)류를 이용하는 비행을 포함한다]활동을 말한다.

- 항공기(비행선과 활공기에 한정한다), 경량항공기 또는 국토교통부령으로 정하는 초경량비행장치를 사용하여 조종교육, 체험 및 경관조망을 목적으로 사람을 태워 비행하는 서비스
- 경량항공기 또는 초경량비행장치에 대한 정비, 수리 또는 개조서비스
- 다음 중 어느 하나를 항공레저스포츠를 위하여 대여하여 주는 서비스
  1. 활공기 등 국토교통부령으로 정하는 항공기(항공사업법 시행규칙 제7조:항공레저스포츠사업에 사용되는 항공기)
    • 인력활공기, 기구류, 동력패러글라이더(착륙장치가 없는(→ 있는 X) 비행장치로 한정한다), 낙하산류
  2. 경량항공기 3.초경량비행장치

3) 초경량비행장치사용사업이란 타인의 수요에 맞추어 국토교통부령으로 정하는 초경량비행장치를 사용하여 유상으로 농약살포, 사진촬영 등 국토교통부령(항공사업법 시행규칙 제6조 : 초경량비행장치사용사업의 사업범위 등)으로 정하는 업무를 하는 사업을 말한다.

- 비료 또는 농약 살포, 씨앗 뿌리기 등 농업 지원
- 사진촬영, 육상·해상 측량 또는 탐사
- 산림 또는 공원 등의 관측 또는 탐사
- 조종교육
- 그 밖의 업무로서 다음 각 목의 어느 하나에 해당하지 아니하는 업무(국민의 생명과 재산 등 공공의 안전에 위해를 일으킬 수 있는 업무, 국방·보안 등에 관련된 업무로서 국가 안보를 위협할 수 있는 업무)

10. 항공사업 등록 요건

1) 항공기대여업

구 분	등록 요건
자본금 또는 자산평가액	• 법인 : 납입자본금 2억5천만원 이상　　• 개인 : 자산평가액 3억7천5백만원 이상 ※ 법인이든 개인이든, 경량항공기 또는 초경량비행장치만을 대여하는 경우 3천만원 이상
항공기	• 항공기, 경량항공기 또는 초경량비행장치 1대 이상(→ 각각 1대 이상 X)
보험	• 항공기, 경량항공기, 초경량비행장치마다 여객보험(여객이 없는 초경량비행장치는 제외) • 기체보험(경량항공기 제외) • 제3자배상책임 및 승무원 보험 또는 공제 • 무인비행장치마다 또는 사업자별 보험 또는 공제 가입

2) 항공레저스포츠사업

(1) 조종교육, 체험 및 경관조망 목적 탑승 서비스를 제공하는 사업의 경우

구 분	등록 요건
자본금 또는 자산평가액	• 법인 : 납입자본금 3억원 이상　　• 개인 : 자산평가액 4억5천만원 이상 ※ 법인이든 개인이든, 경량항공기 또는 초경량비행장치만을 대여하는 경우 3천만원 이상
항공기 등	• 다음의 요건을 갖춘 항공기, 경량항공기 또는 초경량비행장치 1대(→ 각각 1대 X) 이상 　└ 항공기 : 감항증명을 받은 비행선 또는 활공기 　　경량항공기 : 안전성인증 등급을 받은 경량항공기 　　초경량비행장치 : 안전성인증을 받은 초경량비행장치
인력	• 다음의 자격기준을 충족하는 조종사 1명 이상 　└ 항공기 : 운송용 조종사 또는 사업용 조종사 　　경량항공기 : 경량항공기 조종교육 증명을 받은 사람 　　초경량비행장치 : 초경량비행장치 조종자 증명을 받은 사람으로서 비행시간이 180시간 이상인 사람(→ 100시간 이상인 사람 X) • 항공정비사 1명 이상(초경량비행장치만을 사용하는 사업의 경우 제외) 　다만, 경량항공기를 사용하는 사업의 경우 해당 경량항공기의 정비 업무 전체를 정비, 수리, 개조 서비스를 제공하는 항공레저스포츠사업자에게 위탁한 경우에는 정비인력을 갖추지 않을 수 있다. • 이용자의 안전관리를 위한 비행 및 안전통제요원 1명 이상 　다만, 안전관리에 지장을 주지 않는 범위에서 정비인력으로 대체할 수 있다.
시설 및 장비	• 항공교통업무기관과 연락할 수 있는 유·무선 장비 구비
보험	• 항공기, 경량항공기, 초경량비행장치 마다 제3자배상책임 보험, 조종자 및 동승자 보험 가입(1억5천만원 이상, 자동차손해보상 보장법 시행령 제3조제1항) 　└ 초경량비행장치(기구류 제외)에 대해 사업자별로 가입 가능

(2) 항공레저스포츠를 위한 대여 서비스를 제공하는 사업의 경우

구 분	등록 요건
자본금 또는 자산평가액	• 법인 : 납입자본금 2억5천만원 이상 • 개인 : 자산평가액 3억7천5백만원 이상 ※ 법인이든 개인이든, 경량항공기 또는 초경량비행장치만을 대여하는 경우 3천만원 이상
항공기 등	• 다음의 요건을 갖춘 항공기, 경량항공기 또는 초경량비행장치 1대(→ 각각 1대 X) 이상 　└ 항공기 : 감항증명을 받은 비행선 또는 활공기 　　경량항공기 : 안전성인증 등급을 받은 경량항공기 　　초경량비행장치 : 항공안전법 제2조제3호에 따른 초경량비행장치
인력	• 항공기 또는 경량항공기를 대여하는 경우 : 항공정비사 1명 이상 　└ 다만, 경량항공기 정비업무 전체를 정비, 수리, 개조 서비스를 제공하는 항공레저스포츠 　　사업자에게 위탁한 경우는 제외 • 초경량비행장치를 대여하는 경우 : 초경량비행장치 조종자 증명을 받은 사람으로서 　　　　　　　　　　　　　　　　　비행시간이 180시간 이상인 사람 　└ 다만, 초경량비행장치 정비업무 전체를 정비, 수리, 개조 서비스를 제공하는 항공레저스 　　포츠사업자에게 위탁한 경우는 제외
보험	• 항공기, 경량항공기, 초경량비행장치 마다 제3자배상책임 보험, 조종자 및 동승자 보험 가입 　(1억5천만원 이상, 자동차손해보상 보장법 시행령 제3조제1항) 　└ 초경량비행장치(기구류 제외)에 대해 사업자별로 가입 가능

(3) 경량항공기 또는 초경량비행장치에 대한 정비, 수리, 개조 서비스를 제공하는 사업의 경우
　└ 제3자 보험가입이 필요 없다 O

구 분	등록 요건
자본금 또는 자산평가액	• 법인 : 납입자본금 3천만원 이상, 개인 : 자산평가액 3천만원 이상
인력	• 경량항공기를 정비, 수리 또는 개조하는 경우 : 항공정비사 1명 이상 • 초경량비행장치를 정비, 수리, 개조하는 경우 : 다음의 어느 하나에 해당하는 사람 1명 이상 　└ 초경량비행장치 조종자 증명을 받은 사람으로서 비행시간이 180시간 이상인 사람 　　항공정비사 자격증명을 받은 사람 　　민법 제32조에 따라 설립된 사단법인 또는 외국정부나 민간단체에서 발행한 낙하산 정비 　　자격증명을 받은 사람(낙하산류 초경량비행장치 정비, 수리 또는 개조하는 경우만 해당)
시설 및 장비	• 시설 : 사무실 및 정비, 수리 또는 개조를 위한 작업장(정비자재 보관 장소 등 포함) • 장비 : 작업용 공구, 계측장비 등 정비, 수리 또는 개조 작업에 필요한 장비 　(수행 업무에 해당하는 장비로 한정)

3) 초경량비행장치사용사업

구 분	등록 요건
자본금 또는 자산평가액	• 법인 : 납입자본금 3천만원 이상,　 개인 : 자산평가액 3천만원 이상 　다만, 최대이륙중량 25kg 이하는 자산평가액 필요 없음
조종자	• 1명 이상
장치	• 초경량비행장치(무인비행장치로 한정한다) 1대 이상
보험	• 제3자보험 가입

11. 항공사업 등록 시 구비 서류

항공기대여업	항공레저스포츠사업	초경량비행장치사용사업
1. 등록신청서	1. 등록신청서	1. 등록신청서
2. 등록요건을 총족함을 증명하거나 설명하는 서류	2. 등록요건을 총족함을 증명하거나 설명하는 서류	2. 등록요건을 총족함을 증명하거나 설명하는 서류
3. 다음을 포함하는 사업계획서 ① 자본금 ② 상호·대표자의 성명과 사업소의 명칭 및 소재지 ③ 사용 시설·설비 및 장비 개요 ④ 종사 인력의 개요 ⑤ 사업 개시 예정일 　↳ 사업 만료일 X ⑥ 예상 사업수지 계산서 ⑦ 재원 조달 방법 ↳ 영업구역 X ↳ 안전관리 대책 X	3. 다음을 포함하는 사업계획서 ① 자본금 ② 상호·대표자의 성명과 사업소의 명칭 및 소재지 　↳ 주식 및 주주명부 X ③ 사용 시설·설비, 장비 및 이용자 편의시설 개요 ④ 종사 인력의 개요 ⑤ 사업 개시 예정일 　↳ 사업 운영 기간 X ⑥ 해당 사업의 항공기 등 수량 및 그 산출근거와 예상 사업수지 계산서 ⑦ 재원 조달 방법 ⑧ 영업구역 범위 및 영업시간 ⑨ 탑승료·대여료 등 이용요금 ⑩ 항공레저 활동의 안전 및 이용자 편의를 위한 안전관리 대책 ↳ 관광객의 유치 방안 X ↳ 일자리 창출 방안 X ↳ 지역경제 활성화 방안 X	3. 다음을 포함하는 사업계획서 ① 사업 목적 및 범위 ② 자본금 　↳ 자산증감액 X ③ 상호·대표자의 성명과 사업소의 명칭 및 소재지 ④ 사용 시설·설비 및 장비 개요 ⑤ 종사 인력의 개요 ⑥ 사업 개시 예정일 ⑦ 초경량비행장치의 안전성 점검 계획 및 사고 대응 매뉴얼 등을 포함한 안전관리대책 ↳ 재원 조달 방법 X ↳ 예상 사업수지 계산서 X
4. 부동산을 사용할 수 있음을 증명하는 서류(타인 부동산을 사용하는 경우만 해당)	4. 사업시설 부지 등 부동산을 사용할 수 있음을 증명하는 서류(타인 부동산을 사용하는 경우만 해당)	4. 부동산을 사용할 수 있음을 증명하는 서류(타인 부동산을 사용하는 경우만 해당) ↳ 사용하는 경우만 해당되지 않는다 X

※ 항공사업법 시행규칙 제47조(초경량비행장치사용사업의 등록)

② 한국교통안전공단 이사장은 제1항에 따른 등록신청서의 내용이 명확하지 않거나 첨부서류가 미비한 경우에는 7일 이내에 보완을 요구해야 한다.
③ 한국교통안전공단 이사장은 초경량비행장치사용사업 등록요건을 충족하는지를 심사하여 신청내용이 적합하다고 인정되면 등록대장에 그 사실을 적고, 별지 제10호서식의 등록증을 발급해야 한다.
④ 한국교통안전공단 이사장은 등록 신청 내용을 심사할 때 초경량비행장치사용사업의 등록 신청인과 계약한 이착륙장 시설·설비의 소유자 등이 해당 계약을 이행할 수 있는지에 관하여 관계 행정기관 또는 단체의 의견을 들을 수 있다.

12. 항공레저스포츠사업 추가 또는 재등록 시 자본금 충족 조건(항공사업법 시행령 제24조 별표10)

1) 항공레저스포츠사업자가 다른 항공레저스포츠사업 등록을 추가하는 경우

등록한 항공레저스포츠사업 자본금 기준(등록한 항공레저스포츠사업이 둘 이상인 경우에는 자본금 기준이 최대인 항공레저스포츠사업의 자본금 기준을 말한다)의 2분의 1을 한도로 등록하려는 항공레저스포츠사업의 자본금 기준의 2분의 1에 해당하는 자본금을 이미 갖춘 것으로 본다.

2) 항공레저스포츠사업자가 둘 이상 다른 항공레저스포츠사업 등록을 추가하는 경우

등록한 항공레저스포츠사업 자본금 기준(등록한 항공레저스포츠사업이 둘 이상인 경우에는 자본금 기준이 최대인 항공레저스포츠사업의 자본금 기준을 말한다)의 2분의 1을 한도로 등록하려는 각각의 항공레저스포츠사업의 자본금 기준의 2분의 1에 해당하는 자본금을 이미 갖춘 것으로 본다.

3) 항공레저스포츠사업 등록을 하지 않은 자가 둘 이상의 항공레저스포츠사업 등록을 동시에 신청하는 경우

등록하려는 항공레저스포츠사업 중 자본금 기준이 최대인 항공레저스포츠사업의 자본금을 갖추면 자본금 기준이 최대인 항공레저스포츠사업 외의 각각의 항공레저스포츠사업의 자본금 기준의 2분의 1에 해당하는 자본금을 이미 갖춘 것으로 본다.

4) 제1호~제3호까지의 규정에 따라 자본금 기준의 일부를 이미 갖춘 것으로 보고 항공레저스포츠사업을 등록한 후 다음 각 목의 어느 하나에 해당하는 사유가 발생한 경우에는 등록 신청 당시 이미 갖춘 것으로 본 자본금을 다시 갖추어야 함. 이 경우 다시 자본금을 갖추어야 하는 항공레저스포츠사업이 둘 이상인 경우에는 자본금 기준이 최대인 항공레저스포츠사업의 자본금을 갖추면 자본금 기준이 최대인 항공레저스포츠사업 외의 각각의 항공레저스포츠사업의 자본금 기준의 2분의 1에 해당하는 자본금을 이미 갖춘 것으로 본다.

- 제 1호 및 제2호에 따른 등록 신청 당시 이미 등록하였던 항공레저스포츠사업(등록한 항공레저스포츠사업이 둘 이상인 경우에는 자본금 기준이 최대인 항공레저스포츠사업을 말한다)을 등록 취소 또는 폐업 등의 사유로 더 이상 경영하지 않게 된 경우
- 제3호에 따른 등록 신청 당시 자본금 기준이 최대인 항공레저스포츠사업을 등록 취소 또는 폐업 등의 사유로 더 이상 경영하지 않게 되는 경우

13. 항공기대여업, 항공레저스포츠사업, 초경량비행장치사용사업 등록 결격사항

1) 항공사업법 제9조(국내항공운송사업과 국제항공운송사업 면허의 결격사유 등)

국토교통부장관은 다음 각 호의 어느 하나에 해당하는 자에게는 국내항공운송사업 또는 국제항공운송사업의 면허를 해서는 아니 된다.

1. 「항공안전법」 제10조제1항 각 호의 어느 하나에 해당하는 자
   ↳ ① 대한민국 국민이 아닌 사람 ② 외국정부 또는 외국의 공공단체 ③ 외국의 법인 또는 단체
   ④ 제1호부터 제3호까지의 어느 하나에 해당하는 자가 주식이나 지분의 2분의 1(→ 3분의 1 X) 이상을 소유하거나(→ 소유하고 X) 그 사업을 사실상 지배하는 법인
   ⑤ 외국인이 법인 등기사항증명서상의 대표자이거나 외국인이 법인 등기사항증명서상의 임원 수의 2분의 1 이상을 차지하는 법인

2. 피성년후견인, 피한정후견인 또는 파산선고를 받고 복권되지 아니한 사람

3. 항공사업법, 항공안전법, 공항시설법, 항공보안법, 항공·철도 사고조사에 관한 법률(→ 국가보안법 X)을 위반하여 금고 이상의 실형(→ 벌금형 X)을 선고받고 그 집행이 끝나거나 집행이 면제된 날부터 3년이 지나지 아니한 사람

4. 항공사업법, 항공안전법, 공항시설법, 항공보안법, 항공·철도 사고조사에 관한 법률을 위반하여 금고 이상의 형의 집행유예를 선고받고 그 유예기간 중에 있는 사람

5. 국내항공운송사업, 국제항공운송사업, 소형항공운송사업 또는 항공기사용사업의 면허 또는 등록의 취소처분을 받은 후 2년이 지나지 아니한 자. 다만, 피성년후견인, 피한정후견인 또는 파산산고를 받고 복권되지 아니한 사람이 법인에 있거나, 상속을 받고 3개월 이내 타인에게 양도하지 않아 면허 또는 등록이 취소된 경우는 제외한다.

6. 임원 중에 제1호부터 제5호까지의 어느 하나에 해당하는 사람이 있는 법인
   ↳ 정신과 이력이 있는 사람 X(→정신과 이력이 있어도 사업 등록이 가능하다는 의미임), 영업이익 창출 감소 X

2) (항공기대여업, 항공레저스포츠사업, 초경량비행장치사용) 사업별 등록 결격사항
   ↳ 항공레저스포츠사업 등록 결격사항이 충족되어도 항공기대여업과 초경량비행장치사용사업은 가능하다는 것이 핵심임

(1) 항공사업법 제46조(항공기대여업의 등록)

다음 각 호의 어느 하나에 해당하는 자는 항공기대여업의 등록을 할 수 없다.
2. 항공기대여업 등록의 취소처분을 받은 후 2년이 지나지 아니한 자. 다만, 피성년후견인, 피한정후견인 또는 파산선고를 받고 복권되지 아니하여 제47조제8항에 따라 항공기대여업 등록이 취소된 경우는 제외한다.

(2) 항공사업법 제50조(항공레저스포츠사업의 등록)

> ③ 다음 각 호의 어느 하나에 해당하는 자는 항공레저스포츠사업의 등록을 할 수 없다.
> 2. 항공기취급업, 항공기정비업, 또는 항공레저스포츠사업의 등록 취소처분을 받은 후 2년이 지나지 아니한 자.(→ 초경량비행장치사용사업의 등록 취소처분을 받은 2년이 지나지 아니한 자 X)
> 다만, 피성년후견인, 피한정후견인 또는 파산선고를 받고 복권되지 아니하여 제43조제7항, 제45조제7항 또는 제51조제7항에 따라 등록이 취소된 경우는 제외한다.
>
> ④ 항공레저스포츠사업이 다음 각 호의 어느 하나에 해당하는 경우 국토교통부장관은 항공레저스포츠사업 등록을 제한할 수 있다.
> 1. 항공레저스포츠 활동의 안전사고 우려 및 이용자들에게 심한 불편을 주거나 공익을 해칠 우려가 있는 경우
> 2. 인구밀집지역, 사생활 침해, 교통, 소음 및 주변 환경 등을 고려할 때 영업행위가 부적합하다고 인정하는 경우
> 3. 그 밖에 항공안전 및 사고예방 등을 위하여 국토교통부장관이 항공레저스포츠사업의 등록제한이 필요하다고 인정하는 경우
> └→ 이용객수가 부족하여 수익창출이 되지 않을 때 X

(3) 항공사업법 제48조(초경량비행장치사용사업의 등록)

> 다음 각 호의 어느 하나에 해당하는 자는 항공레저스포츠사업의 등록을 할 수 없다.
> 2. 초경량비행장치사용사업 등록의 취소처분을 받은 후 2년이 지나지 아니한 자. 다만, 피성년후견인, 피한정후견인 또는 파산선고를 받고 복권되지 아니하여 제49조제8항 따라 초경량비행장치사용사업 등록이 취소된 경우는 제외한다.

14. 항공사업 변경신고

1) 신고사항(항공기대여업, 항공레저스포츠사업, 초경량비행장치사용사업 공통)

(1) 자본금의 감소   (2) 사업소의 신설 또는 변경
(3) 대표자 변경, 대표자의 대표권 제한 및 그 제한의 변경   (4) 상호의 변경, 사업 범위의 변경
└→ 자본금의 증가 X, 종사자의 수 변경 X, 자산평가액의 변경 X, 임원들의 주식지분율 변경 X

2) 신고기간 및 제출서류

(1) 사유가 발생한 날부터 30일 이내 제출하면 처리기간은 14일(민원처리에 관한 법률에 따라)
(2) 누구에게 제출하는가?

항공기대여업	항공레저스포츠사업	초경량비행장치사용사업
지방항공청장	지방항공청장	한국교통안전공단 이사장

15. 준용규정

1) 항공사업법 제32조(사업계획의 변경 등)

① 항공기사용사업자는 등록할 때 제출한 사업계획에 따라 그 업무를 수행하여야 한다.
　다만, 기상악화 등 국토교통부령으로 정하는 부득이한 사유가 있는 경우는 그러하지 아니하다.
　　└→ 항공사업법 시행규칙 제34조(사업계획의 변경 등)
　　　　1. 기상악화
　　　　2. 안전운항을 위한 정비로서 예견하지 못한 정비(→ 계획된 정비 X)
　　　　3. 천재지변
　　　　4. 제1호부터 제3호까지의 사유에 준하는 부득이한 사유
　　　└→ 소음 민원 X, 관제사의 실수 X

② 항공기사용사업자는 제1항에 따른 사업계획을 변경하려는 경우에는 국토교통부장관의 인가를 받아야 한다. 다만, 국토교통부령으로 정하는 경미한 사항을 변경하려는 경우에는 국토교통부장관에게 신고하여야 한다.
　└→ 항공사업법 시행규칙 제34조(사업계획의 변경 등)
　　　1. 자본금의 변경
　　　2. 사업소의 신설 및 변경
　　　3. 대표자 변경
　　　4. 대표자의 대표권 권한 및 그 제한의 변경
　　　5. 상호 변경
　　　6. 사업범위의 변경
　　　7. 항공기 등록 대수의 변경
　　　└→ 사업계획의 변경 X, 임원 수 변경 X, 임원의 2/3 이상 변경 X

③ 제2항에 따른 사업계획의 변경인가 기준은 다음 각 호와 같다.
　　1. 해당 사업의 시작으로 항공교통의 안전에 지장을 줄 염려가 없을 것
　　2. 해당 사업의 시작으로 사업자 간 과당경쟁의 우려가 없고 이용자의 편의에 적합할 것

2) 항공사업법 제33조(명의대여의 금지)

항공기사용사업자는 타인에게 자기의 성명 또는 상호를 사용하여 항공기사용사업을 경영하게 하거나 그 등록증을 빌려주어서는 아니 된다.

3) 항공사업법 제34조(항공기사용사업의 양도·양수)

① 항공기사용사업자가 항공기사용사업을 양도 · 양수하려는 경우에는 국토교통부령으로 정하는 바에 따라 국토교통부장관에게 신고하여야 한다.
  ↳ 항공안전법 시행규칙 제35조(항공기사용사업의 양도·양수의 인가 신청)
    양도인과 양수인은 서류를 첨부하여 계약일로부터 30일 이내에 연명하여 지방항공청장에게 제출(초경량비행장치사용사업 : 한국교통안전공단 이사장에게 제출)
    1. 양도·양수 후 사업계획서
    2. 양수인이 제9조의 결격사유에 해당하지 아니함을 증명하는 서류와 제30조제2항(등록요건)의 기준을 충족함을 증명하거나 설명하는 서류
    3. 양도·양수 계약서의 사본
    4. 양도 또는 양수에 관한 의사결정을 증명하는 서류(양도인 또는 양수인이 법인인 경우만 해당한다)
② 국토교통부장관은 제1항에 따라 양도 · 양수의 신고를 받은 경우 양도인 또는 양수인이 다음 각 호의 어느 하나에 해당하면 양도 · 양수 신고를 수리해서는 아니 된다.
    1. 양수인이 제9조 각 호의 어느 하나에 해당하는 경우
    2. 양도인이 제40조에 따라 사업정지처분을 받고 그 처분기간 중에 있는 경우
    3. 양도인이 제40조에 따라 등록취소처분을 받았으나 「행정심판법」또는 「행정소송법」에 따라 그 취소처분이 집행정지 중에 있는 경우
③ 국토교통부장관은 제1항에 따른 신고를 받으면 국토교통부령으로 정하는 바에 따라 이를 공고하여야 한다. 이 경우 공고의 비용은 양도인이 부담한다.
  ↳ 항공안전법 시행규칙 제35조(항공기사용사업의 양도·양수의 인가 신청)
    지방항공청장은 신청을 받으면 다음 각 호의 사항을 공고하여야 한다.
    1. 양도·양수인의 성명(법인의 경우에는 법인의 명칭 및 대표자의 성명) 및 주소
    2. 양도·양수의 대상이 되는 사업범위
    3. 양도·양수의 사유
    4. 양도·양수 인가 신청일 및 양도·양수 예정일
④ 제1항에 따라 신고가 수리된(→ 접수된 X) 경우에 양수인은 양도인인 항공기사용사업자의 이 법에 따른 지위를 승계한다.

4) 항공사업법 제35조(법인의 합병)

① 법인인 항공기사용사업자가 다른 항공기사용사업자 또는 항공기사용사업 외의 사업을 경영하는 자와 합병하려는 경우에는 국토교통부령으로 정하는 바에 따라 국토교통부장관에게 신고하여야 한다.
  ↳ 항공사업법 시행규칙 제36조(법인의 합병 신고) 법인의 합병을 하려는 항공기사용사업자는 합병 신고서에 다음 각 호의 서류를 첨부하여 계약일부터 30일 이내에 연명으로 지방항공청장에게 제출해야 한다.
    1. 합병의 방법과 조건에 관한 서류
    2. 당사자가 신청 당시 경영하고 있는 사업의 개요를 적은 서류
    3. 합병 후 존속하는 법인 또는 합병으로 설립되는 법인이 법 제9조의 결격사유에 해당하지 아니함을 증명하는 서류와 법 제30조제2항의 기준을 충족을 증명하거나
       설명하는 서류
    4. 합병계약서
    5. 합병에 관한 의사결정을 증명하는 서류
② 제1항에 따라 신고가 수리된 경우에 합병으로 존속하거나 신설되는 법인은 합병으로 소멸되는 법인인 항공기사용사업자의 이 법에 따른 지위를 승계한다.

5) 항공사업법 제36조(상속)

① 항공기사용사업자가 사망한 경우 그 상속인(2명 이상인 경우 협의에 의한 1명)이 피상속인의 항공기사용사업자의 지위 승계
② 피상속인이 사망한 날부터 30일 이내 국토교통부장관에게 신고
　(초경량비행장치사용사업 : 한국교통안전공단 이사장에게 신고)
③ 상속인이 사업법 제9조 각 호의 어느 하나에 해당하는 결격사유가 있는 경우 3개월 이내에 타인에게 양도 가능

6) 항공사업법 제37조(항공기사용사업의 휴업)

① 항공기사용사업자가 휴업하려는 경우에는 국토교통부령으로 정하는 바에 따라 국토교통부장관에게 신고하여야 한다.
　└ 항공사업법 시행규칙 제38조(항공기사용사업 휴업신고) 휴업 신고를 하려는 항공기사용사업자는 휴업 신고서를 휴업 예정일 5일 전까지 지방항공청장에게 제출하여야 한다.(초경량비행장치사용사업 : 한국교통안전공단 이사장에게 제출)
② 휴업기간은 6개월(→1개월 X, 3개월 X) 초과할 수 없다.

7) 항공사업법 제38조(항공기사용사업의 폐업)

① 항공기사용사업자가 폐업하려는 경우에는 국토교통부령으로 정하는 바에 따라 국토교통부장관에게 신고하여야 한다.
　└ 항공사업법 시행규칙 제39조(항공기사용사업의 폐업 또는 노선의 폐지) 폐업 신고를 하려는 항공기사용사업자는 폐업 신고서를 폐업 예정일 15일 전까지 지방항공청장에게 제출하여야 한다.(초경량비행장치사용사업 : 한국교통안전공단 이사장에게 제출)
② 제1항에 따른 폐업을 할 수 있는 경우는 다음 각 호와 같다.
　1. 폐업일 이후 예약 사항이 없거나, 예약 사항이 있는 경우 대체 서비스 제공 등의 조치가 끝났을 것
　2. 폐업으로 항공시장의 건전한 질서를 침해하지 아니할 것

8) 항공사업법 제39조(사업개선 명령)

국토교통부장관은 항공기사용사업의 서비스 개선을 위하여 필요하다고 인정되는 경우에는 항공기사용사업자에게 다음 각 호의 사항을 명할 수 있다.
　1. 사업계획의 변경
　2. 항공기 및 그 밖의 시설의 개선
　3. 항공기사고로 인하여 지급할 손해배상을 위한 보험계약의 체결
　4. 항공에 관한 국제조약을 이행하기 위하여 필요한 사항
　5. 그 밖에 항공기사용사업 서비스의 개선을 위하여 필요한 사항

9) 항공사업법 제39조(항공기사용사업의 등록취소 등)

(1) 반드시 취소해야 할 사항

> 1. 거짓이나 그 밖의 부정한 방법으로 등록한 경우
> 2. 제30조제1항에 따라 등록한 사항을 이행하지 아니한 경우
> 4. 항공기사용사업자가 제9조(국내/국제항공운송사업 면허의 결격사유 등) 각 호의 어느 하나에 해당하게 된 경우. 다만, 다음 각 목의 어느 하나에 해당하는 경우는 제외한다.
>   가. 제9조제6호(임원 중 결격사유 포함)에 해당하는 법인이 3개월 이내에 해당 임원을 결격사유가 없는 임원으로 바꾸어 임명한 경우
>   나. 피상속인이 사망한 날부터 3개월 이내에 상속인이 항공기사용사업을 타인에게 양도한 경우
> 13. 항공기 운항의 정지명령을 위반하여 운항정지기간에 운항한 경우
> 15. 이 조에 따른 사업정지명령을 위반하여 사업정지기간에 사업을 경영한 경우

(2) 6개월 이내의 기간을 정하여 그 사업의 전부 또는 일부의 정지해야 할 사항

> 3. 등록기준에 미달한 경우. 다만, 다음 각 목의 어느 하나에 해당하는 경우는 제외한다.
>   가. 등록기준에 일시적으로 미달한 후 3개월 이내에 그 기준을 충족하는 경우
>   나. 「채무자 회생 및 파산에 관한 법률」에 따라 법원이 회생절차개시의 결정을 하고 그 절차가 진행 중인 경우
>   다. 「기업구조조정 촉진법」에 따라 금융채권자협의회가 채권금융기관 공동관리절차 개시의 의결을 하고 그 절차가 진행 중인 경우
> 4의2. 제30조의2제1항(비행훈련생 교육비 반환 등)을 위반하여 보증보험 등에 가입 또는 예치하지 아니한 경우
> 5. 사업계획에 따라 사업을 하지 아니한 경우 및 같은 조 제2항에 따라 인가를 받지 아니하거나 신고를 하지 아니하고 사업계획을 변경한 경우
> 6. 타인에게 자기의 성명 또는 상호를 사용하여 사업을 경영하게 하거나 등록증을 빌려 준 경우
> 7. 신고를 하지 아니하고 사업을 양도 · 양수한 경우
> 8. 합병신고를 하지 아니한 경우
> 9. 상속에 관한 신고를 하지 아니한 경우
> 10. 신고 없이 휴업한 경우 및 휴업기간이 지난 후에도 사업을 시작하지 아니한 경우
> 11. 사업개선 명령을 이행하지 아니한 경우
> 12. 요금표 등을 갖추어 두지 아니하거나 항공교통이용자가 열람할 수 있게 하지 아니한 경우
> 14. 국가의 안전이나 사회의 안녕질서에 위해를 끼칠 현저한 사유가 있는 경우

10) 항공사업법 제41조(과징금 부과 등)

① 국토교통부장관은 항공기사용사업자가 제40조제1항제3호, 제4호의2, 제5호부터 제12호까지 또는 제14호의 어느 하나에 해당하여 사업의 정지를 명하여야 하는 경우로서 사업을 정지하면 그 사업의 이용자 등에게 심한 불편을 주거나 공익을 해칠 우려가 있는 경우에는 사업정지처분을 갈음하여
10억원 이하의 과징금(→ 벌금 X, 과태료 X, 추징금 X)을 부과할 수 있다.
┕ 제4호의2. 비행훈련교육생의 손해 배상을 위한 보증보험 등에 가입 또는 예치하지 아니한 경우
　　제5호. 사업계획에 따라 사업을 하지 아니한 경우 및 인가를 받지 아니하거나 신고를 하지 아니하고 사업계획을 변경한 경우
　　제6호. 타인에게 자기의 성명 또는 상호를 사용하여 사업을 경영하게 하거나 등록증을 빌려준 경우
　　제7호. 신고를 하지 아니하고 사업을 양도·양수한 경우
　　제8호. 합병신고를 하지 아니한 경우
　　제9호. 상속에 관한 신고를 하지 아니한 경우
　　제10호. 신고 없이 휴업한 경우 및 휴업기간이 지난 후에도 사업을 시작하지 아니한 경우
　　제11호. 사업계획 변경 또는 항공기사고로 인하여 지급할 손해배상을 위한 보험계약의 체결에 관한 사업개선 명령을 이행하지 아닌한 경우
　　제12호. 요금표 등을 갖추어 두지 아니하거나 항공교통이용자가 열람할 수 있게 하지 아니한 경우
　　제14호. 국가의 안전이나 사회의 안녕질서에 위해를 끼칠 현저한 사유가 있는 경우
② 과징금 금액 : 위반행위의 종류와 위반정도에 따라 1/2 범위 가중 또는 경감
※ 항공기대여업/항공레저스포츠사업 최대 과징금 금액 : 3억원
　 초경량비행장치사용사업 최대 과징금 금액 : 3천만원

(1) 항공사업법 시행령 제16조(과징금의 부과 및 납부)

① 국토교통부장관은 법 제29조에 따라 과징금을 부과하려면 그 위반행위의 종류와 해당 과징금의 금액을 구체적으로 적어 서면으로 통지하여야 한다.
② 제1항에 따라 통지를 받은 자는 통지를 받은 날부터 20일 이내에 국토교통부장관이 정하는 수납기관에 과징금을 내야 한다.
③ 제2항에 따라 과징금을 받은 수납기관은 그 납부자에게 영수증을 발급하여야 한다.
④ 과징금의 수납기관은 제2항에 따른 과징금을 받으면 지체 없이 그 사실을 국토교통부장관에게 통보하여야 한다.

(2) 항공사업법 시행령 제17조(과징금의 독촉 및 징수)

① 국토교통부장관은 제16조제1항에 따라 과징금의 납부통지를 받은 자가 납부기한까지 과징금을 내지 아니하면 납부기한이 지난 날부터 7일 이내에 독촉장을 발급하여야 한다. 이 경우 납부기한은 독촉장 발급일부터 10일 이내로 하여야 한다.
② 국토교통부장관은 제1항에 따라 독촉을 받은 자가 납부기한까지 과징금을 내지 아니한 경우에는 소속공무원으로 하여금 국세 체납처분의 예에 따라 과징금을 강제징수하게 할 수 있다.

16. 운송약관 비치

1) 항공사업법 제62조(운송약관 비치 등의 의무)

④ 항공교통사업자는 다음 각 호의 서류를 그 사업자의 영업소, 인터넷 홈페이지 또는 항공교통이용자가 잘 볼 수 있는 곳에 국토교통부령으로 정하는 바에 따라 갖추어 두고, 항공교통이용자가 열람할 수 있게 하여야 한다
  └ 항공사업법 제66조(항공교통이용자를 위한 서류의 비치 장소)
    1. 발권대   2. 공항 안내데스크   3. 항공기 내
  다만, 제1호부터 제3호까지의 서류는 항공교통사업자 중 항공운송사업자만 해당한다.
  1. 운임표 2. 요금표 3. 운송약관 4. 피해구제계획 및 피해구제 신청을 위한 관계 서류

17. 보고, 출입 및 검사

1) 항공사업법 제73조(보고, 출입 및 검사 등)

④ 국토교통부장관은 검사 또는 질문을 하려면 검사 또는 질문을 하기 7일 전까지 검사 또는 질문의 일시, 사유 및 내용 등의 계획을 피검사자 또는 피질문자에게 알려야 한다. 다만, 긴급한 경우이거나 사전에 알리면 증거인멸 등으로 검사 또는 질문의 목적을 달성할 수 없다고 인정하는 경우에는 그러하지 아니할 수 있다.

⑦ 제5항에 따른 증표에 관하여 필요한 사항은 국토교통부령으로 정한다.
  └ 항공사업법 시행규칙 제71조의2(서류의 제출 등) ① 국토교통부장관으로부터 업무에 관한 보고 또는 서류의 제출을 요청받은 자는 그 요청을 받은 날 부터 15일 이내에 보고하여야 한다.

18. 청문

  └ ※ 단순 참고 : 청문이란 행정절차법에 따라 특정 행정 처분을 내리기 전에 당사자에게 의견을 진술할 기회를 제공하는 절차

1) 항공사업법 제74조(청문)

국토교통부장관은 다음 각 호의 어느 하나에 해당하는 처분을 하려면 청문(→ 탐문 X, 간문 X, 심문 X, 반문 X)을 하여야 한다.
  5. 항공기대여업 등록의 취소 6. 초경량비행장치사용사업 등록의 취소 7. 항공레저스포츠사업 등록의 취소

19. 벌칙

1) 항공사업법 제77조(보조금 등의 부정 교부 및 사용 등에 관한 죄)

보조금, 융자금을 거짓이나 그 밖의 부정한 방법으로 교부받은 자는 5년 이하의 징역 또는 5천만원 이하의 벌금에 처한다.

2) 항공사업법 제78조(항공사업자의 업무 등에 관한 죄)

(1) 1년 이하의 징역 또는 1천만원 이하의 벌금

> 2. 제33조(명의대여 등의 금지)에 따른 명의대여 등의 금지를 위반한 항공기사용사업자
> 7. 제46조(항공기대여업의 등록)에 따른 등록을 하지 아니하고 항공기대여업을 경영한 자
> 8. 제33조(명의대여 등의 금지)에 따른 명의대여 등의 금지를 위반한 항공기대여업자
> 9. 제48조제(초경량비행장치사용사업의 등록)1항에 따른 등록을 하지 아니하고 초경량비행장치사용사업을 경영한 자
> 10. 제49조(초경량비행장치사용사업의 등록)제2항에서 준용하는 제33조(명의대여 등의 금지)에 따른 명의대여 등의 금지를 위반한 초경량비행장치사용사업자
> 11. 제50조(항공레저스포츠사업의 등록)제1항에 따른 등록을 하지 아니하고 항공레저스포츠사업을 경영한 자
> 12. 제51조(항공레저스포츠사업에 대한 준용규정)제1항에서 준용하는 제33조에 따른 명의대여 등의 금지를 위반한 항공레저스포츠사업자

(2) 1천만원 이하의 벌금

> 5. 제37조(항공기사용사업의 휴업)를 위반하여 휴업 또는 휴지를 한 자
> 6. 제39조(사업개선명령)에 따른 사업개선명령을 위반한 자
> 7. 제40조(항공기사용사업의 등록취소 등)에 따른 사업정지명령을 위반한 자
> 8. 제32조(사업계획의 변경 등)제1항을 위반하여 등록할 때 제출한 사업계획대로 업무를 수행하지 아니한 자
> 9. 제32조제(사업계획의 변경 등)2항에 따른 인가를 받지 아니하고 사업계획을 변경한 자
> 12. 제39조(사업개선명령)에 따른 명령을 위반한 항공기대여업자
> 13. 제39조(사업개선명령)에 따른 명령을 위반한 초경량비행장치사용사업자
> 14. 제39조(사업개선명령)에 따른 명령을 위반한 항공레저스포츠사업자

3) 항공사업법 제80조(경량항공기 등의 영리 목적 사용에 관한 죄)

> ① 제71조(경량항공기 등의 영리목적 사용금지)를 위반하여 경량항공기를 영리 목적으로 사용한 자는 1년 이하의 징역 또는 1천만원 이하의 벌금에 처한다.
> ② 제71조(경량항공기 등의 영리목적 사용금지)를 위반하여 초경량비행장치를 영리 목적으로 사용한 자는 6개월 이하의 징역 또는 500만원 이하의 벌금에 처한다.

4) 항공사업법 제81조(검사 거부 등의 죄)

> 제73조(보고, 출입 및 검사) 제2항 또는 제3항에 따른 검사 또는 출입을 거부·방해하거나 기피한 자는 500만원 이하의 벌금에 처한다.

5) 항공사업법 제82조(양벌규정)

법인의 대표자나 법인 또는 개인의 대리인, 사용인, 그 밖의 종업원이 그 법인 또는 개인의 업무에 관하여
제77조부터 제81조까지의 어느 하나에 해당하는 위반행위를 하면 그 행위자를 벌하는 외에
 ↳ 제77조(보조금 등의 부정 교부 및 사용 등에 관한 죄) 제78조(항공사업자의 업무 등에 관한 죄)
  제79조(외국인 국제항공운송사업자 등의 업무 등에 관한 죄) 제80조(경량항공기 등의 영리 목적 사용에 관한 죄)
  제82조(검사 거부 등의 죄)
 ↳ 그 법인 또는 개인에게도 해당 조문의 벌금형을 과(科)한다. 다만, 법인 또는 개인이 그 위반행위를 방지하기 위하여
해당 업무에 관하여 상당한 주의와 감독을 게을리 하지 아니한 경우에는 그러하지 아니하다.

6) 항공사업법 제84조(과태료)

② 다음 각 호의 어느 하나에 해당하는 자에게는 500만원 이하의 과태료를 부과한다.
 6. 제38조(항공기사용사업의 폐업)를 위반하여 폐업하거나 폐업 신고를 하지 아니하거나 거짓으로 신고한 자
 18. 제62조(운송약관 등의 비치) 제4항 또는 제6항에 따른 요금표 등을 갖추어 두지 아니하거나 거짓 사항을 적은 요금표 등을 갖추어 둔 자
 21. 제70조(항공보험 등의 가입의무)제3항 또는 제4항을 위반하여 보험 또는 공제에 가입하지 아니하고 경량항공기 또는 초경량비행장치를 사용하여 비행한 자
 22. 제70조제5항에 따른 자료를 제출하지 아니하거나 거짓으로 자료를 제출한 자
 23. 제73조(보고, 출입 및 검사 등)제1항에 따른 보고 등을 하지 아니하거나 거짓 보고 등을 한 자
 24. 제73조제2항 또는 제3항에 따른 질문에 대하여 거짓으로 진술한 자

※ 항공사업법에 나오는 각종 '일자' 정리

휴업	휴업 예정일 5일전 까지 지방항공청장에게 제출, 국토교통부장관에게 신고 휴업기간은 6개월을 초과 할 수 없다.
폐업	폐업 예정일 15일전 까지 지방항공청장에게 제출, 국토교통부장관에게 신고
항공보험	가입한 날부터 7일 이내에 국토교통부장관에게 신고
등록서류 미비	초경량비행장치사용사업 등록 첨부서류가 미비한 경우 공단 이사장은 7일 이내 보완 요구
보고, 출입/검사	국토교통부장관은 검사 또는 질문을 하기 7일 전까지 질문의 일시, 사유 및 내용 등의 계획을 피검사자 또는 피질문자에게 알려야 한다. 국토교통부장관으로부터 업무에 관한 보고 또는 서류의 제출 요청을 받은 자는 그 요청을 받은 날부터 15일 이내 보고
변경신고	사유 발생한 날부터 30일 이내 신고서 제출(초경량비행장치는 공단 이사장, 기타는 지방항공청장) 변경신고 민원 처리 기간은 14일
과징금 부과, 납부, 독촉, 징수	통지를 받은 날부터 20일 이내 납부 과징금을 내지 않으면 납부기한이 지난 날부터 7일 이내 독촉장 발급 독촉장 납부기한은 독촉장 발급일부터 10일 이내
양도양수 / 합병	계약일로부터 30일 이내 연명

CHAPTER 02 기출복원문제 풀이

01 다음 중 경량항공기 또는 초경량비행장치에 대한 정비, 수리 또는 개조서비스를 제공하는 사업은 무엇인가?

① 항공기대여업　　② 항공레저스포츠사업　　③ 항공기정비업　　④ 항공기취급업

> 해설　항공레저스포츠사업 범위에는 조종교육, 체험 및 경관조망, 대여업, 경량항공기 또는 초경량비행장치에 대한 정비, 수리 또는 개조서비스가 있다.

정답 : ②

02 다음 중 초경량비행장치사용사업 등록 시 사업계획서에 포함사항이 아닌 것은?

① 사업의 목적과 범위　　　　　　② 안전성 점검계획
③ 재원조달방법 / 예산 사업수지계산서　　④ 종사자 인력의 개요

> 해설　초경량비행장치사용사업의 사업계획서에는 사업목적 및 범위, 자본금, 상호·대표자의 성명과 사업소의 명칭 및 소재지, 사용시설·설비 및 장비 개요, 종사자 인력의 개요, 사업 개시 예정일, 안전성 점검계획 및 사고 대응 매뉴얼 등을 포함한 안전관리대책이 포함되어 있어야 한다.

정답 : ③

03 다음 중 위반 시 처벌기준이 다른 것은?

① 사업개선명령을 위반한 자
② 요금표 등을 갖추어 두지 아니하거나 거짓사항을 적어둔 자
③ 자료를 제출하지 아니하거나 거짓으로 제출한 자
④ 폐업하거나 폐업 신고를 하지 아니하거나 거짓으로 신고한 자

> 해설　사업개선명령을 위반하는 자는 1천만원 이하의 벌금에 처한다. 기타 항목은 500만원 이하의 과태료가 부과된다.

정답 : ①

04 다음 중 위반 시 처벌기준이 다른 것은?

① 명의대여 등의 금지 위반한 항공기사용사업자
② 요금표 등을 갖추어 두지 아니하거나 거짓 사항을 적은 요금표 등을 갖추어둔 자
③ 보험 또는 공제 가입하지 아니하고 경량항공기 또는 초경량비행장치를 사용한 자
④ 예약사항을 해결하지 않고 폐업한 사업자

> 해설 명의대여 등의 금지 위반한 항공기사용사업자는 1년 이하의 징역 또는 1천만원 이하의 벌금에 처한다. 기타 항목은 500만원 이하의 과태료를 부과한다.

정답 : ①

05 다음 중 항공보험 등의 가입의무에 대한 설명으로 옳지 않은 것은?

① 보험가입 대상자는 항공운송사업자, 항공기사용사업자, 항공기대여업자이다.
② 보험가입 대상자는 항공운송사업자, 항공기사용사업자, 항공기대여업자 외의 항공기 소유자 또는 항공기를 사용하여 비행하려는 자이다.
③ 다른 사람의 사망, 부상피해 보상을 위하여 안전성인증을 받은 직후 보험이나 공제에 가입하여야 한다.
④ 보험의 변경 또는 갱신 시에도 보험가입신고서 등 보험가입 확인자료를 제출하여야 한다.

> 해설 안전성인증을 받기 전까지 국토교통부령으로 정하는 보험이나 공제에 가입하여야 한다.

정답 : ③

06 다음 중 항공기사용사업의 양도, 양수에 대한 설명으로 옳지 않은 것은?

① 항공기대여업자, 항공레저스포츠사업자는 서류를 지방항공청장에게 제출하여야 한다.
② 양도함에 대한 의사결정을 증명하는 서류를 제출한다.
③ 양수인의 사업법 제9조의 결격사유에 해당하지 않음을 증명하는 서류를 제출하여야 한다.
④ 양도·양수 후 사업계획서 및 양도·양수 계획서 원본을 제출하여야 한다.

> 해설 양도·양수 계획서는 사본을 제출한다.

정답 : ④

07 다음 중 항공기사용사업의 등록취소 등의 사유에 대한 설명으로 옳지 않은 것은?

① 타인에게 자기의 성명 또는 상호를 사용하여 경영하게 한 경우
② 등록요건에 미달한 자로 법원이 회생절차 개시의 결정을 하고 그 절차가 진행 중인 경우
③ 휴업기간이 지난 후에도 사업을 시작하지 아니한 경우
④ 신고 없이 휴업한 경우 및 휴업기간이 지난 후에도 사업을 시작하지 아니한 경우

해설 등록기준에 일시적으로 미달한 후 3개월 이내에 그 기준을 충족하는 경우, 「채무자 회생 및 파산에 관한 법률」에 따라 법원이 회생절차 개시의 결정을 하고 그 절차가 진행 중인 경우, 「기업구조조정 촉진법」에 따라 금융채권자협의회가 채권금융기관 공동관리절차 개시의 의결을 하고 그 절차가 진행 중인 경우는 등록취소 사유에서 제외한다.

정답 : ②

08 다음 중 초경량비행장치사용사업 사업계획 변경사유에 대한 설명으로 옳지 않은 것은?

① 자본금의 증가나 감소
② 사업소의 신설 또는 변경
③ 대표자의 변경
④ 사업범위의 변경

해설 자본금은 감소 시에만 초경량비행장치사용사업 사업계획의 변경사유가 된다. 변경사유 발생 시 30일 이내에 변경신고서와 증빙서류를 첨부하여 지방항공청장에게 제출해야 한다.

정답 : ①

09 다음 중 위반 시 처벌기준이 다른 것은?

① 예약 사항이 있는 경우 예약한 사항을 해결하지 않고 폐업한 자
② 사업개선명령을 위반한 자
③ 요금표 등을 갖추어 두지 아니하거나 거짓 사항을 적은 요금표 등을 갖추어 둔 자
④ 보험 또는 공제에 가입하지 아니하고 경량항공기 또는 초경량비행장치를 사용하여 비행한 자

해설 사업개선명령을 위반한 자는 1천만원 이하의 벌금에 처한다. 기타 항목은 500만원 이하의 과태료를 부과한다.

정답 : ②

10 다음 중 초경량비행장치사용사업 등록 결격 사유에 대한 설명으로 옳지 않은 것은?

① 대한민국 국민이 아닌 사람, 외국정부 또는 외국의 공공단체
② 위의 ①의 어느 하나에 해당하는 자가 주식이나 지분의 3분의 1 이상을 소유한 경우
③ 피성년후견인, 피한정후견인 또는 파산선고를 받고 복권되지 아니한 사람
④ 항공안전법을 위반하여 금고이상의 실형을 선고받은 자

해설 주식이나 지분의 2분의 1 이상을 소유하거나 그 사업을 사실상 지배하는 법인은 등록할 수 없다.

정답 : ②

11 다음 중 위반 시 처벌기준이 다른 것은?

① 폐업하거나 폐업신고를 하지 아니하거나 거짓으로 신고한 자

② 인가를 받지 아니하고 사업계획을 변경한 자

③ 요금표 등을 갖추어 두지 아니하거나 거짓 사항을 적은 요금표 등을 갖추어 둔 자

④ 보험 또는 공제에 가입하지 아니하고 경량항공기 또는 초경량비행장치를 사용하여 비행한 자

> [해설] 인가를 받지 아니하고 사업계획을 변경한 자는 1천만원 이하의 벌금에 처한다. 기타 항목은 500만원 이하의 과태료를 부과한다.

정답 : ②

12 다음 중 항공기사용사업의 양도, 양수에 대한 설명으로 옳지 않은 것은?

① 항공기대여업, 항공레저스포츠사업 신청서는 계약일로부터 30일 이내에 연명으로 지방항공청장에게 제출, 국토교통부장관에게 신고하여야 한다.

② 개인인 경우 양도 또는 양수에 관한 의사결정을 증명하는 서류를 제출한다.

③ 양수인의 사업법 제9조의 결격사유에 해당하지 않음을 증명하는 서류를 제출하여야 한다.

④ 양도, 양수 후 사업계획서를 제출하여야 한다.

> [해설] 양도 또는 양수인이 법인인 경우에만 양도 또는 양수에 관한 의사결정을 증명하는 서류를 제출한다.

정답 : ②

13 다음 중 항공사업법 제70조 항공보험에 대한 설명으로 옳지 않은 것은?

① 초경량비행장치사용사업, 항공기대여업, 항공레저스포츠사업을 하려는 자는 국토교통부령으로 정하는 보험 또는 공제에 가입하여야 한다.

② 국토교통부령으로 정하는 바에 따라 항공운송사업자, 항공기대여업자, 항공기사용업자는 보험에 가입하여야 한다.

③ 보험가입신고서 등 보험가입자료를 제출해야 하며 변경 또는 갱신한 때에는 제출하지 않아도 된다.

④ 경량항공기 소유자 등은 다른 사람의 사망, 부상피해 보상을 위하여 안전성인증을 받기 전까지 보험이나 공제에 가입한다.

> [해설] 보험가입신고서 등 보험가입자료는 갱신한 때에도 자료를 국토교통부장관에게 제출해야 한다.

정답 : ③

14 다음 중 위반 시 500만원 이하의 과태료를 부과하는 벌칙 조항으로 옳은 것은?

① 명의를 빌려 사업자등록을 하고 초경량비행장치사용사업을 하였다.

② 등록을 하지 아니하고 초경량비행장치사용업을 경영하였다.

③ 보험 또는 공제에 가입하지 아니하고 초경량비행장치 또는 경량항공기를 사용하여 비행하였다.

④ 사업개선 명령을 위반하였다.

해설 ①, ② : 1년 이하의 징역 또는 1천만원 이하의 벌금, ④ : 1천만원 이하의 벌금

정답 : ③

15 독촉장 발급일로부터 며칠 이내에 과징금을 납부하여야 하는가?

① 5일 ② 7일 ③ 10일 ④ 14일

해설 독촉장 발급일부터 10일 이내 과징금을 납부하여야 한다.

정답 : ③

16 항공기대여업자, 항공레저스포츠사업자는 폐업 며칠 전까지 폐업 신고서를 지방항공청장에게 제출, 국토교통부장관에게 신고하여야 하는가?

① 5일 ② 7일 ③ 15일 ④ 30일

해설 휴업 예정일 5일 전, 폐업 예정일 15일 전까지 제출

정답 : ③

17 다음 중 초경량비행장치사용사업 등록 시 사업계획서에 포함사항이 아닌 것은?

① 사업목적 및 범위　　　　② 안전관리대책
③ 사업개시 예정일　　　　④ 사업 개시 후 3개월간 운용 재원 계획

해설 사업계획서에는 사업목적 및 범위, 안전성 점검계획, 안전관리대책, 자본금, 상호, 대표자의 성명과 사업소의 명칭 및 소재지, 사용시설, 설비 및 장비 개요, 종사자 인력의 개요, 사업개시 예정일이 포함된다.

정답 : ④

18 다음 중 항공기사용사업의 등록취소 제외사항에 대한 설명으로 옳지 않은 것은?

① 거짓이나 그 밖의 부정한 방법으로 등록한 경우
② 법원이 회생절차개시의 결정을 하고 그 절차가 진행 중인 경우
③ 금융채권협의회가 채권금융기관 공동관리절차 개시의 의결을 하고 그 절차가 진행 중인 경우
④ 등록기준에 일시적으로 미달한 후 3개월 이내에 그 기준을 충족하는 경우

해설　거짓이나 그 밖의 부정한 방법으로 등록한 경우, 등록한 사항을 이행하지 아니한 경우는 반드시 등록을 취소해야 한다.

정답 : ①

19 다음 중 위반 시 처벌기준이 다른 것은?

① 폐업 정상절차를 위반하여 폐업하거나 폐업신고를 하지 아니한 경우
② 보험 또는 공제에 가입하지 아니하고 초경량비행장치를 사용하여 비행한 경우
③ 위반하여 요금표를 갖추어 두지 않거나, 거짓사항을 적은 요금표를 갖춘 경우
④ 검사거부 등의 죄

해설　검사거부 등의 죄는 500만원 이하의 벌금에 처한다. 기타 항목은 500만원 이하의 과태료를 부과한다.

정답 : ④

20 다음 중 초경량비행장치사용사업 변경신고와 관련된 내용으로 옳지 않은 것은?

① 자본금 감소 시 신고　　　　② 사유가 발생한 날로부터 15일 이내 신고
③ 대표자 변경 시 신고　　　　④ 사업범위 변경 시 신고

해설　사유가 발생한 날로부터 30일 이내 신고

정답 : ②

21 다음 중 경량항공기 등의 영리목적 사용 금지를 위반하여 경량항공기를 영리목적으로 사용한 자의 처벌기준으로 옳은 것은?

① 1년 이하의 징역 또는 1천만원 이하 벌금　② 6개월 이하의 징역 또는 500만원 이하 벌금
③ 1천만원 벌금　　　　　　　　　　　　　④ 500만원 과태료

해설　항공기대여업, 초경량비행장치사용사업, 항공레저스포츠사업을 제외하고 경량항공기를 영리목적으로 사용한 자는 1년 이하의 징역 또는 1천만원 이하의 벌금에 처하고, 위 사항을 위반하여 초경량비행장치를 영리목적으로 사용한 자는 6개월 이하의 징역 또는 500만원 이하의 벌금에 처한다.

정답 : ①

22 다음 중 항공기대여업을 하고 있는 법인의 합병에 대한 설명으로 옳지 않은 것은?

① 합병신고서를 계약일로부터 30일 이내에 연명으로 지방항공청장에게 제출, 국토교통부장관에게 신고하여야 한다.
② 당사자가 신청 당시 경영하고 있는 사업의 세부내용을 적은 서류를 제출한다.
③ 합병 기준을 충족함을 증명하거나 설명하는 서류를 제출한다.
④ 결격사유에 해당하지 아니함을 증명하는 서류를 제출한다.

해설 당사자가 신청 당시 경영하고 있는 사업의 개요를 적은 서류를 제출한다.

정답 : ②

23 다음 중 초경량비행장치사용사업자 변경 신고사항이 아닌 것은?

① 자본금의 증가
② 사업범위의 변경
③ 대표자의 권한 제한 및 그 제한의 변경
④ 사업소 신설

해설 자본금은 감소 시에만 변경신고를 한다.

정답 : ①

24 다음 중 경량항공기 등의 영리목적 사용금지를 위반하여 초경량비행장치를 영리목적으로 사용한 자에 대한 처벌기준으로 옳은 것은?

① 1천만원 이하의 벌금
② 500만원 이하의 벌금
③ 6개월 이하의 징역 또는 500만원 이하의 벌금
④ 1년 이하의 징역 또는 1천만원 이하의 벌금

해설 경량항공기 등의 영리목적 사용금지를 위반하여 초경량비행장치를 영리목적으로 사용한 자는 6개월 이하의 징역 또는 500만원 이하의 벌금에 처한다.

정답 : ③

25 다음 중 명의대여 위반 시 처벌기준으로 옳은 것은?

① 과징금 1,000만원
② 1천만원 이하의 벌금
③ 과태료 500만원
④ 1년 이하의 징역 또는 1천만원 이하의 벌금

해설 명의대여 위반 시 1년 이하의 징역 또는 1천만원 이하의 벌금에 처한다.

정답 : ④

26 다음 중 항공기사용사업의 등록을 취소하거나 6개월 이내의 기간을 정하여 그 사업의 전부 또는 일부 정지를 명할 수 있는 사유에 대한 설명으로 옳지 않은 것은?

① 등록한 사항을 이행하지 아니한 경우
② 법원이 회생절차 개시의 결정을 하고 그 절차가 진행 중인 경우
③ 보증보험 등에 가입 예치하지 않은 경우
④ 신고없이 휴업한 경우 및 휴업기간이 지난후에도 사업을 시작하지 아니한 경우

해설 등록기준에 일시적으로 미달한 후 3개월 이내에 그 기준을 충족하는 경우, 채무자 회생 및 파산에 관한 법률에 따라 법원이 회생절차 개시의 결정을 하고 그 절차가 진행중인 경우, 기업구조조정 촉진법에 따라 금융채권자협의회가 채권금융기관 공동관리절차 개시의 의결을 하고 그 절차가 진행 중인 경우는 취소하거나 정지를 명할 수 없다.

정답 : ②

27 다음 중 항공기사용사업의 등록을 취소하거나 6개월 이내의 기간을 정하여 그 사업의 전부 또는 일부 정지를 명할 수 있는 사유에 대한 설명으로 옳지 않은 것은?

① 타인에게 자기의 성명 또는 상호를 사용하여 사업을 경영하게 했을 경우
② 사업계획에 따라 사업을 하지 않은 경우
③ 인가를 받지 아니하거나 신고를 하지 아니하고 사업계획을 변경한 경우
④ 기업구조조정 촉진법에 따라 금융채권자협의회가 채권금융기관 공동관리절차 개시의 의결을 하고 그 절차가 진행 중인 경우

해설 26번 문제의 해설 참조

정답 : ④

28 다음 중 위반 시 처벌기준이 다른 것은?

① 제출한 사업계획대로 업무를 수행하지 아니한 자
② 인가를 받지 아니하고 사업계획을 변경한 자
③ 사업개선명령에 따른 명령을 위반한 초경량비행장치사용사업자
④ 보험 또는 공제에 가입하지 않고 사용한 자

해설 ①, ②, ③은 1천만원 이하의 벌금, ④는 500만원 이하의 과태료가 부과된다.

정답 : ④

29 다음 중 항공사업법의 목적에 대한 설명으로 옳지 않은 것은?

① 항공사업의 체계적인 성장과 경쟁력 강화 기반 마련
② 항공사업의 질서유지 및 건전한 발전 도모
③ 이용자의 편의 향상 및 국민경제 발전과 공공복리 증진
④ 초경량비행장치의 안전하고 효율적인 항행을 위함

해설 ④는 항공안전법의 목적이다.

정답 : ④

30 다음 중 보조금, 융자금을 거짓이나 그 밖의 부정한 방법으로 교부받은 자의 처벌기준으로 옳은 것은?

① 5년 이하 징역 또는 5천만원 이하 벌금
② 1년 이하의 징역 또는 1천만원 이하의 벌금
③ 1천만원 이하의 벌금
④ 6개월 이하의 징역 또는 500만원 이하의 벌금

해설 보조금, 융자금을 거짓이나 그 밖의 부정한 방법으로 교부받은 자는 5년 이하의 징역 또는 5천만원 이하의 벌금에 처한다.

정답 : ①

31 다음 중 초경량비행장치사용사업 등록취소 사유에 대한 설명으로 옳지 않은 것은?

① 사업개선 명령을 이행하지 아니한 경우
② 채무자 회생 및 파산에 관한 법률에 따라 법원이 회생절차 개시의 결정을 하고 그 절차가 진행 중인 경우
③ 신고를 하지 아니하고 사업을 양도, 양수한 경우
④ 신고 없이 휴업한 경우 및 휴업기간이 지난 후에도 사업을 시작하지 아니한 경우

해설 등록기준에 일시적으로 미달한 후 3개월 이내에 그 기준을 충족하는 경우, 「채무자 회생 및 파산에 관한 법률」에 따라 법원이 회생절차 개시의 결정을 하고 그 절차가 진행 중, 「기업 구조조정 촉진법」에 따라 금융채권자협의회가 채권금융기관 공동관리절차 개시의 의결을 하고 그 절차가 진행 중인 경우는 등록을 취소할 수 없다.

정답 : ②

32 다음 중 초경량비행장치사용사업의 사업개선 명령사항에 대한 설명으로 옳지 않은 것은?

① 사업계획의 변경
② 초경량비행장치 및 그 밖의 시설의 개선
③ 항공기사고로 인하여 지급할 손해배상을 위한 보험계약의 체결
④ 비행안전에 대한 방해요소를 제거하기 위하여 필요한 사항으로서 국토교통부령으로 정하는 사항의 개선

해설 ④항목은 항공안전법 제130조(초경량비행장치사용사업자에 대한 안전개선명령)에 해당한다.

정답 : ④

33 다음 중 초경량비행장치사용사업 사업계획 변경사유에 대한 설명으로 옳지 않은 것은?

① 자본금의 감소
② 사업소의 신설 또는 변경
③ 대표자의 변경
④ 안전운항을 위한 정비로서 예견하지 못한 정비

해설 항공사업 변경신고 변경사유는 자본금의 감소, 사업소의 신설 또는 변경, 대표자 변경, 대표자의 대표권 제한 및 그 제한의 변경, 상호의 변경, 사업범위의 변경 시에 변경 사유가 발생한 날부터 30일 이내에 지방항공청장에게 신고해야 한다.

정답 : ④

34 다음 중 초경량비행장치사용사업의 등록 시 등록신청서와 함께 첨부해야 할 서류가 아닌 것은?

① 사업목적 및 범위
② 사고대응 매뉴얼 등을 포함한 안전관리대책
③ 사업범위의 변경
④ 사업개시 예정일

해설 사업계획서에는 사업목적 및 범위, 안전관리대책, 자본금, 상호/대표자의 성명과 사업소의 명칭 및 소재지, 사용시설/설비 및 장비 개요, 종사자 인력의 개요, 사업개시 예정일이 포함된다.

정답 : ③

35 다음 중 초경량비행장치 사용사업의 등록 결격 사유가 아닌 것은?

① 대한민국 국민이 아닌 사람, 외국 정부 또는 외국의 공공단체, 외국의 법인 또는 단체

② 외국인이 법인등기사항 증명서상 임원수의 2분의 1 이상을 차지하는 법인

③ 피성년 후견인, 피한정 후견인 또는 파산선고를 받고 복권되지 아니한 사람

④ 미성년자

해설 미성년자가 초경량비행장치 사용사업의 등록 결격 사유는 아니다.

정답 : ④

36 다음 중 초경량비행장치사용사업의 등록 취소 및 정지사항에 대한 설명으로 옳지 않은 것은?

① 신고없이 휴업한 경우 및 휴업기간이 지난 후에도 사업을 시작하지 아니한 경우

② 사업계획에 따라 사업을 하지 아니한 경우 및 인가를 받지않고 사업계획을 변경한 경우

③ 등록기준에 일시적으로 미달 후 3개월 이내에 그 기준을 충족하는 경우

④ 사업 정지명령을 위반하여 사업 정지기간에 사업을 경영한 경우

해설 등록기준에 일시적으로 미달한 후 3개월 이내에 그 기준을 충족하는 경우, 채무자 회생 및 파산에 관한 법률에 따라 법원이 회생절차 개시의 결정을 하고 그 절차가 진행중인 경우, 기업구조조정 촉진법에 따라 금융채권자협의회가 채권금융기관 공동관리절차 개시의 의결을 하고 그 절차가 진행 중인 경우는 취소하거나 정지를 명할 수 없다.

정답 : ③

37 다음 중 초경량비행장치사용사업자의 등록 결격사유에 대한 설명으로 옳지 않은 것은?

① 피성년후견인, 피한정후견인 또는 파산선고를 받고 복권되지 아니한 사람
② 외국인이 법인 등 등기사항증명서상 임원수의 3분의 1 이상을 차지하는 법인
③ 항공안전법, 공항시설법 등을 위반하여 금고 이상의 실형을 선고받고 3년이 지나지 아니한 사람
④ 국내 항공운송사업, 국제 항공운송사업의 면허 또는 등록의 취소를 받은 후 2년이 지나지 아니한 자

해설 외국인이 법인 등기사항 증명서상의 대표자이거나 외국인이 법인 등기사항 증명서상의 임원 수의 2분의 1 이상을 차지하는 법인은 초경량비행장치사용사업을 등록할 수 없다.

정답 : ②

38 다음 중 항공사업법의 목적에 대한 설명으로 옳지 않은 것은?

① 대한민국 항공사업의 체계적인 성장과 경쟁력 강화 기반 마련
② 안전한 항공상황을 조성하고, 항공기술의 발전에 이바지함
③ 항공사업의 질서유지 및 건전한 발전 도모
④ 국민경제의 발전과 공공복리의 증진에 이바지

해설 안전한 항공상황을 조성하고, 항공기술의 발전에 이바지하는 것은 항공사업법의 목적이 아니다.

정답 : ②

39 다음 중 항공사업법의 목적에 대한 설명으로 옳지 않은 것은?

① 항공사업의 질서유지 및 건전한 발전 도모
② 이용자의 편의 향상
③ 국가경제의 발전과 공공복리의 증진에 이바지
④ 대한민국 항공사업의 체계적인 성장과 경쟁력 강화 기반 마련

해설 국가경제의 발전이 아니고 국민경제의 발전이 항공사업법의 목적이다.

정답 : ③

40 다음 중 항공기대여업의 등록 기준 중 개인이 초경량비행장치만을 대여하는 경우에 필요한 최소한의 자본금으로 옳은 것은?

① 제한없음   ② 3,000만원   ③ 4,500만원   ④ 6,000만원

해설 항공기대여업의 등록 요건 중 법인은 납입자본금 2억5천만원 이상, 개인은 3억7,500만원 이상 필요하다. 단, 경량항공기 또는 초경량비행장치만을 대여하는 경우에는 법인과 개인 모두 3천만원 이상으로 한다.

정답 : ②

41. 다음 중 초경량비행장치사용사업 제한 및 결격사항에 대한 설명으로 옳지 않은 것은?

① 항공보안법을 위반하여 금고 6개월 형의 집행유예를 선고받고 유예기간 중에 있는 사람
② 항공사업법을 위반하여 벌금 1천만원을 선고받고 그 집행이 끝난 날 또는 집행을 받지 아니하기로 확정된 날로부터 3년이 지나지 아니한 사람
③ 지분 50% 이상을 소유하거나 그 사업을 사실상 지배하는 미국의 ABC 기업
④ 피성년후견인, 피한정후견인 또는 파산선고를 받고 복권되지 아니한 사람

해설 항공사업법을 위반하여 금고이상의 실형을 선고받고 그 집행이 끝난 날 또는 집행을 받지 아니하기로 확정된 날부터 3년이 지나지 아니한 사람은 등록할 수 없다.

정답 : ②

42. 다음 중 항공기대여업 등록 시 구비서류 및 구비해야 하는 사항에 대한 설명으로 옳지 않은 것은?

① 타인 부동산을 사용할 수 있음을 증명하는 서류
② 재원조달방법
③ 사업 개시 예정일
④ 경량항공기 또는 초경량비행장치 각각 1대 이상

해설 항공기, 경량항공기 또는 초경량비행장치 중 1대만 있으면 된다. 각각 1대 이상은 아니다.

정답 : ④

43. 다음 중 초경량비행장치사용사업의 범위에 해당되지 않는 것은?

① 조종교육 ② 사진촬영 ③ 비료 또는 농약 살포 ④ 경관조망, 체험

해설 경관조망, 체험교육은 항공레저스포츠사업의 사업범위이다.

정답 : ④

44. 다음 중 항공레저스포츠사업의 양도, 양수에 대한 설명으로 옳지 않은 것은?

① 양도·양수하려는 양도인과 양수인은 신청서에 각 서류를 첨부하여 계약일로부터 15일 이내에 연명으로 지방항공청장에게 제출해야 한다.
② 양수인의 사업법 제9조의 결격사유에 해당하지 아니함을 증명하는 서류를 제출하여야 한다.
③ 양도, 양수 후 사업계획서를 제출하여야 한다.
④ 법인인 경우 양도 또는 양수에 관한 의사결정을 증명하는 서류를 제출하여야 한다.

해설 양도·양수하려는 양도인과 양수인은 신청서에 각 서류를 첨부하여 계약일로부터 30일 이내에 연명으로 지방항공청장에게 제출, 국토교통부장관에게 신고하여야 한다.

정답 : ①

45 다음 중 초경량비행장치사용사업의 제한 및 결격사항에 대한 설명으로 옳지 않은 것은?

① 외국인이 법인 등기사항증명서상의 대표자이거나 외국인이 법인등기사항 증명서상의 임원수의 1/2 이상을 차지하는 법인
② 정신과 의사에 의해 정신과 질환판정을 받은 사람
③ 피성년후견인, 피한정후견인 또는 파산선고를 받고 복권되지 아니한 사람
④ 항공사업법, 안전법, 공항시설법, 항공철도사고조사에 관한 법률을 위반하여 금고이상의 형의 집행유예를 선고 받고 그 유예기간 중에 있는 사람

> 해설 제한 및 결격사항 중 정신질환 관련 사항은 없다. 따라서 현행 법령상 정신질환이 있어도 초경량비행장치사용사업 등록은 가능하다.

정답 : ②

46 다음 중 항공보험 가입 시 제출서류에 관한 설명으로 옳지 않는 것은?

① 제출서류의 기간은 항공보험에 가입한 날로부터 5일 이내이다.
② 보험 및 공제금액은 1억5천만원 이상
③ 보험 증서 또는 공제증서의 개요
④ 가입된 보험 또는 공제의 종류, 보험 또는 공제료 및 보험금액 또는 공제금액

> 해설 제출서류의 기간은 항공보험에 가입한 날로부터 7일 이내이다.

정답 : ①

47 다음 중 위반 시 과태료 500만원 이하로 부과되는 벌칙 조항이 아닌 것은?

① 사업개선 명령을 위반한 자
② 위반하여 폐업하거나 폐업신고를 하지 아니하거나 거짓으로 신고한 자
③ 요금표 등을 갖추어 두지 아니하거나 거짓 사항을 적은 요금표를 갖추어 둔 자
④ 보험 또는 공제에 가입하지 아니하고 경량항공기 또는 초경량비행장치를 사용하여 비행한 자

> 해설 사업개선 명령을 위반한 자는 1,000만원 이하의 벌금에 처한다.

정답 : ①

48 다음 중 25kg 이하의 무인비행장치 만을 사용하여 초경량비행장치사용사업을 하려는 자의 등록요건에 대한 설명으로 옳지 않은 것은?

① 조종자 1명 이상
② 초경량비행장치(무인비행장치) 1대 이상
③ 제3자 보험
④ 개인의 경우 자산평가액 3천만원 이하

> 해설 25kg이하의 무인비행장치 만을 사용하여 초경량비행장치사용사업을 하려는 자에 대한 자산평가액에 대한 통제는 없다.

정답 : ④

49 항공사업계획을 변경하려는 경우에는 국토교통부장관의 인가를 받아야 한다. 다만, 국토교통부령으로 정하는 경미한 사항을 변경하려는 경우에는 국토교통부장관에게 신고하여야 한다. 다음 중 경미한 사항에 해당하지 않는 것은?

① 자본금의 변경
② 사업소의 신설 또는 변경
③ 대표자의 대표권 제한 및 그 제한의 변경
④ 임원의 2/3이상 변경

> **해설** 국토교통부장관에게 신고해야할 경미한 사항
> – 자본금의 변경, 사업소의 신설 또는 변경, 대표자 변경, 대표자의 대표권 제한 및 그 제한의 변경, 상호 변경, 사업 범위의 변경, 항공기 등록 대수의 변경

정답 : ④

50 다음 중 요금표 등을 갖추어 두지 아니하거나 거짓사항을 적은 요금표 등을 갖추어 둔 자에 대한 처벌기준으로 옳은 것은?

① 1년이하의 징역 또는 1천만원 이하의 벌금
② 1천만원 이하의 벌금
③ 500만원 이하의 벌금
④ 500만원 이하의 과태료

정답 : ④

51 항공기사용사업자는 등록할 때 제출한 사업계획에 따라 그 업무를 수행하여야 한다. 다만, 기상악화 등 국토교통부령으로 정하는 부득이한 사유가 있는 경우는 그러하지 아니하는데 다음 중 부득이한 사유에 해당하지 않는 것은?

① 기상악화
② 소음민원
③ 안전운항을 위한 정비로서 예견하지 못한 정비
④ 천재지변

> **해설** 항공기사용사업자는 등록할 때 제출한 사업계획에 따라 그 업무를 수행하여야 한다. 단, 국토교통부령으로 정하는 기상악화, 안전운항을 위한 정비로서 예견하지 못한 정비, 천재지변 등 부득이한 사유가 있는 경우는 그러하지 아니하다.

정답 : ②

52 다음 중 항공기대여업의 등록요건에 대한 설명으로 옳지 않은 것은?

① 법인은 자본금 2억5천만원 이상, 개인은 자산평가액 3억7천5백만원 이상
② 법인이나 개인이 경량항공기 또는 초경량비행장치만을 대여하는 경우 자산평가액 3,000만원 이상
③ 항공기, 경량항공기, 초경량비행장치 각각 1대 이상
④ 제3자보험 가입

> **해설** 항공기, 경량항공기, 초경량비행장치 중 1대 이상만 있으면 등록이 가능하다.

정답 : ③

53 다음 중 초경량비행장치사업의 등록요건에 대한 설명으로 옳지 않은 것은?

① 자본금 또는 자산평가액의 경우 법인과 개인 모두 3천만원 이상 필요하다. 단, 최대이륙중량 25kg 이하인 무인비행장치만을 사용하여 초경량비행장치사용사업을 하려는 경우는 제외한다.
② 제3자보험에 가입해야 한다.
③ 초경량비행장치 1대 이상 구비해야 한다.
④ 초경량비행장치 조종자 증명을 받은 사람으로서 비행시간 180시간 이상인 사람이 필요한다.

해설 조종자 증명을 받은 사람으로서 비행시간이 100시간 이상인 지도조종자가 필요하다. 180시간 이상인 사람이 필요한 사업은 항공레저스포츠사업이다.

정답 : ④

54 다음 중 초경량비행장치 변경 신고사항에 대한 설명으로 옳지 않은 것은?

① 자본금의 감소
② 대표자의 변경
③ 초경량비행장치 대수 변경
④ 사업범위의 변경

해설 자본금의 감소, 대표자의 대표권 권한 및 그 제한의 변경, 사업소의 신설 또는 변경, 상호의 변경, 대표자 변경, 사업범위의 변경 시 변경신고가 필요하다.

정답 : ③

55 다음 중 항공기대여업, 항공레저스포츠사업(정비, 수리, 개조 서비스를 제공하는 사업은 제외), 초경량비행장치사용사업의 등록요건 중 모든 사업에 동일하게 공통으로 적용되는 것으로 옳은 것은?

① 자본금 및 자산평가액   ② 장비 보유 대수   ③ 제3자보험   ④ 운용 인력 현황

해설 제3자보험은 정비, 수리, 개조 서비스를 제공하는 사업 외에는 모든 사업에 필수적으로 가입해야 한다.

정답 : ③

56 다음 중 항공레저스포츠사업에 사용되는 초경량비행장치가 아닌 것은?

① 인력활공기
② 기구류
③ 동력패러글라이더(착륙장치가 있는 비행장치로 한정한다.)
④ 낙하산류

해설 동력패러글라이더는 착륙장치가 없는 비행장치로 한정한다.

정답 : ③

57 다음 중 초경량비행장치사용사업 등록 신청사항에 대한 설명으로 옳지 않은 것은?

① 초경량비행장치 1대 이상

② 초경량비행장치의 안전성 점검계획 및 사고 대응 매뉴얼 등을 포함한 안전관리 대책

③ 사용시설 설비 및 장비개요, 종사자 인력의 개요, 사업개시 예정일

④ 부동산을 사용할 수 있음을 증명하는 서류(타인 부동산 사용하는 경우 제외)

해설 타인 부동산을 사용하는 경우에 부동산을 사용할 수 있음을 증명하는 서류를 첨부해야 한다.

정답 : ④

58 다음 중 위반 시 1년 이하의 징역 또는 1천만원 이하의 벌금이 부과되는 벌칙 조항이 아닌 것은?

① 명의대여 등의 금지 위반한 항공기사용사업자 ② 명의대여 등의 금지를 위반한 항공기대여업자

③ 등록을 하지 아니하고 초경량비행장치사용사업을 경영한 자 ④ 사업개선명령을 위반한 자

해설 사업개선명령을 위반한 자는 1천만원 이하의 벌금에 처한다.

정답 : ④

59 항공보험 등에 가입한 자는 항공보험 등에 가입한 날부터 며칠 이내에 관련 서류를 국토교통부장관에게 제출해야 하는가?

① 4일   ② 5일   ③ 7일   ④ 10일

해설 항공보험 등에 가입한 날부터 7일 이내에 보험가입신고서 또는 공제가입신고서에 보험증서 또는 공제증서 사본을 첨부하여 국토교통부장관에게 제출해야 하며, 가입사항을 변경하거나 갱신하였을 때에도 또한 같다.

정답 : ③

60 다음 중 위반 시 처벌기준이 다른 것은?

① 폐업하거나 폐업 신고를 하지 아니하거나 거짓으로 신고한 자

② 요금표 등을 갖추어 두지 아니하거나 거짓 사항을 적은 요금표 등을 갖추어 둔 자

③ 보험 또는 공제에 가입하지 아니하고 경량항공기 또는 초경량비행장치를 사용하여 비행한 자

④ 검사 또는 출입을 거부·방해하거나 기피한 자

해설 ①, ②, ③은 500만원 이하 과태료, ④는 500만원 이하의 벌금에 처한다.

정답 : ④

61 다음 중 초경량비행장치사용사업 제한 및 결격사항에 대한 설명으로 옳지 않은 것은?

① 대한민국 국민이 아닌 사람, 외국의 정부, 공공단체, 법인, 단체가 주식이나 지분의 2분의 1이상을 소유하거나 그 사업을 사실상 지배하는 법인
② 피성년후견인, 피한정후견인 또는 파산선고를 받고 복권되지 아니한 사람
③ 정신과 의사에 의해 정신과 질환판정을 받은 사람
④ 초경량비행장치사용사업 등록 취소처분 받은 후 2년이 지나지 아니한 자

해설 제한 및 결격사항 중 정신질환 관련 사항은 없다. 따라서 현행 법령상 정신질환이 있어도 초경량비행장치사용사업 등록은 가능하다.

정답 : ③

62 항공기사용사업의 등록을 취소하거나 6개월 이내의 기간을 정하여 그 사업의 전부 또는 일부의 정지를 명할 수 있다. 다음 중 해당하지 않는 것은?

① 거짓이나 그 밖의 부정한 방법으로 등록을 한 경우
② 등록한 사항을 이행하지 아니한 경우
③ 등록 기준에 미달한 경우
④ 등록기준에 일시적으로 미달한 후 3개월 이내에 그 기준을 충족하는 경우

해설 등록기준에 일시적으로 미달한 후 3개월 이내에 그 기준을 충족하는 경우, 채무자 회생 및 파산에 관한 법률에 따라 법원이 회생절차 개시의 결정을 하고 그 절차가 진행중인 경우, 기업구조조정 촉진법에 따라 금융채권자협의회가 채권금융기관 공동관리절차 개시의 의결을 하고 그 절차가 진행 중인 경우는 취소하거나 정지를 명할 수 없다.

정답 : ④

63 다음 중 항공레저스포츠사업 범위에 대한 설명으로 옳지 않은 것은?

① 타인의 수요에 맞추어 유상으로 서비스를 제공하는 사업이다.
② 인력활공기, 기구류, 동력패러글라이더(착륙장치가 없는 비행장치로 한정), 낙하산류를 대여하여 주는 서비스다.
③ 경량항공기 또는 초경량비행장치에 대한 정비, 수리 또는 개조서비스 사업이다.
④ 사진촬영, 육상 및 해상 측량 또는 탐사를 해주는 사업이다.

해설 ④는 초경량비행장치사용사업의 범위에 해당한다.

정답 : ④

64 다음 중 항공사업법의 목적에 대한 설명으로 옳지 않은 것은?

① 대한민국 항공사업의 체계적인 성장과 경쟁력 강화 기반 마련

② 항공사업의 질서유지 및 건전한 발전 도모

③ 국가경제의 발전과 공공복리의 증진에 이바지

④ 이용자의 편의 향상

해설 항공사업법의 목적에서 국가경제의 발전과 공공복리의 증진에 이바지가 아니고 국민경제의 발전과 공공복리의 증진에 이바지가 목적이다.

정답 : ③

65 다음 중 초경량비행장치사용사업의 최대 과징금과 항공기대여업 및 항공레저스포츠사업의 최대 과징금으로 옳은 것은?

① 3천만원, 3억원   ② 10억원, 10억원   ③ 1천만원, 1억원   ④ 2천만원, 2억원

해설 초경량비행장치사용사업의 최대 과징금은 3천만원, 항공기대여업 및 항공레저스포츠사업의 최대 과징금은 3억원이다.

정답 : ①

66 다음 중 초경량비행장치사용사업 등록신청 시 사업계획서 포함사항으로 옳지 않은 것은?

① 사업목적 및 범위   ② 안전성 점검 계획 및 사고대응 매뉴얼 등을 포함한 안전관리대책

③ 재원조달방법   ④ 사업개시 예정일

해설 재원조달방법은 초경량비행장치사용사업의 사업계획서에는 포함되지 않고 항공기대여업과 항공레저스포츠사업의 사업계획서에는 포함해야 한다.

정답 : ③

67 다음 중 항공레저스포츠사업의 범위에 해당되지 않는 것은?

① 자체중량 115kg 이하의 경량항공기로 경관조망을 제공한다.

② 안전성인증을 받은 경량항공기를 대여한다.

③ 경량항공기에 대한 정비, 수리 또는 개조서비스를 한다.

④ 초경량비행장치로 농약살포, 씨앗 뿌리기 등 농업 지원을 한다.

해설 ④은 초경량비행장치사용사업의 범위에 해당한다.

정답 : ④

68 항공기대여업자는 휴업 며칠 전까지 휴업 신고서를 지방항공청장에게 제출, 국토교통부장관에게 신고하여야 하는가?

① 5일 전 ② 7일 전 ③ 15일 전 ④ 30일 전

해설 휴업은 예정일 5일전까지 지방항공청장에게 제출, 국토교통부장관에게 신고하여야 한다.

정답 : ①

69 다음 중 초경량비행장치사용사업 등록 신청사항에 대한 설명으로 옳지 않은 것은?

① 자본금 또는 자산증감액
② 초경량비행장치의 안전관리대책
③ 상호대표자 성명, 사업소의 명칭 및 소재지
④ 사업개시 예정일

해설 등록요건을 충족함을 증명하거나 설명하는 서류 중 자본금 및 자산평가액이 필요하다. 자산증감액은 필요 없다.

정답 : ①

70 다음 중 항공기대여업, 항공레저스포츠사업, 초경량비행장치사용사업 등록 결격사항에 해당하지 않는 것은?

① 국가보안법률을 위반하여 금고 이상의 실형을 선고 받고 그 집행이 끝난 날 또는 집행을 받지 아니하기로 확정된 날부터 3년이 지나지 아니한 사람
② 항공안전법에 관한 법률을 위반하여 금고 이상의 형의 집행유예를 선고 받고 그 유예기간 중에 있는 사람
③ 면허 또는 등록의 취소처분을 받은 후 2년이 지나지 아니한 자
④ 임원 중에 상기 요건 중 어느 하나에 해당하는 사람이 있는 법인

해설 항공기대여업, 항공레저스포츠사업, 초경량비행장치사용사업 등록 결격사항에 해당하는 법률은 항공사업법, 항공안전법, 공항시설법, 항공보안법, 항공·철도 사고조사에 관한 법률이다. 국가보안법률 위반하였다 하더라도 항공사업법 등록은 할 수 있다.

정답 : ①

71 다음 중 항공사업법의 목적에 대한 설명으로 옳지 않은 것은?

① 대한민국 항공사업의 체계적인 성장기반 마련
② 항공사업의 질서유지
③ 사업주의 편의 향상
④ 국민경제의 발전

해설 항공사업법의 목적은 항공정책 수립 및 항공사업에 관하여 필요한 사항을 정하여 대한민국 항공사업의 체계적인 성장과 경쟁력 강화 기반을 마련하는 한편, 항공사업의 질서유지 및 건전한 발전을 도모하고 이용자의 편의를 향상시켜 국민경제의 발전과 공공복리의 증진에 이바지함을 목적으로 한다.

정답 : ③

72 다음 중 초경량비행장치사용사업 등록요건에 대한 설명으로 옳지 않은 것은?

① 초경량비행장치(무인비행장치 한정) 1대 이상
② 자본금 5000만원 이상
③ 조종자 1명 이상
④ 제3자 보험 가입

> **해설** 등록요건을 충족함을 증명하거나 설명하는 서류 1부에 자본금 또는 자산평가액이 3천만원 이상 필요하나, 최대이륙중량 25kg이하이면 자본금 및 자산평가액에 대한 증빙이 필요없다.

정답 : ②

73 다음 중 항공기대여업의 최대 과징금으로 옳은 것은?

① 3천만원 이하
② 3억원 이하
③ 1천만원 이하
④ 1억 5천만원 이하

> **해설** 항공기대여업과 항공레저스포츠사업의 최대 과징금은 3억원 이하이다.

정답 : ②

74 다음 중 위반 시 500만원 이하의 과태료가 처분되는 벌칙 조항이 아닌 것은?

① 요금표 등을 갖추지 아니하거나 거짓 사항을 적은 요금표를 사용하는 경우
② 항공기사용사업의 폐업을 위반하여 폐업신고를 하지 아니하거나 거짓으로 신고한 자
③ 보고, 출입 및 검사에 따른 보고 등을 하지 아니하거나 거짓 보고 등을 한 자
④ 보고, 출입 및 검사에 따른 검사 또는 출입을 거부 / 방해하거나 기피한 자

> **해설** ①, ②, ③은 500만원 이하의 과태료, ④는 500만원 이하의 벌금에 처한다.

정답 : ④

75 다음 중 무인항공 분야 항공산업의 안전증진 및 활성화 정책 추진사항이 아닌 것은?

① 무인항공 분야 항공산업에 대한 현황 및 관련 통계의 조사·연구
② 무인항공 분야의 우수한 기업의 지원 및 육성
③ 무인항공 분야 항공산업의 안전증진 및 활성화를 위하여 필요한 사항
④ 무인항공 분야 항공산업의 발전을 위한 해외 판매망 구축 및 전시관 설치

> **해설** 무인항공 분야 항공산업의 발전을 위한 해외 판매망 구축 및 전시관 설치는 기업의 추진내용이며 국가는 무인항공 분야 항공산업의 발전을 위한 국제협력 및 해외진출의 지원을 추진한다.

정답 : ④

76 다음 중 무인항공 분야 항공산업의 안전증진 및 활성화 정책의 대상이 아닌 것은?

① 항공기대여업
② 초경량비행장치 중 무인비행장치
③ 무인항공기의 인증, 정비·수리·개조, 사용
④ 무인항공기와 관련된 서비스를 제공

해설 항공기대여업은 무인항공 분야 항공산업의 안전증진 및 활성화 정책의 대상이 아니다.

정답 : ①

77 다음 중 초경량비행장치사용사업 등록 시 사업계획서에 포함되는 내용으로 옳지 않은 것은?

① 예상 사업수지 계산서
② 사업목적 및 범위
③ 초경량비행장치 안전성 점검계획 등 안전관리대책
④ 사용시설 장비, 종사자 인력의 개요

해설 예상 사업수지 계산서는 항공기대여업과 항공레저스포츠사업 사업계획서 포함사항이다.

정답 : ①

78 국토교통부장관이 3사업(항공기대여업, 초경량비행장치사용사업, 항공레저스포츠사업)의 등록취소 처분을 하기위해서 반드시 거쳐야하는 절차를 무엇이라 하는가?

① 사업개선명령
② 재판
③ 사업계획서 변경
④ 청문

해설 국토교통부 장관은 초경량비행장치사용사업 등의 등록을 취소하기 위해서는 청문을 하여야 한다.

정답 : ④

79 다음 중 초경량비행장치사용사업의 사업 범위에 포함되지 않는 것은?

① 항공 촬영
② 방제 작업
③ 교육 및 훈련
④ 수리 및 개조

해설 초경량비행장치에 대한 정비, 수리 또는 개조서비스는 항공레저스포츠사업의 사업 범위이다.

정답 : ④

80 다음 중 최대이륙중량 25kg이하인 무인비행장치만을 사용하여 초경량비행장치사용사업을 하는 경우 자산평가액으로 옳은 것은?

① 3천만원 이상
② 5천만원 이상
③ 1억원 이상
④ 필요 없다.

해설 초경량비행장치사용사업을 등록하려는 자는 자본금 또는 자산평가액이 3천만원 이상으로서 대통령령으로 정하는 금액 이상이어야 한다. 다만, 최대이륙중량이 25킬로그램 이하인 무인비행장치만을 사용하여 초경량비행장치사용사업을 하려는 경우는 제외한다.

정답 : ④

81 초경량비행장치사용사업 등록요건 중 개인의 경우 자본금 또는 자산평가액 기준으로 옳은 것은?

① 납입자본금 3천만원 이상
② 자산평가액 3천만원 이상
③ 납입자본금 3천만원 이하
④ 자산평가액 3천만원 이하

해설 초경량비행장치사용사업 등록요건에서 법인일 경우는 납입자본금 3천만원 이상, 개인일 경우 자산평가액 3천만원 이상이다.

정답 : ②

82 다음 중 초경량비행장치사용사업의 사업범위에 대한 설명으로 옳지 않은 것은?

① 비료 또는 농약살포, 씨앗 뿌리기 등 농업지원
② 사진촬영, 육상·해상 측량 또는 탐사
③ 산림 또는 공원 등의 관측 또는 탐사
④ 경관조망

해설 경관조망은 항공레저스포츠사업의 사업범위이다.

정답 : ④

83 다음 중 초경량비행장치사용사업 등록 결격사항에 대한 설명으로 옳지 않은 것은?

① 외국인이 주식이나 지분의 2분의 1이상을 소유하거나 그 사업을 사실상 지배하는 법인
② 벌금 1천만원 이상의 실형을 받고 그 집행이 끝난 날 또는 집행을 받지 아니하기로 확정된 날부터 3년이 지나지 아니한 사람
③ 집행유예를 선고받고 그 유예기간중에 있는 사람
④ 피성년후견인, 피한정후견인 또는 파산선고를 받고 복권되지 아니한 사람

해설 「항공안전법」, 「공항시설법」, 「항공보안법」, 「항공·철도 사고조사에 관한 법률」을 위반하여 금고 이상의 실형을 선고받고 그 집행이 끝난 날 또는 집행을 받지 아니하기로 확정된 날부터 3년이 지나지 아니한 사람은 등록할 수 없다.

정답 : ②

84 다음 중 사업개선명령에 따른 명령을 위반한 초경량비행장치사용사업자의 처벌기준으로 옳은 것은?

① 500만원 이하 벌금   ② 500만원 이하 과태료   ③ 1천만원 이하 벌금   ④ 1천만원 이하 과태료

해설 사업개선명령에 따른 명령을 위반한 초경량비행장치사용사업자는 1천만원 이하 벌금에 처한다.

정답 : ③

85 다음 중 항공사업계획에 따라 업무를 수행하지 못한 예외사항으로 옳지 않은 것은?

① 기상악화
② 안전운항을 위한 정비로서 예견하지 못한 정비
③ 천재지변
④ 영업수익 악화

해설 항공기사용사업자는 등록할 때 제출한 사업계획에 따라 그 업무를 수행해야 한다. 다만, 기상악화, 안전운항을 위한 정비로서 예견하지 못한 정비, 천재지변, 위 사유에 준하는 부득이한 사유가 있는 경우에는 그러하지 아니하다.

정답 : ④

86 다음 중 항공기대여업의 변경신고 내용이 아닌 것은?

① 자본금 증가　　② 사업소 신설이나 변경　　③ 상호 변경　　④ 사업범위 변경

해설　자본금의 감소만 신고하고 증가는 변경신고 하지 않는다. 사유가 발생한 날부터 30일 이내 신고해야하며 처리 기간은 14일이다.

정답 : ①

87 양벌규정은 법인의 대표자나 법인 또는 개인의 대리인, 사용인, 그 밖의 종업원이 그 법인 또는 개인의 업무에 관하여 제77조부터 제81조까지의 어느 하나에 해당하는 위반행위를 하면 그 행위자를 벌하는 외에 그 법인 또는 개인에게도 해당 조문의 (　)형을 과(科)한다. (　) 안에 들어갈 처벌로 옳은 것은?

① 과태료　　② 벌금　　③ 과징금　　④ 징역

해설　양벌규정은 그 행위자를 벌하는 외에 그 법인 또는 개인에게도 벌금형을 부과한다.

정답 : ②

88 다음 중 항공기사용사업의 등록취소 요건에 대한 설명으로 옳지 않은 것은?

① 거짓이나 그 밖의 부정한 방법으로 등록한 경우
② 등록한 사항을 이행하지 아니한 경우
③ 영업 수입이 감소한 경우
④ 사업정지 명령을 위반하여 사업정지 기간에 사업을 경영한 경우

해설　영업 수입이 감소하였다고 항공기사용사업의 등록을 취소하지 않는다.

정답 : ③

89 다음 중 항공레저스포츠사업의 등록제한 사항에 대한 설명으로 옳지 않은 것은?

① 안전사고 우려, 이용자들의 심한 불편 초래, 공익 침해 우려의 경우
② 인구밀집지역, 사생활 침해, 교통, 소음 및 주변 환경 등을 고려할 때 영업행위가 부적합하다고 인정하는 경우
③ 고객수가 줄어 수익창출이 되지 않을 경우
④ 항공안전 및 사고예방 등을 위하여 국토교통부장관이 항공레저스포츠사업의 등록제한이 필요하다고 인정하는 경우

해설　고객의 수가 줄어 수익 창출이 되지 않는다고 항공레저스포츠사업의 등록을 제한하지 않는다.

정답 : ③

90 다음 중 항공기사업의 양도·양수 등록이 가능한 것으로 옳은 것은?

① 사업정지 처분을 받고 그 처분 기간 중에 있는 경우
② 등록취소 처분을 받았으나 행정심판법 또는 행정소송법에 따라 그 취소처분이 집행정지 중에 있는 경우
③ 일반 사회법을 위반하여 금고 이상의 형을 받고 2년이 경과되지 아니한 자
④ 파산선고를 받고 복권되지 아니한 사람

> **해설** 항공안전법, 공항시설법, 항공보안법, 항공·철도 사고조사에 관한 법률을 위반하여 금고 이상의 실형을 선고받고 그 집행이 끝난 날 또는 집행을 받지 아니하기로 확정된 날부터 3년이 지나지 아니한 사람은 등록할 수 없다.

정답 : ③

91 다음 중 항공레저스포츠사업에 사용되는 기체가 아닌 것은?

① 인력활공기
② 기구류
③ 착륙장치가 있는 동력패러글라이더
④ 낙하산류

> **해설** 항공레저스포츠를 위하여 대여하여 주는 서비스에는 인력활공기, 기구류, 동력패러글라이더(착륙장치가 없는 비행장치로 한정한다.), 낙하산류, 경량항공기 또는 초경량비행장치를 사용할 수 있다.

정답 : ③

92 다음 중 초경량비행장치사용사업 등록 취소 요건에 대한 설명으로 옳지 않은 것은?

① 거짓이나 그 밖의 부정한 방법으로 등록을 한 경우
② 등록한 사항을 이행하지 않은 경우
③ 사업정지 명령을 위반하여 사업정지기간에 사업을 경영한 경우
④ 타인에게 자기의 성명 또는 상호를 사용하여 사업을 경영하게 하거나 등록증을 빌려 준 경우

> **해설** ④는 사업의 전부 또는 일부 정지(6개월 이내) 사유에 해당한다.

정답 : ④

93 항공사업자는 국토교통부령으로 정하는 바에 따라 항공보험에 가입하지 아니하고는 항공기를 운항할 수 없다. 국토교통부령으로 정하는 보험이나 공제금액의 근거가 되는 법령은 무엇인가?

① 항공안전법 시행령
② 항공사업법 시행령
③ 자동차손해배상보장법 시행령
④ 항공기손해배상보장법 시행령

> **해설** 국토교통부령으로 정하는 보험이나 공제금액의 근거가 되는 법령은 자동차손해배상보장법 시행령 제3조 1항이다.

정답 : ③

94 다음 중 위반 시 항공사업법에서 500만원 이하의 과태료가 부과되는 것은?

① 보험 또는 공제에 가입하지 아니하고 경량항공기 또는 초경량비행장치를 사용하여 비행한 자

② 검사 또는 출입을 거부 · 방해하거나 기피한 자

③ 경량항공기 등의 영리목적 사용금지를 위반하여 초경량비행장치를 영리목적으로 사용한 자

④ 경량항공기 등의 영리목적 사용금지를 위반하여 경량항공기를 영리목적으로 사용한 자

해설 ② 500만원 이하의 벌금, ③ 6개월 이하의 징역 또는 500만원 이하의 벌금 ④ 1년 이하의 징역 또는 1천만원 이하의 벌금

정답 : ①

95 초경량비행장치 사업계획을 변경하려는 경우에는 국토교통부장관의 인가를 받아야 한다. 변경 신고 시 신고사항이 아닌 것은?

① 자본금의 변경　② 사업소의 신설 또는 변경　③ 상호 변경　④ 종사자의 변경

해설 종사자의 변경은 변경신고 사항이 아니다.

정답 : ④

96 다음 중 항공사업법의 목적에 대한 설명으로 옳지 않은 것은?

① 이용자의 편의 향상　② 국민경제의 발전과 공공복리의 증진

③ 교통이용자 보호　④ 항공사업의 질서 유지

해설 교통이용자의 보호가 항공사업법의 목적은 아니다.

정답 : ③

97 다음 중 사업개선 명령에 대한 설명으로 옳지 않은 것은?

① 국토교통부장관은 사업계획의 변경에 대해 사업개선 명령을 내릴 수 있다.

② 초경량비행장치 사용사업 서비스의 개선을 위하여 필요한 사항을 사업개선 명령을 내릴 수 있다.

③ 초경량비행장치 제작사의 규정대로 정비를 하고 있는지에 관해 사업개선 명령을 내릴 수 있다.

④ 항공기 사로로 인해 지급할 손해배상을 위한 보험계약의 체결에 관해 사업개선 명령을 내릴 수 있다.

해설 ③은 사업개선 명령사항이 아니다.

정답 : ③

98 초경량비행장치만을 대여하는 항공기대여업의 경우 개인 자산평가액으로 옳은 것은?

① 1500만원 이상　② 2500만원 이상　③ 3000만원 이상　④ 4500만원 이상

정답 : ③

99 초경량비행장치에 대한 정비, 수리, 개조 서비스를 제공하는 사업의 경우 개인 자산평가액으로 옳은 것은?

① 1500만원 이상　② 3000만원 이상　③ 4500만원 이상　④ 7500만원 이상

정답 : ②

100 다음 중 초경량비행장치 사업 변경신고 시 처리기간으로 옳은 것은?

① 30일　② 14일　③ 15일　④ 7일

해설 항공기대여업, 레저스포츠사업, 초경량비행장치사용사업의 변경신고는 사유가 발생한 날부터 30일 이내에 신고해야 하며 처리기간은 14일이다.

정답 : ②

101 다음 중 항공보험에 대한 설명으로 옳지 않은 것은?

① 항공보험 등에 가입한 날부터 10일 이내 신고

② 보험 또는 공제의 종류, 보험료 또는 공제료 및 보험금액 또는 공제금액

③ 자동차 손해배상 보장법 시행령 제3조1항에 의거 금액 1억5천만원 이상

④ 보험증서 또는 공제증서의 개요

해설 항공보험 신고는 항공보험 등에 가입한 날부터 7일 이내 신고해야 한다.

정답 : ①

102 다음 중 초경량비행장치사용사업의 등록사항 변경신고사항으로 옳지 않은 것은?

① 자본금의 감소　② 임직원 1/2 이상 변경

③ 상호의 변경　④ 사업소의 신설 또는 변경

해설 임직원의 변경은 신고대상이 아니다.

정답 : ②

103 항공사업자는 등록할 때 제출한 사업계획에 따라 그 업무를 수행하여야 한다. 다음 중 예외사항에 해당하지 않는 것은?

① 기상악화　② 안전운항을 위한 정비로서 예견하지 못한 정비

③ 천재지변　④ 관제사의 실수

해설 소음 민원이나 관제사의 실수 등은 예외사항이 아니다.

정답 : ④

104 다음 중 양도, 양수를 할 때 양도, 양수 신고를 수리해서는 아니되는 경우로 옳은 것은?

① 국가보안법을 위반하여 3년이 지나지 아니한 자
② 소형운송항공법을 위반하여 2년이 지나지 아니한 자
③ 양도인이 제40조에 따라 사업정지처분을 받고 그 처분기간 중에 있는 경우
④ 양도인이 등록 취소처분을 받은 경우

해설 국토교통부장관은 제1항에 따라 양도·양수의 신고를 받은 경우 양도인 또는 양수인이 다음 각 호의 어느 하나에 해당하면 양도·양수 신고를 수리해서는 아니 된다.
1. 양수인이 제9조 각 호의 어느 하나에 해당하는 경우
2. 양도인이 제40조에 따라 사업정지처분을 받고 그 처분기간 중에 있는 경우
3. 양도인이 제40조에 따라 등록취소처분을 받았으나 「행정심판법」 또는 「행정소송법」에 따라 그 취소처분이 집행정지 중에 있는 경우

정답 : ③

105 다음 중 초경량비행장치만 사용하여 조종교육, 체험 및 경관조망 목적의 항공레저스포츠사업에 대한 등록요건으로 옳지 않은 것은?

① 항공정비사 1명 이상
② 초경량비행장치 조종자 증명을 받은 사람으로서 비행시간 180시간 이상인 사람 1명 이상
③ 초경량비행장치마다 제3자배상책임보험, 조종자 및 동승자 보험가입(1억5천만원 이상)
④ 항공레저스포츠 이용자의 안전관리를 위한 비행 및 안전통제 요원 1명 이상(다만, 안전관리에 지장을 주지 않는 범위에서 정비인력으로 대체 가능하다)

해설 초경량비행장치만을 사용하는 조종교육, 체험 및 경관조망 사업에서는 항공정비사 1명이 필요 없다.

정답 : ①

106 다음 중 항공사업법에 속하는 것은?

① 사용사업   ② 비행장 개발사업   ③ 항행안전시설사업   ④ 항공교통사업

해설 항공운송사업, 항공기사용사업, 항공기정비업, 항공기취급업, 항공기대여업, 항공레저스포츠사업, 초경량비행장치사용사업 등

정답 : ①

107 다음 중 항공레저스포츠사업의 사업범위로 옳지 않은 것은?

① 초경량비행장치를 사용하여 조종교육
② 동력패러글라이더(착륙장치가 있는 비행장치로 한정한다.), 낙하산류를 대여해주는 서비스
③ 초경량비행장치를 사용하여 체험 및 경관조망
④ 경량항공기에 대한 정비, 수리 또는 개조 서비스

해설 동력패러글라이더는 착륙장치가 없는 비행장치로 한정한다.

정답 : ②

108 초경량비행장치사용사업, 항공기대여업, 항공레저스포츠사업의 등록 결격사항에 대한 설명으로 옳지 않은 것은?

① 대한민국 국민이 아닌 사람

② 대한민국 국민이 아닌 사람이 주식이나 지분의 1/2이상 소유하고, 그 사업을 지배하는 법인

③ 항공관련 법률을 위반하여 금고 이상의 실형을 선고받고 3년이 지나지 않은 사람

④ 항공기 사용사업의 면허취소 처분 후 2년이 지나지 않은 사람

> **해설** 대한민국 국민이 아닌 사람, 외국(정부, 공공단체, 법인, 단체)가 주식이나 지분의 2분의 1이상을 소유하거나(소유하고X) 그 사업을 사실상 지배하는 법인

정답 : ②

109 경량항공기는 비행으로 다른 사람이 사망하거나 부상한 경우 피해자에 대한 보상을 위해 안전성인증 받기 전까지 보험에 가입하여야 한다. 항공보험은 가입한 날로부터 며칠 이내에 신고해야 하는가?

① 7일 이내　　② 10일 이내　　③ 14일 이내　　④ 30일 이내

> **해설** 항공보험은 가입한 날부터 7일 이내 신고해야 하며 제출서류는 보험가입신고서 또는 공제가입신고서(보험증서 또는 공제증서 사본 첨부)이다.

정답 : ①

110 항공레저스포츠사업에서 말하는 항공기란 무엇인가?

① 헬리콥터　　② 비행기　　③ 자이로플레인　　④ 비행선과 활공기

> **해설** 항공레저스포츠사업의 종류 중 항공기라 함은 비행선과 활공기에 한정한다.

정답 : ④

111 다음 중 항공기대여업 등록의 취소 처분을 하기 전에 실시해야 하는 제도로 옳은 것은?

① 심문　　② 청문　　③ 질문　　④ 반문

> **해설** 국토교통부 장관은 항공기대여업 등록의 취소, 초경량비행장치사용사업 등록의 취소, 항공레저스포츠사업 등록의 취소처분을 하려면 청문을 하여야 한다.

정답 : ②

112 다음 중 항공레저스포츠사업의 사업범위에 대한 설명으로 옳지 않은 것은?

① 초경량비행장치를 사용하여 체험 및 경관조망

② 비료 또는 농약 살포, 씨앗뿌리기 등 농업 지원

③ 초경량비행장치를 항공레저스포츠를 위하여 대여하여 주는 서비스

④ 초경량비행장치에 대한 정비, 수리 또는 개조서비스

해설 비료 또는 농약 살포, 씨앗 뿌리기 등 농업 지원은 초경량비행장치사용사업의 범위이다.

정답 : ②

113 다음 중 항공기대여업의 등록 요건에 대한 설명으로 옳지 않은 것은?

① 항공기, 경량항공기 또는 초경량비행장치 1대 이상

② 개인 자산평가액 7억원 이상

③ 상호대표자 성명, 사업소의 명칭, 소재지가 포함된 사업계획서

④ 제3자 보험 및 승무원 보험(승무원 없는 초경량비행장치 제외)

해설 항공기대여업은 법인 자본금 2억5천만원 이상(경량항공기 또는 초경량장치만을 대여하는 경우 3천만원 이상), 개인 자산평가액 3억7천5백만원 이상(경량항공기 또는 초경량장치만을 대여하는 경우 3천만원 이상)이다.

정답 : ②

114 다음 중 초경량비행장치사용사업의 합병, 상속, 휴업, 폐업, 사업개선명령 관련 서류의 제출은 누구에게 하는가?

① 한국교통안전공단 이사장　　② 지방항공청장

③ 국토교통부장관　　④ 국방부장관

해설 항공기대여업과 항공레저스포츠사업의 서류 제출은 지방항공청장에게 한다.

정답 : ①

115 상속인은 피상속인의 항공레저스포츠사업을 계속하려면 피상속인이 사망한 날부터 며칠 이내로 국토교통부장관에게 신고하여야 하는가?

① 7일　　② 15일　　③ 30일　　④ 3개월

정답 : ③

116 다음 중 항공기대여업의 변경신고 시 국토교통부령으로 정하는 사항이 아닌 것은?

① 자본금의 감소　　② 대표자의 변경　　③ 종사자 수의 변경　　④ 사업범위의 변경

해설 종사자 수의 변경은 변경신고 사유가 아니다.

정답 : ③

117 다음 중 사업개선명령에 따른 명령을 위반한 초경량비행장치사용사업자의 처벌기준으로 옳은 것은?

① 500만원 이하의 과태료　② 500만원 이하의 벌금
③ 1천만원 이하의 과태료　④ 1천만원 이하의 벌금

정답 : ④

118 다음 중 항공기사용사업의 양도·양수에 있어 개인 간 제출서류가 아닌 것은?

① 양도·양수 후 사업계획서
② 양수인이 제9조의 결격사유에 해당하지 아니함을 증명하는 서류와 제30조제2항(등록요건)의 기준을 충족함을 증명하거나 설명하는 서류
③ 양도·양수 계약서의 사본
④ 양도 또는 양수에 관한 의사결정을 증명하는 서류

해설　양도 또는 양수에 관한 의사결정을 증명하는 서류는 법인인 경우만 해당된다.

정답 : ④

119 다음 중 국토교통부장관이 항공기사용사업의 서비스 개선을 위하여 필요하다고 인정되는 경우에 항공기사용사업자에게 명할 수 있는 사항으로 옳지 않은 것은?

① 사업계획의 변경
② 항공기 및 그 밖의 시설의 개선
③ 항공안전법 제2조제6호에 따른 항공기사고로 인하여 지급할 손해배상을 위한 보험계약의 체결
④ 항공에 관한 국내조약을 이행하기 위하여 필요한 사항

해설　항공에 관한 국제조약을 이행하기 위하여 필요한 사항, 그 밖에 항공기사용사업 서비스의 개선을 위하여 필요한 사항

정답 : ④

120 다음 중 사업계획의 변경에 있어서 행정정보의 공동이용을 통하여 등기사항증명서로서 확인할 수 있는 사항이 아닌 것은?

① 자본금의 변경　② 사업소의 신설 또는 변경
③ 대표자의 변경　④ 상호 변경

해설　등기사항증명서로 확인할 수 있는 것은 자본금의 변경, 대표자 변경, 상호의 변경이다.

정답 : ②

121 다음 중 25kg 이하인 무인비행장치만을 이용하여 초경량비행장치사용사업을 하려는 자의 등록요건으로 옳지 않은 것은?

① 개인의 경우 자산평가액 3천만원 이상
② 조종자 1명 이상
③ 초경량비행장치(무인비행장치) 1대 이상
④ 제3자 보험 가입

해설 최대이륙중량 25kg 이하는 자산평가액이 필요 없다.

정답 : ①

122 다음 중 초경량비행장치 등록요건 중 자본금 또는 자산평가액이 제외되는 경우로 옳은 것은?

① 자체중량이 25kg 이하인 무인비행장치만을 사용하여 초경량비행장치사용사업을 하려는 경우
② 자체중량이 25kg 이상인 무인비행장치만을 사용하여 초경량비행장치사용사업을 하려는 경우
③ 최대이륙중량이 25kg 이하인 무인비행장치만을 사용하여 초경량비행장치사용사업을 하려는 경우
④ 최대이륙중량이 25kg 이상인 무인비행장치만을 사용하여 초경량비행장치사용사업을 하려는 경우

정답 : ③

123 명의대여 등의 금지에 따른 명의대여 등의 금지를 위반한 초경량비행장치사용사업에 대한 벌칙으로 옳은 것은?

① 500만원 이하의 과태료
② 1년 이하의 징역 또는 1000만원 이하의 벌금
③ 1000만원 이하의 벌금
④ 300만원 이하의 벌금

정답 : ②

124 다음 중 항공레저스포츠사업과 초경량비행장치사용사업에 공통으로 해당되는 사업범위로 옳은 것은?

① 산림 또는 공원 등의 관측 및 탐사
② 비료 또는 농약 살포, 씨앗 뿌리기 등 농업지원
③ 조종교육
④ 체험 및 경관조망

정답 : ③

125 다음 중 항공기대여업의 서류 제출 및 신고에 대한 설명으로 옳지 않은 것은?

① 항공기사용사업을 양도·양수하려는 자는 인가신청서를 계약일 부터 30일 이내에 연명으로 지방항공청장에게 제출, 국토교통부장관에게 신고하여야 한다.
② 휴업신고를 하려는 항공기사용사업자는 휴업신고서를 휴업 예정일 5일 전까지 지방항공청장에게 제출, 국토교통부장관에게 신고하여야 한다.
③ 법인을 합병을 하려는 항공기사용사업자는 합병신고서를 계약일 부터 30일 이내에 연명으로 지방항공청장에게 제출, 국토교통부장관에게 신고하여야 한다.
④ 상속인은 피상속인의 항공기사용사업을 계속하려면 피상속인이 사망한 날부터 30일 이내에 신고서를 지방항공청장에게 제출, 국토교통부장관에게 신고하여야 한다.

해설 양도·양수, 휴업·폐업, 합병 시 지방항공청장에게 제출, 국토교통부장관에게 신고하여야 하며, 상속 시에는 국토교통부장관에게 바로 신고하면 된다.

정답 : ④

126 국토교통부장관은 과징금의 납부통지를 받은 자가 납부기한까지 과징금을 내지 아니하면 납부기한이 지난 날부터 며칠 이내에 독촉장을 발급하여야 하는가?

① 5일 ② 7일 ③ 15일 ④ 30일

해설 7일 이내에 독촉장 발급, 이 경우 납부기한은 독촉장 발급일부터 10일 이내

정답 : ②

127 사업계획 변경하려는 경우는 국토교통부장관의 인가를 받아야 한다. 그 예외사항으로 옳지 않은 것은?

① 기상악화
② 안전운항을 위한 정비로써 예견하지 못한 정비
③ 천재지변
④ 손님이 없어 수익 악화

해설 수익 악화가 사업계획 변경의 예외사항은 아니다.

정답 : ④

128 다음 중 초경량비행장치사용사업, 항공기대여업, 항공레저스포츠사업 등록을 할 수 없는 사람은?

① 국가보안법을 위반하여 금고형 실형을 선고 받고 그 집행이 끝난 날
② 법률을 위반하여 금고 이상의 실형을 선고받고, 집행을 받지 아니하기로 확정된 날부터 3년이 지난 사람
③ 항공기사용사업의 면허 또는 등록의 취소처분을 받은 후 3년이 지나지 아니한 자
④ 공항시설법 관련 법률을 위반하여 금고형을 집행을 받지 아니하기로 확정된 날부터 3년이 지나지 아니한 사람

해설 국가보안법은 관련법률이 아니며, 관련 법을 위반하여 금고 이상의 실형을 선고 받고 그 집행이 끝난 날 또는 집행을 받지 아니하기로 확정된 날부터 3년이 지나지 아니한 사람, 면허 또는 등록의 취소처분을 받은 후 2년이 지나지 아니한 자는 사업을 등록 할 수 없다.

정답 : ④

129 다음 중 항공보험 등의 가입의무에 대한 설명으로 옳지 않은 것은?

① 항공보험에 가입하지 아니하고는 항공기를 운항할 수 없다.
② 항공기대여업을 하고자 하는 사람은 보험에 가입하여야 한다.
③ 항공보험은 안전성인증검사 후 3일 이내 가입하여야 한다.
④ 항공보험에 가입한 보험가입신고서를 국토교통부장관에게 제출해야 한다.

해설 항공보험에 가입한 자는 안전성인증 받기 전에 보험에 가입해야 하며, 항공보험 등에 가입한 날부터 7일 이내에 보험가입 신고서 또는 공제가입 신고서(보험증서 또는 공제증서 사본 첨부)를 국토교통부장관에게 제출해야 한다.

정답 : ③

130 다음 중 초경량비행장치사용사업, 항공기대여업, 항공레저스포츠사업 등록 결격사유에 대한 설명으로 옳지 않은 것은?

① 지분의 2분의 1이상을 소유하거나 그 사업을 사실상 지배하고 있는 미국 기업

② 관련 법률을 위반하여 벌금형을 선고 받고 그 집행이 끝난 날로부터 3년이 지나지 아니한 사람

③ 관련 법률을 위반하여 금고형 실형을 선고 받고 집행을 받지 아니하기로 확정된 날부터 3년이 지나지 아니한 사람

④ 파산산고를 받고 복권되지 아니한 사람

해설 관련 법률을 위반하여 금고형 이상의 실형을 선고 받고 그 집행이 끝난 날로부터 3년이 지나지 아니한 사람은 등록할 수 없다.

정답 : ②

131 다음 중 초경량비행장치사용사업의 사업범위로 옳지 않은 것은?

① 비료 또는 농약살포, 씨앗뿌리기 등 농업 지원
② 사진 촬영, 육상·해상 측량 또는 탐사
③ 항공운송업
④ 조종교육

해설 항공운송업은 초경량비행장치사용사업의 종류가 아니다.

정답 : ③

132 다음 중 초경량비행장치사용사업 변경신고에 대한 설명으로 옳지 않은 것은?

① 자본금 감소 시 신고
② 사유가 발생한 날로부터 15일 이내 신고
③ 대표자 변경 시 신고
④ 사업 범위 변경 시 신고

해설 항공기대여업, 항공레저스포츠사업, 초경량비행장치사용사업의 변경신고 기간은 사유가 발생한 날부터 30일 이내이며 처리기간은 14일이다.

정답 : ②

133 다음 중 초경량비행장치사용사업의 등록 시 사업계획서에 포함되는 내용이 아닌 것은?

① 사업 목적 및 범위
② 안전관리대책
③ 사업개시 예정일
④ 사업개시 후 3개월간 재원 운영 계획

해설 초경량비행장치사용사업 등록 시 사업계획서에 재원 운영 계획은 필요 없다.

정답 : ④

134 다음 중 25kg 이하인 무인비행장치만을 이용하여 초경량비행장치사용사업을 하려는 자의 등록요건에 대한 설명으로 옳지 않은 것은?

① 개인의 경우 자산평가액 3천만원 이상
② 조종자 1명 이상
③ 초경량비행장치(무인비행장치) 1대 이상
④ 제3자 보험 가입

> **해설** 최대이륙중량 25Kg 이하인 무인비행장치만을 사용하여 초경량비행장치사용사업을 하려는 경우 자본금 또는 자산평가액이 필요 없다.

정답 : ①

135 다음 중 초경량비행장치사용사업 등록 결격 사유에 대한 설명으로 옳지 않은 것은?

① 대한민국 국민이 아닌 사람, 외국정부 또는 외국의 공공단체
② 위의 ①의 어느 하나에 해당하는 자가 주식이나 지분의 3분의 1 이상을 소유한 경우
③ 피성년후견인, 피한정후견인 또는 파산선고를 받고 복권되지 아니한 사람
④ 항공안전법을 위반하여 금고 이상의 실형을 선고받은 자

> **해설** 대한민국 국민이 아닌 사람, 외국(정부, 공공단체, 법인, 단체)가 주식이나 지분의 2분의 1 이상을 소유하거나 그 사업을 사실상 지배하는 법인은 등록할 수 없다.

정답 : ②

136 다음 중 무인항공 분야 항공산업의 안전증진 및 활성화 정책의 추진 주체로 옳은 것은?

① 국가
② 국토교통부장관
③ 지방항공청장
④ 한국교통안전공단 이사장

> **해설** 국가가 대통령령으로 정하는 바에 따라 사업을 추진할 수 있다.

정답 : ①

137 다음 중 항공기사용사업의 등록취소에 따른 사업정지명령을 위반한 자에 대한 처벌기준으로 옳은 것은?

① 1천만원 이하의 벌금
② 1년 이하의 징역 또는 1천만원 이하의 벌금
③ 500만원 이하의 과태료
④ 500만원 벌금

정답 : ①

138 다음 중 항공기사용사업의 등록을 취소하거나 6개월 이내의 기간을 정하여 그 사업의 전부 또는 일부의 정지를 명할 수 있는 조건에 해당하지 않는 것은?

① 사업개선 명령을 이행하지 아니한 경우

② 등록기준에 일시적으로 미달한 후 3개월 이내에 그 기준을 충족한 경우

③ 요금표 등을 갖추어 두지 아니하거나 항공교통이용자가 열람할 수 있게 하지 아니한 경우

④ 타인에게 자기의 성명 또는 상호를 사용하여 사업을 경영하게 하거나 등록증을 빌려 준 경우

> **해설** 등록기준에 미달한 경우 사업의 전부 또는 6개월 이내 기간 일부 정지할 수 있으나, 아래 사항에 해당할 경우 등록을 취소할 수 없다(항공사업법 제40조).
> - 등록기준에 일시적으로 미달한 후 3개월 이내에 그 기준을 충족하는 경우
> - 법원이 회생절차개시의 결정을 하고 그 절차가 진행 중인 경우
> - 금융채권자협의회가 채권금융기관 공동관리절차 개시의 의결을 하고 그 절차가 진행 중인 경우

정답 : ②

139 다음 중 항공기대여업 등록 시 구비서류 및 구비해야 하는 사항으로 옳지 않은 것은?

① 타인 부동산을 사용하는 경우 부동산을 사용할 수 있음을 증명하는 서류

② 재원조달방법

③ 사업 개시 예정일

④ 경량항공기 또는 초경량비행장치 각각 1대 이상

> **해설** 항공기대여업 등록 신청 시 항공기, 경량항공기 또는 초경량비행장치 1대 이상 필요하며 각각 1대는 아니다.

정답 : ④

140 다음 중 등록하려는 항공레저스포츠사업 중 자본금 기준이 최대인 항공레저스포츠사업의 자본금을 갖추면 자본금 기준이 최대인 항공레저스포츠사업 외의 각각의 항공레저스포츠사업의 자본금 기준의 2분의 1에 해당하는 자본금을 이미 갖춘 것으로 보는 조건으로 옳은 것은?

① 항공레저스포츠사업자가 다른 항공레저스포츠사업 등록을 추가하는 경우

② 항공레저스포츠사업자가 둘 이상 다른 항공레저스포츠사업 등록을 추가하는 경우

③ 항공레저스포츠사업 등록을 하지 않은 자가 둘 이상의 항공레저스포츠사업 등록을 동시에 신청하는 경우

④ 항공레저스포츠사업 등록을 하지 않은 자가 다른 항공레저스포츠사업 등록을 추가하는 경우

정답 : ③

141 다음 중 항공기대여업의 등록 기준 중 개인이 초경량비행장치만을 대여하는 경우에 필요한 최소한의 자본평가액으로 옳은 것은?

① 제한 없음　　② 3천만원 이상　　③ 5천만원 이상　　④ 6천만원 이상

> **해설** 항공기대여업의 등록 요건 중 자본금 또는 자산평가액 관련 법인은 자본금 2억 5천만원 이상, 개인은 자산평가액 3억 7천5백만원 이상이 필요하다. 단, 경량항공기 또는 초경량비행장치만을 대여하는 경우에는 법인은 자본금 3천만원 이상, 개인은 자산평가액 3천만원 이상이 필요하다.

정답 : ②

142 다음 중 항공기대여업의 등록 기준 중 법인이 경량항공기 또는 초경량비행장치만을 대여하는 경우에 필요한 최소한의 자본금으로 옳은 것은?

① 제한 없음　　② 3천만원 이상　　③ 6천만원 이상　　④ 2억 5천만원 이상

정답 : ②

143 경량항공기 또는 초경량비행장치에 대한 정비, 수리 또는 개조서비스와 관련된 사업은 무엇인가?

① 항공기대여업　　　　　　　　② 초경량비행장치사용사업
③ 초경량비행장치 정비사업　　④ 항공레저스포츠사업

정답 : ④

144 다음 중 초경량비행장치사용사업 등록 결격사항으로 옳은 것은?

① 피성년후견인, 피한정후견인 또는 파산선고를 받고 복권된지 1년이 경과한 경우
② 항공안전법을 위반하여 금고 이상의 실형을 선고받고 그 집행이 끝난 날 또는 집행을 받지 아니하기로 확정된 날부터 3년이 경과한 경우
③ 법인 등기사항 증명서상의 임원 5명 중 2명이 외국인인 경우
④ 회사의 공동대표 중 1명이 외국인인 경우

> **해설** 항공사업법 제10조(항공기 등록의 제한) 다음 각호에 어느 하나에 해당하는 자가 소유하거나 임차한 항공기는 등록할 수 없다.
> - 대한민국 국민이 아닌 사람
> - 외국 정부 또는 외국의 공공단체
> - 외국의 법인 또는 단체
> - 제1호부터 제3호까지의 어느 하나에 해당하는 자가 주식이나 지분의 2분의 1 이상을 소유하거나 그 사업을 사실상 지배하는 법인(「항공사업법」 제2조제1호에 따른 항공사업의 목적으로 항공기를 등록하려는 경우로 한정한다)
> - 외국인이 법인 등기사항증명서상의 대표자이거나 외국인이 법인 등기사항증명서상의 임원 수의 2분의 1 이상을 차지하는 법인

정답 : ④

145 다음 중 초경량비행장치사용사업 등록신청서의 포함사항으로 옳지 않은 것은?

① 법인의 경우 사업자 신청일 ② 사업목적 및 범위
③ 사용시설·설비 및 장비 개요 ④ 종사자 인력의 개요

> **해설** 항공사업법 시행규칙 제47조(초경량비행장치사용사업의 등록) 다음 각 목의 사항을 포함하는 사업계획서
> ■ 사업목적 및 범위
> ■ 초경량비행장치의 안전성 점검 계획 및 사고 대응 매뉴얼 등을 포함한 안전관리대책
> ■ 자본금
> ■ 상호·대표자의 성명과 사업소의 명칭 및 소재지
> ■ 사용시설·설비 및 장비 개요
> ■ 종사자 인력의 개요
> ■ 사업 개시 예정일

정답 : ①

146 다음 중 항공기대여업에 활용되는 것으로 옳은 것은?

① 활공기 또는 비행선
② 타인의 수요에 맞추어 유상으로 경량항공기 대여
③ 항공레저스포츠를 위하여 대여하여 주는 초경량비행장치
④ 기구류

> **해설** 항공사업법 제2조(정의) "항공기대여업"이란 타인의 수요에 맞추어 유상으로 항공기, 경량항공기 또는 초경량비행장치를 대여(貸與)하는 사업(제26호나목의 사업은 제외한다)을 말한다.
> ■ 제26호나목의 사업
>> 다음 중 어느 하나를 항공레저스포츠를 위하여 대여하여 주는 서비스
>> 1) 활공기 등 국토교통부령으로 정하는 항공기
>> 2) 경량항공기   3) 초경량비행장치

정답 : ②

147 다음 중 제3자보험 가입이 필요 없는 사업은 무엇인가?

① 항공레저스포츠사업에서 조종교육
② 항공레저스포츠사업에서 체험 및 경관조망 목적의 서비스를 제공하는 사업
③ 항공레저스포츠를 위한 대여 서비스를 제공하는 사업
④ 항공레저스포츠사업에서 경량항공기 또는 초경량비행장치에 대한 정비, 수리 또는 개조서비스 사업

> **해설** 경량항공기 또는 초경량비행장치에 대한 정비, 수리 또는 개조서비스 사업은 제3자보험에 가입할 필요 없다.

정답 : ④

148 다음 중 항공레저스포츠사업에 사용되는 항공기로 옳은 것은?

① 비행선　　　② 비행기　　　③ 경량항공기　　　④ 헬리콥터

해설　항공레저스포츠사업에 사용되는 항공기는 비행선과 활공기이다.

정답 : ①

149 다음 중 조종교육 및 체험 및 경관조망 사업 목적으로 항공레저스포츠사업에 사용되는 항공기로 옳은 것은?

① 비행선　　　② 비행기　　　③ 경량항공기　　　④ 헬리콥터

해설　항공레저스포츠사업에 사용되는 항공기는 비행선과 활공기이다.

정답 : ①

150 다음 중 무인항공 분야 항공산업의 안전증진 및 활성화 대상 및 추진사항에 대한 설명으로 옳지 않은 것은?

① 항공기대여업

② 무인항공기의 인증, 정비, 수리, 개조, 사용

③ 무인항공기와 관련된 서비스를 제공하는 무인항공 분야

④ 무인비행장치 및 무인항공기의 사용 촉진 및 보급

해설　무인항공 분야 항공산업의 안전증진 및 활성화 대상은 초경량비행장치 중 무인비행장치이다.

정답 : ①

151 항공기대여업의 양도·양수 또는 합병하고자 할 때 인가 신청서를 30일 이내 연명하여 지방항공청장에게 제출하여야 한다. 다음 중 인가 신청서 제출 시 기준일로 옳은 것은?

① 양도일　　　② 양수일　　　③ 계약일　　　④ 잔금일

해설　신청인은 계약일로부터 30일 이내 연명하여 지방항공청장에게 신고해야 한다.

정답 : ③

152 다음 중 영리 목적과 관련없는 사업은 무엇인가?

① 항공기대여업　　　② 항공레저스포츠사업
③ 초경량비행장치사용사업　　　④ 항공기 취급업

해설　항공기 취급업은 영리 목적과 관련 없다.

정답 : ④

153 다음 중 항공기대여업의 등록요건에 대한 설명으로 옳지 않은 것은?

① 경량항공기 또는 초경량비행장치만을 대여하는 경우 법인은 자본금 5천만원 이상, 개인은 자산평가액 3천만원 이상

② 항공기, 경량항공기 또는 초경량비행장치 1대 이상

③ 기체보험(경량항공기, 초경량비행장치 제외)

④ 제3자보험 및 승무원 보험(승무원 없는 초경량비행장치 제외)

해설 경량항공기 또는 초경량비행장치만을 대여하는 경우 법인은 자본금 3천만원 이상, 개인은 자산평가액 3천만원 이상

정답 : ①

154 다음 중 항공레저스포츠사업의 사업계획서에 포함되지 않는 것은?

① 해당 사업의 항공기 등 수량 및 그 산출근거와 예상 사업수지 계산서

② 재원 조달방법

③ 종사자 인력의 개요

④ 사업 운영 기간

해설 사업 운영 기간이 아니라 사업 개시 예정일이 사업계획서에 포함된다.

정답 : ④

155 항공사업을 정지하면 그 사업의 이용자 등에게 심한 불편을 주거나 공익을 해칠 우려가 있는 경우 부과하는 것은 무엇인가?

① 벌금   ② 과태료   ③ 과징금   ④ 추징금

해설 항공사업을 정지하면 그 사업의 이용자 등에게 심한 불편을 주거나 공익을 해칠 우려가 있는 경우 과징금을 부과한다.

정답 : ③

156 다음 중 항공보험 등에 가입한 자가 보험가입신고서 등 보험가입 등을 확인할 수 있는 자료를 제출하지 아니하거나 거짓으로 제출한 자의 처벌기준으로 옳은 것은?

① 500만원 이하의 벌금   ② 500만원 이하의 과태료

③ 1천만원 이하의 벌금   ④ 6개월 이하의 징역 또는 500만원 이하의 벌금

정답 : ②

157 사업을 정지하면 그 사업의 이용자 등에게 심한 불편을 주거나 공익을 해칠 우려가 있는 경우에는 사업정지처분을 갈음하여 10억원 이하의 (   )을 부과할 수 있다. (   )에 들어갈 말로 옳은 것은?

① 과징금   ② 벌금   ③ 과태료   ④ 추징금

> **해설** 사업을 정지하면 그 사업의 이용자 등에게 심한 불편을 주거나 공익을 해칠 우려가 있는 경우에는 사업정지처분을 갈음하여 10억원 이하의 과징금을 부과할 수 있다.

정답 : ①

158 다음 중 항공보험 등의 가입의무에 대한 설명으로 옳지 않은 것은?

① 항공보험에 가입하지 아니하고는 항공기를 운항할 수 없다.
② 경량항공기의 비행으로 다른 사람이 사망하거나 부상한 경우 피해자에 대한 보상을 위하여 안전성인증 받기 전까지 보험에 가입하여야 한다.
③ 항공보험에 가입하는 자는 보험가입신고서 등을 국토교통부장관에게 제출하여야 한다.
④ 항공보험 등에 가입한 날부터 3일 이내 신고하여야 한다.

> **해설** 항공보험 등에 가입한 날부터 7일 이내에 신고하여야 한다.

정답 : ④

159 다음 중 항공레저스포츠를 위하여 대여해주는 서비스가 가능한 것이 아닌 것은?

① 비행기   ② 활공기
③ 경량항공기   ④ 초경량비행장치

> **해설** 항공레저스포츠 대여 서비스 : 비행선, 활공기, 경량항공기, 초경량비행장치

정답 : ①

160 항공기사용사업자는 사업계획을 변경하려는 경우에는 국토교통부장관의 인가를 받아야 한다. 다만, 국토교통부령으로 정하는 경미한 사항을 변경하려는 경우에는 국토교통부장관에게 신고하여야 한다. 다음 중 경미한 사항에 해당하지 않는 것은?

① 자본금의 변경   ② 사업소의 신설 또는 변경
③ 대표자의 대표권 제한 및 그 제한의 변경   ④ 임원의 2/3 이상 변경

> **해설** 경미한 사항 : 자본금의 변경, 사업소의 신설 또는 변경, 대표자의 변경, 대표자의 대표권 제한 및 그 제한의 변경, 상호 변경, 사업범위의 변경, 항공기 등록 대수의 변경

정답 : ④

161 항공기대여업, 항공레저스포츠사업, 초경량비행장치사용사업의 등록요건 중 모든 사업에 동일하게 공통적으로 적용되는 것은?(단, 경량항공기 또는 초경량비행장치에 대한 정비, 수리 또는 개조 서비스는 제외한다.)

① 자본금 및 자산평가액   ② 장비 보유 대수   ③ 제3자 보험   ④ 운용 인력 현황

해설 제3자보험이 공통적으로 적용된다.

정답 : ③

162 다음 중 초경량비행장치사용사업의 등록 결격사항에 대한 설명으로 옳지 않은 것은?

① 항공보안법을 위반하여 금고 이상의 형의 집행유예를 선고 받고 그 유예기간 중에 있는 사람
② 외국인이 법인 등기사항 증명서상의 임원 수의 2분의 1 이상을 차지하는 법인
③ 공항시설법을 위반하여 벌금형을 선고받은 후 2년이 경과하지 아니한 사람
④ 피성년후견인, 피한정후견인 또는 파산선고를 받고 복권되지 아니한 사람

해설 항공사업법, 항공안전법, 공항시설법, 항공보안법, 항공·철도 사고조사에 관한 법률을 위반하여 금고 이상의 실형을 선고 받고 그 집행이 끝난 날 또는 집행을 받지 아니하기로 확정된 날부터 3년이 지나지 아니한 사람이 등록할 수 없다.

정답 : ③

163 다음 중 항공레저스포츠사업의 양도, 양수에 대한 설명으로 옳지 않은 것은?

① 항공기사용사업을 양도, 양수하려는 자는 30일 이내에 연명하여 지방항공청장에게 제출하여야 한다.
② 국토교통부장관은 양도·양수의 신고에 대한 공고를 하여야 한다.
③ 양도·양수 신고에 대한 비용 부담은 양도인이 한다.
④ 양도·양수에 대한 지위승계 효력은 신고가 접수된 경우 발생한다.

해설 양도·양수 신고에 대한 지위승계 효력은 신고가 수리된 경우 발생한다.

정답 : ④

164 다음 중 항공레저스포츠사업 사업계획서에 포함되지 않는 것은?

① 사업소의 명칭, 소재지
② 해당 사업의 항공기 등 수량 및 그 산출근거와 예상 사업수지 계산서
③ 종사자 인력의 개요, 사업 운영 기간
④ 영업구역 범위 및 영업시간

해설 항공레저스포츠사업 사업계획서에 포함사항
• 자본금
• 해당 사업의 항공기 등 수량 및 그 산출 근거와 예상 사업수지 계산서
• 재원 조달방법, 사용시설 설비 및 이용자의 편의시설 개요
• 영업구역 범위 및 영업 시간
• 상호·대표자의 성명, 사업소의 명칭, 소재지
• 종사자 인력의 개요, 사업 개시 예정일
• 탑승료·대여료 등 이용 요금

정답 : ③

165 다음 중 항공기대여업의 등록요건에 대한 설명으로 옳지 않은 것은?

① 법인 자본금 5천만원 이상 / 개인 자산평가액 3천만원 이상

② 항공기, 경량항공기 또는 초경량비행장치 1대 이상

③ 여객보험(여객 없는 초경량비행장치 제외)

④ 제3자보험 및 승무원 보험(승무원 없는 초경량비행장치 제외)

> **해설** 항공기대여업의 자본금 또는 자산평가액 등록요건
> - 법인 : 자본금 2억5천만원 이상(경량항공기 또는 초경량비행장치만을 대여하는 경우 3천만원 이상)
> - 개인 : 자산평가액 3억7천5백만원 이상(경량항공기 또는 초경량비행장치만을 대여하는 경우 3천만원 이상)

정답 : ①

166 다음 중 보험가입 신고서 등 보험가입 등을 확인할 수 있는 자료를 제출하지 아니하거나 거짓으로 제출한 자의 처벌기준으로 옳은 것은?

① 500만원 이하의 벌금   ② 500만원 이하의 과태료

③ 1천만원 이하의 벌금   ④ 1년 이하의 징역 또는 1천만원 이하의 벌금

정답 : ②

167 다음 중 초경량비행장치사용사업 등록신청 시 사업계획서에 포함되는 내용으로 옳지 않은 것은?

① 자본금 또는 자산증감액

② 초경량비행장치의 안전성 점검계획 및 사고대응 매뉴얼 등을 포함한 안전관리대책

③ 상호·대표자의 성명, 사업소의 명칭, 소재지

④ 사업 개시 예정일

> **해설** 초경량비행장치사용사업 등록신청 시 사업계획서에 포함될 내용
> - 사업 목적 및 범위
> - 초경량비행장치의 안전성 점검계획 및 사고대응 매뉴얼 등을 포함한 안전관리대책
> - 자본금, 상호·대표자의 성명, 사업소의 명칭, 소재지
> - 사용시설 설비 및 장비 개요, 종사자 인력의 개요, 사업 개시 예정일

정답 : ①

168 다음 중 항공레저스포츠사업의 사업범위에 포함되지 않는 것은?

① 자체중량 115kg 이하의 경량항공기로 경관조망 사업을 한다.

② 안전선인증을 받은 경량항공기를 대여한다.

③ 초경량비행장치로 농약살포, 씨앗 뿌리기 등 농업지원을 한다.

④ 경량항공기 또는 초경량비행장치에 대한 정비, 수리 또는 개조서비스를 한다.

> **해설** 농약살포, 씨앗 뿌리기 등 농업지원을 하는 것은 초경량비행장치사용사업의 종류이다.

정답 : ③

169 다음 중 전문교육기관이 국가에서 3천만원을 허위로 보조 받은 경우의 처벌기준으로 옳은 것은?

① 1년 이하 징역 또는 1천만원 이하 벌금

② 5년 이하 징역 또는 5천만원 이하 벌금

③ 3년 이하 징역 또는 3천만원 이하 벌금

④ 6개월 이하 징역 또는 5백만원 이하 벌금

해설 보조금, 융자금을 거짓이나 그 밖의 부정한 방법으로 교부 받은 자는 5년 이하의 징역 또는 5천만원 이하의 벌금에 처한다.(항공사업법 제77조 : 보조금 등의 부정 교부 및 사용 등에 관한 죄)

정답 : ②

170 다음 중 초경량비행장치사용사업의 등록 및 변경신고 대상으로 옳은 것은?

① 한국교통안전공단 이사장　　② 지방항공청장
③ 국토교통부장관　　　　　　④ 관할 세무서

해설 초경량비행장치사용사업의 등록 서류 제출은 한국교통안전공단 이사장, 신고는 국토교통부장관에게 한다.

정답 : ③

171 항공기사용사업자가 국토교통부령으로 정하는 경미한 사항을 변경하려는 경우에는 국토교통부장관에게 신고를 하여야 한다. 다음 중 경미한 사항에 포함되지 않는 것은?

① 자본금의 변경　② 대표자의 변경　③ 사업범위의 변경　④ 사업계획의 변경

해설 항공기사용사업자는 사업계획을 변경하려는 경우에는 국토교통부장관의 인가를 받아야 한다. 다만, 국토교통부령으로 정하는 경미한 사항을 변경하려는 경우에는 국토교통부장관에게 신고하여야 한다. 여기에서 경미한 사항이란 자본금의 변경, 사업소의 신설 또는 변경, 대표자 변경, 대표자의 대표권 제한 및 그 제한의 변경, 상호 변경, 사업범위의 변경, 항공기 등록 대수의 변경을 의미한다.

정답 : ④

172 한국교통안전공단 이사장은 초경량비행장치사용사업 등록신청서의 내용이 명확하지 않거나 첨부서류가 미비한 경우 며칠 내에 보완을 요구하여야 하는가?

① 5일　　　　② 7일　　　　③ 10일　　　　④ 15일

해설 한국교통안전공단 이사장은 초경량비행장치 등록신청서의 내용이 명확하지 않거나 첨부서류가 미비한 경우 7일 이내에 보완을 요구하여야 한다.

정답 : ②

173 다음 중 항공사업법 적용 초경량비행장치 관련 항공사업이 아닌 것은?

① 항공기대여업
② 항공레저스포츠사업
③ 초경량비행장치정비업
④ 초경량비행장치사용사업

해설 초경량비행장치정비업은 없으며, 초경량비행장치에 대한 정비, 수리 또는 개조서비스는 항공레저스포츠사업의 사업범위이다.

정답 : ③

174 다음 중 항공레저스포츠사업의 사업범위로 옳지 않은 것은?

① 취미를 목적으로 하는 비행 활동
② 오락을 목적으로 하는 비행 활동
③ 체험을 목적으로 하는 비행 활동
④ 시범을 목적으로 하는 비행 활동

해설 취미·오락·체험·교육·경기 등을 목적으로 하는 비행 활동

정답 : ④

175 다음 중 초경량비행장치를 사용하여 조종교육, 체험 및 경관조망을 목적으로 사람을 태워 비행하는 서비스에 사용되는 초경량비행장치가 아닌 것은?

① 활공기
② 기구류
③ 낙하산류
④ 동력패러글라이더(착륙장치가 없는 비행장치로 한정)

해설 인력활공기가 해당 된다.

정답 : ①

176 다음 중 위반 시 처벌기준이 다른 것은?

① 명의대여 등의 금지 위반한 항공기사용사업자
② 등록을 하지 아니하고 항공기대여업을 경영한 자
③ 사업개선명령을 위반한 자
④ 등록을 하지 아니하고 초경량비행장치사용사업을 경영한 자

해설 ①, ②, ④ : 1년 이하의 징역 또는 1천만원 이하의 벌금, ③ : 1천만원 이하의 벌금

정답 : ③

177 항공사업의 등록요건 중 자본금 또는 자산평가액 기준에 대한 설명으로 옳지 않은 것은?

① 항공레저스포츠를 위한 대여 서비스는 법인 자본금 2억5천만원 이상, 개인 자산평가액 3억7천5백 이상

② 항공기대여업은 위와 같음

③ 초경량비행장치사용사업은 법인 자본금 5천만원 이상, 개인 자산평가액 3천만원 이상

④ 최대이륙중량 25kg 이하인 무인비행장치만을 사용하여 초경량비행장치사용사업을 하려는 경우 자본금 및 자산평가액이 필요 없다.

해설 초경량비행장치사용사업은 법인 자본금 3천만원 이상, 개인 자산평가액 3천만원 이상

정답 : ③

178 다음 중 위반 시 처벌기준이 다른 것은?

① 명의대여 등의 금지 위반한 항공기사용사업자

② 항공기대여업의 등록에 따른 등록을 하지 아니하고 항공기대여업을 경영한 자

③ 명의대여 등의 금지를 위반한 항공기대여업자

④ 보험 또는 공제에 가입하지 아니하고 경량항공기 또는 초경량비행장치를 사용하여 비행한 자

해설 ①~③ : 1년 이하의 징역 또는 1천만원 이하의 벌금, ④ : 500만원 이하의 과태료

정답 : ④

179 항공사업법의 항공보험 등의 가입 의무에서 다른 사람이 사망하거나 부상한 경우, 다른 사람의 재물이 멸실되거나 훼손된 경우 근거가 되는 법은 무엇인가?

① 항공안전법 ② 항공사업법
③ 자동차손해배상 보장법 시행령 제3조제1항 ④ 산업재해법

해설 사고 발생 시 제3자 배상책임보험인 자동차손해배상 보장법 시행령 제3조제1항을 근거로 적용한다.

정답 : ③

180 다음 중 위반 시 500만원 이하의 과태료가 부과되는 벌칙 조항으로 옳은 것은?

① 검사 또는 출입을 거부·방해하거나 기피한 자

② 보험 또는 공제에 가입하지 아니하고 경량항공기 또는 초경량비행장치를 사용하여 비행한 자

③ 경량항공기 등의 영리목적 사용금지를 위반하여 초경량비행장치를 영리목적으로 사용한 자

④ 경량항공기 등의 영리목적 사용금지를 위반하여 경량항공기를 영리목적으로 사용한 자

해설 ① : 500만원 이하의 벌금, ③ : 6개월 이하의 징역 또는 500만원 이하의 벌금
④ : 1년 이하의 징역 또는 1천만원 이하의 벌금

정답 : ②

181 다음 중 제3자배상책임보험에 가입하지 않아도 되는 항공레저스포츠사업은 무엇인가?

① 조종교육

② 체험 및 경관조망 목적 탑승 서비스

③ 항공레저스포츠를 위한 대여 서비스

④ 경량항공기 또는 초경량비행장치에 대한 정비, 수리, 개조서비스

해설 경량항공기 또는 초경량비행장치에 대한 정비, 수리, 개조서비스 사업은 제3자배상책임보험에 가입하지 않아도 된다.

정답 : ④

182 항공기사용사업의 휴업기간은 최대 몇 개월을 초과할 수 없는가?

① 1개월   ② 3개월   ③ 6개월   ④ 12개월

해설 초경량비행장치사용사업은 휴업 예정일 5일전까지 신청서를 한국교통안전공단 이사장에게 제출하여야 하며, 휴업기간은 6개월을 초과할 수 없다.

정답 : ③

183 항공기사용사업자는 등록할 때 제출한 사업계획에 따라 그 업무를 수행하여야 한다. 다만 국토교통부령으로 정하는 부득이한 사유가 있는 경우는 그러하지 아니하다. 다음 중 부득이한 사유로 예외사항에 해당하지 않는 것은?

① 기상악화   ② 안전운항을 위한 정비로서 예견하지 못한 정비

③ 천재지변   ④ 계획정비

해설 예외사항 : 기상악화, 안전운항을 위한 정비로서 예견하지 못한 정비, 천재지변, 제1호부터 제3호까지의 사유에 준하는 사유

정답 : ④

184 다음 중 항공레저스포츠사업의 사업범위로 옳지 않은 것은?

① 취미·오락·체험·교육·경기 등을 목적으로 하는 비행활동

② 비료 또는 농약 살포, 씨앗 뿌리기 등 농업지원, 경관조망을 목적으로 사람을 태워 비행하는 서비스

③ 항공기(비행선, 활공기), 경량항공기, 초경량비행장치 중 어느 하나를 항공레저스포츠를 위하여 대여하여 주는 서비스

④ 경량항공기 또는 초경량비행장치에 대한 정비, 수리 또는 개조서비스

해설 비료 또는 농약 살포, 씨앗 뿌리기 등 농업지원은 초경량비행장치사용사업의 사업범위이다.

정답 : ②

185 다음 중 항공기대여업의 등록요건에 대한 설명으로 옳지 않은 것은?

① 법인인 경우 자본금 2억5천만원 이상

② 개인인 경우 자산평가액 3억7천5백만원 이상

③ 항공기, 경량항공기 또는 초경량비행장치 각각 1대 이상

④ 제3자배상책임보험 가입

해설 항공기, 경량항공기 또는 초경량비행장치 1대 이상

정답 : ③

186 다음 중 항공레저스포츠사업 사업계획서에 포함사항으로 옳지 않은 것은?

① 주식 및 주주명부 ② 재원 조달 방법

③ 영업구역 범위 및 영업시간 ④ 탑승료·대여료 등 이용요금

해설 항공레저스포츠사업 사업계획서 포함사항은 아래와 같다.
• 자본금, 상호·대표자의 성명/사업소의 명칭/소재지, 해당 사업의 항공기 등 수량 및 그 산출근거와 예상 사업수지 계산서, 재원조달방법, 사용시설 설비 및 이용자의 편의시설 개요, 종사자 인력의 개요, 사업 개시 예정일, 영업구역 범위 및 영업시간, 탑승료·대여료 등 이용요금

정답 : ①

187 국토교통부장관은 초경량비행장치사용사업 등록의 취소 처분을 하려면 무엇을 해야 하는가?

① 탐문 ② 청문 ③ 간문 ④ 심문

해설 항공기대여업 등록의 취소, 항공레저스포츠사업 등록의 취소, 초경량비행장치사용사업 등록의 취소 처분을 하려면 청문을 하여야 한다.(항공사업법 제74조)

정답 : ②

188 다음 중 항공기대여업의 사업계획서에 포함사항으로 옳지 않은 것은?

① 예상 사업수지계산서 ② 영업구역, 사업개시 예정일

③ 재원조달방법 ④ 사용시설 설비 및 장비 개요

해설 영업구역은 항공기대여업 사업계획서에 포함사항이 아니다.(항공사업법 시행규칙 제45조)

정답 : ②

189 다음 중 초경량비행장치사용사업 변경신고의 처리기간으로 옳은 것은?

① 5일 ② 7일 ③ 14일 ④ 30일

해설 변경신고의 처리기간은 민원처리에 관한 법률에 따라 14일이다.

정답 : ③

190 다음 중 항공레저스포츠사업의 등록 결격사항에 대한 설명으로 옳지 않은 것은?

① 항공레저스포츠사업의 등록 취소처분을 받은 후 2년이 지나지 아니한 자
② 초경량비행장치사용사업의 등록 취소처분을 받은 후 2년이 지나지 아니한 자
③ 항공기취급업의 등록 취소처분을 받은 후 2년이 지나지 아니한 자
④ 항공기정비업의 등록 취소처분을 받은 후 2년이 지나지 아니한 자

해설 항공기대여업, 항공레저스포츠사업, 초경량비행장치사용사업의 등록 결격사항은 개별사항이다. 다시 말해 항공레저스포츠사업 등록 결격사항이 충족되어도 항공기대여업과 초경량비행장치사용사업은 가능하다.
- 항공기대여업 등록 결격사항 : 항공기대여업 등록 취소처분을 받은 후 2년이 지나지 아니한 자
- 항공레저스포츠사업 등록 결격사항 : 항공레저스포츠사업, 항공기취급업, 항공기정비업의 등록 취소처분을 받은 후 2년이 지나지 아니한 자
- 초경량비행장치사용사업 등록 결격사항 : 초경량비행장치사용사업 등록 취소처분을 받은 후 2년이 지나지 아니한 자

정답 : ②

191 다음 중 초경량비행장치사용사업의 등록 서류 제출은 누구에게 하는가?

① 한국교통안전공단 이사장   ② 지방항공청장
③ 국토교통부장관   ④ 항공안전기술원장

해설 항공기대여업, 항공레저스포츠사업은 지방항공청장에게 제출하며, 초경량비행장치사용사업은 한국교통안전공단 이사장에게 제출한다.(항공사업법 시행규칙 제47조)

정답 : ①

192 다음 중 초경량비행장치사용사업 등록신청 시 사업계획서 포함내용 및 시 구비 서류로 옳지 않은 것은?

① 사업 목적 및 범위
② 안전성 점검 계획 및 사고 대응 매뉴얼
③ 사용 시설·설비 및 장비 개요
④ 부동산을 사용할 수 있음을 증명하는 서류(타인 부동산을 사용하는 경우만 해당되지 않는다)

해설 부동산을 사용할 수 있음을 증명하는 서류는 타인 부동산을 사용하는 경우만 해당된다.

정답 : ④

193 다음 중 초경량비행장치사용사업 등록요건에 대한 설명으로 옳지 않은 것은?

① 법인 자본금 5천만원 이상, 개인 자산평가액 3천만원 이상

② 초경량비행장치(무인비행장치로 한정) 1대 이상

③ 조종자 1명 이상

④ 초경량비행장치마다 또는 사업자별 보험 또는 공제 가입

> 해설 초경량비행장치사용사업의 등록요건에서 자본금 또는 자산평가액 기준은 법인 자본금 3천만원 이상, 개인 자산평가액 3천만원 이상이다.

정답 : ①

194 다음 중 항공기사용사업의 등록취소 요건에 대한 설명으로 옳지 않은 것은?

① 거짓이나 그 밖의 부정한 방법으로 등록한 경우

② 피상속인이 사망한 날부터 3개월 이내에 상속인이 항공기사용사업을 타인에게 양도한 경우

③ 항공기 운항의 정지명령을 위반하여 운항정지기간에 운항한 경우

④ 사업정지명령을 위반하여 사업정지기간에 사업을 경영한 경우

> 해설 법인이 3개월 이내에 해당 임원을 결격사유가 없는 임원으로 바꾸어 임명한 경우, 피상속인이 사망한 날부터 3개월 이내에 상속인이 항공기사용사업을 타인에게 양도한 경우 등록을 취소할 수 없다.

정답 : ②

195 항공보험 등에 가입한 자는 항공보험 등에 가입한 날부터 며칠 이내에 보험가입신고서 또는 공제가입신고서에 보험증서 또는 공제증서 사본을 첨부하여 국토교통부장관에게 제출하여야 하는가?

① 3일   ② 5일   ③ 7일   ④ 10일

> 해설 항공보험 등에 가입한 날부터 7일 이내에 보험가입 신고를 해야 한다. 변경 및 갱신 시도 동일하다.

정답 : ③

196 국토교통부장관은 검사 또는 질문을 하기 며칠 전까지 검사 또는 질문의 일시, 사유 및 내용 등의 계획을 피검사자 또는 피질문자에게 알려야 하는가?

① 5일   ② 7일   ③ 15일   ④ 30일

정답 : ②

197 국토교통부장관으로부터 업무에 관한 보고 또는 서류의 제출을 요청 받은 자는 그 요청을 받은 날부터 며칠 이내에 보고하여야 하는가?

① 5일 ② 7일 ③ 15일 ④ 30일

정답 : ③

198 다음 중 과징금의 부과 및 납부에 대한 설명으로 옳지 않은 것은?

① 국토교통부장관은 과징금을 부과하려면 그 위반행위의 종류와 해당 과징금의 금액을 구체적으로 적어 서면으로 통지하여야 한다.

② 통지를 받은 자는 통지를 받은 날부터 20일 이내에 국토교통부장관이 정하는 수납기관에 과징금을 내야 한다.

③ 과징금을 받은 수납기관은 그 납부자에게 영수증을 발급하여야 한다.

④ 과징금의 수납기관은 과징금을 받으면 7일 이내에 그 사실을 국토교통부장관에게 통보하여야 한다.

해설 과징금의 수납기관은 과징금을 받으면 지체 없이 그 사실을 국토교통부장관에게 통보하여야 한다.

정답 : ④

199 국토교통부장관은 과징금 독촉을 받은 자가 납부기한까지 과징금을 내지 아니한 경우에는 소속 공무원으로 하여금 무엇에 따라 과징금을 강제징수하게 할 수 있는가?

① 항공사업법 벌칙 ② 과징금 독촉장
③ 국세 체납처분의 예 ④ 과징금 통지서

정답 : ③

200 다음 중 항공보험 가입 대상에 대한 설명으로 옳지 않은 것은?

① 항공운송사업자, 항공기사용사업자, 항공기대여업자

② 항공운송사업자, 항공기사용사업자, 항공기대여업자 외의 항공기 소유자 또는 항공기를 사용하여 비행하려는 자

③ 초경량비행장치를 항공기대여업, 항공레저스포츠사업, 초경량비행장치사용사업에 사용하려는 자

④ 무인비행장치 등 국토교통부령으로 정하는 초경량비행장치를 소유한 국가, 지방자치단체, 공공기관은 대상에서 제외한다.

해설 무인비행장치 등 국토교통부령으로 정하는 초경량비행장치를 소유한 국가, 지방자치단체, 공공기관도 가입해야 한다.

정답 : ④

Part 07

비행교수법

Chapter 1. 비행교수법 핵심정리

Chapter 2. 기출복원문제 풀이

CHAPTER 01

비행교수법 핵심정리

지도조종자의 역할

1. 지도조종자 등록기준

1) 관련 세칙 : 무인비행장치 조종자 증명 운영세칙, 별표3 전문교관 등록기준

2) 종류, 업무범위, 등록기준

종류	업무범위	등록기준
무인멀티콥터 지도조종자	무인멀티콥터의 비행시간 확인 및 조종교육	다음 요건을 모두 충족한 사람 1. 초경량비행장치 조종자 증명(1종 무인멀티콥터)를 취득한 사람 2. 1종 무인멀티콥터를 조종한 시간이 총100시간 이상인 사람

2. 비행시간 확인 : 비행경력증명서, 기체별 비행기록부, 개인로그북

발급번호:

비행경력증명서(Certificate of Flight Experience)

1.성명(Name) :   2.소속(Company) :   3.생년월일(D.O.B) / 여권번호(Passport No.) :   4.연락처(Phone No.) :

① 일자 (Date)	② 비행 횟수 (No.of Flight)	③ 초경량비행장치 (Ultra-light Vehicle)						④ 비행장소 (An Airfield)	⑤ 비행 시간 (hrs) (Flight Time)	⑥ 임무별 비행시간 (Flight Time of Duty)				⑦ 비행목적 (Purpose of Flight) (훈련내용) (Contents of Training)	⑧ 지도조종자(Instructor)		
		종류 (Category)	형식 (Type)	신고번호 (Report No.)	최종인증 검사일 (Last Date of Vehicle Inspection.)	자체 중량 (Kg) (Empty Weight)	최대 이륙 중량 (Kg) (MTOW)			기장 (Solo)	훈련 (Training)	교관 (Trainer)	소계 (Total)		성명 (Name)	자격번호 (No.of the License)	서명 (Signature)

※ 시간 기록 방법 : 시간+(분단위÷60)
예) 1시간 52분 → 1+(52/60) → 1+0.866667(소수 둘째자리부터 버림) → 1.8

| 계 (Total) | | | | | | | | | | | | | | | | | |

「무인비행장치조종자증명운영세칙」제9조에따라위와같이비행경력을증명합니다.
This is to certify that above person has the flight experience in accordance with article 9 of the Operational Detailed Rules of Pilot of Unmanned Aerial Vehicle.

발급일(Date of Issue) :   발급기관명(Issuing Organization)/주소(Address) :   대표자: (서명 또는 인) 전화번호(Phone No.) :

3. 조종교육

1) 목표 / 대상 : 교육생 자격 취득 / 노력형·열정형·재능형·지시형·자주형·10대/60대·여성/남성 등

2) 교육 내용

실기교육(무인비행장치)	종류별 비행특성 이해, 구성품 숙지/이해, 운용과 관련된 사항 숙지
이론교육 (법규, 역학, 기상, 운용이론)	이론교육 정리 및 요약 작성, 개정되는 항공법규 인지 및 이해, 교육사항의 이해 및 눈높이 교육(→ 교육시설에 대한 안전위해요소 점검 X)
비행기록 관리	비행기록 습관(교육생의 적극성, 성취도, 참여도 등) 기록 로그북 작성 시 허위로그 작성 금지, 비행로그는 실비행시간 작성이 원칙
기체 / 배터리 관리	교육생과 함께 관리하는 방법을 공유할 것 1일 1회 기체 점검 실시(기체 손질 등 청결상태 유지) 배터리의 관리를 통한 보관, 충전 방법 등 교육 ↳ Tip. 구술시험과 관련된 훈련 동시 진행

3) 교육 방법

① 공정성 있는 교육 : 연령, 성별, 편견 등이 없을 것   ② 안전이 우선인 교육 : 안전장비 의무착용 준수
③ 조급하지 않은 교육 : 정규 교육시간 지킬 것   ④ 시뮬레이션 교육 : 올바른 파지법 및 키조작의 반복 교육
⑤ 신뢰와 공감 : 믿음 없는 관계에서 이루어질 수 없는 교육   ⑥ 궁금증을 유발하는 교육 : 생각하며 조종하는 연습
⑦ 갈등 없는 교육 : 잘해도 못해도 나의 교육생
⑧ 교육목표에 맞춰가는 교육 : 실력은 목표에 따른 반복훈련에서 키워진다.
⑨ 교육 실습 및 교육 평가

- 전체 항목의 구성 숙지
- 무인비행장치 종류별 특성을 파악하여 교육
- 각 항목 별 중점사항 숙지 및 이해
- 비행교육 종료 시 당일 교육항목 평가(실기 및 구술)
- 주 단위 평가 실시(종합평가는 실기평가자가 실시)
  ↳ 종합평가는 지도조종자가 실시한다 X
- 위치제어 및 자세제어 비행의 연관성, 차이점 교육
- 교육생의 자립성과 이해도를 높이기 위해 지시가 아닌 지도를 할 것
- 구술시험도 실기시험 평가 항목임을 명심
- 평가결과를 반영하여 중점 항목 선정 교육

✈ 교육시 주의사항

4. 교육 시 주의하여야 할 내용

1) 교육 중 안전을 위해 적당한 긴장감 유지 필요
2) 조종에 영향을 주거나 심리적인 압박을 줄 수 있는 과도한 언행 자제
3) 규정 준수에 위배되지 않은, 지속적인 비행연습 환경 제공
4) 안전에 위배되는 경우 즉각적인 비행 간섭 준비
5) 평소 안전한 기체 운영을 위한 기본 사항과 필수 지식을 교육

실기교육장

5. 무인멀티콥터(1종, 2종) 실기시험장 규격

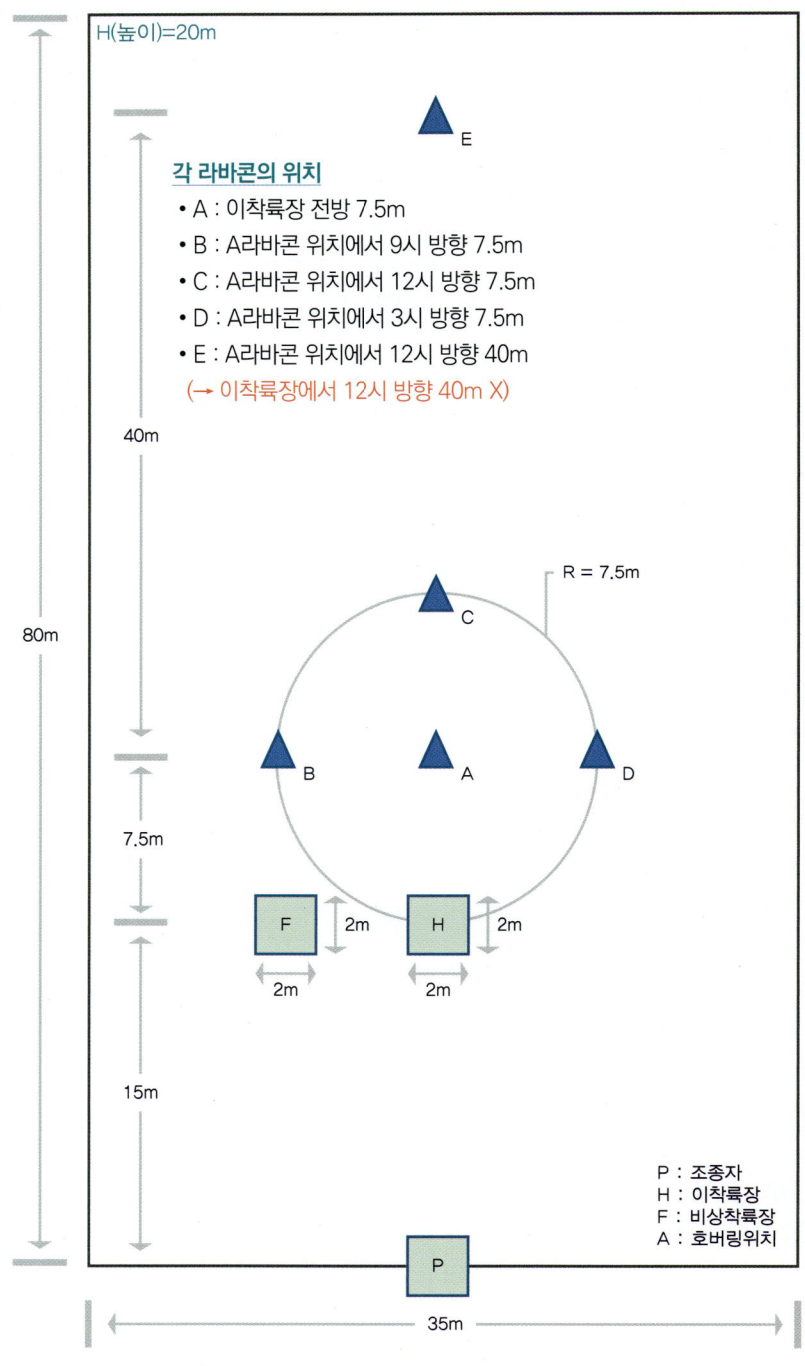

무인비행장치 조종자 증명 세부 평가기준

※ 2024년 7월 15일부터 무인비행장치 조종자 증명에 대한 공정하고 객관적인 평가를 위해 세부 평가기준이 제·개정되었습니다. 주요 개정 내용은 다음과 같습니다.

> ① 응시자별 구술시험 출제 문제수 명확히 제시(인당 5문항)
> ② 무인비행장치 종류별 평가 요소(4개)를 제시하고 평가 기준점, 허용범위 등 제시
> ③ 평가대상 항목(기동)과 평가되지 않는 항목(기동)을 구분하여 표기
> ④ 평가항목별 기동 세분화 및 세분화된 기동별 평가기준 제시 등

- 실기시험 표준서 구성 : 제1장 총칙, 제2장 실기영역, 제3장 실기영역 세부기준(세부 평가기준)

6. 무인멀티콥터 1종(Unmanned Multicopter 1st CLASS)

1) 구술시험 : 조종자의 지식 및 실기 수행 능력 확인을 위해 각 항목은 빠짐없이 평가되어야 함
(응시자 1인 항목별 1문제, 전체 5문제 출제)

항목	세부 내용	평가기준
기체에 관련한 사항	• 기체형식(무인멀티콥터 형식) • 기체제원(자체중량, 최대이륙중량, 배터리 규격) • 기체규격(프로펠러 직경 및 피치) • 비행원리(전후진, 좌우횡진, 기수전환의 원리) • 각부품의 명칭과 기능(비행제어기, 자이로센서, 기압센서, 지자기센서, GPS수신기) • 안전성인증검사, 비행계획승인 • 배터리 취급 시 주의사항	각 세부 항목별로 충분히 이해하고 설명할 수 있을 것
조종자에 관련한 사항	• 초경량비행장치 조종자 요건 및 준수사항 • 안전관리 및 비행운용에 관한 사항	
공역 및 비행장에 관련한 사항	• 비행금지구역 • 비행제한공역 • 관제공역 • 허용고도 • 기상조건 (강수, 번개, 안개, 강풍, 주간)	
일반지식 및 비상절차	• 비행계획 • 비상절차 • 충돌예방(우선권) • NOTAM(항공고시보)	
이륙 중 엔진 고장 및 이륙 포기	• 이륙 중 비정상 상황 시 대응 방법	

2) 실비행시험

(1) 공통사항(별도 수치를 제시하지 않은 기동 전체 공통 적용)

항목	항목 해설	평가 기준	비교 기준점	허용 범위	비 고
평가 요소	실기 기동 시 기체의 위치, 고도, 기수방향, 기동흐름 4요소 평가	·	·	·	평가 4대 요소
기체 위치	기체 중심의 위치가 규정 위치와 얼마나 벗어났는지를 평가	규정 위치	기체 중심	±1m	이동 경로의 경우 좌우 또는 전후 각각 1m(폭2m) 이내 허용
기준 고도	전체 실비행 기동에서 기준이 되는 고도	선택 고도	스키드	3~5m	최초 이륙 비행 상승 후 정지 호버링 시 기준 고도 결정
기체 고도	기체 스키드(지면에 닿는 부속)의 높이가 기준 고도보다 얼마나 낮거나 높은지를 평가	기준 고도	스키드	±0.5m	고도 허용범위 : 2.5m~5.5m (기동별 제시된 고도에 허용범위 ±0.5m 적용)
기수 방향	기동 중 기체의 기수방향이 규정 방향보다 얼마나 편향되었는지를 평가	규정 방향	기수	±15°	비상 조작에서만 ±45° 허용
기동 흐름	현재 시행하고 있는 기동 중에 얼마나 멈춤이 발생하였는지를 평가	기동 상태	기동유지	멈춤 3초미만	3초 미만 멈춤 2회 이상 또는 3초 이상 멈춤 1회 이상 이면 과도한 시간 소모로 'U'(불만족)
			정지 (호버링)	5초 이상	5초 미만 정지 후 다음 기동을 진행하면 'U'(불만족)
			일시정지 (비상조작)	3초 미만	일시 정지(3초 이상)이면 'U'(불만족)

(2) 평가 기동(※는 평가 제외 항목)

영역	항목	평 가 기 준
비행 전 절차	비행 전 점검	비행 전 점검(볼트/너트 조임 상태, 파손상태 등)을 수행하고 그 상태의 좋고 나쁨을 판정할 수 있을 것
	기체의 시동	정상적으로 비행장치의 시동을 걸 수 있을 것
	이륙 전 점검	이륙 전 점검을 정상적으로 수행할 수 있을 것 - 비행장치의 시동 및 이륙을 5분 이내에 수행할 수 있을 것
이륙 및 공중 조작	이륙 비행	가. 세부 기동 순서 ① 이착륙장(H지점)에서 이륙 상승 ② 정지 호버링(정지 시 3~5m 이내 기준고도 설정, 회전익 모드의 허용범위 포함) - 모든 기동은 설정한 기준 고도의 허용범위를 유지 ③ 이륙 후 점검(호버링 중 에일러론, 엘리베이터, 러더 이상 유무 점검)

영역	항목	평 가 기 준
이륙 및 공중 조작	이륙 비행	④ 정지 호버링 ※ 기동 후 호버링(A지점) 지점으로 전진 이동 나. 주요 평가 기준 ① 세부 기동 순서대로 진행할 것 ② 지정된 고도(기준고도, 허용범위 포함)까지 상승할 것 ③ 이륙 시 이착륙장(H지점) 기준 수직 상승할 것 ④ 상승 속도가 너무 느리거나 빠르지 않고 상승 중 멈춤 없이 흐름이 유지될 것 ⑤ 기수방향이 전방을 유지할 것 ⑥ 기체의 자세 및 위치를 유지할 수 있을 것 ⑦ 정지 호버링 기준시간을 준수할 것
	공중 정지비행 (호버링)	가. 세부 기동 순서 ① A지점(호버링 위치)에서 기준 고도 높이, 기수방향 전방 상태로 정지 호버링 ② 좌(우)로 90° 회전 ③ 정지 호버링 ④ 우(좌)로 180° 회전 ⑤ 정지 호버링 ⑥ 좌(우)로 90° 회전하여 기수 전방으로 정렬 ⑦ 정지 호버링 나. 주요 평가 기준 ① 세부 기동 순서대로 진행할 것 ② 기동 중 고도 변화 없을 것 ③ 기동 중 위치 이탈 없을 것 ④ 회전 중 멈춤 없을 것 ⑤ 회전 전, 후 적절한 기수방향을 유지할 것 ⑥ 정지 호버링 기준시간을 준수할 것 ⑦ 회전 방향은 좌→우 또는 우→좌로 할 것(대면비행 금지)
	직진 및 후진 수평비행	가. 세부 기동 순서 ① A지점에서 E지점까지 40m 수평 전진 ② 정지 호버링 (3초 이상) ③ E지점에서 A지점까지 40m 수평 후진 ④ 정지 호버링 나. 주요 평가 기준 ① 세부 기동 순서대로 진행할 것 ② 기수방향이 전방을 유지할 것 ③ 기동 중 고도 변화 없을 것 ④ 경로 이탈 없을 것 ⑤ 기동 중 속도의 변화가 없이 일정하게 유지할 것(멈춤 등이 없을 것) ⑥ E지점을 못 미치거나 초과하지 않을 것(E지점에서는 전후 5m까지 인정) ⑦ 정지 호버링 기준시간을 준수할 것

영역	항목	평가 기준
이륙 및 공중 조작	삼각비행	가. 세부 기동 순서 ① 기준고도 높이의 A지점에서 B(D) 지점까지 수평 직선 이동 ② 정지 호버링 ③ A지점 상공의 최고 상승지점(기준고도+수직 7.5m)까지 45° 방향 (대각선)으로 상승 이동 ④ 정지 호버링 ⑤ 기준 고도 높이의 D(B)지점까지 45° 방향(대각선)으로 하강 이동 ⑥ 정지 호버링 ⑦ A 지점으로 수평 직선 이동 ⑧ 정지 호버링 ※ 기동 후 이착륙장(H지점) 지점으로 후진 이동 나. 주요 평가 기준 ① 세부 기동 순서대로 진행할 것 ② 기수방향이 전방을 유지할 것 ③ 기동 중 적절한 위치, 고도 및 경로 유지 ④ 기동 중 속도의 변화가 없이 일정하게 유지할 것(멈춤 등이 없을 것) ⑤ 정지 호버링 기준시간을 준수할 것
	원주비행 (러더턴)	가. 세부 기동 순서 ① 이착륙장(H지점) 상공에서 기준고도 높이, 기수방향 전방 상태로 정지 호버링 ② 기수를 좌(우)로 90° 회전 ③ 정지 호버링 ④ A 지점을 중심축으로 반경 7.5m인 원주 기동 실시 – 이착륙장(H지점)→B(D)지점→C지점→D(B)지점→이착륙장(H지점) ⑤ 이착륙장(H지점) 상공으로 복귀 후 정지 호버링 ⑥ 우(좌)로 90° 회전하여 기수방향을 전방으로 정렬 ⑦ 정지 호버링 나. 주요 평가 기준 ① 세부 기동 순서대로 진행할 것 ② 각 지점을 허용범위 내 반드시 통과해야 함 ③ 진행 방향과 기수방향 일치 및 유지(원주 접선 방향 유지, 원주 시작 방향을 기준으로 B(D)지점 90°, C지점 180°, D(B)지점 270°) ④ 기동 중 적절한 위치, 고도 및 경로 유지 ⑤ 회전 중 멈춤 없을 것 ⑥ 기동 중 속도의 변화가 없이 일정하게 유지할 것(멈춤 등이 없을 것) ⑦ 정지 호버링 기준시간을 준수할 것

영역	항목	평가 기준
이륙 및 공중 조작	비상조작	가. 세부 기동 순서 ① 이착륙장(H지점) 상공, 기준 고도에서 2m 이상 고도 상승 ② 정지 호버링 ③ "비상" 구호(응시자) 후 즉시 하강 및 횡으로 비상 착륙장(F지점)까지 빠르게 비상 강하 ④ 비상 착륙장(F지점)에 접근 후 즉시 안전하게 착지하거나, 1m 이내의 고도에서 일시 정지 후 신속하게 위치, 자세를 보정하며 강하 ⑤ 착륙 및 시동종료 나. 주요 평가 기준 ① 세부 기동 순서대로 진행할 것 ② 기수방향이 전방을 유지할 것(기수방향은 좌우 각 45°까지 허용) ③ 비상 강하 속도는 일반 기동의 속도보다 1.5배 이상 빠를 것 ④ 비상 강하할 때 스로틀을 조작하여 강하를 지연시키거나, 고도를 상승시키지 말고 적정 경로로 이동할 것 ⑤ 비상 강하 시 일시 정지한 경우(3초 미만)의 고도는 비상 착륙장 지표면 기준 1m까지만 인정(일시 정지 없이 즉시 착륙 가능) ⑥ 착지 및 착륙 지점이 스키드(착륙 시 지면에 닿는 부속) 기준으로 일부라도 비상 착륙장 내에 있거나 접해 있을 것 ⑦ 정지 호버링 기준시간을 준수할 것
착륙 조작	정상접근 및 착륙 (자세모드)	가. 세부 기동 순서 ① 비행모드를 자세제어 또는 수동조작 모드로 전환 ② 비상착륙장(F지점)에서 이륙하여 기수 전방 향하고, 기준 고도까지 상승 ③ 정지 호버링 ④ 이착륙장(H지점) 상공까지 수평 횡이동 ⑤ 정지 호버링 ⑥ 착륙장 내 착륙지점을 향해 강하 ⑦ 착륙 및 시동종료 ※ 기동 후 GPS 모드로 전환하고 시동, 이륙 후 기수를 전방으로 향한 채 B(D) 지점으로 이동 나. 주요 평가 기준 ① 세부 기동 순서대로 진행할 것 ② 기수방향이 전방을 유지할 것 ③ 수평 횡 이동 시 고도 변화 없을 것 ④ 경로 이탈이 없을 것 ⑤ 기동 중 속도의 변화가 없이 일정하게 유지할 것(멈춤 등이 없을 것) ⑥ 착지 지점과 착륙 지점은 무인멀티콥터 중심축을 기준으로 착륙장 내에 있거나 접해 있을 것 ⑦ 모든 세부 기동은 자세제어 또는 수동조작 모드로 시행할 것 ⑧ 정지 호버링 기준시간을 준수할 것

영역	항목	평가 기준
착륙 조작	측풍접근 및 착륙	가. 세부 기동 순서 ① B(D)지점에서 기준고도 높이, 기수방향 전방 상태로 정지 호버링 ② 기수를 바람 방향(B 지점은 좌측, D 지점은 우측을 가정)으로 90° 회전(B 지점은 좌회전, D 지점은 우회전) ③ 정지 호버링 ④ 이착륙장(H지점) 상공까지 측면 상태로 직선경로(최단 경로)로 수평 이동 ⑤ 정지 호버링 ⑥ 착륙장 내 착륙지점을 향해 강하 ⑦ 착륙 및 시동 종료 나. 주요 평가 기준 ① 세부 기동 순서대로 진행할 것 ② 회전 중 멈춤 없을 것 ③ 적절한 기수방향을 유지할 것 ④ 수평 비행 시 고도 변화 없을 것 ⑤ 경로 이탈이 없을 것 ⑥ 기동 중 속도의 변화가 없이 일정하게 유지할 것(멈춤 등이 없을 것) ⑦ 착지 지점과 착륙 지점은 무인멀티콥터 중심축을 기준으로 착륙장 내에 있거나 접해 있을 것 ⑧ 정지 호버링 기준시간을 준수할 것
비행후 점검	비행 후 점검	착륙 후 점검 절차 및 항목(볼트/너트 조임 상태, 파손상태 등)에 따라 점검 실시
	비행기록	로그북 등에 비행 기록을 정확하게 기재 할 수 있을 것
종합 능력	안전거리 유지	실기시험 중 실기 기동에 따라 권고된 안전거리(조종자 중심 반경 14m) 및 안전라인(조종자 어깨와 평행한 기준선 전방 기준) 이상을 유지할 수 있을 것
	계획성	비행을 시작하기 전에 상황을 정확하게 판단하고 비행계획을 수립 했는지 여부에 대하여 평가할 것
	판단력	수립한 비행계획을 적용 시 적절성 여부에 대하여 평가할 것
	규칙의 준수	관련되는 규칙을 이해하고 그 규칙의 준수여부에 대하여 평가할 것
	조작의 원활성	기체 취급이 신속·정확하며 원활한 조작을 하고 있는지 여부에 대하여 평가할 것

7. 무인멀티콥터 2종(Unmanned Multicopter 2st CLASS)

1) 구술시험 : 조종자의 지식 및 실기 수행 능력 확인을 위해 각 항목은 빠짐없이 평가되어야 함
(응시자 1인 항목별 1문제, 전체 5문제 출제)

항 목	세 부 내 용	평가기준
기체에 관련한 사항	• 기체형식(무인멀티콥터 형식) • 기체제원(자체중량, 최대이륙중량, 배터리 규격) • 기체규격(프로펠러 직경 및 피치) • 비행원리(전후진, 좌우횡진, 기수전환의 원리) • 각부품의 명칭과 기능 　(비행제어기, 자이로센서, 기압센서, 지자기센서, GPS수신기) • 안전성인증검사, 비행계획승인 • 배터리 취급시 주의사항	각 세부 항목별로 충분히 이해하고 설명할 수 있을 것
조종자에 관련한 사항	• 초경량비행장치 조종자 요건 및 준수사항 • 안전관리 및 비행운용에 관한 사항	
공역 및 비행장에 관련한 사항	• 비행금지구역 • 비행제한공역 • 관제공역 • 허용고도 • 기상조건 (강수, 번개, 안개, 강풍, 주간)	
일반지식 및 비상절차	• 비행계획 • 비상절차 • 충돌예방(우선권) • NOTAM(항공고시보)	
이륙 중 엔진 고장 및 이륙 포기	• 이륙 중 비정상 상황 시 대응 방법	

2) 실비행시험

(1) 공통사항(별도 수치를 제시하지 않은 기동 전체 공통 적용)

항목	항목해설	평가 기준	비교 기준점	허용 범위	비 고
평가 요소	실기 기동 시 기체의 위치, 고도, 기수방향, 기동흐름 4요소 평가	·	·	·	평가 4대 요소
기체 위치	기체 중심의 위치가 규정 위치와 얼마나 벗어났는지를 평가	규정 위치	기체 중심	±1m	이동 경로의 경우 좌우 또는 전후 각각 1m(폭2m) 이내 허용
기준 고도	전체 실비행 기동에서 기준이 되는 고도	선택 고도	스키드	3~5m	최초 이륙 비행 상승 후 정지 호버링 시 기준 고도 결정
기체 고도	기체 스키드(지면에 닿는 부속)의 높이가 기준 고도보다 얼마나 낮거나 높은지를 평가	기준 고도	스키드	±0.5m	고도 허용범위 : 2.5m~5.5m (기동별 제시된 고도에 허용범위 ±0.5m 적용)
기수 방향	기동 중 기체의 기수방향이 규정 방향보다 얼마나 편향되었는지를 평가	규정 방향	기수	±15°	비상 조작에서만 ±45° 허용
기동 흐름	현재 시행하고 있는 기동 중에 얼마나 멈춤이 발생하였는지를 평가	기동 상태	기동유지	멈춤 3초미만	3초 미만 멈춤 2회 이상 또는 3초 이상 멈춤 1회 이상 이면 과도한 시간 소모로 'U'(불만족)
			정지 (호버링)	5초 이상	5초 미만 정지 후 다음 기동을 진행하면 'U'(불만족)
			일시정지 (비상조작)	3초 미만	일시 정지(3초 이상)이면 'U'(불만족)

(2) 평가 기동(※는 평가 제외 항목)

영역	항목	평 가 기 준
비행 전 절차	비행 전 점검	비행 전 점검(볼트/너트 조임 상태, 파손상태 등)을 수행하고 그 상태의 좋고 나쁨을 판정할 수 있을 것
	기체의 시동	정상적으로 비행장치의 시동을 걸 수 있을 것
	이륙 전 점검	이륙 전 점검을 정상적으로 수행할 수 있을 것 - 비행장치의 시동 및 이륙을 5분 이내에 수행할 수 있을 것

영역	항목	평가 기준
이륙 및 공중 조작	이륙 비행	가. 세부 기동 순서 ① 이착륙장(H지점)에서 이륙 상승 ② 정지 호버링(정지 시 3~5m 이내 기준고도 설정, 회전익 모드의 허용범위 포함) - 모든 기동은 설정한 기준 고도의 허용범위를 유지 ③ 이륙 후 점검(호버링 중 에일러론, 엘리베이터, 러더 이상 유무 점검) ④ 정지 호버링 나. 주요 평가 기준 ① 세부 기동 순서대로 진행할 것 ② 지정된 고도(기준고도, 허용범위 포함)까지 상승할 것 ③ 이륙 시 이착륙장(H지점) 기준 수직 상승할 것 ④ 상승 속도가 너무 느리거나 빠르지 않고 상승 중 멈춤 없이 흐름이 유지될 것 ⑤ 기수방향이 전방을 유지할 것 ⑥ 기체의 자세 및 위치를 유지할 수 있을 것 ⑦ 정지 호버링 기준시간을 준수할 것
	직진 및 후진 수평비행	가. 세부 기동 순서 ① H지점에서 C지점까지 15m 수평 전진 ② 정지 호버링 (3초 이상) ③ C지점에서 A지점까지 7.5m 수평 후진 ④ 정지 호버링 나. 주요 평가 기준 ① 세부 기동 순서대로 진행할 것 ② 기수방향이 전방을 유지할 것 ③ 기동 중 고도 변화 없을 것 ④ 경로 이탈 없을 것 ⑤ 기동 중 속도의 변화가 없이 일정하게 유지할 것(멈춤 등이 없을 것) ⑥ C지점을 못 미치거나 초과하지 않을 것 ⑦ 정지 호버링 기준시간을 준수할 것
	삼각비행	가. 세부 기동 순서 ① 기준고도 높이의 A지점에서 B(D) 지점까지 수평 직선 이동 ② 정지 호버링 ③ A지점 상공의 최고 상승지점(기준고도+수직 7.5m)까지 45° 방향 (대각선)으로 상승 이동 ④ 정지 호버링 ⑤ 기준 고도 높이의 D(B)지점까지 45° 방향(대각선)으로 하강 이동

영역	항목	평가 기준
이륙 및 공중 조작	삼각비행	⑥ 정지 호버링 ⑦ A지점으로 수평 직선 이동 ⑧ 정지 호버링 ※ 기동 후 이착륙장(H지점) 지점으로 후진 이동 나. 주요 평가 기준 ① 세부 기동 순서대로 진행할 것 ② 기수방향이 전방을 유지할 것 ③ 기동 중 적절한 위치, 고도 및 경로 유지 ④ 기동 중 속도의 변화가 없이 일정하게 유지할 것(멈춤 등이 없을 것) ⑤ 정지 호버링 기준시간을 준수할 것
	마름모비행	가. 세부 기동 순서 ① 이착륙장(H지점) 상공에서 기준고도 높이, 기수방향 전방 상태로 정지 호버링 ② 기수를 전방으로 유지한 채 B→C→D→이착륙장(H지점) 또는 D→C→B→이착륙장(H지점) 순서로 진행 ③ 정지 호버링 ※ 기동 후 기수를 전방으로 향한 채 B(D) 지점으로 이동 나. 주요 평가 기준 ① 세부 기동 순서대로 진행할 것 ② 각 지점을 허용범위 내 반드시 통과해야 함 ② 기수방향이 전방을 유지할 것 ③ 기동 중 적절한 위치, 고도 및 경로 유지 ④ 기동 중 속도의 변화가 없이 일정하게 유지할 것(멈춤 등이 없을 것) ⑤ 정지 호버링 기준시간을 준수할 것
착륙 조작	측풍접근 및 착륙	가. 세부 기동 순서 ① B(D)지점에서 기준고도 높이, 기수방향 전방 상태로 정지 호버링 ② 기수를 바람 방향(B 지점은 좌측, D 지점은 우측을 가정)으로 90° 회전(B 지점은 좌회전, D 지점은 우회전) ③ 정지 호버링 ④ 이착륙장(H지점) 상공까지 측면 상태로 직선경로(최단 경로)로 수평 이동 ⑤ 정지 호버링 ⑥ 착륙장 내 착륙지점을 향해 강하 ⑦ 착륙 및 시동 종료

영역	항목	평가 기준
착륙 조작	측풍접근 및 착륙	나. 주요 평가 기준 ① 세부 기동 순서대로 진행할 것 ② 회전 중 멈춤 없을 것 ③ 적절한 기수방향을 유지할 것 ④ 수평 비행 시 고도 변화 없을 것 ⑤ 경로 이탈이 없을 것 ⑥ 기동 중 속도의 변화가 없이 일정하게 유지할 것(멈춤 등이 없을 것) ⑦ 착지 지점과 착륙 지점은 무인멀티콥터 중심축을 기준으로 착륙장 내에 있거나 접해 있을 것 ⑧ 정지 호버링 기준시간을 준수할 것
비행후 점검	비행 후 점검	착륙 후 점검 절차 및 항목(볼트/너트 조임 상태, 파손상태 등)에 따라 점검 실시
	비행기록	로그북 등에 비행 기록을 정확하게 기재 할 수 있을 것
종합 능력	안전거리 유지	실기시험 중 실기 기동에 따라 권고된 안전거리(조종자 중심 반경 14m) 및 안전라인(조종자 어깨와 평행한 기준선 전방 기준) 이상을 유지할 수 있을 것
	계획성	비행을 시작하기 전에 상황을 정확하게 판단하고 비행계획을 수립 했는지 여부에 대하여 평가할 것
	판단력	수립한 비행계획을 적용 시 적절성 여부에 대하여 평가할 것
	규칙의 준수	관련되는 규칙을 이해하고 그 규칙의 준수여부에 대하여 평가할 것
	조작의 원활성	기체 취급이 신속·정확하며 원활한 조작을 하고 있는지 여부에 대하여 평가할 것

※ 실비행시험 영역별 평가 「시작 및 평가 종료」

이륙 비행	상승시 평가시작, 이륙후 점검 이후, 5초 이상 정지호버링 이후 평가 종료
호버링 기동	정지시 평가 시작, 기수 전방으로 정렬 이후, 5초 이상 정지호버링 이후 평가 종료
직진 후진 비행	직진시 평가 시작, 후진 이후, 5초 이상 정지호버링 이후 평가 종료
삼각 비행	이동시 평가 시작, A지점으로 수평 직선이동 이후, 5초 이상 정지호버링 이후 평가 종료
원주 비행	정지시 평가 시작, 이착륙장 상공에서 90 우(좌) 회전 후 5초 이상 정지호버링 이후 평가 종료
비상 조작	상승시 평가 시작, 비상착륙장 착륙 이후 평가 종료
정상접근 및 착륙	Atti 전환 시 평가 시작, 이착륙장 착륙 이후 평가 종료
측풍접근 및 착륙	B(D) 지점 이동후 정지시 평가 시작, 이착륙장 착륙 이후 평가 종료

불합격 사유

8. 실기시험 불합격의 경우

1) 무인비행장치 조종자 증명 실기시험 표준서 12번 항목

응시자가 수행한 어떠한 항목이 표준서의 기준을 만족하지 못하였다고 실기시험위원이 판단하였다면 그 항목은 통과하지 못한 것이며 실기시험은 불합격 처리가 된다. 이러한 경우 실기시험위원이나 응시자는 언제든지 실기시험을 중지할 수 있다. 다만 응시자의 요청에 의하여 시험은 계속될 수 있으나 불합격 처리된다.
실기시험 불합격에 해당하는 대표적인 항목들은 다음과 같다.
① 응시자가 비행안전을 유지하지 못하여 시험위원이 개입한 경우.
② 비행기동을 하기 전에 공역확인을 위한 공중경계를 간과한 경우.
③ 실기영역의 세부내용에서 규정한 조작의 최대 허용한계를 지속적으로 벗어난 경우.
④ 허용한계를 벗어났을 때 즉각적인 수정 조작을 취하지 못한 경우 등이다.
⑤ 실기시험 시 지정된 조종자의 위치를 벗어난 경우

2) 기타 불합격 사항

① 비행 중 부착물 또는 부품 이탈
② 비행 중 교관 등 3자 개입
③ 배터리 부족 또는 기타 사유로 모든 기동을 완료하지 못하고 중간에 착륙한 경우
④ 안전거리 침범 : 해당 기동 불합격
⑤ 안전라인 침범 : 기동 불합격 및 시험 중단

실기교육3단계

9. 실기교육 3단계 : 평가요소와 실기 기동교육, 비행 내용 기록, 기록 검토 및 환류

1) 평가요소와 실기 기동 교육 : 위치, 고도, 방향, 흐름

① 위치 : 기체가 있어야 할 위치에서 얼마나 벗어나 있는지를 평가하여 판정
② 고도 : 기체가 기준고도(3~5m)에서 얼마나 벗어나 있는지를 평가하여 판정
③ 방향 : 기수가 향해야 할 방향에서 실제 기수가 어느 정도 틀어져 있는지를 평가하여 판정
④ 흐름 : 상승·하강, 전진·후진, 좌·우 이동, 좌·우 선회, 정지 기동 등의 기동에서 기체가 현재 시행하고 있는 기동이 얼마나 지속하는지를 평가하여 판정
  - 모든 기동은 정지기동에서 시작하여 정지기동으로 마침
  - 이동의 시작과 끝은 반드시 정지기동
  - 이동 중 중도에 정지하면 흐름 멈춤으로 판정

2) 비행 내용 기록 : 9. 실기시험 채점표 참조

3) 기록 검토 및 환류

10. 실기시험 채점표

1) 무인멀티콥터 1종(관련근거 : 무인비행장치 조종자 증명 운영세칙 별지 제14호 서식)

실기시험 채점표

초경량비행장치조종자(무인멀티콥터 1종)

등급표기
S : 만족(Satisfactory)
U : 불만족(Unsatisfactory)

응시자성명		사용비행장치		판정	
시험일시		시험장소			

순번	구분	실기영역 및 실기과목	등급
		구술시험	
1		기체에 관련한 사항	
2		조종자에 관련한 사항	
3		공역 및 비행장에 관련한 사항	
4		일반지식 및 비상절차	
5		이륙 중 엔진 고장 및 이륙 포기	
		실기시험(비행 전 절차)	
6		비행 전 점검	
7		기체의 시동	
8		이륙 전 점검	
		실기시험(이륙 및 공중조작)	
9		이륙비행	
10		공중 정지비행(호버링)	
11		직진 및 후진 수평비행	
12		삼각비행	
13		원주비행(러더턴)	
14		비상조작	
		실기시험(착륙조작)	
15		정상접근 및 착륙	
16		측풍접근 및 착륙	
		실기시험(비행 후 점검)	
17		비행 후 점검	
18		비행기록	
		실기시험(종합능력)	
19		안전거리 유지	
20		계획성	
21		판단력	
22		규칙의 준수	
23		조작의 원활성	

실기시험위원 의견

실기시험위원		조종자 증명 번호	

2) 무인멀티콥터 2종(관련근거 : 무인비행장치 조종자 증명 운영세칙 별지 제15호 서식)

실기시험 채점표
초경량비행장치조종자(무인멀티콥터 2종)

등급표기
S : 만족(Satisfactory)
U : 불만족(Unsatisfactory)

응시자성명		사용비행장치		판정	
시험일시		시험장소			

순번	구분	실기영역 및 실기과목	등급
		구술시험	
1		기체에 관련한 사항	
2		조종자에 관련한 사항	
3		공역 및 비행장에 관련한 사항	
4		일반지식 및 비상절차	
5		이륙 중 엔진 고장 및 이륙 포기	
		실기시험(비행 전 절차)	
6		비행 전 점검	
7		기체의 시동	
8		이륙 전 점검	
		실기시험(이륙 및 공중조작)	
9		이륙비행	
10		직진 및 후진 수평비행	
11		삼각비행	
12		마름모 비행	
		실기시험(착륙조작)	
13		측풍접근 및 착륙	
		실기시험(비행 후 점검)	
14		비행 후 점검	
15		비행기록	
		실기시험(종합능력)	
16		안전거리 유지	
17		계획성	
18		판단력	
19		규칙의 준수	
20		조작의 원활성	

실기시험위원 의견

실기시험위원		조종자 증명 번호	

CHAPTER 02 기출복원문제 풀이

01 다음 중 이륙 및 공중조작 평가요소로 옳지 않은 것은?

① 이륙 비행
② 공중 정지비행(호버링)
③ 직진 및 후진 수평비행
④ 고속 원주비행(러더턴)

[해설] 고속 원주비행(러더턴)이 아니고 원주비행(러더턴)이다.

정답 : ④

02 다음 중 현장에서 교관의 지도 중 올바른 내용이 아닌 것은?

① 교육중 기체 파손은 교육생의 잘못이므로 교관은 책임이 없다.
② 비행 교육 중에 교관은 절대로 교육생 옆을 떠나지 않는다.
③ 교육생별로 교육진행 사항을 기록하여 다음 교육에 참고한다.
④ 비행 중 불필요한 사담으로 집중력을 저해시키지 말아야 한다.

정답 : ①

03 다음 중 무인멀티콥터 2종 삼각비행의 평가기준으로 옳지 않은 것은?

① 기준고도 높이의 A지점에서 B(D) 지점까지 수평 직선 이동 후 정지호버링
② A지점 상공의 최고 상승지점(지상고도+수직 7.5m)까지 45° 방향(대각선)으로 상승 이동 후 정지호버링
③ 기준 고도 높이의 D(B)지점까지 45° 방향(대각선)으로 하강 이동 후 정지호버링
④ A지점으로 수평 직선 이동 후 정지호버링

[해설] A지점 상공의 최고 상승지점(기준고도+수직 7.5m)까지 45° 방향(대각선)으로 상승 이동 후 정지호버링

정답 : ②

04 다음 중 교관의 자세로 옳지 않은 것은?

① 숙달된 교관은 혼자 방제작업을 해도 된다.
② 교육생에 대한 이론 및 실기교육 병행이 중요하다.
③ 교육 대상자에 따른 교육 다변화를 연구해야 한다.
④ 교육일정표를 작성하고 설정 목표달성에 따른 지도방법이 필요하다.

해설 방제작업은 3인 1조 작업을 기본원칙으로 한다.

정답 : ①

05 다음 중 실기 비행 시 평가받는 4가지 요소로 옳지 않은 것은?

① 위치　　② 고도　　③ 기체자세　　④ 방향

해설 실기 비행 시 평가받는 4가지 요소는 위치, 고도, 방향, 흐름이다.

정답 : ③

06 실비행시험 시 기준고도의 결정 시기로 옳은 것은?

① 최초 이륙 비행 상승 후 정지 호버링 시의 고도
② 이륙 후 기체점검후의 고도
③ 호버링 지점에서의 정지구호 시의 고도
④ 개인마다 기준고도는 같다.

해설 기준고도는 3~5m 사이로 이륙 후 정지 호버링 시의 고도가 본인의 평가 기준고도가 된다.

정답 : ①

07 다음 중 조종자 과정 실기시험의 합격기준으로 옳은 것은?

① 기준고도 4.5m에서 지속적으로 5.5m 까지 기동
② 호버링간 중심으로부터 1.5m 벗어나 지속적 기동
③ 전진비행간 10도 좌편향되어 지속적 기동
④ 후진비행간 25도 우편향되어 간헐적 몇 회 기동

해설 고도는 기준고도 ±50cm 허용, 위치는 전후좌우 1m 허용, 방향은 ±15°(비상조작은 ±45°) 허용

정답 : ③

08 다음 중 삼각 비행 시 최고 상승지점 고도로 옳은 것은?

① 기준고도 3m에서 11m
② 기준고도 3.5m에서 11m
③ 기준고도 4m에서 11m
④ 기준고도 4.5m에서 11m

해설 삼각비행 꼭지점에서의 고도는 기준고도 기준으로 아래와 같으며, 최대 허용범위는 10m에서 13m 사이이다.
· 기준고도 2.5m=10m, 3m=10.5m, 3.5m=11m, 4m=11.5m, 4.5m=12m, 5m=12.5m, 5.5m=13m

정답 : ②

09 다음 중 무인멀티콥터 조종자 실기시험에서 불합격 사유가 아닌 것은?

① 비행 중 교관 개입
② 기준고도 2.5m로 비행
③ 비행 중 부착물 또는 부품 이탈
④ 배터리 부족 또는 기타 사유로 모든 기동을 완료하지 못하고 중간에 착륙한 경우

해설 기준고도는 이륙 후 최초 정지 구호 시 고도로서 3~5m 이내로 해야 한다. 허용범위는 아래, 위로 각각 50cm이기 때문에 2.5m를 기준고도로 해도 합격이다. 따라서 본인이 기준고도를 최저인 2.5m로 비행 시 삼각비행 꼭지점의 합격 허용기준은 10m가 된다.

정답 : ②

10 다음 중 지도조종자의 조종교육 교육방법에 대한 설명으로 옳지 않은 것은?

① 위치제어 및 자세제어 비행의 연관성, 차이점을 교육한다.
② 비행교육 종료 시 당일 교육항목 평가를 실시한다.
③ 교육생의 자립성을 높이기 위해 이해없이 암기만 시킨다.
④ 주 단위 평가를 실시한다.

해설 교육생의 자립성을 높이기 위해 지시가 아닌 지도를 해야한다.

정답 : ③

11 다음 중 지도조종자의 이론교육 내용에 대한 설명으로 옳지 않은 것은?

① 이론 교육 정리 및 요약 작성
② 개정되는 항공법규 인지 및 이해
③ 교육사항의 이해 및 눈 높이 교육
④ 교육시설에 대한 안전위해요소 점검

해설 안전위해요소 점검은 실기교육과 관련된 내용이다.

정답 : ④

12 다음 중 지도조종자의 실기교육 내용에 대한 설명으로 옳지 않은 것은?

① 무인비행장치 종류별 비행특성의 의해
② 무인비행장치 구성품의 숙지와 이해
③ 무인비행장치 운용과 관련된 사항 숙지
④ 이론교육 정리 및 요약

> 해설 이론교육 정리 및 요약은 이론교육과 관련된 내용이다.

정답 : ④

13 다음 중 지도조종자가 교육생 교육 시 주의하여야 할 내용에 대한 설명으로 옳지 않은 것은?

① 교육 중 안전을 위해 적당한 긴장감을 유지해야 한다.
② 조종에 영향을 주거나 심리적인 압박을 줄 수 있는 과도한 언행은 자제한다.
③ 규정에 위배되지 않는 한 지속적인 비행 연습 환경을 제공해야 한다.
④ 단순히 교육생의 부주의로 사고 발생 시 지도조종자는 면책이 된다.

> 해설 교육생의 부주의로 사고 발생 시에도 지도조종자는 책임을 져야 한다.

정답 : ④

14 다음 중 삼각비행 시 기준고도가 3m일 때 최고 상승지점에서 최저 허용고도로 옳은 것은?

① 9.5m   ② 10m   ③ 10.5m   ④ 11m

> 해설 기준고도 3m 시 2.5m까지 합격 기준이다. 따라서 2.5m+상승고도 7.5m(상승고도에서는 편차 허용 없음)를 더하면 최저 허용고도는 10m이다.

정답 : ②

15 다음 중 실비행시험 기동흐름 평가에서 과도한 시간 소모의 평가 기준으로 옳은 것은?

① 1초 이상, 1회 이상
② 2초 이상, 1회 이상
③ 3초 이상, 1회 이상
④ 5초 이상, 1회 이상

> 해설 기동흐름 평가에서 멈춤은 3초 미만/2회 이상, 과도한 시간 소모는 3초 이상/1회 이상이다.

정답 : ③

16 다음 중 실비행시험에서 기동흐름 평가요소 중 합격 사유로 옳은 것은?

① 직진비행 시 3초 미만 멈춤 1회
② 원주비행 시 3초 미만 회전 멈춤 2회
③ 정지 호버링 시 5초 미만 정지후 다음 기동 진행
④ 비상조작 3초 이상 일시정지

> 해설 기동유지는 3초 미만 멈춤 2회 이상 또는 3초 이상 멈춤 1회 이상이면 과도한 시간소모로 U(불만족)

정답 : ①

17 다음 중 교육실습 및 교육평가 사항에 대한 설명으로 옳지 않은 것은?

① 비행교육 종료 시 당일 교육항목 평가를 실시한다.

② 지도조종자는 수시 종합평가하여 교육에 반영한다.

③ 평가결과를 반영하여 중점 항목 선정 교육한다.

④ 주단위 평가를 실시한다.

[해설] 종합평가는 실기평가조종자가 실시한다.

정답 : ②

18 다음 중 초경량비행장치 조종자 실기시험 중 불합격 사유에 해당하는 것은?

① 비상 착륙 시 1회 정지하지 않고 착륙하였다.

② 40미터 직진 기동 시 레바콘에서 4미터 추가 전진하였다.

③ 정지호버링 시 90도 회전 후 호버링 위치를 수정하고 180도 회전하였다.

④ 착륙 시 착륙장 중앙을 맞추기 위하여 발목 높이에서 7~8초 비행 후 착륙하였다.

[해설] 비상 착륙장(F지점)에 접근 후 즉시 안전하게 착지하거나, 1m 이내의 고도에서 일시 정지 후 신속하게 위치, 자세를 보정하며 강하하여야 한다.
만약, 비상 강하 시 일시 정지한 경우(3초미만)의 고도는 비상 착륙장 지표면 기준 1m까지만 인정(일시 정지 없이 즉시 착륙 가능)한다.

정답 : ④

19 다음 중 비행장과 조종자의 안전거리로 옳은 것은?

① 조종자로부터 비행장의 안전거리는 최소 20m이다.   ② 조종자로부터 비행장의 안전거리는 최소 15m이다.

③ 조종자로부터 비행장의 안전거리는 최소 10m이다.   ④ 조종자로부터 비행장의 안전거리는 최소 5m이다.

[해설] 안전거리 15m는 최소한의 거리임을 조종자는 명심하여야 한다.

정답 : ②

20 다음 중 실비행시험의 기동흐름 평가기준에 대한 설명으로 옳지 않은 것은?

① 기동유지에서 3초 미만 멈춤 2회 이상은 적절한 시간 소모로 S(만족)

② 기동유지에서 3초 이상 멈춤 1회 이상이면 과도한 시간 소모로 U(불만족)

③ 정지 호버링 시 5초 미만 정지 후 다음 기동을 진행하면 U(불만족)

④ 비상조작 일시 정지 시 3초 이상이면 U(불만족)

[해설] 기동유지에서 3초 미만 멈춤 2회 이상이면 U(불만족)

정답 : ①

21 실비행시험에서 기수방향은 기동 중 기체의 기수방향이 규정 방향보다 얼마나 편향되었는지를 평가한다. 다음 중 비상조작 시 기수방향 허용범위로 옳은 것은?

① ± 5°   ② ± 15°   ③ ± 30°   ④ ± 45°

해설 비상 조작에서만 ±45° 허용, 기타 기동은 ±15° 허용

정답: ④

22 다음 중 실비행시험에서 평가가 제외되는 항목으로 옳지 않은 것은?

① 이륙비행 시 기동 후 호버링(A지점) 지점으로 전진 이동
② 삼각비행 시 기동 후 이착륙장(H지점) 지점으로 후진 이동
③ 비상조작 시 이착륙장(H지점) 상공, 기준고도에서 2m 이상 고도 상승 후 정지호버링
④ 정상접근 착륙 기동 후 GPS 모드로 전환하고 시동, 이륙 후 기수를 전방으로 향한 채 B(D)지점으로 이동

해설 비상조작 시 이착륙장(H지점) 상공, 기준고도에서 2m 이상 고도 상승 후 정지호버링은 평가항목이다.

정답: ③

23 다음 중 실비행시험의 비상조작 평가 기준에 대한 설명으로 옳지 않은 것은?

① 기수 방향이 전방을 유지할 것(기수 방향은 좌우 각 45°까지 허용)
② 비상 강하 속도는 일반 기동의 속도보다 1.5배 이상 빠를 것
③ 비상 강하할 때 스로틀을 조작하여 강하를 지연시키거나, 고도를 상승시키지 말고 최단 경로로 이동할 것
④ 비상 강하 시 일시 정지한 경우(3초 미만)의 고도는 비상 착륙장 지표면 기준 1m까지만 인정(일시 정지 없이 즉시 착륙 가능)

해설 비상 강하할 때 스로틀을 조작하여 강하를 지연시키거나, 고도를 상승시키지 말고 적정 경로로 이동해야 한다.

정답: ③

24 기체 원주비행 시 이동 경로의 허용범위가 좌우 또는 전후 각각 몇 미터 이내 인가?

① 0.3m(폭 0.6m)   ② 0.5m(폭 1m)   ③ 1.0m(폭 2m)   ④ 1.5m(폭 3m)

해설 이동 경로의 경우 좌우 또는 전후 각각 1m(폭 2m) 이내 허용한다.

정답: ③

25 다음 중 실비행시험에서 기준고도의 허용범위로 옳은 것은?

① 2.5m~5.5m ② 3.5m~5.5m ③ 3m~5m ④ 2.5m~5m

> **해설** 기준고도는 전체 실비행 기동에서 기준이 되는 고도로 허용범위는 3~5m이며, 최초 이륙 비행 상승 후 정지 시 기준고도가 결정된다.

정답 : ③

26 다음 중 실비행시험에서 기체고도의 허용범위로 옳은 것은?

① 2.5m~5.5m ② 3.5m~5.5m ③ 3m~5m ④ 2.5m~5m

> **해설** 기체고도는 기체 스키드의 높이가 기준 고도보다 얼마나 낮거나 높은지를 평가하는 것으로 허용범위는 ±0.5m로 고도 허용범위는 2.5m~5.5m이다.

정답 : ①

27 다음 중 실비행시험 시 영역별 평가 시작과 평가 종료 기준으로 옳지 않은 것은?

① 원주기동 : 정지 시 평가 시작, 이착륙장 상공에서 90 우(좌) 회전 후 5초 이상 정지호버링 이후 평가 종료

② 비상조작 : 상승 시 평가 시작, 착륙 이후 평가 종료

③ 정상접근 및 착륙 : Atti 전환 시 평가 시작, 착륙 이후 평가 종료

④ 측풍접근 및 착륙 : 상승 시 평가시작, 착륙 이후 평가 종료

> **해설** 측풍접근 및 착륙 : B(D) 지점 이동후 정지 시 평가 시작, 이착륙장 착륙 이후 평가 종료

정답 : ④

28 다음 중 무인멀티콥터 2종 실기시험 항목으로 옳은 것은?

① 전후진 40m

② 원주비행

③ 마름모 비행 3시, 12시, 9시, 6시 5초간 정지

④ 비행 전, 후 점검을 반드시 해야한다.

> **해설** 2종 전후진은 이착륙장에서 C지점까지 15m이며, 원주비행 평가는 없다. 마름모 비행 시 각 지점에서 정지 호버링 없이 비행하여야 한다.

정답 : ④

29 다음 중 실비행에서 기준고도를 3m에서 정지하였을 때 고도 허용범위로 옳은 것은?

① 2.5m~3.5m ② 2.5m~5.5m ③ 3m~3.5m ④ 3.5m~5.5m

해설 기준고도 3~5m에서 고도 허용범위는 2.5m~5.5m로 기동별 제시된 고도에 허용범위 ±0.5m 적용

정답 : ①

30 비행경력증명서에 비행시간 52분을 기재하기 위해 계산 시 0.88888이 나왔다. 다음 중 기재되는 비행시간으로 옳은 것은?

① 1 ② 0.9 ③ 0.89 ④ 0.8

해설 시간(HOUR) 단위 기재 예시 : 52분일 경우 → 시간단위로 환산(52÷60)하여 0.8로 기재, 소수 둘째자리부터 버림, 시간은 비행장치가 이륙 및 착륙 직후 시간을 산정하여 인정

정답 : ④

31 다음 중 교관이 교육 시 주의하여야할 내용으로 옳지 않은 것은?

① 적당한 긴장감 ② 과도한 언행 자제
③ 규정 준수 ④ 비행 간섭 준비 금지

해설 교관은 비행 간섭 준비를 하여야 한다.

정답 : ④

32 다음 중 실비행시험에서 초경량비행장치가 안전거리를 침범한 것으로 옳은 것은?

① 이착륙장 상공 10m에 위치 ② 비상착륙장 상공 10m에 위치
③ 조종자로부터 10m 위치의 상공 10m에 위치 ④ 호버링 위치 상공 30m에 위치

해설 이착륙장 후방라인부터 조종자까지 거리를 안전거리라고 한다.

정답 : ③

33 다음 중 실비행시험에서 삼각비행 기동의 주요 평가 기준으로 옳지 않은 것은?

① 세부 기동 순서대로 진행할 것 ② 기수 방향이 전방을 유지할 것
③ 기동 중 적절한 위치, 고도 및 경로 유지 ④ 기동을 쉬지 않고 진행

해설 삼각비행 시 기동을 쉬지 않고 진행하는 것이 아니라, 기동 중 속도의 변화가 없이 일정하게 유지(멈춤 등이 없을 것)해야 한다.

정답 : ④

34 다음 중 비행기동의 시작과 끝에 대한 설명으로 옳지 않은 것은?

① 삼각비행은 다시 호버링 위치까지 오는 것이 기동 평가기준이다.

② 원주비행은 이착륙장 상공에서 왼쪽으로 원주비행을 한 후 다시 이착륙장 상공에 정지하기까지가 평가기준이다.

③ 비상조작은 이착륙장 상공에서 2m이상 상승 시 평가 시작이며 비상착륙장으로 이동하여 하강 후 착륙하기까지가 평가기준이다.

④ 측풍접근 및 착륙은 3시(9시) 방향 라바콘에서 정지부터 평가 시작이며 측풍으로 온 후 착륙하기까지가 평가기준이다.

해설 원주비행은 이착륙장 도착, 90도 우(좌) 회전 후 5초 이상 정지호버링까지가 평가기준이다.

정답 : ②

35 다음 중 삼각 비행 시 최고 상승지점 고도로 옳은 것은?

① 기준고도 3m에서 11m
② 기준고도 3.5m에서 11m
③ 기준고도 4m에서 11m
④ 기준고도 4.5m에서 11m

해설 3.5m+7.5m=11m

정답 : ②

36 다음 중 구술시험 평가항목에서 일반지식 및 비상절차 세부 내용이 아닌 것은?

① 비행계획
② 비상절차
③ 충돌예방(우선권)
④ 이륙 중 비정상 상황 시 대응 방법

해설 이륙 중 비정상 상황 시 대응 방법은 이륙 중 엔진 고장 및 이륙 포기 항목이다.

정답 : ④

37 다음 중 구술시험에서 배터리 평가 항목으로 옳은 것은?

| 가. 배터리 규격 | 나. 배터리 용량 | 다. 배터리 방전율 |
| 라. 배터리 취급 시 주의사항 | 마. 배터리 종류 | 바. 배터리 무게 |

① 가, 나, 다, 라, 마, 바
② 가, 나, 다, 라, 마
③ 가, 나, 다, 라
④ 가, 라

정답 : ④

38 다음 중 구술시험의 기체에 관련한 사항 평가항목이 아닌 것은?

① 기체형식　　　② 기체제원　　　③ 기체규격　　　④ 기체크기

정답 : ④

39 다음 중 구술시험 평가내용으로 옳지 않은 것은?

① 기체제원(자체중량, 최대이륙중량, 배터리 규격)　② 안전관리 및 비행운용에 관한 사항
③ 기상조건(강수, 번개, 안개, 시정, 강풍, 주간)　④ 충돌예방(우선권)

해설 시정은 평가내용이 아니다.

정답 : ③

40 다음 중 실비행시험에서 평가기준에 대한 설명으로 옳은 것은?

① 실기비행이 부족해도 구술에서 만회할 수 있다.
② 23개 평가 항목 모두 'S'이면 합격이다.
③ 무인멀티콥터 중심축이 이착륙장에서 반경 0.5m 이상 벗어나면 불합격이다.
④ 기동 중 기체의 기수방향은 ±20°까지 합격이다.

해설 평가항목 23개 모두 합격시 합격, 중심축이 이착륙장을 벗어나면 불합격, 기수방향은 ±15°합격(비상조작은 ±45°)

정답 : ②

41 다음 중 실비행시험에서 평가기준에 대한 설명으로 옳지 않은 것은?

① 기체 위치는 이동경로의 경우 좌우 또는 전후 각각 1m(폭 2m) 이내 허용
② 기체 고도는 기동별 제시된 고도에 허용범위 ±0.5m 허용
③ 비상조작 시 기수방향은 ±45° 허용
④ 기동 흐름에서 3초 이상 멈춤 2회 이상이면 과도한 시간 소모로 U(불만족)

해설 기동 흐름에서 3초 미만 멈춤 2회 이상 또는 3초 이상 멈춤 1회 이상이면 과도한 시간 소모로 U(불만족)

정답 : ④

42 다음 중 실기시험장의 규격에 대한 설명으로 옳지 않은 것은?

① 이착륙장 전방 7.5m에 위치한 것은 A라바콘이다.
② 호버링 위치에서 9시방향에 위치한 것은 B라바콘이다.
③ A라바콘 위치에서 12시 방향으로 7.5m에 위치한 것은 C라바콘이다.
④ 이착륙장 전방 12시 방향으로 40m에 위치한 것이 E라바콘이다.

해설 A라바콘 위치에서 12시 방향으로 40m에 위치한 것이 E라바콘이다.

정답 : ④

Part 08

드론 산업 및 기술 동향

Chapter 1. 드론 산업 및 기술 동향 핵심정리

Chapter 2. 기출복원문제 풀이

CHAPTER 01

드론 산업 및 기술 동향 핵심정리

드론 산업 동향

1. 드론의 정의 및 분류

1) 드론의 정의

구 분	내 용
항공안전법 제2조제3호	• 초경량비행장치란 항공기와 경량항공기 외에 공기의 반작용으로 뜰 수 있는 장치로서 자체중량, 좌석 수 등 국토교통부령으로 정하는 기준에 해당하는 동력비행장치, 행글라이더, 패러글라이더, 기구류 및 무인비행장치 등을 말한다.
최근	• Drone은 무인기(UAV : Unmanned Aerial Vehicle)의 별칭으로 통용되고 있으며, 무인기는 사람이 탑승하지 아니하고 원격 조종 또는 자율로 비행할 수 있는 항공기를 의미하고 사용목적과 크기, 형태에 따라 다양한 형태와 기계요소로 구성되어 있음
미공군 or 국제민간 항공기구(ICAO)	• 무인기를 원격조종항공기(RPA:Remotely Piloted Aircraft)라고 지칭함
1990년대 말	• UAV를 실제 전투에 이용하자는 개념으로 무인전투기(Unmanned Combat Air Vehicle)라는 명칭이 등장하였음

2) 드론의 다양한 표현과 정의

구 분	내 용
무인기 (무인기시스템)	• 조종사가 비행체에 직접 탑승하지 않고 지상에서 원격 조종, 사전 프로그램 경로에 따라 자동 또는 반자동 형식으로 자율비행하거나 인공지능을 탑재하여 자체 환경 판단에 따라 임무를 수행하는 비행체와 지상통제장비 및 통신장비, 지원장비 등의 전체 시스템을 통칭
드론	• 사전 입력된 프로그램에 다라 비행하는 무인 비행체 • 최근에 무인항공기를 통칭하는 용어로 사용되고 있음
RPV	• Remote Piloted Vehicle, 1980년대 사용하던 용어 • 지상에서 무선통신 원격조종으로 비행하는 무인 비행체
UAV	• Unmanned/Uninhabited/Unhumaned Aerial Vehicle System, 1990년대 사용하던 용어 • 내/외부 조종사, 탑재장비 운용관이 동시 편성되어, 실시간 비행체 및 임무지역 상황을 지상통제소에서 원격 모니터링하며 운용하는 무인항공시스템
UAS	• Unmanned Aircraft System, 2000년대 사용하던 용어 • 무인기가 일정하게 정해진 공역뿐만 아니라 민간 공역에 진입하게 됨에 따라 Vehicle이 아닌 Aircraft로서의 안전성을 확보하는 항공기임을 강조하는 용어

구 분	내 용
RPAS	• Remote Piloted Aircraft System • 국제민간항공기구(ICAO)에서 공식용어로 채택하여 사용하고 있는 용어 • 비행체만을 칭할 때는 RPA(Remotd Piloted Aircraft/Aerial Vehicle)라고 하고, 통제시스템을 지칭할 때는 RPS(Remotd Piloting Station)라고 함
Robot Aircraft	• 지상의 로봇 시스템과 같은 개념에서 비행하는 로봇 의미로 사용되는 용어

3) 드론의 분류 (출처 : 21년 국내의 드론 산업 동향 분석 보고서, 국토부 항공안전기술원)

- 아직까지 국제적인 드론의 분류 기준은 없으며 국가마다 적용하는 중량기준 또한 서로 다름
- 가장 보편적인 드론의 분류기준은 군사적 용도에 따른 분류, 비행반경에 따른 분류, 비행고도에 따른 분류, 크기에 따른 분류, 비행/임무수행 방식별 분류, 이착륙 방식별 분류로 구분할 수 있음

(1) 비행체 형상에 따른 드론 분류

구 분	주요 특성	예시
고정익형	• 고속 및 장거리 비행이 가능 • 활주로 또는 발사대를 이용하여 이륙 • 주로 군수용으로 사용	MQ-9 리퍼(공격용)
회전익형	• 수직 이착륙 및 제자리 비행이 가능 • 속도, 항속거리 등에서 고정익형 대비 불리 • 주로 농업방제, 영상촬영 등으로 사용 • 주로 소형 드론에 적용되는 멀티콥터는 회적익형의 일종	M350RTK(산업용)
혼합형 (하이브리드)	• 고정익과 회전익의 특징을 동시 보유 • 고속 비행과 수직 이착륙이 가능 • 날개의 양력을 사용한 비행으로 회전익형 대비 연료 효율 높음	틸트로터 TR-100

(2) 최대이륙중량에 따른 분류

구 분	대 분 류	세 분 류	최대이륙중량
무인 비행체 (UAV)	대형 무인기(Large UAV)	·	600kg 초과
	중형 무인항공기(Medium UAV)	·	150kg 초과 600kg 이하
	무인동력비행장치	중소형 무인동력비행장치(Light UAV)	25kg 초과 자체중량 150kg 이하
		소형 무인동력비행장치(Small UAV)	2kg 초과 25kg 이하
		초소형 무인동력비행장치(Micro UAV)	2kg 이하

(3) 운용고도에 따른 분류

분 류	상승한도(km)	분 류	상승한도(km)
저고도 무인비행체	0.15	고고도 무인비행체	20
중고도 무인비행체	14	성층권 무인비행체	50

2. 드론의 활용 분야

1) 군사 분야 : 정찰용, 기만용, 공격용, 전투용, 전자전용 무인기 등

(1) 정찰용 무인기 : 관심지역 및 작전지역의 정찰을 목적으로 하는 무인기이며, 현대의 NCW (Network Centric Warfare, 네트워크 중심전) 체계 하에서 실시간 타격 능력 증대를 위하여 작전지역에 대한 감시·정찰, 표적 획득, 피해 평가 등을 목적으로 운용

(2) 기만용 무인기 : 적 레이더와 같은 방공망을 기만하여 교란시키는 역할을 수행하며, 소형이지만 레이더 상에는 유인 전투기, 전폭기, 대형 전술기가 기동하는 것처럼 표시됨, 지상발사대 또는 항공기 파일런에서 발사되며, 자동비행으로 적의 레이더가 있는 목표지역을 찾아 이동하고 임무장비로 레이더 신호 반사경 또는 증폭장치를 탑재하여 적 레이더에 증폭된 가상신호를 반송함

(3) 공격 무인기 : 레이더, 지상표적, 타도미사일 등의 전술적 목표물을 파괴하는 역할을 수행함, 일반적인 공격용 무인기는 지상차량이나 발사대에서 로켓 추진의 형태로 발사되며, 전투지역에 진입하면 자동적으로 특정지역을 순찰하면서 목표물을 탐색하며 데이터베이스와 비교하여 자동적으로 공격을 수행함

(4) 전투용 무인기 : 조종사가 탑승하지 않고 지상원격조종 또는 자동조종으로 비행하며, 유도폭탄, 미사일 등으로 무장하고 공대지 또는 공대공 전투임무 수행을 목적으로 운용되는 무인기임, 무인전투기는 지상에서 사전에 입력된 좌표에 따라 자율비행 하며, 자동임무 수행 중 지상 관제소에서 표적 수정이 가능하고, 정찰용 무인기에서 한 발 더 나아가 정밀 타격 무장을 탑재하여 공대지 및 공대공 임무를 수행할 수 있음

(5) 전자전용 무인기(EWDA:Electronic Warfare Drone System)는 무인기에 전파교란기나 Chaff 살포기 등을 장착하여 아군기의 비행경로에 Chaff를 살포하거나 광범위한 주파수대에 걸쳐 전파교란(Jamming)을 실시하여 적의 레이더망을 마비시키고 아군기를 안전하게 운용하기 위한 목적으로 사용됨

2) 민간 분야 : 건설·교통, 에너지, 농·임업, 촬영 및 영화, 치안·방재, 통신, 보험, 배송 분야 등

(1) 건설·교통 : 최근 들어 상대적으로 크게 발전하였으며 여러 분야에서 활용할 수 있음, 드론은 주로 타워, 송전탑, 지붕, 철도, 도로, 댐, 교량과 같이 복잡한 대형 구조물의 점검에 활용되며 특히 사람이 접근하기 어려운 구역에서 사람의 시각으로 점검하는 것보다 더욱 정밀한 자료를 수집할 수 있는 장점이 있음

(2) 에너지 : 자산 점검, 지질학적 지도 작업, 비상 대응의 세 가지 분야에서 적용할 수 있음, 드론은 거대하고 접근이 어려운 시설물에 대해 높은 접근성과 이동성을 가지고 HD급, 열화상 이미지를 수집하는 작업을 수행하며 이는 기존의 인력을 이용한 작업에 비해 더욱 안전하고 작업시간을 크게 단출할 수 있음

(3) 농·임업 : 삼림, 농장, 가축 등의 항공 촬영을 통해 농작물 생장 정도 및 생육 환경과 같은 정보를 입수하여 이를 통해 운영자가 비용과 생산량 사이에서 최적의 의사결정 근거를 제시함, 드론을 활용하면 농약 살포와 같이 인력으로 직접 작업하기에는 위험이 따르는 일들을 드론이 대체하여 수행할 수 있으며, 더 적은 비용으로 작업을 수행할 수 있음

(4) 촬영 및 영화 : 가장 많이 발전된 분야이며 최근 몇 년간 영화 업계는 드론의 주 이용자였음, 영화업계에서는 고가의 헬리콥터를 이용한 촬영보다 저렴하고 더욱 낮은 고도에서 다양한 앵글로 촬영할 수 있기 때

문에 영화 촬영에 드론을 활용함, 방송업계에서도 다큐멘터리 촬영이나 리얼리티 TV쇼, 스포츠 및 실시간 현장 중계에 드론을 이용하고 있으며, 그 외 부동산 촬영 등에도 활용되고 있음

(5) 치안·방재 : 드론 활동도 및 제작 수익 관점에서 작은 부분을 차지하고 있지만 다양한 이용자들에 의해 활용되는 빈도가 증가함에 따라 높은 잠재 가치를 가짐, 드론은 산불, 홍수, 화학제품 유출 등의 예방 활동에 사용할 수 있는 동시에 재난 발생 시 사람이 접근하기 어려운 지역에 투입되어 사고피해 확산을 줄이기 위한 빠른 의사결정을 도울 수 있음

(6) 통신 : 드론은 인터넷이 원활하지 않은 지역을 중심으로 태양광을 사용하여 6만~9만 피트 상공을 수개월 동안 비행하며 인터넷 공급에 활용함, 보인과 AeroVironment는 6만 5천 피트 상공에서 비행하며 위성에 준하는 직경 600마일의 지역을 커버할 수 있는 시스템 개발 중이며, 통신 분 아니라 국방, 시설, 환경 등의 영역에도 사용 가능함

(7) 보험 : 태풍 등 재난 피해 규모를 추산하거나, 지붕 등 높은 곳, 붕괴 현장 등 위험한 곳의 사고파악 등에 활용함, 코로나19 점염 우려와 이동제한 조치 때문에 손해사정사의 현장방문 실시가 어려움이 발생하며, 이를 해결하기 위해 드론의 이미지 기술을 용한 원격 손해사정 기술을 적용함

(8) 배송 : 드론은 재난이 발생한 지역이나 격오지, 아프리카와 같이 교통 인프라가 부족한 지역에 긴급 배송이 필요한 경우 무인비행체를 이용한 on-demand 배송의 필요성이 증가하고 있음, 이동경로가 복잡하고 교통체증이 심한 도심 내 배송, 교통이 불편한 산간 및 도서지역, 신선도가 중요한 식품 배송 등에 활용 될 수 있으며, 전자상거래 규모가 늘어남에 따라 수요가 급증하는 분야로 유통업계의 주 관심분야 중 하나임

3. 드론 산업의 구성 및 역할

1) 드론 산업의 구성

(1) 드론은 개인용 오락기에서 진화하여 경량이며, 사용자가 매우 용이하게 제어할 수 있음

(2) 작은 오락용 장난감부터 크고 고도의 환경 감지 도구까지 초창기부터 상업용 드론도 크게 전문화됨

(3) 기본적으로 비행 센서인 드론을 사용하면 운영자가 고해상도 센서를 먼 거리로 비행하고 접근할 수 없거나 위험하거나 위험한 장소의 데이터를 수집할 수 있음

(4) 산업 전반에 걸쳐 드론 채택이 빠르게 진행되어 기업과 조직이 더 짧은 시간에 더 높은 품질과 높은 수준의 안전성으로 많은 양의 데이터를 수집할 수 있게 됨

(5) 드론은 각종 센서와 카메라, 제어 기능을 구비하여 군용 드론, 상업용 드론, 레크레이션 드론으로 사용됨

(6) 상용 드론은 낮고 느리게 비행할 수 있고 위성이나 항공기보다 더 나은 해상도로 데이터를 수집할 수 있기 때문에 많은 사람들에게 유용한 도구가 됨

(7) 다양한 드론 구성은 다양한 애플리케이션과 임무에 맞게 조정됨, 다양한 센서를 운반할 수 있을 뿐만 아니라 상업용 드론은 로봇팔, 분무기 또는 디스펜서, 화물(예:물품 또는 사람)을 운반할 수도 있음

(8) 드론 산업이 확장됨에 따라 최근 몇 년 동안 상업적 사용의 다양성이 크게 증감함

2) 드론 생태계의 구성 : **하드웨어 시장, 소프트웨어, 서비스 분야**로 구성

　(1) 하드웨어 시장 : 드론 시장에서 사용되는 실제 상품을 제조하는 모든 행위자로 구성
　　↳ 드론 플랫폼 : 비행을 수행하는 데 필요한 모든 것
　　　구성요소 및 시스템 : 드론을 제작하거나 수정하는 데 필요한 모든 것
　　　공중 이동 플랫폼 : 상품 또는 공중 택시와 같은 사람을 운송하기에 충분히 큰 플랫폼
　(2) 소프트웨어 : 비행 계획 소프트웨어를 포함하여 드론 시장을 위한 소프트웨어를 만드는 제조사로 구성
　　↳ 내비게이션 및 컴퓨터, 비전 소프트웨어, 워크 플로 및 데이터 분석 소프트웨어,
　　　UTM(Unmanned Traffic Management) 소프트웨어, 소프트웨어 개발 키트(SDK) 생태계와 네트워크
　(3) 서비스 분야 : 드론 하드웨어 및 소프트웨어 제조업체를 둘러싸고 어떤 방식으로든 그들 또는 소비자에게 서비스를 제공함
　　↳ 드론 서비스에는 드론 서비스 제공 업체(DSP), 시스템 통합 업체가 포함됨
　　　조종사 훈련 제공자, 소매업체 및 시장, 연합 및 조직, 드론 쇼, 드론 뉴스 소스, 드론 보험제공자, 드론 테스트 사이트, 대학 및 교육시설, 드론 비즈니스 액셀러레이터 등
　　　서비스 부분은 매우 다양하지만 **드론 산업의 수익에서 가장 큰 비중을 차지함**

4. 세계 시장 동향 (출처 : Drone Industry Insights 보고서)

1) **세계 시장**은 2025년 약428억 달러(약52.5조원) 규모로 **연평균 13.8% 성장률**
　　　　　　　　↳ 상업용 시장 405억 달러, 민간용 시장 23억 달러

2) **아시아 시장**은 2025년 179억 달러 규모로 **연평균 15.7% 성장률**

3) 드론 H/W+S/W 시장보다 **드론 서비스 시장이 약3배** 이상 성장 예상

4) 분야별 시장 규모

> - 검사 : 기능에 영향을 미칠 수 있는 결함, 문제, 오작동 등 특정 현상을 찾기 위한 검사
> - 매핑 : 주어진 영역의 다이어그램 표현(3D 모델링 포함)을 생성하는 프로세스
> - 측량 : 고도, 각도, 거리 및 비행하는 구조물을 연구하거나 측정 및 기록하기 위한 지리 검사
> - 사진 및 영상촬영 : 엔터테인먼트 및 광고 목적으로 이미지 및 영상 제작
> - 모니터링 : 주어진 시간 동안 진행 상황이나 품질을 확인하기 위한 관찰
> - 현지화 및 감지 : 활동, 사람 또는 생명의 지리적 좌표를 찾거나 인식
> - 배달 : 패키지, 식품, 의약품 또는 기타 물품을 운송
> - 분배 및 스프레이 : 고형물 또는 액체 물질 살포(예:비료, 종자, 살충제 등)
> - 기타 : 광고, 방송, 엔터테인먼트, 측정 및 샘플링, 탐색, 추적 등

5. 국내 시장 동향 (출처:2020년 국내외 드론 산업 동향 분석 보고서, 국토부)

1) 국내 시장 규모

(1) 2016년 기준, 민간용 드론시장 704억원, 2020년 4,945억원 규모로 연평균 48% 성장률
(2) 무인항공기 및 무인비행장치 제조업의 국내 기업 출하액은 2015년 398억원, 2022년 내수 시장 규모는 731억원 규모로 연평균 3.9% 성장률

2) 국내 드론 운영 및 활용 현황

(1) 2021년 6월 기준, 드론신고 대수는 26,035개로 2013년 대비 연평균 71% 성장률
(2) 조종자격 취득자 수 또한 2021년 6월 기준, 57,918명으로 연평균 74% 성장률
(3) 농업, 콘텐츠 제작, 측량·탐사, 건축·토목, 교육 등으로 드론의 활용 범위가 확대되고 있음

- 농업 : 농약 살포 등 방제에 많이 사용되고, 식물 병충해 관측에도 사용되고 있음
- 콘텐츠 제작 : 사진촬영 및 부동산, 관광 등 영상물 제작과 보도·취재 등 언론 및 방송에 활용
- 측량·탐사 : 불부합지 조사, 기존 측량 결과 확인 및 3D 공간정보 분야에도 사용되고 있음
- 건축·토목 : 설계 및 입지선정부터 시공 현장점검, 준공 후 건축물 안전·하자 진단에도 활용

6. 분야별 활용 현황 (출처 : 2020년 국내외 드론 산업 동향 분석 보고서, 국토부)

1) 1차 산업

(1) 농업 : 드론은 가장 광범위하게 활용되고 있는 분야, 파종, 살포, 모니터링, 토양 및 농경지 조사 등
(2) 축산업 : 방목된 가축의 위치, 건강상태 등 가축의 데이터를 수집 및 관리
(3) 수산업 : 적조, 오염물, 어군을 탐지 및 오염물질 제거, 미끼 투척, 어류 포획 등(→ 실종 X)
(4) 임업 : 임야 지역의 현황을 파악하고, 묘목 운송 등 활용

2) 물류 / 배송 : 유통업계는 교통체증이 심한 도심 내 배송, 교통이 불편한 산간 및 도서 지역 등 드론을 물류 / 배송 사업에 적용하기 위한 시범사업을 추진 중임

연도	업체	추진 내용
2013년 12월	아마존	프라임에어 공개, 반경 16km 안에 있는 고객이 상품을 주문하면 30분 안에 제품을 배달해 주는 서비스 제공
2014년	DHL	독일에서 멀티콥터를 이용한 의약품 수송 서비스를 시작
2018년 8월	우정사업본부	영월 우정사업본부에서 별마로천문대까지 드론을 활용하여 우편물을 배송하였고, 2021년까지 드론 배달을 상용화할 계획이었음

3) 방송 및 공연 : 지리적 한계 또는 안전상의 이유로 접근이 어려운 지역을 드론을 이용해 촬영

연도	업체	추진 내용
2014년	미 CNN	터키 시위 현장, 필리핀 태풍 하이엔 취재 등에 활용
2018년	미 Intel	2018년 평창올림픽 개막식에서 Shooting Star 드론 1,218대를 이용해 오륜기를 형상화

4) 인프라 관리 : 도로, 댐, 공항, 전력선, 수송관 등 사회 기반 시설물들은 규모가 크며, 전 지역에 걸쳐 있어 드론을 활용하여 **건설 현장 모니터링, 시설물 유지·관리, 전력선 감시·관리, 상·하수도 배관 누출 감지**(→ 탐사 X)를 할 수 있음

연도	기관	추진 내용
·	미 미네소타 주 교통부	드론을 활용한 교량 안전점검 시범사업을 실시하였으며, 기존 7일 작업의 송유관 점검을 미국의 BP사는 드론을 활용해 약3km 길이를 30분 만에 완료
2017년	서울시, 한국도로공사	국내 교량점검을 위해 드론을 활용
·	·	드론에 탑재된 영상장비와 각종 센서를 활용하여 태양광 패널 및 풍력발전기 블레이드의 파손 검사

5) 측량 및 건설

　(1) 고화질 영상 촬영 및 3차원 레이저 스캐닝을 통해 정밀한 3D 지형 자료 제공
　　　└ 단기간 내에 고속도로, 철도 등의 장거리 구간 및 해안선 등의 공간을 모니터링 가능
　(2) 건설 및 토목 현장에서의 드론 활용은 실시간 관측을 통한 지형 모델링, 현장 촬영을 통한 상황 분석 등이 있음
　　　└ 초기 지형을 3D로 모델링하고 공사 단계별로 실제 현장 사진을 투영하여 진행 현황 파악 및 감리 지원

6) 통신

　(1) 통신·기지국의 품질을 측정하고, 지역의 건물 높이와 거리에 따른 전파특성 변화를 파악할 수 있음
　　　└ 획득한 데이터를 바탕으로 건물이나 높은 시설물에 의해 영향을 받는 특정 주파수를 피하거나, 안테나의 높이, 지형 등을 계산하여 적절한 설치 위치 선정
　(2) 드론으로 통신망을 구축하여 인구 밀도가 낮은(→ 높은 X) 지역에서 라디오, TV, 인터넷용 전파 통신 신호 기지국 같은 역할
　　　└ 대규모 공공행사나 국가재난 시에 활용도가 높을 것으로 파악
　　　　　페이스북 : 인터넷 통신을 위한 고고도 무인항공기를 2016년 시험비행을 성공, 2018년 개발 중단

7) 스포츠

　(1) 드론 레이싱 : 새로운 스포츠 분야로 각광받고 있으며, 드론 레이싱의 인기가 높아짐에 따라 국가별 협회 및 프로리그, 국제 레이싱 대회가 개최되고 있음
　　　└ 레이싱 드론은 1인칭 시점으로 조종되며, 마치 오락실에서 하는 레이싱 게임이 연상됨
　　　　　영상과 통신기술로 가상의 세계를 현실 세계로 이끌어 내어 생동감 있는 비행을 경험함
　(2) 드론 축구 : 탄소 소재로 만든 보호장구에 둘러싸인 드론을 공으로 삼아 지상에서 3m 정도 떠 있는 원형 골대에 넣는 스포츠

7. 불법 비행 및 사고 현황

1) 무허가 비행

(1) 미국 등 전 세계적으로 무허가 비행에 따른 피해가 증가, 이를 억제하려는 활동 및 규제 정책 강화
　↳ 뉴욕시 : 2017년 3분기간 적발된 무허가 드론 촬영 건수 192건, 2016년 동기간 대비 68% 증가
　　뉴욕시경의 경우, 단속 헬리콥터를 동원, 무허가 드론을 8~12분 내 격추시키는 등 강경 대응
(2) 나라별 드론 관련 규정 및 절차 미인지와 안전 불감증으로 무허가 비행 시도

연도	장소	주요 내용
2015.6	이탈리아	밀라노 엑스포 한국관 참가 기업인 CJ 및 CJ용역업체 직원 3명이 문화유산 두오모 성당을 촬영하다 부딪치는 사고 발생
2017.2	인도	대학에 재직 중인 국내교수가 허가 없이 타지마할 주변에서 드론을 조종·촬영한 혐의로 인도 연방정부 직할 중앙산업경찰(CISF)에 적발·조사
2017.7	세곡동	세곡동 사거리 인근에서 드론을 띄운 스페인 국적 남성을 항공안전법 위반 혐의로 불구속 입건
2017.12	캐나다	항공사 스카이 제트가 운영하는 경비행기가 퀘벡 시티의 장 르사주 국제공항에 접근하는 도중 오락용 드론과 충돌

2) 사생활 침해

(1) 드론 촬영으로 인한 사생활·개인정보 침해와 같은 다양한 법적 문제 대두
　↳ 2015.7월, 미국 켄터키주에서 자신의 소유지 위로 날아든 드론을 총기로 격추
　　2017.8월, 제주도의 한 해수욕장 샤워실에 드론이 출몰해 경찰이 출동
　　2018.7월, 드론을 이용해 22층 아파트 내부를 촬영하고 있다는 내용의 신고가 접수
(2) 드론 카메라의 사생활 침해 특성 : 식별성, 지속성, 정밀성, 저장성(→ 유출성 X)

특성	주요 내용
식별성	공중을 자유자재로 이동하여 장소를 불문하고 촬영할 수 있어 피촬영자의 시야에 잘 포착되지 않음
지속성	특정한 지점을 지속적으로 촬영 가능
정밀성	카메라의 기능 향상으로 밝기를 가리지 않고 촬영 가능
저장성	촬영된 영상은 현장 → 카메라 → 디지털저장장치 → 인터넷망 → 서버 → 인터넷망 → PC로 신속하게 전송, 저장될 수 있으며 원격통신체계를 기반으로 정보의 이전이 이루어짐

3) 사고 위험

(1) 자동차, 항공기, 드론의 사고 원인 비교 : 조종사 과실, 타인 과실, 제품 결함, 해킹, 전파·GPS 교란, 자연적 영향 등 다양한 원인에 의해 발생

○발생가능, △발생가능하나 가능성 낮음, ×발생 가능 희박하거나 없음

사고 원인		발생 빈도		
		일반 자동차	항공기	드론
운행자 과실		○	○	○
타인 과실		○	○	○
제조물 결함	H/W	○	○	○
	S/W	△	○	○
해킹		×	△	○
전파·GPS 교란		×	△	○
자연적 원인	조류 충돌	△	○	○
	기상 변화	×	△	○
	태양풍	×	△	○

↳ 하드웨어적 결함 : 기체 또는 부품의 결함

소프트웨어적 결함 : 비행·통신·GPS·자동비행 등

DJI에 따르면 최근 충돌방지, Auto Pilot 기능 등을 탑재한 드론이 양산되고 있으나, 대부분 소형 컴퓨터에 의존하고 있어 이로 인한 다양한 사고가 발생

무선으로 조종되고 있는 드론의 특성상 해킹, 전파·GPS 교란에 취약

(2) 드론 사고 통계   Drone Wars UK 드론사고 통계(2007~2016)

계	기계고장	조종사 과실	통신 두절	전기적 문제	날씨	격추
95건	46건	16건	15건	10건	6건	3건
100%	46.4%	16.8%	15.8%	10.5%	6.3%	3.2%

↳ 95건의 드론 사고 중 6.3%에 해당하는 6건은 날씨에 의한 것 : 강수, 돌풍, 낙뢰, 기온 등

- 드론사고 위험은 유인항공기에 비해 사고를 유발할 가능성이 높고, 다양한 2차 피해가 발생할 수 있음(군 헬기와의 충돌, 선로 추락에 따른 전철 운행 중단, 대인 사고 등)
- 드론에 의한 사고가 위험한 점은 크기가 작아 분실, 도난 발생 가능성이 매우 높음
- 국가 간 주파수 대역 차이에 따라 민간 주파수를 교란할 소지가 있고, 조종사 미인지로 인한 비행금지구역·사유지 침입 손해 발생할 수 있음(ISM 밴드는 국가 지역에 따라 일부 상이)

4) 해킹 및 테러 : 드론 해킹이란 드론과 연결된 무선 네트워크에 침투하여 드론에 저장된 정보를 빼내거나 드론을 탈취하는 것

(1) GPS 스푸핑(Spoofing, 속인다) : 위장 GPS 신호를 보내 드론 탈취

- 드론에 가짜 데이터를 보내 드론이 해커가 의도한 곳으로 이동하거나 착륙하도록 만드는 방법
- 암호화된 인공위성의 신호를 해독해 내부 전산망에 투입하는 방식
  ↳ IP 주소를 위장해 방어시스템을 우회할 수 있어 기체에 내장된 내비게이션 컴퓨터를 조종함 2011.12월 미국의 록히드마틴과 이스라엘이 공동 제작한 무인스텔스 RQ-170이 이란의 영내 정찰 중 GPS 조작으로 포획됨(해당 사건으로 이란은 2014.4월에 RQ-170과 유사한 드론 개발)

(2) 재밍(Jamming) : 적의 전자장비 사용을 방해할 목적으로 잡음이나 잡음과 유사한 전자신호를 계획적으로 방사, 또는 반사해 적의 수신 내용을 교란하는 방법
  ↳ 2012.5월, 인천 송도에서 오스트리아 쉬벨의 캠콥터 S-100 시험 도중 갑작스런 재밍 공격으로 추락 (원격 조종사 1명이 사망하고, 일반인 2명이 크게 부상당함)

(3) 하이재킹(Hijacking) : 테러범들이 하늘을 나는 여객기를 탈취하듯이 운항 중인 드론의 조종기능을 빼앗아 납치하는 방법
  ↳ 원격제어장치의 보안 취약점을 파고들어 가는 해킹 방법
     보안회사 트렌드마이크로의 리서치그룹(티핑포인트 DV랩)이 공개한 이카루스(Icarus) 시스템은 드론, 헬리콥터, 비행기, 자동차, 보트 등 원격조종기로 작동하는 모든 기기를 해킹할 수 있음

(4) 연도별 주요 드론테러 발생 현황 : 드론은 테러 세력들 사이 유용한 비대칭 무기로 사용됨

연도	월일	장소	주요 내용
2013	9.15	독일	독일 메르켈 총리, 총선 유세장 접근
2014	3~4월	한국	북한 무인기 발견(파주, 백령도, 삼척)
	10.5~11.3	프랑스	원전 13곳 상공 드론 비행
2015	1.26	미국	백악관 외벽 충돌
	4.22	일본	일본 총리 관저 옥상에서 세슘 드론 발견
	10.26	미국	오클라호마 교도소 밀반입(쇠톱, 마리화나, 휴대폰 등)

연도	월일	장소	주요 내용
2016	4.9	미국	오렌지카운티 열차역에서 전선 출돌 후 걸림
	4.17	영국	런던 히드로 공항 여객기 충돌
	5월	영국	Oakwood 교도소, 마약 반입 복용
	6.19~7.5	미국	SRS 핵시설에 드론 8회 출현
	8월초	남아공	Koeberg 원전 충돌
	8.5	브라질	리우 올림픽 개막식에 드론 3대 출현
	10월	이라크	IS 상용드론 최초 자폭에 활용, 4명 사상
2017	6.9	한국	북한 무인기 발견(강원도 인제)
	8.4	베네수엘라	대통령 목표 드론 폭탄 테러로 7명 부상
	12.4	미국	NYPD(미국 뉴욕 경찰) 드론 캅 창설
2018	12.19	영국	개트윅 공항활주로 드론 2대 출물로 2일간 폐쇄 → 개트윅, 히드로 공항 안티드론 장비 구매
	2분기	미국	미FAA 2018년 2분기 드론 이상 접근 사고 103건 보고
2019	9.14	사우디	사우디 석유시설 드론 테러
	~10월	한국	국내 원전 주변 드론 비행사건 올해 17건 발생(국감)

↳ 이슬람 국가(IS) 등 과격 단체들이 수류탄 투척, 사회기반시설 침투 등에 드론을 활용
기존의 보안시설은 대부분 지상 테러에 대한 방어에 중점으로 구축되어 실질적으로 드론 무방비 상태
산업용 드론은 보통 폭2m 정도의 일반 군용레이더로는 탐지가 어렵고 저공비행 시 육안식별도 힘듦

드론 기술 동향

8. 드론 핵심기술

1) 비행제어시스템 : 드론의 안전한 비행과 임무를 위한 비행제어기술로서, 드론의 두뇌 역할을 함

- 고신뢰성과 안정성을 보장할 수 있는 하드웨어 및 소프트웨어로 구성
- 비행제어시스템의 System-on-Chip으로 소형화 및 고성능화 구현
  - ※ 단순 참고 : SoC(System-on-Chip)는 컴퓨터 또는 기타 전자 시스템의 모든 주요 구성 요소를 단일 칩으로 통합하는 집적 회로를 의미
- 다양한 탑재장비 및 센서, 데이터링크 장비와의 인터페이스 기능 제공
- 소형 드론의 비행제어장치 종류

미국		중국	
3DR의 APM과 Pixhawk	Openpilot의 CC3D	DJI의 NAZA와 A3	TAROT의 ZYX

2) 추진 동력 기술 : 드론의 사용목적 및 환경 등에 최적화된 추진 동력 체계 기술로서, 친환경·고성능·고효율 동력원 개발이 진행되고 있음

(1) 개발 중인 추진 동력 기술

- 고고도 장기 체공을 위한 태양전지, 수소연료전지 등 추진 동력 기술
- 내연기관, 태양전지, 연료전지 등을 조합한 하이브리드 동력 기술
- 장시간 비행을 위한 고성능 배터리 기술
- 소형 드론은 리튬폴리머 배터리와 모터를 추진 동력으로 주로 사용하며, 모터의 종류에 따라 전기속도제어기(ESC : Electronic Speed Controller)를 장착함

(2) 추진 동력에 따른 드론의 종류 : 유선 드론, 무선 충전 드론, 하이브리드 드론, 태양광 충전 드론

① 유선 드론

- 지상에 위치한 전원공급장치(Power Supply System) 사이 연결된 파워케이블을 통해 전력 공급
- 케이블이 절단되지 않은 한 24시간 비행 가능(→ 장거리 비행 가능 X)
- 파워케이블을 통해 드론과 유선통신을 할 수 있어 무선통신 간섭과 통신 장애를 의도적으로 유발시키는 드론격추시스템으로부터 자유로움

② 무선 충전 드론

구 분	내 용
자기유도 전력 전송 방식	• 시간에 따라 변화는 자기장이 코일을 통과할 때 발생하는 유도전압을 이용하여 전력을 전달하는 방식 • 충전패드에 도착했을 때 착륙방향에 상관없이 자동 충전 가능 • 레이저 전력 전송 방식 대비 저렴한 비용으로 높은 전력 전송 효율(~90%)
레이저 전력 전송 방식	• 레이저 발생 장치를 통해 드론에 장착되어 있는 레이저 수신부를 실시간으로 조준하여 전력을 전송하는 방식 • 레이저 수신부를 설치할 공간이 비교적 충분한 고정익 드론에 주로 적용 • 자기유도 전력 전송 방식 대비 상대적으로 먼 거리에서도 전력 전송 가능 • 날씨에 따른 전력 전달 능력의 변화량이 크고, 상대적으로 전력 전송 효율이 낮음(→ 높음 X)

③ 하이브리드 드론

- 전기모터-배터리 동력체계에서 엔진-휘발유 또는 엔진-가스 동력체계를 추가한 드론
- 전기모터-배터리 단일 체계 대비 더 오래(→ 짧게 X) 드론에 전력을 공급할 수 있는 것이 장점(→ 단점 X)
- 드론 충돌 및 사고 발생 시 폭발 위험이 더 높아질 수 있는 단점(→ 장점 X)

④ 태양광 충전 드론

- 태양광을 전기에너지로 변화시켜주는 솔라셀(Solar Cell)이 드론의 기체에 설치
- 설치된 솔라셀의 개수에 비례하여 드론에 전력공급이 되어, 넓은 면적을 가지고 있는 고정익 드론에 적용
- 충전방식의 특성상 날씨, 기온 및 솔라셀의 표면 상태 등에 따라 태양광에서 전기에너지로의 변환효율이 변화하는 것이 단점(→ 장점 X)

(3) 리튬폴리머 배터리 운용

① 최대 방전전류 및 지속시간

- 3S=3셀 직렬, 1셀=3.7V(완충시 4.2V), 3셀X3.7V=11.1V
- 1C(=2,200mAh), 방전율 30C → 30CX2200mAh=66,000mA
  ↳ 지속 시간(분) : 60분 / 30C = 2분
    - 20C는 지속시간 3분, 10C는 지속시간 6분
- ※ 단순 참고 : C-Rate는 건전지에 통전할 때의 전류의 크기를 나타내며, 어떤 전지를 충전상태로 전류를 방전하면 1시간에 전지가 완전히 방전되는 때의 전류 값이 1C로 정의한다. C비율이 클수록 전류 값이 커진다.

② 리튬폴리머 배터리는 완충해서 사용하고 기준전압 이하는 폐기 처리

- 셀당 전압 2.9V 이상 유지(2.9V 이하에서 재충전 시 배부름 현상, 폭발 위험)
- 권장 전압 : 3.7V~4.2V

③ 장기보관 방법 : 충전기 스토리지 모드로 셀당 전압이 3.7V~3.8V 유지
  ↳ 완충된 배터리는 최단 시일 내 방전하고, 서늘하고 습기 없으며 차가운 곳에 보관

④ 폐기방법 : 폐기모드가 있는 충전기는 폐기모드로 완전 방전 후 폐기
  ↳ 소금물 활용 – 불산 독성 물질 생성, 송곳 뚫기 – 화염과 가스 발생, 전구 연결 – 가장 안전한 방법

3) 탑재장비 및 센서 기술

(1) 드론은 다양한 탑재장비와 센서를 통합한 집합체라 할 수 있음

- 관성항법, 위성항법, 영상항법 등 항법 관련 센서의 소형 경량 기술

- 3차원 공간정보 획득 및 장애물 탐지용 소형 Lidar 기술

- EO/IR, 멀티스펙트럼 카메라 등 탑재장비 기술
  ↳ ※ 단순 참고 : EO(Electro-Optical, 위성용 전자광학)/IR(Infra-Red)
       감시 정찰 분야에서 눈 역할을 수행하는 센서로 일반 광학 카메라와 적외선 카메라가 장착되어 있어 야간에는 적외선 카메라로, 주간에는 광학카메라로 표적 탐지·추적

(2) 소형 드론 장착 센서 : 자이로센서(Gyroscope)-각속도 측정, 가속도센서(Accelerometer)-속도 측정
        지자계센서(Magnetometer)-방위 측정, 기압센서(Barometer)-고도 측정

(3) 항법 : 항공기가 자신의 위치를 알아내는 것

① 항법 시스템 종류 및 특징 : 관성, 위성, 영상기반, 지형참조, 데이터베이스 항법시스템 등

구분	관성항법시스템	위성항법시스템	영상항법시스템
	가속도센서, 자이로 센서	위성신호	영상정보

특징	• 소형무인항공기 저가의 MEMS IMU 사용
	• 오차가 상대적으로 크므로 다른 항법센서와 정보 융합
	• 칼만필터 등을 이용해 위성항법시스템과 결합 사용 (INS/GPS, IMU/GPS)
		• 무인항공기의 위치 및 속도 정보 제공
		• 고도 오차 보정을 위해 관성항법시스템과 필터 등 결합
			• 저가의 광학카메라의 영상으로 항법정보 추출 가능
			• 영상항법 기술
			  - 옵티컬 플로(Optical flow)
			  - 영상정합 (Image Matching)
			  - 특징점 추적(Feature Point)
			  (→ 방향 추적 X)

장점	• 외부 환경 영향 최소	• 저렴, 소형, 비교적 정확한 위치 정보 획득	• 시야 확보 영상 제공
단점	• 시간이 지남에 따라 항법 오차 증가	• 고도 정보 오차 큼	• 영상 분석 SW에 따른 HW 성능 상향 조정

② SLAM(Simultaneous Localization and Mapping, 동시적 위치추정 및 지도 작성)
　↳ 주변 환경지도를 작성하는 동시에 차량의 위치를 작성된 지도 안에서 인식하는 기법

※ 단순 참고

- 칼만 필터(Kalman Filter) : 연속적인 시간에 따라 동적으로 변하는 시스템의 상태를 추정하기 위한 알고리즘으로 노이즈와 불확실성이 있는 데이터를 처리하여 최적의 추정치를 제공하며, 주로 제어 시스템, 내비게이션, 로봇 공학, 신호 처리 등에서 많이 사용
- INS(Inertial Navigation System) : 자이로스코프와 가속도계를 이용하여 물체의 위치, 속도, 방향을 추적하는 시스템
- 옵티컬 플로 : 시간에 따라 영상에서 픽셀의 이동을 추적하여 물체의 움직임을 파악하는 기술
- 영상정합 : 두 개 이상의 이미지에서 동일한 물체나 장면을 찾아내는 기술
- 특징점 추적 : 이미지에서 뚜렷한 특징점을 선택하고, 시간에 따라 이 특징점의 위치를 추적하는 기술

4) 자율비행 및 충돌 회피 기술 : 드론이 지정한 목적지까지 비행하는 동안 다른 물체를 탐지하고 회피하는 기술

- 3차원 지도 기반의 운행 경로를 따라 자율 비행하는 기술
- 주변 상황 인식 센서와 비행제어 소프트웨어의 장애물 충돌회피 기술
- 유인기의 조종사 역할을 대신할 수 있는 비협조적 충돌회피 기술
- 기체 고장 및 비행환경 변화에(→ 날씨 변화에 X) 스스로 안전하게 대처하는 기술

5) 군집비행 기술 : 상호 네트워크로 연결되고 동기화된 다수의 드론들이 **군집을 형성하여 비행**하는 기술

(1) 군집비행 기술 특징

- 일반적인 GPS 기반 드론 : 위성으로부터 정보를 받아 오차 5m 발생
- RTK-GPS 기반 : 위성과 RTK로부터 동시에 받아 오차 0.1m 발생
- 시나리오 : 과도한 통신량을 줄이기 위해 모든 드론에 시나리오 탑재
- 고정신호(→ 유동신호 X) : 공통적인 보정 신호 전부를 모든 드론에게 한 번에 보냄(→ 드론에 각각 보냄 X)
- 운영 드론 수와 관계없이 안정적인 컨트롤 가능

(2) 군집비행 기술 활용 방안

- 다양한 분야에 접목 또는 IT 기술과 결합해 새로운 분야로 확대 가능
- 평창 동계 올림픽의 오륜기 형상 시연과 같이 예술문화와 접목해 공연 문화 등에 활용
- 조난자 탐색, 농작물 인식, 실시간 지도 생성 등(→ 국방안보감시 X, 첩보 수집 X) 산업 전반에 걸쳐 활용 가능

6) 데이터 링크 기술 : **제어 데이터와 정보 데이터를 송수신**(→ 정보 데이터만을 송수신 X)하기 위한 **무선통신 기술**

(1) 데이터 링크 기술 특징

- 비행 및 임무 제어 데이터, 임무 정보 데이터 등을 송수신하기 위한 양방향 통신 기술
- 유효성, 신뢰성, 통합성을 보장할 수 있는 소형 경량 통신시스템 기술
- 무선주파수(ISM 밴드), LTE 등 무선통신 적용 기술

(2) ISM 대역(Industrial, Scientific and Medical Band) : 산업, 과학, 의료용 기기에 사용하기 위해 지정된 주파수 대역(→ 산업기기에만 사용 X)

- ISM 대역을 통신 주파수 대역으로 사용하여, 허가가 불필요한 소출력 무선기기들이 많이 사용(10mW 제한)
- 기기들과 이 대역을 사용하는 통신 장비 간에 간섭을 용인한다는 조건에서 사용
- 2.4GHz 대역은 와이파이(Wi-Fi) 서비스, 블루투스(Bluetooth), 전파식별(RFID) 등 다양한(→ 와이파이 서비스 통신에만 사용X) 통신에 사용
- 우리나라 드론은 대부분 2.4GHz~2.48GHz, 5.7255~5.875GHz 대역을 사용
- 우리나라의 경우에는 433MHz 대역과 902MHz 대역은 ISM 대역이 아님

(3) 무인기 제어용 통합 네트워크 : P2P형 링크, 네트워크형 링크

P2P형 링크	네트워크형 링크
• 군 무인기 시스템, 재난구조 수행, 긴급 통신영역 확장 등의 특수한 환경에서 다수 드론 제어 및 조종	• LTE, Wibro과 같은 고속 무선통신 네트워크를 통해 지상통제소와 연결되고 제어 및 조종(네트워크형 링크는 지상무선국이 필요하다.)

(4) 드론 통신 방식 특성 비교

구 분	내 용	장 점	단 점
블루투스	• 단거리 저전력, 가장 보편적 사용 • 79채널, 주파수 호핑 기법 사용	• 주파수 간섭현상 상대적 낮음 • 저전력 통신	• 고용량 자료 전송 어려움
Wi-Fi	• 스마트폰 이용 원격조종 급증 • 주로 레저용 드론에 사용	• 고속의 데이터 전송 가능 • 노트북, 스마트폰과 직접 연결 가능	• 출력제한으로 드론 제어 통신제약 • ISM대역사용으로 간섭현상 발생
위성통신	• 인공위성 활용 장거리 통신 • 비용/사이즈 등 문제점 사용기피	• 재해, 전시에서도 사용 가능	• 고비용, 저수명으로 경제성 부족 • 지상교신 시 시간 지연 발생
LTE	• 대단위망 구축:드론택배 접목 • KT, LG U+ LTE기반 서비스	• 드론 제어 통신거리 무제한 • 실시간 영상 스트리밍 가능 • 높은 고도에서 영상 중계	• 테러나 범죄에 악용 가능성 • 장거리 드론 비행 규제 (국내:비행특별승인제 시행)
5G 이동통신	• 빠른 데이터 전송 속도 • 드론산업 및 서비스 최적합	• 빠른 전송속도 • 여러 사물과 실시간 통신	• 상용화 장기간 시일 소요

7) 안티드론 기술 : 안티드론 시스템이란 **무인비행체의 접근을 탐지하는 무인비행체 탐지 기술과 비행을 무력화시키는 기술이 융합된 시스템**

(1) 탐지 센서 활용 : 음향 탐지 센서, 방향 탐지 센서, 영상 센서, 레이더 센서, 영상 센서 등

- 음향 탐지 센서 : 드론이 동작할 때 프로펠러의 회전으로 인해 특유의 소음을 탐지하는 센서
  ↳ 장점 : 저렴
     단점 : 소음이 많은 환경에서는 탐지하기 어려움
- 방향 탐지 센서 : 드론이 사용하는 2.4GHz 대역(제어신호 송수신용)과 5.8GHz 대역(영상데이터 송수신용) 신호의 방향과 위치를 탐지
  ↳ 단점 : Wi-Fi가 많이 설치되어 있는 도심에서는 조종신호와 구분하기 어려움
- 레이더 센서 : 스스로 에너지를 방사하는 센서(Active Sensor)로 특정 대역의 RF신호를 송출하고 표적으로부터 반사되어 돌아오는 신호를 수신하여 표적 탐지
  ↳ 장점 : 기상 환경과 무관하게 안정적인 탐지 성능 보장, 탐지 거리가 김
     단점 : 도입 비용이 고가이고, 주파수 승인 문제가 있음
- 영상 센서 : 가시광선 영역과 적외선 열화상 영역의 영상정보를 활용하여 움직이는 무인비행체를 탐지
  ↳ 장점 : 위협체의 형상을 직접 확인 가능
     단점 : 고가

(2) 드론 「탐지 → 식별 → 무력화」단계

대분류	중분류	소분류	기술 개념
탐지 및 식별	탐지	레이더	X-band(8~12GHz)와 Ku-Band(12~18GHz)를 사용하여 탐지
		RF스캐너	드론과 조종자 간의 통신신호를 분석해 드론 탐지
		광학카메라	광학 센서를 탑재한 카메라를 사용하여 탐지
		IR카메라	IR 센서를 탑재한 카메라를 사용하여 탐지
		음향센서	음향 센서의 소음 시차를 계산하여 위치 파악
	식별	육안식별	드론 본체에 고유 식별번호를 부착하여 조종자를 식별
		전자(eID)식별	식별번호 또는 조종자 식별번호로 능·수동적 전자·원격 식별
무력화 기술	Hard Kill	그물/네트 건	그물을 이용하여 불법 드론 포획
		맹금류	독수리 등 맹금류를 조련시켜 불법 드론 포획
		방공용 대공화기	대공포와 근거리 레이더를 결합하여 드론 격추
		직사에너지무기 (레이저/RF건)	불법 드론을 레이저와 RF가 장착된 Gun으로 격추
	Soft Kill	통신재밍	전파를 방해하여 비행불능 상태로 전환
		위성항법 재밍, 스푸핑	거짓 좌표를 주입해 비행 불능 또는 비행 경로 이탈
		조종권 탈취	프로토콜을 해킹하거나 착륙 및 비행 불능 상태로 포획
		지오펜싱 (Geo-Fencing)	드론의 항법 소프트웨어 GPS에 비행금지구역 정보를 입력하여 특정구역의 비행을 방해

8) 드론 관제

(1) NASA (Nationa Aeronautics and Space Administration) UTM (Unmanned Aircraft System Traffic Management)

① NASA UTM은 저고도 비관제공역을 중심으로 무인항공기의 안전한 운용시스템을 연구하는 프로그램
　┗ 국토교통부의 공역관리규정에 따르면 비관제공역은 F공역과 G공역에 해당

② NASA는 무인항공기 비행시험장, 대학, 제조사 등 복수의 관계자와 협력해 UTM의 개념 설계, 시스템의 아키텍처와 이론 외에도 복수 기체를 이용한 실험 중이며 UTM에 필요한 기술을 TCL(Technical Capability Levels) 1부터 TCL4로 명명하고 있음

일자	명명	내용
2015.8	TCL1	FAA 실험장에서 전원지역에서의 농업과 화재진압, 인프라 점검을 위해 Geo-Fencing을 바탕으로 한 운항경로 설정으로 진행
2016.10	TCL2	인구밀도가 낮은 지역에서의 비가시비행과 비행절차, 장거리 운용을 위한 교통규제 등의 사항 점검
2018.5	TCL3	적당히 인구가 밀집된 지역에서의 조종과 자율 비행 조종을 보증할 수 있는 협조/비협조적 UAS 추적 능력을 포함한 내용 점검
2019.6/8월	TCL4	6월은 네바다주 리노에서 8월에는 텍사스주 코퍼스 크리스티에서 실시, 인구 고밀도 도시 지역에서의 뉴스 수집과 패키지 배송, 대규모의 비상 사태의 관리에 사용할 수 있는 기술 시험

(2) K-드론 시스템
　┗ ※ 단순 참고 : K-드론 시스템이란 드론의 비행계획 승인, 위치정보 모니터링, 주변 비행체와의 충돌방지기능을 하는 드론교통관리시스템으로 국가는 비행정보관리시스템을 구축, 서비스는 민간 사업자 및 공공기관 등에서 수행하는 저고도 드론교통관리기술

① 핵심 구성요소

클라우드 시스템	이동통신망 기반 비행 중 모든 드론의 실시간 비행정보 통합 및 공유
AI기반의 자동관제	기상·지형정보까지 연계, 빅데이터 기반 안전비행, 경로 분석 및 충돌회피 지원
원격자율비행 (→ 원격자동충전 X)	사전 입력정보(출발, 목적지) 기반 AI형 자동관제의 통제에 따라 자율비행

② 해외사례

미국	공역 배정·관제·감시 등을 위한 교통관리시스템(UTM) 개발 중(NASA, 2014~)
유럽	전자전 등록(2019년) 및 비행경로 추적, 관제당국과 동시 접속 시스템 구축 추진
일본	드론·3차원 지도·비행관리·클라우드 서비스 등 스마트 드론 플랫폼 개발 중
중국	실시간 비행정보 및 기상정보 등 클라우드 시스템(UCAS) 개발

③ 개발 목표 : 고도 150m, 자체무게 150kg 이하인 무인비행장치의 안전하고 효율적인 운항을 위한 교통체계 개발 및 실증

④ 저고도 무인비행장치 교통관리체계 개발 및 실증 시험 개념도(출처:항공안전기술원)

⑤ UTM용 무인비행장치 등록시스템 구성(출처 : 국토교통부 국토교통과학기술진흥원, 무인비행장치의 안전운항을 위한 저고도 교통관리체계 개발 및 실증시험 최종보고서, 2023.5.8.)

구분	UTM 시뮬레이터	UTM 시스템	외부 연계 시스템	인접 정보 제공
각 요소의 역할 / 기능	• 가상시나리오 생성 • UTM 실데이터 처리 • GCS 시뮬레이션 • 저장/기록	• 실시간 항적추적(MSDP) • 예상 비행궤적 생성(TP) • 운용 안전관리(SNET) • 임무/비행 연동 • 지도·DB·데이터 처리 • 경고/메시지 처리	• 등록이력시스템 • 기상정보 • 유인기 비행정보 • 공역/지형관리 정보 • 사업자 등록정보	• 지방항공청 • 기상청 • 인천항공 교통관제소 • 국방부 • 국토교통부 • 이해당사자
상호 작용	• UTM 시뮬레이터 ↔ UTM 시스템 : 항적데이터 생성, 시나리오 정보 • UTM 시스템 ↔ 외부 연계 시스템 : 비행체 등록/이력정보, 기상데이터, ATC 비행데이터 실시간 공역/지형 데이터, 사업자 시스템 데이터 • 외부 연계 시스템 ↔ 인접정보제공 : 비행정보 공유			

9. 드론 표준화 · 한국산업규격(KS)

1) 연도별 한국산업규격 표준화를 위한 노력(산업통상자원부 국가기술표준원)

일 자	추진 내용
2016.3월	한국드론산업진흥협회를 표준개발 협력기관으로 지정하여 산업용 무인기에 대한 표준화 기반을 마련
2016.7월	13대 산업엔진프로젝트 표준화 사업의 일환으로 150kg 이상(STANAG 4671급) 무인기(고속수직이착륙 무인기)에 대한 표준화 로드맵 작성에 착수
2018.3월	국가기술표준원은 8대 혁신성장 선도사업으로 선정한 드론의 개발 촉진 및 안전성 확보를 위해 무인동력비행장치의 설계(KS W 9001) 등 3종을 한국산업규격(KS)으로 제정함 ↳ 국가기술표준원은 드론의 중요 부품인 전자변속기·모터와 데이터 보안 표준 등 3종의 한국산업규격(KS)을 추가로 개발·보급해 드론 제품의 품질 및 안정성 향상을 통한 공공수요 창출 등 국내 시장 확대를 뒷받침할 계획임
2020.3월	한국이 제안한 「저고도 드론 간 통신 프로토콜」에 관한 표준안인 드론 통신모델 및 요구사항 등 4개의 신규 프로젝트가 국제표준과제로 채택됨

2) 150kg 이하의 중소형 드론에 적용되는 표준

(1) 무인항공시스템 - 무인동력비행장치 설계

한국산업규격(KS)에서는 드론의 기체 구조, 추진 계통, 비행제어시스템, 지상조정장비 설계 요구사항과 상승률, 수직이착륙 내풍 성능 등 비행성능 시험, 진동 시험, 날림 먼지 등 신뢰성 시험 방법 및 기준을 규정
↳ 드론의 비행성능 시험의 주요 항목

비행 성능 시험	상세 설명
실속 경고	자동 실속 방지(멀티콥터 제외)
이륙 거리	정지상태에서부터 이륙하여 15m 장애물을 넘어 상승하는데 필요한 거리(고정익)
상승률	이륙출력 이하에서 최소 2m/s가 되어야 함
최대수평속도	속도시험을 실시하여 신청자가 제시한 최대속도에서 오차가 ±10% 이내
최대체공시간 (→ 최대 비행거리 X)	해면고도 15m 이상의 일정한 고도에서 일정한 반경의 선회비행을 시작하여 연료 또는 배터리의 잔량이 15% 되는 시점까지의 비행시간
수직이착륙 내풍 성능	제시된 측풍에서 수직선에서 위치편차가 1m 이내로 10초 이상 유지

(2) 무인항공시스템 - 프로펠러의 설계 및 시험

한국산업규격(KS)에서는 드론의 가장 핵심부품인 프로펠러의 내구성 시험, 성능시험을 위한 시험장치, 시험절차 및 적합성 기준 등을 규정

구 분	상세 설명
설계와 제작 요구사항	재료, 내구성, 피치 제어
내구성 시험	갓 유지 시험, 진동하중 한계 시험, 내구성 시험, 기능 시험 등
성능 시험	시험 조건, 절차, 측정자료 처리 등

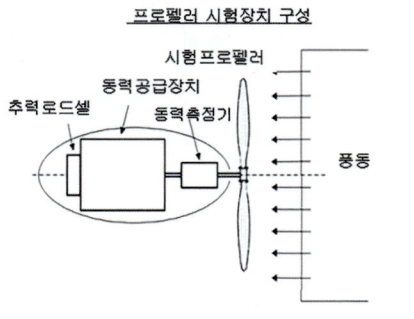

프로펠러 시험장치 구성

(3) 무인항공시스템 - 리튬배터리 시스템의 설계 및 제작

한국산업규격(KS)에서는 배터리의 용량 표시, 커넥터 등 전기적 요구사항, 셀 연결을 위한 기계적 사항과 더불어 셀·팩 등 배터리 시스템의 검사 방법 등의 요건을 규정

구 분	상세 설명
설계 요구사항	전기적 요구사항과 기계적 요구사항을 규정
배터리 시험	물리적 검사, 출력 전압 측정, 용량 시험, 제품 표시 사항을 규정
배터리 유지	배터리 유지보수 관련

10. 드론 기술 발전 방향

1) 체공 시간

(1) 현재 대부분 상용 소형 드론 업체에서 제시하는 체공시간은 무풍조건에서 낮은 임무 중량 상태에서 측정한 결과로 실제 활용 시 대부분의 소형 드론이 20~30분 정도의 체공시간을 가질 것으로 예측됨

(2) 소형 드론의 체공시간 향상은 꾸준히 요구되는 항목으로 관련 기술 개발이 활발히 진행될 것으로 예상

- 관련 기술로는 배터리 성능 향상, 전기모터 효율 향상, 프로펠러 효율 향상, 기체 중량 경량화, 하이브리드 추진시스템 적용 등(→ 임무장비 성능 향상 X)
- 미국 Launchpoint의 Get-sets는 엔진-발전기가 일체형으로 제작된 엔진으로 중량-동력비 1000W/kg, 에너지 밀도 800Wh/kg 성능을 보여 기존 Lipo 배터리의 에너지 밀도 195Wh/kg을 상회함

LaunchPoint의 Hybrid engine

2) 탐지 및 회피

(1) 무인이동체에 탑재된 거리센서를 활용하거나 무인이동체간의 위치정보 교환을 통해 무인이동체 주변의 다른 이동체와의 탐지 및 회피를 수행

(2) 비협력적 탐지 및 회피 기술 : 무인이동체에 탑재된 센서를 활용하여 장애물 위치를 추적하는 기술

스테레오비전 센서	두 개의 카메라 영상 사이에 존재하는 동일한 특징점의 화면상 변위차로 거리 측정
구조광 센서	주변 조명과 구분되고, 알려진 패턴을 가진 빛을 표적 물체에 조사한 후 반사광의 변형을 분석하여 거리를 측정
라이다(LiDAR) 센서	레이저 광원을 이용하여 방출한 레이저 펄스신호의 반사시간 또는 반사 신호의 위상 변화량 측정을 통해 거리를 측정
레이더(Radar) 센서	전자파를 송신하고 표적으로부터 반사된 신호의 왕복시간을 바탕으로 거리를 측정

(3) 협력적 통신기반 탐지기술 : 민간항공기에서 사용되는 ADS-B(Automatic Dependent Surveillance-Broadcast, 자동 종속 감시 시설) 등의 장비를 활용하여 자신의 위치를 알리는 동시에 다른 항공기의 위치를 수신하여 비행 경로상의 외부 물체를 탐지 및 회피

3) 인공지능 알고리즘

(1) 인공지능 알고리즘의 특징

- 인공지능은 기계나 시스템이 지식을 습득하고 이를 적용하며, 지적인 행동을 수행할 수 있는 능력임
- 무인비행체에 적용하면, 광범위한 영역에서 인식을 수반한 작업들, 탐지(Perceiving), 추상화(Abstracting), 학습(Learning)을 바탕으로 물체를 이동시키고 작업하는 능력을 확보함
- 현재 무인이동체에서 인공지능은 Handcrafted Knowledge 방식이 주로 적용되고 있음

(2) 인공지능의 3단계

1단계 수공예 지식 Handcrafted Knowledge	2단계 통계학습 Statistical Learning	3단계 상황에 맞게 적응 Contextual Adaptation
• 정형화된 업무 등에서 알고리즘을 추출해 프로그램화 • 물류, 세금 계산 • Reasoning 중심 • 학습능력 결여와 돌발 상황에 대한 대처 미흡	• 통계 데이터 기반으로 모델을 추출, 학습이 가능 • 머신러닝(Machine Learning) • Many-layered spread sheets • Perceiving(지각)/Learning(학습) 중심 • 영상 인식 등 • 추론 능력 부족이 한계	• 추상화 및 논리화 등의 보강 필요 • 획기적인 학습량 감소 요구 • 기계와 인간의 자연스런 소통 • Explainable AI • 적절한 방법론 부재

(3) 자율지능기계의 단계별 운용 : 자동기계, 자동화, 자율화/자율지능(→ 자율지능기계 X)

자동기계 (Automatic)	기계적 장치에 의해 반응하는 시스템 └ 토스터, 지뢰, 부비트랩
자동화 (Automated)	미리 계획된 룰과 프로그램에 따라 작동하는 시스템 └ 낮은 수준의 자율주행차, 순항 미사일
자율화/자율지능 (Autonomous)	스스로 인식하고, 이에 따라 상황을 판단하고 임무를 수행하는 시스템 └ 높은 수준의 자율주행차, 드론

CHAPTER 02 기출복원문제 풀이

01 다음 중 항법시스템에 대한 설명으로 옳지 않은 것은?

① 관성항법시스템은 시간이 지남에 따라 오차가 감소한다.
② 위성항법시스템은 고도 정보 오차가 크다.
③ 영상항법시스템은 광학카메라의 영상으로 항법정보 추출이 가능하다.
④ 위성항법시스템은 위치정보를 제공한다.

해설 관성항법시스템은 시간이 지남에 따라 항법오차가 증가한다.

정답 : ①

02 다음 중 무인비행장치 산업의 기술동향에 대한 설명으로 옳지 않은 것은?

① 비행장치 및 부품의 기능적 한계로 다양한 산업에 활용하는 데 제한이 있다.
② 소형화로 다양한 분야에 활용된다.
③ 농업분야 및 산업 전반적인 분야에 활용될 수 있다.
④ 고도화된 산업에 활용 가능하다.

정답 : ①

03 다음 중 산업 동향에 대한 설명으로 옳지 않은 것은?

① 무인비행장치의 성능 한계로 다양한 사업의 활용 기술 적용이 어렵다.
② 경량화, 소형화로 드론의 활용도가 높아진다.
③ 자율비행 시스템의 고도화로 발전이 된다.
④ 각종 산업 분야에 드론이 상용화될 수 있다.

정답 : ①

04 다음 중 드론 통신방식에 대한 설명으로 옳지 않은 것은?

① 블루투스 : 주파수 간섭현상이 상대적으로 낮음
② Wi-Fi : ISM 대역사용으로 간섭현상 발생
③ LTE : 드론 제어 통신거리 무제한
④ 위성통신 : ISM대역 사용으로 간섭현상이 제일 낮음

해설 간섭현상이 상대적으로 낮은 것은 블루투스이다.

정답 : ④

05 적 레이더와 같은 방공망을 기만하여 교란시키는 역할을 수행하며, 소형이지만 레이더상에는 유인 전투기, 전폭기, 대형 전술기가 기동하는 것처럼 표시되는 무인기는 무엇인가?

① 정찰용 무인기
② 기만용 무인기
③ 교란용 무인기
④ 공격 무인기

해설 정찰용 무인기 : 관심지역 및 작전지역의 정찰을 목적하는 무인기
공격 무인기 : 전술적 목표물을 파괴하는 역할 수행

정답 : ②

06 다음 중 150kg 이하의 중소형 드론에 적용되는 한국산업규격(KS)에 해당하지 않는 것은?

① 무인항공기시스템 - 무인동력비행장치 설계
② 무인항공기시스템 - 프로펠러의 설계 및 시험
③ 무인항공기시스템 - 리튬배터리 시스템의 설계 및 제작
④ 저고도 비행

해설 150kg 이하의 중소형 드론에 적용되는 한국산업규격(KS)에 저고도 비행은 해당되지 않는다.

정답 : ④

07 다음 중 드론 통신방식에 대한 설명으로 옳지 않은 것은?

① Wi-Fi : ISM 대역사용으로 간섭현상이 발생하지 않는다.
② 블루투스 : 단거리 저전력이나 고용량 자료 전송이 어렵다.
③ 위성통신 : 인공위성을 활용한 장거리 통신이 가능하나 지상교신 시 시간지연이 발생한다.
④ LTE : 대단위 망을 구축하고 있어 높은 고도에서 영상 중계가 가능하다.

해설 Wi-Fi는 ISM 대역 사용으로 간섭현상이 발생한다.

정답 : ①

08 다음 중 항법시스템 설명으로 옳지 않은 것은?

① 관성항법시스템은 가속도센서와 자이로센서로 이루어져 있다.

② 위성항법시스템은 고도정보의 오차가 크다.

③ 관성항법시스템은 외부 영향이 크다.

④ 영상항법시스템은 영상분석 항법정보 추출이 가능하다.

해설 관성항법시스템은 외부환경의 영향이 거의 없다.

정답 : ③

09 다음 중 산업분야에서 무인멀티콥터 운용과 관련된 설명으로 옳지 않은 것은?

① 철저한 비행계획을 세워 일어날 수 있는 오류를 줄여야 한다.

② 자동화 비행시스템을 이용하여 인적 오류를 줄인다.

③ 정비를 통하여 기체 오류가 없도록 해야 한다.

④ 자율주행 모드에서는 조종자의 관찰이 필요없다.

정답 : ④

10 한국형 K-Drone 시스템 구상 시 해외사례 중 중국에 해당하는 것은?

① 공역 배정, 관제, 감시 등을 위한 교통관리시스템(UTM) 개발 중

② 전자적 등록 및 비행경로 추적, 관제당국과 동시 접속시스템 구축 추진

③ 실시간 비행정보 및 기상정보 등 클라우드 시스템(UCAS) 개발

④ 드론, 3차원지도, 비행관리, 클라우드 서비스 등 스마트 드론 플랫폼 개발 중

해설 ①은 미국, ②는 유럽, ④는 일본의 사례이다.

정답 : ③

11 다음 중 초경량비행장치의 기술동향에 대한 설명으로 옳지 않은 것은?

① 조종자의 수동비행에서 자동비행으로 발전한다.

② 시야 확보 및 촬영이 실내외 및 악천후 촬영으로 발전한다.

③ 기술이 발전할수록 부품이 대형화 되고 고중량이 된다.

④ 단독비행이 군집비행으로 발전한다.

해설 기술이 발전할수록 부품이 소형화 되고 중량이 줄어든다.

정답 : ③

12 한국형 K-Drone 시스템 구상 시 해외사례 중 일본에 해당하는 것은?

① 공역 배정, 관제, 감시 등을 위한 교통관리시스템(UTM) 개발 중

② 전자적 등록 및 비행경로 추적, 관제당국과 동시 접속시스템 구축 추진

③ 실시간 비행정보 및 기상정보 등 클라우드 시스템(UCAS) 개발

④ 드론, 3차원지도, 비행관리, 클라우드 서비스 등 스마트 드론 플랫폼 개발 중

> **해설** ①은 미국, ②는 유럽, ③은 중국의 사례이다.

정답 : ④

13 다음 중 국토부 드론산업 규모 5년내 20배 육성을 위한 종합계획 발표 내용에 대한 설명으로 옳지 않은 것은?

① 공공분야 3,700대 드론 수요 발굴로 3,500억 원 규모 초기시장 창출 지원

② Life-Cycle 관리에서 원격·자율·안전 비행까지 한국형 K-드론 시스템 개발

③ 규제 Complex(강화), 재정지원(시범 운영) 등 실용화 Fast-Track wldnjs

④ 드론 개발·인증·자격 3대 핵심 인프라 구축 및 기업지원허브 모델 전국 확산

> **해설** 실용화 촉진(Fast-Track) 지원에는 규제 완화(야간, 비가시 비행 등) 계획이 포함되어 있다.

정답 : ③

14 리튬폴리머 배터리가 1셀=3.7V이다. 4셀 일 경우 전압은 얼마인가?

① 4.2V　　② 7.4V　　③ 11.1V　　④ 14.8V

> **해설** 1S=3.7V, 4SX3.7V=14.8V

정답 : ④

15 한국형 K-Drone 시스템 구상 시 해외사례 중 유럽에 해당하는 것은?

① 공역 배정, 관제, 감시 등을 위한 교통관리시스템(UTM) 개발 중

② 전자적 등록 및 비행경로 추적, 관제당국과 동시 접속시스템 구축 추진

③ 실시간 비행정보 및 기상정보 등 클라우드 시스템(UCAS) 개발

④ 드론, 3차원지도, 비행관리, 클라우드 서비스 등 스마트 드론 플랫폼 개발 중

> **해설** ①은 미국, ③은 중국, ④는 일본의 사례이다.

정답 : ②

16 다음 중 태양광충전 드론의 특징에 대한 설명으로 옳지 않은 것은?

① 태양광을 이용하여 장시간 비행할 수 있다.

② 낮 동안 충전하여 야간에도 운용 가능하다.

③ 잔여 에너지 변환 효율이 변화하는 것이 장점이다.

④ 구름이 많은 날씨에서는 효율이 낮아질 수 있다.

> **해설** 충전방식의 특성상 날씨, 기온 및 솔라셀의 표면 상태 등에 따라 태양광에서 전기에너지로의 변화효율이 변화하는 것이 단점이다.

정답 : ③

17 다음 중 무인기 핵심기술이 아닌 것은?

① 센서기술　　② 통신 / 항법　　③ 동력 / 구동　　④ 수송 운송

> **해설** 무인기의 핵심기술 : 단순 구동 기술 → 제작·운용 등 복합 활용 기술로 전환 중

센서기술	비행제어	응용기술	동력/구동	플랫폼	통신/항법
안전운항 임무수행	탐지/회피	실시간 OS 개방형 SW플랫폼	신소재 배터리 하이브리드 엔진	구조 / 전장부 설계	항재밍 통합운영관리

정답 : ④

18 다음 중 향후 드론 기술의 발전과정에 대한 설명으로 옳지 않은 것은?

① 완전 자율 조종으로 비행하기 때문에 인간이 개입할 필요가 없다.

② 단순 구동 기술에서 제작·운용 등 복합 활용 기술로 전환 중이다.

③ 이륙부터 착륙까지 자율주행 기술로 발전한다.

④ 자동화 비행시스템을 이용하여 인적 오류를 줄인다.

> **해설** 무인기는 기술이 발전하면서 기계적 결함에 의한 사고는 크게 줄고 상대적으로 인적에러에 의한 사고가 증가할 것으로 예상된다.

정답 : ①

19 리튬폴리머 배터리 방전율 20C 배터리를 10C로 비행 시 이용가능한 시간은 몇 분인가?

① 6분　　② 12분　　③ 18분　　④ 30분

> **해설** C레이트는 건전지에 통전할 때의 전류의 크기를 나타내며 어떤 전지를 충전상태에서 전류로 방전하면 1시간에 전지가 완전히 방전되는 때의 전류값이 1C로 정의한다. C비율이 클수록 전류값이 커지고, 10C이면, 6분 후에 완전히 방전되는 때의 전류값을 나타낸다. (2C이면 30분후 방전, 5C이면 12분후 방전, 10C이면 6분후 방전)

정답 : ①

20 배터리가 3S 일 때 전압은?

① 3.7V ② 7.4V ③ 11.1V ④ 14.8V

해설 1S = 3.7V 2S = 7.4V 3S = 11.1V 4S = 14.8V

정답 : ③

21 다음 중 위성항법 시스템에 대한 설명으로 옳지 않은 것은?

① 위치 및 속도 정보를 알 수 있다.
② 고도 오차 보정을 위해 관성항법 시스템과 필터 등 결합해야 한다.
③ 저렴하고 소형이며, 비교적 정확한 위치정보 획득이 가능하다.
④ 기압 정보를 알 수 있다.

해설 위성항법시스템을 통해서 위치, 속도, 고도 정보를 알 수 있다.

정답 : ④

22 다음 중 무인기 핵심기술이 아닌 것은?

① 센서기술 ② 통신/항법 ③ 비행제어 ④ 배송기술

해설 17번 문제 해설 참조

정답 : ④

23 다음 중 드론에 가짜 데이터를 보내 드론이 해커가 의도한 곳으로, 이동하거나 착륙하도록 만드는 해킹 방법은 무엇인가?

① 스푸핑 ② 재밍 ③ 하이재킹 ④ 테러

해설 재밍이란 적의 전자 장비 사용을 방해할 목적으로, 잡음이나 잡음과 유사한 전자신호를 계획적으로 방사, 도는 반사해 적의 수신 내용을 교란하는 방법이며, 하이재킹이란 테러범들이 하늘을 나는 여객기를 탈취하듯이 운항 중인 드론의 조종기능을 빼앗아 납치하는 방법이다.

정답 : ①

24 다음 중 레저용 GCS의 특징에 대한 설명으로 옳은 것은?

① 정밀제어 ② 실시간 통신 ③ 특정 사용 장소 ④ 사진 및 영상촬영, 휴대폰/패드 영상 확인

해설 지상통제시스템(Ground Control Station)의 분류

군사용 GCS	레저용 GCS	특수목적용 GCS
·정밀제어 ·정확한 송수신 ·데이터 무결성 ·실시간 통신	·간단한 조작 ·사진 및 영상 촬영 ·소형 / 경량화 ·RF 무선컨트롤러 제어 ·휴대폰 / 패드 영상 확인	·특정 사용장소 ·제어용도 개별적 ·영상수신부 및 확인모니터 ·제어신호 처리 / 송수신부 ·제어장치 ·전원공급장치

정답 : ④

25 다음 중 드론 산업에 활용되는 부분이 아닌 것은?

① 사물인터넷　　② AI　　③ 빅데이터　　④ 바이오 산업

정답 : ④

26 다음 중 드론의 블루투스 통신 방식의 특징에 대한 설명으로 옳은 것은?

① 저전력 통신　　② 고용량 자료 전송 가능
③ 주파수 간섭현상 높음　　④ 높은 고도에서 영상 중계

해설 블루투스 통신방식은 저전력 통신과 주파수 간섭현상이 낮은 장점이 있지만 고용량 자료 전송은 어려운 단점이 있다.

정답 : ①

27 다음 중 네트워크형 링크에 대한 설명으로 옳은 것은?

① 군 무인기시스템에 활용된다.
② 지상통제소와 드론이 직접 교신한다.
③ 특수한 통신환경에서 다수의 드론을 제어 및 조종하는데 사용한다.
④ 지상무선국이 필요하다.

해설 ①~③은 P2P형 링크 네트워크에 대한 설명이다.

정답 : ④

28 드론 통신방식 특성 중 5G 이동통신의 특성에 대한 설명으로 옳은 것은?

① 고용량 자료 전송이 어렵다.　　② ISM대역사용으로 간섭현상이 발생한다.
③ 지상교신 시 시간지연이 발생한다.　　④ 상용화에 장기간 시일이 소요된다.

해설 5G 이동통신은 빠른 전송속도와 여러 사물과 실시간 통신이 가능한 장점이 있지만, 상용화에 장기간 시일이 소요되는 단점이 있다.

정답 : ④

29 다음 중 무인기 제어 링크에 대한 설명으로 옳지 않은 것은?

① P2P형 링크는 무인기와 지상통제소 조종사와 간접 연결되어 있다.
② P2P형 링크는 군 무인기 시스템, 재난구조 수행, 긴급 통신영역 확장 등의 특수한 통신 환경에서 다수 드론을 제어하고 조종하는데 활용된다.
③ 네트워크형 링크는 무인기와 지상통제소를 무인기 제어 지상 네트워크가 연결한다.
④ 네트워크형 링크는 LTE, Wibro과 같은 고속 무선 통신 네트워크를 통해 지상통제소와 연결되고 제어 및 조종하는데 활용된다.

해설 P2P형 링크는 무인기와 지상통제소 조종사와 직접 연결되어 있다. Wibro(Wireless Broadband Interne) : 무선 광대역 인터넷

정답 : ①

30 다음 중 관성항법시스템에 대한 설명으로 옳은 것은?

① 외부환경 최소화　　② 오차의 최소　　③ 영상정보 분석　　④ 위성신호를 쓴다

해설 관성항법시스템은 외부환경 영향이 최소화 되는 장점이 있지만 시간이 지남에 따라 항법 오차가 증가하는 단점이 있다.

정답 : ①

31 다음 중 초경량비행장치의 눈과 거리가 먼 것은?

① 광학시스템　　② 배송물　　③ 레이더　　④ 라이다

해설 배송물은 초경량비행장치의 눈과 거리가 멀다.

정답 : ②

32 안전하게 귀환(return to home) 등 자동안전장치(fail-safe) 기술로 초경량비행장치가 세계로 확산되는데 이바지한 장치는?

① Gyro sensor　　② Radar　　③ GPS　　④ Lidar

해설 GPS는 속도, 위치, 시간 등을 확인할 수 있다. GPS 기술 발전이 초경량비행장치가 발전하게 된 결정적 이유이다.

정답 : ③

33 다음 중 LTE 통신방식의 특성에 대한 설명으로 옳지 않은 것은?

① 드론 제어 통신거리 무제한　　② 고용량 자료 전송 불가능
③ 실시간 영상 스트리밍 가능　　④ 높은 고도에서 영상 중계

해설 LTE 통신방식은 드론 제어 통신거리가 무제한이고 실시간 영상 스트리밍이 가능하며, 높은 고도에서 영상 중계가 가능한 장점이 있지만 테러나 범죄에 악용 가능성이 있고 장거리 드론 비행규제 단점도 있다.

정답 : ②

34 다음 중 데이터링크 기술에 대한 설명으로 옳은 것은?

① 드론의 데이터링크 기술은 제어 데이터를 송수신하기 위한 무선통신 기술이다.

② ISM대역이란 산업기기에만 사용하기 위해 지정된 주파수 대역이다.

③ ISM대역은 허가가 불필요한 소출력 무선기기들이 많이 사용된다.(10mW제한)

④ 2.4GHz 대역은 와이파이 서비스 통신에만 사용한다.

해설 드론 데이터링크 기술은 제어데이터와 정보데이터를 송수신하기 위한 무선통신기술이고, ISM 대역은 산업과학 의료용 기기에 사용하기 위해 지정된 주파수 대역으로 우리나라 드론은 2.4~2.48GHz, 5.725~5.875GHz 대역을 사용하고 2.4GHz대역은 와이파이 서비스, 블루투스, 전파식별 등 다양한 통신에 활용된다.

정답 : ③

35 다음 중 드론 수산업 활용 분야가 아닌 것은?

① 적조 탐지 및 제거   ② 어군 탐지   ③ 오염물질 제거   ④ 실종

> **해설** 드론이 수산업 분야에는 적조, 오염물, 어군을 탐지 및 오염물질 제거, 미끼 투척, 어류 포획 등에 활용된다.

정답 : ④

36 다음 중 드론의 인공지능 알고리즘 중 2단계에 대한 설명으로 옳지 않은 것은?

① 통계 데이터 기반을 모델을 추출, 학습이 가능   ② 추론 능력 부족이 한계
③ 기계와 인간의 자연스런 소통   ④ 머신러닝

> **해설** 기계와 인간의 자연스런 소통은 3단계 Contextual Adaptation(상황에 맞는 적응)에 해당된다.

정답 : ③

37 다음 중 드론 군집비행의 활용 방안이 아닌 것은?

① 조난자 탐색   ② 농작물 인식   ③ 가상현실과 결합   ④ 첩보 수집

> **해설** 군집비행 기술의 활용 방안에서 국방 안보 감시, 첩보 수집은 해당되지 않는다.

정답 : ④

38 다음 중 드론 해킹의 스푸핑에 대한 설명으로 옳지 않은 것은?

① 스푸핑(Spoofing)이란 '속인다'라는 뜻이다.
② 드론의 조종을 빼앗아 탈취하는 것을 의미한다.
③ 드론에 가짜 데이터를 보내 드론이 해커의 의도한 곳으로 이동하거나 착륙하게 만드는 방법이다.
④ 드론과 연결된 무선 네트워크에 침투하여 드론에 저장된 정보를 빼내거나 드론을 탈취하는 것이다.

> **해설** ②는 하이재킹에 대한 설명이다.

정답 : ②

39 다음 중 드론 분야별 활용 현황 중 통신 분야에 대한 설명으로 옳지 않은 것은?

① 통신·기지국의 품질을 측정한다.
② 획득한 데이터를 바탕으로 건물이나 높은 시설물에 의해 영향을 받는 특정주파수를 피하거나 안테나의 높이, 지형 등을 계산하여 적절한 설치 위치를 선정한다.
③ 드론으로 통신망 구축하여 인구 밀도가 높은 지역에서 라디오, TV, 인터넷용 전파통신 신호 기지국 같은 역할을 한다.
④ 비기사권 비행이 가능하다.

> **해설** 드론으로 통신망 구축하여 인구 밀도가 낮은 지역에서 라디오, TV, 인터넷용 전파통신 신호 기지국 같은 역할을 한다.

정답 : ③

40 다음 중 소프트 킬(Soft Kill)에 대한 설명으로 옳지 않은 것은?

① 통신 재밍은 전파를 방해하여 비행 불능 상태로 전환하게 한다.
② 스푸핑은 진짜 좌표를 주입해 비행 불능 또는 비행경로를 이탈하게 한다.
③ 하이재킹(조종권 탈취)은 프로토콜을 해킹하거나 착륙 및 비행 불능 상태로 포획하는 것이다.
④ 지오펜싱은 드론의 항법 소프트웨어 GPS에 비행금지구역 정보를 입력하여 특정구역의 비행을 방해하는 것이다.

해설) 스푸핑은 거짓 좌표를 주입해 비행 불능 또는 비행경로를 이탈하게 하는 무력화 기술이다.

정답 : ②

41 다음 중 스스로 인식하고 이에 따라 상황을 판단하고 임무를 수행하는 시스템은 무엇인가?

① 자동기계   ② 자율화   ③ 자동화   ④ 자율화/자율지능

해설) 자율화/자율지능(Autonomous)의 예로는 높은 수준의 자율주행차, 드론이 해당된다.

정답 : ④

42 상호네트워크로 연결되고 동기화된 다수의 드론들이 군집을 형성하여 비행하는 기술은 무엇인가?

① 계기비행   ② 군집비행   ③ 자율비행   ④ 야간비행

해설) 군집비행 기술은 조난자 탐색, 농작물 인식, 실시간 지도생성 등 산업 전반에 걸쳐 활용 가능하다.

정답 : ②

43 다음 중 영상항법시스템을 사용하여 얻을 수 있는 영상항법기술이 아닌 것은?

① 옵티컬 플로우(Optical flow)   ② 풍향속도
③ 특징점 추적(Feature Point)   ④ 영상 정합(Image Matching)

해설) 영상항법시스템은 저가의 광학카메라의 영상으로 항법정보 추출 가능하며 영상항법기술에는 옵티컬 플로(Optical flow), 영상정합(Image Matching), 특징점 추적(Feature Point)이 있다. 장점은 시야확보 영상제공이 가능하며 단점은 영상분석 SW에 따른 HW 성능 상향 조정이 필요하다.

정답 : ②

44 다음 중 드론의 군집비행 기술에 대한 설명으로 옳지 않은 것은?

① 일반적인 GPS 기반 드론   ② RTK-GPS 기반 드론
③ 시나리오   ④ 유동신호

해설) 군집비행 기술은 공통적인 보정 신호 전부를 모든 드론에게 한번에 보내는 고정신호 방식이다.

정답 : ④

45 다음 중 드론의 군집비행 기술에 대한 설명으로 옳지 않은 것은?

① 일반적인 GPS 기반 드론 : 위성으로부터 정보를 받아 오차 5m 발생

② RTK-GPS 기반 드론 : 위성과 RTK로부터 동시에 받아 오차 0.1m 발생

③ 시나리오 : 과도한 통신량을 줄이기 위해 모든 드론 탑재

④ 고정신호 : 공통적인 보정 신호 전부를 모든 드론에게 시간 간격을 두고 보냄

> [해설] 군집비행 기술은 공통적인 보정 신호 전부를 모든 드론에게 한번에 보내는 고정신호 방식이다.

정답 : ④

46 다음 중 안티드론의 무력화 기술인 Soft kill에 해당되지 않는 것은?

① 통신재밍   ② 방공용 대공화기   ③ 위성항법재밍, 스푸핑   ④ 조종권 탈취

> [해설] 방공용 대공화기는 Hard kill의 하나이다.

정답 : ②

47 다음 중 하이브리드 드론에 대한 설명으로 옳지 않은 것은?

① 전기모터-배터리 동력체계에서 엔진-휘발류 동력체계를 추가한 드론

② 전기모터-배터리 동력체계에서 엔진-가스 동력체계를 추가한 드론

③ 전기모터-배터리 단일체계 대비 더 짧게 드론에 전력을 공급할 수 있는 것이 단점

④ 드론 충돌 및 사고 발생 시 폭발위험이 더 높아질 수 있는 단점

> [해설] 전기모터-배터리 단일체계 대비 더 오래 드론에 전력을 공급할 수 있는 것이 장점

정답 : ③

48 다음 중 태양광 충전 드론에 대한 설명으로 옳지 않은 것은?

① 태양광을 전기에너지로 변화시켜주는 솔라셀(Solar Cell)이 드론의 기체에 설치되어 있다.

② 설치된 솔라셀의 개수에 비례하여 드론에 전력 공급이 된다.

③ 넓은 면적을 가지고 있는 고정익 드론에 적용된다.

④ 충전방식의 특성상 날씨, 기온 및 솔라셀의 표면상태 등에 따라 태양광에서 전기에너지로의 변환 효율이 변화하는 것이 장점이다.

> [해설] 태양광 충전 드론은 충전방식의 특성상 날씨, 기온 및 솔라셀의 표면상태 등에 따라 태양광에서 전기에너지로의 변환 효율이 변화하는 것이 단점이다.

정답 : ④

49 다음 중 드론 산업 동향의 통신 분야별 활용 현황에 대한 설명으로 옳지 않은 것은?

① 통신·기지국의 품질을 측정한다.
② 드론으로 통신망을 구축하여 인구 밀도가 낮은 지역에서 라디오, TV, 인터넷용 전파통신 신호 기지국 같은 역할을 한다.
③ 지역의 건물 높이와 거리에 따른 전파특성 변화를 파악할 수 있다.
④ 드론과 위성과의 수신거리를 측정할 수 있다.

해설 통신 분야에서는 통신·기지국의 품질을 측정하고, 지역의 건물 높이와 거리에 따른 전파특성 변화를 파악할 수 있으며, 드론으로 통신망을 구축하여 인구 밀도가 낮은 지역에서 라디오, TV, 인터넷용 전파통신 신호 기지국 같은 역할에 활용된다.

정답 : ④

50 다음 중 미리 계획된 룰과 프로그램에 따라 작동하는 시스템은 무엇인가?

① 자동기계　　　② 자동화　　　③ 자율화/자율지능　　　④ 자율지능기계

해설 자동화 단계의 예로는 낮은 수준의 자율주행차, 순항 미사일 등이 있다.

정답 : ②

51 다음 중 자율비행 및 충돌회피 기술에 대한 설명으로 옳지 않은 것은?

① 3차원 지도 기반의 운행 경로에 따라 자율비행하는 기술
② 주변 상황 인식 센서와 비행제어 소프트웨어의 장애물 충돌회피 기술
③ 유인기의 조종사 역할을 대신할 수 있는 비협조적 충돌회피 기술
④ 날씨 변화에 스스로 안전하게 대처하는 기술

해설 현재 자율비행 및 충돌회피 기술이 날씨변화에 대처할 수는 없다. 기체 고장 및 비행환경 변화에 스스로 안전하게 대처하는 기술은 가능하다.

정답 : ④

52 무인기에 전파교란기나 Chaff 살포기 등을 장착하여 아군기의 비행경로에 Chaff를 살포하거나 광범위한 주파수대에 걸쳐 전파교란을 실시하여 적의 레이더망을 마비시키고 아군기를 안전하게 운용하기 위한 목적으로 사용되는 무인기는 무엇인가?

① 전파교란 무인기　　② 전자전용 무인기　　③ 교란용 무인기　　④ 기만용 무인기

해설 기만용 무인기 : 적 레이더와 같은 방공망을 기만하여 교란시키는 역할

정답 : ②

53 다음 중 영상항법시스템의 영상항법기술이 아닌 것은?

① 옵티컬 플로   ② 방향 추적   ③ 영상 정합   ④ 특징점 추적

> **해설** 영상항법시스템의 영상항법기술로는 옵터컬 플로(Optical flow), 영상 정합(Image Matching), 특징점 추적(Feature Point)이 있다.

정답 : ②

54 드론의 분야별 활용 현황 중 인프라 관리 분야가 아닌 것은?

① 건설 현장 모니터링   ② 시설물 유지·관리   ③ 탐사   ④ 상·하수도 배관 누출 감지

> **해설** 드론의 인프라 관리분야로 건설 현장 모니터링, 시설물 유지·관리, 전력선 감시·관리, 상·하수도 배관 누출 감지 등으로 활용되고 있다.

정답 : ③

55 다음 중 안티드론 기술 중 무력화 기술인 Soft kill이 아닌 것은?

① 통신 재밍   ② 위성 항법 재밍   ③ 조종권 탈취   ④ 직사 에너지 무기

> **해설** 직사 에너지 무기는 Hard kill 방식이다.

정답 : ④

56 다음 중 방전율이 30C인 배터리를 방전율 20C로 사용 시 사용시간으로 옳은 것은?

① 2분   ② 3분   ③ 10분   ④ 20분

> **해설** 방전율 : 30C×1C(=2,200mAh) = 66,000mAh
> 20C일 때 지속시간(분) : 60분 / 20C = 3분

정답 : ②

57 다음 중 기계적 장치에 의해 반응하는 시스템은 무엇인가?

① 자동기계   ② 자동화   ③ 자율화/자율 지능   ④ 자율지능기계

> **해설** 자동기계의 예로는 토스터, 지뢰, 부비트랩 등이 있다.

정답 : ①

58 드론의 사고 원인 중 자연적 원인이 아닌 것은?

① 드론 충돌　　② 조류 충돌　　③ 기상 변화　　④ 태양풍

해설　드론사고의 자연적 원인으로는 조류 충돌, 기상 변화, 태양풍이 있다.

정답 : ①

59 다음 중 협력적 통신기반 탐지회피 기술에 해당하는 것으로 옳은 것은?

① 구조광 센서　　② 라이다(LiDAR) 센서　　③ 레이더(Radar) 센서　　④ ADS-B

해설　협력적 통신기반 탐지회피 기술은 민간항공기에 사용되는 ADS-B(Automatic Dependant Surveillance Broadcast) 등의 장비를 활용하여 자신의 위치를 알리는 동시에 항공기의 위치를 수신하여 비행경로상의 외부 물체를 탐지 및 회피하는 기술이다.

정답 : ④

60 다음 중 비협력적 탐지 및 회피 기술이 아닌 것은?

① 스테레오비전 센서　　② 구조광 센서　　③ 레이더(Radar) 센서　　④ ADS-B

해설　비협력적 탐지 및 회피 기술은 무인이동체에 탑재된 센서를 활용하여 장애물의 위치를 추적하는 기술로써 스테레오비전 센서, 구조광 센서, 라이다 센서, 레이더 센서 등이 있다.

정답 : ④

61 다음 중 드론 관제(NASA UTM)의 핵심기술 2단계의 기술 능력수준(TCL)의 시험에 대한 설명으로 옳은 것은?

① 전원 지역에서의 농업과 화재 진압, 인프라 점검을 위해 Geo-Fence를 바탕으로 한 운항경로 설정
② 인구 밀도가 낮은 지역에서의 비가시 비행과 비행 절차, 장거리 운용을 위한 교통규칙 등의 사항 점검
③ 적당히 인구가 밀집된 지역에서의 조종과 자율 비행 조종을 보증할 수 있는 협조/비협조적 UAS 추적 능력을 포함한 내용 점검
④ 인구 고밀도 도시 지역에서의 뉴스 수집과 패키지 배송, 대규모의 비상 사태의 관리에 사용할 수 있는 기술 시험

해설　NASA는 UTM에 필요한 기술을 TCL(Technical Capability Levels) 1부터 TCL 4로 명명하고 있다.
　　　보기의 ①은 TCL 1, ②는 TCL 2, ③은 TCL 3, ④는 TCL 4의 내용이다.

정답 : ②

62 다음 중 K-드론 시스템의 핵심 구성 요소가 아닌 것은?

① 클라우드 시스템　　② AI 기반의 자동관제　　③ 원격자율비행　　④ 원격자동충전

> 해설 원격자동충전은 K-드론시스템의 핵심 구성 요소가 아니다.

정답 : ④

63 다음 중 인공지능 알고리즘 2단계 항목에 대한 설명으로 옳지 않은 것은?

① 추론 능력 부족이 한계　　　　　　　② 기계와 인간의 자연스러운 소통
③ 통계 데이터 기반으로 모델을 추출, 학습이 가능　　④ 머신러닝(Machine Learning)

> 해설 기계와 인간의 자연스러운 소통은 인공지능 알고리즘의 마지막 3단계 항목이다.

정답 : ②

64 다음 중 소형드론의 체공시간을 늘리기 위한 방법에 대한 설명으로 옳지 않은 것은?

① 배터리 성능 향상　　　　② 전기모터 효율 향상
③ 기체 중량 경량화　　　　④ 임무장비 성능 향상

> 해설 소형드론의 체공시간을 향상하기 위한 관련 기술로는 배터리 성능 향상, 전기모터 효율 향상, 프로펠러 효율 향상, 기체 중량 경량화, 하이브리드 추진시스템 적용 등이 있다.

정답 : ④

65 다음 중 인공지능 알고리즘 3단계에 대한 설명으로 옳지 않은 것은?

① 추상화 및 논리화 등의 보강 필요　　② 획기적인 학습량 감소 요구
③ 적절한 방법론 부재　　　　　　　　④ 머신러닝

> 해설 머신러닝은 인공지능 알고리즘의 2단계에 해당한다.

정답 : ④

66 소형드론의 체공시간 향상은 꾸준히 요구되는 항목으로 관련 기술 개발이 활발히 진행될 것으로 예상된다. 다음 중 관련기술에 대한 설명으로 옳지 않은 것은?

① 배터리 성능 향상　　　　② 전기모터 효율 향상
③ 프로펠러 효율 향상　　　④ 기체 중량 중량화

> 해설 소형 드론의 체공시간 관련 기술로는 배터리 성능 향상, 전기모터 효율 향상, 프로펠러 효율 향상, 기체 중량 경량화, 하이브리드 추진시스템 적용 등이 있다.

정답 : ④

67 다음 중 한국산업규격(KS)에서 드론의 가장 핵심 구성품인 프로펠러의 내구성 시험에 해당되지 않는 것은?

① 시험 조건
② 갓 유지 시험
③ 진동중 한계 시험
④ 내구성 시험

해설 "무인항공기 시스템-프로펠러의 설계 및 시험" 한국산업규격(KS)에서는 드론의 가장 핵심 구성품인 프로펠러의 내구성 시험, 성능시험을 위한 시험장치 구성, 시험절차 및 적합성 기준 등을 규정하고 있다.
■ 내구성 시험 : 갓 유지 시험, 진동하중 한계 시험, 내구성 시험, 기능 시험 등
■ 성능 시험 : 시험 조건, 절차, 측정 자료 처리 등

정답 : ①

68 다음 중 대공포와 근거리 레이더를 결합하여 드론을 격추하는 무력화 기술은 무엇인가?

① 그물/네트 건
② 맹금류
③ 방공용 대공화기
④ 직사에너지 무기(레이저/RF Gun)

해설 대공포와 근거리 레이더를 결합하여 드론을 격추하는 것은 방공용 대공화기이다.

정답 : ③

69 레이저 광원을 이용하여 방출한 레이저펄스신호의 반사시간 또는 반사신호의 위상변화량 측정을 통해 거리를 측정하는 센서는 무엇인가?

① 스테레오비전 센서   ② 구조광 센서   ③ 라이다(LiDAR) 센서   ④ 레이더(Radar) 센서

해설 레이더 센서는 전자파를 송신하고 표적으로부터 반사된 신호의 왕복시간을 바탕으로 거리를 측정한다.

정답 : ③

70 다음 중 드론의 통신 분야의 산업 동향에 대한 설명으로 옳지 않은 것은?

① 통신·기지국의 품질을 측정하고, 지역의 건물 높이와 거리에 따른 전파특성 변화를 파악할 수 있음
② 드론으로 통신망 구축하여 인구 밀도가 낮은 지역에서 라디오, TV, 인터넷용 전파통신 신호 기지국 같은 역할
③ 획득한 데이터를 바탕으로 건물이나 높은 시설물에 의해 영향을 받는 특정 주파수를 피하거나, 안테나의 높이, 지형 등을 계산하여 적절한 위치 선정
④ 페이스북은 인터넷 통신을 위한 고고도 무인항공기를 2016년 시험비행을 성공하였으며, 계속 개발하고 있다.

해설 페이스북은 인터넷 통신을 위한 고고도 무인항공기를 2016년 시험비행을 성공하였으나, 2018년도에 개발을 중단하였다.

정답 : ④

71 다음 중 150kg 이하의 중소형 드론에 적용되는 표준 비행성능 시험 중 수직이착륙 내풍 성능 시험으로 옳은 것은?

① 1m 이내로 5초 이상 유지
② 1m 이내로 10초 이상 유지
③ 2m 이내로 5초 이상 유지
④ 2m 이내로 10초 이상 유지

> **해설** 수직 이착륙 내풍 성능 시험은 제시된 측풍에서 수직선에서 위치 편차가 1m 이내로 10초 이상 유지해야 한다.

정답 : ②

72 다음 중 무선충전 드론의 자기유도 전력 전송 방식에 대한 설명으로 옳은 것은?

① 충전패드에 도착했을 때 착륙방향에 상관없이 자동 충전이 가능
② 레이저 전력 전송 방식 대비 상대적으로 먼 거리에서도 전력 전송이 가능
③ 날씨에 따른 전력 전달 능력의 변화량이 크고 상대적으로 전력 전송 효율이 낮음
④ 레이저 전력 전송 방식 대비 고비용으로 높은 전력 전력전송 효율(~90%)

> **해설** 자기유도 전력 전송 방식은 충전패드에 도착했을 때 착륙방향에 상관없이 자동 충전이 가능하고 레이저 전력 전송 방식 대비 저렴한 비용으로 높은 전력 전송 효율(~90%)

정답 : ①

73 다음 중 소형 드론의 체공시간 향상을 위한 관련 기술이 아닌 것은?

① 배터리 성능 향상   ② 전기모터 효율 향상   ③ 프로펠러 효율 향상   ④ 기체 소형화

> **해설** 소형드론 체공시간 관련 기술 : ①~③, 기체 중량 경량화, 하이브리드 추진시스템 적용

정답 : ④

74 다음 중 무선 충전 드론의 레이저 전력 전송 방식에 대한 설명으로 옳지 않은 것은?

① 레이저 발생장치를 통해 드론에 장착되어 있는 레이저 수신부를 실시간으로 조준하여 전력을 전송하는 방식
② 레이저 수신부를 설치할 공간이 비교적 충분한 고정익 드론에 주로 적용
③ 자기유도 전력 전송방식 대비 상대적으로 먼 거리에서도 전력 전송이 가능
④ 자기유도 전력 전송방식 대비 저렴한 비용으로 높은 전력 전송 효율(~90%)

> **해설** 자기유도 전력 전송방식이 레이저 전력 전송방식 대비 가격이 저렴하다.

정답 : ④

75 다음 중 150kg 이하의 중소형 드론에 적용되는 표준의 성능 시험이 아닌 것은?

① 시험조건   ② 절차   ③ 갓 유지 시험   ④ 측정자료 처리 등

해설 내구성 시험 : 갓 유지 시험, 진동하중 한계 시험, 내구성 시험, 기능 시험 등

정답 : ③

76 다음 중 드론의 비행성능 시험의 상승률에 대한 설명으로 옳은 것은?

① 이륙출력 이상에서 최소 1m/s가 되어야 함
② 이륙출력 이하에서 최소 1m/s가 되어야 함
③ 이륙출력 이상에서 최소 2m/s가 되어야 함
④ 이륙출력 이하에서 최소 2m/s가 되어야 함

해설 상승률은 이륙출력 이하에서 최소 2m/s가 되어야 한다.

정답 : ④

77 다음 중 드론의 비행성능 시험의 최대수평속도에 대한 설명으로 옳은 것은?

① 속도시험을 실시하여 신청자가 제시한 최저속도에서 오차가 ±5% 이내
② 속도시험을 실시하여 신청자가 제시한 최대속도에서 오차가 ±5% 이내
③ 속도시험을 실시하여 신청자가 제시한 최저속도에서 오차가 ±10% 이내
④ 속도시험을 실시하여 신청자가 제시한 최대속도에서 오차가 ±10% 이내

해설 드론의 비행성능 시험의 최대수평속도는 속도시험을 실시하여 신청자가 제시한 최대속도에서 오차가 ±10% 이내이다.

정답 : ④

78 다음 중 드론의 무력화 기술 중에서 Hard Kill이 아닌 것은?

① 그물/네트 건   ② 맹금류   ③ 방공용 대공화기   ④ 지오펜싱

해설 하드 킬 : 그물/네트 건, 맹금류, 방공용 대공화기, 직사에너지 무기
소프트 킬 : 통신 재밍, 스푸핑, 조종권 탈취, 지오펜싱

정답 : ④

79 다음 중 드론 통신 방식 특성 중 5G 이동통신의 특성에 대한 설명으로 옳지 않은 것은?

① 여러 사물과 실시간 통신
② ISM대역 사용으로 간섭현상 발생
③ 상용화에 장기간 시일 소요
④ 빠른 데이터 전송 속도

해설 ISM대역 사용으로 간섭현상 발생하는 것은 WiFi 통신 방식의 특성이다.

정답 : ②

80 다음 중 무선 충전 드론의 자기유도 전력 전송 방식의 특성에 대한 설명으로 옳지 않은 것은?

① 시간에 따라 변화는 자기장이 코일을 통과할 때 발생하는 유도전압을 이용하여 전력 전달
② 충전패드에 도착했을 때 착륙방향에 상관없이 자동 충전 가능
③ 레이저 전력 전송 방식 대비 저렴한 비용으로 높은 전력 전송 효율
④ 레이저 전력 전송 방식 대비 상대적으로 먼 거리에서도 전력 전송이 가능

해설 레이저 전력 전송 방식이 자기유도 전력 방식 대비 상대적으로 먼 거리에서도 전력 전송이 가능하다.

정답 : ④

81 다음 중 한국형 K-드론시스템 핵심 구성 요소 중 AI기반의 자동관제가 아닌 것은?

① 기상·지형 정보까지 연계한 자동관제
② 빅데이터 기반 안전 비행
③ 경로분석·충돌회피 지원
④ 이동통신망 기반 비행 중 모든 드론의 실시간 비행 정보 통합·공유

해설 이동통신망 기반 비행 중 모든 드론의 실시간 비행 정보 통합·공유는 클라우드 시스템에 대한 내용이다.

정답 : ④

82 다음 중 한국산업규격(KS)중 무인동력비행장치의 설계로 옳은 것은?

① KSH9101   ② KSW9101   ③ KSW9001   ④ KSH9002

해설 국가기술표준원은 8대 혁신성장 선도사업으로 선정한 드론의 개발촉진 및 안전성 확보를 위해 무인동력비행장치의 설계(KSW9001) 등 3종을 한국산업규격(KS)으로 제정하였다.(2018.3월)

정답 : ③

83 다음 중 일반자동차, 항공기, 드론의 사고 원인에 대한 설명으로 옳지 않은 것은?

① 일반자동차의 소프트웨어적 결함으로 인한 사고가 드론 소프트웨어적 결함으로 인한 사고보다 가능성이 높다.
② 드론은 전파·GPS교란으로 사고 발생 가능성이 있다.
③ 일반자동차는 해킹으로 인한 사고는 발생가능성이 희박하거나 없다.
④ 항공기는 태양풍에 의한 사고 위험은 발생가능하나 가능성이 낮다.

해설 일반자동차의 소프트웨어적 결함으로 인한 사고가 드론 소프트웨어적 결함으로 인한 사고보다 가능성이 낮다.

정답 : ①

84 다음 중 150kg 이하의 중소형 드론에 적용되는 표준 비행성능 시험 중 수직이착륙 내풍 성능 시험으로 옳은 것은?

① 1m 이내로 5초 이상 유지　　② 1m 이내로 10초 이상 유지
③ 2m 이내로 5초 이상 유지　　④ 2m 이내로 10초 이상 유지

> 해설　수직 이착륙 내풍 성능 시험은 제시된 측풍에서 수직선에서 위치 편차가 1m 이내로 10초 이상 유지해야 한다.

정답 : ②

85 다음 중 한국형 K-Drone 시스템 구상 시 해외사례에 대한 설명으로 옳은 것은?

① 미국 - 드론·3차원 지도·비행관리·클라우드 서비스 등 스마트 드론 플랫폼 개발 중
② 유럽 - 공역 배정·관제·감시 등을 위한 교통관리시스템(UTM) 개발 중(NASA 2014~)
③ 일본 - 전자적 등록(2019) 및 비행경로 추적, 관제당국과 동시 접속 시스템 구축 추진
④ 중국 - 실시간 비행정보 및 기상정보 등 클라우드 시스템(UCAS) 개발

> 해설　드론 핵심구성요소 중 해외 사례
> • 미국 - 공역 배정·관제·감시 등을 위한 교통관리시스템(UTM) 개발 중(NASA 2014~)
> • 유럽 - 전자적 등록(2019) 및 비행경로 추적, 관제당국과 동시 접속 시스템 구축 추진
> • 일본 - 드론·3차원 지도·비행관리·클라우드 서비스 등 스마트 드론 플랫폼 개발 중
> • 중국 - 실시간 비행정보 및 기상정보 등 클라우드 시스템(UCAS) 개발

정답 : ④

86 다음 중 무인동력비행장치의 설계 표준에 해당되지 않는 것은?

① 실속 경고　　② 이륙거리　　③ 최대수평속도　　④ 최대비행거리

> 해설　비행성능시험 항목에는 실속 경고, 이륙거리, 상승률, 최대수평속도, 최대체공시간, 수직이착륙 내풍 성능이 있다.

정답 : ④

87 다음 중 드론의 사고 원인이 아닌 것은?

① 조종자 과실　　② 타인 과실　　③ 조류 충돌　　④ 제트 기류

> 해설　드론의 사고 발생 가능 원인은 운행자 과실, 타인 과실, 제조물 결함(H/W, S/W), 해킹, 전파 GPS 교란, 자연적 원인(조류 충돌, 기상 변화, 태양풍)이 있다.

정답 : ④

88 다음 중 위성항법시스템의 특징에 대한 설명으로 옳지 않은 것은?

① 무인항공기의 위치 및 속도 정보 제공

② 고도오차 보정을 위해 관성항법시스템과 필터 등 결합

③ 저렴하고 소형이며, 비교적 정확한 위치정보 획득

④ 시간이 지남에 다라 항법 오차 증가

해설 시간이 지남에 따라 항법 오차가 증가하는 것은 관성항법시스템이다.

정답 : ④

89 다음 중 관성항법시스템의 특징에 대한 설명으로 옳지 않은 것은?

① 소형무인항공기 저가의 MEMS 기반 IMU 사용

② 오차가 상대적으로 크므로 다른 항법센서와 정보 융합

③ 외부환경 영향 최소

④ 고도 정보 오차 큼

해설 고도 정보 오차가 큰 것은 위성항법시스템이다.

정답 : ④

90 다음 중 추진동력 기술에 대한 설명으로 옳지 않은 것은?

① 고고도 장기 체공을 위한 태양전지, 수소연료 전지 등 추진동력 기술

② 내연기관, 태양전지, 연료전지 등을 조합한 하이브리드 동력 기술

③ 장시간 비행을 위한 고성능 배터리 기술

④ 유선드론

해설 유선드론은 추진 동력에 따른 드론의 종류이다.

정답 : ④

91 다음 중 지상의 로봇 시스템과 같은 개념에서 비행하는 로봇 의미로 사용하는 용어로 옳은 것은?

① Drone　　　② Robot Aircraft　　　③ UAS　　　④ UAM

해설 Drone : 사전 입력된 프로그램에 따라 비행하는 무인비행체로 최근에 무인항공기를 통칭하는 용어로 사용되고 있음
UAS : Unmanned Aircraft System, 2000년대에 사용하던 용어로 무인기가 일정하게 정해진 공역뿐만 아니라 민간 공역을 진입하게 됨에 따라 Vehicle이 아닌 Aircraft로서의 안전성을 확보하는 항공기임을 강조하는 용어
UAM : Urban Air Mobility, 도심항공모빌리티의 약자로 수직이착륙 비행기로 도심권역을 이동하는 시스템을 의미

정답 : ②

92 다음 중 K-드론 시스템에서 외부연계시스템이 아닌 것은?

① 등록이력 시스템　　② 기상 정보　　③ 유인기 비행정보　　④ 실시간 항적 추적

해설　외부연계 시스템 : 등록이력 시스템, 기상 정보, 유인기 비행정보, 공역/지형관리 정보, 사업자 등록 정보
　　　UTM 시스템 : 실시간 항적 추적, 예상 비행궤적 생성, 운용 안전관리, 임무/비행 연동, 지도·DB·데이터 처리, 경고/메시지 관리

정답 : ④

93 다음 중 비행제어시스템에 대한 설명으로 옳지 않은 것은?

① 고신뢰성과 안전성을 보장할 수 있는 하드웨어 및 소프트웨어로 구성
② 비행제어시스템의 System-on-Chip으로 소형화 및 고성능화 구현
③ 다양한 탑재장비 및 센서, 데이터링크 장비와의 인터페이스 기능 제공
④ 소형 드론의 비행제어장치로 미국 3DR의 CC3D, 중국 DJI의 NAZA와 A3, 중국 TAROT의 ZYX, 미국 Openpilot의 APM과 Pixhawk 등의 제품이 있다.

해설　소형 드론의 비행제어장치로 미국 3DR의 APM과 Pixhawk, 중국 DJI의 NAZA와 A3, 중국 TAROT의 ZYX, 미국 Openpilot의 CC3D 등의 제품이 있다.

정답 : ④

94 다음 중 사전 입력된 프로그램에 따라 비행하는 무인 비행체로 최근에 무인항공기를 통칭하는 용어로 옳은 것은?

① 무인기　　② 드론　　③ UAV　　④ RPAS

해설　최근에 무인항공기를 통칭하는 용어로 사용되고 있는 것은 드론이며, RPAS는 ICAO에서 공식 용어로 채택하여 사용하고 있는 용어이다.

정답 : ②

95 다음 중 드론 카메라의 사생활 침해 특성으로 옳지 않은 것은?

① 식별성　　② 지속성　　③ 유출성　　④ 저장성

해설　드론 카메라의 사생활 침해 특성 : 식별성, 지속성, 정밀성, 저장성

정답 : ③

96 다음 중 한국형 K-드론시스템 핵심 구성 요소 중 클라우드 시스템에 대한 설명으로 옳은 것은?

① 이동통신망 기반 비행중 모든 드론의 실시간 비행 정보 통합·공유
② 기상·지형 정보까지 연계한 자동관제
③ 빅데이터 기반 안전 비행
④ 경로분석·충돌회피 지원

해설　②~④는 AI 기반 자동관제에 대한 설명이다.

정답 : ①

97 다음 중 한국형 K-Drone 시스템 구상 시 해외사례 중 미국에 해당하는 것은?

① 공역 배정·관제·감시 등을 위한 교통관리시스템(UTM) 개발 중

② 전자적 등록 및 비행경로 추적, 관제당국과 동시 접속 시스템 구축 추진

③ 드론·3차원 지도·비행관리·클라우드 서비스 등 스마트 드론 플랫폼 개발 중

④ 실시간 비행정보 및 기상 정보 등 클라우드 시스템(UCAS) 개발

해설 ② : 유럽, ③ : 일본, ④ : 중국

정답 : ①

98 다음 중 위성항법시스템의 특징에 대한 설명으로 옳지 않은 것은?

① 저렴하고 소형이며, 비교적 정확한 위치정보를 획득할 수 있다.

② 고도 정보 오차 크다.

③ 시간이 지남에 따라 항법 오차 증가한다.

④ 고도 오차 보정을 위해 관성항법시스템과 필터 등 결합한다.

해설 위성항법시스템은 지속적으로 위성으로부터 신호를 받아 위치를 계산하기 때문에 시간이 지남에 따라 항법 오차가 증가하지 않는다. 오히려, 관성항법시스템은 시간이 지남에 따라 오차가 누적될 수 있다. 따라서 위성항법시스템과 관성항법시스템을 결합하면 고도 오차 및 누적 오차를 효과적으로 보정할 수 있다.

정답 : ③

99 다음 중 LTE 드론 통신 방식 특징에 대한 설명으로 옳지 않은 것은?

① 드론 제어 통신거리 무제한 ② 실시간 영상 스트리밍 가능

③ 높은 고도에서 영상 중계 ④ 빠른 전송 속도

해설 빠른 전송속도와 여러 사물과 실시간 통신의 장점을 가진 통신 방식은 5G 이동통신이다.

정답 : ④

100 다음 중 드론 생태계의 구성요소가 아닌 것은?

① 하드웨어 시장 ② 제작 및 정비 ③ 소프트웨어 ④ 서비스 분야

해설 드론 생태계의 구성 : 하드웨어 시장, 소프트웨어, 서비스 분야

정답 : ②

101 다음 중 드론 통신방식의 특성 중 블루투스의 특징에 대한 설명으로 옳은 것은?

① 저전력 통신　　　　　　　　　② 고속의 데이터 전송 가능
③ 재해, 전시에서도 사용 가능　　④ 실시간 영상 스트리밍 가능

해설 ② : WI-FI, ③ : 위성통신, ④ : LTE

정답 : ①

102 다음 중 무력화 기술 중에서 Hard Kill이 아닌 것은?

① 그물/네트 건　　② 맹금류　　③ 방공용 대공화기　　④ 지오펜싱

해설 지오펜싱은 Soft Kill 무력화 기술 중 하나로 드론의 항법 소프트웨어 GPS에 비행금지구역 정보를 입력하여 특정구역의 비행을 방해하는 것이다.

정답 : ④

103 다음 중 드론의 자율비행 및 충돌회피 기술에 대한 설명으로 옳지 않은 것은?

① 3차원 지도 기반의 운행 경로에 따라 자율 비행하는 기술
② 주변 상황 인식 센서와 비행제어 소프트웨어의 장애물 출돌회피 기술
③ 유인기의 조종사 역할을 대신할 수 있는 협력적 충돌회피 기술
④ 기체 고장 및 비행환경 변화에 스스로 안전하게 대처하는 기술

해설 유인기의 조종사 역할을 대신할 수 있는 비협력적 충돌회피 기술

정답 : ③

104 다음 중 드론 통신 방식 특성 중 위성통신의 대한 특징에 대한 설명으로 옳지 않은 것은?

① 재해, 전시에서도 사용 가능　　　② 고비용, 저수명으로 경제성 부족
③ 지상 교신 시 시간 지연 발생　　④ 통신거리가 짧다.

해설 위성통신은 인공위성을 활용한 장거리 통신이 가능하다.

정답 : ④

105 국제민간항공기구에서 공식 용어로 채택하여 사용하고 있는 용어로 비행체만을 칭할 때는 RPA라고 하고, 통제시스템을 지칭할 때는 RPS라고 하는 것은 무엇인가?

① 드론　　　② RPAV　　　③ UAM　　　④ RPAS

해설 RPAV는 2011년 이후 유럽을 중심으로 새로 쓰이기 시작한 용어이며, ICAO 공식 용어는 RPAS(Remote Piloted Aircraft Sytstem)이다.

정답 : ④

106 다음 중 드론의 운용 고도에 따른 분류로 상승한계에 대한 설명으로 옳지 않은 것은?

① 저고도 무인비행체 : 0.1km
② 중고도 무인비행체 : 14km
③ 고고도 무인비행체 : 20km
④ 성층권 무인비행체 : 50km

해설 ① 저고도 무인비행체 : 0.15km

정답 : ①

107 드론의 활용분야 중 군사분야에서 레이더, 지상표적, 탄도미사일 등의 전술적 목표물을 파괴하는 역할을 수행하는 무인기는 무엇인가?

① 기만용 무인기　② 공격용 무인기　③ 전술용 무인기　④ 전투용 무인기

해설 드론의 활용분야 중 군사분야에서 레이더, 지상표적, 탄도미사일 등의 전술적 목표물을 파괴하는 역할을 수행하는 무인기는 공격용 무인기이다.

정답 : ②

108 다음 중 드론의 민간분야 활용에서 가장 많이 발전된 분야로 옳은 것은?

① 건설·교통 분야　② 에너지 분야　③ 농·임업 분야　④ 촬영 및 영화 분야

해설 촬영 및 영화 분야가 민간분야에서 가장 많이 발전되었다.

정답 : ④

109 다음 중 군집비행 기술의 활용방안에 대한 설명으로 옳지 않은 것은?

① 다양한 분야에 접목 또는 IT기술과 결합해 새로운 분야로 확대 가능
② 평창 동계올림픽의 오륜기 형상 시연과 같이 예술문화와 접목해 공연문화 등에 활용
③ 고중량 장거리 이동에 사용
④ 조난자 탐색, 농작물 인식, 실시간 지도 생성 등 산업 전반에 걸쳐 활용 가능

해설 고중량 장거리 이동에는 군집비행 기술의 활용은 적절하지 않다.

정답 : ③

110 다음 중 NASA UTM의 TCL 1의 시험 내용에 대한 설명으로 옳은 것은?

① 전원지역에서의 농업과 화재진압, 인프라 점검을 위해 Geo-Fence를 바탕으로 한 운항경로 설정으로 진행됨
② 인구밀도가 낮은 지역에서의 비가시비행과 비행절차, 장거리 운용을 위한 교통규제 등의 사항 점검
③ 적당히 인구가 밀집된 지역에서의 조종과 자율 비행 조종을 보증할 수 있는 협조/비협조적 UAS 추적 능력을 포함한 내용 점검
④ 인구 고밀도 도시지역에서 뉴스 수집과 패키지 배송, 대규모의 비상 사태의 관리에 사용할 수 있는 기술 시험

해설 ② : TCL2, ③ : TLC3, ④ : TCL4

정답 : ①

111 다음 중 리튬폴리머 배터리 지속시간이 2분일 때 방전율이 30C이면, 6분일 때 방전율로 옳은 것은?

① 1C ② 2C ③ 5C ④ 10C

해설 방전율(C) = $\dfrac{60}{t(지속시간)}$

정답 : ④

112 한국산업규격(KS)에서는 배터리의 전기적 요구사항, 기계적 사항과 더불어 배터리 시스템의 검사 방법 등의 요건을 규정하고 있다. 다음 중 배터리 시험 사항으로 옳지 않은 것은?

① 물리적 검사 ② 출력 전압 측정 ③ 용량 시험 ④ 충격 시험

해설 배터리 시험 : 물리적 검사, 출력 전압 측정, 용량 시험, 제품 표시 사항 규정
배터리 유지 : 배터리 유지보수 관련

정답 : ④

Part 09

기 타

Chapter 1. **기타 핵심정리**
Chapter 2. **기출복원문제 풀이**

CHAPTER 01

기타 핵심정리

※ 기타 분야는 공단 교재 외에 출제되었던 내용입니다.

1. 항공기 등속 수평비행을 위한 외력(External Force)

1) 외력이란 외부로부터 비행중인 비행기에 작용하는 힘을 의미한다.
   ↳ 양력(Lift), 중력(Gravity), 추력(Thrust), 항력(Drag)
2) 등속 비행은 일정한 속도로 비행하는 것 : 추력=항력
3) 수평 비행은 고도변화가 없이 비행하는 것 : 양력=중력
4) 등속 수평 비행은 일정한 속도로 고도변화가 없이 비행 하는 것 : 추력=항력, 양력=중력

2. 바람시어(Wind Shear)

1) 바람시어는 항공기의 이·착륙 과정에서 매우 큰 영향을 준다. 일반적으로 조종사는 비행경로를 따라 정풍 또는 배풍이 얼마나 변할 것인가와 바람 경도로 바람이 얼마나 변할 것인가에 관심을 갖는다.
2) 항공기가 이·착륙할 때에 활주로 근처에서 바람시어는 정풍이나 배풍의 급격한 증가 또는 감소를 초래하여 항공기의 실속이나 비정상적인 고도 상승을 초래하고, 측풍에 의해 활주로 이탈을 초래한다.
3) 이와 같이 최종 접근로나 이륙로 또는 초기 이륙 직후의 고도 상승로를 따라 발생하는 지상 2,000ft 이하의 바람시어를 저층바람시어(Low Level Wind Shear)라고 한다. 보통 저층 바람시어의 강도는 연직 바람시어의 강도로 나타낸다.

저층 바람시어 강도	연직 바람시어 강도 (kt/100ft)	저층 바람시어 강도	연직 바람시어 강도 (kt/100ft)
약함	< 4.0	보통	4.0~7.9
강함	8.0~11.9	아주 강함	≥12

3. 삼각비행 시 기준고도 허용범위에 따른 최고 상승 지점 높이

1) 삼각비행 시 최저 및 최고 고도 : 최저 10m(2.5m+7.5m) / 최고 13m(5.5m+7.5m)
2) 기준고도 허용범위에 따른 꼭짓점의 높이

기준고도	2.5m	3m	3.5m	4m	4.5m	5m	5.5m
최고 상승 지점 높이	10m	10.5m	11m	11.5m	12m	12.5m	13m

4. 실속(Stall)

1) 실속이란 날개골의 앞전 또는 뒷전에서 경계층이 박리되어 양력 감소와 항력 증가로 인해 비행성능이 저하되는 것이다.
2) 실속각이란 실속이 일어나는 받음각을 말하는데 날개의 양력은 받음각이 커지면서 함께 증가하는데 이렇게 증가하다가 급격히 양력이 감소하고 항력이 증가하게 되는 받음각을 실속각이라 한다.
3) 실속의 원인
   (1) 항공기의 받음각이 임계받음각 이상으로 지나치게 높은 경우
   (2) 항공기의 속도가 기준 이하로 감소되는 경우
   (3) 지나친 급선회를 하는 경우 등

5. 자체중량(Empty Weight)과 최대이륙중량(MTOW:Maximum takeoff Weight)

1) 자체중량 : 연료, 장비, 화물, 승객 등을 포함하지 않은 항공기의 기본 중량을 의미
   (1) 무인동력비행장치는 배터리 무게를 포함
   (2) 자체중량에 포함되지 않는 장비는 비행과 관련이 없고 탈부착 및 적재가 가능한 카메라, 약제, 낙하산, 에어백, 구명환 등이다.
2) 최대이륙중량 : 항공기가 이륙함에 있어서 설계상 또는 운영상의 한계를 벗어나지 않는 한도 내에서 최대 적재 가능한 중량을 의미
   (1) 무인동력비행장치의 탑재물, 임무장비(짐벌, 방제용 약제통) 등 포함

6. 무인비행장치 용어

복행(Go Around)	착륙 접근 도중 안전하지 않다고 판단될 경우 조종사가 착륙을 포기하고 다시 상승하여 재접근을 시도하는 절차
하드랜딩(Hard Landing)	착륙할 때 정상적인 착륙보다 더 강하게 충격을 받으며 착륙하는 것
플로팅(Floating)	접근속도가 정상접근 속도보다 빨라 침하하지 않고 떠 있는 현상
벌루닝(Ballooning)	빠른 접근 속도에서 피치 자세와 받음각을 급속히 증가시켜 다시 상승하게 하는 현상
바운싱(Bouncing)	부적절한 착륙자세나 과도한 침하율로 인하여 착지 후 공중으로 다시 떠오르는 현상

7. 기상 보고

(1) METAR 보고 : 정기 기상보고(Meteorological Aerodrome Report)는 일반적으로 매 1시간 단위로 공항에서 정기적으로 발표하는 기상 관측 보고서
(2) TAF 보고 : 터미널 기상예보(Terminal Aerodrome Forecast)는 현재 날씨가 아닌 비행장 예보로 비행장 중심 6마일 이내 지역에서 발생되는 기상요소들을 1일 4회, 매 6시간마다 발표하며, 각 24시간 유효하다.

CHAPTER 02 기출복원문제 풀이

01 다음 중 헥사콥터에 대한 설명으로 옳지 않은 것은?

① 프로펠러가 6개인 콥터를 헥사콥터라고 한다.
② 프로펠러가 6개이며 사이즈가 동일한 동방향 프로펠러이다.
③ 모터의 회전방향이 다른 3쌍의 프로펠러이다.
④ 한 개의 모터가 고장나더라도 즉시 추락하지 않는다.

> **해설** 3개는 CW(Clock Wise, 시계방향), 3개는 CCW(Counter Clock Wise, 반시계 방향)로 구성되어 있다.

정답 : ②

02 착륙 접근 중 안전에 문제가 있다고 판단하여 다시 이륙하는 것을 무엇이라 하는가?

① 복행 ② 플로팅 ③ 벌루닝 ④ 바운싱

> **해설** 플로팅 : 접근 속도가 정상접근 속도보다 빨라 침하하지 않고 떠 있는 현상
> 벌루닝 : 빠른 접근 속도에서 피치 자세와 받음각이 급히 증가시켜 다시 상승하게 하는 현상
> 바운싱 : 부적절한 착륙자세나 과도한 침하율로 인하여 착지 후 공중으로 다시 떠오르는 현상

정답 : ①

03 다음 중 실속에 대한 설명으로 옳지 않은 것은?

① 받음각이 실속각 보다 클 때 발생한다.   ② 항력 증가
③ 양력계수 증가   ④ 양력 감소

> **해설** 양력계수는 양력공식에서 에어포일의 복잡한 특성을 실험을 통해 표현해주는 무차원 계수이다. 날개의 받음각이 증가함에 따라 양력계수는 증가하고, 어느 한 순간에 이르르면 양력계수는 감소하기 시작한다. 이는 공기의 흐름이 분리되어 발생하는 실속(Stall)으로 이어지게 된다. 실속은 받음각이 임계받음각 이상으로 지나치게 높은 경우, 비행기의 속도가 기준이하로 감소되는 경우, 지나치게 급선회하는 경우 발생하게 되는데 양력이 감소되고 항력이 증가하여 비행성능이 저하되어 비행을 유지하지 못하게 된다.

정답 : ③

04 멀티콥터가 오른쪽(우에일러론)으로 우선회(평행이동)하려고 할 때 프로펠러가 빨리 회전하는 모터는?(단, quadcopter 이고, 전 좌측 모터는 시계방향으로 회전한다.)

① 전 좌측모터, 후 좌측모터   ② 전 우측모터, 후 좌측모터
③ 전 우측모터, 후 우측모터   ④ 전 좌측모터, 후 우측모터

해설 이동하고자 하는 반대방향 모터가 빨리 회전한다. 오르쪽으로 이동해야 하기 때문에 왼쪽 모터 2개가 빨리 회전한다.

정답 : ①

05 다음 중 기체를 전진, 후진하기 위해서 조작하는 것은?

① 스로틀   ② 러더   ③ 엘리베이터   ④ 에일러론

해설 엘리베이터를 앞으로 밀면 전진, 뒤로 당기면 후진한다.

정답 : ③

06 다음 중 무인멀티콥터를 상승시키면서 좌로 이동 시 조작방법으로 옳은 것은?

① 천천히 스로틀을 위로 올리며 에일러론 좌로 이동
② 천천히 엘리베이터를 위로 올리며 에일러론 좌로 이동
③ 천천히 스로틀을 위로 올리며 러더 좌로 이동
④ 천천히 엘리베이터를 위로 올리며 러더 좌로 이동

해설 스로틀로 상승하고 에일러론으로 좌로 이동한다.

정답 : ①

07 다음 중 드론 하강 조작 시 조작방법으로 옳은 것은?

① 엘리베이터를 상승한다.   ② 엘리베이터를 하강한다.
③ 스로틀을 상승한다.   ④ 스로틀을 하강한다.

해설 스로틀을 올리면 상승하고 내리면 하강한다.

정답 : ④

08 다음 중 쿼드콥터에서 1번과 3번 프로펠러, 2번과 4번 프로펠러의 회전속도를 조절하는 것은?

① 스로틀   ② 러더   ③ 엘리베이터   ④ 에일러론

해설 반시계방향으로 좌선회 하기 위해서는 2번, 4번 프로펠러가 빨리 회전해야하고, 시계방향으로 우선회하기 위해서는 1번, 3번 프로펠러가 빨리 회전해야 한다.

정답 : ②

09 다음 중 드론의 조작방법으로 옳지 않은 것은?

① 상하이동 ② 좌우이동
③ 정지중 회전이동 ④ 후진 중 엘리베이터를 이용한 90도 이동

해설 엘리버에터는 앞으로 밀면 전진, 당기면 후진한다.

정답 : ④

10 다음 중 드론의 CG는 위치로 옳은 것은?

① 동체 중앙 ② 프로펠러 중앙 ③ FC의 위치 ④ 배터리 밑

해설 항공기의 무게는 세 개의 축(종축, 횡축, 수직축)이 만나는 점(point)에서 균형을 이루게 되는데 이점을 무게중심점(CG;Center of Gravity)이라 한다. 드론의 무게중심은 동체의 중앙 부분이다.

정답 : ①

11 다음 중 무인멀티콥터가 좌회전 조작을 하고자 할 때, 프로펠러의 회전에 관한 설명으로 옳은 것은?

① 기체의 앞쪽의 프로펠러의 회전속도가 빨라지고, 뒤쪽의 프로펠러의 회전속도는 느려진다.
② 기체의 좌측의 프로펠러의 회전속도가 빨라지고, 우측 프로펠러의 회전속도는 느려진다.
③ 기체의 좌회전 프로펠러의 회전속도가 느려지고, 우회전 프로펠러의 회전속도는 빨라진다.
④ 기체의 좌회전 프로펠러의 회전속도가 빨라지고, 우회전 프로펠러의 회전속도는 느려진다.

해설 회전하고자 하는 반대방향의 프로펠러 회전속도가 빨라진다.

정답 : ③

12 다음 중 무인멀티콥터 좌선회 시 프로펠러의 회전방향으로 옳은 것은?

① 오른쪽 프로펠러가 빠르게 회전한다. ② 1번, 3번 프로펠러가 빠르게 회전한다.
③ 2번, 4번 프로펠러가 빠르게 회전한다. ④ 왼쪽 프로펠러가 빠르게 회전한다.

해설 좌선회 시 시계방향 프로펠러의 회전속도가 빨라진다.

정답 : ③

13 다음 중 무인멀티콥터 엘리베이터를 후진하였을 때 모터의 회전방향으로 옳은 것은?

① 모두 빠르게 회전한다. ② 좌측 모터가 빠르게 회전한다.
③ 앞쪽 모터가 빠르게 회전한다. ④ 시계방향으로 회전하는 모터가 빠르게 회전한다.

해설 후진으로 이동할 때는 반대방향에 있는 모터가 빠르게 회전한다.

정답 : ③

14 다음 중 무인멀티콥터를 상승하면서 좌회전하기 위한 조작방법으로 옳은 것은?

① 엘리베이터를 올리면서 좌회전을 한다.
② 스로틀을 올리면서 좌러더를 한다.
③ 엘리베이터를 올리면서 에일러런을 좌타를 한다.
④ 스로틀을 올리면서 급정거한다.

해설 스로틀을 올리면서 좌러더를 하면 상승하면서 좌회전을 한다.

정답 : ②

15 다음 중 무인멀티콥터를 우측으로 이동할 경우 프로펠러의 회전방향으로 옳은 것은?

① 기체 중심으로부터 오른쪽에 있는 프로펠러가 빨리 회전하고 왼쪽에 있는 프로펠러가 천천히 회전한다.
② 기체 중심으로부터 왼쪽에 있는 프로펠러가 빨리 회전하고 오른쪽에 있는 프로펠러가 천천히 회전한다.
③ 시계방향으로 회전하는 프로펠러가 반시계방향으로 회전하는 프로펠러보다 빨리 회전한다.
④ 반계방향으로 회전하는 프로펠러가 시계방향으로 회전하는 프로펠러보다 빨리 회전한다.

해설 이동하는 반대방향 프로펠러가 빨리 회전한다.

정답 : ②

16 다음 중 비행모드 중 자세제어와 위치제어를 비교한 것으로 옳지 않은 것은?

① 자세제어로 비행 시 기체가 흐를 수 있다.
② 위치제어는 자세제어가 안정된 상태에서 가능하다.
③ 자세제어로 제자리 비행이 가능하다.
④ 비행난이도는 위치제어보다 자세제어로 비행하는 것이 더 쉽다

해설 자세제어가 위치제어보다 다 어렵다.

정답 : ④

17 다음 중 저층 바람시어의 강도로 옳지 않은 것은?

① 약함 : 〈 4.0(Knot/100ft)
② 보통 : 4.0~7.9(Knot/100ft)
③ 강함 : 8.0~11.9(Knot/100ft)
④ 아주 강함 : ≥ 20(Knot/100ft)

해설 최종 접근로나 이륙로 또는 초기 이륙 직후의 고도 상승로를 따라 발생하는 지상 2,000ft 이하의 바람시어를 저층바람시어라고 한다. 보통 저층 바람시어의 강도는 연직 바람시어의 강도로 나타낸다. 아주강함은 ≥12(Knot/100ft)이다.

정답 : ④

18 다음 중 기상에 대한 설명으로 옳지 않은 것은?

① METAR : 매시간 보고

② TAF : 7시간 마다 예보

③ 고기압 : 주위보다 상대적으로 기압이 높고 하강기류이며 날씨는 맑음

④ 저기압 : 주위보다 상대적으로 기압이 낮고 상승기류이며 날씨는 흐림

해설 TAF(터미널기상예보)는 현재 날씨가 아닌 비행장 예보로 비행장 중심 6마일 이내 지역에서 발생되는 기상요소들을 1일 4회, 매 6시간마다 발표하며 각 24시간 유효하다.

정답 : ②

19 다음 중 초경량비행장치 자체 중량에 포함되지 않는 것은?

① 배터리　　　　② 프로펠러　　　　③ 기체 프레임　　　　④ 방제용 약통

해설 방제용 약통은 탑재장비로써 최대이륙중량에 포함된다.

정답 : ④

20 다음 중 멀티콥터의 좌측부와 우측부의 위치를 상하로 롤(Roll) 조절하여 멀티콥터를 우로 이동하기 위한 프로펠러의 회전방향으로 옳은 것은?

① 반시계방향 프로펠러의 RPM을 높인다.　　② 시계방향 프로펠러의 RPM을 높인다.

③ 좌측 프로펠러의 RPM을 높인다.　　　　　④ 우측 프로펠러의 RPM을 높인다.

해설 롤(Roll)은 멀티콥터를 좌/우로 이동시키기는 비행조종 모드이다. 요(Raw)는 멀티콥터의 본체를 수직축(Z축)을 기준으로 좌우로 회전시키는 것이다.

정답 : ③

Part 10

기출복원·실전 모의고사

제 1회 실전 모의고사	제 16회 실전 모의고사
제 2회 실전 모의고사	제 17회 실전 모의고사
제 3회 실전 모의고사	제 18회 실전 모의고사
제 4회 실전 모의고사	제 19회 실전 모의고사
제 5회 실전 모의고사	제 20회 실전 모의고사
제 6회 실전 모의고사	제 21회 실전 모의고사
제 7회 실전 모의고사	제 22회 실전 모의고사
제 8회 실전 모의고사	제 23회 실전 모의고사
제 9회 실전 모의고사	제 24회 실전 모의고사
제 10회 실전 모의고사	제 25회 실전 모의고사
제 11회 실전 모의고사	제 26회 실전 모의고사
제 12회 실전 모의고사	제 27회 실전 모의고사
제 13회 실전 모의고사	제 28회 실전 모의고사
제 14회 실전 모의고사	제 29회 실전 모의고사
제 15회 실전 모의고사	

제 1 회 실전 모의고사

01 2019년 4월 2일 대전 '독립의 횃불 대전릴레이' 행사 중 추락한 사고에 대한 설명으로 옳지 않은 것은?

① 횃불봉송(X4-10), 축하비행(Inspire1), 사진촬영(Inspire2) 3대 중 횃불봉송 드론이 이륙직후 행사장인 도로에 추락하였다.
② 조종자는 전문교육기관 교육원장, 지도조종자로서 P-65 비행금지구역에서 비행승인 없이 비행하였다.
③ 군중이 없는 골목에서 이륙직후 돌풍(빌딩풍)에 의해 태극기와 프로펠러가 접촉하며 행사장인 도로의 군중위로 추락하였다.
④ 참가자 3명이 드론에 얼굴 및 머리를 맞아 경상을 입었다.

02 다음 중 비행장교통구역에 대한 설명으로 옳지 않은 것은?

① 수평적으로 비행장 중심으로부터 반경 3NM 이내
② 수직적으로 지표면으로부터 3,000ft 까지의 공역
③ 비행정보구역 내의 D등급에서 시계비행을 하는 항공기 간에 교통정보를 제공하는 공역
④ B, C 또는 D등급 공역에서 시계비행, 계기비행을 하는 항공기에 대하여 항공교통관제업무를 제공하는 공역

03 다음 중 무인비행장치 비상 상황 발생 시 조종자 조치사항에 대한 설명으로 옳지 않은 것은?

① 큰소리로 비상이라고 외치고 안전한 곳으로 착륙한다.
② 자세모드로 변경해서 기체를 비상 착륙한다.
③ 기체가 안정이 되면 점검을 위해 다시 날린다.
④ 기체를 착륙한 후 점검을 실시한다.

04 다음 중 드론 운용 간 안전사항에 대한 설명으로 옳지 않은 것은?

① 안전모를 착용한다.

② 미끄러지지 않게 안전화를 착용한다.

③ 소음으로 귀를 보호하기 위해 이어폰 및 헤드폰을 착용한다.

④ 눈을 보호하기 위해 보호안경을 착용한다.

05 다음 중 조종자 증명을 받지 아니하고 초경량비행장치장치를 사용하여 비행한 사람의 벌칙으로 옳은 것은?

① 벌금 500만원 이하　　② 과태료 500만원 이하　　③ 벌금 400만원 이하　　④ 과태료 400만원 이하

06 다음 중 초경량비행장치 사고사례와 관련해서 옳지 않은 것은?

① 2012년 이후 사망사고는 없었다.

② 2013년 무인비행장치 조종자 자격증명 제도가 시행되었다.

③ 초경량비행장치 자격제도 시행 이후 추락, 화재, 충돌사고가 지속적으로 일어나고 있다.

④ 무인헬리콥터와는 다르게 무인비행장치는 추락, 화재, 충돌사고가 일어나지 않고 있다.

07 다음 중 항공안전법을 위반하지 않은 사람으로 옳은 것은?

① 비행승인을 받지 않고 비행금지구역에서 비행을 하였다.

② 국가중요시설의 비행승인은 받았으나, 항공촬영 승인은 받지 않고 항공촬영을 하였다.

③ 비행승인을 받은 후 날씨가 나빠져 시정거리가 감소하자 기체를 즉시 착륙하였다.

④ 일몰 후에 빛이 있는 상태에서 비행을 하였다.

08 다음 중 Geo-Fencing에 대한 설명으로 옳지 않은 것은?

① 미리 설정해놓은 고도와 거리를 초과하면 이동을 제한한다.

② 임무 고도와 거리를 고려하여 비행 범위를 제한한다.

③ 기체가 안전거리를 벗어나면 제자리로 돌아온다.

④ 고도와 거리를 제한하여 설정할 수 있다.

09 다음 중 주류 등의 섭취·사용 제한에 관한 기준으로 옳지 않은 것은?

① 혈중알코올 농도가 0.02퍼센트 이상인 경우

② 마약류를 사용한 경우

③ 환각물질을 사용한 경우

④ 주류 등의 종류 및 그 측정에 필요한 세부 절차 및 측정 기록의 관리 등에 필요한 사항은 대통령령으로 정한다.

10 다음 중 주변 국가의 FIR 범위가 큰 순서로 바르게 나열한 것은?

가. 중국	나. 북한	다. 한국	라. 일본	마. 대만

① 가-나-다-라-마 ② 가-라-다-마-나 ③ 가-다-라-나-마 ④ 가-라-나-다-마

11 다음 중 항공로에 대한 설명으로 옳지 않은 것은?

① 항공로는 보통 중심선 좌우 5NM의 일정한 폭을 가진다.

② A등급 공역 : FL200 초과 ~ FL600 이하까지 공역

③ D등급 공역 : FL100 초과 ~ FL200 이하까지 공역

④ 항공로는 항공기의 항행에 적합하도록 항행안전무선시설(VOR 등)을 이용하여 설정하는 공간의 통로이다.

12 다음 중 초경량비행장치 비행가능 공역으로 옳은 것은?

① 초경량비행장치 비행제한구역(URA) ② G등급 공역의 고도 150m 이상

③ 관제권 및 비행금지구역 ④ 초경량비행장치 전용 비행구역(UA)

13 다음 중 전자변속기(ESC)의 특징에 대한 설명으로 옳은 것은?

① 배터리로부터 펄스 폭 변조 신호를 받아 회전수를 제어한다.

② 일반적으로 단상 전기를 이용해서 BLDC 모터의 회전수를 제어한다.

③ 측정한 회전자의 위치에 따라 전자기력 형태를 변화시켜 회전수를 제어한다.

④ 수신기의 전력을 BLDC 모터로 전달한다.

14 다음 중 미세전자기계시스템(MEMS) 관성측정장치(IMU)에 대한 설명으로 옳은 것은?

① 프로펠러 및 기체 구조물의 유격 등에 의한 진동에 영향을 받아 오차가 발생한다.
② 진동에 대비하기 위해 진동 특성이 같은 MEMS IMU를 다중으로 사용 가능하다.
③ 대형 무인멀티콥터에는 MEMS IMU가 주로 활용된다.
④ 진동에 약한 광섬유(FOG) 기반 IMU, 링레이저(RLG) 기반 IMU 등이 있다.

15 다음 중 위성항법시스템(GNSS)의 특징에 대한 설명으로 옳은 것은?

① 고도를 측정할 수 없다.
② 위치 이동하는 것을 파악할 수 없다.
③ 속도를 측정할 수 있다.
④ 기압, 습도, 온도를 측정할 수 있다.

16 다음 중 관성측정장치(IMU)에 대한 설명으로 옳은 것은?

① 지자계 센서는 기수 방위각을 측정한다.
② 가속도 센서는 자세각속도를 측정한다.
③ 자이로스코프 센서는 자세각을 계산한다.
④ IMU는 가속도계, 자이로스코프, 지자계 센서 정보를 각각 계산하여 데이터를 추정한다.

17 다음 중 무인멀티콥터를 우측으로 이동시킬 때 프로펠러의 회전방향에 대한 설명으로 옳은 것은?

① 기체 중심으로부터 오른쪽에 있는 프로펠러가 빨리 회전하고 왼쪽에 있는 프로펠러가 천천히 회전한다.
② 기체 중심으로부터 왼쪽에 있는 프로펠러가 빨리 회전하고 오른쪽에 있는 프로펠러가 천천히 회전한다.
③ 시계방향으로 회전하는 프로펠러가 반시계방향으로 회전하는 프로펠러보다 빨리 회전한다.
④ 반시계방향으로 회전하는 프로펠러가 시계방향으로 회전하는 프로펠러보다 빨리 회전한다.

18 2009년 전북 임실에서 발생한 무인비행장치 사고에 대한 설명으로 옳지 않은 것은?

① 이륙 후 기체가 후진하여 조종자와 충돌했으나 조종자는 중상을 입었다.
② 피치 트림 스위치가 외부 물체에 걸려 3단계로 설정 되었으나 확인하지 못하였다.
③ 15m 이상 안전거리는 확보하였으나 두 번의 기체 후진 멈춤 조작이 양이나 시간으로 부족하였다.
④ 조종자의 상황인지 및 회피동작이 미흡하였다.

19 다음 중 공역에 대한 설명으로 옳지 않은 것은?

① 초경량비행장치 비행구역은 주의공역이다.

② 비행제한구역은 사격장에 설정된 공역이다.

③ 비행장 교통구역은 관제권 외에 D등급에서 시계비행을 하는 항공기 간에 교통정보를 제공하는 공역이다.

④ 경계구역은 대규모 조종사의 훈련이나 비정상형태의 항공활동이 수행되는 공역이다.

20 다음 중 정밀도 희석(DOP)에 대한 설명으로 옳지 않은 것은?

① 눈에 보이는 위성의 수가 많아지면 DOP가 낮다.

② DOP가 높을수록 정밀도가 높다.

③ 높은 빌딩 등 장애물에 의해 위성신호가 가려질 경우 DOP가 높아진다.

④ DOP의 모니터링을 통해 항법 정밀도 저항에 의한 사고를 대비해야 한다.

21 인적요인의 목적 중 수행(Performance)의 증진과 관련된 것은?

① 인적 오류의 감소   ② 삶의 질 향상   ③ 안전성 증대   ④ 건강 및 안락함 증가

22 다음 중 무인기 관련 논란에 대한 설명으로 옳지 않은 것은?

① 드론과 여객기 충돌 위험   ② 드론을 활용한 불법적인 영상촬영 증가

③ 드론을 이용한 테러 위험   ④ 드론으로 인한 일자리 감소

23 비행모드 중 자세제어와 위치제어를 비교한 것으로 옳지 않은 것은?

① 자세제어로 비행 시 기체가 흐를 수 있다.

② 위치제어는 자세제어가 안정된 상태에서 가능하다.

③ 자세제어로 제자리 비행이 가능하다.

④ 비행난이도는 위치제어보다 자세제어로 비행하는 것이 더 쉽다.

24 다음 중 초경량비행장치 비행승인에 대한 설명으로 옳지 않은 것은?

① 초경량비행장치 비행제한공역에서 비행하려는 사람은 사전에 국토교통부장관의 승인을 받아야 한다.

② 이착륙장 중심으로부터 반지름 3km 밖의 지역의 고도 500ft 이내는 이착륙장을 관리하는 자와 협의가 된 경우 비행승인을 받지 않고 비행할 수 있다.

③ 초경량비행장치 비행제한공역에서 비행승인을 받은 경우는 비행이 가능하다.

④ 관제공역, 통제공역, 주의공역 중 국토교통부령으로 정하는 구역에서 비행하는 경우 국토교통부장관의 비행승인을 받아야 한다.

25 다음 중 항공기사용사업자의 등록 취소 또는 정지 조건에 해당하지 않는 것은?

① 사업개선 명령을 이행하지 않은 경우

② 등록기준에 일시적으로 미달한 후 3개월 이내에 그 기준을 충족하는 경우

③ 요금표 등을 갖추어 두지 않은 경우

④ 타인에게 자기의 성명 또는 상호를 사용하여 사업을 경영하게 하거나 등록증을 빌려준 경우

제 1 회 실전 모의고사 정답 및 해설

제1회 실전모의고사 정답

1	①	2	④	3	③	4	③	5	④	6	④	7	③	8	③	9	④	10	②
11	③	12	④	13	③	14	①	15	③	16	①	17	②	18	①	19	②	20	②
21	①	22	④	23	④	24	②	25	②										

1 **해설** 축하비행 드론이 이륙 직후 행사장인 도로에 추락하여 3명이 경상을 입은 사고이다.

2 **해설** B, C, D등급 공역에서 시계 및 계기비행을 하는 항공기에 대하여 항공교통관제업무를 제공하는 공역은 관제권이고, A, B, C, D, E등급 공역에서 시계 및 계기비행을 하는 항공기에 대하여 항공교통관제업무를 제공하는 공역은 관제구이다.

6 **해설** 무인비행장치의 추락, 화재, 충돌사고도 발생하고 있다.

7 **해설** 비행금지구역에서는 비행승인을 반드시 받아야 하며, 국가중요시설은 비행승인과 촬영승인 모두 받아야 한다.

8 **해설** ③은 Fail-Safe에 대한 설명이다.

9 **해설** 주류 등의 종류 및 그 측정에 필요한 세부 절차 및 측정 기록의 관리 등에 필요한 사항은 국토교통부령으로 정한다.

10 **해설** 주변 국가의 FIR 범위 : 중국 960만㎢ 〉 일본 930만㎢ 〉 한국 43만㎢ 〉 대만 41만㎢ 〉 홍콩 37만㎢ 〉 북한 32만㎢

11 **해설** D등급 공역 : 최저항공로고도(MEA) 이상 ~ FL200 이하의 공역

12 **해설** UA(Ultralight Vehicle Flight Areas)는 초경량비행장치 전용 비행구역으로 주간, 500ft 이하의 고도에서는 제약 없이 비행할 수 있다.

13 **해설** 전자변속기(ESC)는 일반적으로 3상 전기를 이용해 BLDC 모터 회전수를 제어하며, 비행제어컴퓨터로부터 신호(PWM 등)를 받아 회전수를 제어하고, 배터리의 전력을 BLDC 모터로 전달한다.

14 해설 진동에 대비하기 위해 진동 특성이 다른 MEMS IMU를 다중으로 사용가능하고, 진동에 강인한 광섬유(FOG) 기반 IMU, 링레이저(RLG) 기반 IMU 등이 있다.

16 해설 가속도 센서 → 가속도 측정 → 자세각 계산 가능, 자이로스코프 → 자세각속도 측정, 지자계 센서 → 기수 방위각 측정

18 해설 조종자는 사망하였다.

19 해설 항공기의 비행 시 항공기 또는 지상시설물(사격장, 폭발물 처리장, 원자력 발전소 상공 등에 설정)에 대한 위험이 예상되는 공역은 주의공역 중 위험구역이다.

20 해설 DOP와 정밀도는 반비례이다.

21 해설 인적요인의 목적 중 수행의 증진은 생산성 향상, 인적 오류(Human Error)의 감소, 사용의 편리성이다.

24 해설 이착륙장 중심으로부터 반지름 3km 이내의 지역의 고도 500ft 이내는 이착륙장을 관리하는 자와 협의가 된 경우 비행 승인을 받지 않고 비행할 수 있다.

25 해설 등록기준에 일시적으로 미달한 후 3개월 이내에 그 기준을 충족하는 경우, 법원이 회생절차 개시의 결정을 하고 그 절차가 진행 중인 경우 등은 항공기사용사업의 등록을 취소하거나 정지할 수 없다.

제 2회 실전 모의고사

01 다음 중 항공사업법의 목적에 대한 설명으로 옳지 않은 것은?

① 대한민국 항공사업의 체계적인 성장기반 마련
② 항공사업의 질서 유지
③ 사업주의 편의 향상
④ 국민경제의 발전

02 다음 중 항공안전법에서 정하고 있는 내용에 대한 설명으로 옳지 않은 것은?

① 항공기 등록에 관한 사항
② 항공기 기술기준 및 형식증명에 관한 설명
③ 항행 안전시설 안전에 관한 사항
④ 항공종사자에 관한 사항

03 다음 중 항공안전법에서 정하고 있는 초경량비행장치 범위(구분)에 포함되지 않는 것은?

① 동력비행장치   ② 행글라이더   ③ 비행선류   ④ 무인비행장치

04 다음 중 프로펠러 직경에 대한 설명으로 옳지 않은 것은?

① 프로펠러가 회전하면서 만드는 회전면의 지름
② 프로펠러 직경에 따라 추력 변화
③ 프로펠러 직경과 피치는 프로펠러의 규격
④ 프로펠러 직경이 짧을수록 대형기체에 유리

05 다음 중 지자계 센서에 대한 설명으로 옳지 않은 것은?

① 자기장을 측정하여 기체기수 방향 측정
② 센서 및 기체 주위의 금속 또는 자성물체로 인해 센서 오차 발생 가능
③ 기체의 고도를 측정하기 위해 활용 가능
④ 기체의 기수 방향 제어를 위해 활용

06 다음 중 초경량비행장치사용사업 등록요건에 대한 설명으로 옳지 않은 것은?

① 초경량비행장치(무인비행장치 한정) 1대 이상   ② 자본금 5000만원 이상
③ 조종자 1명 이상   ④ 제3자 보험 가입

07 다음 중 초경량비행장치가 비행가능한 공역에 대한 설명으로 옳지 않은 것은?

① 관제권과 비행금지구역에서 비행하려는 경우에는 비행승인이 필요하다.
② 이착륙장과 관리하는 자와 사전에 협의된 경우에는 이착륙장 중심으로부터 반지름 3km 밖에서 고도 500ft 미만으로 비행할 수 있다.
③ 사람 또는 건축물이 밀집한 지역이 아닌 곳에서는 지표면, 수면, 또는 물건의 상단에서 150m이상에서 비행하는 경우에는 비행승인이 필요하다.
④ 사람 또는 건축물이 밀집된 지역에서는 해당 초경량비행장치를 중심으로 수평거리 150m(500ft) 범위 안에 있는 가장 높은 장애물의 상단에서 150m 이상에서 비행하는 경우에는 비행승인이 필요하다.

08 다음 중 피로와 관련된 설명으로 옳지 않은 것은?

① 다양한 항공분야에서 피로관리를 중요하게 다루고 있다.   ② 인간은 피로할 경우 시야가 어두워지며 무기력해진다.
③ 급성피로와 만성피로 모두 일상생활에 미치는 영향이 크다.   ④ 급성피로는 휴식, 식이, 운동 등을 통해 회복된다.

09 다음 중 무인비행장치 전문교관 등록취소 사유에 해당하지 않는 것은?

① 항공안전법에 따른 15일 이상의 행정처분을 받은 경우
② 허위로 작성된 비행경력증명서 등을 확인하지 아니하고 서명 날인한 경우
③ 비행경력증명서 등을 허위로 제출한 경우
④ 실기시험 위원으로 지정된 사람이 부정한 방법으로 실기시험을 진행한 경우

10 다음 중 농업용 무인헬리콥터 사고원인 분석에 대한 설명으로 옳지 않은 것은?

① 충돌사고가 81%를 차지한다.
② 충돌사고 중 전선·철탑 사고가 59.5%로 가장 많다.
③ 충돌사고 외 조종실수, 과적, 연료 불량, 전파 장애 등으로 사고가 발생하고 있다.
④ 사고조사와 집계 등이 제대로 이루어지지 않고 있다.

11 다음 중 인간의 시각의 특성에 대한 설명으로 옳지 않은 것은?

① 추상체는 간상체보다 그 수가 많다.

② 간상체는 파랑색에 더 민감하게 반응한다.

③ 야간에 파랑색이 더 잘 보이는 현상을 푸르키네 현상이라 부른다.

④ 눈의 망막에는 빛을 받아들이는 세포인 광수용기가 존재한다.

12 다음 중 조종기 및 지상통제장치에 대한 설명으로 옳지 않은 것은?

① 지상통제장치를 통해 비행체로부터 데이터를 받으며 비행상태 파악 가능하다.

② 기체 전원을 먼저 인가하고 조종기 및 지상통제장치 전원을 이후에 인가하는 것이 적절하다.

③ 전원을 차단할 때는 조종기 및 지상통제장치 전원을 마지막에 차단하는 것이 적절하다.

④ 안전을 위해 조종기 및 지상통제장치와 통신이 두절 되었을 경우 자동귀환 설정이 필요하다.

13 다음 중 프로펠러 피치에 대한 설명으로 옳은 것은?

① 프로펠러의 두께를 의미한다.

② 프로펠러가 한 바퀴 회전했을 때 앞으로 나아가는 기하학적 거리를 의미한다.

③ 프로펠러 직경이 클수록 피치가 작아진다.

④ 고속 비행체일수록 저피치 프로펠러가 유리하다.

14 다음 중 항공기대여업의 최대 과징금으로 옳은 것은?

① 3천만원 이하   ② 3억원 이하   ③ 1천만원 이하   ④ 1억 5천만원 이하

15 다음 중 리튬폴리머 배터리에 대한 설명으로 옳지 않은 것은?

① 배터리 1셀의 정격전압은 3.7V이다.   ② 배터리 용량은 mAh 단위로 표기한다.

③ 연료전지와 비교하여 에너지 밀도가 높지만 순간 방전율은 낮다.   ④ 4셀 배터리 정격전압은 14.8V이다.

16 다음 중 광수용기에 대한 설명으로 옳은 것은?

① 추상체는 야간에 흑백을 보는 것과 관련이 있다.

② 간상체는 낮 시간동안의 높은 해상도와 관련이 있다.

③ 추상체는 주로 망막의 주변부에 위치하기 때문에 야간시 암점과 관련이 있다.

④ 추상체와 비교할 때 간상체의 개수가 더 많다.

17 다음 중 위성항법시스템(GNSS)에 대한 설명으로 옳은 것은?

① 실내에서도 동작이 가능하다.

② 주로 자세를 측정하기 위해 사용된다.

③ GNSS 안테나는 기체 내부나 하부에 장착하는 것이 적절하다.

④ 위성신호 교란에 의해 위치 오차가 발생할 수 있으므로 주의가 필요하다.

18 다음 중 무인비행장치 전문교관으로 등록하려는 사람이 제출해야 하는 서류에 대한 설명으로 옳지 않은 것은?

① 전문교관 등록 신청서

② 비행경력증명서

③ 해당분야 조종교육교관과정 이수증명서(지도조종자 등록신청자에 한함)

④ 해당분야 실기평가과정 이수증명서(전문교관 등록신청자에 한함)

19 다음 중 초경량비행장치 안전성인증에 대한 설명으로 옳지 않은 것은?

① 초경량비행장치를 사용하여 비행하려는 사람은 국토교통부장관에게 안전성인증을 받고 비행하여야 한다.

② 초경량비행장치 안전성인증의 유효기간 및 절차, 방법 등에 대해서는 국토교통부장관의 승인을 받아야 하며, 변경할 때에는 해당 장비의 변경기준을 따른다.

③ 무인비행장치 안전성인증 대상은 무인비행기, 무인헬리콥터, 무인멀티콥터, 무인수직이착륙기 중에서 최대이륙중량 25kg을 초과하는 것을 대상으로 한다.

④ 초경량비행장치 안전성인증 기관은 기술원(항공안전기술원)이 주로 수행한다.

20 다음 중 G등급 공역에 대한 설명으로 옳지 않은 것은?

① 영공(영토 및 영해 상공)에서는 해면 또는 지표면으로부터 1000피트 미만이다.

② 시계비행만 가능하며, 조종사에게 특별한 자격이 요구되지 않는다.

③ 구비해야 할 장비가 특별히 요구되지 않는다.

④ 조종사 요구 시 모든 항공기에게 비행정보 업무만 제공한다.

21 다음 중 비행제어컴퓨터(FC)에 대한 설명으로 옳지 않은 것은?

① 경로점 비행, 자동이착륙, 자동귀환 등을 수행하기 위해 비행제어컴퓨터가 필요하다.

② 자세모드, GPS모드 비행을 하기 위해 비행제어컴퓨터가 필요하다.

③ 비행제어컴퓨터를 통해 통신 두절 시 자동귀환 비행이 가능하다.

④ 탑재센서와 무관하게 비행제어컴퓨터를 통해 자동비행 수행이 가능하다.

22 다음 중 항공안전법의 적용 및 적용특례에 대한 설명으로 옳지 않은 것은?

① 민간항공기는 항공안전법 전체를 적용

② 군용항공기와 관련 항공업무에 종사하는 사람은 항공안전법 미적용

③ 세관업무 항공기와 관련 항공업무에 종사하는 사람은 항공안전법 적용

④ 경찰업무 항공기는 공중충돌 등 항공기사고 예방을 위한 사항만 적용

23 다음 중 저층 바람시어의 강도에 대한 설명으로 옳지 않은 것은?

① 약함 : < 4.0(knot/100ft) ② 보통 : 4.0~7.9(knot/100ft)

③ 강함 : 8.0~11.9(knot/100ft) ④ 아주 강함 : ≥20(knot/100ft)

24 다음 중 GPS에 대한 설명으로 옳지 않은 것은?

① GPS는 4개 이상의 위성신호를 수신받아야 정상 작동한다.

② 멀리 떨어져 있는 위성을 사용하여 GPS 신호를 수신하는 것이 좋다.

③ GPS는 빌딩이 많은 곳에서 효율이 떨어진다.

④ DOP값이 클수록 신뢰도가 크다.

25 다음 중 IMU에 대한 설명으로 옳은 것은?

① 자이로스코프를 통해 측정된 각속도를 적분하여 자세의 각도를 계산한다.

② 일반적으로 대형 무인비행장치에 MEMS 센서를 사용한다.

③ 무인비행장치의 GPS와 같은 역할을 하며 더 정확한 위치정보를 수집한다.

④ 가속도계를 통해 자세 각속도를 측정한다.

제 2회 실전 모의고사 정답 및 해설

제 2회 실전모의고사 정답																			
1	③	2	③	3	③	4	④	5	③	6	②	7	②	8	③	9	①	10	②
11	①	12	②	13	②	14	②	15	③	16	④	17	④	18	④	19	②	20	②
21	④	22	③	23	④	24	④	25	①										

1 **해설** 사업주의 편의향상은 항공사업법의 목적이 아니다.

2 **해설** 항행안전시설 등 관련 사항은 공항시설법이다.

3 **해설** 비행선은 항공기로 분류된다.

4 **해설** 프로펠러 직경이 짧을수록 소형기체에 유리하다.

5 **해설** 고도를 측정하는 센서는 기압센서(바로미터 센서)이다.

6 **해설** 초경량비행장치사용사업 등록 요건 중 법인은 자본금 3천만원 이상, 개인은 자산평가액 3천만원 이상 필요하다.
단, 최대이륙중량 25kg 이하인 무인비행장치만을 사용하여 초경량비행장치사용사업을 하려는 경우는 자본금 또는 자산평가액이 필요 없다.

7 **해설** 이착륙장 중심으로부터 반지름 3km 이내의 지역의 고도 500ft 이내는 이착륙장을 관리하는 자와 협의가 된 경우 비행승인을 받지 않고 비행할 수 있다.

8 **해설** 급성피로는 삶의 질에 미치는 영향이 거의 없다.

9 **해설** 행정처분이 30일 이하인 경우에는 전문교관 등록을 취소할 수 없다.

10 **해설** 충돌사고가 81%는 전선 및 지주선 사고 59.5%, 수목 10.4%, 전주 및 철탑 4.7% 순이다.

11 **해설** 추상체는 약 7백만 개, 간상체는 약 1억 3천만 개이다.

12 **해설** 조종기 및 지상통제장치 전원을 먼저 인가한 후 기체 전원을 인가해야 한다.

13 **해설** 직경이 클수록 피치가 커지며, 저속비행에는 저피치 프로펠러가 효율이 좋고, 고속비행에는 고피치 프로펠러가 효율이 좋다.

14 **해설** 항공기대여업의 최대 과징금은 3억원 이하이다.

15 **해설** 리튬폴리머 배터리는 연료전지와 비교하여 에너지 밀도가 낮지만 순간 방전율은 높다.

16 **해설** 추상체 약 7백만 개, 간상체 약 1억 3천만 개로 간상체 개수가 더 많다.

17 **해설** GNSS는 위성신호 전파 간섭 등 위치 오차를 발생시키는 다양한 요소가 존재하기 때문에 주의해야 한다.

18 **해설** 해당 분야 실기평가과정 이수증명서는 실기평가조종자 등록신청자에 한한다.

19 **해설** 안전성인증의 유효기간 및 절차·방법 등에 대해서는 국토교통부장관의 승인을 받아야 하며, 변경할 때에도 또한 같다.

20 **해설** G등급 공역에서는 계기비행 및 시계비행이 모두 가능하다.

21 **해설** FC는 센서의 측정치가 반드시 필요하며, 심각한 센서 오차 발생 시 추락도 될 수 있다.

22 **해설** 세관업무 항공기와 관련 항공업무에 종사하는 사람은 항공안전법을 적용하지 않는다.

23 **해설** 저층 바람시어 강도 중 아주 강함은 ≥12(knot/100ft)이다.

24 **해설** DOP(Dilution of Precision)가 낮을수록 정밀도가 높다.

25 **해설** 가속도 센서 → 가속도 측정 → 자세각 계산 가능, 자이로스코프 → 자세각속도 측정, 지자계 센서 → 기수 방위각 측정

제 3회 실전 모의고사

01 다음 중 드론의 전·후진비행과 관련이 있으며, 거리감 및 입체감 판단에 도움을 주는 시각의 특성으로 옳은 것은?

① 양안으로서의 입체시　　② 주시안　　③ 색채시　　④ 중심시

02 다음 중 적법하게 초경량비행장치를 운용한 사람으로 옳은 것은?

① A씨는 이·착륙장을 관리하는 사람과 사전에 협의하여, 비행승인 없이 이·착륙장에서 반경 4km 범위에서 100m 고도로 비행을 하였다.

② B씨는 비행승인 없이 초경량비행장치 비행제한구역에서 200m고도로 비행하였다.

③ C씨는 비행승인 없이 비행금지구역에서 50m 고도로 비행하였다.

④ D씨는 흐린 날씨에 초경량비행장치가 보이는 곳까지만 비행하고 일몰 전에 착륙하였다.

03 최근 산업용 드론에서 주로 사용되는 모터의 종류로 옳은 것은?

① 브러쉬 모터　　② 브러쉬리스 아웃러너 모터　　③ 브러쉬리스 인너러 모터　　④ 가솔린 왕복 엔진

04 다음 중 초경량비행장치 조종자 증명 취소 또는 정지사유에 대한 설명으로 옳지 않은 것은?

① 거짓이나 그 밖의 부정한 방법으로 조종자 증명을 받은 경우 조종자 증명을 취소하여야 한다.

② 항공사업법을 위반하여 벌금 이상의 형을 선고 받은 경우 조종자 증명 취소 또는 정지

③ 주류 등의 섭취 및 사용 여부의 측정 요구에 따르지 아니한 경우 조종자 증명을 취소하여야 한다.

④ 조종자 증명의 효력정지기간에 초경량비행장치를 비행한 경우 조종자 증명을 취소하여야 한다.

05 다음 중 위반 시 500만원 이하의 과태료가 처분되는 벌칙조항으로 옳지 않은 것은?

① 요금표 등을 갖추지 아니하거나 거짓 사항을 적은 요금표를 사용하는 경우
② 항공기사용사업의 폐업을 위반하여 폐업신고를 하지 아니하거나 거짓으로 신고한 자
③ 보고, 출입 및 검사에 따른 보고 등을 하지 아니하거나 거짓 보고 등을 한 자
④ 보고, 출입 및 검사에 따른 검사 또는 출입을 거부 / 방해하거나 기피한 자

06 다음 중 위반 시 처벌기준이 가장 높은 것은?

① 경량항공기 등의 영리목적 사용금지를 위반하여 초경량비행장치를 영리목적으로 사용한 자
② 초경량비행장치사용사업자가 안전개선 명령 위반 시
③ 명의대여 등의 금지 위반한 항공기사용사업자 또는 항공기대여업자 또는 초경량비행장치사용사업자
④ 주류 등 영향으로 초경량비행장치를 사용하여 비행을 정상 수행할 수 없는 상태에서 비행한 자

07 다음 중 드론의 블루투스 통신 방식에 대한 특징에 대한 설명으로 옳은 것은?

① 저전력 통신   ② 고용량 자료 전송 가능   ③ 주파수 간섭현상 높음   ④ 높은 고도에서 영상 중계

08 다음 중 경량항공기 등의 영리목적 사용금지를 위반하여 초경량비행장치를 영리목적으로 사용한 자에 대한 처벌기준으로 옳은 것은?

① 1천만원 이하의 벌금   ② 500만원 이하의 벌금
③ 6개월 이하의 징역 또는 500만원 이하의 벌금   ④ 1년 이하의 징역 또는 1천만원 이하의 벌금

09 다음 중 네트워크형 링크에 대한 설명으로 옳은 것은?

① 군 무인기시스템에 활용된다.   ② 지상통제소와 드론이 직접 교신한다.
③ 특수한 통신환경에서 다수의 드론을 제어 및 조종하는데 사용한다.   ④ 지상무선국이 필요하다.

10 다음 중 드론의 조작방법에 대한 설명으로 옳지 않은 것은?

① 상하이동   ② 좌우이동   ③ 정지중 회전이동   ④ 후진 중 엘리베이터를 이용한 90도 이동

11 다음 중 프로펠러 진동에 대한 설명으로 옳지 않은 것은?

① 프로펠러 회전수가 낮을수록 진동이 감소하고 공명이 줄어든다.
② 프로펠러 밸런싱을 통해 진동을 감소시킬 수 있다.
③ 프로펠러에 부분 손상으로 인해 진동이 발생한다.
④ 프로펠러 회전수에 따라 진동 주파수가 변화한다.

12 다음 중 인적요인 대표 모델 SHELL 모델에서 L-S에 해당하는 것은?

① 드론　　　② 육안감시자　　　③ 기상 환경　　　④ 매뉴얼

13 다음 중 비행데이터 저장 및 분석에 대한 설명으로 옳지 않은 것은?

① 각 센서 및 모듈에서 저장된 데이터의 저장 주기가 다를 수 있다.
② 저장매체의 여유공간이 없을 경우 데이터의 손실이 있을 수 있다.
③ 기체의 이상 여부를 분석하기 위해서는 가급적 느린 주기로 저장된 미가공(raw) 데이터가 필요하다.
④ 센서 오류 시 부정확한 데이터가 저장될 수 있다.

14 다음 중 3년 이하의 징역 또는 3천만원 이하의 벌금을 처분하는 벌칙조항으로 옳은 것은?

① 보조금, 융자금을 거짓이나 그 밖의 부정한 방법으로 교부받은 자
② 비행 중 주류 등을 섭취한 사람 또는 측정 요구를 따르지 아니한 사람
③ 안전성인증을 받지 아니한 초경량비행장치를 사용하여 초경량비행장치 조종자 증명을 받지 아니하고 비행을 한 사람
④ 경량항공기 등의 영리목적 사용금지를 위반하여 초경량비행장치를 영리목적으로 사용한 사람

15 다음 중 공역의 관리 및 설정에 대한 설명으로 옳지 않은 것은?

① 국방부장관은 인천 비행정보구역내 항공기의 안전하고 효율적인 비행과 항공기의 수색 또는 구조에 필요한 정보제공을 위한 공역을 지정·공고한다.
② 국토교통부장관은 공역의 설정 및 관리에 필요한 사항을 심의하기 위하여 공역위원회를 운영한다.
③ 항공교통본부장은 공역위원회에 상정할 안건을 사전에 심의·조정한다.
④ 항공교통본부장은 공역위원회로부터 위임 받은 사항을 처리하기 위한 실무기구로 공역실무위원회를 운영한다.

16 다음 중 조종자 준수사항에 대한 설명으로 옳지 않은 것은?

① 가시권 밖 비행 금지

② 인구밀집지역 비행 금지

③ 야간비행 금지

④ 사람 또는 건축물이 밀집한 지역의 가장 높은 장애물의 상단에서 150m 미만 비행 금지

17 다음 중 비행장 및 그 주변의 공역으로서 항공교통의 안전을 위하여 지정한 공역으로 옳은 것은?

① 항공공역   ② 항공로   ③ 관제권   ④ 관제구

18 다음 중 초경량비행장치사용사업의 사업개선 명령에 대한 설명으로 옳지 않은 것은?

① 사업계획의 변경

② 초경량비행장치 및 그 밖의 시설의 개선

③ 초경량비행장치 사고로 인하여 지급할 손해배상을 위한 보험계약의 체결

④ 초경량비행장치의 비행안전에 대한 방해요소를 제거하기 위하여 필요한 사항으로서 국토교통부령으로 정하는 사항의 개선

19 다음 중 무인멀티콥터 조종자 증명 무게범위에 대한 설명으로 옳지 않은 것은?

① 1종 : 최대이륙중량이 25kg초과 연료의 중량을 제외한 자체중량이 150kg 이하

② 2종 : 최대이륙중량이 7kg초과 25kg 이하

③ 3종 : 최대이륙중량이 2kg초과 7kg 이하

④ 4종 : 최대이륙중량이 250g 이하

20 다음 중 국토교통부장관이 3사업(항공기대여업, 초경량비행장치사용사업, 항공레저스포츠사업)의 등록취소 처분을 하기위해서 반드시 거쳐야하는 절차로 옳은 것은?

① 사업개선명령   ② 재판   ③ 사업계획서 변경   ④ 청문

21 다음 중 초경량비행장치사용사업자에 대한 안전개선명령에 대한 설명 중 국토교통부령으로 정하는 사항의 항목이 아닌 것은?

① 초경량비행장치에 장착된 안전성이 검증되지 아니한 장비의 제거
② 초경량비행장치 제작자가 정한 정비·비행 절차의 이행
③ 초경량비행장치 및 그 밖의 시설의 개선
④ 초경량비행장치 조종자 증명을 받아야 하는 사람에 대한 그 증명의 발급·효력 여부에 대한 확인

22 다음 중 관제권에 대한 설명으로 옳지 않은 것은?

① 관제권은 하나의 공항에 대해 설정하며, 다수의 공항을 포함하지 않는다.
② 관제권은 수평으로는 비행장 또는 공항 중심(ARP)으로부터 반경 5NM내에 있는 원통구역과 계기출발 및 도착절차를 포함하는 공역이다.
③ 관제권은 계기 비행항공기가 이착륙하는 공항에 설정되는 공역이다.
④ 관제권은 수직적으로 지표면으로부터 3,000ft 또는 5,000ft까지의 공역이다.

23 다음 중 모터의 토크와 회전수 관계에 대한 설명으로 옳지 않은 것은?

① 모터에 인가된 전압이 일정할 때 모터의 회전수와 토크는 비례한다.
② 토크와 소모 전류는 비례 관계이다.
③ 프로펠러는 모터의 부하 요소로서 직경과 피치가 커질수록 부하는 증가한다.
④ 모터의 순간적 토크를 생성하기 위해서 배터리 방전율(C-rate) 확보가 필요하다.

24 2019년 4월 2일 대전 '독립의 횃불 대전릴레이' 행사 중 추락한 사고에 대한 설명으로 옳지 않은 것은?

① 횃불봉송(X4-10), 축하비행(Inspire1), 사진촬영(Inspire2) 3대 중 횃불봉송 드론이 이륙직후 행사장인 도로에 추락하였다.
② 조종자는 전문교육기관 교육원장, 지도조종자로서 P-65 비행금지구역에서 비행승인 없이 비행하였다.
③ 군중이 없는 골목에서 이륙직후 돌풍(빌딩풍)에 의해 태극기와 프로펠러가 접촉하며 행사장인 도로의 군중위로 추락하였다.
④ 참가자 3명이 드론에 얼굴 및 머리를 맞아 경상을 입었다.

25 다음 중 드론의 CG 위치로 옳은 것은?

① 동체 중앙　　② 프로펠러 중앙　　③ FC의 위치　　④ 배터리 밑

제 3회 실전 모의고사 정답 및 해설

제 3회 실전모의고사 정답

1	①	2	④	3	②	4	②	5	④	6	④	7	①	8	③	9	④	10	④
11	①	12	④	13	①	14	②	15	②	16	①	17	③	18	④	19	④	20	④
21	③	22	①	23	①	24	①	25	①										

1 **해설** 전·후진 비행은 양안으로 입체시와 삼각비행과 원주비행은 주시안과 관련이 있다.

2 **해설** 이·착륙장의 중심으로부터 반지름 3km 이내의 지역의 고도 500ft 이내의 범위(해당 이·착륙장을 관리하는 자와 사전에 협의된 경우에 한정)는 비행승인을 받지 않고 비행할 수 있다. ②, ③은 비행승인을 받아야 한다.

3 **해설** 회전자의 위치에 따라 인러너 모터와 아웃러너 모터로 구분하며, 산업용 드론에는 코일을 노출시켜 발열을 줄이고 토크를 받는 부분이 회전축에서 멀리 떨어져 있어 강한 토크를 발생시키는 브러쉬리스 아웃러너 모터를 사용하고 있다.

4 **해설** 이 법을 위반하여 벌금 이상의 형을 선고받은 경우 초경량비행장치 조종자 증명을 취소하거나 1년 이내의 기간을 정하여 그 효력을 정지를 명할 수 있다. 여기에서 이 법은 항공안전법을 의미한다.

5 **해설** ④ : 500만원 이하의 벌금

6 **해설** ① : 6개월 이하의 징역 또는 500만원 이하의 벌금, ② : 1천만원 이하의 벌금,
③ : 1년 이하의 징역 또는 1천만원 이하의 벌금, ④ : 3년 이하의 징역 또는 3천만원 이하의 벌금

7 **해설** 블루투스 통신방식은 저전력 통신으로 주파수 간섭현상이 상대적으로 낮은 반면에 고용량 자료 전송이 어려운 단점이 있다.

9 **해설** 데이터 링크 기술 중 네트워크형 링크는 LTE, Wibro(무선광대역 인터넷)와 같은 고속 무선 통신 네트워크를 통해 지상통제소와 연결되고 제어 및 조종한다.

11 **해설** 프로펠러 회전수에 따라 진동 주파수가 변화하며, 특정 회전수에서 공진 발생이 가능하고 회전수가 낮아도 큰 진동이 발생할 수 있다.

12 해설 ①: L-H, ②: L-L, ③: L-E

13 해설 기체의 이상 여부를 분석하기 위해서는 가급적 빠른 주기로 저장된 미가공(raw) 데이터가 필요하다.

14 해설 ①: 5년 이하의 징역 또는 5천만원 이하의 벌금, ③: 1년 이하의 징역 또는 1천만원 이하의 벌금
④: 6개월 이하의 징역 또는 500만원 이하의 벌금

15 해설 공역의 지정·공고는 국토교통부에서 실시한다.

16 해설 사람 또는 건축물이 밀집된 지역의 고도는 해당 초경량비행장치를 중심으로 수평거리 150미터 범위 안에 있는 가장 높은 장애물의 상단에서 150미터를 말한다. 150미터 미만의 비행은 적법한 행동이다.

18 해설 ④는 항공안전법의 안전개선명령에 대한 내용이다.

19 해설 4종은 최대이륙중량이 250g을 초과하고 2kg 이하이다.

20 해설 국토교통부장관은 초경량비행장치사용사업 등의 등록을 취소하기 위해서는 청문을 하여야 한다.

21 해설 ③도 안전개선명령 사항이나 그 밖에 초경량비행장치의 비행안전에 대한 방해 요소를 제거하기 위하여 필요한 사항으로서 국토교통부령으로 정하는 사항은 아니다.

22 해설 관제권은 기본 공항을 포함하여 다수의 공항을 포함할 수 있다.

23 해설 모터의 회전수와 토크는 반비례 관계로, 부하로 인해 모터 정지 시 최대 토크가 발생하고, 무부하 시 최대 회전수 및 최소 토크가 발생한다.

24 해설 축하비행 드론이 이륙 직후 행사장인 도로에 추락하여 3명이 경상을 입은 사고이다.

25 해설 드론의 무게중심(CG)은 동체 중앙 부분이다.

제4회 실전 모의고사

01 다음 중 드론의 비행가능 허용범위로 옳은 것은?

① AGL 300ft 미만   ② MSL 300ft 미만   ③ AGL 500ft 미만   ④ MSL 500ft 미만

02 다음 중 항공로에 대한 설명으로 옳지 않은 것은?

① 항공로는 항행에 적합하도록 항행안전무선시설(VOR 등)을 이용하여 설정하는 공간의 통로이다.
② 항공로 폭 고도는 최저항공로 고도(MEA) 이상 ~ FL 600 이하 까지의 공역이다.
③ 항공로는 일정한 폭을 가지며, 보통 중심선 좌우 10NM이다.
④ A등급 공역은 FL 200 초과 ~ FL 600 이하 까지의 공역이며, D등급 공역은 최저항공로 고도(MEA)이상~FL 200 이하까지의 공역이다.

03 다음 중 초경량비행장치 조종자 준수사항에 대한 설명으로 옳지 않은 것은?

① 일몰 후부터 일출전까지의 야간에 비행하는 행위 금지
② 그 밖에 비정상적인 방법으로 비행하는 행위 금지
③ 동력을 이용하는 모든 항공기, 경량항공기에 대하여 동력을 이용하지 아니하는 초경량비행장치는 진로를 양보하여야 한다.
④ 무인비행장치를 육안으로 확인할 수 있는 범위에서 조종

04 다음 중 인적요인 대표 모델 SHELL 모델에서 L-S에 해당하는 것은?

① 드론   ② 육안감시자   ③ 기상 환경   ④ 관련 규정

05 다음 중 안전성인증검사를 받지 않은 초경량비행장치를 비행에 사용하다 적발되었을 경우 부과되는 과태료로 옳은 것은?

① 100만원 이하의 과태료   ② 200만원 이하의 과태료   ③ 300만원 이하의 과태료   ④ 500만원 이하의 과태료

06 다음 중 접근관제구역에 대한 설명으로 옳지 않은 것은?

① 관제구의 일부분으로 항공교통센터(ACC)로부터 구역, 업무범위, 사용 고도 등을 협정으로 위임받아 운영

② 계기비행항공기가 공항을 출발 후 항공로에 도달하기까지의 과정이나 도착하는 항공기가 항공로를 벗어난 후 공항에 착륙하기까지 비행단계에 대하여 비행정보업무를 제공하기 위하여 설정된 공역

③ 이 공역은 접근관제소에서 레이더 절차나 비레이더 절차에 따라 운영 하며, 이 구역 내에는 하나 이상의 공항이 포함되어 해당 접근관제소의 접근관제업무를 제공

④ 고도 FL225까지의 공역

07 다음 중 위성항법시스템(GNSS)이 측정할 수 없는 것은?

① 속도　　② 이동방향　　③ 시간　　④ 기체 자세

08 다음 중 위성항법시스템(GNSS) 오차 발생 시 주의사항에 대한 설명으로 옳지 않은 것은?

① 기체 고도 및 수평 위치 유지 성능 저하시 기체의 불안정이 발생성에 주의한다.

② 건물 근처에서 항법 오차로 인해 건물에 충돌할 수 있기 때문에 주의해야 한다.

③ 비행제어시스템에서 GNSS의 항법 오차를 인식하지 못할 수 있기 때문에 주의한다.

④ 강풍에 따른 GNSS 항법 오차가 발생할 수 있기 때문에 주의한다.

09 다음 중 위성항법시스템의 실시간 운동학(RTK)의 특징에 대한 설명으로 옳지 않은 것은?

① 정확한 위치정보를 확보한 기준국으로부터 오차 보정 신호가 필요하다.

② 기준국으로부터 멀어질수록 항법 정확도는 낮아진다.

③ 실내와 실외 모두 사용이 가능하다.

④ 실시간 cm급 정밀 항법의 수행이 가능하다.

10 다음 중 전자변속기(ESC) 과열 방지를 위한 조치사항에 대한 설명으로 옳지 않은 것은?

① 냉각핀을 이용해 냉각 효과 향상이 가능하다.

② 프로펠러 후류에 노출 시켜서 냉각 효과 향상이 가능하다.

③ 과부하 및 과열 확인을 위해 비행 후 온도 체크가 필요하다.

④ 과열은 전자변속기 수명에 영향이 없다.

11 다음 중 관제구에 대한 설명으로 옳지 않은 것은?

① 지표면 또는 수면으로부터 200미터 이상 높이의 공역이다.

② 계기비행 항공기가 이착륙하는 공항 주위에 설정되는 공역이다.

③ FIR내의 접근관제구역(TMA)과 항공로를 포함한 구역을 말한다.

④ 비행정보구역 내의 A, B, C, D, 및 E등급 공역에서 시계 및 계기비행을 하는 항공기에 대하여 항공교통관제업무를 제공하는 공역이다.

12 항공보험 등에 가입한 자는 항공보험 등에 가입한 날부터 며칠 이내에 국토교통부장관에게 제출하여야 하는가?

① 3일 이내 ② 5일 이내 ③ 7일 이내 ④ 10일 이내

13 다음 중 최대이륙중량 25kg 이하인 무인비행장치만을 사용하여 초경량비행장치사용사업을 하는 경우 필요한 자산평가액으로 옳은 것은?

① 3천만원 이상 ② 5천만원 이상 ③ 1억원 이상 ④ 필요 없다.

14 초경량비행장치사용사업 등록요건 중 개인의 경우 자본금 또는 자산평가액 기준으로 옳은 것은?

① 납입자본금 3천만원 이상 ② 자산평가액 3천만원 이상

③ 납입자본금 3천만원 이하 ④ 자산평가액 3천만원 이하

15 다음 중 초경량비행장치 조종자 준수사항에 대한 설명으로 옳지 않은 것은?

① 초경량비행장치는 일출 전 시민박명 시작부터 일출 후 시민박명 종료시까지 주간에 비행할 수 있다.

② 환각물질 등의 영향으로 조종업무를 정상적으로 수행할 수 없는 경우에는 비행해서는 안 된다.

③ 초경량비행장치를 이용하여 사람이 모여 있는 상공에서 낙하물을 떨어뜨려서는 안 된다.

④ 초경량비행장치 비행제한공역에서 비행승인을 받은 경우 200m 이상의 높이로 비행할 수 있다.

16 2005년 4월 1일 경남 진주에서 발생한 사고사례에 대한 설명으로 옳지 않은 것은?

① 초등학교에서 과학의 달 행사 중 발생하였다.
② RC 헬리콥터 비행시범 중 발생하였다.
③ 초등 1년생 1명이 사망하였고, 2명이 중경상을 입었다.
④ 인근에서 작업중인 농업용 드론이 날아와서 사고가 발생하였다.

17 다음 중 쿼드콥터에서 1번과 3번 프로펠러, 2번과 4번 프로펠러의 회전속도를 조절하는 것으로 옳은 것은?

① 스로틀   ② 러더   ③ 엘리베이터   ④ 에일러론

18 다음 중 드론 통신방식 특성 중 5G 이동통신의 특성에 대한 설명으로 옳은 것은?

① 고용량 자료 전송이 어렵다.
② ISM대역사용으로 간섭현상이 발생한다.
③ 지상교신 시 시간지연이 발생한다.
④ 상용화에 장기간 시일이 소요된다.

19 다음 중 시계비행과 계기비행을 하는 항공기가 비행가능한 공역이 아닌 것으로 옳은 것은?

① A등급   ② B등급   ③ C등급   ④ D등급

20 다음 중 대형무인항공기 장착에는 문제가 없으나 소형 무인항공기는 탑재하중 및 전력량에 제약이 있으므로 소형화 및 저전력형 장비 개발이 관건인 것은 무엇인가?

① 광학시스템   ② 레이더   ③ 트랜스폰더   ④ TCAS

21 다음 중 안전성인증을 받지 아니한 초경량비행장치를 사용하여 초경량비행장치 조종자 증명을 받지 아니하고 비행을 한 사람의 처벌기준으로 옳은 것은?

① 1년 이하의 징역 또는 1천만원 이하의 벌금
② 1천만원 이하의 벌금
③ 500만원 이하의 벌금
④ 500만원 이하 과태료

22 다음 중 인적오류(Human error)에 대한 설명으로 옳지 않은 것은?

① 인간은 불안전한 존재이기 때문에 누구나 실수를 한다.

② 의도치 않은 오류에는 규정에서 벗어난 고의적인 일탈, 부족한 지식 등이 포함된다.

③ 초기 자동화된 장비들이 인간의 실수를 제거할 것이라 기대하였지만, 불완전한 인간이 설계한 장비 역시 불완전하다.

④ 개인의 실수의 관점만으로 보기 보다는 사회적 환경 및 조직적 문제까지 고려한 포괄적 인식 및 다양한 접근이 필요하다.

23 다음 중 무인비행장치 특별비행승인을 신청해야하는 사유로 옳지 않은 것은?

① 일몰 후 초경량비행장치를 비행하고자 하는 경우

② 관제권 내에서 초경량비행장치를 비행하고자 하는 경우

③ 비가시권 비행을 하고자 하는 경우

④ 야간에 비가시권 비행을 하고자 하는 경우

24 다음 중 관제공역에 대한 설명으로 옳지 않은 것은?

① 관제공역은 항공기의 안전운항을 위하여 규제가 가해지고 인력과 장비가 투입되어 적극적으로 항공통제업무가 제공되는 공역이다.

② 관제권은 비행정보구역 내의 B, C 또는 D 등급 공역 중에서 시계 및 계기비행을 하는 항공기에 대하여 항공교통관제업무를 제공하는 공역이다.

③ 관제구는 비행정보구역 내의 A, B, C , D 및 E 등급 공역에서 시계 및 계기비행을 하는 항공기에 대하여 항공교통관제업무를 제공하는 공역이다.

④ 비행장교통구역은 비행정보구역 내의 D등급 공역에서 계기비행을 하는 항공기간에 교통정보를 제공하는 공역이다.

25 다음 중 관제권에 대한 설명으로 옳지 않은 것은?

① 계기비행 항공기가 이착륙하는 공항 주위에 설정되는 공역이다.

② 수평적으로 비행장 또는 공항 반경 5NM(9.3km) 이내이다.

③ 관제권을 지정하기 위해서는 항공무선통신 시설과 기상관측 시설이 있어야 한다.

④ 비행정보구역 내의 A, B, C, D 및 E등급 공역에서 시계 및 계기비행을 하는 항공기에 대하여 항공교통관제업무를 제공하는 공역이다.

제 4회 실전 모의고사 정답 및 해설

제 4회 실전모의고사 정답

1	③	2	③	3	③	4	④	5	④	6	②	7	④	8	④	9	③	10	④
11	②	12	③	13	④	14	②	15	①	16	④	17	②	18	④	19	①	20	③
21	①	22	②	23	②	24	④	25	④										

1 **해설** AGL(Above Ground Level)은 지표면으로부터 항공기까지의 높이로 절대고도라 한다(드론의 적용 고도).
MSL(Mean Sea Level)은 평균해수면으로부터 항공기까지의 높이로 진고도라 한다.

2 **해설** 항공로는 일정한 폭을 가지며, 보통 중심선 좌우 5NM이다.

3 **해설** 동력을 이용하는 초경량비행장치 조종자는 모든 항공기, 경량항공기 및 동력을 이용하지 아니하는 초경량비행장치에 대하여 진로를 양보하여야 한다.

4 **해설** ① : L-H, ② : L-L, ③ : L-E

6 **해설** 접근관제구역은 계기비행항공기가 공항을 출발 후 항공로에 도달하기까지의 과정이나 도착하는 항공기가 항공로를 벗어난 후 공항에 착륙하기까지 비행단계에 대하여 항공교통업무(ATS)를 제공하기 위하여 설정된 공역이다.

7 **해설** GNSS로 기체 자세는 측정할 수 없다.

8 **해설** 바람에 의해 GNSS 오차는 발생하지 않는다.

9 **해설** RTK(Real Time Kinematic)는 실시간 이동 측위로 GNSS가 동작하는 실외에서만 사용 가능하다.

10 **해설** 과열은 전자변속기 수명에 영향을 미치기 때문에 냉각핀을 이용하거나 프로펠러 후류에 노출 시켜서 냉각 효과 향상이 가능하다.

11 **해설** ②는 관제권에 대한 설명이다.

14 해설 초경량비행장치사용사업 등록 시 법인인 경우 자본금 3천만원 이상, 개인인 경우 자산평가액 3천만원 이상이 필요하다.

15 해설 일출 전 시민박명은 태양의 중심점이 지평선(또는 수평선) 아래 6°에 위치할 때부터 일출 직전까지이다. 따라서 일출 전 시민박명은 야간으로 드론특별비행승인 없이는 비행을 할 수 없다.

18 해설 5G 이동통신은 빠른 전송속도와 여러 사물과 실시간 통신이 가능한 반면에 상용화에 장기간 시일이 소요되는 단점이 있다.

19 해설 A등급 공역은 모든 항공기가 계기비행을 해야 하는 공역이다.

22 해설 규정에서 벗어난 고의적인 일탈은 의도한 오류이다.

23 해설 야간비행, 비가시권 비행 시 30일 전에 지방항공청장에 특별비행승인 신청을 하여야 한다.

24 해설 비행장교통구역은 비행정보구역 내의 D등급 공역에서 시계비행을 하는 항공기간에 교통정보를 제공하는 공역이다.

25 해설 ④는 관제구에 대한 설명이다.

제 5회 실전 모의고사

01 다음 중 양안의 시각에 대한 설명으로 옳지 않은 것은?

① 인간의 양안은 평균적으로 6.5cm 정도 떨어져 있다.

② 두눈에 비쳐지는 면이 각기 다르며, 뇌가 두 눈의 영상을 각각으로 입체적으로 감각한다.

③ 대상을 바라볼 때 두 눈이 안쪽으로 모이며, 이때의 수렴각도를 뇌가 해석하여 거리감을 판단한다.

④ 입체시는 거리감 및 입체감 판단에 도움을 준다.

02 다음 중 공역에 대한 설명으로 옳지 않은 것은?

① 항공기, 초경량비행장치 등의 안전을 보장하기 위하여 지표면 또는 해수면으로부터 일정 높이의 특정 범위로 정해진 공간을 방공식별구역이라 한다.

② 통제공역으로 비행금지구역, 비행제한구역, 초경량비행장치 비행제한구역이 있다.

③ 비관제공역으로 F, G등급이 있다.

④ 주의공역으로 훈련구역, 군작전구역, 위험구역, 경계구역, 초경량비행장치 비행구역이 있다.

03 다음 중 주의공역에 대한 설명으로 옳지 않은 것은?

① 민간항공기 훈련구역은 계기비행 항공기로부터 분리가 유지될 필요가 있는 공역이다.

② 군 작전구역은 군 훈련항공기를 IFR항공기로부터 분리시킬 목적으로 설정된 수직과 횡적 한계를 규정한 공역이다.

③ 위험구역은 원자력발전소를 제외한 항공기의 비행시 항공기 또는 지상시설물에 위험이 예상되어 지정된 공역이다.

④ 경계구역은 대규모 조종사의 훈련이나 비정상 형태의 항공활동이 수행되어지는 공역이다.

04 다음 중 비행승인을 받지 않아도 되는 경우로 옳지 않은 것은?

① 최저비행고도(150m) 미만의 고도에서 운영하는 계류식 기구
② 가축전염병의 예방 또는 확산방지를 위하여 소독·방역업무 등에 긴급하게 사용하는 무인비행장치
③ 연료의 중량을 제외한 자체중량이 12kg이하이고, 길이가 7m 이하인 무인비행선
④ 최대이륙중량이 25kg을 초과하는 무인동력비행장치

05 다음 중 농업용 초경량비행장치 조종 시 주의사항에 대한 설명으로 옳지 않은 것은?

① 10m 안전거리를 확보해야 한다.
② 3인 1조 작업이 원칙이나, 최소 2명 이상은 작업해야 한다.
③ 깃발을 이용해서 안정성을 증대해야 한다.
④ 장애물을 등지고 비행해야 한다.

06 다음 중 모터의 토크와 회전수 관계에 대한 설명으로 옳지 않은 것은?

① 프로펠러의 직경과 피치가 커질수록 부하가 감소한다.
② 배터리 방전율은 모터의 순간적인 토크 생성에 영향을 준다.
③ 토크와 소모전류는 비례 관계이다.
④ 모터에 인가되는 전압이 일정할 때 모터의 회전수와 토크는 반비례 관계이다.

07 다음 중 우리나라가 속해 있는 ICAO 권역으로 옳은 것은?

① MID/ASIA ② PAC ③ NAM ④ NAT

08 다음 중 모든 항공기가 계기비행을 해야 하는 공역으로 옳은 것은?

① A등급 ② B등급 ③ C등급 ④ D등급

09 적 레이더와 같은 방공망을 기만하여 교란시키는 역할을 수행하며, 소형이지만 레이더상에는 유인 전투기, 전폭기, 대형 전술기가 기동하는 것처럼 표시되는 무인기는 무엇인가?

① 정찰용 무인기
② 기만용 무인기
③ 교란용 무인기
④ 공격 무인기

10 다음 중 초경량비행장치사용사업의 사업범위에 대한 설명으로 옳지 않은 것은?

① 비료 또는 농약살포, 씨앗 뿌리기 등 농업지원 ② 사진촬영, 육상·해상 측량 또는 탐사

③ 산림 또는 공원 등의 관측 또는 탐사 ④ 경관조망

11 다음 중 장치신고를 하지 않거나 변경신고를 하지 않을 경우 처벌기준으로 옳은 것은?

① 1년 이하의 징역 또는 1천만원 이하의 벌금 ② 6개월 이하의 징역 또는 500만원 이하의 벌금

③ 3년 이하의 징역 또는 3천만원 이하의 벌금 ④ 1천만원 이하의 벌금

12 다음 중 프로펠러 결빙에 대한 설명으로 옳은 것은?

① 가온이 높고 습도가 낮은 경우에 결빙이 발생한다. ② 프로펠러의 결빙은 주로 뒷전에서 발생한다.

③ 공기흐름의 분리가 발생하여 기체 불안정이 발생한다. ④ 비행 중 주기적으로 프로펠러 결빙을 확인할 필요가 없다.

13 다음 중 미세전자기계시스템(MEMS) 관성측정장치(IMU)에 대한 설명으로 옳지 않은 것은?

① 소형 무인멀티콥터에는 MEMS IMU가 주로 활용된다.

② 프로펠러 진동에 영향을 받아 자세 오차가 발생할 수 있다.

③ 기체 구조물의 유격 등에 의한 진동에 영향을 받아 자세 오차가 발생할 수 있다.

④ 진동에 대비하기 위해 진동 특성이 다른 MEMS IMU를 다중으로 사용할 수 없다.

14 다음 중 배터리 관리요령에 대한 설명으로 옳은 것은?

① 비행을 통한 방전을 실시한다. ② 전기적 저항요소를 배터리에 연결하여 완전 방전 후 폐기한다.

③ 전기적 단락을 통해 방전을 실시한다. ④ 장기간 보관 시 완충하여 보관한다.

15 다음 중 프로펠러 효율에 대한 설명으로 옳지 않은 것은?

① 정지간 비행 시 가장 적은 효율이 발생한다.

② 저속비행을 하는 비행체는 저 피치 프로펠러가 효율이 좋다.

③ 고속비행을 하는 비행체는 고 피치 프로펠러가 효율이 좋다.

④ 가변피치 프로펠러를 통해 넓은 속도 영역에서 프로펠러 효율 향상이 가능하다.

16 다음 중 무인멀티콥터를 상승시키면서 좌로 이동 시 조작방법으로 옳은 것은?

① 천천히 스로틀을 위로 올리며 에일러론 좌로 이동
② 천천히 엘리베이터를 위로 올리며 에일러론 좌로 이동
③ 천천히 스로틀을 위로 올리며 러더 좌로 이동
④ 천천히 엘리베이터를 위로 올리며 러더 좌로 이동

17 다음 중 K-드론 시스템 추진 관련 해외사례 중 미국에 해당하는 것으로 옳은 것은?

① 공역 배정·관제·감시 등을 통한 교통관리시스템(UTM) 개발
② 전자적 등록 및 비행경로 추적, 관제당국과 동시 접속시스템 구축
③ 드론·3차원 지도·비행관리·클라우드 서비스 등 스마트 드론 플랫폼 개발
④ 실시간 비행정보 및 기상 정보 등 클라우드 시스템(UCAS) 개발

18 다음 중 K-드론 시스템 추진 관련 해외사례 중 유럽에 해당하는 것으로 옳은 것은?

① 공역 배정·관제·감시 등을 통한 교통관리시스템(UTM) 개발
② 전자적 등록 및 비행기록 추적, 관제당국과 동시 접속시스템 구축
③ 드론·3차원 지도·비행관리·클라우드 서비스 등 스마트 드론 플랫폼 개발
④ 실시간 비행정보 및 기상 정보 등 클라우드 시스템(UCAS) 개발

19 다음 중 K-드론 시스템 추진 관련 해외사례 중 일본에 해당하는 것으로 옳은 것은?

① 공역 배정·관제·감시 등을 통한 교통관리시스템(UTM) 개발
② 전자적 등록 및 비행경로 추적, 관제당국과 동시 접속시스템 구축
③ 드론·3차원 지도·비행관리·클라우드 서비스 등 스마트 드론 플랫폼 개발
④ 실시간 비행정보 및 기상 정보 등 클라우드 시스템(UCAS) 개발

20 다음 중 K-드론 시스템 추진 관련 해외사례 중 중국에 해당하는 것으로 옳은 것은?

① 공역 배정·관제·감시 등을 통한 교통관리시스템(UTM) 개발
② 전자적 등록 및 비행경로 추적, 관제당국과 동시 접속시스템 구축
③ 드론·3차원 지도·비행관리·클라우드 서비스 등 스마트 드론 플랫폼 개발
④ 실시간 비행정보 및 기상 정보 등 클라우드 시스템(UCAS) 개발

21 다음 중 드론의 발전으로 인하여 생긴 문제로 옳지 않은 것은?

① 사고위험
② 사생활 침해
③ 추락으로 인한 인명피해
④ 산업종사자의 해직

22 다음 중 무인멀티콥터 추락사고(UAR1902)에 대한 설명으로 옳지 않은 것은?

① P-65 비행금지구역에서 비행승인 없이 비행
② 군중이 없는 골목에서 이륙 직후 돌풍(빌딩풍)에 의해 태극기와 프로펠러가 접촉하며 행사장인 도로의 군중위로 추락
③ 관람객 다수 인원이 드론에 얼굴 및 머리를 맞아 중상을 입음
④ 축하비행 드론이 이륙직후 행사장인 도로에 추락

23 다음 중 초경량비행장치가 아닌 것은?

① 동력비행장치
② 회전익비행장치
③ 계류식 기구류
④ 초급활공기

24 다음 중 무인비행장치에 작용하는 4가지 힘에 대한 설명으로 옳은 것은?

① 추력, 양력, 항력, 무게
② 추력, 양력, 무게, 하중
③ 비틀림력, 양력, 항력, 중력
④ 추력, 모멘트, 항력, 중력

25 다음 중 무인기 제어 링크에 대한 설명으로 옳지 않은 것은?

① P2P형 링크는 무인기와 지상통제소 조종사와 간접 연결되어 있다.
② P2P형 링크는 군 무인기 시스템, 재난구조 수행, 긴급 통신영역 확장 등의 특수한 통신 환경에서 다수 드론을 제어하고 조종하는데 활용된다.
③ 네트워크형 링크는 무인기와 지상통제소를 무인기 제어 지상 네트워크가 연결한다.
④ 네트워크형 링크는 LTE, Wibro과 같은 고속 무선 통신 네트워크를 통해 지상통제소와 연결되고 제어 및 조종하는데 활용된다.

제 5회 실전 모의고사 정답 및 해설

제 5회 실전모의고사 정답

1	②	2	①	3	③	4	④	5	①	6	①	7	①	8	①	9	②	10	④
11	②	12	③	13	④	14	②	15	①	16	①	17	①	18	②	19	③	20	④
21	④	22	③	23	④	24	①	25	①										

1 해설 두 눈은 각기 다른 면을 보지만 이것을 뇌가 하나의 영상으로 합성하여 입체적으로 감각한다.

2 해설 ①은 공역의 정의에 대한 설명이다.

3 해설 위험구역은 사격장, 폭발물처리장, 원자력발전소 등 위험시설의 상공으로서 항공기의 비행 시 항공기 또는 지상시설물에 위험이 예상되어 지정된 공역이다.

4 해설 최대이륙중량 25kg을 초과하는 무인동력비행장치는 비행승인을 받아야 한다.

5 해설 농업용 초경량비행장치 운용 시 최소한의 안전거리는 15m이다.

6 해설 프로펠러 직경과 피치는 모터 부하와 비례관계로, 직경과 피치가 커질수록 부하가 증가한다.

7 해설 우리나라는 항공교통관리권역은 MID/ASIA에 속하고, ICAO 지역사무소는 태국 방콕에 위치하고 있는 APAC 권역사무소에 속한다.

8 해설 A등급 공역은 모든 항공기가 계기비행을 하여야 하는 공역이다.

9 해설 정찰용 무인기 : 관심지역 및 작전지역의 정찰을 목적하는 무인기
공격 무인기 : 전술적 목표물을 파괴하는 역할 수행

10 해설 경관조망은 항공레저스포츠사업의 하나이다.

12 해설 프로펠러 결빙은 기온이 낮고, 습도가 높은 경우 발생하며, 주로 프로펠러의 앞전에서 발생한다. 그리고 비행 중 주기적으로 결빙을 확인할 필요가 있다.

13 해설 진동에 대비하기 위해 진동 특성이 다른 MEMS IMU를 다중으로 사용할 수 있다.

14 해설 ①, ③, ④는 금지사항이다.

15 해설 전진비(Advance Ratio)에 따라 프로펠러 효율의 차이가 발생하는데 호버링 시 프로펠러 효율저하로 더 많은 에너지를 사용할 수 있다.

22 해설 참가자 3인, 드론에 얼굴 및 머리를 맞아 경상을 입었다.

23 해설 초급활공기는 항공기의 종류이다.

25 해설 P2P형 링크는 무인기와 지상통제 조종사와 직접 연결되어 있다.

제 6 회 실전 모의고사

01 다음 중 인간가치 상승과 관련이 없는 것은?

① Human Error의 감소　② 삶의 질 향상　③ 안전성 증대　④ 피로와 스트레스 감소

02 다음 중 관제권에 대한 설명으로 옳지 않은 것은?

① 공항은 한 개만 만들 수 있다.
② 공항 반경 5NM 내에 있는 공역이다.
③ 계기비행 항공기가 이착륙하는 공항 주위에 설정된다.
④ 항공교통관제업무를 제공한다.

03 다음 중 관성항법시스템에 대한 설명으로 옳은 것은?

① 외부환경 최소화　② 오차의 최소　③ 영상정보 분석　④ 위성신호 사용

04 다음 중 초경량비행장치사용사업 등록 결격사항에 대한 설명으로 옳지 않은 것은?

① 외국인이 주식이나 지분의 2분의 1이상을 소유하거나 그 사업을 사실상 지배하는 법인
② 벌금 1천만원 이상의 실형을 받고 그 집행이 끝난 날 또는 집행을 받지 아니하기로 확정된 날부터 3년이 지나지 아니한 사람
③ 집행유예를 선고받고 그 유예기간중에 있는 사람
④ 피성년후견인, 피한정후견인 또는 파산선고를 받고 복권되지 아니한 사람

05 다음 중 멀티콥터가 오른쪽(우에일러론)으로 우선회(평행이동)하려고 할 때 프로펠러가 빨리 회전하는 모터로 옳은 것은?(단, quadcopter 이고, 전 좌측 모터는 시계방향으로 회전한다.)

①전좌측모터,후좌측모터　②전우측모터,후좌측모터　③전우측모터,후우측모터　④전좌측모터,후우측모터

06 다음 중 초경량비행장치 조종자 준수사항에 대한 설명으로 옳지 않은 것은?

① 초경량비행장치 조종자는 모든 항공기에 대하여 진로를 양보한다.
② 일몰시부터 일출시까지 야간에 비행해서는 안된다.
③ 항공교통관제기관이 승인을 얻지 아니하고 관제공역을 비행해서는 안 된다.
④ 항공촬영을 승인 받은 후 비행승인 없이 고도 200m 이상으로 조종했다.

07 다음 중 블루투스 통신방식에 대한 설명으로 옳은 것은?

① 저전력 통신   ② 고속데이터 전송가능   ③ 지상교신시 시간지연 발생   ④ 드론제어 통신거리 무제한

08 다음 중 사업개선명령에 따른 명령을 위반한 초경량비행장치사용사업자의 처벌기준으로 옳은 것은?

① 벌금 500만원 이하   ② 과태료 500만원 이하   ③ 벌금 1천만원 이하   ④ 과태료 1천만원 이하

09 다음 중 신규, 변경, 이전 신고에 대한 설명으로 옳지 않은 것은?

① 최대이륙중량이 2kg을 초과하는 무인동력비행장치는 신고없이 비행할 수 있다.
② 안전성인증을 받기전까지 초경량비행장치를 신고해야 한다.
③ 초경량비행장치가 멸실되었거나 해체한 경우에는 그 사유가 발생한 날부터 15일 이내에 신고해야 한다.
④ 변경신고는 그 사유가 있는 날부터 30일 이내에 신고해야 한다.

10 다음 중 Human Error를 줄이기 위한 최선의 방법으로 옳은 것은?

① 개인 교육훈련   ② 절차 개선   ③ 설계, 디자인 개선   ④ 엄격한 처벌

11 다음 중 Battery Fail-safe에 대한 설명으로 옳지 않은 것은?

① 1차 저전압시 LED 경고가 들어온다.
② 1차 저전압시 LED 경고가 들어온 상태로 정상작동한다.
③ 2차 저전압시 LED가 붉은색으로 더 빨리 깜박인다.
④ 2차 저전압시 천천히 하강한다.

12 다음 중 자동안전장치(Fail-safe)에 관한 설명으로 옳지 않은 것은?

① 충돌방지를 위한 호버링이나 RTH
② 파손 등으로 기동이 불가능할 때 미리 설정된 값으로 신호를 보낸다.
③ 장애물 회피를 위해 계속 상승으로 설정하기도 한다.
④ 서서히 고도를 낮추어 하강한다.

13 다음 중 안전하게 귀환(return to home) 등 자동안전장치(fail-safe) 기술로 초경량비행장치가 세계로 확산되는데 이바지한 장치로 옳은 것은?

① Gyro sensor ② Radar ③ GPS ④ Lidar

14 다음 중 150미터 미만의 고도에서 초경량비행장치를 자유롭게 비행할 수 있는 공역으로 옳은 것은?

① C등급 공역 ② D등급 공역 ③ E등급 공역 ④ G등급 공역

15 다음 중 농업용 무인비행장치 비행안전에 대한 설명으로 옳은 것은?

① 부조종자는 배치하지 않는다. ② 조종자의 이동거리를 최소화한다.
③ 효율성을 위해 일출 전, 일몰 후 비행한다. ④ 장애물을 등지고 비행한다.

16 다음 중 초경량비행장치 사고에서 중상의 범위에 대한 설명으로 옳지 않은 것은?

① 초경량비행장치사고로 부상을 입은 날부터 7일 이내에 48시간을 초과하는 입원치료가 필요한 부상
② 골절(코뼈, 손가락, 발가락 등의 간단한 골절은 제외한다)
③ 열상(찢어진 상처)으로 인한 심한 출혈, 신경·근육 또는 힘줄의 손상
④ 1~2도의 화상 또는 신체표면의 5%를 초과하는 화상

17 다음 중 전자변속기(ESC)에 대한 설명으로 옳지 않은 것은?

① 브러쉬리스 모터의 회전수를 제어하기 위해 사용 ② 전자변속기 허용 전압에 맞는 배터리 연결 필요
③ 가급적 허용전류가 작은 전자변속기 장착이 안전 ④ 발열이 생길 경우 냉각 필요

18 다음 중 초경량비행장치의 눈과 거리가 먼 것은?

① 광학시스템 ② 배송물 ③ 레이더 ④ 라이다

19 다음 중 무인비행장치의 프로펠러에 관한 설명으로 옳은 것은?

① 프로펠러를 뒤집어서 장착하면 프로펠러의 회전 방향을 변경할 수 있다.
② 프로펠러의 규격은 직경과 두께로 표현된다.
③ 동일한 회전 수일 때 프로펠러의 직경이 클수록 추력이 증가한다.
④ 프로펠러의 무게가 무거울수록 추력이 증가한다.

20 다음 중 BLDC 모터에 대한 설명으로 옳지 않은 것은?

① 회전 수 제어를 위해 ESC가 필요하다.　② 모터에 인가되는 전압의 크기를 변화시켜 회전 수를 제어한다.
③ 영구자석과 모터권선으로 이루어져 있다.　④ 브러쉬모터보다 수명이 길다.

21 다음 중 드론 사고사례에 대한 설명으로 옳지 않은 것은?

① 다수의 사고발생하였으나 사고조사와 집계 등이 제대로 이루어지지 않고 있다.
② 충돌사고가 가장 많다.
③ 교육 중에는 일어나지 않았다.
④ 충돌사고 외 조종실수, 과적, 연료불량, 전파장애 등이 사고원인이다.

22 다음 중 항공사업계획에 따라 업무를 수행하지 못한 예외사항으로 옳지 않은 것은?

① 기상악화　　　　　　　　　　② 안전운항을 위한 정비로서 예견하지 못한 정비
③ 천재지변　　　　　　　　　　④ 영업수익 악화

23 다음 중 기계적 장치에 의해 반응하는 시스템은 무엇인가?

① 자동기계　　② 자동화　　③ 자율화/자율 지능　　④ 자율지능기계

24 다음 중 배터리 보관방법에 대한 설명으로 옳은 것은?

① 뚜껑을 덮어 놓는다.
② 만충 상태로 보관한다.
③ 배터리 외형 손상이 있을 시 다른 배터리들과 함께 보관해도 상관 없다.
④ 화기를 피해 환기가 잘되는 곳에 보관한다.

25 다음 중 초경량비행장치 사고 발생 시 보고사항으로 옳지 않은 것은?

① 조종자 및 그 초경량비행장치 소유자 등의 성명 또는 명칭
② 사고가 발생한 일시 및 장소
③ 보험가입증명서
④ 사상자의 인적사항 파악을 위하여 참고가 될 사항

제6회 실전 모의고사 정답 및 해설

제6회 실전모의고사 정답

1	①	2	①	3	①	4	②	5	①	6	④	7	①	8	③	9	①	10	①
11	④	12	③	13	③	14	④	15	④	16	④	17	③	18	②	19	③	20	②
21	③	22	④	23	①	24	④	25	③										

1. **해설** Human Error의 감소는 수행의 증진이다.

2. **해설** 관제권은 기본 공항을 포함하여 다수의 공항을 포함할 수 있다.

3. **해설** 관성항법시스템은 외부환경 영향 최소의 장점이 있는 반면에 시간이 지남에 따라 항법 오차가 증가하는 단점이 있다.

4. **해설** 이 법(항공사업법을 의미함), 항공안전법, 공항시설법, 항공보안법, 항공·철도사고조사에 관한 법률을 위반하여 금고 이상의 실형을 선고받고 그 집행이 끝난 날 또는 집행을 받지 아니하기로 확정된 날부터 3년이 지나지 아니한 사람은 사업을 할 수 없다.

5. **해설** 이동하는 반대 방향의 모터가 빠르게 회전한다.

6. **해설** 150m 이상 고도에서 비행 시 비행승인을 받아야 한다.

7. **해설** 블루투스 통신 방식은 주파수 간섭현상이 상대적으로 낮고 저전력 통신의 장점이 있는 반면에 고용량 자료 전송이 어려운 단점이 있다.

9. **해설** 최대이륙중량 2kg을 초과하는 기체는 사업용이든 비사업용이든 모두 기체신고를 하여야 한다.

11. **해설** 배터리 2차 저전압 시 설정된 2차 저전압에서 현 위치에 불시착한다.

14. **해설** G등급 공역은 모든 항공기에 비행정보업무만 제공하는 비관제공역으로 드론이 비행가능한 공역이다.

15. **해설** 농업용 무인비행장치 운용 시 부조종자는 반드시 배치해야 하며, 조종자는 이동거리 최소화에 집착하면 안 된다.

16 해설 2도나 3도의 화상 또는 신체표면의 5퍼센트를 초과하는 화상이 중상이다.

17 해설 모터의 최대 소모전류를 허용할 수 있는 전자변속기를 사용하여야 한다.

19 해설 동일한 회전수에서 직경과 피치가 증가할 경우 추력은 증가한다.

20 해설 브러쉬리스 모터는 회전수 제어를 위해 별도의 전자변속기(ESC)가 필요하다.

21 해설 교육 중에서 다양한 사고가 발생하고 있다.

22 해설 영업수익 악화는 기상악화 등 국토교통부령으로 정하는 부득이한 경우가 아니다.

23 해설 자동기계는 기계적 장치에 의해 반응하는 시스템이다(예 : 토스터, 지뢰, 부비트랩).

25 해설 보험가입증명서, 안전성인증서 등은 사고발생 시 보고내용이 아니다.

제 7 회 실전 모의고사

01 다음 중 초경량비행장치의 범위로 옳지 않은 것은?

① 패러글라이딩　② 회전익비행장치　③ 비행선　④ 동력비행장치

02 다음 중 인적요인의 대표 모델인 SHELL 모델 중 옳지 않은 것은?

① H - Hardware　② E - Environment　③ L - Liveware　④ S - System

03 다음 중 배터리 페일세이프에 대한 설명으로 옳지 않은 것은?

① 1차 배터리 부족 시 LED가 천천히 깜빡인다.
② 1차 배터리 부족 시 장애물을 피해 기체가 천천히 상승한다.
③ 2차 배터리 부족 시 LED가 빠르게 깜빡인다.
④ 2차 배터리 부족 시 현 위치에 불시착한다.

04 다음 중 LTE 통신방식의 특성에 대한 설명으로 옳지 않은 것은?

① 드론 제어 통신거리 무제한
② 고용량 자료 전송 불가능
③ 실시간 영상 스트리밍 가능
④ 높은 고도에서 영상 중계

05 양벌규정은 법인의 대표자나 법인 또는 개인의 대리인, 사용인, 그 밖의 종업원이 그 법인 또는 개인의 업무에 관하여 제77조부터 제81조까지의 어느 하나에 해당하는 위반행위를 하면 그 행위자를 벌하는 외에 그 법인 또는 개인에게도 해당 조문의 (　)형을 과(科)한다. (　) 안에 들어갈 처벌로 옳은 것은?

① 과태료　② 벌금　③ 과징금　④ 징역

06 다음 중 전문교관 등록 취소 사유에 대한 설명으로 옳지 않은 것은?

① 법에 따른 행정처분을 받은 경우(효력정지 15일 이하인 경우는 제외)
② 허위로 작성된 비행경력증명서를 확인하지 아니하고 서명 날인한 경우
③ 비행경력증명서를 허위로 제출한 경우(비행경력을 확인하기 위해 제출된 자료 포함)
④ 실기시험위원으로 지정된 사람이 부정한 방법으로 실기시험을 진행한 경우

07 다음 중 관성측정장치(IMU)의 특징에 대한 설명으로 옳지 않은 것은?

① IMU 장치는 자세제어를 한다.
② IMU는 자이로스코프와 동일하다.
③ 초기화 시 되도록 기체를 움직이지 않아야 한다.
④ 초경량비행장치는 MEMS IMU를 주로 활용한다.

08 다음 중 통제공역이 아닌 것은?

① 비행금지구역   ② 비행제한구역   ③ 군작전구역   ④ 초경량비행장치 비행제한구역

09 다음 중 실속에 대한 설명으로 옳지 않은 것은?

① 받음각이 실속각 보다 클 때 발생한다.   ② 항력 증가   ③ 양력계수 증가   ④ 양력 감소

10 유인항공기(보고 피하기), 무인항공기(탐지하고 피하기)에 대한 설명으로 옳지 않은 것은?

① 유인항공기는 조종사가 직접 몸으로 비행상태를 느끼며 비행
② 무인항공기는 영상장치(카메라), 레이더 등의 탐지기기를 통해 들어오는 정보를 간접적으로 인식하며 비행
③ 유인항공기는 조종사가 비행상황을 바로 인식할 수 있기 때문에 필요시에 신속하게 개입
④ 무인기는 최신 탐지기 설치로 즉각 반응이 가능

11 다음 중 2009년 농약살포 무인헬리콥터 사고(야마하)로 인해서 바뀐 조종자들의 태도로 옳지 않은 것은?

① 방제업무 안전규정을 수립하여 시행한다.
② 과감하게 비행전후 점검을 생략한다.
③ 조종자들이 점검표의 항목과 점검행위를 소리 내어 부르고 이에 따라 실행한다.
④ 조종자들의 인적실수에 의한 사고를 방지할 수 있도록 인적실수 예방프로그램을 개발하는 등 현행 훈련 프로그램을 개선한다.

12 다음 중 ICAO 지역 사무소 중 아시아 태평양 권역사무소로 옳은 것은?

① APAC　　　② ESAF　　　③ MID　　　④ NACC

13 항공기대여업자, 항공레저스포츠사업자는 폐업 며칠 전까지 폐업 신고서를 지방항공청장에게 제출, 국토교통부장관에게 신고하여야 하는가?

① 5일　　　② 7일　　　③ 15일　　　④ 30일

14 다음 중 배터리 관리방법에 대한 설명으로 옳지 않은 것은?

① 배터리 외형 손상 시 다른 배터리들과 함께 보관을 금지한다.
② 완전 충전 후 보관 금지, 과방전을 금지한다.
③ 배터리 폐기 시 환기가 잘 되는 곳에서 소금물을 이용하여 완전 방전 후 폐기한다.
④ 고장 난 셀 일부 교체 후 사용한다.

15 다음 중 배터리 외형 손상 시 주의사항에 대한 설명으로 옳지 않은 것은?

① 내부 손상이 있을 경우 시간이 경과 후 화재 발생이 가능하므로 폐기한다.
② 충전 및 비행을 통한 테스트 금지한다.
③ 다른 배터리들과 함께 보관을 금지한다.
④ 수리 후 사용한다.

16 다음 중 항공기사용사업의 등록취소 요건에 대한 설명으로 옳지 않은 것은?

① 거짓이나 그 밖의 부정한 방법으로 등록한 경우
② 등록한 사항을 이행하지 아니한 경우
③ 영업 수입이 감소한 경우
④ 사업정지 명령을 위반하여 사업정지 기간에 사업을 경영한경우

17 다음 중 공역의 영문 표기가 옳지 않은 것은?

① 비행금지구역 - P　　　② 비행제한구역 - R
③ 군작전구역 - CATA　　　④ 위험구역 - D

18 안티드론 기술 중 무력화 기술인 Soft kill이 아닌 것은?

① 통신 재밍　　　② 위성 항법 재밍　　　③ 조종권 탈취　　　④ 직사 에너지 무기

19 다음 중 항공레저스포츠사업의 등록제한 사항에 대한 설명으로 옳지 않은 것은?

① 안전사고 우려, 이용자들의 심한 불편 초래, 공익 침해 우려의 경우

② 인구밀집지역, 사생활 침해, 교통, 소음 및 주변 환경 등을 고려할 때 영업행위가 부적합하다고 인정하는 경우

③ 고객수가 줄어 수익창출이 되지 않을 경우

④ 항공안전 및 사고예방 등을 위하여 국토교통부장관이 항공레저스포츠사업의 등록제한이 필요하다고 인정하는 경우

20 다음 중 초경량비행장치 관련 항공안전법 위반 시 처벌기준과 관련하여 과태료 부과대상이 아닌 것은?

① 초경량비행장치 장치신고 위반

② 초경량비행장치 신고번호 표시 위반

③ 초경량비행장치 조종자 증명 취득 위반

④ 초경량비행장치 조종자 준수사항 위반

21 다음 중 Geo-Fencing에 대한 설명으로 옳지 않은 것은?

① 임무거리에 안전거리를 추가하여 거리를 제한한다.

② 임무고도에 안전고도를 추가하여 고도를 제한한다.

③ 임무고도에 수목이나 전주 높이를 고려하여 고도를 제한한다.

④ 리턴투홈 기능으로 제자리로 돌아온다.

22 다음 중 데이터링크 기술에 대한 설명으로 옳은 것은?

① 드론은 데이터링크 기술은 제어 데이터를 송수신하기 위한 무선통신 기술이다.
② ISM대역이란 산업기기에만 사용하기 위해 지정된 주파수 대역이다.
③ ISM대역은 허가가 불필요한 소출력 무선기기들이 많이 사용된다.(10mW제한)
④ 2.4GHz 대역은 와이파이 서비스 통신에만 사용한다.

23 다음 중 비REM 수면에 대한 설명으로 옳지 않은 것은?

① 뇌파에 따라 1~3단계로 구분한다.
② 1, 2단계를 거쳐 깊은 수면인 3단계 수면으로 진행한다.
③ 1, 2단계는 얕은 잠을 자는 단계이다.
④ 2단계 수면은 외부에서 오는 정보처리를 멈추고 뇌의 뉴런이 거대하고 느린 전기파를 생성한다.

24 다음 중 항공기사업의 양도·양수 등록이 가능한 것으로 옳은 것은?

① 사업정지 처분을 받고 그 처분 기간 중에 있는 경우
② 등록취소 처분을 받았으나 행정심판법 또는 행정소송법에 따라 그 취소처분이 집행정지 중에 있는 경우
③ 일반 사회법을 위반하여 금고 이상의 형을 받고 2년이 경과되지 아니한 자
④ 파산선고를 받고 복권되지 아니한 사람

25 다음 중 SHELL 모델에 대한 설명으로 옳지 않은 것은?

① SHELL은 인간의 특징에 맞는 조종기 설계, 감각 및 정보 처리 특성에 부합하는 디스플레이 설계
② SHELL은 인간과 절차, 매뉴얼 및 체크리스트 레이아웃 등 시스템의 비 물리적인 측면
③ SHELL은 인간에게 맞는 환경 조성
④ SHELL은 인간만의 관계성에 초점

제 7 회 실전 모의고사 정답 및 해설

제 7회 실전모의고사 정답

1	③	2	④	3	②	4	②	5	②	6	①	7	②	8	③	9	③	10	④
11	②	12	①	13	③	14	④	15	④	16	③	17	③	18	④	19	③	20	①
21	④	22	③	23	④	24	③	25	④										

1 해설 비행선은 항공기이다.

2 해설 S-Software

3 해설 배터리 1차 저전압 시 설정된 1차 저전압에서 LED가 경고가 된다.

4 해설 LTE 통신 방식은 고용량 자료 전송이 가능하다.

5 해설 항공사업법 제82조(양벌규정) 참조

6 해설 법에 따른 행정처분을 받은 경우 효력정지 30일 이하인 경우는 제외한다.

7 해설 관성측정장치를 통해 가속도, 자세각속도, 자세각도 등을 측정 및 계산하며, 가속도계, 자이로스코프, 지자계 센서 정보를 융합하여 데이터를 추정한다.

8 해설 군작전구역은 주의공역이다.

9 해설 양력계수는 양력공식에서 에어포일의 복잡한 특성을 실험을 통해 표현해주는 무차원 계수이다. 날개의 받음각이 증가함에 따라 양력계수는 증가하고, 어느 한 순간에 이르면 양력계수는 감소하기 시작한다. 이는 공기의 흐름이 분리되어 발생하는 실속으로 이어지게 된다.

10 해설 무인기는 지상에서 조종하기 때문에 직접적인 상황인식이 어렵고, 상황 개입이 지체될 수 있다.

11 해설 비행전후 점검을 강화하였다.

| 12 | 해설 | ICAO 지역 사무소는 7개이며, 우리나라가 속해있는 권역사무소는 APAC(아·태 권역사무소)으로 태국 방콕에 있다. |

| 13 | 해설 | 휴업은 휴업예정일 5일 전, 폐업은 폐업 예정일 15일 전까지 신고하여야 한다. |

| 16 | 해설 | 영업 수익 감소는 항공기사용사업의 등록취소 사유가 아니다. |

| 17 | 해설 | 군작전지역 – MOA(Military Operation Area), 훈련구역 – CATA(Civil Aircraft Training Area) |

| 18 | 해설 | Hard Kill : 그물/네트 건, 맹금류, 방공용 대공화기, 직사에너지 무기 |

| 20 | 해설 | 초경량비행장치의 신고 또는 변경신고를 하지 아니하고 비행을 한 자는 6개월 이하의 징역 또는 500만원 이하의 벌금에 처한다. |

| 21 | 해설 | Geo-Fencing 기술은 임무구역을 고려하여 비행범위(거리, 고도 등)를 제한하는 기술이며, Fail-Safe는 고장 시 안전확보를 위한 기술로써 호버링, 리턴투홈(RTH), 제자리 착륙 등이 있다. |

| 22 | 해설 | 드론 데이터 링크 기술은 제어 데이터와 정보 데이터를 송수신하기 위한 무선통신 기술이며 ISM은 산업, 과학, 의료용 기기에 사용하기 위해 지정된 주파수 대역이다. 2.4GHz 대역은 와이파이 서비스, 블루투스, 전파식별 등 다양한 통신에 사용한다. |

| 23 | 해설 | 3단계 수면은 서파수면으로 외부에서 오는 정보처리를 멈추고 뇌의 뉴런이 거대하고 느린 전기파를 생성, 기억 병합이 일어나 학습에 중요하다. |

| 24 | 해설 | 항공안전법, 항공사업법, 공항시설법, 항공보안법, 항공·철도 사고조사에 관한 법률을 위반하여 금고 이상의 실형을 신고받고 그 집행이 끝난 날 또는 집행을 받지 아니하기로 확정된 날부터 3년이 지나지 아니한 사람은 양도·양수 할 수 없다. |

| 25 | 해설 | 인적요인은 인간과 관련 주변 요소들간의 관계성에 초점을 둔다. |

제 8 회 실전 모의고사

01 다음 중 공역의 구분에 대한 설명으로 옳지 않은 것은?

① 우리나라는 비행정보구역(FIR)을 여러 공역으로 등급화하여 설정하고, 각 공역 등급별 비행규칙, 항공교통업무 제공, 필요한 항공기 요건 등을 정한다.

② 사용목적에 따른 구분 중 통제구역은 비행금지구역, 비행제한구역, 초경량비행장치 비행제한구역으로 구분된다.

③ 사용목적에 따른 구분 중 관제공역은 관제권, 관제구, 비행장교통구역으로 구분된다.

④ 항공교통업무에 따른 구분 중 비관제공역은 조언구역과 정보구역으로 구분된다.

02 다음 중 관제구에 대한 설명으로 옳지 않은 것은?

① 관제구는 지표면 또는 수면으로부터 200미터 이상 높이의 공역이다.

② 관제구는 FIR내의 항공로와 접근관제구역을 포함한 구역을 말한다.

③ 비행정보구역 내의 A, B, C, D, E등급 공역에서 시계 및 계기비행을 하는 항공기에 대하여 항공교통관제업무를 제공하는 공역이다.

④ 비행정보구역 내의 모든 공역에서 시계 및 계기비행을 하는 항공기에 대하여 항공교통관제업무를 제공하는 공역이다.

03 다음 중 헥사콥터에 대한 설명으로 옳지 않은 것은?

① 프로펠러가 6개인 콥터를 헥사콥터라고 한다.

② 프로펠러가 6개이며 사이즈가 동일한 동방향 프로펠러이다.

③ 모터의 회전방향이 다른 3쌍의 프로펠러이다.

④ 한 개의 모터가 고장나더라도 즉시 추락하지 않는다.

04 다음 중 비행정보업무가 제공되도록 지정된 비관제공역으로 옳은 것은?

① 위험구역　　② 조언구역　　③ 정보구역　　④ 훈련구역

05 다음 중 무인비행장치 시스템 구성 중 추진시스템이 아닌 것은?

① 모터　　② 배터리　　③ GPS　　④ 프로펠러

06 의사소통은 주로 비대면 상황이기 때문에 세가지 원칙을 지키는 것이 바람직하다. 다음 중 세가지 원칙에 해당하지 않는 것은?

① 간단성　　② 명료성　　③ 명확성　　④ 동시성

07 다음 중 G등급 공역에 대한 설명으로 옳지 않은 것은?

① 인천비행정보구역 중 A, B, C, D, E, F등급 이외의 비관제공역이다.
② 모든 항공기가 계기비행을 해야 하는 공역이다.
③ 구비해야 할 장비가 특별히 요구되지 않는다.
④ 조종사 요구 시 모든 항공기에게 비행정보업무만 제공한다.

08 다음 중 무인비행장치의 전자변속기와 프로펠러에 대한 설명으로 옳지 않은 것은?

① 전자변속기(ESC)의 열을 내리기 위해 냉각핀을 설치한다.
② 전자변속기(ESC)의 열을 내리기 위해 프로펠러 후류에 노출시킨다.
③ 프로펠러가 진동하면 댐퍼를 느슨하게 한다.
④ 프로펠러는 특정 회전수에서 공진이 발생하기도 한다.

09 다음 중 교관의 자세에 대한 설명으로 옳지 않은 것은?

① 숙달된 교관은 혼자 방제작업을 해도 된다.
② 교육생에 대한 이론 및 실기교육 병행이 중요하다.
③ 교육 대상자에 따른 교육 다변화를 연구해야 한다.
④ 교육일정표를 작성하고 설정 목표달성에 따른 지도방법이 필요하다.

10 다음 중 REM 수면에 대한 설명으로 옳지 않은 것은?

① 뇌파는 각성상태와 유사하고 심장박동 및 호흡이 불규칙하다.
② 꿈을 꾸는 단계이다.
③ 전체 수면의 약 25%를 차지한다.
④ 음주시 REM 수면이 활성화 된다.

11 다음 중 배터리 폐기 시 주의사항에 대한 설명으로 옳지 않은 것은?

① 환기가 잘 되는 곳에서 소금물을 이용해서 완전히 방전 후 폐기한다.
② 전기적 저항요소를 배터리에 연결하여 완전 방전 후 폐기한다.
③ 비행과 장기간 보관을 통한 방전을 금지한다.
④ 전기적 단락을 통한 방전을 실시한다.

12 다음 중 무인기 이슈 및 사고에 대한 설명으로 옳지 않은 것은?

① 미군 국방부 사고통계 자료에 따르면 사고율은 유인기에 비해 약 10~100배 이상 높은 수치를 보인다.
② 무인기 자동화율이 높기 때문에 상대적으로 인간 개입의 필요성이 적기 때문에 무인기 사고 원인 중 인적에러 비율이 낮다.
③ 무인기는 설계 개념상 Fail-Safe 개념의 시스템 이중 설계 적용이 미흡하기 때문에 기계적 신뢰성이 상대적으로 높다.
④ 민간항공분야와 유사하게 무인기 분야 역시 사람에 의한 인적요인 사고 비율은 증가할 것으로 예상된다.

13 다음 중 무인비행장치 사고에 대한 설명으로 옳지 않은 것은?

① 2009년 오수농협 사고로 조종자 사망
② 2017년 경북 봉화 어린이날 행사에서 추락사고로 어린이 3명, 성인 1명 부상
③ 드론 조종자 실기시험 시 빈번히 추락과 충돌사고가 발생한다.
④ 실기평가 조종자 실기시험 시 사고가 한번도 없다.

14 드론의 분야별 활용 현황 중 인프라 관리 분야가 아닌 것은?

① 건설 현장 모니터링　② 시설물 유지·관리　③ 탐사　④ 상·하수도 배관 누출 감지

15 착륙 접근 중 안전에 문제가 있다고 판단하여 다시 이륙하는 것을 무엇이라 하는가?

① 복행　② 플로팅　③ 벌루닝　④ 바운싱

16 다음 중 관제권, 비행금지구역이 아닌 곳에서 최저비행고도 150m미만의 고도에서 비행 가능한 기체로 옳은 것은?

① 동력항공기 80kg 미만　② 무인멀티콥터 150kg 미만
③ 무인헬리콥터 25kg 미만　④ 무인비행선 130kg 미만

17 다음 중 인간의 시각의 특징에 대한 설명으로 옳지 않은 것은?

① 추상체는 야간에 사용된다.
② 입체시로 거리감 및 입체감 판단에 도움을 준다.
③ 암순응 중 망막순응은 망막의 감도 변화를 위해 약 30분의 시간이 필요하다.
④ 낮에는 빨강색이, 밤에는 파랑색이 더 잘 보인다.

18 다음 중 지도조종자의 실기교육에 대한 설명으로 옳지 않은 것은?

① 무인비행장치 종류별 비행특성의 이해
② 무인비행장치 구성품의 숙지와 이해
③ 무인비행장치 운용과 관련된 사항 숙지
④ 이론교육 정리 및 요약

19 다음 중 항공레저스포츠사업에 사용되는 기체로 옳지 않은 것은?

① 인력활공기　② 기구류
③ 착륙장치가 있는 동력패러글라이더　④ 낙하산류

20 다음 중 항공레저스포츠사업의 등록제한 사항에 대한 설명으로 옳지 않은 것은?

① 안전사고 우려 및 이용자들에게 심한 불편을 주거나 공익을 해칠 우려가 있는 경우

② 인구밀집지역, 사생활 침해, 교통, 소음 및 주변환경 등을 고려할 때 영업행위가 부적합하다고 인정하는 경우

③ 항공안전 및 사고예방 등을 위하여 국토교통부장관이 항공레저스포츠사업의 등록제한이 필요하다고 인정하는 경우

④ 주변 상권이 안좋아 사업의 수익성이 없다고 판단될 경우

21 영구공역은 통상적으로 몇 개월간 동일 목적으로 사용되는 일정한 수평 및 수직 범위의 공역인가?

① 1개월 이상   ② 1개월 미만   ③ 3개월 이상   ④ 3개월 미만

22 다음 중 리튬폴리머 배터리 사용 유의사항에 대한 설명으로 옳지 않은 것은?

① 과방전으로 인해 충전기 인식이 안 될 경우 충전을 금지한다.

② 배터리 사용횟수가 증가하면 전압강하가 개선된다.

③ 배터리 사용횟수가 증가하면 방전율이 저하된다.

④ 완전 충전후 보관을 금지하고 과방전을 금지한다.

23 드론 사고 시 자연적 원인과 관련 없는 것은?

① 드론 충돌   ② 조류 충돌   ③ 기상 변화   ④ 태양풍

24 다음 중 영상항법시스템의 영상항법기술이 아닌 것은?

① 옵티컬 플로   ② 방향 추적   ③ 영상 정합   ④ 특징점 추적

25 다음 중 유선드론의 특징에 대한 설명으로 옳지 않은 것은?

① 장거리 비행이 가능하다.

② 지상에 위치한 전원공급장치 사이 연결된 파워케이블을 통해 전력을 공급한다.

③ 케이블이 절단되지 않는 한 24시간 비행이 가능하다.

④ 파워케이블을 통해 드론과 유선통신을 할수 있어 무선통신간섭과 통신장애를 의도적으로 유발시키는 드론 격추 시스템으로부터 자유롭다.

제 8 회 실전 모의고사 정답 및 해설

제 8회 실전모의고사 정답

1	④	2	④	3	②	4	③	5	③	6	④	7	②	8	③	9	①	10	④
11	④	12	③	13	④	14	③	15	①	16	③	17	①	18	④	19	③	20	④
21	③	22	②	23	①	24	②	25	①										

1 _{해설} 항공교통업무에 따른 구분 중 비관제 공역은 F, G등급 공역이다.

2 _{해설} 관제구는 비행정보구역내의 A, B, C, D, E등급 공역에서 시계 및 계기비행을 하는 항공기에 대하여 항공교통관제업무를 제공하는 공역이다.

4 _{해설} 항공교통조언업무가 제공되도록 지정된 비관제공역은 조언구역이며, 비행정보업무가 제공되도록 지정된 비관제공역은 정보구역이다.

5 _{해설} GPS는 비행제어시스템이다.

6 _{해설} 의사소통의 3대 원칙은 간단성, 명료성, 명확성이다.

7 _{해설} 모든 항공기가 계기비행을 해야 하는 공역은 A등급 공역이다.

8 _{해설} 댐퍼는 진동에너지를 흡수하는 장치, 즉 방진장치이다. 프로펠러 진동이 발생하여 댐퍼를 느슨하게 하면 진동이 더 심해진다.

9 _{해설} 방제작업 시 부조종자를 반드시 배치하여 신호수 등의 역할을 수행하여야 한다.

10 _{해설} 음주 시 REM 수면이 억제된다.

11 _{해설} 배터리 폐기 시 전기적 단락을 통한 방전을 실시하면 안 된다.

12 _{해설} 무인기는 설계 개념상 Fail-Safe 개념의 시스템 이중 설계 적용이 미흡하기 때문에 기계적 신뢰성이 상대적으로 낮다.

13 해설 실기평가 조종자 실기시험 시 충돌 사고가 발생하고 있다.

14 해설 드론의 인프라 관리분야로 건설 현장 모니터링, 시설물 유지·관리, 전력선 감시·관리, 상·하수도 배관 누출 감지 등으로 활용되고 있다.

15 해설 플로팅 : 접근 속도가 정상접근 속도보다 빨라 침하하지 않고 떠 있는 현상
벌루닝 : 빠른 접근 속도에서 피치 자세와 받음각이 급속히 증가시켜 다시 상승하게 하는 현상
바운싱 : 부적절한 착륙자세나 과도한 침하율로 인하여 착지 후 공중으로 다시 떠오르는 현상

16 해설 최대이륙중량 25kg 이하인 무인동력비행장치(무인비행기, 무인헬리콥터, 무인멀티콥터)는 비행승인 예외장치에 포함된다.

17 해설 추상체는 주간, 간상체는 야간에 사용된다.

18 해설 지도조종자의 이론교육 내용 : 이론 교육 정리 및 요약 작성, 개정되는 항공법규 인지 및 이해, 교육사항의 이해 및 눈높이 교육

19 해설 착륙장치가 없는 동력패러글라이더가 항공레저스포츠사업에 사용되는 기체이다.

21 해설 임시공역은 3개월 미만의 기간 동안만 단기간으로 설정되는 수평 및 수직 범위의 공역이다.

22 해설 배터리 사용횟수가 증가하면 내부저항 증가로 전압강하가 증가하고, 방전율이 저하하며, 비행시간도 단축된다.

23 해설 드론사고의 자연적 원인으로는 조류 충돌, 기상변화, 태양풍이 있다.

24 해설 영상항법시스템의 영상항법기술로는 옵티컬 플로, 영상 정합, 특징점 추적이 있다.

25 해설 유선드론은 장거리 비행이 불가능하다.

제9회 실전 모의고사

01 실비행시험 시 기준고도의 결정 시기로 옳은 것은?

① 최초 이륙 비행 상승 후 정지 호버링 시의 고도
② 이륙 후 기체점검후의 고도
③ 호버링 지점에서의 정지구호 시의 고도
④ 개인마다 기준고도는 같다.

02 실기 비행 시 평가 받는 4가지 요소로 옳지 않은 것은?

① 위치 ② 고도 ③ 기체 자세 ④ 방향

03 다음 중 드론 수산업 활용 분야가 아닌 것은?

① 적조 탐지 및 제거 ② 어군 탐지 ③ 오염물질 제거 ④ 실종

04 다음 중 무인비행장치의 기준으로 옳지 않은 것은?

① 연료의 중량을 제외한 자체중량이 150kg 이하인 무인비행기
② 연료의 중량을 제외한 자체중량이 150kg 이하인 무인헬리콥터
③ 연료의 중량을 제외한 자체중량이 150kg 이하인 무인멀티콥터
④ 연료의 중량을 제외한 자체중량이 180kg 초과하고 길이가 20m 초과하는 무인비행선

05 다음 중 무인멀티콥터 1종 조종자 증명 응시기준으로 옳지 않은 것은?

① 2종 무인멀티콥터 조종자증명(2종 무인멀티콥터로 조종한 시간이 10시간 이상인 사람에 한함)을 취득한 후 1종 무인멀티콥터를 조종한 시간이 15시간 이상인 사람
② 3종 무인멀티콥터 조종자증명(2종 또는 3종 무인멀티콥터로 조종한 시간이 6시간 이상인 사람에 한함)을 취득한 후 1종 무인멀티콥터를 조종한 시간이 17시간 이상인 사람
③ 2종 무인헬리콥터 조종자증명을 취득한 후 1종 무인멀티콥터를 조종한 시간이 10시간 이상인 사람
④ 1종 무인수직이착륙기 조종자증명을 취득 한 후 1종 무인멀티콥터를 조종한 시간이 14시간 이상인 사람

06 다음 중 무인멀티콥터 2종 조종자 증명 응시기준으로 옳지 않은 것은?

① 1종 또는 2종 무인멀티콥터를 조종한 시간이 총 10시간 이상인 사람
② 3종 무인멀티콥터 조종자증명(3종 무인멀티콥터로 조종한 시간이 6시간 이상인 사람에 한함)을 취득한 후 2종 무인멀티콥터를 조종한 시간이 7시간 이상인 사람
③ 2종 무인헬리콥터 조종자증명을 취득한 후 2종 무인멀티콥터를 조종한 시간이 5시간 이상인 사람
④ 2종 무인수직이착륙기 조종자증명을 취득한 후 2종 무인멀티콥터를 조종한 시간이 5시간 이상인 사람

07 다음 중 인명이나 재산에 위험을 초래할 우려가 있는 낙하물을 투하하는 행위를 하였을 때 벌칙으로 옳은 것은?

① 징역 6개월 이하   ② 벌금 500만원 이하   ③ 과태료 500만원 이하   ④ 과태료 300만원 이하

08 다음 중 드론에 가짜 데이터를 보내 드론이 해커가 의도한 곳으로, 이동하거나 착륙하도록 만드는 해킹 방법은 무엇인가?

① 스푸핑   ② 재밍   ③ 하이재킹   ④ 테러

09 임시공역은 통상적으로 몇 개월간 단기간으로 설정되는 수평 및 수직 범위의 공역인가?

① 1개월 이상   ② 1개월 미만   ③ 3개월 이상   ④ 3개월 미만

10 다음 중 실비행에서 기준고도를 3m에서 정지하였을 때 고도 허용범위로 옳은 것은?

① 2.5m~3.5m   ② 2.5m~5.5m   ③ 3m~3.5m   ④ 3.5m~5.5m

11 다음 중 오른쪽으로 원주비행하는 것과 관련있는 시각의 특성으로 옳은 것은?

① 주간시 ② 주시안 ③ 입체시 ④ 양안시

12 다음 중 주류 등 섭취·사용 제한 시 처벌되는 기준으로 옳지 않은 것은?

① 0.02% : 효력정지 60일
② 0.09% : 효력정지 180일
③ 0.07% : 효력정지 90일
④ 0.03% : 효력정지 60일

13 다음 중 모터의 속도상수(Kv)에 대한 설명으로 옳지 않은 것은?

① 무부하 상태에서 모터에 전압 1V 인가했을 때 모터의 회전수(부하 시 회전수 감소)
② 동급 출력(전력) 모터에서 다양한 Kv 모터 존재하며 토크와 상관성 존재
③ Kv가 클수록 인가 전압 대비 높은 회전수 발생 되지만 상대적으로 큰 토크 발생
④ 모터의 토크가 부족할 경우 회전수 유지가 어려워 회전수가 낮아짐

14 비행경력증명서에 비행시간 52분을 기재하기 위해 계산 시 0.88888이 나왔다. 다음 중 기재되는 비행시간으로 옳은 것은?

① 1 ② 0.9 ③ 0.89 ④ 0.8

15 다음 중 하이브리드 드론에 대한 설명으로 옳지 않은 것은?

① 전기모터-배터리 동력체계에서 엔진-휘발류 동력체계를 추가한 드론
② 전기모터-배터리 동력체계에서 엔진-가스 동력체계를 추가한 드론
③ 전기모터-배터리 단일체계 대비 더 짧게 드론에 전력을 공급할 수 있는 것이 단점
④ 드론 충돌 및 사고 발생 시 폭발위험이 더 높아질 수 있는 단점

16 다음 중 피로할 때나 수면이 부족 시 인체에 미치는 영향에 대한 설명으로 옳지 않은 것은?

① 원기가 없어지면 주위에서 말을 시켜도 대답하기 싫어한다.
② 긴장이 풀리고 주의력이 산만해 진다.
③ 수면 부족 시 시각에는 영향을 미치지 않는다.
④ 정신 집중이 안되고 무기력해진다.

17 다음 중 공역의 사용 목적에 따른 구분에 대한 설명으로 옳은 것은?

① 관제공역 : 정보구역   ② 비관제공역 : 비행장 교통구역
③ 통제공역 : 군작전구역   ④ 주의공역 : 훈련구역

18 다음 중 방전율이 30C인 배터리를 방전율 20C로 사용 시 사용시간으로 옳은 것은?

① 2분   ② 3분   ③ 10분   ④ 20분

19 다음 중 지도조종자가 교육생 교육 시 주의사항에 대한 설명으로 옳지 않은 것은?

① 교육 중 안전을 위해 적당한 긴장감을 유지해야 한다.
② 조종에 영향을 주거나 심리적인 압박을 줄 수 있는 과도한 언행은 자제한다.
③ 규정에 위배되지 않는 한 지속적인 비행 연습 환경을 제공해야 한다.
④ 단순히 교육생의 부주의로 사고 발생 시 지도조종자는 면책이 된다.

20 다음 중 조종자 준수사항에 대한 설명으로 옳은 것은?

① 200m 이상의 고도에서 비행승인 없이 비행하였다.
② 관제권 내 비행승인 없이 비행하였다.
③ 비행승인 후 비행 중 기상악화로 시정이 확보되지 않아 기체를 착륙 시켰다.
④ 비행승인 없이 초경량비행장치 비행제한구역에서 비행하였다.

21 다음 중 항공로에 대한 설명으로 옳지 않은 것은?

① 항공로는 항행에 적합하도록 항행안전무선시설(VOR 등)을 이용하여 설정하는 공간의 통로이다.
② 항공로 폭 및 고도는 최저항공로 고도(MEA) 이상 ~ FL 600 이하까지의 공역이다.
③ 항공로는 일정한 폭을 가지며, 보통 중심선 좌우 10NM이다.
④ A등급 공역은 FL 200 초과 ~ FL 600 이하 까지의 공역이며, D등급 공역은 최저항공로 고도(MEA) 이상~FL 200 이하까지의 공역이다.

22 다음 중 교관이 교육 시 주의하여야할 내용으로 옳지 않은 것은?

① 적당한 긴장감　　　　　　　② 과도한 언행 자제
③ 규정 준수　　　　　　　　　④ 비행 간섭 준비 금지

23 다음 중 초경량비행장치사용사업 등록 취소 요건에 대한 설명으로 옳지 않은 것은?

① 거짓이나 그 밖의 부정한 방법으로 등록을 한 경우
② 등록한 사항을 이행하지 않은 경우
③ 사업정지 명령을 위반하여 사업정지기간에 사업을 경영한 경우
④ 타인에게 자기의 성명 또는 상호를 사용하여 사업을 경영하게 하거나 등록증을 빌려 준 경우

24 다음 중 눈의 구성요소가 아닌 것은?

① 망막　　　　② 맥락막　　　　③ 각막　　　　④ 감각기관

25 다음 중 약물 섭취 시 신체에 미치는 영향에 대한 설명으로 옳지 않은 것은?

① 판단력을 흐리게 하고 각성 상태를 저하시킨다.
② 인간의 능력에 직·간접적으로 영향을 준다.
③ 졸음 또는 정신능력 저하 등의 부작용에 대해서 인지해야 한다.
④ 신체 조정 능력이 향상되고, 시각 이상을 초래할 수 있다.

제 9 회 실전 모의고사 정답 및 해설

제 9회 실전모의고사 정답

1	①	2	③	3	④	4	④	5	③	6	④	7	④	8	①	9	④	10	①
11	②	12	③	13	③	14	④	15	③	16	④	17	④	18	②	19	④	20	③
21	③	22	④	23	④	24	④	25	④										

1 **해설** 기준고도는 3~5m 사이로 이륙 후 정지 호버링 시의 고도가 본인의 기준고도가 된다.

2 **해설** 실기 비행 시 평가받는 4가지 요소는 위치, 고도, 방향, 흐름이다.

3 **해설** 드론이 수산업 분야에는 적조, 오염물, 어군을 탐지 및 오염물질 제거, 미끼 투척, 어류 포획 등에 활용된다.

4 **해설** 무인비행선은 연료의 중량을 제외한 자체중량이 180kg 이하이고, 길이가 20m 이하이다.

5 **해설** 1종 무인헬리콥터 조종자증명을 취득한 후 1종 무인멀티콥터를 조종한 시간이 10시간 이상인 사람

6 **해설** 2종 무인수직이착륙기 조종자증명을 취득한 후 2종 무인멀티콥터를 조종한 시간이 7시간 이상인 사람

7 **해설** 인인명이나 재산에 위험을 초래할 우려가 있는 낙하물을 투하하는 행위는 조종자 준수사항 위반으로 300만원 이하의 과태료에 처한다.

8 **해설** 재밍이란 적의 전자 장비 사용을 방해할 목적으로, 잡음이나 잡음과 유사한 전자신호를 계획적으로 방사, 또는 반사해 적의 수신 내용을 교란하는 방법이며, 하이재킹이란 테러범들이 하늘을 나는 여객기를 탈취하듯이 운항 중인 드론의 조종 기능을 빼앗아 납치하는 방법이다.

9 **해설** 임시공역은 공역의 설정 목적에 맞게 3개월 미만의 기간 동안만 단기간으로 설정되는 수평 및 수직 범위의 공역이다.

10 **해설** 기준고도 3~5m에서 고도 허용범위는 2.5m~5.5m로 기동별 제시된 고도에 허용범위 ±0.5m 적용

12 **해설** 혈중알콜농도 0.02% 이상~0.06% 미만 : 효력정지 60일, 0.06% 이상~0.09% 미만 : 효력정지 120일, 0.09% 이상은 효력정지 180일이다.

13 해설 Kv가 클수록 인가 전압 대비 높은 회전수 발생 되지만 상대적으로 작은 토크 발생(Kv와 토크는 반비례)

14 해설 시간(HOUR) 단위 기재 예시:52분일 경우 → 시간단위로 환산(52÷60)하여 0.8로 기재, 소수 둘째자리부터 버림, 시간은 비행장치가 이륙 및 착륙 직후 시간을 산정하여 인정

15 해설 전기모터-배터리 단일체계 대비 더 오래 드론에 전력을 공급할 수 있는 것이 장점

16 해설 수면 부족 시 시각 지각 저하, 단기 기억 저하, 논리적 추론 저하, 지속주의 능력 저하 등의 증상이 나타난다.

17 해설 관제공역(관제권, 관제구, 비행장교통구역), 비관제공역(조언구역, 정보구역), 통제공역(비행금지구역, 비행제한구역, 초경량비행장치 비행제한구역), 주의공역(훈련구역, 군작전구역, 위험구역, 경계구역)

18 해설 C레이트는 건전지에 통전할 때의 전류의 크기를 나타내며 어떤 전지를 충전상태에서 전류로 방전하면 1시간에 전지가 완전히 방전되는 때의 전류 값이 1C로 정의한다. C비율이 클수록 전류 값이 커지고, 10C이면 6분 후에 완전히 방전되는 때의 전류값을 나타낸다.(2C : 30분 후 방전, 5C : 12분 후 방전, 10C : 6분 후 방전, 20C : 3분 후 방전)

19 해설 단순히 교육생의 부주의로 사고 발생 시에도 지도조종자는 면책이 되지 않는다.

20 해설 150m 이상, 관제권, 초경량비행장치 비행제한구역에서는 비행승인을 받아야 한다.

21 해설 항공로는 일정한 폭을 가지며, 보통 중심선 좌우 5NM이다.

22 해설 교관은 비행 간섭 준비를 하여야 한다.

23 해설 ①~③은 등록을 반드시 취소해야 하는 사유이며, ④는 사업의 전부 또는 일부 정지 사유이다.

24 해설 눈은 공막(흰자위막), 맥락막, 망막, 각막, 결막, 홍채, 수정체 등으로 구성되어 있다.

25 해설 약물 섭취 시 판단력을 흐리게 하고 각성 상태가 저하되며, 신체 조정 능력이 감소하고, 시각 이상을 초래할 수 있다.

제 10 회 실전 모의고사

01 다음 중 초경량비행장치가 비행가능한 공역으로 옳은 것은?

① A등급 공역　② B등급 공역　③ E등급 공역　④ G등급 공역

02 다음 중 말소 신고 위반 시 처벌기준으로 옳은 것은?

① 벌금 30만원 이하　② 과태료 30만원 이하　③ 벌금 100만원 이하　④ 과태료 100만원 이하

03 다음 중 조종자 증명 시험에 응시하고자 하는 사람의 신체검사 증명 인정 범위로 옳지 않은 것은?

① 항공종사자 신체검사증명서

② 제2종 보통 이상의 자동차 운전면허증

③ 제2종 보통 이상의 자동차 운전면허를 발급받는데 필요한 신체검사증명서

④ 승무원 신체검사증명서

04 다음 중 미리 계획된 룰과 프로그램에 따라 작동하는 시스템은 무엇인가?

① 자동기계　② 자동화　③ 자율화/자율지능　④ 자율지능기계

05 다음 중 지도조종자의 조종교육 교육방법에 대한 설명으로 옳지 않은 것은?

① 위치제어 및 자세제어 비행의 연관성, 차이점을 교육한다.

② 비행교육 종료 시 당일 교육항목 평가를 실시한다.

③ 교육생의 자립성을 높이기 위해 이해없이 암기만 시킨다.

④ 주 단위 평가를 실시한다.

06 다음 중 초경량비행장치 사고에 관한 보고를 하지 아니하거나 거짓으로 보고한 조종자 또는 소유자에 대한 처벌기준으로 옳은 것은?

① 과태료 30만원 이하　② 벌금 30만원 이하　③ 과태료 50만원 이하　④ 벌금 50만원 이하

07 항공사업자는 국토교통부령으로 정하는 바에 따라 항공보험에 가입하지 아니하고는 항공기를 운항할 수 없다. 다음 중 국토교통부령으로 정하는 보험이나 공제금액의 근거가 되는 법령으로 옳은 것은?

① 항공안전법 시행령
② 항공사업법 시행령
③ 자동차손해배상보장법 시행령
④ 항공기손해배상보장법 시행령

08 다음 중 초경량비행장치 사망사고의 적용기준에 대한 설명으로 옳은 것은?

① 초경량비행장치에 탑승한 사람이 자연적인 원인에 의하여 사망한 경우
② 비행중이거나 비행을 준비 중인 초경량비행장치로부터 이탈된 부품이나 그 초경량비행장치의 직접적인 접촉 등으로 인하여 사망한 경우
③ 초경량비행장치에 탑승한 사람이 타인에 의하여 사망한 경우
④ 초경량비행장치 사고가 발생한 날부터 15일 이내에 그 사고로 사망한 경우

09 다음 중 제공되는 항공교통업무에 따른 구분이 다른 것은?

① A등급 공역
② 비관제 공역
③ F등급 공역
④ G등급 공역

10 다음 중 항공기사용사업의 등록취소를 반드시 해야하는 경우가 아닌 것은?

① 거짓이나 그 밖의 부정한 방법으로 등록한 경우
② 항공기 운항의 정지명령을 위반하여 운항정지 기간에 운항한 경우
③ 사업정지명령을 위반하여 사업정지 기간에 사업을 경영한 경우
④ 사업계획에 따라 사업을 하지 아니한 경우

11 초경량비행장치의 비행안전을 확보하기 위하여 초경량비행장치의 비행활동에 대한 제한이 필요한 공역을 무엇이라 하는가?

① 비행금지구역
② 비행제한구역
③ 초경량비행장치 비행제한구역
④ 비행장교통구역

12 다음 중 지도조종자의 이론교육 내용에 대한 설명으로 옳지 않은 것은?

① 이론 교육 정리 및 요약 작성
② 개정되는 항공법규 인지 및 이해
③ 교육사항의 이해 및 눈 높이 교육
④ 교육시설에 대한 안전위해요소 점검

13 다음 중 스스로 인식하고, 이에 따라 상황을 판단하고 임무를 수행하는 시스템은 무엇인가?

① 자동기계   ② 자동화   ③ 자율화/자율지능   ④ 자율지능기계

14 다음 중 공역의 사용목적에 따른 구분이 다른 것은 무엇인가?

① 관제권   ② 비행금지구역   ③ 관제구   ④ 비행장 교통구역

15 다음 중 공역의 사용목적에 따른 구분이 다른 것은 무엇인가?

① 관제권   ② 비행금지구역   ③ 비행제한구역   ④ 초경량비행장치 비행제한구역

16 다음 중 안전성인증검사를 받지 않았을 때의 처벌기준으로 옳은 것은?

① 벌금 500만원 이하   ② 과태료 500만원 이하   ③ 벌금 1000만원 이하   ④ 과태료 1000만원 이하

17 2009년 임실군 무인헬리콥터 사망사고 이후 사고조사 보고서의 안전권고 사항에 대한 설명으로 옳지 않은 것은?

① 방제업무 안전규정을 수립하여 시행하였다.

② 조종자들의 점검표의 항목과 점검행위를 소리 내어 부르고 이에 따라 실행하는 방식을 채용한다.

③ 조종자들의 인적실수에 의한 사고를 방지할 수 있도록 인적실수 예방프로그램 개발, 기술수준 유지를 위한 조종자 훈련방법 개발 및 요구량 설정 내용을 포함하여 현행 훈련 프로그램을 개선하였다.

④ 비행점검기록부의 비행전후 점검을 절대 실시하지 않는다.

18 다음 중 자율비행 및 충돌회피 기술에 대한 설명으로 옳지 않은 것은?

① 3차원 지도 기반의 운행 경로에 따라 자율비행하는 기술

② 주변 상황 인식 센서와 비행제어 소프트웨어의 장애물 충돌회피 기술

③ 유인기의 조종사 역할을 대신할 수 있는 비협조적 충돌회피 기술

④ 날씨 변화에 스스로 안전하게 대처하는 기술

19 드론 촬영으로 인한 사생활·개인정보 침해와 같은 다양한 법적 문제가 대두되고 있다. 다음 중 드론 카메라의 사생활 침해 특성으로 옳지 않은 것은?

① 식별성   ② 단발성   ③ 정밀성   ④ 저장성

20 다음 중 광수용기(photoreceptor)에 대한 설명으로 옳지 않은 것은?

① 눈의 망막에는 빛을 받아들이는 세포인 광수용기가 존재한다.

② 광수용기 세포가 빛에 반응하는 전기 신호를 만들며, 이것이 시신경을 통해 뇌로 전달된다.

③ 광수용기는 추상체(cone)와 간상체(rod)로 구성된다.

④ 간상체의 비해 추상체의 개수가 더 많다.

21 다음 중 유인기에 비해 무인기의 사고 원인 중 인적에러 비율이 낮은 이유에 대한 설명으로 옳지 않은 것은?

① 무인기 자동화율이 높기 때문에 상대적으로 인간 개입의 필요성이 적기 때문이다.

② 설계 개념상 Fail-safe 개념의 시스템 이중 설계 적용이 미흡하기 때문에 기계적 신뢰성이 상대적으로 높기 때문이다.

③ 민간 무인기 개발 역사가 상대적으로 초창기이기 때문에 기준 항공운송 분야와 마찬가지로 무인기 기술이 발전하면서 기계적 결함에 의한 사고는 크게 줄고 인적에러에 의한 사고가 증가할 것이라 예상된다.

④ 다른 항공산업 분야와 마찬가지로 무인기 조종사를 대상으로한 인적요인(Human Factors) 교육의 중요성이 요구되고 있다.

22 다음 중 위반 시 500만원 이하의 과태료를 부과하는 벌칙조항으로 옳은 것은?

① 보험 또는 공제에 가입하지 아니하고 경량항공기 또는 초경량비행장치를 사용하여 비행한 자

② 검사 또는 출입을 거부·방해하거나 기피한 자

③ 경량항공기 등의 영리목적 사용금지를 위반하여 초경량비행장치를 영리목적으로 사용한 자

④ 경량항공기 등의 영리목적 사용금지를 위반하여 경량항공기를 영리목적으로 사용한 자

23 다음 중 관제권 외에 D등급에서 시계비행을 하는 항공기 간에 교통정보를 제공하는 공역으로 옳은 것은?

① 조언구역　　② 훈련구역　　③ 비행장교통구역　　④ 군작전구역

24 레이저 광원을 이용하여 방출한 레이저펄스신호의 반사시간 또는 반사신호의 위상변화량 측정을 통해 거리를 측정하는 센서는 무엇인가?

① 스테레오비전 센서　　② 구조광 센서　　③ 라이다(LiDAR) 센서　　④ 레이더(Radar) 센서

25 초경량비행장치 사업계획을 변경하려는 경우에는 국토교통부장관의 인가를 받아야 한다. 다음 중 변경신고 시 신고사항이 아닌 것은?

① 자본금의 변경　　② 사업소의 신설 또는 변경　　③ 상호 변경　　④ 종사자의 변경

제 10회 실전 모의고사 정답 및 해설

제 10회 실전모의고사 정답																			
1	④	2	②	3	④	4	②	5	③	6	①	7	③	8	②	9	①	10	④
11	③	12	④	13	③	14	②	15	①	16	②	17	④	18	④	19	②	20	④
21	②	22	①	23	③	24	③	25	④										

1 **해설** G등급 공역은 비관제공역으로 모든 항공기에 비행정보업무만 제공되는 공역이다. 초경량비행장치가 비행 가능한 공역이다.

2 **해설** 말소 신고 위반 시 1차 15만원, 2차 22.5만원, 3차 30만원의 과태료에 처한다.

3 **해설** 조종자 증명 시험에 승무원 신체검사증명서는 인정 범위가 아니다. 인정되는 신체검사증명서의 유효기간은 검사받은 날로부터 2년이다.

4 **해설** 미리 계획된 룰과 프로그램에 다라 작동하는 시스템은 자동화이다(예 : 낮은 수준의 자율주행차, 순항미사일).

5 **해설** 교육생의 자립성과 이해도를 높이기 위해 지시가 아닌 지도를 해야 한다.

6 **해설** 사고에 관한 보고를 하지 아니하거나 거짓으로 보고하면 1차 15만원, 2차 22.5만원, 3차 30만원의 과태료에 처한다.

7 **해설** 자동차손해배상보장법 시행령 제3조(책임보험금) 1항

8 **해설** 사망사고는 사고가 발생한 날부터 30일 이내에 그 사고로 사망한 경우이며, 자연적인 원인 또는 자기 자신이나 타인에 의하여 발생한 경우 사망 또는 중상의 적용기준에 해당하지 않는다.

9 **해설** 제공되는 항공교통업무에 따라 관제공역은 A, B, C, D, E등급 공역이며, 비관제공역은 F, G등급 공역이다.

10 **해설** ①~③은 등록을 반드시 취소해야 되는 사유이며, ④는 사업의 전부 또는 일부 정지 사유에 해당한다.

13 해설 스스로 인식하고 이에 따라 상황을 판단하고 임무를 수행하는 시스템은 자율화/자율지능이다.(예 : 높은 수준의 자율주행차, 드론)

14 해설 비행금지구역은 통제공역이며, 관제권, 관제구, 비행장교통구역은 관제공역이다.

15 해설 관제권은 관제공역이며, 비행금지구역, 비행제한구역, 초경량비행장치 비행제한구역은 통제공역이다.

16 해설 안전성인증검사 1차 위반 시 250만원, 2차 위반 시 375만원, 3차 위반 시 500만원 과태료에 처한다.

17 해설 사고 이후 비행점검기록부의 비행전후 점검표에 무선조종기 트림스위치의 위치 점검절차를 추가하고 조종자들이 점검표의 항목과 점검행위를 소리내어 부르고 이에 따라 실행하는 방식으로 강화되었다.

18 해설 현재의 자율비행 및 충돌회피 기술은 날씨 변화에는 대처할 수 없다.

19 해설 드론 카메라의 사생활 침해 특성은 식별성, 지속성, 정밀성, 저장성이다.

20 해설 추상체는 약 7백만 개, 간상체는 약 1억 3천만 개로 간상체가 더 많다.

21 해설 무인기 사고 원인 중 인적에러 비율이 낮은 이유는 설계 개념상 Fail-Safe 개념의 시스템 이중 설계 적용이 미흡하기 때문에 기계적 신뢰성이 낮기 때문이다.

22 해설 ② : 500만원 이하의 벌금, ③ : 6개월 이하의 징역 또는 500만원 이하의 벌금, ④ : 1년 이하의 징역 또는 1천만원 이하의 벌금

23 해설 비행장교통구역은 수평적으로는 비행장 중심으로부터 반경 3NM 이내, 수직적으로 지표면으로부터 3,000ft까지의 공역이다.

24 해설 레이더 센서는 전자파를 송신하고 표적으로부터 반사된 신호의 왕복시간을 바탕으로 거리를 측정한다.

25 해설 종사자의 변경은 변경신고 사항이 아니다. 대표자의 변경, 대표자의 대표권 제한 및 그 제한의 변경, 사업범위의 변경 등은 변경신고를 해야 한다.

제 11 회 실전 모의고사

01 다음 중 항공사업법의 목적에 대한 설명으로 옳지 않은 것은?

① 이용자의 편의 향상　　　　② 국민경제의 발전과 공공복리의 증진
③ 교통이용자 보호　　　　　④ 항공사업의 질서 유지

02 다음 중 드론의 군집비행 기술에 대한 설명으로 옳지 않은 것은?

① 일반적인 GPS 기반 드론　② RTK-GPS 기반 드론　③ 시나리오　④ 유동신호

03 다음 중 드론의 군집비행 기술에 대한 설명으로 옳지 않은 것은?

① 일반적인 GPS 기반 드론 : 위성으로부터 정보를 받아 오차 5m 발생
② RTK-GPS 기반 드론 : 위성과 RTK로부터 동시에 받아 오차 0.1m 발생
③ 시나리오 : 과도한 통신량을 줄이기 위해 모든 드론 탑재
④ 고정신호 : 공통적인 보정 신호 전부를 모든 드론에게 시간 간격을 두고 보냄

04 다음 중 안티드론의 무력화 기술인 Soft kill에 해당되지 않는 것은?

① 통신재밍　　② 방공용 대공화기　　③ 위성항법재밍, 스푸핑　　④ 조종권 탈취

05 다음 중 안티드론의 무력화 기술 분류로 다른 것은?

① 지오펜싱　　② 스푸핑　　③ 그물/네트 건　　④ 통신 재밍

06 다음 중 태양광 충전 드론에 대한 설명으로 옳지 않은 것은?

① 태양광을 전기에너지로 변화시켜주는 솔라셀(Solar Cell)이 드론의 기체에 설치되어 있다.
② 설치된 솔라셀의 개수에 비례하여 드론에 전력 공급이 된다.
③ 넓은 면적을 가지고 있는 고정익 드론에 적용된다.
④ 충전방식의 특성상 날씨, 기온 및 솔라셀의 표면상태 등에 따라 태양광에서 전기에너지로의 변환효율이 변화하는 것이 장점이다.

07 다음 중 보조금, 융자금을 거짓이나 그 밖의 부정한 방법으로 교부받은 자의 처벌기준으로 옳은 것은?

① 1년 이하의 징역 또는 1천만원 이하의 벌금
② 1천만원 이하의 벌금
③ 5년 이하의 징역 또는 5천만원 이하의 벌금
④ 5천만원 이하의 벌금

08 다음 중 공역의 설정기준에 대한 설명으로 옳지 않은 것은?

① 국가안전보장과 항공안전을 고려할 것
② 항공교통에 관한 서비스의 제공 여부를 고려할 것
③ 사업주 및 이용자의 편의에 적합하게 공역을 구분할 것
④ 공역이 효율적이고 경제적으로 활용될 수 있을 것

09 다음 중 초경량비행장치 사고 발생 시 보고내용으로 옳지 않은 것은?

① 초경량비행장치의 종류 및 신고번호
② 사고의 경위
③ 안전성인증 검사서
④ 사람의 사상 또는 물건의 파손 개요

10 다음 중 초경량비행장치만을 대여하는 항공기대여업의 경우 개인 자산평가액으로 옳은 것은?

① 1500만원 이상 ② 2500만원 이상 ③ 3000만원 이상 ④ 4500만원 이상

11 다음 중 초경량비행장치에 대한 정비, 수리, 개조 서비스를 제공하는 사업의 경우 개인 자산평가액으로 옳은 것은?

① 1500만원 이상 ② 3000만원 이상 ③ 4500만원 이상 ④ 7500만원 이상

12 다음 중 무인동력비행장치가 아닌 것은?

① 무인비행기 ② 무인헬리콥터 ③ 무인멀티콥터 ④ 무인비행선

13 다음 중 초경량비행장치 사업 변경신고 시 처리기간으로 옳은 것은?

① 30일   ② 14일   ③ 15일   ④ 7일

14 다음 중 항공보험에 대한 설명으로 옳지 않은 것은?

① 항공보험 등에 가입한 날부터 10일 이내 신고
② 보험 또는 공제의 종류, 보험료 또는 공제료 및 보험금액 또는 공제금액
③ 자동차 손해배상 보장법 시행령 제3조1항에 의거 금액 1억5천만원 이상
④ 보험증서 또는 공제증서의 개요

15 다음 중 드론의 인공지능 알고리즘 단계 중 1단계에 대한 설명으로 옳지 않은 것은?

① 정형화된 업무 등에서 알고리즘을 추출해 프로그램화
② 물류, 세금 계산
③ 학습능력 결여와 돌발 상황에 대한 대처 미흡
④ 추론 능력 부족이 한계

16 다음 중 드론의 인공지능 알고리즘 단계 중 3단계에 대한 설명으로 옳지 않은 것은?

① 추상화 논리화 등의 보강 필요   ② 획기적인 학습량 감소 요구
③ 기계와 인간의 자연스런 소통   ④ 통계 데이터 기반으로 모델을 추출, 학습이 가능

17 다음 중 양도, 양수를 할 때 양도, 양수 신고를 수리해서는 안 되는 경우로 옳은 것은?

① 국가보안법을 위반하여 3년이 지나지 아니한 자
② 소형운송항공법을 위반하여 2년이 지나지 아니한 자
③ 양도인이 제40조에 따라 사업정지처분을 받고 그 처분기간 중에 있는 경우
④ 양도인이 등록 취소처분을 받은 경우

18 다음 중 위반 시 과태료 300만원 이하가 부과되는 벌칙조항이 아닌 것은?

① 비행제한공역에서 비행승인 없이 비행 시   ② 비행금지구역에서 비행승인 없이 비행 시
③ 관제권에서 비행승인 없이 비행 시   ④ 고도 150m 이상에서 비행승인 없이 비행 시

19 다음 중 비행제한공역에서 비행승인 없이 비행 시 처벌기준으로 옳은 것은?

① 벌금 500만원 이하　② 과태료 500만원 이하　③ 벌금 300만원 이하　④ 과태료 300만원 이하

20 다음 중 국토교통부령으로 정하는 장비를 장착 또는 휴대하지 않고 비행을 한 사람의 처벌기준으로 옳은 것은?

① 벌금 30만원 이하　② 과태료 30만원 이하　③ 벌금 100만원 이하　④ 과태료 100만원 이하

21 다음 중 명의대여 등의 금지를 위반한 초경량비행장치사용사업자의 처벌기준으로 옳은 것은?

① 벌금 500만원 이하　② 벌금 1천만원 이하
③ 6개월 이하의 징역 또는 500만원 이하의 벌금　④ 1년 이하의 징역 또는 1천만원 이하의 벌금

22 다음 중 SHELL 모델의 구성요소로 옳지 않은 것은?

① Human　② Software　③ Environment　④ Liveware

23 다음 중 드론 산업 동향의 통신 분야별 활용 현황에 대한 설명으로 옳지 않은 것은?

① 통신·기지국의 품질을 측정한다.

② 드론으로 통신망을 구축하여 인구 밀도가 낮은 지역에서 라디오, TV, 인터넷용 전파통신 신호 기지국 같은 역할을 한다.

③ 지역의 건물 높이와 거리에 따른 전파특성 변화를 파악할 수 있다.

④ 드론과 위성과의 수신거리를 측정할 수 있다.

24 다음 중 초경량비행장치만 사용하여 조종교육, 체험 및 경관조망 목적의 항공레저스포츠사업에 대한 등록요건으로 옳지 않은 것은?

① 항공정비사 1명 이상

② 초경량비행장치 조종자 증명을 받은 사람으로서 비행시간 180시간 이상인 사람 1명 이상

③ 초경량비행장치마다 제3자배상책임보험, 조종자 및 동승자 보험가입(1억5천만원 이상)

④ 항공레저스포츠 이용자의 안전관리를 위한 비행 및 안전통제 요원 1명 이상(다만, 안전관리에 지장을 주지 않는 범위에서 정비인력으로 대체 가능하다)

25 다음 중 요금표 등을 갖추어 두지 아니하거나 거짓 사항을 적은 요금표 등을 갖추어 둔 자에 대한 처벌기준으로 옳은 것은?

① 벌금 1000만원 이하　② 과태료 1000만원 이하　③ 벌금 500만원 이하　④ 과태료 500만원 이하

제 11 회 실전 모의고사 정답 및 해설

제11회 실전모의고사 정답

1	③	2	④	3	④	4	②	5	③	6	④	7	③	8	③	9	③	10	③
11	②	12	④	13	②	14	①	15	④	16	④	17	③	18	①	19	①	20	④
21	④	22	①	23	④	24	①	25	④										

1 **해설** 교통이용자의 보호는 항공사업법의 목적이 아니다.

2 **해설** 유동신호가 아니라 고정신호로 공통적인 보정 신호 전부를 모든 드론에게 한 번에 보낸다.

4 **해설** Hard Kill(그물/네트 건, 맹금류, 방공용 대공화기, 직사 에너지 무기)

6 **해설** 태양광 충전 드론은 충전방식의 특성상 날씨, 기온 및 솔라셀의 표면상태 등에 다라 태양광에서 전기에너지로의 변환 효율이 변화하는 것이 단점이다.

8 **해설** 이용자의 편의에 적합하게 공역을 구분하고 있다.

9 **해설** 안전성인증 검사서는 사고 보고내용에 포함되지 않는다.

12 **해설** 무인비행장치는 무인동력비행장치(무인비행기, 무인헬리콥터, 무인멀티콥터)와 무인비행선으로 구분된다.

13 **해설** 변경신고는 사유가 발생한 날부터 30일 이내에 신고하여야 하며 처리기간은 14일이다.

14 **해설** 항공보험 신고는 항공보험 등에 가입한 날부터 7일 이내 신고하여야 한다.

15 **해설** 추론 능력 부족 한계는 2단계에 대한 내용이다.

16 **해설** 통계 데이터 기반으로 모델을 추출, 학습이 가능한 것은 2단계에 대한 내용이다.

17 **해설** 사업정지처분을 받고 그 처분 기간 중에 있는 경우, 등록 취소 처분을 받았으나 행정심판법 또는 행정소송법에 따라 그 취소 처분이 집행 정지 중에 있는 경우 양도·양수 신고를 수리해서는 아니 된다.

18 해설 비행제한공역 비행승인 없이 비행 시 500만원 이하의 벌금에 처한다.

22 해설 H : Hardware로 비행과 관련된 장비·장치 등을 의미한다(예 : 무인비행체, 항공기, 장비, 연장, 시설 등).

23 해설 드론과 위성과의 수신거리는 측정할 수 없다.

24 해설 초경량비행장치만을 사용하는 조종교육, 체험 및 경관조망 사업에서는 항공정비사가 필요 없다.

제 12회 실전 모의고사

01 다음 중 리튬폴리머 배터리 폐기 시 주의사항에 대한 설명으로 옳은 것은?

① 전기적 저항요소를 배터리에 연결하여 완전 방전 후 폐기
② 비행을 통한 완전 방전 후 폐기
③ 전기적 단락을 통한 빠른 방전 후 폐기
④ 장기간 보관을 통한 완전히 방전 후 폐기

02 다음 중 인적요인의 대표모델인 SHELL 모델 중 Software에 해당하지 않는 것은?

① 매뉴얼   ② 점검표   ③ 시설   ④ 법규

03 무인비행장치 사고사례 중 사망 사고가 발생한 사고로 옳은 것은?

① UAR0903 야마하 헬기 사고
② UAR1703 야마하 헬기 방제 사고
③ UAR1902 DJI 추락 사고
④ UAR1504 무인헬기콥터 충돌 화재 사고

04 다음 중 2009년 야마하 헬리콥터 사고(UAR 0903)에 대한 설명으로 옳지 않은 것은?

① 피치트림스위치가 외부 물체에 걸려 기수 상승 3단위에 설정된 것을 비행 전 점검에서 발견하지 못했다.
② GPS 수신신호가 불량하여 시동후 GPS의 표시등이 점등되지 않아 조종자가 조급하게 불필요한 반응을 한 것으로 판단된다.
③ 조종기 신호가 끊어지자 Fail-Safe로 낙하하다 연료가 없어서 추락한 사고이다.
④ 조종기 스틱 조작 미숙으로 인한 사고이다.

05 다음 중 위성항법시스템(GNSS)의 위치 오차를 발생시키는 요소가 아닌 것은?

① 대류층 지연 오차   ② 전리층 지연 오차   ③ 바람   ④ 위성신호 전파 간섭

06 다음 중 항공레저스포츠사업의 사업범위에 대한 설명으로 옳지 않은 것은?

① 초경량비행장치를 사용하여 조종교육

② 동력패러글라이더(착륙장치가 있는 비행장치로 한정한다.), 낙하산류를 대여해주는 서비스

③ 초경량비행장치를 사용하여 체험 및 경관조망

④ 경량항공기에 대한 정비, 수리 또는 개조 서비스

07 다음 중 소형 드론의 체공시간 향상을 위한 관련 기술이 아닌 것은?

① 배터리 성능 향상　　② 전기모터 효율 향상
③ 프로펠러 효율 향상　　④ 기체 소형화

08 다음 중 추진동력 기술에 대한 설명으로 옳지 않은 것은?

① 고고도 장기 체공을 위한 태양전지, 수소연료 전지 등 추진동력 기술

② 내연기관, 태양전지, 연료전지 등을 조합한 하이브리드 동력 기술

③ 장시간 비행을 위한 고성능 배터리 기술

④ 유선드론

09 다음 중 항공레저스포츠사업에서 사용되는 항공기로 옳은 것은?

① 헬리콥터　　② 비행기　　③ 자이로플레인　　④ 비행선과 활공기

10 다음 중 비행제어시스템에 대한 설명으로 옳지 않은 것은?

① 고신뢰성과 안전성을 보장할 수 있는 하드웨어 및 소프트웨어로 구성

② 비행제어시스템의 System-on-Chip으로 소형화 및 고성능화 구현

③ 다양한 탑재장비 및 센서, 데이터링크 장비와의 인터페이스 기능 제공

④ 소형 드론의 비행제어장치로 미국 3DR의 CC3D, 중국 DJI의 NAZA와 A3, 중국 TAROT의 ZYX, 미국 Openpilot의 APM과 Pixhawk 등의 제품이 있다.

11 다음 중 초경량비행장치 사고의 정의에 대한 설명으로 옳지 않은 것은?

① 사람의 경상, 사망 또는 행방불명

② 초경량비행장치의 추락, 충돌 또는 화재 발생

③ 초경량비행장치에 접근이 불가능한 경우

④ 초경량비행장치의 위치를 확인할 수 없는 경우

12 다음 보기에서 설명하는 공역으로 옳은 것은?

> 사격장, 폭발물처리장 등 위험시설의 상공으로서 항공기의 비행 시 항공기 또는 지상시설물에 위험이 예상되어 지정된 공역

① 비행제한구역　　② 주의공역　　③ 위험구역　　④ 초경량비행장치 비행제한구역

13 다음 중 전문교관으로 등록하고자 하는 사람이 한국교통안전공단 이사장에게 제출해야 할 서류에 대한 설명으로 옳지 않은 것은?

① 전문교관 등록신청서

② 비행경력증명서

③ 규칙에 따른 해당분야 조종교육교관과정 이수증명서(지도조종자 등록신청자에 한함)

④ 해당분야 실기평가과정 이수증명서(전문교관 등록신청자에 한함)

14 다음 중 동력비행장치와 무인비행선의 기준으로 옳은 것은?

① 동력비행장치 : 자체중량 115Kg 이하, 좌석 1개
　무인비행선 : 자체중량 180kg 이하이고, 길이 20m 이하

② 동력비행장치 : 자체중량 115Kg 이하, 좌석 1개 이상
　무인비행선 : 자체중량 180kg 이하이고, 길이 20m 이하

③ 동력비행장치 : 자체중량 115Kg이하, 좌석 1개
　무인비행선 : 자체중량 180kg 이하이거나, 길이 20m 이하

④ 동력비행장치 : 최대이륙중량 25kg 초과, 좌석 1개 이상
　무인비행선 : 자체중량 180kg 이하이거나, 길이 20m 이하

15 다음 중 항공기대여업 등록의 취소 처분을 하기 전에 실시해야 하는 제도로 옳은 것은?

① 심문　　② 청문　　③ 질문　　④ 반문

16 다음 중 항공레저스포츠사업의 사업범위에 대한 설명으로 옳지 않은 것은?

① 취미·오락·체험·교육·경기 등을 목적으로 하는 비행활동

② 비료 또는 농약 살포, 씨앗 뿌리기 등 농업지원, 경관조망을 목적으로 사람을 태워 비행하는 서비스

③ 항공기(비행선, 활공기), 경량항공기, 초경량비행장치 중 어느 하나를 항공레저스포츠를 위하여 대여하여 주는 서비스

④ 경량항공기 또는 초경량비행장치에 대한 정비, 수리 또는 개조서비스

17 다음 중 드론의 자율비행 및 충돌회피 기술에 대한 설명으로 옳지 않은 것은?

① 3차원 지도 기반의 운행 경로에 따라 자율 비행하는 기술

② 주변 상황 인식 센서와 비행제어 소프트웨어의 장애물 출돌회피 기술

③ 유인기의 조종사 역할을 대신할 수 있는 협력적 충돌회피 기술

④ 기체 고장 및 비행환경 변화에 스스로 안전하게 대처하는 기술

18 다음 중 조종자 증명 위반 시 처벌기준으로 옳은 것은?

① 과태료 300만원 이하   ② 과태료 400만원 이하

③ 과태료 500만원 이하   ④ 벌금 500만원 이하

19 다음 중 드론 분야별 활용 현황 중 통신 분야에 대한 설명으로 옳지 않은 것은?

① 통신·기지국의 품질을 측정한다.

② 획득한 데이터를 바탕으로 건물이나 높은 시설물에 의해 영향을 받는 특정주파수를 피하거나 안테나의 높이, 지형 등을 계산하여 적절한 설치 위치를 선정한다.

③ 드론으로 통신망 구축하여 인구 밀도가 높은 지역에서 라디오, TV, 인터넷용 전파통신 신호 기지국 같은 역할을 한다.

④ 비기사권 비행이 가능하다.

20 구술시험의 기체에 관련한 사항 중 기체제원 항목에 포함되지 않는 것은?

① 자체중량   ② 최대이륙중량

③ 배터리 규격   ④ 프로펠러 직경 및 피치

21 다음 중 소프트 킬(Soft Kill)에 대한 설명으로 옳지 않은 것은?

① 통신 재밍은 전파를 방해하여 비행불능 상태로 전환하게 한다.

② 스푸핑은 진짜 좌표를 주입해 비행불능 또는 비행경로를 이탈하게 한다.

③ 하이재킹(조종권 탈취)은 프로토콜을 해킹하거나 착륙 및 비행 불능 상태로 포획하는 것이다.

④ 지오펜싱은 드론의 항법 소프트웨어 GPS에 비행금지구역 정보를 입력하여 특정구역의 비행을 방해하는 것이다.

22 다음 중 농업용 무인비행장치 안전사항에 대한 설명으로 옳지 않은 것은?

① 안전거리 12m는 최소한의 거리임을 명심한다. ② 풍향에 의한 농약 중독을 방지한다.

③ 조종자는 이동거리 단축에 집착하지 않는다. ④ 항공방제 예정 표시 깃발을 설치한다.

23 안전하고 효율적인 비행에 유용한 조언 및 정보를 제공할 목적으로 수행하는 업무를 무엇이라 하는가?

① 비행 조언정보 업무   ② 비행정보업무
③ 비행조언업무   ④ 비행안전업무

24 상호 네트워크로 연결되고 동기화된 다수의 드론들이 군집을 형성하여 비행하는 기술은 무엇인가?

① 계기비행   ② 군집비행   ③ 자율비행   ④ 야간비행

25 다음 중 관제구에 대한 설명으로 옳지 않은 것은?

① 관제구는 지표면 또는 수면으로부터 200미터 이상 높이의 공역

② 항공로는 항행에 적합 하도록 항행안전시설(VOR 등)을 이용하여 설정하는 공간의 통로

③ 접근관제구역은 관제구의 일부분으로 항공교통센터(ACC)로부터 구역, 업무범위, 사용고도 등을 위임받아 운영

④ 비행장교통구역은 관제권 외에 D등급에서 시계비행을 하는 항공기 간에 교통정보를 제공하는 공역

제 12 회 실전 모의고사 정답 및 해설

제 12회 실전모의고사 정답

1	①	2	③	3	①	4	③	5	③	6	②	7	④	8	④	9	④	10	④
11	①	12	③	13	④	14	①	15	②	16	②	17	③	18	②	19	③	20	④
21	②	22	①	23	②	24	②	25	④										

1 **해설** ②~④는 금지사항이다.

2 **해설** 시설은 Hardware의 예이다.

3 **해설** 2005년, 2009년, 2012년 사망사고 이후 2013년부터 무인비행장치 조종자 자격증명 제도가 시행되게 되었다.

4 **해설** ③ 사고는 2017년 7월 13일 경남 밀양시 하남읍에서 일본 야마하 기체가 방제 중 안개 속으로 실종된 사고이다.

5 **해설** 바람은 위성항법시스템(GNSS)의 위치 오차를 발생시키지 않는다.

6 **해설** 착륙장치가 없는 동력패러글라이더를 항공레저스포츠를 위해 대여하여 줄 수 있다.

7 **해설** 소형드론 체공시간 관련 기술 : ①~③, 기체 중량 경량화, 하이브리드 추진시스템 적용

8 **해설** 유선드론은 추진 동력에 따른 드론의 종류이다.

9 **해설** 항공레저스포츠사업의 종류 중 항공기라 함은 비행선과 활공기에 한정한다.

10 **해설** 소형 드론의 비행제어장치로 미국 3DR의 APM과 Pixhawk, 중국 DJI의 NAZA와 A3, 중국 TAROT의 ZYX, 미국 Openpilot의 CC3D 등의 제품이 있다.

11 **해설** 초경량비행장치에 의한 사람의 경상은 사고가 아니다.

13 **해설** 해당 분야 실기평가과정 이수증명서는 실기평가조종자 등록신청자에 한한다.

14 해설 초경량비행장치는 좌석이 1개이며, 무인비행선은 자체중량 180kg 이하이고, 길이가 20m 이하이다.

15 해설 항공기대여업 등록의 취소, 초경량비행장치사용사업의 등록의 취소, 항공레저스포츠사업 등록의 취소 처분을 하려면 국토교통부장관은 청문을 하여야 한다.

16 해설 비료 또는 농약 살포, 씨앗 뿌리기 등 농업지원은 초경량비행장치사용사업의 사업범위이다.

17 해설 유인기의 조종사 역할을 대신할 수 있는 비협력적 충돌회피 기술

18 해설 조종자 증명 1차 위반 시 200만원, 2차 위반 시 300만원, 3차 위반 시 400만원 과태료에 처한다.

19 해설 드론으로 통신망 구축하여 인구밀도가 낮은 지역에서 라디오, TV, 인터넷용 전파통신 신호 기지국 같은 역할을 한다.

20 해설 프로펠러 직경 및 피치는 기체규격 항목이다.

21 해설 스푸핑은 거짓 좌표를 주입하여 비행불능 또는 비행경로를 이탈하게 하는 무력화 기술이다.

22 해설 안전거리 15m는 최소한의 거리임을 명심하여야 한다.

25 해설 관제구는 FIR내의 접근관제구역(TMA)과 항공로를 포함한 구역이다. 비행장교통구역은 관제구의 포함구역이 아니다.

제 13 회 실전 모의고사

01 다음 중 초경량비행장치 안전성인증 대상에 대한 설명으로 옳지 않은 것은?

① 동력비행장치 자체중량 115kg 이하

② 회전익비행장치 자체중량 115kg 이하

③ 행글라이더, 패러글라이더, 낙하산류 자체중량 70kg 이하(항공레저스포츠사업에 사용되는 것)

④ 무인비행선 자체중량 12kg 초과하고, 길이 7m 초과

02 다음 중 비행장교통구역의 설정 기준에 대한 설명으로 옳지 않은 것은?

① 시계비행항공기가 운항하는 비행장

② 관제탑이 설치된 비행장

③ 출발·도착 계기비행절차가 있을 것

④ 무선교신시설 및 기상측정장비 구비

03 공역의 사용목적에 따른 구분 중 관제권은 비행정보구역 내의 ( ), ( ) 또는 ( )등급 공역 중에서 시계 및 계기비행을 하는 항공기에 대하여 항공교통관제업무를 제공하는 공역을 말한다. 다음 중 ( )에 포함되지 않는 공역은?

① A   ② B   ③ C   ④ D

04 제공되는 항공교통업무에 따른 공역의 구분 중 B등급 공역에 대한 설명으로 옳은 것은?

① 모든 항공기가 계기비행을 해야 하는 공역

② 계기비행 및 시계비행을 하는 항공기가 비행 가능하고, 모든 항공기에 분리를 포함한 항공교통관제업무가 제공되는 공역

③ 모든 항공기에 항공교통관제업무가 제공되나, 시계비행을 하는 항공기 간에는 교통정보만 제공되는 공역

④ 모든 항공기에 항공교통관제업무가 제공되나, 계기비행을 하는 항공기와 시계비행을 하는 항공기 및 시계비행을 하는 항공기간에는 교통정보만 제공되는 공역

05 공역의 사용 목적에 따른 구분 중 비관제공역으로 F등급 공역은 무엇인가?

① 비행장 교통구역　　② 훈련구역　　③ 조언구역　　④ 정보구역

06 다음 중 UA구역에서 비행승인 없이 비행할 수 있는 기준으로 옳은 것은?

① MSL 500FT 이하, 주간
② AGL 500FT 이하, 야간
③ AGL 500FT 이하, 주간
④ AGL 500FT 이하, 주간과 야간

07 의사소통은 주로 비대면 상황이기 때문에 세가지 원칙을 지키는 것이 바람직하다. 다음 중 세 가지 원칙에 해당하지 않는 것은?

① 간단성　　② 명료성　　③ 명확성　　④ 정확성

08 다음 중 항공기대여업의 등록 요건에 대한 설명으로 옳지 않은 것은?

① 항공기, 경량항공기 또는 초경량비행장치 1대 이상
② 개인 자산평가액 7억원 이상
③ 상호대표자 성명, 사업소의 명칭, 소재지가 포함된 사업계획서
④ 제3자 보험 및 승무원 보험(승무원 없는 초경량비행장치 제외)

09 다음 중 위반 시 처벌기준이 다른 것은?

① 초경량비행장치 조종자 증명을 받지 아니하고 초경량비행장치를 사용하여 비행한 사람
② 다른 사람에게 자기의 성명을 사용하여 초경량비행장치 조종을 수행하거나 초경량비행장치 조종자 증명을 빌려준 사람
③ 다른 사람의 성명을 사용하여 초경량비행장치 조종을 수행하거나 다른 사람의 조종자 증명을 빌린 사람
④ 조종자 증명을 빌려 주거나 빌린 행위를 알선한 사람

10 다음 중 군집비행 기술의 활용방안에 대한 설명으로 옳지 않은 것은?

① 다양한 분야에 접목 또는 IT기술과 결합해 새로운 분야로 확대 가능
② 평창 동계올림픽의 오륜기 형상 시연과 같이 예술문화와 접목해 공연문화 등에 활용
③ 고중량 장거리 이동에 사용
④ 조난자 탐색, 농작물 인식, 실시간 지도 생성 등 산업 전반에 걸쳐 활용 가능

11 다음 중 초경량비행장치 사고 중 중상의 범위에 대한 설명으로 옳지 않은 것은?

① 피부, 근육의 타박상으로 인해 심각한 멍이 생겨난 것
② 내장의 손상
③ 전염물질에 노출된 사실이 확인된 경우
④ 유해방사선에 노출된 사실이 확인된 경우

12 다음 중 초경량비행장치 조종자 증명을 반드시 취소해야 하는 경우로 옳은 것은?

① 벌금 이상의 형을 선고받은 경우
② 초경량비행장치 업무수행 중 고의 또는 중대한 과실로 사고를 일으켜 인명 또는 재산 피해를 발생시킨 경우
③ 초경량비행장치 조종자 준수사항을 위반한 경우
④ 주류 등의 섭취 및 사용 여부의 측정 요구에 따르지 않은 경우

13 다음 중 브러쉬리스 DC 모터의 특징에 대한 설명으로 옳은 것은?

① 브러쉬 마모에 따른 수명의 한계가 존재
② 브러쉬와 정류자를 이용해 전자석의 극성 변경
③ 인가전압을 이용해 회전수 제어, 전류를 이용해 토크 제어
④ 회전수 제어를 위해 별도의 전자변속기(ESC) 필요

14 다음 중 프로펠러 효율에 대한 설명으로 옳은 것은?

① 저속비행을 하는 비행체는 고피치 프로펠러가 효율이 좋다.
② 고속비행을 하는 비행체는 저피치 프로펠러가 효율이 좋다.
③ 고속비행을 하는 비행체는 고피치 프로펠러가 효율이 좋다.
④ 가변피치 프로펠러를 통해 넓은 속도 영역에서 프로펠러 효율 향상이 불가능하다.

15 항공사업법 제71조(경량항공기 등의 영리목적 사용금지)를 위반하여 초경량비행장치를 영리목적으로 사용한 자의 처벌기준으로 옳은 것은?

① 500만원 이하의 벌금
② 6개월 이하의 징역 또는 500만원 이하의 벌금
③ 1천만원 이하의 벌금
④ 1년 이하의 징역 또는 1천만원 이하의 벌금

16 다음 중 공역의 구분 방법이 아닌 것은?

① 비행정보업무 제공에 따른 구분
② 사용기간에 따른 구분
③ 항공교통업무 제공에 따른 구분
④ 사용목적에 따른 구분

17 초경량비행장치의 안전을 확보하기 위하여 초경량비행장치의 비행활동에 제한이 필요한 공역은 무엇인가?

① 관제권
② 비행금지구역
③ 비행제한구역
④ 초경량비행장치 비행제한구역

18 최대이륙중량 25kg 이하인 무인비행장치만을 사용하여 초경량비행장치사용사업 등록을 할 경우 필요한 개인의 자산평가액으로 옳은 것은?

① 필요 없다.
② 1천만원 이상
③ 2천만원 이상
④ 3천만원 이상

19 다음 중 초경량비행장치 신고 시 필요한 서류에 대한 설명으로 옳지 않은 것은?

① 초경량비행장치를 소유하거나 사용할 수 있는 권리가 있음을 증명하는 서류
② 초경량비행장치의 제원 및 성능표
③ 초경량비행장치의 사진(가로 15센티미터, 세로 10센티미터의 측면 사진)
④ 초경량비행장치 보험신고 증명서

20 다음 중 항공기대여업의 변경신고 시 신고사항에 대한 설명으로 옳지 않은 것은?

① 자본금의 감소
② 대표자의 변경
③ 종사자 수의 변경
④ 사업범위의 변경

21 다음 중 관제권에 대한 설명으로 옳지 않은 것은?

① 관제권은 계기비행 항공기가 이착륙하는 공항 주위에 설정되는 공역으로 공항중심(ARP)으로부터 반경 10NM 내에 있는 원통구역과 계기출발 및 도착절차를 포함하는 공역을 말한다.
② 관제권은 그 권역상공에 다른 공역이 설정되지 않는 한 상한고도는 없다.
③ 관제권은 기본 공항을 포함하여 다수의 공항을 포함할 수 있다.
④ 관제권을 지정하기 위해서는 관제탑, 항공무선통신시설과 기상관측시설이 있어야 하며, 그 공역은 항공지도상에 운영에 관한 조건과 함께 청색 단속선으로 표시한다.

22 다음 중 제한식별구역에 대한 설명으로 옳지 않은 것은?

① 영공방위를 위하여 동 공역을 비행하는 항공기에 대하여 식별, 위치결정 및 통제업무를 실시하는 공역

② 방공식별구역에서 평시 국내 운항을 용이하게 하고 방공작전의 편의를 도모하기 위하여 설정한 구역

③ 우리나라 해안선을 따라 한국제한식별구역(KLIZ)을 설정, 국방부 관리

④ 항공기 식별 안될 경우 요격기 투입

23 다음 중 드론 해킹의 스푸핑에 대한 설명으로 옳지 않은 것은?

① 스푸핑(Spoofing)이란 '속인다'라는 뜻이다.

② 드론의 조종을 빼앗아 탈취하는 것을 의미한다.

③ 드론에 가짜 데이터를 보내 드론이 해커의 의도한 곳으로 이동하거나 착륙하게 만드는 방법이다.

④ 드론과 연결된 무선 네트워크에 침투하여 드론에 저장된 정보를 빼내거나 드론을 탈취하는 것이다.

24 다음 중 비행제어시스템 중 GNSS에 대한 설명으로 옳지 않은 것은?

① 위성항법시스템의 약자로 GPS(미국), GLONASS(러시아), GALILEO(유럽), BEIDOU(중국)가 있다.

② 건물 근처에서 항법 오차로 인한 건물에 충돌을 주의해야 한다.

③ RTK는 GNSS가 동작하는 실외에서 사용 가능하다.

④ DOP가 높을 수록 정밀도가 높다.

25 다음 중 무인멀티콥터 조종자 실기시험에서 불합격 사유가 아닌 것은?

① 비행 중 교관 개입

② 기준고도 2.5m로 비행

③ 비행 중 부착물 또는 부품 이탈

④ 배터리 부족 또는 기타 사유로 모든 기동을 완료하지 못하고 중간에 착륙한 경우

제 13회 실전 모의고사 정답 및 해설

제 13회 실전모의고사 정답

1	④	2	③	3	①	4	②	5	③	6	③	7	④	8	②	9	①	10	③
11	①	12	④	13	④	14	③	15	②	16	①	17	④	18	①	19	④	20	③
21	①	22	①	23	②	24	④	25	②										

1 **해설** 무인비행선은 자체중량 12kg 초과하거나, 길이가 7m를 초과하면 안전성인증 대상이다.

2 **해설** 출발·도착 시계비행절차가 있을 것

3 **해설** 관제권은 B, C, D등급공역 중에서 시계 및 계기비행을 하는 항공기에 대하여 항공교통관제업무를 제공하는 공역이다.

4 **해설** ① : A등급공역, ③ : C등급공역, ④ : D등급공역

5 **해설** 비관제공역은 조언구역인 F등급공역과 정보구역인 G등급공역으로 구분된다.

6 **해설** UA구역에서 주간, 500ft 이하의 고도로 제약 없이 비행할 수 있다.

7 **해설** 의사소통의 3대 원칙은 간단성, 명료성, 명확성이다.

8 **해설** 항공기대여업은 법인일 경우 자본금 2억 5천만원 이상, 개인일 경우 자산평가액 3억 7천5백만원 이상이 필요하다. 단, 경량항공기 또는 초경량비행장치만을 대여하는 경우 3천만원 이상이 필요하다.

9 **해설** ①: 400만원 이하 과태료, ②, ③, ④: 300만원 이하 과태료

10 **해설** 고중량 장거리 이동에는 군집비행 기술의 활용은 적절하지 않다.

11 **해설** 피부, 근육의 타박상으로 인해 심각한 멍이 생겨난 것은 중상이 아니다.

12 **해설** ①~③은 초경량비행장치 조종자 증명을 취소하거나 1년 이내의 기간을 정하여 그 효력의 정지를 명할 수 있다. ④는 초경량비행장치 조종자 증명을 취소하여야 한다.

13 해설 ①~③은 브러쉬 DC 모터의 특징이다.

14 해설 저속비행을 하는 비행체는 저피치 프로펠러가 효율이 좋고, 고속비행을 하는 비행체는 고피치 프로펠러가 효율이 좋다. 또한 가변피치 프로펠러를 통해 넓은 속도 영역에서 프로펠러 효율 향상이 가능하다.

19 해설 보험신고 증명서는 장치신고 시 필요 없다. 장치신고 후 보험신고를 해야 한다.

20 해설 종사자 수의 변경은 변경신고 대상이 아니다. 변경신고는 사유가 발생한 날부터 30일 이내에 실시하여야 하며, 처리기간은 14일이다.

21 해설 관제권은 계기비행 항공기가 이착륙하는 공항 주위에 설정되는 공역으로 공항중심(ARP)으로부터 반경 5NM 내에 있는 원통구역과 계기출발 및 도착절차를 포함하는 공역을 말한다.

22 해설 ①은 방공식별구역에 대한 설명이다.

23 해설 드론의 조종을 빼앗아 탈취하는 것을 하이재킹이라 한다.

24 해설 DOP(정밀도 희석)와 정밀도는 반비례 관계이다.

25 해설 기준고도는 3~5m 범위 내에서 아래 위로 50cm까지 합격이다. 따라서 정지구호 시 기준고도를 2.5m로 하여 계속 비행 시 합격이다.

제 14 회 실전 모의고사

01 다음 중 사업개선명령에 따른 명령을 위반한 초경량비행장치사용사업자의 처벌기준으로 옳은 것은?

① 500만원 이하의 과태료 ② 500만원 이하의 벌금 ③ 1천만원 이하의 과태료 ④ 1천만원 이하의 벌금

02 다음 중 비행승인, 촬영승인에 대한 설명으로 옳지 않은 것은?

① 항공사진 촬영 허가권자는 국방부장관이다.
② 항공촬영허가와 비행승인은 별도로 받는 것이 아니다.
③ 관제권, 비행금지구역은 비행승인을 반드시 받아야 한다.
④ 야간비행은 특별비행승인을 받으면 가능하다.

03 초경량비행장치 조종자 또는 초경량비행장치 소유자 등의 초경량비행장치사고 보고의 접수는 누구에게 하는가?

① 국토교통부장관 ② 관할 지방항공청장 ③ 한국교통안전공단 ④ 관할 경찰서

04 다음 중 항공기사용사업의 양도·양수에 있어 개인간 제출서류에 대한 설명으로 옳지 않은 것은?

① 양도·양수 후 사업계획서
② 양수인이 제9조의 결격사유에 해당하지 아니함을 증명하는 서류와 제30조제2항(등록요건)의 기준을 충족함을 증명하거나 설명하는 서류
③ 양도·양수 계약서의 사본
④ 양도 또는 양수에 관한 의사결정을 증명하는 서류

05 다음 중 실비행시험의 평가기준에 대한 설명으로 옳은 것은?

① 실기비행이 부족해도 구술에서 만회할 수 있다.

② 23개 평가 항목 모두 'S'이면 합격이다.

③ 무인멀티콥터 중심축이 이착륙장에서 반경 0.5m 이상 벗어나면 불합격이다.

④ 기동 중 기체의 기수방향은 ±20°까지 합격이다.

06 다음 중 무인멀티콥터 조종자 응시자격 기준으로 옳지 않은 것은?

① 4종 : 만10세 이상인 사람

② 1~3종 : 만14세 이상인 사람

③ 2종 취득 요건 : 1종 또는 2종 기체로 20시간 이상 비행

④ 2종 취득 요건 : 3종 조종자 증명자가 2종 조종 7시간 이상 비행

07 다음 중 초경량비행장치 변경신고 사항에 대한 설명으로 옳지 않은 것은?

① 사유가 있는 날부터 30일 이내에 신고해야 한다.

② 소유자의 성명, 명칭주소가 변경되었을 때 신고한다.

③ 보관장소가 변경 시 신고하지 않아도 된다.

④ 변경 신고서를 한국교통안전공단 이사장에게 제출하여야 한다.

08 다음 중 국제민간항공조약 부속서13의 사고조사 목적에 대한 설명으로 옳지 않은 것은?

① 사고나 준사고를 방지하기 위함

② 비난이나 책임을 묻기 위한 목적으로 사용하여서는 아니된다.

③ 사법적 또는 행정적 소송절차는 본 부속서의 규정하에 수행된 어떠한 조사와도 분리되어야 한다.

④ 벌칙을 부과하기 위해서 존재한다.

09 다음 중 초경량비행장치 변경신고 사항 중 법에서 정한 말소신고 기한으로 옳은 것은?

① 14일　　② 30일　　③ 15일　　④ 7일

10 다음 중 드론 군집비행의 활용 방안이 아닌 것은?

① 조난자 탐색　　② 농작물 인식　　③ 가상현실과 결합　　④ 첩보 수집

11 다음 중 인적요인에 대한 설명으로 옳지 않은 것은?

① 인적요인은 인간과 관련 주변 요소들 간의 독립성에 초점을 둔다.
② 호킨스에 의한 인적요인의 대표 모델은 인간, 하드웨어, 소프트웨어, 환경이다.
③ 인적요인의 목적은 수행의 증진과 인간가치의 상승이다.
④ 인간은 불완전한 존재이기 때문에 누구나 실수를 한다.

12 다음 중 항공레저스포츠를 위하여 대여하여 주는 서비스에 사용되는 기체로 옳지 않은 것은?

① 인력활공기
② 기구류
③ 동력패러글라이더(착륙장치가 있는 비행장치로 한정한다)
④ 낙하산류

13 모든 항공기에 비행정보업무만 제공되는 공역으로 지표면으로부터 1,000피트 미만의 공역은 무엇인가?

① A등급 공역
② C등급 공역
③ E등급 공역
④ G등급 공역

14 초경량비행장치사용사업 등록요건 중 자본금 또는 자산평가액이 필요 없는 경우로 옳은 것은?

① 자체중량이 25kg이하인 무인비행장치만을 사용하여 초경량비행장치사용사업을 하려는 경우
② 자체중량이 25kg이상인 무인비행장치만을 사용하여 초경량비행장치사용사업을 하려는 경우
③ 최대이륙중량이 25kg이하인 무인비행장치만을 사용하여 초경량비행장치사용사업을 하려는 경우
④ 최대이륙중량이 25kg이상인 무인비행장치만을 사용하여 초경량비행장치사용사업을 하려는 경우

15 다음 중 통제공역에 해당하는 공역으로 옳은 것은?

① 훈련구역
② 군작전구역
③ 비행제한구역
④ 경계구역

16 다음 중 명의대여 등의 금지를 위반한 항공레저스포츠사업자에 대한 벌칙으로 옳은 것은?

① 500만원 이하의 과태료
② 1년 이하의 징역 또는 1천만원 이하의 벌금
③ 1천만원 이하의 벌금
④ 300만원 이하의 벌금

17 다음 중 간상체의 특징에 대한 설명으로 옳은 것은?

① 주간   ② 높은 해상도   ③ 색채시   ④ 1억 3천만개

18 다음 중 항공보험에 근거하는 법으로 옳은 것은?

① 자동차 손해배상보장법   ② 근로기준법
③ 국민연금보험법   ④ 항공운송사업진흥법

19 다음 중 항공레저스포츠사업과 초경량비행장치사용사업에 공통적으로 해당되는 사업범위로 옳은 것은?

① 산림 또는 공원 등의 관측 및 탐사   ② 비료 또는 농약 살포, 씨앗 뿌리기 등 농업지원
③ 조종교육   ④ 체험 및 경관조망

20 다음 중 항공사업법 신고에 대한 설명으로 옳지 않은 것은?

① 항공기대여업을 양도·양수하려는 자는 인가신청서를 계약일부터 30일 이내에 연명으로 지방항공청장에게 제출, 국토교통부장관에게 신고하여야 한다.
② 휴업신고를 하려는 항공레저스포츠사업자는 휴업신고서를 휴업 예정일 5일 전까지 지방항공청장에게 제출, 국토교통부장관에게 신고하여야 한다.
③ 법인을 합병을 하려는 항공기대여업자는 합병신고서를 계약일부터 30일 이내에 연명으로 지방항공청장에게 제출, 국토교통부장관에게 신고하여야 한다.
④ 상속인은 피상속인의 항공레저스포츠사업을 계속하려면 피상속인이 사망한 날부터 30일 이내에 신고서를 지방항공청장에게 제출, 국토교통부장관에게 신고하여야 한다.

21 다음 중 초경량비행장치 안전성인증 대상에 대한 설명으로 옳은 것은?

① 사람이 탑승하지 않은 기구류
② 자체중량이 25kg을 초과하는 무인멀티콥터
③ 모든 낙하산류
④ 무인비행선 중에서 연료의 중량을 제외한 자체중량이 12kg 초과하거나, 길이 7m 초과

22 다음 중 초경량비행장치 낙하산류에 대한 설명으로 옳은 것은?

① 동력비행장치 요건을 갖춘 자이로플레인

② 패러글라이더에 추진력 장치를 부착한 비행장치

③ 항력을 발생시켜 대기중에 낙하 속도를 느리게 하는 비행장치

④ 자체중량 70kg 이하로, 날개 부착 줄을 이용하여 조종하는 비행장치

23 다음 중 신고가 필요없는 초경량비행장치는 무엇인가?

① 기구류(사람이 탑승한 것은 제외한다.)

② 동력을 이용하는 패러글라이더

③ 무인동력비행장치 중에서 최대이륙중량이 2kg을 초과하는 것

④ 군사목적으로 사용되지 않는 초경량비행장치

24 다음 중 무인멀티콥터 조종자 과정 실기시험의 합격기준에 대한 설명으로 옳은 것은?

① 기준고도 4.5m에서 지속적으로 5.5m 까지 기동

② 호버링간 중심으로부터 1.5m 벗어나 지속적 기동

③ 전진비행간 10도 좌편향되어 지속적 기동

④ 후진비행간 25도 우편향되어 간헐적 몇 회 기동

25 다음 중 비행장 중심으로부터 3NM 이내 시계비행을 하는 회전익비행장치 간에 교통정보를 제공하는 공역으로 옳은 것은?

① 관제권　　　② 관제구　　　③ 비행장교통구역　　　④ 정보구역

제 14회 실전 모의고사 정답 및 해설

제 14회 실전모의고사 정답

1	④	2	②	3	②	4	④	5	②	6	③	7	③	8	④	9	③	10	④
11	①	12	③	13	④	14	③	15	③	16	②	17	④	18	①	19	③	20	④
21	④	22	③	23	①	24	③	25	③										

2 **해설** 항공사진 촬영과 비행승인은 별도로 드론원스톱민원서비스 사이트에 신청하여야 한다.

3 **해설** 사고보고의 접수는 국토교통부장관으로부터 지방항공청장에게 위임된 사항이다. 즉, 관할 지방항공청장에게 신고하면 된다.

4 **해설** 양도·양수에 관한 의사결정을 증명하는 서류는 법인인 경우에만 해당된다.

5 **해설** 평가항목 23개 모두 합격시 합격, 중심축이 이착륙장을 벗어나면 불합격, 기수방향은 ±15°합격(비상조작은 ±45°)

6 **해설** 2종은 1종 또는 2종 무인멀티콥터 조종 시간이 총 10시간 이상이면 된다.

7 **해설** 보관 장소가 변경 시에도 사유가 있는 날부터 30일 이내에 신고서를 한국교통안전공단 이사장에게 제출하여야 한다.

8 **해설** 사고조사의 목적이 벌칙을 부과하기 위해서 존재하는 것은 아니다.

9 **해설** 말소신고 기간은 그 사유가 발생한 날부터 15일 이내로 말소신고서를 한국교통안전공단 이사장에게 제출하여야 한다.

10 **해설** 군집비행 기술은 조난자 탐색, 농작물 인식, 실시간 지도 생성, 가상현실과 결합 등 산업 전반에 걸쳐 활용 가능하다.

11 **해설** 인적요인은 인간과 관련 주변 요소들간의 관계성에 초점을 둔다.

12 **해설** 항공레저스포츠를 위하여 대여하여 주는 서비스에 사용할 수 있는 것은 인력활공기, 기구류, 동력패러글라이더(착륙장치가 없는 비행장치로 한정한다), 낙하산류, 경량항공기 또는 초경량비행장치이다.

15 **해설** ①, ②, ④는 주의공역이다.

17 해설 주간시(높은 해상도, 색채시, 중심시, 추상체), 야간시(낮은 해상도, 색채시 상실, 야간 암점, 간상체)

19 해설 초경량비행장치사용사업과 항공레저스포츠사업에 공통적 적용되는 사업은 조종교육 사업이다.

20 해설 양도·양수, 휴업·폐업, 합병 시 지방항공청장에게 제출, 국토교통부장관에게 신고하여야 하며, 상속 시에는 국토교통부장관에게 바로 신고하면 된다.

21 해설 사람이 탑승한 기구류, 최대이륙중량이 25kg을 초과하는 무인멀티콥터, 동력패러글라이더는 안전성인증 대상이다. 그리고 행글라이더, 패러글라이더 및 낙하산류는 항공레저스포츠사업에 사용되는 것만 안전성인증 대상이다.

22 해설 ① : 회전익 비행장치, ② : 동력패러글라이더, ④ : 패러글라이더

23 해설 ②~④는 신고를 하여야 한다.

24 해설 기준고도 허용오차는 위·아래로 50cm, 위치 허용오차는 기체 무게중심으로부터 전·후·좌·우 1m, 기체 정렬 허용오차는 15도이다.

25 해설 비행장교통구역은 관제권 외에 D등급에서 시계비행을 하는 항공기 간에 교통정보를 제공하는 공역으로 수평적으로 비행장 또는 공항 반경 3NM 내, 수직적으로 지표면으로부터 3,000ft까지 공역으로 13개소가 있다(육군 11개, 민간 2개).

제15회 실전 모의고사

01 다음 중 초경량비행장치 기준에 대한 설명으로 옳지 않은 것은?

① 연료의 중량을 제외한 자체중량이 150킬로그램 이하인 무인멀티콥터
② 연료의 중량을 제외한 자체중량이 150킬로그램 이하인 무인비행기
③ 연료의 중량을 제외한 자체중량이 150킬로그램 이하인 무인헬리콥터
④ 연료의 중량을 제외한 자체중량이 150킬로그램 이하이고 길이가 20미터 이하인 무인비행선

02 다음 중 초경량비행장치에 대한 설명으로 옳은 것은?

① 회전익 비행장치는 동력비행장치 요건을 갖춘 헬리콥터와 동력패러글라이더로 구분된다.
② 무인비행장치는 무인동력비행장치와 무인비행선으로 구분된다.
③ 무인동력비행치는 무인비행선, 무인헬리콥터, 무인멀티콥터, 무인수직이착륙기로 구분된다.
④ 초경량비행장치는 공기의 반작용으로 뜰 수 있는 장치로서 최대이륙중량과 좌석수 등 국토교통부령으로 정하는 기준에 따라 구분된다.

03 다음 중 실비행시험의 평가기준에 대한 설명으로 옳지 않은 것은?

① 기체 위치는 이동경로의 경우 좌우 또는 전후 각각 1m(폭 2m) 이내 허용
② 기체 고도는 기동별 제시된 고도에 허용범위 ±0.5m 허용
③ 비상조작 시 기수방향은 ±45° 허용
④ 기동 흐름에서 3초 이상 멈춤 2회 이상이면 과도한 시간 소모로 U(불만족)

04 항공기대여업의 휴업 신고서는 휴업 예정일 며칠 전까지 지방항공청장에게 제출, 국토교통부장관에게 신고해야 하는가?

① 5일　　　　② 7일　　　　③ 10일　　　　④ 15일

05 다음 중 양도·양수 신고 수리가 불가한 경우가 아닌 것은?

① 양도인이 사업정지 처분을 받고 그 처분기간 중에 있는 경우

② 양도인이 등록취소처분을 받았으나 행정심판법 또는 행정소송법에 따라 그 처분기간이 집행 정지 중에 있는 경우

③ 양수인이 피성년후견인, 피한정후견인 또는 파산선고를 받고 복권되지 아니한 사람

④ 양수인이 면허 또는 등록의 취소 처분을 받은 후 3년이 경과한 사람

06 사업계획 변경하려는 경우는 국토교통부장관의 인가를 받아야 한다. 다음 중 그 예외사항으로 옳지 않은 것은?

① 기상악화
② 안전운항을 위한 정비로서 예견하지 못한 정비
③ 천재지변
④ 손님이 없어 수익 악화

07 다음 중 초경량비행장치사용사업, 항공기대여업, 항공레저스포츠사업 등록을 할 수 없는 사람으로 옳은 것은?

① 국가보안법을 위반하여 금고형 실형을 선고 받고 그 집행이 끝난 날

② 법률을 위반하여 금고 이상의 실형을 선고받고, 집행을 받지 아니하기로 확정된 날부터 3년이 지난 사람

③ 항공기사용사업의 면허 또는 등록의 취소처분을 받은 후 3년이 지나지 아니한 자

④ 공항시설법 관련 법률을 위반하여 금고형을 집행을 받지 아니하기로 확정된 날부터 3년이 지나지 아니한 사람

08 다음 중 항공보험 등의 가입의무에 대한 설명으로 옳지 않은 것은?

① 항공보험에 가입하지 아니하고는 항공기를 운항할 수 없다.

② 항공기대여업을 하고자 하는 사람은 보험에 가입하여야 한다.

③ 항공보험은 안전성인증검사 후 3일 이내 가입하여야 한다.

④ 항공보험에 가입한 자는 보험가입 신고서를 국토교통부장관에게 제출해야 한다.

09 다음 중 간상체에 대한 설명으로 옳은 것은?

① 활동 주시간대는 야간이다.
② 해상도가 높다.
③ 개수가 추상체보다 적다.
④ 망막의 중심에 분포되어 있다.

10 다음 중 피로에 대한 설명으로 옳지 않은 것은?

① 연령이 높을 수록 피로에 약하다고 알려져 있다.

② 피로는 무인기 조종사의 수행능력에 부정적 영향을 미친다.

③ 급성피로는 삶의 질에 미치는 영향이 거의 없다.

④ 수면의 질과 상관없이 수면시간이 길면 피로하지 않다.

11 다음 중 특별비행승인에 대한 설명으로 옳지 않은 것은?

① 일몰 후 시민박명시간은 주간이므로 특별비행승인을 안 받아도 된다.

② 특별비행승인 신청서는 지방항공청장에게 제출한다.

③ 야간비행은 특별비행승인 시 가능하다.

④ 비가시권 비행은 특별비행승인 시 가능하다.

12 다음 중 안전거리 침범 기체로 옳은 것은?

① 착륙장 위치에서 상공 10m   ② 비상착륙장 위치에서 상공 10m
③ 착륙장과 비상착륙장 사이 위치에서 상공 10m   ④ 조종석 전방 10m 위치에서 상공 15m

13 다음 중 리튬폴리머 배터리의 특징에 대한 설명으로 옳은 것은?

① 장기간 보관 시 완전 충전 후에 보관한다.

② 연료전지 대비 에너지 밀도가 낮지만 방전율은 높다.

③ 메모리 현상이 거의 없어 완전 방전해도 된다.

④ 전기적 단락을 통해 방전해도 된다.

14 다음 중 프로펠러의 무게중심과 회전중심의 불일치로 인한 진동에 대한 설명으로 옳지 않은 것은?

① 프로펠러 밸런싱을 통해 진동 저감 가능

② 프로펠러 회전수에 따라 진동주파수 변화

③ 회전수가 낮을수록 진동이 발생하지 않는다.

④ 탑재 무게 및 구조물 유격에 따라 진동 영향에 변화가 생겨 센서에 악영향을 미친다.

15 다음 중 비행제어시스템(FC)에 대한 설명으로 옳은 것은?

① 무인멀티콥터는 비행제어시스템에 대한 의존도가 낮다.
② 비행제어시스템의 도움 없이 수동 조종만으로 비행 안정성을 확보하기 쉽다.
③ 시스템의 오류를 식별하기 위해 많은 데이터를 축적해야 한다.
④ 프로펠러 회전수 제어방식으로 인해 비행 안정성 확보가 가능하다.

16 다음 중 MEMS IMU의 진동에 관련된 설명으로 옳은 것은?

① 프로펠러 진동에 영향을 받아 자세 오차가 발생 할 수 있다.
② 기체 구조물의 유격 등에 의한 진동에 영향을 받지 않는다.
③ 진동 특성이 같은 MEMS IMU를 다중으로 사용하여 진동에 대비할 수 있다.
④ MEMS IMU는 광섬유 IMU, 링레이저 기반 IMU 보다 진동에 강하다.

17 다음 중 삼각 비행 시 최고 상승 지점 고도로 옳은 것은?

① 기준고도 3m에서 11m
② 기준고도 3.5m에서 11m
③ 기준고도 4m에서 11m
④ 기준고도 4.5m에서 11m

18 다음 중 고도를 측정할 수 없는 것은?

① GNSS
② 지자계 센서
③ 바로미터
④ 기압 센터

19 다음 중 드론의 인공지능 알고리즘 단계 중 2단계에 대한 설명으로 옳지 않은 것은?

① 통계 데이터 기반으로 모델을 추출, 학습이 가능
② 추론 능력 부족이 한계
③ 기계와 인간의 자연스런 소통
④ 머신러닝

20 다음 중 모터의 속도상수(Kv)에 대한 설명으로 옳지 않은 것은?

① 동급 사이즈 모터에서 다양한 Kv 모터가 존재한다.
② Kv가 클수록 동일한 전류로 큰 토크가 발생한다.
③ 1V 인가될 때 모터의 회전수를 의미한다.
④ 동급 사이즈 모터에서 Kv가 클수록 빠른 회전을 위한 큰 토크 필요 시 상대적으로 많은 전류가 소모된다.

21. 제공되는 항공교통업무에 따른 구분 중 G등급 공역에 대한 설명으로 옳지 않은 것은?

① 조종사 요구 시 모든 항공기에게 비행정보업무만 제공된다.

② 계기비행만 가능하다.

③ 지표면으로부터 1,000피트 미만이다.

④ 구비해야할 장비가 특별히 요구되지 않는다.

22. 드론으로 아파트 주민을 관찰한 사례와 관련된 무인기의 문제는 무엇인가?

① 사생활 침해   ② 여객기 충돌 위험   ③ 테러 위험   ④ 추락으로 인한 인명피해

23. 다음 중 초경량비행장치사용사업, 항공기대여업, 항공레저스포츠사업 등록 결격사유에 대한 설명으로 옳지 않은 것은?

① 지분의 2분의 1이상을 소유하거나 그 사업을 사실상 지배하고 있는 미국 기업

② 관련 법률을 위반하여 벌금형을 선고 받고 그 집행이 끝난 날로부터 3년이 지나지 아니한 사람

③ 관련 법률을 위반하여 금고형 실형을 선고 받고 집행을 받지 아니하기로 확정된 날부터 3년이 지나지 아니한 사람

④ 파산선고를 받고 복권되지 아니한 사람

24. 다음 중 인적요인의 대표모델인 SHELL모델에 해당하지 않는 것은?

① Liveware   ② Hardware   ③ System   ④ Environment

25. 공역이란 항공기, 초경량비행장치 등의 안전한 활동을 보장하기 위하여 지표면 또는 해수면으로부터 일정 높이의 특정 범위로 정해진 공간을 말한다. 이러한 공역의 관리 및 운영에 관하여 필요한 사항을 확인할 수 있는 것으로 옳은 것은?

① NOTAM   ② 항공안전법
③ 항공정보간행물(AIP)   ④ 국토교통부 고시 공역관리 규정

제 15회 실전 모의고사 정답 및 해설

제 15회 실전모의고사 정답

1	④	2	②	3	④	4	①	5	④	6	④	7	④	8	③	9	①	10	④
11	①	12	④	13	②	14	③	15	③	16	①	17	②	18	②	19	③	20	②
21	②	22	①	23	②	24	③	25	④										

1 **해설** 무인비행선은 연료의 중량을 제외한 자체중량이 180킬로그램 이하이고 길이가 20미터 이하이다.

2 **해설** 회전익 비행장치는 동력비행장치 요건을 갖춘 헬리콥터와 자이로플레인이며, 초경량비행장치는 공기의 반작용으로 뜰 수 있는 장치로서 자체중량과 좌석수로 구분한다.

3 **해설** 기동 흐름에서 3초 미만 멈춤 2회 이상 또는 3초 이상 멈춤 1회 이상이면 과도한 시간 소모로 U(불만족)

4 **해설** 휴업은 휴업예정일 5일 전, 폐업은 폐업예정일 15일 전에 신고서를 지방항공청장에게 제출, 국토교통부장관에게 신고하여야 한다.

5 **해설** 면허 또는 등록의 취소 처분을 받은 후 2년이 지나지 아니한 자는 양도·양수가 불가하다.

6 **해설** 손님이 없어 수익 악화는 예외사항이 아니다.

7 **해설** 항공안전법, 항공사업법, 공항시설법, 항공보안법, 항공·철도 사고조사에 관한 법률을 위반하여 금고 이상의 실형을 선고받고 그 집행이 끝난 날 또는 집행을 받지 아니하기로 확정된 날부터 3년이 지나지 아니한 사람은 사업을 등록할 수 없다.

8 **해설** 안전성인증받기 전에 보험에 가입하여야 하며, 항공보험 등에 가입한 날부터 7일 이내에 신고하여야 한다.

9 **해설** 간상체는 해상도가 낮으며, 개수가 추상체보다 많고 망막의 주변에 분포한다.

10 **해설** 피로를 예방 및 회복하기 위해서는 충분한 양과 질의 수면이 필수적이다.

11 **해설** 시민박명시간은 일출 전 시간이기 때문에 비행을 하기 위해서는 특별비행승인을 받아야 한다.

12 해설 조종석에서 착륙장까지의 거리는 15m이다. 이 범위 안에 위치하면 안전거리 침범이다.

13 해설 리튬폴리머 배터리 관리 중 금지사항 : 완전 충전후 보관 금지, 과방전 금지, 비행을 통한 방전 금지, 전지적 단락을 통한 방전 금지, 장기간 보관을 통한 방전 금지

14 해설 프로펠러 특정 회전수에서 공진이 발생가능하며, 회전수가 낮아도 큰 진동이 발생 가능하다.

15 해설 무인멀티콥터는 비행제어시스템에 대한 의존도가 높고, 프로펠러 회전수 제어방식으로 인해 비행 안정성 확보가 어렵다.

16 해설 기체 구조물의 유격 등에 의한 진동에 영향을 받아 자세 오차가 발생 가능하며, 진동에 대비하기 위해 진동 특성이 다른 MEMS IMU를 다중으로 사용 가능하다. 또한 진동에 강인한 광섬유 기반 IMU, 링레이저 기반 IMU 등이 있다.

17 해설 삼각비행 꼭짓점에서의 고도는 기준고도 기준으로 아래와 같으며, 최소 높이는 10m, 최대 높이는 13m이다.
　- 기준고도 2.5m→10m, 3m→10.5m, 3.5m→11m, 4m→11.5m, 4.5m→12m, 5m→12.5m, 5.5m→13m

18 해설 지자계 센서는 방향을 측정하는 센서이다.

19 해설 기계와 인간의 자연스런 소통은 인공지능 알고리즘 3단계에 해당한다.

20 해설 KV가 작을수록 동일한 전류로 큰 토크가 발생하고, KV가 클수록 동일 전류로 작은 토크가 발생한다. KV값과 토크는 반비례 관계

21 해설 모든 항공기가 계기비행을 하여야 하는 공역은 A등급 공역이다.

22 해설 드론의 비행안전 문제는 충돌 위험, 추락 시 인명피해, 드론을 이용한 테러위험이 있고, 사생활 침해 문제는 드론을 활용한 불법적인 영상촬영 증가가 있다.

23 해설 7번 문제 해설 참조

24 해설 S는 Software이다.

25 해설 국토교통부 고시 제2019-177호, 공역관리규정은 인천 비행정보구역 내 항공기 등의 안전하고 신속한 항행과 국가안전보장을 위하여 체계적이고 효율적인 공역의 관리 및 운영에 관하여 필요한 사항을 규정함을 목적으로 한다.

제 16회 실전 모의고사

01 1종 실기시험 중 이륙후 2.5m에서 정지하였다. 다음 중 합격할 수 있는 기체고도로 옳은 것은?

① 2.5~3m ② 2~3m ③ 불합격 ④ 3~5m

02 다음 중 NASA UTM의 TCL 1의 시험에 대한 설명으로 옳은 것은?

① 전원지역에서의 농업과 화재진압, 인프라 점검을 위해 Geo-Fence를 바탕으로 한 운항경로 설정으로 진행됨
② 인구밀도가 낮은 지역에서의 비가시비행과 비행절차, 장거리 운용을 위한 교통규제 등의 사항 점검
③ 적당히 인구가 밀집된 지역에서의 조종과 자율 비행 조종을 보증할 수 있는 협조/비협조적 UAS 추적 능력을 포함한 내용 점검
④ 인구 고밀도 도시지역에서 뉴스 수집과 패키지 배송, 대규모의 비상 사태의 관리에 사용할 수 있는 기술 시험

03 다음 중 비행정보구역에 대한 설명으로 옳지 않은 것은?

① 항공기, 경량항공기 또는 초경량비행장치의 안전하고 효율적인 비행과 수색 또는 구조에 필요한 정보를 제공하기 위한 공역
② 국제민간항공협약 및 부속서에 따라 국토교통부장관이 그 명칭, 수직 및 수평 범위를 지정·공고한 공역
③ FIR은 ICAO 지역항행협정에서의 합의에 따라 이사회가 결정
④ 국제민간항공협약 부속서 2 및 11에서 정한 기준에 따라 당사국들은 관할 공역 내에서 등급별 공역을 지정하고 비행정보업무를 제공하도록 규정하고 있음

04 다음 중 항공안전법에서 정하고 있는 사항에 대한 설명으로 옳지 않은 것은?

① 항공기 등록에 관한 사항
② 항공기 기술기준 및 형식 증명에 관한 사항
③ 항공종사자에 관한 사항
④ 항행안전시설 안전에 관한 사항

05 다음 중 초경량비행장치 비행 가능한 공역에 대한 설명으로 옳지 않은 것은?

① 관제권과 비행금지구역에서 비행하려는 경우에는 비행승인이 필요하다.

② 이착륙장을 관리하는 자와 사전에 협의된 경우에는 이착륙장 중심으로부터 반지름 3km 밖에서 고도 500ft 미만으로 비행할 수 있다.

③ 사람 또는 건축물이 밀집된 지역이 아닌 곳에서는 지표면 또는 수면 또는 물건의 상단에서 150m 이상에서 비행하는 경우에는 비행승인이 필요하다.

④ 사람 또는 건축물이 밀집된 지역에는 해당 초경량비행장치를 중심으로 수평거리 150m(500ft) 범위 안에 있는 가장 높은 장애물의 상단에서 150m 이상에서 비행하는 경우에는 비행승인이 필요하다.

06 다음 중 초경량비행장치 안전성인증에 대한 설명으로 옳지 않은 것은?

① 초경량비행장치를 사용하여 비행하려는 사람은 국토교통부장관에게 안전성인증을 받고 비행하여야 한다.

② 초경량비행장치 안전성인증의 유효기간 및 절차, 방법 등에 대해서는 국토교통부장관의 승인을 받아야 하며, 변경할 때에는 해당 장비의 변경 기준을 따른다.

③ 무인비행장치 안전성인증 대상은 무인비행기, 무인헬리콥터, 무인멀티콥터 또는 무인수직이착륙기 중에서 최대이륙중량이 25킬로그램을 초과하는 것을 대상으로 한다.

④ 초경량비행장치 안전성인증 기관은 기술원(항공안전기술원)이 주로 수행한다.

07 다음 중 초경량비행장치 안전성인증에 대한 설명으로 옳지 않은 것은?

① 안전성인증 대상은 국토교통부령으로 정한다.

② 초경량비행장치 중에서 무인비행기도 안전성인증 대상이다.

③ 무인비행장치 안전성인증 대상은 최대이륙중량 25킬로그램을 초과하는 것이다.

④ 초경량비행장치 안전성인증 기관은 기술원(항공안전기술원)만이 수행한다.

08 다음 중 광수용기에 대한 설명으로 옳은 것은?

① 추상체는 야간에 흑백을 보는 것과 관련이 있다.

② 간상체는 낮 시간 동안의 높은 해상도와 관련이 있다.

③ 추상체는 주로 망막의 주변부에 위치하기 때문에 야간시 암점과 관련이 있다.

④ 추상체와 비교할 때 간상체의 개수가 더 많다.

09 무인기 인적에러에 의한 사고 비율은 유인기와 비교할 때 상대적으로 낮은 것으로 나타났다. 그 이유에 대한 설명으로 옳지 않은 것은?

① 유인기와 비교할 때 무인기는 자동화율이 낮기 때문이다.
② 유인기에 비해 무인기는 인간 개입의 필요성이 적기 때문이다.
③ 무인기는 아직까지 기계적 신뢰성이 낮기 때문이다.
④ 설계 개념상 Fail-Safe 개념의 시스템 이중설계 적용이 미흡하기 때문이다.

10 다음 중 초경량비행장치사용사업의 종류가 아닌 것은?

① 비료 또는 농약살포, 씨앗뿌리기 등 농업 지원
② 사진 촬영, 육상·해상 측량 또는 탐사
③ 항공 운송업
④ 조종교육

11 다음 중 초경량비행장치사용사업 변경신고에 대한 설명으로 옳지 않은 것은?

① 자본금 감소 시 신고
② 사유가 발생한 날로부터 15일 이내 신고
③ 대표자 변경 시 신고
④ 사업 범위 변경 시 신고

12 다음 중 브러쉬리스(BLDC) 모터에 대한 설명으로 옳지 않은 것은?

① 모터 권선의 전자기력을 이용해 회전력 발생
② 회전수 제어를 위해 전자변속기(ESC)가 필요
③ 모터의 규격에 KV(속도상수)가 존재하며, 10V 인가했을 때 무부하 상태에서의 회전수를 의미
④ KV가 작을수록 회전수는 줄어드나 상대적으로 토크가 커짐

13 다음 중 리튬폴리머(LiPo) 배터리에 대한 설명으로 옳지 않은 것은?

① 충전 시 셀 밸런싱을 통한 셀간 전압 관리 필요
② 강한 충격에 노출되거나 외형이 손상되었을 경우 안전을 위해 완전 방전 후 폐기
③ 배터리 수명을 늘리기 위해 급속충전과 급속방전 필요
④ 장기간 보관 시 완전충전 상태가 아닌 50~70% 충전 상태로 보관

14 다음 중 무인비행장치 조종자가 준수해야 하는 사항에 대한 설명으로 옳은 것은?

① 일몰 후부터 일출 전까지의 야간에 비행하는 행위

② 주류 등의 영향으로 조종업무를 정상적으로 수행할 수 없는 상태에서 조종하는 행위

③ 비행 중 주류 등을 섭취하거나 사용하는 행위

④ 무인비행장치를 육안으로 확인할 수 있는 범위에서 조종하는 행위

15 다음 중 위성항법시스템(GNSS)에 대한 설명으로 옳지 않은 것은?

① 3개 이상의 위성 신호가 수신되면 무인비행장치 위치 측정 가능

② 무인비행장치의 위치와 속도를 제어하기 위해 활용

③ 위성신호 교란, 다중경로 오차 등 측정값에 오차를 발생시키는 다양한 요인 존재

④ 수평위치보다 수직위치의 오차가 상대적으로 큼

16 다음 중 초경량비행장치사용사업의 등록 시 사업계획서에 포함되는 내용으로 옳지 않은 것은?

① 사업 목적 및 범위 ② 안전관리대책
③ 사업개시 예정일 ④ 사업개시 후 3개월간 재원 운영 계획

17 다음 중 25kg 이하인 무인비행장치만을 이용하여 초경량비행장치사용사업을 하려는 자의 등록요건으로 옳지 않은 것은?

① 개인의 경우 자산평가액 3천만원 이상 ② 조종자 1명 이상
③ 초경량비행장치(무인비행장치) 1대 이상 ④ 제3자 보험 가입

18 다음 중 적법하게 초경량비행장치를 운영한 사람은 누구인가?

① A씨는 이착륙장을 관리하는 사람과 사전에 협의하여, 비행승인 없이 이착륙장에서 반경 2.5km 범위에서 100m 고도로 비행하였다.

② B씨는 비행승인 없이 초경량비행장치 비행제한구역에서 200m 고도로 비행하였다.

③ C씨는 비행승인 없이 비행금지구역에서 50m 고도로 비행하였다.

④ D씨는 비행승인 없이 관제권이 운용되는 공항으로부터 8.2km 지점에서 100m 고도로 비행하였다.

19 다음 중 최대이륙중량이 15kg인 무인멀티콥터를 비행할 때 비행승인을 받아야 하는 공역이 아닌 것은?

① 관제권
② 비행금지구역
③ 지표면으로부터 200m 고도
④ ①, ②가 아닌 150m 미만의 구역

20 다음 중 초경량비행장치 신고에 대한 설명으로 옳지 않은 것은?

① 초경량비행장치 신고는 초경량비행장치를 소유하거나 사용할 수 있는 권리가 있는 자가 국토교통부장관(한국교통안전공단 이사장에게 위탁)에게 신고하는 것이다.
② 초경량비행장치 신고는 연료의 무게를 제외한 자체무게가 12킬로그램 이상인 무인동력비행장치가 대상이다.
③ 시험, 조사, 연구개발을 위하여 제작된 초경량비행장치는 신고를 할 필요가 없다.
④ 판매되지 아니한 것으로 비행에 사용되지 아니하는 초경량비행장치는 신고를 할 필요가 없다.

21 다음 중 수면에 대한 설명으로 옳지 않은 것은?

① 수면은 크게 REM 수면과 비REM 수면으로 구분된다.
② REM 수면은 심장박동 및 호흡이 불규칙하며 꿈을 꾸는 단계이다.
③ 3단계 수면은 외부에서 오는 정보처리를 멈추고 뇌의 뉴런이 거대하고 빠른 전기파를 생성한다.
④ 수면이 부족할 경우에는 시각 지각, 단기 기억, 논리적 추론 등의 저하를 가져온다.

22 다음 중 관성측정장치(IMU)에 대한 설명으로 옳지 않은 것은?

① 무인비행장치의 자세각, 자세각속도, 가속도를 측정 및 추정
② 일반적으로 가속도계, 자이로스코프, 지자기센서를 포함
③ 무인비행장치의 자세를 안정화하기 위해 활용
④ 진동에 매우 강인하여 진동에 큰 영향을 받지 않음

23. 초경량비행장치 소유자 등은 법에 따른 신고를 해야 한다. 다음 중 초경량비행장치 신규 신고사항에 대한 설명으로 옳지 않은 것은?

① 신규신고 서류에는 초경량비행장치를 소유하거나 사용할 수 있는 권리가 있음을 증명하는 서류가 포함된다.
② 신규신고 서류에는 초경량비행장치의 제원 및 성능표가 포함된다.
③ 신규신고 서류에는 초경량비행장치의 사진(가로 10cm X 세로 15cm의 정면사진)이 포함된다.
④ 신규신고는 안전성인증을 받기 전(안전성인증 대상이 아닌 경우, 소유 또는 사용할 권리가 있는 날부터 30일 이내) 한국교통안전공단 이사장에게 제출해야 한다.

24. 다음 중 초경량비행장치사용사업 등록 결격 사유에 대한 설명으로 옳지 않은 것은?

① 대한민국 국민이 아닌 사람, 외국정부 또는 외국의 공공단체
② 위의 ①의 어느 하나에 해당하는 자가 주식이나 지분의 3분의 1 이상을 소유한 경우
③ 피성년후견인, 피한정후견인 또는 파산선고를 받고 복권되지 아니한 사람
④ 항공안전법을 위반하여 금고 이상의 실형을 선고받은 자

25. 다음 중 초경량비행장치 조종자 증명을 취소하여야 하는 사유로 옳지 않은 것은?

① 거짓이나 그 밖의 부정한 방법으로 초경량비행장치 조종자 증명을 받은 경우
② 항공안전법을 위반하여 벌금 이상의 형을 선고받은 경우
③ 다른 사람에게 자기의 성명을 사용하여 초경량비행장치 조종을 수행하게 하거나 초경량비행장치 조종자 증명을 빌려 주는 행위
④ 주류 등의 섭취 및 사용 여부의 측정 요구에 따르지 아니한 경우

제 16회 실전 모의고사 정답 및 해설

제 16회 실전모의고사 정답

1	①	2	①	3	④	4	④	5	②	6	②	7	④	8	④	9	①	10	③
11	②	12	③	13	③	14	④	15	②	16	②	17	①	18	①	19	④	20	②
21	③	22	④	23	①	24	②	25	②										

1 **해설** 실기시험 고도 합격기준은 스키드 높이를 기준으로 기준고도 3~5m의 범위이며, 기준고도 아래와 위로 50cm까지 허용범위로써 합격이다. 응시자가 2.5m에서 정지구호를 하였다면 2.5m~3m까지 합격이며, 2.5m 아래는 불합격 범위이다.

2 **해설** ② : TCL2, ③ : TLC3, ④ : TCL4

3 **해설** 국제민간항공협약 부속서 2 및 11에서 정한 기준에 따라 당사국들은 관할 공역 내에서 등급별 공역을 지정하고 항공교통업무를 제공하도록 규정하고 있음

4 **해설** 공항시설법에는 공항/비행장 개발과 관리/운영, 항행안전시설 등 관련 내용이 포함된다.

5 **해설** 이착륙장의 중심으로부터 반지름 3킬로미터 이내의 지역의 고도 500피트 이내의 범위(해당 이착륙장을 관리하는 자와 사전에 협의가 된 경우에 한정)에서는 비행승인을 받을 필요가 없다.

6 **해설** 항공안전법 제124조(초경량비행장치 안전성인증)에의 시험비행 등 국토교통부령으로 정하는 경우로서 국토교통부장관의 허가를 받은 경우를 제외하고는 동력비행장치 등 국토교통부령으로 정하는 초경량비행장치를 사용하여 비행하려는 사람은 국토교통부령으로 정하는 기관 또는 단체의 장으로부터 그가 정한 안전성인증의 유효기간 및 절차·방법에 따라 그 초경량비행장치가 국토교통부장관이 정하여 고시하는 비행안전을 위한 기술상의 기준에 적합하다는 안전성인증을 받지 아니하고 비행하여서는 아니 된다. 이 경우 안전성인증의 유효기간 및 절차·방법 등에 대해서는 국토교통부장관의 승인을 받아야 하며, 변경할 때에도 또한 같다.

7 **해설** 항공안전법 시행규칙 제305조(초경량비행장치 안전성인증 대상 등)에 의거 국토교통부령으로 정하는 기관 또는 단체란 기술원 또는 별표 43에 따른 시설기준을 충족하는 기관 또는 단체 중에서 국토교통부장관이 정하여 고시하는 기관 또는 단체를 말한다.

8 **해설** 눈의 망막에는 빛을 받아들이는 세포인 광수용기 존재하며 광수용기는 추상체와 간상체로 구성된다.

구분	색깔의 형태	활동 주시간대	망막의 분포	개수	해상도
추상체	컬러	주간	중심	약 7백만개	높다
간상체	주간	야간	주변	약 1억3천만개	낮다

9 [해설] 무인기의 자동화율이 높기 때문에 상대적으로 인간 개입의 필요성이 적다.

10 [해설] 항공운송업은 초경량비행장치사용사업의 종류가 아니다.

11 [해설] 항공기대여업, 레저스포츠사업, 초경량비행장치사용사업의 변경신고 기간은 사유가 발생한 날부터 30일 이내이며 처리 기간은 14일이다.

12 [해설] 모터의 속도상수 KV는 무부하 상태에서 전압 1V 인가될 때 모터의 회전수를 의미한다.

13 [해설] 급속충전과 급속방전을 하면 배터리 수명이 단축된다.

14 [해설] ①~③은 조종자 금지사항이다.

15 [해설] 4개 이상의 위성 신호가 수신되어야만 위치 측정이 가능하다.

16 [해설] 초경량비행장치사용사업 등록 시 사업계획서에 재원 운영 계획은 필요 없다.

17 [해설] 최대이륙중량 25Kg 이하인 무인비행장치만을 사용하여 초경량비행장치사용사업을 하려는 경우 자본금 또는 자산평가액이 필요 없다.

18 [해설] 초경량비행장치 비행제한구역, 비행금지구역, 관제권에서는 비행승인을 받아야만 비행할 수 있다.

19 [해설] 관제권, 비행금지구역이 아닌 150m 미만의 구역에서 비행 시 비행승인이 필요 없다.

20 [해설] 무인동력비행장치 중에서 최대이륙중량이 2Kg 이하인 것, 무인비행선 중 연료의 무게를 제외한 자체무게가 12Kg 이하, 길이가 7m 이하인 것은 신고할 필요가 없다.

21 [해설] 비REM 수면 중 3단계 수면은 서파수면(Slow Eye Movement ; 급속안구운동)은 외부에서 오는 정보처리를 멈추고 뇌의 뉴런이 거대하고 느린 전기파를 생성, 기억 병합이 일어나 학습에 중요하다.

22 [해설] IMU(관성측정장치)는 진동에 취약하다.

23 [해설] 초경량비행장치 신고 시 사진의 크기는 가로 15Cm X 세로 10Cm의 측면사진이다.

24 [해설] 대한민국 국민이 아닌 사람, 외국(정부, 공공단체, 법인, 단체)가 주식이나 지분의 2분의 1 이상을 소유하거나 그 사업을 사실상 지배하는 법인은 등록할 수 없다.

25 [해설] ②는 초경량비행장치 조종자 증명을 취소하거나 1년 이내의 기간을 정하여 효력의 정지를 명할 수 있는 사유이다.

제 17 회 실전 모의고사

01 다음 중 무인비행장치 특별비행을 위한 안전기준 및 승인절차에 관한 기준 중 비가시비행 기준으로 옳지 않은 것은?

① 조종자의 가시권을 벗어나는 범위의 비행 시, 계획된 비행경로에 무인비행장치를 확인할 수 있는 관찰자를 한 명 이상 배치해야 한다.
② 관찰자를 배치하는 경우, 조종자와 관찰자 사이에 무인비행장치의 원활한 조작이 가능할 수 있도록 통신이 가능해야 한다.
③ 통신 이중화 등 비행 중 무인비행장치와 항상 통신을 유지하여야 한다.
④ FPV 등 비행상태를 확인 가능한 장치를 장착할 필요는 없다.

02 다음 중 초경량비행장치의 비행안전에 대한 방해요소를 제거하기 위하여 필요한 사항으로서 국토교통부령으로 정하는 사항 중 초경량비행장치 조종자에 대한 교육사항이 아닌 것은?

① 제310조에 따른 초경량비행장치 조종자의 준수사항
② 초경량비행장치 제작자가 정한 정비·비행 절차
③ 그 밖에 초경량비행장치사용사업의 안전을 위하여 국토교통부장관이 필요하다고 인정하여 고시하는 사항
④ 안전성이 검증되지 아니한 장비의 제거

03 다음 중 협력적 통신기반 탐지회피 기술에 해당하는 것으로 옳은 것은?

① 구조광 센서   ② 라이다(LiDAR) 센서   ③ 레이더(Radar) 센서   ④ ADS-B

04 국토교통부령으로 정하는 초경량비행장치에 대한 초경량비행장치 조종자 증명을 받은 사람은 안전교육을 받아야 한다. 다음 중 국토교통부령을 정하는 초경량비행장치로 옳은 것은?

① 무인비행기   ② 무인헬리콥터   ③ 회전익비행장치   ④ 패러글라이더

05 다음 중 초경량비행장치 안전성인증 대상에 대한 설명으로 옳지 않은 것은?

① 자체중량 70kg 이하 행글라이더, 패러글라이더, 낙하산(항공레저스포츠사업용만 해당)
② 자체중량 70kg 이하 기구류
③ 자체중량 115k 이하 착륙장치가 있는 동력패러글라이더
④ 자체중량 115kg 이하 동력비행장치

06 다음 중 초경량비행장치사용사업자가 안전개선명령 위반 시 처벌기준으로 옳은 것은?

① 500만원 이하의 벌금
② 1천만원 이하의 벌금
③ 500만원 이하의 과태료
④ 1년 이하의 징역 또는 1천만원 이하의 벌금

07 다음 중 항공기사용사업의 등록취소 요건에 대한 설명으로 옳지 않은 것은?

① 거짓이나 그 밖의 부정한 방법으로 등록한 경우
② 피상속인이 사망한 날부터 3개월 이내에 상속인이 항공기사용사업을 타인에게 양도한 경우
③ 항공기 운항의 정지명령을 위반하여 운항정지기간에 운항한 경우
④ 사업정지명령을 위반하여 사업정지기간에 사업을 경영한 경우

08 다음 중 인적요인에 대한 설명으로 옳지 않은 것은?

① 인적요인이란 인간이 작업을 어떻게 수행하는지 행동적, 비행동적 변인들이 인간수행에 어떻게 영향을 미치는가를 다루는 분야이다(Meester, 1989).
② 인적요인(Human Factors)의 목적은 수행(Performance)의 증진과 인간가치의 상승이다.
③ 인적요인의 대표 모델인 Hawkins의 SHELL 모델은 인간과 관련 주변 요소들간의 관계성에 초점이 있다.
④ 인간과 인간, 기계, 각종 절차, 환경 등과의 독립적 작용을 다룬 것이다.

09 우리나라의 영구공역이란 관제공역, 비관제공역, 통제공역, 주의공역 등이 통상적으로 3개월 이상 동일 목적으로 사용되는 일정한 수평 및 수직 범위의 공역을 말한다. 다음 중 영구공역을 확인할 수 있는 것으로 옳은 것은?

① AIP
② NOTAM
③ 공역관리규정
④ 국제민간항공기구

10 우리나라의 임시공역은 3개월 미만의 기간 동안만 단기간으로 설정되는 수평 및 수직공역을 말한다. 다음 중 임시공역을 확인할 수 있는 것으로 옳은 것은?

① AIP   ② NOTAM   ③ 공역관리규정   ④ 국제민간항공기구

11 다음 중 기체 점검에 대한 설명으로 옳은 것은?

① 교육생이 실수를 할 수도 있기 때문에 기체는 교관이 혼자 관리한다.
② 기체 점검은 일주일에 1회만 실시한다.
③ 교육생에게 배터리의 관리를 통한 보관, 충전방법 등을 교육한다.
④ 배터리가 폭발할 위험이 있으므로 직접 적절한 장소에서 안전하게 충전을 한다.

12 다음 중 전문교육기관 신청방법에 대한 설명으로 옳지 않은 것은?

① 초경량비행장치 조종자 전문교육기관으로 지정받으려는 자는 전문교육기관 신청서에 서류를 첨부하여 국토교통부(지방항공청)에 제출한다.
② 첨부서류로 전문교관의 현황(지도조종자, 실기평가조종자 각각 1명 이상)
③ 첨부서류로 교육시설 및 장비의 현황
④ 첨부서류로 교육훈련계획 및 교육훈련규정

13 다음 중 항공기사용사업의 등록을 취소하거나 6개월 이내의 기간을 정하여 그 사업의 전부 또는 일부의 정지를 명할 수 있는 조건에 해당하지 않는 것은?

① 사업개선 명령을 이행하지 아니한 경우
② 등록기준에 일시적으로 미달한 후 3개월 이내에 그 기준을 충족한 경우
③ 요금표 등을 갖추어 두지 아니하거나 항공교통이용자가 열람할 수 있게 하지 아니한 경우
④ 타인에게 자기의 성명 또는 상호를 사용하여 사업을 경영하게 하거나 등록증을 빌려준 경우

14 다음 중 위반 시 500만원 이하의 벌금이 부과되는 항목이 아닌 것은?

① 국토교통부장관의 승인을 받지 아니하고 초경량비행장치 비행제한공역에서 비행한 사람
② 국토교통부장관의 승인을 받지 아니하고 관제권에서 비행함으로써 항공기 이착륙을 지연시키거나 회항하게 하는 등 비행장 운영에 지장을 초래한 사람
③ 국토교통부장관의 허가를 받지 아니하고 무인자유기구를 비행한 사람
④ 초경량비행장치를 사용하여 비행 중 주류 등을 섭취한 사람

15 다음 중 배터리 관리에 대한 설명으로 옳지 않은 것은?

① 비행 전 기체 및 조종기의 배터리 충전 상태를 확인한다.
② 배부른 배터리는 미련 없이 과감하게 폐기한다.
③ 배터리 충전 시 반드시 전용 충전기를 사용한다.
④ 배터리 충전 시 자리를 이동해도 된다.

16 다음 중 드론 관제(NASA UTM)의 핵심기술 2단계의 기술 능력수준(TCL)의 시험에 대한 설명으로 옳은 것은?

① 전원 지역에서의 농업과 화재 진압, 인프라 점검을 위해 Geo-Fence를 바탕으로 한 운항경로 설정
② 인구 밀도가 낮은 지역에서의 비가시 비행과 비행 절차, 장거리 운용을 위한 교통규칙 등의 사항 점검
③ 적당히 인구가 밀집된 지역에서의 조종과 자율비행 조종을 보증할 수 있는 협조/비협조적 UAS 추적 능력을 포함한 내용 점검
④ 인구 고밀도 도시 지역에서의 뉴스 수집과 패키지 배송, 대규모의 비상 사태의 관리에 사용할 수 있는 기술 시험

17 다음 중 K-드론 시스템의 핵심 구성 요소가 아닌 것은?

① 클라우드 시스템   ② AI기반의 자동관제   ③ 원격자율비행   ④ 원격자동충전

18 다음 중 실비행시험에서 삼각비행 기동의 주요 평가 기준으로 옳지 않은 것은?

① 세부 기동 순서대로 진행할 것   ② 기수 방향이 전방을 유지할 것
③ 기동 중 적절한 위치, 고도 및 경로 유지   ④ 기동을 쉬지 않고 진행

19 다음 중 사고 보고 시 보고내용으로 옳지 않은 것은?

① 조종자 및 그 초경량비행장치 소유자 등의 성명 또는 명칭
② 사고가 발생한 일시 및 장소
③ 초경량비행장치의 종류 및 소속
④ 사상자의 성명 등 사상자의 인적사항 파악을 위하여 참고가 될 사항

20 다음 중 소형드론의 체공시간을 늘리기 위한 방법으로 옳지 않은 것은?

① 배터리 성능 향상 ② 전기모터 효율 향상 ③ 기체 중량 경량화 ④ 임무장비 성능 향상

21 다음 중 항공기대여업 등록 시 구비서류 및 구비해야 하는 사항으로 옳지 않은 것은?

① 타인 부동산을 사용하는 경우 부동산을 사용할 수 있음을 증명하는 서류

② 재원조달방법

③ 사업 개시 예정일

④ 경량항공기 또는 초경량비행장치 각각 1대 이상

22 다음 중 모터에 부하가 가장 심하게 작용하는 요소는 무엇인가?

① 전자변속기 ② 배터리 ③ 프로펠러 ④ 비행제어컴퓨터(FC)

23 다음 중 무인비행장치 조종자 준수사항이 아닌 것은?

① 인명, 재산에 위험을 초래할 우려가 있는 낙하물 투하 금지

② 비행시정 및 구름으로부터 거리기준을 위반하여 비행하는 행위 금지

③ 인구가 밀집된 지역이나 그 밖에 사람이 많이 모인 장소의 상공에서 인명 또는 재산에 위험을 초래할 우려가 있는 방법으로 비행하는 행위 금지

④ 일몰 후부터 일출 전까지의 야간에 비행하는 행위 금지

24 다음 중 SHELL 모델에서 조종자와 관제사 혹은 조종자와 육안감시자 등 사람 간의 관계작용을 의미하는 것은?

① L-H ② L-S ③ L-L ④ L-E

25 다음 중 3년 이하의 징역 또는 3천만원 이하의 벌금을 부과하는 항목이 아닌 것은?

① 음주 후 비행 ② 비행 중 음주

③ 음주 측정 요구를 따르지 아니한 사람 ④ 안전 개선 명령 위반 시

제 17 회 실전 모의고사 정답 및 해설

제 17회 실전모의고사 정답

1	④	2	④	3	④	4	④	5	②	6	②	7	②	8	④	9	①	10	②
11	③	12	①	13	②	14	④	15	②	16	②	17	④	18	④	19	③	20	④
21	④	22	③	23	②	24	③	25	④										

1 해설 비행상태를 확인 가능한 장치(FPV 등)를 장착하여야 한다.

2 해설 ④는 초경량비행장치사용사업자가 운용중인 초경량비행장치에 장착된 안전성이 검증되지 아니한 장비의 제거

3 해설 협력적 통신기반 탐지회피 기술은 민간항공기에 사용되는 ADS-B(Automatic Dependant Surveillance Broadcast) 등의 장비를 활용하여 자신의 위치를 알리는 동시에 항공기의 위치를 수신하여 비행경로상의 외부 물체를 탐지 및 회피하는 기술이다.

5 해설 기구류는 사람이 탑승한 것만 안전성인증 대상이다.

6 해설 안전개선명령 위반 시 1천만원 이하 벌금에 처한다.

7 해설 법인이 3개월 이내에 해당 임원을 결격사유가 없는 임원으로 바꾸어 임명한 경우, 피상속인이 사망한 날부터 3개월 이내에 상속인이 항공기사용사업을 타인에게 양도한 경우 등록을 취소할 수 없다.

8 해설 인적요인은 인간과 인간, 기계, 각종 절차, 환경 등과의 상호작용을 다룬 것이다(박수애 등, 2006).

9~10 해설 영구공역은 3개월 이상 동일 목적으로 사용되는 일정한 수평 및 수직 범위의 공역으로 항공정기간행물(AIP)에 국토교통부장관이 지정하고 고시한다. 반면에 임시공역은 3개월 미만의 단기간으로 설정되는 수평 및 수직 범위의 공역으로 국토교통부 항공교통본부장 등이 NOTAM으로 지정한다.

12 해설 전문교육기관으로 지정받으려는 자는 전문교육기관 신청서에 서류를 첨부하여 한국교통안전공단에 제출해야 한다(항공안전법시행규칙 제307조).

13 해설 등록기준에 미달한 경우 사업의 전부 또는 6개월 이내 기간 일부 정지할 수 있으나, 아래 사항에 해당할 경우 등록을 취소할 수 없다(항공사업법 제40조).
■ 등록기준에 일시적으로 미달한 후 3개월 이내에 그 기준을 충족하는 경우
■ 법원이 회생절차개시의 결정을 하고 그 절차가 진행 중인 경우
■ 금융채권자협의회가 채권금융기관 공동관리절차 개시의 의결을 하고 그 절차가 진행 중인 경우

14 해설 초경량비행장치를 사용하여 비행 중 주류 등을 섭취한 사람은 3년이하의 징역 또는 3천만원 이하의 벌금에 처한다.

15 해설 배터리 충전 시 화재위험으로 자리를 비우면 안 된다.

16 해설 NASA는 UTM에 필요한 기술을 TCL(Technical Capability Levels) 1부터 TCL 4로 명명하고 있다.
보기의 ①은 TCL 1, ②는 TCL 2, ③은 TCL 3, ④는 TCL 4의 내용이다.

17 해설 원격자동충전은 K-드론시스템의 핵심 구성 요소가 아니다.

18 해설 삼각비행 시 기동을 쉬지 않고 진행하는 것이 아니라, 기동 중 속도의 변화가 없이 일정하게 유지(멈춤 등이 없을 것)해야 한다.

19 해설 초경량비행장치의 종류 및 소속이 아니라 초경량비행장치의 종류 및 신고번호를 보고해야 한다.

20 해설 소형드론의 체공시간을 향상하기 위한 관련 기술로는 배터리 성능 향상, 전기모터 효율 향상, 프로펠러 효율 향상, 기체 중량 경량화, 하이브리드 추진시스템 적용 등이 있다.

21 해설 항공기대여업 등록 신청 시 항공기, 경량항공기 또는 초경량비행장치 1대 이상 필요하며 각각 1대는 아니다.

22 해설 프로펠러는 모터의 부하 요소로 직경과 피치가 커질수록 부하는 증가한다.

23 해설 안개 등으로 인하여 지상목표물을 육안으로 식별할 수 없는 상태에서 비행하는 행위와 비행 시정 및 구름으로부터 거리 기준을 위반하여 비행하는 행위는 무인비행장치 조종자에 대해서는 적용하지 않는다(항공안전법 시행규칙 제310조).

24 해설 L-L : 조종자와 관제사 혹은 조종자와 육안감시자 등 사람 간의 관계작용을 의미
L-H : 인간의 특징에 맞는 조종기 설계, 감각 및 정보 처리 특성에 부합하는 디스플레이 설계
L-S : 인간과 절차, 매뉴얼 및 체크리스트 레이아웃 등 시스템의 비물리적인 측면
L-E : 인간에게 맞는 환경 조성

25 해설 안전 개선 명령 위반은 1천만원 이하의 벌금에 처한다.

제 18회 실전 모의고사

01 초경량비행장치를 이용하여 관제권에서 비행함으로써 항공기 이착륙을 지연시키거나 회항하게 하는 등 비행장 운영에 지장을 초래한 사람에 대한 처벌기준으로 옳은 것은?

① 500만원 이하 과태료
② 500만원 이하 벌금
③ 1천만원 이하 벌금
④ 1년 이하의 징역 또는 1천만원 이하 벌금

02 인간 눈은 양안수렴에 의해서 대상물체가 가까울수록 수렴각도의 차이 변화가 커서 확실하게 거리감을 느끼지만 대상물체가 어느 정도 이상으로 멀어지면 수렴각도의 차이가 미미해서 거리감이 희미해지는데 이러한 현상을 극명하게 보여주는 무인멀티콥터 비행종류는 다음 중 어느 것인가?

① 좌우 호버링
② 전후진 비행
③ 삼각비행
④ 원주비행

03 다음 중 경량항공기 또는 초경량비행장치에 대한 정비, 수리 또는 개조서비스와 관련된 사업으로 옳은 것은?

① 항공기정비업
② 항공기수리서비스업
③ 항공레저스포츠사업
④ 초경량비행장치 정비업

04 다음 중 간상체와 관련된 특징에 대한 설명으로 옳지 않은 것은?

① 밤에는 색채시를 상실한다.
② 간상체의 개수는 약 1억 3천만개이다.
③ 간상체는 야간시와 관련되어 있다.
④ 간상체의 특징은 중심시라는 점이다.

05 다음 중 초경량비행장치 기준에 대한 설명으로 옳지 않은 것은?

① 동력비행장치 : 자체중량 115킬로그램 이하, 연료 탑재 19리터 이하, 좌석 1개
② 행글라이더 : 자체중량 70킬로그램 이하, 체중이동/타면조종 등으로 조종 비행장치
③ 무인동력비행장치 : 연료의 중량을 제외한 자체중량이 150킬로그램 이하인 무인비행기, 무인헬리콥터, 무인멀티콥터 또는 무인수직이착륙기
④ 무인비행선 : 연료의 중량을 제외한 자체중량이 150킬로그램 이하이고 길이가 20미터 이하인 무인비행선

06 다음 중 관제공역에 해당하지 않는 것은?
① 비행장교통구역 ② 관제권 ③ 관제구 ④ 조언구역

07 다음 중 무인멀티콥터 2종 실기시험 항목으로 옳은 것은?
① 전후진 40m
② 원주비행
③ 마름모 비행 3시, 12시, 9시, 6시 5초간 정지
④ 비행 전, 후 점검을 반드시 해야 한다.

08 소형드론의 체공시간 향상은 꾸준히 요구되는 항목으로 관련 기술 개발이 활발히 진행될 것으로 예상된다. 다음 중 관련 기술에 대한 설명으로 옳지 않은 것은?
① 배터리 성능 향상 ② 전기모터 효율 향상 ③ 프로펠러 효율 향상 ④ 기체 중량 중량화

09 다음 중 한국산업규격(KS)에서 드론의 가장 핵심 구성품인 프로펠러의 내구성 시험에 해당되지 않는 것은?
① 시험 조건 ② 갓 유지 시험 ③ 진동중 한계 시험 ④ 내구성 시험

10 대공포와 근거리 레이더를 결합하여 드론을 격추하는 무력화 기술은 무엇인가?
① 그물/네트 건
② 맹금류
③ 방공용 대공화기
④ 직사에너지 무기(레이지/RF Gun)

11 다음 중 태양광 충전 드론에 대한 설명으로 옳지 않은 것은?
① 태양광을 전기에너지로 변화시켜주는 솔라셀이 드론 기체에 설치
② 설치된 솔라셀의 개수에 비례하여 드론에 전력 공급이 된다.
③ 넓은 면적을 가지고 있는 고정익 드론에 적용
④ 날씨, 기온에 영향을 최소화하여 태양광 전기에너지로의 변환

12 다음 중 드론의 통신 분야의 산업 동향에 대한 설명으로 옳지 않은 것은?
① 통신·기지국의 품질을 측정하고, 지역의 건물 높이와 거리에 따른 전파특성 변화를 파악할 수 있음
② 드론으로 통신망 구축하여 인구 밀도가 낮은 지역에서 라디오, TV, 인터넷용 전파통신 신호 기지국 같은 역할
③ 획득한 데이터를 바탕으로 건물이나 높은 시설물에 의해 영향을 받는 특정 주파수를 피하거나, 안테나의 높이, 지형 등을 계산하여 적절한 위치 선정
④ 페이스북은 인터넷 통신을 위한 고고도 무인항공기를 2016년 시험비행을 성공하였으며, 계속 개발하고 있다.

13 다음 중 전자변속기(ESC) 선정 시 필수 고려사항이 아닌 것은?

① 모터의 소모 전류를 확인　　② ESC의 소모 전류를 확인
③ 배터리 전압을 확인　　　　④ 배터리 용량을 확인

14 다음 중 인적 오류에 대한 설명으로 옳은 것은?

① 맹점현상은 양안시에는 나타나지 않는다.
② 양안시를 사용하면 시각적 착시가 사라진다.
③ 피로는 인적 오류의 원인이 아니다.
④ 조종 경험이 많으면 인적 오류는 발생하지 않는다.

15 다음 중 비행경력증명서 기재요령에 대한 설명으로 옳지 않은 것은?

① 발급번호는 기관명-년도-월-발급번호 순으로 기재한다.
② 최종인증검사일은 신청일을 기재한다.
③ 비행시간은 해당일자에 비행한 총 비행시간을 시간 단위로 기재한다.
④ 비행목적은 조종자 증명을 받은 사람은 비행목적을 기재하고, 조종자 증명을 받지 않은 사람은 훈련 내용을 기재한다.

16 다음 중 초경량비행장치 조종자 전문교육기관으로 지정받으려는 자가 초경량비행장치 조종자 전문교육기관 지정신청서에 첨부하여 한국교통안전공단에 제출해야 할 서류에 해당하지 않는 것은?

① 전문교관의 현황　　　　　② 설치자의 성명·주소
③ 교육시설 및 장비의 현황　　④ 교육훈련계획 및 교육훈련규정

17 다음 중 초경량비행장치 신고에 대한 설명으로 옳지 않은 것은?

① 신고번호를 발급받은 초경량비행장치 소유자 등은 그 신고번호를 해당 초경량비행장치에 표시하여야 한다.
② 신고번호의 표시방법, 표시장소 및 크기 등 필요한 사항은 국토교통부장관이 정한다.
③ 한국교통안전공단 이사장은 초경량비행장치의 신고를 받으면 신고증명서를 초경량비행장치 소유자 등에게 발급하여야 한다.
④ 초경량비행장치 소유자 등은 비행 시 신고증명서를 휴대하여야 한다.

18 다음 중 초경량비행장치 신고에 대한 설명으로 옳지 않은 것은?

① 안전성인증 대상이 아닌 초경량비행장치인 경우에는 초경량비행장치를 소유하거나 사용할 수 있는 권리가 있는 날부터 30일 이내까지 초경량비행장치 신고서를 한국교통안전공단 이사장에게 제출하여야 한다.

② 안전성인증 대상인 초경량비행장치 소유자 등은 안전성인증을 받기 전까지 신고서를 한국교통안전공단 이사장에게 제출하여야 한다.

③ 한국교통안전공단 이사장은 초경량비행장치의 신고를 받은 경우 그 초경량비행장치 소유자 등에게 신고번호를 발급하여야 한다.

④ 한국교통안전공단 이사장은 초경량비행장치의 신고를 받으면 별지 서식의 초경량비행장치 신고증명서를 초경량비행장치 소유자 등에게 발급하여야 하며, 초경량비행장치 소유자 등은 비행 시 이를 휴대하여야 한다.

19 야간에 비행하거나 육안으로 확인할 수 없는 범위에서 비행하려는 자는 무인비행장치 특별비행승인 신청서에 서류를 첨부하여 지방항공청장에게 제출하여야 한다. 다음 중 제출하여야 할 서류가 아닌 것은?

① 무인비행장치의 종류·형식 및 제원에 관한 서류
② 무인비행장치의 성능 및 운용한계에 관한 서류
③ 무인비행장치의 조작방법에 관한 서류
④ 안전성인증서, 국가전파인증서류, 통합 FC 서류

20 다음 중 초경량비행장치 조종자 전문교육기관 지정기준의 시설 및 장비에 대한 설명으로 옳지 않은 것은?

① 출결 사항을 전자적으로 처리·관리하기 위한 단말기 1대 이상

② 강의실 및 사무실 각 1개 이상, 이륙·착륙 시설

③ 훈련용 비행장치 1대 이상

④ 전문교관, 시설 및 장비, 교육과목 등

21 다음 중 초경량비행장치의 비행안전에 대한 방해 요소를 제거하기 위하여 필요한 사항으로서 국토교통부령으로 정하는 사항이 아닌 것은?

① 초경량비행장치 및 그 밖의 시설의 개선

② 초경량비행장치사용사업자가 운용중인 초경량비행장치에 장착된 안전성이 검증되지 아니한 장비의 제거

③ 초경량비행장치 제작자가 정한 정비·비행 절차의 이행

④ 초경량비행장치 조종자 증명을 받아야 하는 사람에 대한 그 증명의 발급·효력 여부에 대한 확인

22 다음 중 초경량비행장치 전문교육기관 지정에 대한 설명으로 옳지 않은 것은?

① 국토교통부장관은 초경량비행장치 전문교육기관이 초경량비행장치 조종자를 양성하는 경우에는 예산의 범위에서 필요한 경비의 전부 또는 일부를 지원할 수 있다.

② 초경량비행장치 전문교육기관의 교육과목, 교육방법, 인력, 시설 및 장비의 지정기준은 한국교통안전공단 이사장이 정한다.

③ 국토교통부장관은 초경량비행장치 전문교육기관으로 지정받은 자가 거짓이나 그 밖의 부정한 방법으로 지정받은 경우 그 지정을 취소할 수 있다.

④ 국토교통부장관은 초경량비행장치 전문교육기관으로 지정받은 자가 지정기준을 충족·유지하고 있는지에 대하여 관련 사항을 보고하게 하거나 자료를 제출하게 할 수 있다.

23 다음 중 조종자 증명 시험에 응시하고자 하는 사람의 신체검사증명에 대한 설명으로 옳지 않은 것은?

① 항공종사자 신체검사증명서

② 지방경찰청장이 발행한 제2종 소형 이상의 자동차운전면허증

③ 자동차운전면허를 받지 아니한 사람은 제2종 보통 이상의 자동차운전면허를 발급받는데 필요한 신체검사증명서

④ 신체검사증명의 유효기간은 각 신체검사증명서류에 기재된 유효기간으로 하며 검사받은 날로부터 2년이 지나지 않아야 한다.

24 다음 중 초경량비행장치 안전성인증 대상이 아닌 것은?

① 회전익 비행장치

② 동력패러글라이더

③ 무인비행선 중에서 자체중량이 12킬로그램 또는 길이가 7미터를 초과하는 것

④ 무인비행기, 무인헬리콥터, 무인멀티콥터 또는 무인수직이착륙기 중에서 최대이륙중량이 25킬로그램 이상인 기체

25 다음 중 제3자보험 가입이 필요 없는 사업으로 옳은 것은?

① 항공레저스포츠사업에서 조종교육

② 항공레저스포츠사업에서 체험 및 경관조망 목적의 서비스를 제공하는 사업

③ 항공레저스포츠를 위한 대여 서비스를 제공하는 사업

④ 항공레저스포츠사업에서 경량항공기 또는 초경량비행장치에 대한 정비, 수리 또는 개조서비스 사업

제 18 회 실전 모의고사 정답 및 해설

제 18회 실전모의고사 정답

1	②	2	②	3	③	4	④	5	④	6	④	7	④	8	④	9	①	10	③
11	④	12	④	13	④	14	①	15	②	16	④	17	②	18	③	19	④	20	④
21	①	22	②	23	②	24	④	25	④										

1 **해설** 비행승인 없이 초경량비행장치 비행제한공역에서 비행한 사람, 국토교통부장관의 허가를 받지 아니하고 무인자유기구를 비행시킨 사람도 500만원 벌금에 처한다.

4 **해설** 간상체의 특징은 주변시라는 점이다.

5 **해설** 무인비행선 : 연료의 중량을 제외한 자체중량이 180킬로그램 이하이고 길이가 20미터 이하인 무인비행선

6 **해설** 조언구역과 정보구역은 비관제공역이다.

7 **해설** 2종 전후진은 이착륙장에서 C지점까지 15m이며, 원주비행 평가는 없다. 마름모 비행 시 각 지점에서 정지 호버링 없이 비행하여야 한다.

8 **해설** 소형 드론의 체공시간 관련 기술로는 배터리 성능 향상, 전기모터 효율 향상, 프로펠러 효율 향상, 기체 중량 경량화, 하이브리드 추진시스템 적용 등이 있다.

9 **해설** "무인항공기 시스템-프로펠러의 설계 및 시험" 한국산업규격(KS)에서는 드론의 가장 핵심 구성품인 프로펠러의 내구성 시험, 성능시험을 위한 시험장치 구성, 시험절차 및 적합성 기준 등을 규정하고 있다.
■ 내구성 시험 : 갓 유지 시험, 진동하중 한계 시험, 내구성 시험, 기능 시험 등
■ 성능 시험 : 시험 조건, 절차, 측정 자료 처리 등

10 **해설** 대공포와 근거리 레이더를 결합하여 드론을 격추하는 것은 방공용 대공화기이다.

11 **해설** 태양광 충전 드론은 충전방식의 특성상 날씨, 기온 및 솔라셀의 표면 상태 등에 따라 태양광에서 전기에너지로의 변환 효율이 변화하는 것이 단점이다.

12 **해설** 페이스북은 인터넷 통신을 위한 고고도 무인항공기를 2016년 시험비행을 성공하였으나, 2018년도에 개발을 중단하였다.

13 해설 배터리 용량(mAh)은 비행시간과 관련이 있으며, ESC의 동작 여부에는 직접적인 영향을 미치지 않는다.

14 해설 양안시에도 시각적 착시현상이 발생한다. 피로는 무인기 조종자의 수행능력에 부정적 영향을 미친다. 조종 경험이 많아도 인적 오류는 발생할 수 있다.

15 해설 최종인증검사일은 인증 검사를 받은 최종인증검사일을 기재한다.

16 해설 설치자의 성명·주소는 별도로 제출하지 않는다.

17 해설 신고번호의 표시방법, 표시장소 및 크기 등 필요한 사항은 국토교통부장관의 승인을 받아 한국교통안전공단 이사장이 정한다.

18 해설 항공안전법 제122조(초경량비행장치 신고) ④ 국토교통부장관은 제1항에 따라 초경량비행장치의 신고를 받은 경우 그 초경량비행장치소유자등에게 신고번호를 발급하여야 한다.

19 해설 안전성인증서는 안전성인증 대상에 해당하는 무인비행장치에 한정하여 제출하여야 하며, 국가전파인증서류와 통합 FC 서류는 필요 없다.

20 해설 ④는 시설 및 장비 기준에 해당하지 않는다.

21 해설 초경량비행장치 및 그 밖의 시설의 개선은 국토교통부장관이 초경량비행장치사용사업자에게 명할 수 있는 사항이다.

22 해설 초경량비행장치 전문교육기관의 교육과목, 교육방법, 인력, 시설 및 장비의 지정기준은 국토교통부령으로 정한다.

23 해설 지방경찰청장이 발행한 제2종 보통 이상의 자동차운전면허증이 해당된다.

24 해설 무인비행기, 무인헬리콥터, 무인멀티콥터 또는 무인수직이착륙기 중에서 최대이륙중량이 25킬로그램 초과인 기체가 안전성인증 대상이다.

25 해설 경량항공기 또는 초경량비행장치에 대한 정비, 수리 또는 개조서비스 사업은 제3자보험에 가입할 필요 없다.

제 19 회 실전 모의고사

01 항공기대여업의 등록 기준 중 개인이 초경량비행장치만을 대여하는 경우에 필요한 최소한의 자본 평가액으로 옳은 것은?

① 제한 없음　　② 3천만원 이상　　③ 5천만원 이상　　④ 6천만원 이상

02 다음 중 항공사업법의 목적에 대한 설명으로 옳지 않은 것은?

① 초경량비행장치의 안전하고 효율적인 항행을 위한 방법 규정

② 항공사업의 질서유지 및 건전한 발전 도모

③ 이용자의 편의 향상

④ 국민경제 발전과 공공복리 증진

03 다음 중 초경량비행장치사용사업 결격사항에 대한 설명으로 옳은 것은?

① 피성년후견인, 피한정후견인 또는 파산선고를 받고 복권된지 1년이 경과한 경우

② 항공안전법을 위반하여 금고 이상의 실형을 선고받고 그 집행이 끝난 날 또는 집행을 받지 아니하기로 확정된 날부터 3년이 경과한 경우

③ 법인 등기사항 증명서상의 임원 5명 중 2명이 외국인인 경우

④ 회사의 공동대표 중 1명이 외국인인 경우

04 다음 중 초경량비행장치사용사업 등록신청서의 포함사항으로 옳지 않은 것은?

① 법인의 경우 사업자 신청일　　② 사업목적 및 범위

③ 사용시설·설비 및 장비 개요　　④ 종사자 인력의 개요

05 다음 중 항공기대여업에 활용되는 것으로 옳은 것은?

① 활공기 또는 비행선 ② 타인의 수요에 맞추어 유상으로 경량항공기 대여
③ 항공레저스포츠를 위하여 대여하여 주는 초경량비행장치 ④ 기구류

06 다음 중 안전성인증 대상으로 옳지 않은 것은?

① 무인비행기 : 최대이륙중량이 25킬로그램을 초과하는 것

② 무인헬리콥터 : 최대이륙중량이 25킬로그램을 초과하는 것

③ 무인멀티콥터 : 최대이륙중량이 25킬로그램을 초과하는 것

④ 무인비행선 : 연료 중량을 제외한 최대이륙중량이 12킬로그램 또는 길이가 7미터를 초과하는 것

07 다음 중 초경량비행장치 사고의 사망, 중상의 적용기준으로 옳지 않은 것은?

① 사람이 사망은 항공기사고, 경량항공기사고 또는 초경량비행장치사고가 발생한 날부터 30일 이내에 그 사고로 사망한 경우를 포함한다.

② 중상은 항공기사고, 경량항공기사고 또는 초경량비행장치사고로 부상을 입은 날부터 7일 이내에 36시간을 초과하는 입원치료가 필요한 부상이다.

③ 중상에서 코뼈, 손가락, 발가락 등의 간단한 골절은 제외한다.

④ 2도나 3도의 화상 또는 신체 표면의 5%를 초과하는 화상은 중상이다.

08 초경량비행장치사고를 일으킨 조종자 또는 그 초경량비행장치 소유자 등은 지방항공청장에서 보고하여야 한다. 다음 중 보고내용으로 옳지 않은 것은?

① 조종자 및 그 초경량비행장치소유자 등의 성명 또는 명칭

② 사고의 경위

③ 사람의 사망 또는 물건의 파손 개요

④ 사상자의 성명 등 사상자의 인적사항 파악을 위하여 참고가 될 사항

09 다음 중 초경량비행장치 사고에 대한 설명으로 옳지 않은 것은?

① 초경량비행장치를 사용하여 비행을 목적으로 비행준비하는 순간부터 착륙하는 순간까지 발생한 것을 사고라 한다.
② 초경량비행장치에 의한 사람의 사망, 중상 또는 행방불명을 사고라 한다.
③ 초경량비행장치의 추락, 충돌 또는 화재 발생 시 사고라 한다.
④ 초경량비행장치의 위치를 확인할 수 없거나 초경량비행장치에 접근이 불가능한 경우를 사고라 한다.

10 다음 중 삼각비행 시 기준고도 3~5m의 최고 상승지점에서 최저 허용고도로 옳은 것은?

① 9.5m ② 10m ③ 10.5m ④ 11m

11 다음 중 무인멀티콥터 1종 삼각비행의 평가기준으로 옳지 않은 것은?

① 기준고도 높이의 A지점에서 B(D) 지점까지 수평 직선 이동 후 정지호버링
② A지점 상공의 최고 상승지점(지상고도+수직 7.5m)까지 45° 방향 (대각선)으로 상승 이동 후 정지호버링
③ 기준 고도 높이의 D(B)지점까지 45° 방향(대각선)으로 하강 이동 후 정지호버링
④ A지점으로 수평 직선 이동 후 정지호버링

12 다음 중 멀티콥터의 좌측부와 우측부의 위치를 상하로 롤(Roll) 조절하여 멀티콥터를 우로 이동하기 위한 프로펠러의 회전방향으로 옳은 것은?

① 반시계방향 프로펠러의 RPM을 높인다.
② 시계방향 프로펠러의 RPM을 높인다.
③ 좌측 프로펠러의 RPM을 높인다.
④ 우측 프로펠러의 RPM을 높인다.

13 다음 중 나사 UTM 핵심기술 3단계의 기술 능력수준(TCL)에 대한 설명으로 옳은 것은?

① 전원 지역에서의 농업과 화재진압, 인프라 점검을 위해 Geo-Fence를 바탕으로 한 운항경로 설정
② 인구 밀도가 낮은 지역에서의 비가시비행과 비행절차, 장거리 운용을 위한 교통규칙 등의 사항 점검
③ 적당히 인구가 밀집된 지역에서 조종과 자율비행 조종을 보증할 수 있는 협조/비협조적 UAS추적능력을 포함한 내용 점검
④ 인구 고밀도 도시지역에서의 뉴스 수집과 패키지 배송, 대규모의 비상사태의 관리에 사용할 수 있는 기술시험

14 다음 중 초경량비행장치 사고 중 중상의 범위에 대한 설명으로 옳지 않은 것은?

① 초경량비행장치 사고로 부상을 입은 날부터 7일 이내에 48시간을 초과하는 입원치료가 필요한 부상

② 열상(찢어진 상처)으로 인한 심한 출혈, 신경·근육 또는 힘줄의 손상

③ 코뼈, 손가락, 발가락 등의 간단한 골절을 제외한 골절

④ 2도나 3도의 화상 또는 신체 표면의 10퍼센트를 초과하는 화상으로 화상을 입은 날부터 7일 이내에 48시간을 초과하는 입원치료가 필요한 경우

15 다음 중 배터리 사용(충/방전) 횟수 증가에 따른 현상으로 옳은 것은?

① 배터리 내부 저항 증가로 방전율이 저하된다.

② 배터리 내부 저항 증가로 사용 시 전압이 증가한다.

③ 배터리 내부 저항 증가로 비행시간이 증가하는 효과가 발생한다.

④ 배터리 내부 저항 증가로 충전시간이 단축되는 효과가 발생한다.

16 다음 중 SHELL 모델이 대한 설명으로 옳지 않은 것은?

① L-H : 다수의 독립된 물적 또는 개념적 요소의 집합체

② L-L : 조종자와 관제사 혹은 조종자와 육안 감시자 등 사람 간의 관계 작용을 의미

③ L-S : 인간과 절차, 매뉴얼 및 체크리스트 레이아웃 등 시스템의 비물리적인 측면

④ L-E : 인간에게 맞는 환경 조성

17 다음 중 관성측정장치(IMU)에 대한 설명으로 옳지 않은 것은?

① 무인비행장치의 자세를 안정화하기 위해 활용된다.

② 일반적으로 가속도계, 자이로스코프, 지자기센서를 포함한다.

③ 진동에 매우 강인하여 진동에 큰 영향을 받지 않는다.

④ 무인비행장치의 자세각, 자세각속도, 가속도를 측정 및 추정한다.

18 다음 중 위성항법시스템(GNSS)에 대한 설명으로 옳지 않은 것은?

① 무인비행장치의 위치와 속도를 제어하기 위해 활용한다.

② 수평위치보다 수직위치의 오차가 상대적으로 크다.

③ 위성신호 교란, 다중경로 오차 등 측정값에 오차를 발생시키는 다양한 요인이 존재한다.

④ 5m/s 이상의 바람에 의해 GNSS 오차가 발생한다.

19 다음 중 배터리 안전관리에 대한 설명으로 옳지 않은 것은?

① 배행 전 기체 및 조종기의 배터리 충전 상태를 확인한다.
② 배부른 배터리는 미련 없이 과감하게 폐기한다.
③ 배터리 충전 시 반드시 전용 충전기를 사용하여야 한다.
④ 배터리 충전 시 자리를 비워도 된다.

20 다음 중 150kg 이하의 중소형 드론에 적용되는 한국산업규격(KS)에 해당하지 않는 것은?

① 무인항공기시스템 - 무인동력비행장치 설계
② 무인항공기시스템 - 프로펠러의 설계 및 시험
③ 무인항공기시스템 - 리튬배터리 시스템의 설계 및 제작
④ 저고도 비행

21 다음 중 위반 시 처벌기준이 가장 높은 항목으로 옳은 것은?

① 사업용으로 등록하지 아니한 초경량비행장치를 영리 목적으로 사용한 자
② 초경량비행장치 신고 또는 변경신고를 하지 아니하고 비행을 한 사람
③ 주류 등의 영향으로 초경량비행장치를 사용하여 비행을 정상적으로 수행할 수 없는 상태에서 초경량비행장치를 사용하여 비행을 한 사람
④ 안전성인증을 받지 아니한 초경량비행장치를 사용하여 조종자 증명을 받지 않고 비행을 한 사람

22 다음 중 무인항공 분야 항공산업의 안전증진 및 활성화 대상 및 추진사항이 아닌 것은?

① 항공기대여업
② 무인항공기의 인증, 정비, 수리, 개조, 사용
③ 무인항공기와 관련된 서비스를 제공하는 무인항공 분야
④ 무인비행장치 및 무인항공기의 사용 촉진 및 보급

23 다음 중 비행하기 쉬운 모드 순으로 연결된 것으로 옳은 것은?

① 자세 제어 → 속도/위치 제어 → 자세각속도 제어

② 자세각속도 제어 → 자세 제어 → 속도/위치 제어

③ 속도/위치 제어 → 자세각속도 제어 → 자세 제어

④ 속도/위치 제어 → 자세 제어 → 자세각속도 제어

24 다음 중 무선충전 드론의 자기유도 전력 전송 방식에 대한 설명으로 옳은 것은?

① 충전패드에 도착했을 때 착륙방향에 상관없이 자동 충전이 가능

② 레이저 전력 전송 방식 대비 상대적으로 먼 거리에서도 전력 전송이 가능

③ 날씨에 따른 전력 전달 능력의 변화량이 크고 상대적으로 전력 전송 효율이 낮음

④ 레이저 전력 전송 방식 대비 고비용으로 높은 전력 전력전송 효율(~90%)

25 항공사업법의 양도·양수, 합병 시 30일 이내 연명하여 지방항공청장에게 인가 신청서와 각 서류를 제출해야 한다. 다음 중 인가 신청서 제출 시 기준일로 옳은 것은?

① 양도일   ② 양수일   ③ 계약일   ④ 잔금일

제 19회 실전 모의고사 정답 및 해설

제 19회 실전모의고사 정답

1	②	2	①	3	④	4	①	5	②	6	④	7	②	8	③	9	①	10	②
11	②	12	③	13	③	14	④	15	①	16	①	17	③	18	④	19	④	20	④
21	③	22	①	23	④	24	①	25	③										

1 **해설** 항공기대여업의 등록 요건 중 자본금 또는 자산평가액 관련 법인은 자본금 2억 5천만원 이상, 개인은 자산평가액 3억 7천5백만원 이상이 필요하다. 단, 경량항공기 또는 초경량비행장치만을 대여하는 경우에는 법인은 자본금 3천만원 이상, 개인은 자산평가액 3천만원 이상이 필요하다.

2 **해설** ①은 항공안전법의 목적이다.

3 **해설** 항공사업법 제10조(항공기 등록의 제한) 다음 각호에 어느 하나에 해당하는 자가 소유하거나 임차한 항공기는 등록할 수 없다.
- 대한민국 국민이 아닌 사람
- 외국정부 또는 외국의 공공단체
- 외국의 법인 또는 단체
- 제1호부터 제3호까지의 어느 하나에 해당하는 자가 주식이나 지분의 2분의 1 이상을 소유하거나 그 사업을 사실상 지배하는 법인(「항공사업법」 제2조제1호에 따른 항공사업의 목적으로 항공기를 등록하려는 경우로 한정한다)
- 외국인이 법인 등기사항증명서상의 대표자이거나 외국인이 법인 등기사항증명서상의 임원 수의 2분의 1 이상을 차지하는 법인

4 **해설** 항공사업법 시행규칙 제47조(초경량비행장치사용사업의 등록)에 따른 다음 각 목의 사항을 포함하는 사업계획서
- 사업목적 및 범위
- 초경량비행장치의 안전성 점검 계획 및 사고 대응 매뉴얼 등을 포함한 안전관리대책
- 자본금
- 상호ㆍ대표자의 성명과 사업소의 명칭 및 소재지
- 사용시설ㆍ설비 및 장비 개요
- 종사자 인력의 개요
- 사업 개시 예정일

5 해설 항공사업법 제2조(정의) "항공기대여업"이란 타인의 수요에 맞추어 유상으로 항공기, 경량항공기 또는 초경량비행장치를 대여(貸與)하는 사업(제26호나목의 사업은 제외한다)을 말한다.
■ 제26호나목의 사업

> 다음 중 어느 하나를 항공레저스포츠를 위하여 대여하여 주는 서비스
> 1) 활공기 등 국토교통부령으로 정하는 항공기
> 2) 경량항공기
> 3) 초경량비행장치

6 해설 무인비행선 중에서 연료 중량을 제외한 자체중량이 12킬로그램 또는 길이가 7미터를 초과하는 것이 안전성인증 대상이다.

7 해설 중상은 항공기사고, 경량항공기사고 또는 초경량비행장치사고로 부상을 입은 날부터 7일 이내에 48시간을 초과하는 입원치료가 필요한 부상이다.

8 해설 사람의 사상(死傷) 또는 물건의 파손 개요를 보고해야 한다.

9 해설 초경량비행장치를 사용하여 비행을 목적으로 이륙(이수(離水)를 포함한다)하는 순간부터 착륙(착수(着水)를 포함한다)하는 순간까지 발생한 것을 사고라 한다.

10 해설 기준고도 3m 시 2.5m까지 합격 기준이다. 따라서 2.5m+상승고도 7.5m(상승고도에서는 편차 허용 없음)를 더하면 최저 허용고도는 10m이다.

11 해설 A지점 상공의 최고 상승지점(기준고도+수직 7.5m)까지 45° 방향 (대각선)으로 상승 이동 후 정지호버링

12 해설 롤(Roll)은 멀티콥터를 좌/우로 이동시키기는 비행조종 모드이다.
요(Raw)는 멀티콥터의 본체를 수직축(Z축)을 기준으로 좌우로 회전시키는 것이다.

13 해설 1단계 : 전원지역, 2단계 : 인구 밀도가 낮은 지역, 3단계 : 적당히 인구가 밀집된 지역, 4단계 : 인구 고밀도 도시 지역

14 해설 신체 표면의 5퍼센트를 초과하는 화상이 중상이다.

15 해설 배터리 사용 횟수가 증가하면 내부 저항 증가로 사용 시 전압이 강하하고 비행시간이 단축된다.

16 해설 L-H : 인간의 특징에 맞는 조종기 설계, 감각 및 정보처리 특성에 부합하는 디스플레이 설계

17 해설 IMU는 진동에 약하다. 따라서 초기화 시 되도록 기체를 움직이지 않아야 하며, 움직였거나 충격을 가했을 시 전원 재인가 및 초기화를 재수행하여야 한다.

18 해설 바람에 의한 GNSS 오차는 발생하지 않는다.

19 해설 배터리 충전 시 화재의 위험이 있기 때문에 자리를 비우면 안 된다.

20 해설 150kg 이하의 중소형 드론에 적용되는 한국산업규격(KS)에 저고도 비행은 해당되지 않는다.

21 해설 ①, ② : 6개월 이하의 징역 또는 500만원 이하의 벌금
③ : 3년 이하의 징역 또는 3,000만원 이하의 벌금
④ : 1년 이하의 징역 또는 1천만원 이하의 벌금

22 해설 무인항공 분야 항공산업의 안전증진 및 활성화 대상은 초경량비행장치 중 무인비행장치이다.

24 해설 자기유도 전력 전송 방식은 충전패드에 도착했을 때 착륙 방향에 상관없이 자동 충전이 가능하고 레이저 전력 전송 방식 대비 저렴한 비용으로 높은 전력 전송 효율(~90%)

25 해설 계약일로부터 30일 이내 연명하여 지방항공청장에게 제출, 국토교통부장관에게 신고하여야 한다.

제 20 회 실전 모의고사

01 다음 중 영리 목적과 관련 없는 사업은 무엇인가?

① 항공기대여업　② 항공레저스포츠사업　③ 초경량비행장치사용사업　④ 항공기 취급업

02 다음 중 위성항법시스템(GNSS)으로 알 수 없는 것은?

① 위치(Position)　② 속도(Velocity)　③ 자세(Attitude)　④ 고도(Altitude)

03 다음 중 공역의 개념 및 분류에 대한 설명으로 옳지 않은 것은?

① 공역은 영공과 같은 것으로 배타적인 주권을 행사할 수 있는 공간이다.
② FIR은 ICAO 지역항행협정에서의 합의에 따라 이사회가 결정한다.
③ 영토는 헌법 제3조에 의한 한반도와 그 부속도서
④ 영해는 영해법 제1조에 의한 기선으로부터 측정하여 그 외측 12해리 선까지 이르는 수역

04 다음 중 안전성인증검사 대상이 아닌 것은?

① 동력비행장치
② 유인자유기구
③ 무인비행선 중에서 연료의 중량을 제외한 자체중량이 25kg 이하 또는 길이가 7미터 이하인 것
④ 동력패러글라이더

05 다음 중 초경량비행장치 사고에 대한 설명으로 옳지 않은 것은?

① 초경량비행장치 사고란 초경량비행장치를 사용하여 비행을 목적으로 이륙하는 순간부터 착륙하는 순간까지 발생한 것이다.
② 초경량비행장치 조종자가 보고할 수 없을 때에는 그 초경량비행장치소유자 등이 초경량비행장치 사고를 보고하여야 한다.
③ 초경량비행장치 사고에 관한 보고를 하지 아니하거나 거짓으로 보고한 초경량비행장치 조종자 또는 그 초경량비행장치 소유자는 100만원 이하의 벌금에 처한다.
④ 초경량비행장치 조종자 또는 초경량비행장치 소유자 등의 초경량비행장치 사고 보고의 접수는 국토교통부장관이 지방항공청장에게 위임하였다.

06 다음 중 전문교관 등록 취소 요건에 대한 설명으로 옳지 않은 것은?

① 법에 따른 행정처분을 받은 경우(효력정지 30일 이하인 경우는 제외)
② 허위로 작성된 비행경력증명서를 확인하지 아니하고 서명 날인한 경우
③ 비행경력증명서를 허위로 제출한 경우(비행경력을 확인하기 위해 제출된 자료 포함)
④ 20세 미만 교육생에 대한 비행경력증명서에 서명

07 다음 중 항공기대여업의 등록요건에 대한 설명으로 옳지 않은 것은?

① 경량항공기 또는 초경량비행장치만을 대여하는 경우 법인은 자본금 5천만원 이상, 개인은 자산평가액 3천만원 이상
② 항공기, 경량항공기 또는 초경량비행장치 1대 이상
③ 기체보험(경량항공기, 초경량비행장치 제외)
④ 제3자보험 및 승무원 보험(승무원 없는 초경량비행장치 제외)

08 다음 중 항공레저스포츠사업의 사업계획서에 포함사항으로 옳지 않은 것은?

① 해당 사업의 항공기 등 수량 및 그 산출근거와 예상 사업수지 계산서
② 재원 조달방법
③ 종사자 인력의 개요
④ 사업 운영 기간

09 다음 중 항공사업을 정지하면 그 사업의 이용자 등에게 심한 불편을 주거나 공익을 해칠 우려가 있는 경우 부과하는 것으로 옳은 것은?

① 벌금   ② 과태료   ③ 과징금   ④ 추징금

10 다음 중 항공보험 등에 가입한 자가 보험가입신고서 등 보험가입 등을 확인할 수 있는 자료를 제출하지 아니하거나 거짓으로 제출한 자의 처벌기준으로 옳은 것은?

① 500만원 이하의 벌금
② 500만원 이하의 과태료
③ 1천만원 이하의 벌금
④ 6개월 이하의 징역 또는 500만원 이하의 벌금

11 다음 중 비행제한공역에서 비행하기 위해서 승인을 받아야 하는 것으로 옳은 것은?

① 특별비행승인   ② 촬영승인   ③ 비행승인   ④ 공역승인

12 다음 중 비행 가능 공역에 대한 설명으로 옳지 않은 것은?

① 초경량비행장치 비행제한공역에서 비행승인을 받은 경우는 비행이 가능하다.

② 150m 미만 관제권은 비행승인을 받을 필요 없다.

③ UA구역에서 주간, 500ft 이하의 고도로 제약 없이 비행할 수 있다.

④ 최대이륙중량이 25kg 이하인 경우 관제권 및 비행금지구역을 제외하고 고도 500ft 미만에서 제약 없이 비행할 수 있다.

13 다음 중 초경량비행장치 사고가 아닌 것은?

① 초경량비행장치 행방불명

② 초경량비행장치의 충돌 또는 화재 발생

③ 초경량비행장치의 위치를 확인할 수 없거나 접근이 불가능한 경우

④ 초경량비행장치에 의한 경상

14 다음 중 무인비행장치의 특별비행 승인을 위한 야간비행 안전기준이 아닌 것은?

① 조종자가 무인비행장치를 지속적으로 주시할 수 없을 경우 한명 이상의 관찰자를 배치해야 함

② 관찰자를 배치하는 경우, 조종자와 관찰자 사이에 무인비행장치의 원활한 조작이 가능할 수 있도록 통신이 가능해야 함

③ 5km 밖에서 인식가능한 정도의 충돌방지등(지속 또는 점멸 방식)을 장착하여 전후좌우 식별이 가능하여야 함

④ 자동 비행 기능을 갖추어야 함

15 다음 중 관성측정장치의 특징에 대한 설명으로 옳지 않은 것은?

① 가속도 센서는 각속도를 측정한다.

② 자이로스코프는 자세각속도를 측정한다.

③ 지자계 센서는 기수 방위각을 측정한다.

④ 가속도계, 자이로스코프, 지자계 센서 정보를 융합하여 데이터를 추정한다.

16 2017년 3월 항공법 분법에 포함되지 않는 것은?

① 항공안전법　　② 항공사업법　　③ 항공산업법　　④ 공항시설법

17 다음 중 배터리 외형 손상 시 주의사항에 대한 설명으로 옳은 것은?

① 내부 손상 시 즉시 폐기 처분하여야 한다.   ② 비행 테스트 후 이상 없다면 계속 사용한다.

③ 충전 시 정상이면 사용해도 된다.   ④ 다른 배터리들과 함께 보관해도 된다.

18 다음 중 리튬폴리머 배터리의 특징에 대한 설명으로 옳지 않은 것은?

① 자연 방전율이 낮아 장기간 보관 가능하다.

② 메모리 현상이 나타난다.

③ 장기간 보관 시 50~70% 충전 상태로 보관한다.

④ 연료전지와 비교하여 에너지 밀도가 낮지만 순간 방전율이 높다.

19 다음 중 비행교육 실습 및 교육평가사항으로 옳지 않은 것은?

① 교육생의 자립성과 이해도를 높이기 위해 지시형으로 교육한다.

② 위치제어 및 자세제어 비행의 연관성, 차이점을 교육한다.

③ 구술시험도 실기시험 평가 항목임을 명심한다.

④ 주단위 평가를 실시한다.

20 다음 중 대규모 조종사의 훈련이나 비정상 형태의 항공 활동이 수행되는 공역으로 옳은 것은?

① 훈련구역   ② 경계구역   ③ 군작전구역   ④ 위험구역

21 다음 중 기타 공역에 대한 설명으로 옳지 않은 것은?

① 방공식별구역은 영공방위를 위하여 동 공역을 비행하는 항공기에 대하여 식별, 위치결정 및 통제업무를 실시하는 공역이다.

② 방공식별구역은 비행정보구역과는 별도로 한국방공식별구역(KADIZ)을 설정하여 국방부에서 관리한다.

③ 제한식별구역은 평시 국내 운항을 용이하게 하고 방공작전의 편의를 도모하기 위하여 설정한 구역이다.

④ 제한식별구역은 우리나라 해안선을 따라 한국제한식별구역(KLIZ)을 설정, 국방부에 관리하고 항공기가 식별될 경우 요격기를 투입한다.

22 다음 중 태양광 충전 드론에 대한 설명으로 옳지 않은 것은?

① 태양광을 전기에너지로 변화시켜 주는 솔라셀이 드론의 기체에 설치

② 설치된 솔라셀의 개수에 비례하여 드론에 전력 공급

③ 넓은 면적을 가지고 있는 고정익 드론에 적용

④ 충전 방식의 특성상 날씨, 기온 및 솔라셀의 표면 상태 등에 따라 태양광에서 전기에너지로의 변환 효율이 일정한 것이 단점

23 다음 중 무선 충전 드론의 레이저 전력 전송 방식에 대한 설명으로 옳지 않은 것은?

① 레이저 발생장치를 통해 드론에 장착되어 있는 레이저 수신부를 실시간으로 조준하여 전력을 전송하는 방식

② 레이저 수신부를 설치할 공간이 비교적 충분한 고정익 드론에 주로 적용

③ 자기유도 전력 전송방식 대비 상대적으로 먼 거리에서도 전력 전송이 가능

④ 자기유도 전력 전송방식 대비 저렴한 비용으로 높은 전력 전송 효율(~90%)

24 다음 중 150kg 이하의 중소형 드론에 적용되는 표준의 성능 시험으로 옳지 않은 것은?

① 시험조건　　　② 절차　　　③ 갓 유지 시험　　　④ 측정자료 처리

25 다음 중 중상의 범위에 대한 설명으로 옳지 않은 것은?

① 부상을 입은 날부터 7일 이내에 48시간을 초과하는 입원 치료가 필요한 부상

② 코뼈, 손가락, 발가락 골절

③ 열상으로 인한 심한 출혈

④ 2도나 3도의 화상 또는 신체 표면의 5%를 초과하는 화상

제20회 실전 모의고사 정답 및 해설

제 20회 실전모의고사 정답

1	④	2	③	3	①	4	③	5	③	6	④	7	①	8	④	9	③	10	②
11	③	12	②	13	④	14	②	15	①	16	③	17	①	18	②	19	①	20	②
21	④	22	④	23	④	24	③	25	②										

1 **해설** 항공기 취급업은 영리 목적과 관련 없다.

2 **해설** 위성항법시스템(GNSS)으로 위치, 속도, 시간, 고도를 측정할 수 있다.

3 **해설** 영토와 영해의 상공으로서 완전하고 배타적인 주권을 행사할 수 있는 공간은 영공이다.

4 **해설** 무인비행선은 연료의 중량을 제외한 자체중량이 12kg 이하 또는 길이가 7미터 이하인 것이 안전성인증검사 대상이다.

5 **해설** 초경량비행장치 사고에 관한 보고를 하지 아니하거나 거짓으로 보고한 초경량비행장치 조종자 또는 그 초경량비행장치 소유자는 30만원 이하의 과태료에 처한다.

6 **해설** 14세 이상의 교육생에 대한 비행경력증명서에 서명할 수 있다.

7 **해설** 경량항공기 또는 초경량비행장치만을 대여하는 경우 법인은 자본금 3천만원 이상, 개인은 자산평가액 3천만원 이상

8 **해설** 사업 운영 기간이 아니라 사업 개시 예정일이 사업계획서에 포함된다.

9 **해설** 항공사업을 정지하면 그 사업의 이용자 등에게 심한 불편을 주거나 공익을 해칠 우려가 있는 경우 과징금을 부과한다.

11 **해설** 비행제한공역에서 비행하기 위해서는 비행승인을 받아야 한다.

12 **해설** 관제권은 비행승인을 받아야 한다.

13 **해설** 초경량비행장치에 의한 경상은 사고가 아니다.

14 해설 ②는 비가시권 비행 안전기준이다.

15 해설 가속도 센서는 가속도를 측정하여 자세각을 계산한다.

16 해설 항공산업법은 항공법 분법이 아니다.

18 해설 리튬폴리머 배터리는 메모리 현상이 거의 없다.

19 해설 교육생의 자립성과 이해도를 높이기 위해 지시가 아닌 지도를 하여야 한다.

20 해설 대규모 조종사의 훈련이나 비정상 형태의 항공 활동이 수행되는 공역은 경계구역이다.

21 해설 제한식별구역에서는 항공기가 식별 안될 경우 요격기를 투입한다.

22 해설 충전 방식의 특성상 날씨, 기온 및 솔라셀의 표면 상태 등에 따라 태양광에서 전기에너지로의 변환 효율이 변화하는 것이 단점이다.

23 해설 자기유도 전력 전송방식이 레이저 전력 전송방식 대비 가격이 저렴하다.

24 해설 내구성 시험 : 갓 유지 시험, 진동하중 한계 시험, 내구성 시험, 기능 시험 등

25 해설 코뼈, 손가락, 발가락 등의 간단한 골절은 중상에서 제외한다.

제 21 회 실전 모의고사

01 다음 중 초경량비행장치사용사업의 사업 범위에 포함되지 않는 것은?

① 항공 촬영　② 방제 작업　③ 교육 및 훈련　④ 수리 및 개조

02 다음 중 초경량비행장치 변경신고에 대한 설명으로 옳지 않은 것은?

① 초경량비행장치의 용도가 변경되면 변경신고를 하여야 한다.

② 초경량비행장치 소유자 등의 성명, 명칭 또는 주소가 변경되면 변경신고를 하여야 한다.

③ 초경량비행장치 보관 장소의 변경은 변경신고를 할 필요가 없다.

④ 변경신고는 그 사유가 발생한 날부터 30일 이내에 변경·이전 신고서를 한국교통안전공단 이사장에게 제출하여야 한다.

03 다음 중 국토교통부령으로 정하는 장비를 장착 또는 휴대하지 않고 비행을 한 사람의 처벌기준으로 옳은 것은?

① 100만원 이하의 과태료　② 300만원 이하의 과태료　③ 400만원 이하의 과태료　④ 500만원 이하의 과태료

04 다음 중 드론의 비행성능 시험의 상승률에 대한 설명으로 옳은 것은?

① 이륙출력 이상에서 최소 1m/s가 되어야 함
② 이륙출력 이하에서 최소 1m/s가 되어야 함
③ 이륙출력 이상에서 최소 2m/s가 되어야 함
④ 이륙출력 이하에서 최소 2m/s가 되어야 함

05 다음 중 드론의 비행성능 시험의 최대수평속도에 대한 설명으로 옳은 것은?

① 속도시험을 실시하여 신청자가 제시한 최저속도에서 오차가 ±5% 이내
② 속도시험을 실시하여 신청자가 제시한 최대속도에서 오차가 ±5% 이내
③ 속도시험을 실시하여 신청자가 제시한 최저속도에서 오차가 ±10% 이내
④ 속도시험을 실시하여 신청자가 제시한 최대속도에서 오차가 ±10% 이내

06 다음 중 프로펠러 결빙 시 주의사항에 대한 설명으로 옳은 것은?

① 기온이 낮고 습도가 낮은 경우 결빙 발생

② 프로펠러의 결빙은 주로 뒷전에서 발생

③ 공기흐름의 분리가 발생하여 기체 불안정 발생하고 비행 시 효율이 감소한다.

④ 비행 중 주기적으로 프로펠러 결빙 확인 불필요

07 다음 중 프로펠러의 회전 속도에 대한 설명으로 옳은 것은?

① 기체 비행 속도에 따라 프로펠러 효율이 좋아지는 적정 회전속도는 존재하지 않는다.

② 프로펠러의 회전 중심에서 멀어질수록 프로펠러 이동 속도는 감소한다.

③ 프로펠러 끝단 속도가 가장 빠르며, 음속에 가까울 경우 효율이 떨어진다.

④ 회전수가 동일할 경우 프로펠러 직경이 길어질수록 끝단 속도는 느려진다.

08 다음 중 피로 유발 요인 중 업무 관련 요인이 아닌 것은?

① 업무량   ② 실수에 대한 부담감   ③ 교대근무   ④ 연령

09 다음 중 위성항법시스템(GNSS)의 오차에 대한 설명으로 옳은 것은?

① 바람 등에 의해 GNSS 오차가 발생한다.

② 건물 근처에서는 항법 오차로 인한 건물 충돌에 주의해야 한다.

③ 항법오차로 인해 기체 고도 및 수평 위치 유지 성능이 저하되지는 않는다.

④ 비행제어시스템에서 GNSS의 항법 오차를 항상 인식한다.

10 드론의 무력화 기술 중에서 Hard Kill이 아닌 것은?

① 그물/네트 건   ② 맹금류   ③ 방공용 대공화기   ④ 지오펜싱

11 다음 중 항공보험 등의 가입의무에 대한 설명으로 옳지 않은 것은?

① 항공보험에 가입하지 아니하고는 항공기를 운항할 수 없다.

② 경량항공기의 비행으로 다른 사람이 사망하거나 부상한 경우 피해자에 대한 보상을 위하여 안전성인증 받기 전까지 보험에 가입하여야 한다.

③ 항공보험에 가입하는 자는 보험가입신고서 등을 국토교통부장관에게 제출하여야 한다.

④ 항공보험 등에 가입한 날부터 3일 이내 신고하여야 한다.

12 다음 중 요금표 등을 갖추어 두지 아니하거나 거짓 사항을 적은 요금표 등을 갖추어 둔 자에 대한 처벌 기준으로 옳은 것은?

① 500만원 이하의 벌금　　② 500만원 이하의 과태료
③ 1천만원 이하의 벌금　　④ 1년 이하의 징역 또는 1천만원 이하의 벌금

13 항공기사용사업자는 사업계획을 변경하려는 경우에는 국토교통부장관의 인가를 받아야 한다. 다만, 국토교통부령으로 정하는 경미한 사항을 변경하려는 경우에는 국토교통부장관에게 신고하여야 한다. 다음 중 경미한 사항에 해당하지 않는 것은?

① 자본금의 변경　　② 사업소의 신설 또는 변경
③ 대표자의 대표권 제한 및 그 제한의 변경　　④ 임원의 2/3 이상 변경

14 다음 중 초경량비행장치 사고로 인한 중상에 대한 설명으로 옳지 않은 것은?

① 사망은 사고가 발생한 날부터 30일 이내 사망한 것이며, 실종은 1년간 생사확인이 되지 않는 것이다.
② 열상은 찢어진 상처로 인한 심한 출혈, 신경·근육 또는 힘줄의 손상이 해당된다.
③ 골절사고에서 코뼈, 손가락, 발가락 등의 간단한 골절은 제외한다.
④ 화상은 4도 또는 신체표면의 10% 이상으로 7일 이내에 48시간을 초과하는 입원치료가 필요한 경우만 해당한다.

15 항공기대여업, 항공레저스포츠사업(정비, 수리, 개조 서비스를 제공하는 사업은 제외), 초경량비행장치사용사업의 등록요건 중 모든 사업에 동일하게 공통적으로 적용되는 것으로 옳은 것은?

① 자본금 및 자산평가액　　② 장비 보유 대수　　③ 제3자 보험　　④ 운용 인력 현황

16 다음 중 드론 통신 방식 특성 중 5G 이동통신의 특성에 대한 설명으로 옳지 않은 것은?

① 여러 사물과 실시간 통신　　② ISM대역 사용으로 간섭현상 발생
③ 상용화에 장기간 시일 소요　　④ 빠른 데이터 전송 속도

17 다음 중 무선 충전 드론의 자기유도 전력 전송 방식의 특성에 대한 설명으로 옳지 않은 것은?

① 시간에 따라 변화는 자기장이 코일을 통과할 때 발생하는 유도전압을 이용하여 전력 전달
② 충전패드에 도착했을 때 착륙방향에 상관없이 자동 충전 가능
③ 레이저 전력 전송 방식 대비 저렴한 비용으로 높은 전력 전송 효율
④ 레이저 전력 전송 방식 대비 상대적으로 먼 거리에서도 전력 전송이 가능

18 다음 중 항공법 분법에 따른 항공사업법에 포함되는 내용으로 옳은 것은?

① 항공종사자　　② 항공교통업무　　③ 교통이용자 보호　　④ 공항/비행장 개발과 관리/운영

19 다음 중 리튬폴리머배터리 폐기 시 주의사항에 대한 설명으로 옳은 것은?

① 전기적 저항요소를 배터리에 연결하여 완전 방전 후 폐기

② 비행을 통한 완전 방전 후 폐기

③ 전기적 단락(쇼트)을 통해 빠른 방전 후 폐기

④ 장기간 보관하여 완전히 방전 후 폐기

20 전문교관 등록 취소 처분 후 몇 년 후에 재응시가 가능한가?

① 2년　　　　　② 3년　　　　　③ 4년　　　　　④ 5년

21 다음 중 최대이륙중량이 25kg을 초과하여 안전성인증 대상 기체가 아닌 것은?

① 무인비행기　　② 무인멀티콥터　　③ 무인헬리콥터　　④ 무인비행선

22 다음 중 초경량비행장치사용사업의 등록 결격사항에 대한 설명으로 옳지 않은 것은?

① 항공보안법을 위반하여 금고 이상의 형의 집행유예를 선고 받고 그 유예기간 중에 있는 사람

② 외국인이 법인 등기사항 증명서상의 임원 수의 2분의 1 이상을 차지하는 법인

③ 공항시설법을 위반하여 벌금형을 선고받은 후 2년이 경과하지 아니한 사람

④ 피성년후견인, 피한정후견인 또는 파산선고를 받고 복권되지 아니한 사람

23 다음 중 주권공역 및 비행정보구역에 대한 설명으로 옳지 않은 것은?

① 공역은 영공과 같은 것으로 배타적 주권을 행사할 수 있는 공간이다.

② 체약국은 공해상에서 운항하는 항공기에 적용할 자국의 규정을 시카고 조약에 의거하여 수립하여야 한다.

③ 비행정보구역은 국제민간항공협약 및 부속서에 따라 국토교통부장관이 그 명칭, 수직 및 수평 범위를 지정·공고한 공역이다.

④ FIR은 ICAO 지역항행협정에서의 합의에 따라 이사회가 결정한다.

24 다음 중 피로에 대한 설명으로 옳지 않은 것은?

① 피로는 무인기 조종자의 수행능력에 부정적 영향을 미친다.

② 피로할 때 원기가 없어지며 주위에서 말을 시켜도 대답하기 싫어한다.

③ 피로는 업무 과부하 등으로부터 발생하는 정신적 혹은 신체적 수행능력이 저하된 생리적 상태이다.

④ 업무량, 시간압박 등은 피로가 아니다.

25 다음 중 항공기대여업의 양도·양수에 대한 설명으로 옳지 않은 것은?

① 항공기대여업을 양도, 양수하려는 자는 30일 이내에 연명하여 지방항공청장에게 제출하여야 한다.

② 국토교통부장관은 양도·양수의 신고에 대한 공고를 하여야 한다.

③ 양도·양수 신고에 대한 비용 부담은 양도인이 한다.

④ 양도·양수에 대한 지위승계 효력은 신고가 접수된 경우 발생한다.

제 21 회 실전 모의고사 정답 및 해설

제 21회 실전모의고사 정답

1	④	2	③	3	①	4	④	5	④	6	③	7	③	8	④	9	②	10	④
11	④	12	②	13	④	14	④	15	③	16	②	17	④	18	③	19	①	20	①
21	④	22	③	23	①	24	④	25	④										

1 **해설** 초경량비행장치에 대한 정비, 수리 또는 개조서비스는 항공레저스포츠사업의 사업 범위이다.

2 **해설** 초경량비행장치의 보관 장소가 변경되면 변경신고를 하여야 한다.

3 **해설** 국토교통부령으로 정하는 장비를 장착 또는 휴대하지 않고 비행을 한 사람은 100만원 이하의 과태료에 처한다.

4 **해설** 상승률은 이륙출력 이하에서 최소 2m/s가 되어야 한다.

5 **해설** 드론의 비행성능 시험의 최대수평속도는 속도시험을 실시하여 신청자가 제시한 최대속도에서 오차가 ±10% 이내이다.

6 **해설** 프로펠러 결빙은 기온이 낮고 습도가 높은 경우 주로 앞전에서 발생하며 비행 중 주기적으로 프로펠러의 결빙을 확인해야 한다.

7 **해설** 기체 비행속도에 따라 프로펠러 효율이 좋아지는 적정 회전속도는 존재하며, 프로펠러의 회전 중심에서 멀어질수록 프로펠러 이동 속도는 증가하고 회전수가 동일할 경우 프로펠러 직경이 길어질수록 끝단 속도는 빨라진다.

8 **해설** 업무 관련 피로유발 요인 : 업무량, 시간압박, 신체적 부담 작업, 실수에 대한 부담감, 장시간 근무, 교대근무, 부적절한 휴식 등
업무 외 요인 : 연령, 건강상태, 낮은 수면의 질, 수면 부족, 휴식시간 부족, 장거리 출퇴근 등

9 **해설** 바람 등에 의해 GNSS 오차는 발생하지 않으며, GNSS 항법 오차로 인해 기체 고도 및 수평 위치 유지 성능이 저하되고, 비행제어시스템에서 GNSS의 항법 오차를 인식하지 못할 수 있다.

10 해설 하드 킬 : 그물/네트 건, 맹금류, 방공용 대공화기, 직사에너지 무기
소프트 킬 : 통신 재밍, 스푸핑, 조종권 탈취, 지오펜싱

11 해설 항공보험 등에 가입한 날부터 7일 이내에 신고하여야 한다.

12 해설 요금표 등을 갖추어 두지 아니하거나 거짓 사항을 적은 요금표 등을 갖추어 둔자는 500만원 이하의 과태료에 처한다.

13 해설 경미한 사항 : 자본금의 변경, 사업소의 신설 또는 변경, 대표자의 변경, 대표자의 대표권 제한 및 그 제한의 변경, 상호 변경, 사업범위의 변경, 항공기 등록 대수의 변경

14 해설 2도나 3도의 화상 또는 신체표면의 5퍼센트를 초과하는 화상이 중상이다.(화상을 입은 날부터 7일 이내에 48시간을 초과하는 입원치료가 필요한 경우만 해당한다.)

15 해설 제3자보험이 공통적으로 적용된다.

16 해설 ISM대역 사용으로 간섭현상 발생하는 것은 WiFi 통신 방식의 특성이다.

17 해설 레이저 전력 전송 방식이 자기유도 전력 방식 대비 상대적으로 먼 거리에서도 전력 전송이 가능하다.

18 해설 항공안전법 : 항공기등록, 기술기준/형식증명, 항공종사자, 항공교통업무 등 관련
항공사업법 : 항공운송/사용/항공기정비/취급/대여, 초경량비행장치사용/항공레저스포츠/상업소류송달사업, 교통이용자 보호 등
공항시설법 : 공항/비행장 개발과 관리/운영, 항행안전시설 등

19 해설 리튬폴리머 배터리 폐기 시 비행을 통한 방전 금지, 전기적 단락을 통한 방전 금지, 장기간 보관을 통한 방전 금지

20 해설 전문교관이 취소된 사람이 다시 전문교관으로 등록하고자 하는 경우 취소된 날로부터 2년이 경과하여야 하며, 조종교육교관과정 또는 실기평가 조종자 과정을 다시 이수하여야 한다.

21 해설 무인비행선은 자체중량이 12kg 또는 길이가 7m를 초과하는 것이 안전성인증 대상이다.

22 해설 항공사업법, 항공안전법, 공항시설법, 항공보안법, 항공·철도 사고조사에 관한 법률을 위반하여 금고 이상의 실형을 선고 받고 그 집행이 끝난 날 또는 집행을 받지 아니하기로 확정된 날부터 3년이 지나지 아니한 사람이 등록할 수 없다.

23 해설 영공(Territorial Airspace)은 대한민국의 영토와 내수 및 영해의 상공으로 완전하고 배타적인 주권을 행사할 수 있는 공간이며, 공역은 항공기, 초경량비행장치 등의 안전한 활동을 보장하기 위하여 지표면 또는 해수면으로부터 일정 높이의 특정 범위로 정해진 공간을 말한다.(국토교통부 공역관리규정 제2조)

24 해설 업무량, 시간압박은 업무 관련 피로유발 요인이다.

25 해설 양도·양수 신고에 대한 지위승계 효력은 신고가 수리된 경우 발생한다.

제 22회 실전 모의고사

01 다음 중 태양광충전 드론의 특징에 대한 설명으로 옳지 않은 것은?

① 태양광을 이용하여 장시간 비행할 수 있다.
② 낮 동안 충전하여 야간에도 운용 가능하다.
③ 잔여 에너지 변환 효율이 변화하는 것이 장점이다.
④ 구름이 많은 날씨에서는 효율이 낮아질 수 있다.

02 다음 중 항공레저스포츠사업 사업계획서에 포함되는 내용으로 옳지 않은 것은?

① 사업소의 명칭, 소재지
② 해당 사업의 항공기 등 수량 및 그 산출근거와 예상 사업수지 계산서
③ 종사자 인력의 개요, 사업 운영 기간
④ 영업구역 범위 및 영업시간

03 다음 중 항공기대여업의 등록요건에 대한 설명으로 옳지 않은 것은?

① 법인 자본금 5천만원 이상 / 개인 자산평가액 3천만원 이상
② 항공기, 경량항공기 또는 초경량비행장치 1대 이상
③ 여객보험(여객 없는 초경량비행장치 제외)
④ 제3자보험 및 승무원 보험(승무원 없는 초경량비행장치 제외)

04 다음 중 보험가입 신고서 등 보험가입 등을 확인할 수 있는 자료를 제출하지 아니하거나 거짓으로 제출한 자의 처벌기준으로 옳은 것은?

① 500만원 이하의 벌금
② 500만원 이하의 과태료
③ 1천만원 이하의 벌금
④ 1년 이하의 징역 또는 1천만원 이하의 벌금

05 다음 중 비행장교통구역에 대한 설명으로 옳지 않은 것은?

① 수평적으로 비행장 중심으로부터 반경 3NM 내

② 수직적으로 지표면으로부터 3,000ft까지의 공역

③ 시계비행을 하는 항공기 간에 교통정보를 제공하는 공역

④ 시계비행, 계기비행하는 항공기에 대하여 항공교통관제업무를 제공하는 공역

06 다음 중 초경량비행장치 비행승인 관련 설명으로 옳지 않은 것은?

① 비행장과 이착륙장의 중심으로부터 반지름 3킬로미터 이내의 지역의 고도 500피트 이내의 범위에서 비행을 할 경우 각각의 관련 항공처에 허가를 받아야 한다.

② 150미터 이상에서 비행하는 경우 국토교통부장관의 비행승인을 받아야 한다.

③ 관제공역·통제공역·주의공역 중 관제권, 비행금지구역에서 비행하는 경우 국토교통부장관의 비행승인을 받아야 한다.

④ 초경량비행장치 비행제한공역에서 비행하려는 사람은 국토교통부장관으로부터 비행승인을 받아야 한다.

07 다음 중 초경량비행장치사용사업 등록신청 시 사업계획서에 포함되는 내용으로 옳지 않은 것은?

① 자본금 또는 자산증감액

② 초경량비행장치의 안전성 점검계획 및 사고대응 매뉴얼 등을 포함한 안전관리대책

③ 상호·대표자의 성명, 사업소의 명칭, 소재지

④ 사업 개시 예정일

08 다음 중 항공레저스포츠사업 범위가 아닌 것은?

① 자체중량 115kg 이하의 경량항공기로 경관조망 사업을 한다.

② 안전선인증을 받은 경량항공기를 대여한다.

③ 초경량비행장치로 농약살포, 씨앗 뿌리기 등 농업지원을 한다.

④ 경량항공기 또는 초경량비행장치에 대한 정비, 수리 또는 개조서비스를 한다.

09 다음 중 ICAO에 대한 설명으로 옳지 않은 것은?

① 1944년 12월 시카고 조약이 체결되었다.

② 우리나라는 1952년 12월에 ICAO에 가입하였다.

③ ICAO는 협약과 부속서로 구성되어 있다.

④ 드론은 ICAO 부속서에 관련 규정이 있다.

10 다음 중 입체시에 대한 설명으로 옳은 것은?

① 주시안이 오른쪽일 경우 시계방향으로 원주비행하기가 편하다.

② 한쪽 눈을 감고 운전을 해도 잘 보인다.

③ 맹점현상은 양안시에 나타난다.

④ 두눈은 각기 다른 면을 보지만 이것을 뇌가 하나의 영상으로 합성하여 입체적으로 감각한다.

11 항공사업자는 등록할 때 제출한 사업계획에 따라 그 업무를 수행하여야 한다. 다음 중 예외사항에 해당하지 않는 것은?

① 기상악화

② 안전운항을 위한 정비로서 예견하지 못한 정비

③ 천재지변

④ 관제사의 실수

12 한국형 K-드론시스템 핵심 구성 요소 중 AI기반의 자동관제가 아닌 것은?

① 기상·지형 정보까지 연계한 자동관제   ② 빅데이터 기반 안전 비행

③ 경로분석·충돌회피 지원   ④ 이동통신망기반비행중모든드론의실시간비행정보통합·공유

13 한국산업규격(KS)중 무인동력비행장치의 설계로 옳은 것은?

① KSH9101   ② KSW9101   ③ KSW9001   ④ KSH9002

14 다음 중 전문교육기관이 국가에서 3천만원을 허위로 보조 받은 경우의 처벌기준으로 옳은 것은?

① 1년 이하 징역 또는 1천만원 이하 벌금   ② 5년 이하 징역 또는 5천만원 이하 벌금

③ 3년 이하 징역 또는 3천만원 이하 벌금   ④ 6개월 이하 징역 또는 5백만원 이하 벌금

15 다음 중 위반 시 500만원 이하의 과태료를 부과되는 항목이 아닌 것은?

① 항공기사용사업의 폐업을 위반하여 폐업하거나 폐업 신고를 하지 아니하거나 거짓으로 신고한 자

② 다른 사람의 성명을 사용하여 초경량비행장치 조종을 수행하거나 다른 사람의 초경량비행장치 조종자 증명을 빌린 사람

③ 자료를 제출하지 아니하거나 거짓으로 제출한 자

④ 운송약관 등의 비치 등에 따른 요금표 등을 갖추어 두지 아니한 경우

16 피로 중 업무 관련 요인이 아닌 것은?

① 장시간 근무　　② 휴식시간 부족　　③ 교대 근무　　④ 시간 압박

17 다음 중 주의공역에 대한 설명으로 옳지 않은 것은?

① 훈련구역(CATA)은 민간항공기의 훈련공역으로서 시계비행항공기로부터 분리를 유지할 필요가 있는 공역
② 위험구역(D)은 항공기의 비행 시 항공기 또는 지상시설물에 대한 위험이 예상되는 공역
③ 경계구역(A)은 대규모 조종사의 훈련이나 비정상 형태의 항공활동이 수행되는 공역
④ 초경량비행장치 비행구역(UA)은 초경량비행장치의 비행 활동이 수행되는 공역으로 그 주변을 비행하는 자의 주의가 필요한 공역

18 다음 중 일반자동차, 항공기, 드론의 사고 원인에 대한 설명으로 옳지 않은 것은?

① 일반자동차의 소프트웨어적 결함으로 인한 사고가 드론 소프트웨어적 결함으로 인한 사고보다 가능성이 높다.
② 드론은 전파·GPS교란으로 사고 발생 가능성이 있다.
③ 일반자동차는 해킹으로 인한 사고는 발생가능성이 희박하거나 없다.
④ 항공기는 태양풍에 의한 사고 위험은 발생가능하나 가능성이 낮다.

19 항공기사용사업자는 사업계획을 변경하려는 경우에는 국토교통부장관에게 인가를 받아야 한다. 다만, 국토교통부령으로 정하는 경미한 사항을 변경하려는 경우에는 국토교통부장관에게 신고하여야 한다. 다음 중 경미한 사항에 포함되지 않는 것은?

① 자본금의 변경　　② 대표자의 변경　　③ 사업범위의 변경　　④ 사업계획의 변경

20 한국교통안전공단 이사장은 초경량비행장치사용사업 등록신청서의 내용이 명확하지 않거나 첨부서류가 미비한 경우 며칠 내에 보완을 요구하여야 하는가?

① 5일　　② 7일　　③ 10일　　④ 15일

21 항공기사용사업자가 항공기사용사업을 양도·양수하려는 경우에 양도인과 양수인은 무엇을 기준일로 30일 이내에 연명하여 지방항공청장에게 서류를 제출하여야 하는가?

① 이전일　　② 개업 예정일　　③ 잔금일　　④ 계약일

22 다음 중 지자계의 역할 및 특징에 대한 설명으로 옳지 않은 것은?

① 지구의 자기장을 측정하여 자북 방향 측정

② 기체 주위의 자기장, 전자기장에 민감하게 영향을 받음

③ 기체의 기수 방향을 측정하고 자이로스코프로 추정한 기수각의 오차를 보정하기 위해 사용

④ GNSS 안테나 3개 이상을 활용해 기수방향 측정 후 지자계 오차 보정 가능

23 다음 중 관제권과 비행금지구역에서 12개월의 범위에서 비행기간을 명시하여 승인할 수 있는 요건으로 옳지 않은 것은?

① 교육목적을 위한 비행일 것

② 무인비행장치는 최대이륙중량이 7킬로그램 이하일 것

③ 비행고도는 지표면으로부터 고도 25미터 이내일 것

④ 비행구역은 초·중등교육법에 따른 학교의 운동장일 것

24 다음 중 위반 시 300만원 이하의 과태료가 부과되는 항목이 아닌 것은?

① 국토교통부령으로 정하는 고도 이상, 관제권 등 국토교통부령으로 정하는 구역에서 국토교통부장관의 승인을 받지 아니하고 초경량비행장치를 비행한 사람

② 다른 사람에게 자기의 성명을 사용하여 초경량비행장치 조종을 수행하거나 초경량비행장치 조종자 증명을 빌려준 사람

③ 조종자 증명을 빌려주거나 빌린 행위를 알선한 사람

④ 초경량비행장치 조종자 증명을 받지 아니하고 초경량비행장치를 사용하여 비행한 사람

25 다음 중 국제민간항공기구 ICAO 사고방지 매뉴얼에서 정의하고 있는 인적 요인으로 옳은 것은?

① 인적 요인은 인간에 대한 학문으로 인간이 업무 및 생활 속에서 부딪히는 여러 상황에 대해서 연구하는 분야

② 인적 요인은 넓은 의미에서 인간본질의 능력과 과학적 요소를 인식하고 그 관계를 최적화하여 능력성, 안정성, 효율성 등을 향상시키는 것

③ 인적 요인은 항공기 사고, 준사고, 사고방지와 관련된 인간관계 및 인간능력을 총칭하는 것

④ 인적 요인은 인간이 작업을 어떻게 수행하는지 행동적, 비행동적 변인들이 인간 수행에 어떻게 영향을 미치는 가를 다루는 분야

제 22 회 실전 모의고사 정답 및 해설

제 22회 실전모의고사 정답

1	③	2	③	3	①	4	②	5	④	6	①	7	①	8	③	9	④	10	④
11	④	12	④	13	③	14	②	15	②	16	②	17	①	18	①	19	④	20	②
21	④	22	④	23	③	24	④	25	③										

1 **해설** 충전방식의 특성상 날씨, 기온 및 솔라셀의 표면 상태 등에 따라 태양광에서 전기에너지로의 변화효율이 변화하는 것이 단점이다.

2 **해설** 항공레저스포츠사업 사업계획서에 포함사항
- 자본금
- 상호·대표자의 성명, 사업소의 명칭, 소재지
- 해당 사업의 항공기 등 수량 및 그 산출 근거와 예상 사업수지 계산서
- 재원 조달방법, 사용시설 설비 및 이용자의 편의시설 개요
- 종사자 인력의 개요, 사업 개시 예정일
- 영업구역 범위 및 영업 시간
- 탑승료·대여료 등 이용 요금

3 **해설** 항공기대여업의 자본금 또는 자산평가액 등록요건
- 법인 : 자본금 2억5천만원 이상(경량항공기 또는 초경량비행장치만을 대여하는 경우 3천만원 이상)
- 개인 : 자산평가액 3억7천5백만원 이상(경량항공기 또는 초경량비행장치만을 대여하는 경우 3천만원 이상)

5 **해설** 비행장교통구역은 관제권 외에 D등급에서 시계비행을 하는 항공기 간에 교통정보를 제공하는 공역이다.

6 **해설** 비행장(군 비행장 제외)의 중심으로부터 반지름 3킬로미터 이내의 지역의 고도 500피트 이내의 범위에 따른 항공교통업무를 수행하는 자와 사전에 협의가 된 경우에 비행승인을 받지 않아도 된다.
이착륙장의 중심으로부터 반지름 3킬로미터 이내의 지역의 고도 500피트 이내는 해당 이착륙장을 관리하는 자와 사전에 협의가 된 경우에 비행승인을 받지 않아도 된다.

7 해설 초경량비행장치사용사업 등록신청 시 사업계획서에 포함될 내용
- 사업 목적 및 범위
- 초경량비행장치의 안전성 점검계획 및 사고대응 매뉴얼 등을 포함한 안전관리대책
- 자본금, 상호·대표자의 성명, 사업소의 명칭, 소재지
- 사용시설 설비 및 장비 개요, 종사자 인력의 개요, 사업 개시 예정일

8 해설 농약살포, 씨앗 뿌리기 등 농업지원을 하는 것은 초경량비행장치사용사업의 종류이다.

9 해설 현재는 ICAO 기준의 무인항공기 기준 마련 단계이며, 각 국가별로 무인항공기 운용 관련 규정을 정하여 운영하고 있다.

10 해설 주시안이 오른쪽일 경우 반시계방향 원주비행이 편하며, 맹점 현상은 양안시에는 나타나지 않는다.

11 해설 소음 민원이나 관제사의 실수 등은 예외사항이 아니다.

12 해설 이동통신망 기반 비행중 모든 드론의 실시간 비행 정보 통합·공유는 클라우드 시스템에 대한 내용이다.

13 해설 국가기술표준원은 8대 혁신성장 선도사업으로 선정한 드론의 개발촉진 및 안전성 확보를 위해 무인동력비행장치의 설계(KSW9001) 등 3종을 한국산업규격(KS)으로 제정하였다.(2018.3월)

14 해설 보조금, 융자금을 거짓이나 그 밖의 부정한 방법으로 교부 받은 자는 5년 이하의 징역 또는 5천만원 이하의 벌금에 처한다.(항공사업법 제77조 : 보조금 등의 부정 교부 및 사용 등에 관한 죄)

15 해설 다른 사람의 성명을 사용하여 초경량비행장치 조종을 수행하거나 다른 사람의 초경량비행장치 조종자 증명을 빌린 사람은 300만원 이하의 과태료에 처한다.(항공안전법 제166조 : 과태료)

16 해설 업무 관련 피로 유발 요인 : 업무량, 시간 압박, 신체적 부담 작업, 실수에 대한 부담감, 장시간 근무, 교대 근무, 부적절한 휴식
업무 외 피로 유발 요인 : 연령, 건강 상태, 낮은 수면의 질, 수면 부족, 휴식시간 부족, 장거리 출퇴근 등

17 해설 훈련구역은 민간항공기의 훈련공역으로서 계기비행 항공기로부터 분리를 유지할 필요가 있는 공역이다.

18 해설 일반자동차의 소프트웨어적 결함으로 인한 사고가 드론 소프트웨어적 결함으로 인한 사고보다 가능성이 낮다.

19 해설 항공기사용사업자는 사업계획을 변경하려는 경우에는 국토교통부장관의 인가를 받아야 한다. 다만, 국토교통부령으로 정하는 경미한 사항을 변경하려는 경우에는 국토교통부장관에게 신고하여야 한다. 여기에서 경미한 사항이란 자본금의 변경, 사업소의 신설 또는 변경, 대표자 변경, 대표자의 대표권 제한 및 그 제한의 변경, 상호 변경, 사업범위의 변경, 항공기 등록 대수의 변경을 의미한다.

20 해설 한국교통안전공단 이사장은 초경량비행장치 등록신청서의 내용이 명확하지 않거나 첨부서류가 미비한 경우 7일 이내에 보완을 요구하여야 한다.

21 해설 계약일로부터 30일 이내에 연명하여 지방항공청장에게 제출하여야 한다.(초경량비행장치사용사업은 한국교통안전공단 이사장에게 서류를 제출한다.)

22 해설 GNSS 안테나 2개 이상을 활용해 기수방향 측정 후 지자계 오차 보정 가능하다.

23 해설 비행고도는 지표면으로부터 고도 20미터 이내일 것

24 해설 ④는 400만원 이하 과태료에 처한다.

25 해설 ① : 박수애 등(2006년), ② : 변순철(2016년), ④ : Meister(1989년)

제 23회 실전 모의고사

01 다음 중 초경량비행장치 조종자 증명 취소 조건에 대한 설명으로 옳지 않은 것은?
① 조종자 증명을 빌리는 행위를 알선한 경우
② 20세 미만 학생을 교육시켜 비행경력증명서 서명
③ 초경량비행장치 조종자 증명을 빌려 주는 행위
④ 거짓이나 그 밖의 부정한 방법으로 자격증을 증명 받은 경우

02 드론을 비행할 때 착용장비로 옳지 않은 것은?
① 머리를 보호하기 위한 헬멧
② 발을 보호하기 위한 안전화
③ 소음을 방지하기 위한 헤드셋
④ 눈을 보호하기 위한 보호 안경

03 다음 중 항공기대여업 변경신고 시 신고사항에 포함되지 않은 것은?
① 자본금의 감소
② 사업소의 신설 또는 변경
③ 종업원의 수 변경
④ 대표자 변경, 대표자의 대표권 제한 및 그 제한의 변경

04 다음 중 항공레저스포츠사업에 사용되는 항공기로 옳은 것은?
① 비행선　　② 비행기　　③ 경량항공기　　④ 헬리콥터

05 다음 중 조종교육, 체험 및 경관조망 사업 목적으로 항공레저스포츠사업에 사용하는 항공기로 옳은 것은?
① 비행선　　② 비행기　　③ 경량항공기　　④ 헬리콥터

06 다음 중 평균해면 60,000피트 초과의 국토교통부장관이 지정한 공역에 대한 설명으로 옳지 않은 것은?

① IFR 및 VFR 운항이 모두 가능하다.

② 조종자에게 특별한 자격이 요구된다.

③ 구비해야할 장비가 특별히 요구되지 않는다.

④ 조종자 요구 시 모든 항공기에게 비행정보업무만 제공된다.

07 다음 중 150kg 이하의 중소형 드론에 적용되는 표준 비행성능 시험 중 수직이착륙 내풍 성능 시험으로 옳은 것은?

① 1m 이내로 5초 이상 유지
② 1m 이내로 10초 이상 유지
③ 2m 이내로 5초 이상 유지
④ 2m 이내로 10초 이상 유지

08 다음 중 초경량비행장치에 대한 설명으로 옳지 않은 것은?

① 동력비행장치 : 자체중량 115킬로그램 이하, 연료 탑재 19리터 이하, 좌석 1개

② 행글라이더 : 자체중량 70킬로그램 이하, 체중이동/타면 조종 등으로 조종비행장치

③ 무인동력비행장치 : 연료의 중량을 포함한 자체중량이 150킬로그램 이하인 무인비행기, 무인헬리콥터, 무인멀티콥터 또는 무인수직이착륙기

④ 무인비행선 : 연료의 중량을 제외한 자체중량이 180킬로그램 이하이고 길이가 20미터 이하

09 다음 중 드론 관련 사고에 대한 설명으로 옳지 않은 것은?

① 미군 국방부 사고통계 자료에 따르면 무인항공기 사고율은 유인기에 비해 약 10~100배 이상 높은 수치를 보임

② 이스라엘 IAI사의 무인항공기 사고통계 내역에 따르면 인적 오류는 약 22%를 차지함

③ 유인항공기도 무인항공기와 동일하게 기계적 결함으로 사고 비율이 증가하고 있다.

④ 유인항공기와 유사하게 무인항공기 분야 역시 사람에 의한(인적요인) 사고 비율 증가 예상

10 다음 중 항공사업법 위반 시 처벌기준이 다른 것은?

① 명의대여 등의 금지 위반한 항공기사용사업자

② 등록을 하지 아니하고 항공기대여업을 경영한 자

③ 사업개선명령을 위반한 자

④ 등록을 하지 아니하고 초경량비행장치사용사업을 경영한 자

11 다음 중 K-드론 시스템 추진 관련 해외사례에 대한 설명으로 옳은 것은?

① 미국 - 드론·3차원 지도·비행관리·클라우드 서비스 등 스마트 드론 플랫폼 개발 중

② 유럽 - 공역 배정·관제·감시 등을 위한 교통관리시스템(UTM) 개발 중(NASA 2014~)

③ 일본 - 전자적 등록(2019) 및 비행경로 추적, 관제당국과 동시 접속 시스템 구축 추진

④ 중국 - 실시간 비행정보 및 기상정보 등 클라우드 시스템(UCAS) 개발

12 수도권에서 비행승인을 받지 않고 비행을 하였다. 이에 따른 처벌기준으로 옳은 것은?

① 500만원 이하의 벌금　　② 300만원 이하의 벌금

③ 500만원 이하의 과태료　　④ 300만원 이하의 과태료

13 다음 중 DC 모터에 대한 설명으로 옳은 것은?

① 브러쉬 DC 모터는 브러쉬리스 DC 모터에 비해 수명 및 내구성이 우수하다.

② 브러쉬 DC 모터는 브러쉬 마모에 따른 수명의 한계가 존재하지 않는다.

③ 브러쉬리스 DC 모터는 회전수 제어를 위해 별도의 전자변속기(ESC)가 필요하다.

④ 브러쉬리스 DC 모터는 브러쉬와 정류자를 이용해 전자석의 극성을 변경한다.

14 다음 중 농업용 무인비행장치로 방제를 하기 위한 비행안전사항으로 옳지 않은 것은?

① 안전거리 15m는 최소한의 거리임을 명심한다.

② 풍향에 의한 농약 중독을 방지한다.

③ 장애물을 등지고 비행하며, 조종자의 이동거리 단축에 집착하지 않는다.

④ 드론은 시끄러우니 헤드폰을 착용하고 방제를 실시한다.

15 다음 중 드론 비행 후 배터리 보관방법에 대한 설명으로 옳지 않은 것은?

① 배터리 충전 시 반드시 전용 충전기를 사용 할 것

② 과충전, 과방전 금지

③ 배터리를 충전시키고 낮잠을 자고 온다.

④ 사용횟수/수명 체크, 배부른 배터리 사용 금지

16 공역의 사용 목적에 따른 구분 중 주의공역에 해당되지 않는 것은?
   ① 훈련구역
   ② 초경량비행장치 비행제한구역
   ③ 초경량비행장치 비행구역
   ④ 군작전구역

17 다음 중 관제구에 대한 설명으로 옳지 않은 것은?
   ① 관제구는 공역의 사용 목적에 따른 구분 중 관제공역에 포함된다.
   ② 관제구는 지표면 또는 수면으로부터 200미터 초과 높이의 공역이다.
   ③ 관제구는 FIR내의 접근관제구역(TMA)과 항공로를 포함한 구역이다.
   ④ 비행정보구역 내의 A, B, C, D 및 E등급 공역에서 시계 및 계기비행을 하는 항공기에 대하여 항공교통관제업무를 제공하는 공역이다.

18 다음 중 공역의 사용 목적에 따른 구분이 다른 것은?
   ① 비행금지구역
   ② 비행제한구역
   ③ 초경량비행장치 비행제한구역
   ④ 초경량비행장치 비행구역

19 공역의 사용기간에 따른 구분 중 영구공역에 대한 설명으로 옳은 것은?
   ① 공역의 사용기간이 명시되어 있지 않거나 또는 통상적으로 3개월 이상 동일 목적으로 사용되는 일정한 수평 및 수직 범위의 공역으로 관제공역 등 항공정보간행물(AIP)에 국토교통부장관이 지정하고 고시
   ② 공역의 사용기간이 명시되어 있지 않거나 또는 통상적으로 3개월 이상 동일 목적으로 사용되는 일정한 수평 및 수직 범위의 공역으로 국토교통부 항공교통본부장 또는 지방항공청장이 NOTAM 등으로 지정
   ③ 공역의 사용기간이 명시되어 있지 않거나 또는 통상적으로 3개월 미만 동일 목적으로 사용되는 일정한 수평 및 수직 범위의 공역으로 관제공역 등 항공정보간행물(AIP)에 국토교통부장관이 지정하고 고시
   ④ 공역의 사용기간이 명시되어 있지 않거나 또는 통상적으로 3개월 미만 동일 목적으로 사용되는 일정한 수평 및 수직 범위의 공역으로 국토교통부 항공교통본부장 또는 지방항공청장이 NOTAM 등으로 지정

20 공역의 사용기간에 따른 구분 중 임시공역에 대한 설명으로 옳은 것은?
   ① 공역의 사용기간이 명시되어 있지 않거나 또는 통상적으로 3개월 이상 동일 목적으로 사용되는 일정한 수평 및 수직 범위의 공역
   ② 관제공역, 비관제공역, 통제공역, 주의공역 등 항공정보간행물(AIP)에 국토교통부장관이 지정하고 고시
   ③ 공역의 설정 목적에 맞게 3개월 미만의 기간 동안 단기간으로 설정되는 수평 및 수직 범위의 공역으로 국토교통부 항공교통본부장 또는 지방항공청장이 NOTAM 등으로 지정
   ④ 관제공역, 비관제공역, 통제공역, 주의공역 등 NOTAM으로 국토교통부장관이 지정하고 고시

21 다음 중 주권공역 및 비행정보구역에 대한 설명으로 옳지 않은 것은?

① 영토 : 헌법 제3조에 의한 한반도와 그 부속도서

② 영해 : 영해 및 접속수역법에 따라 기선으로부터 측정하여 그 외측 13해리 선까지 이르는 수역

③ 공해상에서의 체약국의 의무 : 체약국은 공해상에서 운항하는 항공기에 적용할 자국의 규정을 시카고 조약에 의거하여 수립하여야 하며, 수립된 규정을 위반하는 경우 처벌 가능(시카고 조약 12조)

④ FIR은 ICAO 지역항행협정에서의 합의에 따라 이사회가 결정하며, 국제민간항공협약 부속서 2 및 11에서 정한 기준에 따라 당사국들은 관할 공역 내에서 등급별 공역을 지정하고 항공교통업무를 제공하도록 규정하고 있음

22 눈의 특징에는 주간시, 야간시, 이중시, 입체시가 있다. 여기에서 이중시에 해당되는 내용은 무엇인가?

① 추상체만 기능   ② 간상체만 기능

③ 추상체와 간상체의 기능 분화   ④ 양안시에서 거리와 입체 판단

23 광수용기는 추상체와 간상체로 구성되어 있다. 다음 중 광수용기에 대한 설명으로 옳은 것은?

① 추상체보다 간상체가 개수가 많고 주로 야간에 활동한다.

② 간상체보다 추상체가 개수가 많고 주로 야간에 활동한다.

③ 추상체보다 간상체가 개수가 많고 주로 주간에 활동한다.

④ 간상체보다 추상체가 개수가 많고 주로 주간에 활동한다.

24 다음 중 위성항법시스템(GNSS)과 관성측정장치(IMU)의 특징에 대한 설명으로 옳지 않은 것은?

① GNSS는 위성신호를 이용하여 위치, 속도, 시간을 측정한다.

② IMU는 가속도 센서와 자이로스코프를 활용하여 기체의 자세각을 계산한다.

③ GNSS는 항상 실시간으로 정확한 위치를 제공한다.

④ IMU는 GPS 신호가 없을 때도 가속도, 자세각속도, 자세각도 등을 측정 및 계산할 수 있다.

25 무인항공기는 전자장비로 비행하기 때문에 탐지하고 피하기(Detect & Avoid or Sense & Avoid)로 표현한다. 다음 중 현재까지 개발된 장치에 대한 설명으로 옳은 것은?

① 광학시스템 - 대형 무인항공기 장착에는 문제가 없으나, 소형 무인항공기는 탑재하중 및 전력량에 제약이 있으므로 소형화 및 저전력형 장비 개발이 관건이다.

② 레이더 - 날씨가 좋을 때는 문제가 업으나 안개, 연기 등 기상조건의 제약을 받는다.

③ 트랜스폰더 or ADS-B - 날씨가 좋을 때는 문제가 없으나 안개, 연기 등 기상 조건의 제약을 받는다.

④ TCAS - 속도가 느리고 기동성이 낮은 무인항공기에는 경고음만 발생하는 골칫거리가 될 수 있기 때문에 추후 연구가 필요하다.

제 23 회 실전 모의고사 정답 및 해설

제 23회 실전모의고사 정답

1	②	2	③	3	③	4	①	5	①	6	②	7	②	8	③	9	③	10	③
11	④	12	①	13	③	14	④	15	②	16	②	17	②	18	④	19	①	20	③
21	②	22	③	23	①	24	③	25	④										

1 **해설** 조종자 증명을 반드시 취소하여야 하는 요건은 아래와 같다.(항공안전법 제125조)
- 거짓이나 그 밖의 부정한 방법으로 조종자 증명을 받은 경우
- 제2항(초경량비행장치 조종자 증명을 받은 사람은 다른 사람에게 자기의 성명을 사용하여 초경량비행장치 조종을 수행하게 하거나 초경량비행장치 조종자 증명을 빌려 주어서는 아니 된다.)을 위반하여 다른 사람에게 자기의 성명을 사용하여 초경량비행장치 조종을 수행하게 하거나 초경량비행장치 조종자 증명을 빌려 준 경우
- 제4항(누구든지 제2항이나 제3항에서 금지된 행위를 알선하여서는 아니 된다.)을 위반하여 다음 각 목의 어느 하나에 해당하는 행위를 알선한 경우
  - 다른 사람에게 자기의 성명을 사용하여 초경량비행장치 조종을 수행하게 하거나 초경량비행장치 조종자 증명을 빌려 주는 행위
  - 다른 사람의 성명을 사용하여 초경량비행장치 조종을 수행하거나 다른 사람의 초경량비행장치 조종자 증명을 빌리는 행위
- 주류 등의 영향으로 비행을 정상적으로 수행할 수 없는 상태에서 초경량비행장치를 비행한 경우
- 조종자 증명의 효력정지기간에 초경량비행장치를 비행한 경우

2 **해설** 드론 비행 시 사고예방을 위해 헤드셋은 착용하면 안 된다.

3 **해설** 종업원의 수 변경은 변경신고 사항이 아니다. 보기에 제시된 것 외에 상호의 변경과 사업 범위의 변경도 변경신고 사항이다.

4 **해설** 항공레저스포츠사업에 사용되는 항공기는 비행선과 활공기이다.

6 **해설** G등급 공역 : 영공에서는 해면 또는 지표면으로부터 1,000피트 미만, 공해상에서는 해면에서 5,500피트 미만과 평균해면 60,000피트 초과 공역으로 국토교통부장관이 공고한 공역이다. G등급 공역은 조종자에게 특별한 자격이 요구되지 않는다.

7 해설 수직 이착륙 내풍 성능 시험은 제시된 측풍에서 수직선에서 위치 편차가 1m 이내로 10초 이상 유지해야 한다.

8 해설 무인동력비행장치 : 연료의 중량을 제외한 자체중량이 150킬로그램 이하인 무인비행기, 무인헬리콥터, 무인멀티콥터 또는 무인수직이착륙기

9 해설 민간항공 분야 기술 발전으로 기계적 결함 사고는 감소하고 사람에 의한 사고는 증가하고 있다.

10 해설 ①, ②, ④ : 1년 이하의 징역 또는 1천만원 이하의 벌금, ③ : 1천만원 이하의 벌금

11 해설 드론 핵심구성요소 중 해외 사례
- 미국 – 공역 배정·관제·감시 등을 위한 교통관리시스템(UTM) 개발 중 (NASA 2014~)
- 유럽 – 전자적 등록(2019) 및 비행경로 추적, 관제당국과 동시 접속 시스템 구축 추진
- 일본 – 드론·3차원 지도·비행관리·클라우드 서비스 등 스마트 드론 플랫폼 개발 중
- 중국 – 실시간 비행정보 및 기상정보 등 클라우드 시스템(UCAS) 개발

12 해설 수도권은 비행제한구역으로 위반 시 500만원 이하의 벌금에 처한다.

13 해설 브러쉬 DC 모터는 브러쉬와 정류자를 이용해 전자석의 극성을 변경하고 브러쉬 마모에 따른 수명의 한계가 존재하며, 인가 전압을 이용해 회전수 제어, 전류를 이용해 토크를 제어한다.
브러쉬리스 DC 모터는 회전수 제어를 위해 별도의 전자변속기(ESC)가 필요하며 브러쉬 DC 모터에 비해 수명 및 내구성이 우수하다.

15 해설 배터리 충전 시 화재위험이 있기 때문에 자리를 비우면 안 된다.

16 해설 초경량비행장치 비행제한구역은 통제공역이다.

17 해설 관제구는 지표면 또는 수면으로부터 200미터 이상 높이의 공역이다.

18 해설 ①, ②, ③ : 통제공역, ④ : 주의공역

19~20 해설 공역의 사용기간에 다른 구분
- 영구공역 : 사용기간이 명시되어 있지 않거나 또는 통상적으로 3개월 이상 동일 목적으로 사용되는 일정한 수평 및 수직 범위의 공역으로 국토교통부장관이 관제공역, 비관제공역, 통제공역, 주의공역 등 항공정보간행물(AIP)에 지정하고 고시한다.
- 임시공역 : 공역의 설정 목적에 맞게 3개월 미만의 기간 동안 단기간으로 설정되는 수평 및 수직 범위의 공역으로 국토교통부 항공교통본부장 또는 지방항공청장이 NOTAM 등으로 지정한다.

21 해설 영해 : 영해 및 접속수역법에 따라 기선으로부터 측정하여 그 외측 12해리 선까지 이르는 수역

22 해설 주간시 : 추상체만 기능, 야간시 : 간상체만 기능, 이중시 : 추상체와 간상체의 기능 분화, 입체시 : 양안시에서 거리와 입체 판단

23 해설 추상체 : 컬러, 주간, 약 7백만개, 간상체 : 흑백, 야간, 약 1억3천만개

24 해설 GNSS의 위치 오차를 발생시키는 다양한 요소가 존재한다.

25 해설 현재까지 개발된 장치의 성능이 인간의 눈에 필적하지 못함
- 광학시스템 : 안개, 연기 등 기상조건의 제약을 받는다.
- 레이더 : 유상하중에 제약이 많은 소형 무인항공기에 적합한 소형레이더가 아직 없다.
- 트랜스폰더 or ADS-B : 소형 무인항공기에는 탑재하중 및 전력량에 제약이 있으므로 소형화 및 저전력형 장비 개발이 관건이다.
- TCAS : 속도가 느리고 기동성이 낮은 무인항공기는 경고음만 발생하는 골칫거리가 될 수 있기 때문에 추후 연구가 필요하다.

※ TCAS(Traffic alert and Collision Avoidance System) : 공중충돌방지장치

제24회 실전 모의고사

01 다음 중 초경량비행장치 인적 오류에 대한 설명으로 옳지 않은 것은?

① 인적 오류는 어떤 기계, 시스템 등에 의해 기대되는 기능을 발휘하고 못하고 부적절하게 반응하여 효율성, 안전성, 성과 등을 감소시키는 인간의 결정이나 행동을 말한다.

② 좁은 의미의 인적 오류는 일반적으로 기계나 시스템을 최종 조작하는 조작자의 오류만 인적 오류라고 생각할 수 있다.

③ 넓은 의미의 인적 오류는 설계자, 관리자, 감독자 등 시스템 설계와 조작에 관여하는 모든 사람에 대한 오류를 의미한다.

④ 인적 오류는 개인의 실수의 관점만으로 보기 때문에 사회적 환경 및 조직의 문제까지 고려한 포괄적 인식 및 다양한 접근이 필요 없다.

02 다음 중 주권공역에 대한 설명으로 옳지 않은 것은?

① 영공은 대한민국의 영토와 내수 및 영해의 상공으로 완전하고 배타적인 주권을 행사할 수 있는 공간

② 영토는 헌법 제3조에 의한 한반도와 그 부속도서

③ 항공기, 경량항공기 또는 초경량비행장치의 안전하고 효율적인 비행과 수색 또는 구조에 필요한 정보를 제공하기 위한 공역

④ 영해는 영해 및 접속수역법에 따라 기선으로부터 측정하여 그 외측 12해리 선까지 이르는 수역

03 다음 중 전자변속기(ESC)의 특징에 대한 설명으로 옳지 않은 것은?

① 일반적으로 3상 전기를 이용해 BLDC 모터 회전수 제어

② 배터리의 전력(전압X전류)을 BLDC 모터로 전달

③ 모터의 최대 소모전류를 허용할 수 있는 전자변속기 사용

④ ESC는 GPS 신호를 기반으로 모터의 회전수를 제어

04 다음 중 배터리 사용(충/방전) 횟수 증가에 따른 주의사항으로 옳지 않은 것은?

① 배터리 내부 저항 증가
② 전압강하 증가
③ 방전율 증가
④ 비행 시간 단축에 대한 고려 필요

05 다음 중 초경량비행장치 관련 항공사업의 등록요건 중 자본금 또는 자산평가액 기준으로 옳지 않은 것은?

① 항공레저스포츠를 위한 대여 서비스는 법인 자본금 2억5천만원 이상, 개인 자산평가액 3억7천5백 이상
② 항공기대여업은 위와 같음
③ 초경량비행장치사용사업은 법인 자본금 5천만원 이상, 개인 자산평가액 3천만원 이상
④ 최대이륙중량 25kg 이하인 무인비행장치만을 사용하여 초경량비행장치사용사업을 하려는 경우 자본금 및 자산평가액이 필요 없다.

06 다음 중 무인동력비행장치의 설계 표준에 해당되지 않는 것은?

① 실속 경고
② 이륙거리
③ 최대수평속도
④ 최대비행거리

07 다음 중 위반 시 처벌기준이 다른 것은?

① 명의대여 등의 금지 위반한 항공기사용사업자
② 항공기대여업의 등록에 따른 등록을 하지 아니하고 항공기대여업을 경영한 자
③ 명의대여 등의 금지를 위반한 항공기대여업자
④ 보험 또는 공제에 가입하지 아니하고 경량항공기 또는 초경량비행장치를 사용하여 비행한 자

08 다음 중 과태료 처분에 대한 설명으로 옳은 것은?

① 초경량비행장치 조종자 증명을 받지 아니하고 초경량비행장치를 사용하여 비행한 사람은 400만원 이하 과태료
② 다른 사람에게 자기의 성명을 사용하여 초경량비행장치 조종을 수행하거나 초경량비행장치 조종자 증명을 빌려준 사람 400만원 이하 과태료
③ 다른 사람의 성명을 사용하여 초경량비행장치 조종을 수행하거나 다른 사람의 초경량비행장치 조종자 증명을 빌린 사람 400만원 이하 과태료
④ ②, ③항의 조종자 증명을 빌려 주거나 빌린 행위를 알선한 사람도 400만원 이하 과태료

09 다음 중 교육실습 및 교육평가 사항으로 옳지 않은 것은?

① 비행교육 종료 시 당일 교육항목 평가를 실시한다.
② 지도조종자는 수시 종합평가하여 교육에 반영한다.
③ 평가결과를 반영하여 중점 항목 선정 교육한다.
④ 주단위 평가를 실시한다.

10 다음 중 드론의 사고 원인이 아닌 것은?

① 조종자 과실   ② 타인 과실   ③ 조류 충돌   ④ 제트 기류

11 다음 중 국제민간항공협약의 부속서에 포함되지 않는 것은?

① 항공종사자 면허   ② 국제항공항행용 기상 업무   ③ 측정 단위   ④ 드론 비행 규범

12 다음 중 비행장교통구역에 대한 설명으로 옳지 않은 것은?

① 관제권 외에 D등급에서 시계비행을 하는 항공기 간에 교통정보를 제공하는 공역
② 수평적으로 비행장 중심으로부터 반경 3NM 내
③ 수직적으로 지표면으로부터 3,000ft까지의 공역
④ 군부대 공역으로만 설정된다.

13 다음 중 무인멀티콥터에 사용되는 기본 센서의 특징에 대한 설명으로 옳지 않은 것은?

① 자이로 센서는 각속도를 측정하는 센서로 물체가 회전하는 속도를 측정한다.
② 지자계 센서는 기압을 측정하는 센서로 기체의 고도를 유지한다.
③ GPS 센서는 인공위성의 미약한 전파를 수신하여 위치를 파악하거나 고정한다.
④ 가속도 센서는 가속도를 측정하여 자세각 계산 가능하다.

14 다른 사람이 사망하거나 부상한 경우, 다른 사람의 재물이 멸실되거나 훼손된 경우 근거가 되는 법은 무엇인가?

① 항공안전법   ② 항공사업법
③ 자동차손해배상 보장법 시행령 제3조제1항   ④ 산업재해법

15 다음 중 위반 시 500만원 이하의 과태료를 부과하는 항목으로 옳은 것은?

① 검사 또는 출입을 거부·방해하거나 기피한 자
② 보험 또는 공제에 가입하지 아니하고 경량항공기 또는 초경량비행장치를 사용하여 비행한 자
③ 경량항공기 등의 영리목적 사용금지를 위반하여 초경량비행장치를 영리목적으로 사용한 자
④ 경량항공기 등의 영리목적 사용금지를 위반하여 경량항공기를 영리목적으로 사용한 자

16 다음 중 프로펠러 규격 및 추력에 대한 설명으로 옳지 않은 것은?

① 프로펠러 규격 표기로 앞은 피치, 뒤는 직경을 나타낸다.
② 피치는 프로펠러가 한 바퀴 회전하였을 때 앞으로 나아가는 거리이다.
③ 직경은 프로펠러가 만드는 회전면의 지름이다.
④ 동일한 회전 수에서 직경과 피치가 증가할 경우 추력 증가한다.

17 다음 중 인천 비행정보구역 내 공역의 지정 및 관리를 하는 기관으로 옳은 것은?

① ICAO 이사회 ② 국토교통부 ③ 국제항공안전기구 ④ 국가안보위원회

18 다음 중 초경량비행장치 조종자 실기시험 중 불합격 사유에 해당하는 것으로 옳은 것은?

① 비행 착륙 시 1회 정지하지 않고 착륙하였다.
② 40미터 직진 기동 시 레바콘에서 4미터 추가 전진하였다.
③ 정지호버링 시 90도 회전 후 호버링 위치를 수정하고 180도 회전하였다.
④ 착륙 시 착륙장 중앙을 맞추기 위하여 발목 높이에서 7~8초 비행 후 착륙하였다.

19 다음 중 비행장교통구역의 설정 기준에 대한 설명으로 옳지 않은 것은?

① 계기비행 항공기가 운항하는 비행장
② 관제탑이 설치된 비행장
③ 출발·도착 시계비행절차가 있을 것
④ 무선교신시설 및 기상측정장비 구비

20 다음 중 기체가 한쪽으로 기울었을 때 확인해야 하는 것으로 옳지 않은 것은?

① 가속도계 센서 ② 자이로스코프 센서 ③ 지자계 센서 ④ GNSS 고도 오차

21. 다음 중 제3자배상책임보험에 가입하지 않아도 되는 항공레저스포츠사업의 사업범위로 옳은 것은?

    ① 조종교육

    ② 체험 및 경관조망 목적 탑승 서비스

    ③ 항공레저스포츠를 위한 대여 서비스

    ④ 경량항공기 또는 초경량비행장치에 대한 정비, 수리, 개조서비스

22. 다음 중 모터의 회전수 제어를 위해 필요한 장치는 무엇인가?

    ① 프로펠러　　　　② 비행제어컴퓨터 및 센서　　　　③ ESC　　　　④ GNSS

23. 다음 중 국가를 위도 순으로 큰 것부터 작은 순서로 나열하였을 경우 옳은 것은?

    ① 중국 - 일본 - 북한 - 한국 - 대만 - 홍콩

    ② 중국 - 일본 - 한국 - 대만 - 홍콩 - 북한

    ③ 중국 - 한국 - 일본 - 북한 - 홍콩 - 대만

    ④ 중국 - 일본 - 한국 - 북한 - 대만 - 홍콩

24. 항공기사용사업의 휴업기간은 최대 몇 개월을 초과할 수 없는가?

    ① 1개월　　　　② 3개월　　　　③ 6개월　　　　④ 12개월

25. 초경량비행장치의 신고 또는 변경신고를 하지 아니하고 비행을 한 자의 처벌기준으로 옳은 것은?

    ① 500만원 이하의 벌금

    ② 6개월 이하의 징역 또는 500만원 이하의 벌금

    ③ 1년 이하의 징역 또는 1천만원 이하의 벌금

    ④ 1천만원 이하의 벌금

제 24회 실전 모의고사 정답 및 해설

제 24회 실전모의고사 정답

1	④	2	③	3	④	4	③	5	③	6	④	7	④	8	①	9	②	10	④
11	④	12	④	13	②	14	③	15	②	16	①	17	②	18	④	19	①	20	④
21	④	22	③	23	①	24	③	25	②										

1 **해설** 인적 오류는 개인의 실수의 관점만으로 보기 보다는 사회적 환경 및 조직의 문제까지 고려한 포괄적 인식 및 다양한 접근이 필요하다.

2 **해설** 항공기, 경량항공기 또는 초경량비행장치의 안전하고 효율적인 비행과 수색 또는 구조에 필요한 정보를 제공하기 위한 공역은 비행정보구역(FIR:Flight Information Region)이다.

3 **해설** 측정한 회전자의 위치에 따라 전자기력 형태를 변화시켜 회전수를 제어한다.

4 **해설** 배터리 내부 저항 증가로 방전율이 저하한다.

5 **해설** 초경량비행장치사용사업은 법인 자본금 3천만원 이상, 개인 자산평가액 3천만원 이상

6 **해설** 비행성능시험 항목에는 실속 경고, 이륙거리, 상승률, 최대수평속도, 최대체공시간, 수직이착륙 내풍 성능이 있다.

7 **해설** ①~③:1년이하의 징역 또는 1천만원 이하의 벌금, ④:500만원 이하의 과태료

8 **해설** ②~④:300만원 이하 과태료

9 **해설** 종합평가는 실기평가조종자가 실시한다.

10 **해설** 드론의 사고 발생 가능 원인은 운행자 과실, 타인 과실, 제조물 결함(H/W, S/W), 해킹, 전파 GPS 교란, 자연적 원인(조류 충돌, 기상 변화, 태양풍)이 있다.

11 **해설** 국제민간항공협약의 부속서(Annex)의 구성 : Annex1~19
• 1(항공종사자 면허), 2(항공규칙), 3(국제항공항행용 기상업무), 4(항공도), 5(측정단위), 6(항공기운항), 7(항공기국적기호/등록기호), 8(항공기 감항성), 9(출입국 간소화), 10(항공통신), 11(항공교통업무), 12(수색 및 구조), 13(항공기 사고조사), 14(비행장), 15(항공정보업무), 16(환경보호), 17(항공보안), 18(위험물 항공수송), 19(안전관리)

12 해설 비행장교통구역(ATZ)은 총 13개소로 육군 11개소, 민간 2개소이다.

13 해설 지자계 센서는 기수 방위각을 측정한다. 기압센서가 기체의 고도를 유지한다.

14 해설 사고 발생 시 제3자 배상책임보험인 자동차손해배상 보장법 시행령 제3조제1항을 근거로 적용한다.

15 해설 ①:500만원 이하의 벌금, ③:6개월 이하의 징역 또는 500만원 이하의 벌금
④:1년 이하의 징역 또는 1천만원 이하의 벌금

16 해설 프로펠러 규격 표기 : 직경X피치

17 해설 국토교통부장관은 인천 FIR 내 공역의 지정 및 관리의 권한이 있다. 또한 인천 FIR 내 공역의 관할과 범위는 국토교통부장관이 정하여 고시한다.

18 해설 비상 착륙장(F지점)에 접근 후 즉시 안전하게 착지하거나, 1m 이내의 고도에서 일시 정지 후 신속하게 위치, 자세를 보정하며 강하하여야 한다.
만약, 비상 강하 시 일시 정지한 경우(3초미만)의 고도는 비상 착륙장 지표면 기준 1m까지만 인정(일시 정지 없이 즉시 착륙 가능)한다.

19 해설 비행장교통구역은 시계비행 항공기가 운항하는 비행장에 설정할 수 있다.

20 해설 가속도계, 자이로스코프, 지자계 센서 정보를 융합하여 자세 데이터를 추정한다.

21 해설 경량항공기 또는 초경량비행장치에 대한 정비, 수리, 개조서비스 사업은 제3자배상책임보험에 가입하지 않아도 된다.

22 해설 전자변속기(ESC)는 일반적으로 3상 전기를 이용해 BLDC 모터 회전수를 제어한다.

23 해설 위도는 적도(0°)에서 극지방(90°)까지의 거리를 의미하며, 북반구에서는 위도가 클수록 더 북쪽에 위치하고, 위도가 작을수록 남쪽에 위치한다. 즉, 위도가 큰 나라부터 작은 나라 순서로 정렬하려면 북쪽에서 남쪽으로 배열하면 된다.(중국-일본-북한-한국-대만-홍콩), 만약 질문이 FIR의 면적 크기 순이라면 중국-일본-한국-대만-홍콩-북한 순이 맞다.

24 해설 초경량비행장치사용사업은 휴업 예정일 5일전까지 신청서를 한국교통안전공단 이사장에게 제출하여야 하며, 휴업기간은 6개월을 초과할 수 없다.

25 해설 초경량비행장치의 신고 또는 변경신고를 하지 아니하고 비행을 한 자는 6개월 이하의 징역 또는 500만원 이하의 벌금에 처한다.

제 25회 실전 모의고사

01 다음 중 모든 항공기에 항공교통관제업무가 제공되나, 계기비행을 하는 항공기와 시계비행을 하는 항공기 및 시계비행을 하는 항공기 간에는 교통정보만 제공되는 공역으로 옳은 것은?

① A등급 공역　　② B등급 공역　　③ C등급 공역　　④ D등급 공역

02 다음 중 모든 항공기에 항공교통관제업무가 제공되나, 시계비행을 하는 항공기간에는 교통정보만 제공되는 공역으로 옳은 것은?

① A등급 공역　　② B등급 공역　　③ C등급 공역　　④ D등급 공역

03 다음 중 위성항법시스템의 특징에 대한 설명으로 옳지 않은 것은?

① 무인항공기의 위치 및 속도 정보 제공
② 고도오차 보정을 위해 관성항법시스템과 필터 등 결합
③ 저렴하고 소형이며, 비교적 정확한 위치정보 획득
④ 시간이 지남에 따라 항법 오차 증가

04 다음 중 관성항법시스템의 특징에 대한 설명으로 옳지 않은 것은?

① 소형무인항공기 저가의 MEMS 기반 IMU 사용
② 오차가 상대적으로 크므로 다른 항법센서와 정보 융합
③ 외부환경 영향 최소
④ 고도 정보 오차 큼

05 항공기사용사업자는 등록할 때 제출한 사업계획에 따라 그 업무를 수행하여야 한다. 다만 국토교통부령으로 정하는 부득이한 사유가 있는 경우는 그러하지 아니하다. 다음 중 부득이한 사유로 예외 사항에 해당하지 않는 것은?

① 기상악화 　　　　　② 안전운항을 위한 정비로서 예견하지 못한 정비
③ 천재지변 　　　　　④ 계획정비

06 다음 중 비행장과 조종자의 안전거리에 대한 설명으로 옳은 것은?

① 조종자로부터 비행장의 안전거리는 최소 20m이다.
② 조종자로부터 비행장의 안전거리는 최소 15m이다.
③ 조종자로부터 비행장의 안전거리는 최소 10m이다.
④ 조종자로부터 비행장의 안전거리는 최소 5m이다.

07 초경량비행장치 사고를 일으킨 조종자 또는 그 초경량비행장치 소유자 등은 사고 보고를 누구에게 하는가?

① 국토부장　　② 지방항공청장　　③ 한국교통안전공단 이사장　　④ 관할지역 지방자치단체장

08 다음 중 항공레저스포츠사업 사업계획서에 포함되는 항목으로 옳지 않은 것은?

① 주식 및 주주명부　　② 재원 조달 방법　　③ 영업구역 범위 및 영업시간　　④ 탑승료·대여료 등 이용요금

09 다음 중 드론 관련 사고 분석 내용에 대한 설명으로 옳지 않은 것은?

① 드론과 여객기 충돌 위험 　　　　　② 드론 관련 일자리 감소
③ 드론을 이용한 테러 위험 　　　　　④ 사생활 침해

10 드론 관련 논란 중 드론을 활용한 불법적인 영상촬영 증가와 관련 있는 것으로 옳은 것은?

① 드론과 여객기 충돌 　　　　　　　② 사생활 침해
③ 고장으로 인한 추락 시 인명 피해 우려　④ 드론을 이용한 테러 위험

11 인적 오류에 영향을 미치는 요인 중 약물이 미치는 영향에 대한 설명으로 옳지 않은 것은?

① 의사가 처방하지 않은 일반 약은 영향을 미치지 않는다.

② 진정제, 신경안정제, 진통제, 지사제, 멀미약은 판단력을 흐리게 하고 각성상태 및 신체 조정 능력을 감소, 시각이상을 초래할 수 있다.

③ 진통제, 항생제 등의 약은 인간의 능력에 직간접적으로 영향을 주므로 항상 의사의 처방을 따르고 과용하지 않아야 한다.

④ 약물은 조종자의 시각, 판단력, 반응 속도에 영향을 미칠 수 있다.

12 다음 중 안전성인증 대상 초경량비행장치에 대한 설명으로 옳지 않은 것은?

① 무인비행기 최대이륙중량이 25kg 초과하는 것

② 무인멀티콥터 최대이륙중량이 25kg 초과하는 것

③ 무인비행선 중에서 길이가 7m 초과하는 것

④ 무인비행선 중에서 연료 중량을 포함한 자체중량이 12kg 초과하는 것

13 다음 중 기압 고도계의 역할 및 특징에 대한 설명으로 옳지 않은 것은?

① 기압을 측정한다.

② 고도에 따른 대기압 변화 관계식을 이용해 고도를 측정한다.

③ GNSS의 고도 오차 보정을 한다.

④ 태양의 흑점 활동에 의한 전리층 오차가 발생한다.

14 다음 중 지상의 로봇 시스템과 같은 개념에서 비행하는 로봇 의미로 사용하는 용어로 옳은 것은?

① Drone   ② Robot Aircraft   ③ UAS   ④ UAM

15 다음 중 효율적인 수면을 위한 방법으로 옳지 않은 것은?

① 수면 전 잔잔한 영상 시청   ② 규칙적인 수면 습관

③ 충분한 양의 햇빛   ④ 적당한 운동

16 초경량비행장치사용사업 등록의 취소 처분을 하려면 무엇을 해야 하는가?

① 탐문   ② 청문   ③ 간문   ④ 심문

17 다음 중 대규모 조종사의 훈련이나 비정상 형태의 항공활동이 수행되는 공역으로 옳은 것은?

① 위험구역   ② 경계구역   ③ 군작전구역   ④ 초경량비행장치 비행구역

18 다음 중 산업용 무인비행장치 운영 시 착용할 복장에 대한 설명으로 옳지 않은 것은?

① 안전모를 착용한다.
② 긴팔, 긴바지를 착용한다.
③ 안전화와 안전모를 착용한다.
④ 두꺼운 장갑을 착용한다.

19 다음 중 항공기대여업의 사업계획서에 포함사항으로 옳지 않은 것은?

① 예상 사업수지계산서
② 영업구역, 사업개시 예정일
③ 재원조달방법
④ 사용시설 설비 및 장비 개요

20 다음 중 항공레저스포츠사업의 사업범위에 대한 설명으로 옳지 않은 것은?

① 초경량비행장치를 사용하여 체험 및 경관조망
② 비료 또는 농약 살포, 씨앗뿌리기 등 농업 지원
③ 초경량비행장치를 항공레저스포츠를 위하여 대여하여 주는 서비스
④ 초경량비행장치에 대한 정비, 수리 또는 개조서비스

21 다음 중 항공기대여업, 항공레저스포츠사업, 초경량비행장치사용사업 등록 결격사항에 대한 설명으로 옳지 않은 것은?

① 외국정부 또는 외국의 공공단체, 외국의 법인 또는 단체의 주식이나 지분의 2분의 1 이상을 소유하거나 그 사업을 사실상 지배하는 법인
② 피성년후견인, 피한정후견인 또는 파산선고를 받고 복권되지 아니한 사람
③ 관련 법률을 위반하여 벌금형을 선고 받고 그 집행이 끝난 날 또는 집행을 받지 아니하기로 확정된 날부터 3년이 지나지 아니한 사람
④ 면허 또는 등록의 취소처분을 받은 후 2년이 지나지 아니한 자

22 다음 중 항공레저스포츠사업 등록 결격사항에 대한 설명으로 옳지 않은 것은?

① 항공레저스포츠사업의 등록 취소처분을 받은 후 2년이 지나지 아니한 자
② 초경량비행장치사용사업의 등록 취소처분을 받은 후 2년이 지나지 아니한 자
③ 항공기취급업의 등록 취소처분을 받은 후 2년이 지나지 아니한 자
④ 항공기정비업의 등록 취소처분을 받은 후 2년이 지나지 아니한 자

23 다음 중 무인멀티콥터에 사용하는 기본 센서 중 지자계 센서에 대한 설명으로 옳은 것은?

① 지가자기장을 감지하여 방위각 측정하는 전자나침반으로 기수방향을 유지함
② 기압을 측정하는 센서로 기체의 고도를 유지함
③ 각속도를 측정하는 센서로 물체가 회전하는 속도를 측정하여 기체의 수평자세를 유지함
④ 인공위성의 미약한 전파를 수신하여 위치를 파악하거나 고정함

24 다음 중 무인멀티콥터 비행제어 특징에 대한 설명으로 옳은 것은?

① 센서 데이터에 대한 의존도가 낮다.
② 비행제어시스템의 도움 없이 수동 조종만으로 비행 안정성을 확보하기 어렵다.
③ 비행제어시스템에 대한 의존도가 낮다.
④ 비행 안정성을 증대를 위해 자세 안정화 제어가 필요 없다.

25 위성항법시스템(GNSS)의 오차에 대한 설명으로 옳은 것은?

① 비행제어시스템에서 GNSS의 항법 오차를 인식한다.
② 기체 고도 및 수평 위치 유지 성능이 저하되지 않는다.
③ 건물 근처에서 항법 오차로 인해 건물에 충돌하지 않는다.
④ 바람에 의해 GNSS 오차가 발생하지는 않는다.

제 25회 실전 모의고사 정답 및 해설

제 25회 실전모의고사 정답

1	④	2	③	3	④	4	④	5	④	6	②	7	②	8	①	9	②	10	②
11	①	12	④	13	④	14	②	15	①	16	②	17	②	18	④	19	②	20	②
21	③	22	②	23	①	24	②	25	④										

1. **해설** A등급 공역 : 모든 항공기가 계기비행을 해야 하는 공역
   B등급 공역 : 계기비행 및 시계비행을 하는 항공기가 비행 가능하고, 모든 항공기에 분리를 포함한 항공교통관제업무가 제공되는 공역
   C등급 공역 : 모든 항공기에 항공교통관제업무가 제공되나, 시계비행을 하는 항공기간에는 교통정보만 제공되는 공역
   D등급 공역 : 모든 항공기에 항공교통관제업무가 제공되나, 계기비행을 하는 항공기와 시계비행을 하는 항공기 및 시계비행을 하는 항공기 간에는 교통정보만 제공되는 공역

3. **해설** 시간이 지남에 따라 항법 오차가 증가하는 것은 관성항법시스템이다.

4. **해설** 고도 정보 오차가 큰 것은 위성항법시스템이다.

5. **해설** 예외사항 : 기상악화, 안전운항을 위한 정비로서 예견하지 못한 정비, 천재지변, 제1호부터 제3호까지의 사유에 준하는 사유

6. **해설** 안전거리 15m는 최소한의 거리임을 조종자는 명심하여야 한다.

7. **해설** 사고발생 시 초경량비행장치사고를 일으킨 조종자 또는 그 초경량비행장치 소유자 등은 지방항공청장에게 보고하여야 한다.(항공안전법시행규칙 제312조)

8. **해설** 항공레저스포츠사업 사업계획서 포함사항은 아래와 같다.
   • 자본금, 상호·대표자의 성명/사업소의 명칭/소재지, 해당 사업의 항공기 등 수량 및 그 산출근거와 예상 사업수지계산서, 재원조달방법, 사용시설 설비 및 이용자의 편의시설 개요, 종사자 인력의 개요, 사업 개시 예정일, 영업구역 범위 및 영업시간, 탑승료·대여료 등 이용요금

9. **해설** 드론 관련 일자리는 증가하고 있다.

10. **해설** 드론을 활용한 불법적인 영상촬영 증가는 개인 사생활 침해와 관련이 있다.

11. **해설** 일반 의약품도 졸음, 집중력 저하, 반응 속도 감소 등의 부작용을 유발할 수 있다.

12. **해설** 무인비행선 중에서 연료 중량을 제외한 자체중량이 12kg 또는 길이가 7m 초과하는 것이 안전성인증 대상이다.

13 해설 태양의 흑점 활동은 전리층 변화를 초래하여 GNSS 신호에 영향을 줄 수 있지만, 기압 고도계는 전리층과 무관하게 대기압을 측정하여 고도를 산출하므로 이와 관련된 오차가 발생하지 않는다.

14 해설 Drone : 사전 입력된 프로그램에 따라 비행하는 무인비행체로 최근에 무인항공기를 통칭하는 용어로 사용되고 있음
UAS : Unmanned Aircraft System, 2000년대에 사용하던 용어로 무인기가 일정하게 정해진 공역뿐만 아니라 민간 공역을 진입하게 됨에 따라 Vehicle이 아닌 Aircraft로서의 안전성을 확보하는 항공기임을 강조하는 용어
UAM : Urban Air Mobility, 도심항공모빌리티의 약자로 수직이착륙 비행기로 도심권역을 이동하는 시스템을 의미

15 해설 수면 전 TV, 컴퓨터, 스마트폰 사용은 수면을 방해한다. 전자기기의 빛이 생체 리듬에 부정적 영향을 미쳐 멜라토닌 분비가 억제된다.

16 해설 항공기대여업 등록의 취소, 항공레저스포츠사업 등록의 취소, 초경량비행장치사용사업 등록의 취소 처분을 하려면 청문을 하여야 한다.(항공사업법 제74조)

17 해설 경계구역은 대규모 조종사의 훈련이나 비정상 형태의 항공활동이 수행되는 공역이다.

18 해설 드론 운영 시 두꺼운 장갑을 착용하면 안 된다.

19 해설 영업구역은 항공기대여업 사업계획서에 포함사항이 아니다.(항공사업법 시행규칙 제45조)

20 해설 비료 또는 농약 살포, 씨앗 뿌리기 등 농업 지원은 초경량비행장치사용사업의 범위이다.

21 해설 벌금형이 아니라 금고 이상의 실형을 선고 받고 그 집행이 끝난 날 또는 집행을 받지 아니하기로 확정된 날부터 3년이 지나지 아니한 사람은 등록할 수 없다.

22 해설 항공기대여업, 항공레저스포츠사업, 초경량비행장치사용사업의 등록 결격사항은 개별사항이다. 다시 말해 항공레저스포츠사업 등록 결격사항이 충족되어도 항공기대여업과 초경량비행장치사용사업은 가능하다.
- 항공기대여업 등록 결격사항 : 항공기대여업 등록 취소처분을 받은 후 2년이 지나지 아니한 자
- 항공레저스포츠사업 등록 결격사항 : 항공레저스포츠사업, 항공기취급업, 항공기정비업의 등록 취소처분을 받은 후 2년이 지나지 아니한 자
- 초경량비행장치사용사업 등록 결격사항 : 초경량비행장치사용사업 등록 취소처분을 받은 후 2년이 지나지 아니한 자

23 해설 ②:기압(고도)센서, ③:자이로 센서, ④:GPS 수신기

24 해설 무인멀티콥터 비행제어 특성
- 비행제어시스템의 도움 없이 수동 조종만으로 비행 안정성을 확보하기 어렵다.
- 센서 데이터 및 비행제어시스템에 대한 의존도가 높다.
- 비행 안정성을 증대를 위해 자세 안정화 제어가 필요하다.

25 해설 바람에 의해 GNSS 오차는 발생하지 않는다. GNSS의 항법 오차 발생 시 기체 고도 및 수평 위치 유지 성능이 저하되고, 항법 오차로 인해 건물에 충돌을 주의해야 하며, 비행제어시스템에서 GNSS의 항법 오차를 인식하지 못할 수 있다.

제26회 실전 모의고사

01 다음 중 추상체에 대한 설명으로 옳은 것은?
① 추상체는 어두운 곳에서 움직이는 시세포이다. ② 추상체는 막대모양으로 생겼다.
③ 추상체는 색채시와 관련이 있다. ④ 추상체는 약1억3천만개가 있다.

02 기체 원주비행 시 이동 경로의 허용범위가 좌우 또는 전후 각각 몇 미터 이내 인가?
① 0.3m(폭 0.6m) ② 0.5m(폭 1m) ③ 1.0m(폭 2m) ④ 1.5m(폭 3m)

03 다음 중 K-드론 시스템에서 외부연계시스템이 아닌 것은?
① 등록이력 시스템 ② 기상 정보 ③ 유인기 비행정보 ④ 실시간 항적 추적

04 초경량비행장치사용사업의 등록 서류 제출은 누구에게 하는가?
① 한국교통안전공단 이사장 ② 지방항공청장 ③ 국토교통부장관 ④ 항공안전기술원장

05 다음 중 무인비행장치 조종자증명 시험에 응시하고자 하는 사람이 제출해야 하는 신체검사증명서 류로 옳지 않은 것은?
① 모든 종류의 신체검사증명서
② 항공종사자 신체검사증명서
③ 지방경찰청장이 발행한 제2종 보통이상의 자동차운전면허증
④ 자동차운전면허를 받지 아니한 사람은 제2종 보통 이상의 자동차 운전면허를 발급받는데 필요한 신체검사증명서

06 다음 중 DOP값이 높을 때 방지대책에 대한 설명으로 옳은 것은?

① 더 많은 위성 신호를 받을 수 있도록 한다. ② 특정 방향으로 드론을 이동시킨다.
③ GPS 안테나의 높이를 낮춘다. ④ 위성신호를 4개보다 더 수신되지 않게 한다.

07 인체는 공간에서 운동방향, 속도 및 자세 등을 확인할 때 비행 감각계를 사용하여 인체기관에서의 정보를 통합하여 판단한다. 다음 중 비행 감각계에 해당하지 않는 것은?

① 압력계 ② 전정계(Vestibular system)
③ 체성(몸) 감각신경계(Somatosensory) ④ 시각계(Visual system)

08 다음 중 초경량비행장치사용사업 등록신청 시 사업계획서 포함내용 및 시 구비 서류에 대한 설명으로 옳지 않은 것은?

① 사업 목적 및 범위
② 안전성 점검 계획 및 사고 대응 매뉴얼
③ 사용 시설·설비 및 장비 개요
④ 부동산을 사용할 수 있음을 증명하는 서류(타인 부동산을 사용하는 경우만 해당되지 않는다)

09 사전 입력된 프로그램에 따라 비행하는 무인 비행체로 최근에 무인항공기를 통칭하는 용어로 사용되고 있는 것은 무엇인가?

① 무인기 ② 드론 ③ UAV ④ RPAS

10 다음 중 배터리 폐기 시 주의사항에 대한 설명으로 옳지 않은 것은?

① 환기가 잘 되는 곳에서 소금물을 이용해 완전 방전 후 폐기(유독성 기체 주의 필요)
② 전기적 저항요소를 배터리에 연결하여 완전 방전 후 폐기
③ 전기적 단선을 통한 방전 금지
④ 장기간 보관을 통한 방전 금지

11 다음 중 우리나라의 지방항공청이 아닌 것은?

① 서울지방항공청 ② 인천지방항공청 ③ 부산지방항공청 ④ 제주지방항공청

12 다음 중 프로펠러 규격 및 추력에 대한 설명으로 옳지 않은 것은?

① 프로펠러 규격은 직경×피치

② 직경은 프로펠러가 만드는 회전면의 지름

③ 피치는 프로펠러가 한 바퀴 회전하였을 때 앞으로 나아가는 거리(기하학적 피치)

④ 동일한 회전 수에서 직경과 피치가 증가할 경우 추력 감소

13 다음 중 우리나라 인천 FIR 범위에 대한 설명으로 옳지 않은 것은?

① 북쪽 휴전선　　　　　　　　　② 동쪽은 속초 동쪽으로 약 210NM

③ 남쪽은 제주 남쪽 약 200NM　　④ 서쪽은 인천 서쪽 약 180NM

14 다음 중 드론 카메라의 사생활 침해 특성에 대한 설명으로 옳지 않은 것은?

① 식별성　　　② 지속성　　　③ 유출성　　　④ 저장성

15 한국형 K-드론시스템 핵심 구성 요소 중 클라우드 시스템에 해당하는 것으로 옳은 것은?

① 이동통신망 기반 비행중 모든 드론의 실시간 비행 정보 통합·공유

② 기상·지형 정보까지 연계한 자동관제

③ 빅데이터 기반 안전 비행

④ 경로분석·충돌회피 지원

16 다음 중 WIckens & Hollands 모델의 반응(Responding)단계에서 행동수행(Response Execution)의 오류 원인에 대한 설명으로 옳지 않은 것은?

① 신체적 한계　　② 기술 부족　　③ 행동 중 발생하는 환경 변화　　④ 시간 부족

17 공역의 사용목적에 따른 구분 중 관제공역에 포함되는 것으로 옳은 것은?

① 비행금지구역　　② 비행제한구역　　③ 초경량비행장치 비행제한구역　　④ 비행장교통구역

18 다음 중 프로펠러 결빙으로 추락하는 사례가 발생하였는데 방지대책으로 옳은 것은?

① 드론 운용 중에 프로펠러 결빙을 방지하기 위해 높은 고도에서만 비행한다.
② 드론 운용 전에 프로펠러에 윤활제를 발라 결빙을 방지한다.
③ 드론 운용 중에 주기적으로 프로펠러를 확인하고, 하얀 살얼음이 있는 것을 보고 수건으로 닦아 주었다.
④ 드론 운용 중 프로펠러 결빙이 발생하지 않도록 날씨가 좋을 때만 비행한다.

19 다음 중 위성항법시스템의 특징에 대한 설명으로 옳지 않은 것은?

① 저렴하고 소형이며, 비교적 정확한 위치정보를 획득할 수 있다.
② 고도 정보 오차 크다.
③ 시간이 지남에 따라 항법 오차 증가한다.
④ 고도 오차 보정을 위해 관성항법시스템과 필터 등 결합한다.

20 다음 중 LTE 드론 통신 방식 특징에 대한 설명으로 옳지 않은 것은?

① 드론 제어 통신거리 무제한
② 실시간 영상 스트리밍 가능
③ 높은 고도에서 영상 중계
④ 빠른 전송 속도

21 다음 중 드론 생태계의 구성요소로 옳지 않은 것은?

① 하드웨어 시장   ② 제작 및 정비   ③ 소프트웨어   ④ 서비스 분야

22 다음 중 실비행시험의 기동흐름 평가기준에 대한 설명으로 옳지 않은 것은?

① 기동유지에서 3초 미만 멈춤 2회 이상은 적절한 시간 소모로 S(만족)
② 기동유지에서 3초 이상 멈춤 1회 이상이면 과도한 시간 소모로 U(불만족)
③ 정지 호버링 시 5초 미만 정지 후 다음 기동을 진행하면 U(불만족)
④ 비상조작 일시 정지 시 3초 이상이면 U(불만족)

23 실비행시험에서 기수방향은 기동 중 기체의 기수방향이 규정 방향보다 얼마나 편향되었는지를 평가한다. 다음 중 비상조작 시 기수방향 허용범위로 옳은 것은?

① ± 5°   ② ± 15°   ③ ± 30°   ④ ± 45°

24 다음 중 실비행시험에서 평가가 제외되는 항목이 아닌 것은?

① 이륙비행 시 기동 후 호버링(A지점) 지점으로 전진 이동

② 삼각비행 시 기동 후 이착륙장(H지점) 지점으로 후진 이동

③ 비상조작 시 이착륙장(H지점) 상공, 기준고도에서 2m 이상 고도 상승 후 정지호버링

④ 정상접근 착륙 기동 후 GPS 모드로 전환하고 시동, 이륙 후 기수를 전방으로 향한 채 B(D)지점으로 이동

25 다음 중 실기시험장의 규격에 대한 설명으로 옳지 않은 것은?

① 이착륙장 전방 7.5m에 위치한 것은 A라바콘이다.

② 호버링 위치에서 9시방향에 위치한 것은 B라바콘이다.

③ A라바콘 위치에서 12시 방향으로 7.5m에 위치한 것은 C라바콘이다.

④ 이착륙장 전방 12시 방향으로 40m에 위치한 것이 E라바콘이다.

제 26회 실전 모의고사 정답 및 해설

제 26회 실전모의고사 정답

1	③	2	③	3	④	4	①	5	①	6	①	7	①	8	④	9	②	10	③
11	②	12	④	13	④	14	③	15	①	16	①	17	④	18	③	19	③	20	④
21	②	22	①	23	④	24	③	25	④										

1. **해설** 어두운 곳에서 움직이는 시세포는 간상체이며 간상체가 막대모양(추상체는 원추모양)이다. 이러한 간상체는 약1억3천만개가 있다.

2. **해설** 종합건강진단서는 증명서류가 아니다.

3. **해설** 외부연계 시스템 : 등록이력 시스템, 기상 정보, 유인기 비행정보, 공역/지형관리 정보, 사업자 등록 정보
   UTM 시스템 : 실시간 항적 추적, 예상 비행궤적 생성, 운용 안전관리, 임무/비행 연동, 지도·DB·데이터 처리, 경고/메시지 관리

4. **해설** 항공기대여업, 항공레저스포츠사업은 지방항공청장에게 제출하며, 초경량비행장치사용사업은 한국교통안전공단 이사장에게 제출한다.(항공사업법 시행규칙 제47조)

5. **해설** 무인비행장치 조종자 증명 시험에 모든 종류의 신체검사증명서가 가능한 것은 아니다.

6. **해설** DOP 값이 높을 때 위치 정확도는 낮다. 따라서 위치 정확도를 향상시키려면 더 많은 GPS 위성을 사용하여 측정하는 것이 중요하다. 이는 다양한 방향에서 위성 신호를 수신함으로써 위치 정확도를 높일 수 있기 때문이다.

8. **해설** 부동산을 사용할 수 있음을 증명하는 서류는 타인 부동산을 사용하는 경우만 해당 된다.

9. **해설** 최근에 무인항공기를 통칭하는 용어로 사용되고 있는 것은 드론이며, RPAS는 ICAO에서 공식 용어로 채택하여 사용하고 있는 용어이다.

10. **해설** 전기적 단락을 통한 방전 금지가 맞다.

11. **해설** 인천지방항공청은 없다.

12 해설 동일한 회전 수에서 직경과 피치가 증가할 경우 추력은 증가한다.

13 해설 서쪽은 인천 서쪽 약 130NM이다.

14 해설 드론 카메라의 사생활 침해 특성 : 식별성, 지속성, 정밀성, 저장성

15 해설 ②~④는 AI 기반 자동관제에 대한 설명이다.

16 해설 ④ 시간 부족과 스트레스는 반응(Responding)단계에서 의사결정(Response Selection)의 오류 원인이다.

17 해설 ①~③은 통제공역이며, 관제공역은 관제권, 관제구, 비행장교통구역이다.

18 해설 프로펠러 결빙은 드론의 비행 성능에 심각한 영향을 미치며, 추락의 위험을 높인다. 이를 방지하기 위해서는 주기적으로 프로펠러를 확인하고, 결빙이 발견되면 즉시 제거하는 것이 중요하다.

19 해설 위성항법시스템은 지속적으로 위성으로부터 신호를 받아 위치를 계산하기 때문에 시간이 지남에 따라 항법 오차가 증가하지 않는다. 오히려, 관성항법시스템은 시간이 지남에 따라 오차가 누적될 수 있다. 따라서 위성항법시스템과 관성항법시스템을 결합하면 고도 오차 및 누적 오차를 효과적으로 보정할 수 있다.

20 해설 빠른 전송속도와 여러 사물과 실시간 통신의 장점을 가진 통신 방식은 5G 이동통신이다.

21 해설 드론 생태계의 구성 : 하드웨어 시장, 소프트웨어, 서비스 분야

22 해설 기동유지에서 3초 미만 멈춤 2회 이상이면 U(불만족)

23 해설 비상 조작에서만 ±45° 허용, 기타 기동은 ±15° 허용

24 해설 비상조작 시 이착륙장(H지점) 상공, 기준고도에서 2m 이상 고도 상승 후 정지호버링은 평가항목이다.

25 해설 A라바콘 위치에서 12시 방향으로 40m에 위치한 것이 E라바콘이다.

제 27 회 실전 모의고사

01 다음 중 주권공역에 대한 설명으로 옳지 않은 것은?

① 영공은 대한민국의 영토와 내수 및 영해의 상공으로 완전하고 배타적인 주권을 행사할 수 있는 공간이다.

② 영토는 헌법 제3조에 의한 한반도와 그 부속도서를 말한다.

③ 영해는 영해 및 접속수역법에 따라 기선으로부터 측정하여 그 외측 12해리 선까지 이르는 수역이다.

④ 항공기, 경량항공기 또는 초경량비행장치의 안전하고 효율적인 비행과 수색 또는 구조에 필요한 정보를 제공하기 위한 공역이다.

02 다음 중 데이터 센서의 특징에 대한 설명으로 옳지 않은 것은?

① 캘리브레이션을 통해서 오차를 보정한다.

② 센서는 항상 참값만 유지한다.

③ 각 센서 데이터의 오차 특징 및 단점을 보완할 수 있도록 데이터를 융합한다.

④ 여러 센서의 데이터를 융합해서 사용하므로 단일 센서 고장에 대처할 수 있다.

03 다음 중 초경량비행장치사용사업 등록요건에 대한 설명으로 옳지 않은 것은?

① 법인 자본금 5천만원 이상, 개인 자산평가액 3천만원 이상

② 초경량비행장치(무인비행장치로 한정) 1대 이상

③ 조종자 1명 이상

④ 초경량비행장치마다 또는 사업자별 보험 또는 공제 가입

04 다음 중 비행정보업무가 제공되도록 지정된 비관제공역으로 옳은 것은?

① 조언구역　　② 정보구역　　③ 훈련구역　　④ 비행장교통구역

05 항공에서의 의사소통 기본 원칙 중에서 잘 전달될 수 있는 톤으로 또박또박 발음함으로써 다시 물어바야 하는 시간적 손실과 오류를 줄일 수 있도록 하는 것은 무엇인가?
① 간단성 ② 명료성 ③ 명확성 ④ 정확성

06 SHELL 모델에서 L-H에 해당하는 것은 무엇인가?
① 시설 ② 규정 ③ 매뉴얼 ④ 작업카드

07 다음 중 시야(각)와 관련되어 있는 뇌의 부분으로 옳은 것은?
① 전두엽 ② 후두엽 ③ 측두엽 ④ 두정엽

08 다음 중 수면의 특징에 대한 설명으로 옳지 않은 것은?
① 수면은 생체리듬 유지와 피로회복의 필수요소이다.
② 짧게 잠을 자도 숙면을 취하면 피로하지 않다.
③ 규칙적인 수면습관은 정상적인 뇌 기능을 위해 중요하다.
④ 충분한 양의 수면과 높은 질의 수면은 피로를 완화하기 위해 가장 중요한 요인이다.

09 드론 통신방식의 특성 중 블루투스의 특징에 대한 설명으로 옳은 것은?
① 저전력 통신
② 고속의 데이터 전송 가능
③ 재해, 전시에서도 사용 가능
④ 실시간 영상 스트리밍 가능

10 다음 중 실제 생활에서 맹점이 느껴지지 않은 이유로 옳은 것은?
① 양안시 ② 주간시 ③ 이중시 ④ 입체시

11 다음 중 항공기, 경량항공기 또는 초경량비행장치의 안전하고 효율적인 비행과 수색 또는 구조에 필요한 정보를 제공하기 위한 공역으로 옳은 것은?
① 주권공역 ② 비행정보구역(FIR) ③ 방공식별구역 ④ 공해

12 다음 중 리튬폴리머 배터리 특징 및 주의사항에 대한 설명으로 옳지 않은 것은?

① 완전 충전 후 보관한다.
② 다른 배터리들과 함께 보관을 금지한다.
③ 충전 및 비행을 통한 테스트는 금지한다.
④ 내부 손상이 있을 경우 시간이 경과 후 화재 발생이 가능하기 때문에 폐기한다.

13 다음 중 항공보험 가입 신고서에 포함될 사항으로 옳지 않은 것은?

① 가입자의 주소, 성명(법인의 경우 그 명칭, 경력자의 이력)
② 보험 또는 공제의 종류, 보험료 또는 공제료 및 보험금액 또는 공제금액
③ 보험 또는 공제의 종류별 발효 및 만료일
④ 보험증서 또는 공제증서의 개요

14 드론 통신 방식 특성 중 위성통신에 대한 설명으로 옳지 않은 것은?

① 재해, 전시에서도 사용 가능
② 고비용, 저수명으로 경제성 부족
③ 지상 교신 시 시간 지연 발생
④ 통신거리가 짧다.

15 다음 중 초경량비행장치 조종자 전문교육기관 지정에 대한 설명으로 옳지 않은 것은?

① 첨부 서류에 전문교관의 현황
② 첨부 서류에 교육시설 및 장비의 현황
③ 첨부 서류에 교육훈련계획 및 교육훈련규정
④ 위 서류를 첨부하여 국토교통부에 제출해야 한다.

16 야간에 비행하거나 육안으로 확인할 수 없는 범위에서 비행하려는 자는 무인비행장치 특별비행승인 신청서를 누구에게 제출하여야 하는가?

① 한국교통안전공단 이사장
② 지방항공청장
③ 국토교통부장관
④ 관할 경찰서장

17 다음 중 비행정보구역에 대한 설명으로 옳지 않은 것은?

① 항공기, 경량항공기 또는 초경량비행장치의 안전하고 효율적인 비행과 수색 또는 구조에 필요한 정보를 제공하기 위한 공역이다.

② 국제민간항공협약 및 부속서에 따라 국토교통부장관이 그 명칭, 수직 및 수평 범위를 지정·공고한 공역이다.

③ FIR은 ICAO 지역항행협정에서의 합의에 따라 이사회가 결정한다.

④ 국제민간항공협약 부속서 2 및 11에서 정한 기준에 따라 당사국들은 관할 공역 내에서 등급별 공역을 지정하고 비행정보업무를 제공하도록 규정하고 있다.

18 다음 중 안전성인증 대상 초경량비행장치가 아닌 것은?

① 모든 기구류

② 무인비행기, 무인헬리콥터, 무인멀티콥터 또는 무인수직이착륙기 중에서 최대이륙중량이 25킬로그램을 초과하는 것

③ 무인비행선 중에서 연료 중량을 제외한 자체중량이 12킬로그램 또는 길이가 7미터를 초과하는 것

④ 동력패러글라이더

19 국제민간항공기구에서 공식 용어로 채택하여 사용하고 있는 용어로 비행체만을 칭할 때는 RPA라고 하고, 통제시스템을 지칭할 때는 RPS라고 하는 것은 무엇인가?

① 드론　　　　　② RPAV　　　　　③ UAM　　　　　④ RPAS

20 다음 중 드론의 운용 고도에 따른 분류로 상승한계가 옳지 않은 것은?

① 저고도 무인비행체 : 0.1km　　　② 중고도 무인비행체 : 14km

③ 고고도 무인비행체 : 20km　　　④ 성층권 무인비행체 : 50km

21 드론의 활용분야 중 군사분야에서 레이더, 지상표적, 탄도미사일 등의 전술적 목표물을 파괴하는 역할을 수행하는 무인기는 무엇인가?

① 기만용 무인기　　② 공격용 무인기　　③ 전술용 무인기　　④ 전투용 무인기

22 드론의 민간분야 활용에서 가장 많이 발전된 분야는 어느 분야인가?

① 건설·교통 분야 ② 에너지 분야 ③ 농·임업 분야 ④ 촬영 및 영화 분야

23 다음 중 위성항법시스템(GNSS)에 대한 설명으로 옳지 않은 것은?

① 위성항법시스템에는 GPS(미국), GLONASS(러시아), GALILEO(유럽), BEIDOU(중국)가 있다.
② 4개 이상의 위성신호가 반드시 필요하다.
③ 지구 전역에서 기체의 항법 데이터 측정이 가능하다.
④ L밴드(1.2/1.5GHz) 대역의 위성신호를 사용하여 다른 대역의 다른 신호 및 잡음에 의한 전파 간섭발생이 가능하다.

24 GNSS의 위치 오차를 발생시키는 다양한 요소 중 건물 및 지면 반사에 의해 발생하는 오차는 무엇인가?

① 위성신호 전파 간섭 ② 전리층 지연 오차
③ 다중 경로 오차 ④ 대류층 지연 오차

25 다음 중 기압 고도계의 역할 및 특징에 대한 설명으로 옳지 않은 것은?

① 대기압을 측정하여 고도에 따른 대기압 변화 관계식을 이용해 고도 측정
② 지면 대기압을 기준할 경우 지면고도, 해수면 대기압을 기준할 경우 해수면 고도 측정 가능
③ 센서 주위의 압력이 변하더라도 고도값은 항상 일정하다.
④ GNSS의 고도 오차 보정

제 27 회 실전 모의고사 정답 및 해설

제 27회 실전모의고사 정답

1	④	2	②	3	①	4	②	5	②	6	①	7	②	8	②	9	①	10	①
11	②	12	①	13	①	14	④	15	④	16	②	17	④	18	①	19	④	20	①
21	②	22	④	23	④	24	③	25	③										

1 **해설** ④는 비행정보구역에 대한 설명이다.

2 **해설** 모든 센서는 측정 과정에서 물리적 한계, 환경 변화, 노이즈 등의 요인으로 인해 오차가 발생할 수 있다. 따라서 센서가 항상 참값을 유지하는 것은 불가능하다.
"참값"이란 특정한 측정 대상의 이론적으로 가장 정확한 값, 즉 실제 값이나 기준이 되는 값을 의미한다. 참값은 측정의 이상적인 결과이며, 이를 기준으로 측정의 정확도와 정밀도를 평가할 수 있다.

3 **해설** 초경량비행장치사용사업의 등록요건에서 자본금 또는 자산평가액 기준은 법인 자본금 3천만원 이상, 개인 자산평가액 3천만원 이상이다.

4 **해설** 비행정보업무가 제공되도록 지정된 비관제공역은 정보구역이다.

5 **해설** 간단성(전달하고자 하는 의도를 간단하게 표현), 명확성(의도한 내용을 정확하게 전달)

6 **해설** H는 Hardware의 약자로 비행과 관련된 장비·장치 등을 의미한다.(예:무인비행체, 항공기, 장비, 연장, 시설 등)

7 **해설** 전두엽(종합), 측두엽(청각), 두정엽(촉각)

8 **해설** 성인의 경우 평균 7~9시간 정도의 수면이 필수적이다.

9 **해설** ② 고속의 데이터 전송 가능 : WI-FI, ③ 재해, 전시에서도 사용 가능 : 위성통신
④ 실시간 영상 스트리밍 가능 : LTE

10 **해설** 인간은 양안시로 한쪽 눈이 각각 다른 쪽 눈의 맹점을 보완하기 때문에 실제 생활에서 맹점이 안 느껴진다.

12 해설 완전 충전 후 보관은 금지한다. 50~70% 충전 상태로 보관한다.

13 해설 가입자의 주소, 성명(법인의 경우 그 명칭, 대표자 성명)

14 해설 위성통신은 인공위성을 활용한 장거리 통신이 가능하다.

15 해설 전문교육기관으로 지정받으려는 자는 서류를 첨부하여 한국교통안전공단에 제출해야 한다.

16 해설 특별비행승인 신청서 제출은 지방항공청장에게, 승인은 국토교통부장관이 실시한다.

17 해설 국제민간항공협약 부속서 2 및 11에서 정한 기준에 따라 당사국들은 관할 공역 내에서 등급별 공역을 지정하고 항공교통업무를 제공하도록 규정하고 있다.

18 해설 기구류는 사람이 탑승하는 것만 안전성인증 대상이다.

19 해설 RPAV는 2011년 이후 유럽을 중심으로 새로 쓰이기 시작한 용어이며, ICAO 공식 용어는 RPAS(Remote Piloted Aircraft Sytstem)이다.

20 해설 ① 저고도 무인비행체 : 0.15km

21 해설 드론의 활용분야 중 군사분야에서 레이더, 지상표적, 탄도미사일 등의 전술적 목표물을 파괴하는 역할을 수행하는 무인기는 공격용 무인기이다.

22 해설 촬영 및 영화 분야가 민간분야에서 가장 많이 발전되었다.

23 해설 L밴드(1.2/1.5GHz) 대역의 위성신호를 사용하여 동일 대역의 다른 신호 및 잡음에 의한 전파 간섭발생이 가능하다.

24 해설 건물 및 지면 반사에 의한 오차는 다중경로 오차이다.

25 해설 센서 주위의 압력이 변할 경우 고도값이 변화 가능하며, 고도 오차가 발생한다.

제 28 회 실전 모의고사

01 다음 중 전자파를 송신하고 표적으로부터 반사된 신호의 왕복시간을 바탕으로 거리를 측정하는 센서로 옳은 것은?

　　① 스테레오비전 센서　　② 구조광 센서　　③ 라이다(LiDAR) 센서　　④ 레이더(Radar) 센서

02 국토교통부장관은 과징금 독촉을 받은 자가 납부기한까지 과징금을 내지 아니한 경우에는 소속 공무원으로 하여금 무엇에 따라 과징금을 강제징수하게 할 수 있는가?

　　① 항공사업법 벌칙　　　　　　　　② 과징금 독촉장
　　③ 국세 체납처분의 예　　　　　　　④ 과징금 통지서

03 다음 중 초경량비행장치사용사업의 등록 및 변경신고 대상으로 옳은 것은?

　　① 한국교통안전공단 이사장　　　　② 지방항공청장
　　③ 국토교통부장관　　　　　　　　④ 관할 세무서

04 국토교통부장관은 과징금의 납부통지를 받은 자가 납부기한까지 과징금을 내지 아니하면 납부기한이 지난 날부터 며칠 이내에 독촉장을 발급하여야 하는가?

　　① 5일　　　　② 7일　　　　③ 15일　　　　④ 30일

05 다음 중 초경량비행장치에 대한 설명으로 옳지 않은 것은?

　　① 초경량비행장치는 공기의 반작용으로 뜰 수 있는 장치를 말한다.
　　② 초경량비행장치는 대통령령(시행령)으로 기준을 정한다.
　　③ 초경량비행장치에는 무인비행장치가 포함된다.
　　④ 초경량비행장치 중 무인동력비행장치는 연료의 중량을 제외한 자체중량이 150킬로그램 이하이다.

06 다음 중 Attention Resources에 대한 설명으로 옳은 것은?

① Attention Resources는 피로, 수면, 약물에 영향을 받는다.
② 의사결정 단계에서 한 번만 영향을 미친다.
③ 직접적인 상황인식이 어려워 결정을 내리는데 오래 걸린다.
④ Attention Resources는 외부 환경 변화에 영향을 받지 않는다.

07 다음 중 실비행시험 기동흐름 평가에서 과도한 시간 소모의 평가 기준으로 옳은 것은?

① 1초 이상, 1회 이상
② 2초 이상, 1회 이상
③ 3초 이상, 1회 이상
④ 5초 이상, 1회 이상

08 다음 중 눈에 관한 설명으로 옳은 것은?

① 야간시에는 추상체에 상이 맺히도록 주변시법을 사용하여야 한다.
② 암순응은 망막의 간상체와 관련되어 시간이 지남에 따라 어두운 환경에 적응하는 과정이다.
③ 맹점 현상은 양안시에도 나타난다.
④ 푸르키네 현상이란 밤에 빨간색이 더 잘보이는 현상이다.

09 다음 중 항공 사격·대공 사격 등으로 인한 위험으로부터 항공기의 안전을 보호하거나 그 밖의 이유로 비행 허가를 받지 않은 항공기의 비행을 제한하는 공역으로 옳은 것은?

① 비행제한구역   ② 훈련구역   ③ 군작전구역   ④ 비행금지구역

10 관제공역 외의 공역으로서 항공기에 탑승하고 있는 조종사에게 비행에 필요한 조언이나 비행정보 등을 제공하는 공역은?

① 비관제공역   ② 조언구역   ③ 정보구역   ④ 조언정보구역

11 다음 중 다른 사람의 성명을 사용하여 초경량비행장치 조종을 수행하거나 다른 사람의 초경량비행장치 조종자 증명을 빌린 사람에 대한 처벌기준으로 옳은 것은?

① 과태료 300만원 이하
② 벌금 300만원 이하
③ 과태료 500만원 이하
④ 벌금 500만원 이하

12 다음 중 드론에 장착되어 있는 LED로 확인할 수 없는 것은?

① 조종기 연결 상태　　　　　　② 위성 수신 상태
③ 배터리의 잔류량 확인　　　　④ 장착된 센서의 오류

13 다음 중 비행제어컴퓨터(FC)의 비행제어 원리 및 특징에 대한 설명으로 옳은 것은?

① FC가 제어명령을 따라가도록 제어 수행
② 심각한 센서 오차 발생 시 추락 가능
③ 비행제어시스템의 도움 없이 수동 조종만으로 비행 안전성 확보 가능
④ FC는 조종사의 조종명령이 있어야 지속적으로 비행 안전성 확보를 위한 제어명령 생성 및 조종 수행

14 다음 중 위성항법시스템에 대한 설명으로 옳지 않은 것은?

① 위성항법시스템에는 GPS, GLONASS, BEIBOU, GALILEO가 있다.
② 외부신호가 필요없다.
③ L밴드(1.2/1.5GHz) 대역의 위성신호를 사용한다.
④ 4개 이상의 위성신호가 반드시 필요하다.

15 다음 중 비행데이터 저장 시 주의사항에 대한 설명으로 옳지 않은 것은?

① 저장되는 RAW 데이터는 미가공된 데이터이다.
② 저장주기가 느리다.
③ 각 센서 및 모듈에서 저장된 데이터의 저장 주기가 다를 수 있다.
④ 저장매체(SD Card)의 여유 공간이 없을 경우 데이터 손실 가능

16 다음 중 괄호안에 들어갈 내용으로 옳은 것은?

> 지방항공청장은 무인비행장치 특별비행을 승인하기 위해 신청서를 제출 받은 날부터 (　　) (특별한 사정이 있는 경우에는 90일) 이내에 무인비행장치 특별비행승인을 위한 안전기준에 적합한지 여부를 검사한 후 적합하다고 인정하는 경우에는 무인비행장치 특별비행승인승인서를 발급하여야 한다.

① 7일　　　　　② 15일　　　　　③ 30일　　　　　④ 60일

17 다음 중 지자계 역할 및 특징에 대한 설명으로 옳지 않은 것은?

① 지구의 자기장을 측정하여 진북 방향 측정

② 기체의 기수 방향을 측정하고 자이로스코프로 추정한 기수각의 오차를 보정하기 위해 사용

③ 기체 주위의 자기장(금속 또느자성 물체), 전자기장에 민감하게 영향을 받음

④ GNSS 안테나 2개 이상을 활용해 기수방향 측정 후 지자계 오차 보정 가능

18 다음 중 비행 안전을 위한 기술상의 기준에 적합하다는 안전성인증을 받지 아니한 초경량비행장치를 사용하고, 초경량비행장치 조종자 증명을 받지 아니하고 비행을 한 사람의 처벌기준으로 옳은 것은?

① 6개월 이하의 징역 또는 500만원 이하의 벌금

② 6개월 이하의 징역 또는 500만원 이하의 과태료

③ 1년 이하의 징역 또는 1천만원 이하의 벌금

④ 1년 이하의 징역 또는 1천만원 이하의 과태료

19 다음 중 항공사업법의 목적에 대한 설명으로 옳지 않은 것은?

① 항공사업의 체계적인 성장과 경쟁력 강화 기반 마련

② 항공사업의 질서유지 및 건전한 발전 도모

③ 이용자의 편의 향상 및 국민경제 발전과 공공복리 증진

④ 초경량비행장치의 안전하고 효율적인 항행을 위함

20 다음 중 항공기대여업, 항공레저스포츠사업, 초경량비행장치사용사업 등록 결격사항에 대한 설명으로 옳지 않은 것은?

① 국가보안법률을 위반하여 금고 이상의 실형을 선고 받고 그 집행이 끝난 날 또는 집행을 받지 아니하기로 확정된 날부터 3년이 지나지 아니한 사람

② 항공안전법에 관한 법률을 위반하여 금고 이상의 형의 집행유예를 선고 받고 그 유예기간 중에 있는 사람

③ 면허 또는 등록의 취소처분을 받은 후 2년이 지나지 아니한 자

④ 임원 중에 상기 요건 중 어느 하나에 해당하는 사람이 있는 법인

21 다음 중 초경량비행장치를 이용하여 관제권에서 비행함으로써 항공기 이착륙을 지연시키거나 회항하게 하는 등 비행장 운영에 지장을 초래한 사람에 대한 처벌기준으로 옳은 것은?

① 500만원 이하 과태료 ② 500만원 이하 벌금
③ 1천만원 이하 벌금 ④ 1년 이하의 징역 또는 1천만원 이하 벌금

22 다음 중 비행기동의 시작과 끝으로 옳지 않은 것은?

① 삼각비행은 다시 호버링 위치까지 오는 것이 기동 평가기준이다.
② 원주비행은 이착륙장 상공에서 왼쪽으로 원주비행을 한 후 다시 이착륙장 상공에 정지하기까지가 평가기준이다.
③ 비상조작은 이착륙장 상공에서 2m 이상 상승 시 평가 시작이며 비상착륙장으로 이동하여 하강 후 착륙하기까지가 평가기준이다.
④ 측풍접근 및 착륙은 3시 방향 고깔에서 정지부터 평가 시작이며 측풍으로 온 후 착륙하기까지 평가준이다.

23 다음 중 실비행시험에서 기준고도의 허용범위에 대한 설명으로 옳은 것은?

① 2.5m~5.5m ② 3.5m~5.5m ③ 3m~5m ④ 2.5m~5m

24 다음 중 실비행시험에서 기체고도의 허용범위에 대한 설명으로 옳은 것은?

① 2.5m~5.5m ② 3.5m~5.5m ③ 3m~5m ④ 2.5m~5m

25 다음 중 초경량비행장치 인적요인(Human Factors)에 대한 설명으로 옳지 않은 것은?

① 인적요인은 인간에 대한 학문으로 인간이 업무 및 생활 속에서 부딪히는 여러 상황에 대해서 연구하는 분야(박수애 등, 2006)
② 인적요인은 넓은 의미에서 인간본질의 능력과 과학적 요소를 인식하고 그 관계를 최적화하여 능력성, 안정성, 효율성 등을 향상시키는 것(변순철, 2016)
③ 인적요인은 인간이 작업을 어떻게 수행하는지 행동적 변인들이 인간수행에 어떻게 영향을 미치는가를 다루는 분야(Meister, 1989)
④ 인적요인은 항공기 사고, 준사고, 사고방지와 관련된 인간관계 및 인간능력을 총칭하는 것(국제민간항공기구(ICAO) 사고방지 매뉴얼)

제 28 회 실전 모의고사 정답 및 해설

제 28회 실전모의고사 정답

1	④	2	③	3	③	4	②	5	②	6	①	7	③	8	②	9	①	10	①
11	①	12	③	13	②	14	②	15	②	16	③	17	①	18	③	19	④	20	①
21	②	22	②	23	③	24	①	25	③										

1 **해설** 라이다 센서는 레이저 광원을 이용하여 방출한 레이저펄스신호의 반사시간 또는 반사신호의 위상변화량 측정을 통해 거리를 측정하는 센서

2 **해설** 이착륙장을 관리하는 자와 사전에 협의된 경우에는 이착륙장 중심으로부터 반지름 3km 이내의 지역의 고도 500ft 이내의 범위에서 비행할 수 있다.

3 **해설** 초경량비행장치사용사업의 등록 서류 제출은 한국교통안전공단 이사장, 신고는 국토교통부장관에게 한다.

4 **해설** 7일 이내에 독촉장 발급, 이 경우 납부기한은 독촉장 발급일부터 10일 이내

5 **해설** 초경량비행장치는 국토교통부령으로 기준을 정한다.

6 **해설** Attention Resources(주의 자원)는 개인이 집중하거나 주의를 기울이는 능력과 관련이 있으며, 피로, 수면 부족, 약물 복용 등의 요인에 의해 영향을 받는다. 이는 주의력 저하를 초래할 수 있어 안전하고 빠른 의사결정을 방해할 수 있다.
Attention Resources는 의사결정 과정에서 지속적으로 영향을 미친다. 의사결정은 단회적인 과정이 아니라 상황 변화에 따라 반복적으로 이루어지며, 주의 자원은 의사결정의 각 단계에서 영향을 미친다.
Attention Resources가 부족하면 상황인식에 어려움을 겪을 수 있지만, 이 자원은 실제로 상황을 파악하고 빠르게 결정을 내리는 데 필수적이다. 주의 자원이 충분할 때는 상황을 인식하고 결정을 내리는 속도가 오히려 빨라질 수 있다.
Attention Resources는 외부 환경 변화에 크게 영향을 받는다. 주의 자원은 소음, 기상 변화, 주위의 위험 요소 등 외부 요인에 의해 분산되거나 소진될 수 있어, 외부 환경 변화가 주의 자원의 사용에 미치는 영향이 크다.

7 **해설** 기동흐름 평가에서 멈춤은 3초 미만/2회 이상, 과도한 시간 소모는 3초 이상/1회 이상이다.

8 **해설** 야간에 작용하는 세포는 간상체이며, 맹점현상은 양안시에는 나타나지 않는다. 푸르키네 현상이란 추상체와 간상체가 서로 민감하게 반응하는 색이 다르기 때문에 나타나는 현상으로 낮에는 빨강색이, 밤에는 파랑색이 상대적으로 더 밝게 보인다.

9 **해설** 비행제한구역에 대한 설명이며, 통제공역에 비행금지구역, 비행제한구역, 초경량비행장치 비행제한구역이 포함된다.

10 해설 조언구역은 항공교통조언업무가 제공되도록 지정된 비관제공역, 정보구역은 비행정보업무가 제공되도록 지정된 비관제공역이다.

11 해설 조종자 증명을 빌린 사람은 과태료 300만원 이하, 조종자 증명을 받지 아니하고 비행한 사람은 과태료 400만원 이하

12 해설 배터리 잔류량의 경우, LED만으로 정확한 배터리 잔량을 파악하는 것은 어렵다. 일부 드론은 배터리가 낮아지면 LED가 빨간색으로 점등되거나 빠르게 깜빡여 배터리 부족을 경고하지만, 이는 배터리의 잔류량을 구체적으로 알리는 것이 아니라 배터리가 거의 소진되었음을 알리는 신호에 불과하다. 배터리의 남은 전력에 대한 구체적인 정보는 주로 드론 조종기의 화면이나 전용 애플리케이션을 통해 퍼센트로 표시되어 사용자에게 전달된다.

13 해설 비행제어 원리 및 특징
- 비행제어는 제어명령과 센서로부터 측정한 기체 상태값 필요
- 기체의 현재 상태가 제어명령을 따라가도록 제어 수행
- 센서의 측정치 반드시 필요 → 심각한 센서 오차 발생 시 추락 가능
- FC는 조종사의 조종명령이 없어도 지속적으로 비행 안정성 확보를 위한 제어명령 생성 및 조종 수행
- 비행제어시스템의 도움 없이 수동 조종만으로 비행 안전성 확보 어려움(비행안전성 확보 위해 제어 필수)
- 센서 데이터 및 비행제어시스템에 대한 의존도 높음
- 비행 안전성 증대를 위해 자세 안정화 제어 필요(IMU 필요) → IMU 오류 시 비행 안전성 확보 어려움

14 해설 위성항법시스템은 4개 이상의 위성신호(외부신호)가 반드시 필요하다.

15 해설 기체의 이상 여부를 분석하기 위해서는 가급적 빠른 주기로 저장된 미가공(RAW) 데이터가 필요하다.

16 해설 간단성(전달하고자 하는 의도를 간단하게 표현), 명확성(의도한 내용을 정확하게 전달)

17 해설 지구의 자기장을 측정하여 자북 방향 측정

20 해설 항공기대여업, 항공레저스포츠사업, 초경량비행장치사용사업 등록 결격사항에 해당하는 법률은 항공사업법, 항공안전법, 공항시설법, 항공보안법, 항공·철도 사고조사에 관한 법률이다. 국가보안법률 위반하였다 하더라도 항공사업법 등록은 할 수 있다.

22 해설 원주비행은 이착륙장 도착, 90도 우(좌) 회전 후 5초 이상 정지호버링까지가 평가기준이다.

23 해설 기준고도는 전체 실비행 기동에서 기준이 되는 고도로 허용범위는 3~5m이며, 최초 이륙 비행 상승 후 정지 시 기준고도가 결정된다.

24 해설 기체고도는 기체 스키드의 높이가 기준 고도보다 얼마나 낮거나 높은지를 평가하는 것으로 허용범위는 ±0.5m로 고도 허용범위는 2.5m~5.5m이다.

25 해설 인적요인은 인간이 작업을 어떻게 수행하는지 행동적, 비행동적 변인들이 인간수행에 영향을 어떻게 미치는가를 다루는 분야(Meister, 1989)

제29회 실전 모의고사

01 다음 중 항공교통업무 제공에 따른 공역에 대한 설명으로 옳지 않은 것은?

① A등급 : 모든 항공기가 계기비행을 해야 하는 공역

② B등급 : 계기비행 및 시계비행 모두 가능하고, 모든 항공기에 분리를 포함한 항공교통관제업무 제공되는 공역

③ C등급 : 모든 항공기에 항공교통관제업무가 제공되나, 시계비행을 하는 항공기에는 교통정보만 제공되는 공역

④ F등급 : 계기비행을 하는 항공기에 비행정보업무와 항공교통관제업무가 제공

02 다음 중 피로(Fatigue)에 대한 설명으로 옳지 않은 것은?

① 수면부족, 긴 시간 동안의 각성상태 등의 결과로 정신적 혹은 신체적 수행능력이 저하된 상태

② 업무량, 시간 압박 등 업무관련으로 발생되는 요인은 해당되지 않는다.

③ 만성피로는 서서히 증상이 나타나며 일상생활 및 삶의 질에 미치는 영향이 매우 크다.

④ 급성피로의 경우 휴식, 식이, 운동 등을 통해 회복 가능하다.

03 다음 중 건설분야에서 사용되는 센서의 종류로 옳은 것은?

① 자이로 센서　　　　　　　　② 기압 센서
③ 라이다 센서　　　　　　　　④ 레이더 센서

04 무인비행장치를 사용하여 동일지역에서 반복적으로 이루어지는 비행에 대해서는 최대 몇 개월의 범위에서 비행기간을 명시하여 승인할 수 있는가?

① 3개월　　② 6개월　　③ 9개월　　④ 12개월

05 다음 중 무인비행장치 말소신고 사유에 대한 설명으로 옳지 않은 것은?

① 멸실되었거나 해체된 경우

② 존재 여부가 1개월 이상 불분명한 경우

③ 외국에 매도된 경우

④ 신고대상 기체가 소유자 변경 등으로 인하여 미신고 대상이 된 경우

06 다음 중 무인비행장치 조종자 증명 종류별 응시기준에 대한 설명으로 옳지 않은 것은?

① 1~3종 : 만14세 이상인 사람

② 4종 : 만10세 이상인 사람

③ 2종 : 1종 또는 2종 무인멀티콥터 조종시간이 총 20시간 이상인 사람

④ 2종 : 3종 무인멀티콥터 조종자증명(3종 무인멀티콥터로 조종한 시간이 6시간 이상인 사람에 한함)을 취득한 후 2종 무인멀티콥터를 조종한 시간이 7시간 이상인 사람

07 야간에 비행하거나 육안으로 확인할 없는 범위에서 비행하려는 자는 무인비행장치 특별비행승인 신청서에 서류를 첨부하여 지방항공청장에게 제출하여야 한다. 다음 중 제출 서류로 옳지 않은 것은?

① 무인비행장치의 종류, 형식 및 제원에 관한 서류

② 무인비행장치의 성능 및 운용한계에 관한 서류

③ 무인비행장치 조종자의 조종 능력 및 경력 등을 증명하는 서류

④ 무인비행장치의 제조 및 정비에 관한 서류

08 다음 중 드론 관련 사고 분석에 대한 설명으로 옳지 않은 것은?

① 무인항공기 사고율은 유인기에 비해 약 10~100배 이상 높은 수치를 보임
② 이스라엘 IAI사의 우인항공기 사고통계 내역에 따르면 인적오류는 약 22%를 차지함
③ 무인항공기도 유인항공기와 유사하게 기계적 결함 사고 비율이 증가가 예상됨
④ 주청림, 2021년 자료에 따르면 무인항공기 조종사의 인적 오류(Human Error)에 의한 사고 비율은 49%인 것으로 나타남

09 다음 중 의도한 오류, 의도하지 않은 오류에 대한 설명으로 옳은 것은?

① 위반 : 기억의 실패로 의도하지 않은 잘못된 행위
② 실책, 착각 : 의도적으로 부적절한 행위를 하는 것
③ 망각, 착오 : 처음부터 부적절한 행위가 계획된 것
④ 실수 : 의도하지 않은 행동으로 인지 과정에서 주의력 부족 또는 지나친 주의력 집중에 의해 발생하는 행위

10 다음 중 영구공역에 대한 설명으로 옳은 것은?

① 사용기간이 명시되어 있다.
② 통상적으로 3개월 이하의 동일 목적으로 사용되는 일정한 수평 및 수직의 공역
③ 지방항공청장이 NOTAM 등으로 고시
④ 국토교통부장관이 지정하고 고시

11 다음 중 임시공역에 대한 설명으로 옳지 않은 것은?

① 사용기간이 명시되어 있지 않다.
② 3개월 미만의 기간 동안 단기적으로 설정되는 수평 및 수직의 공역
③ 항공교통본부장이 NOTAM 등으로 고시
④ 지방항공청장이 NOTAM 등으로 고시

12 다음 중 실비행시험 시 영역별 평가 시작과 평가 종료 기준으로 옳지 않은 것은?

① 원주기동 : 정지 시 평가 시작, 이착륙장 상공에서 90 우(좌) 회전 후 5초 이상 정지호버링 이후 평가 종료

② 비상조작 : 상승 시 평가 시작, 착륙 이후 평가 종료

③ 정상접근 및 착륙 : Atti 전환 시 평가 시작, 착륙 이후 평가 종료

④ 측풍접근 및 착륙 : 상승 시 평가시작, 착륙 이후 평가 종료

13 상속인은 피상속인의 항공레저스포츠사업을 계속하려면 피상속인이 사망한 날부터 며칠 이내로 국토교통부장관에게 신고하여야 하는가?

① 7일 ② 15일 ③ 30일 ④ 3개월

14 다음 중 무인항공 분야 항공산업의 안전증진 및 활성화 정책 추진사항이 아닌 것은?

① 무인항공 분야 항공산업에 대한 현황 및 관련 통계의 조사·연구

② 무인항공 분야의 우수한 기업의 지원 및 육성

③ 무인항공 분야 항공산업의 안전증진 및 활성화를 위하여 필요한 사항

④ 무인항공 분야 항공산업의 발전을 위한 해외 판매망 구축 및 전시관 설치

15 다음 중 초경량비행장치 관련 안전교육에 대한 설명으로 옳지 않은 것은?

① 패러글라이더 등 국토교통부령으로 정하는 초경량비행장치란 패러글라이더를 말한다.

② 안전교육은 최초교육과 정기교육으로 구분하여 실시한다.

③ 최초교육은 특별한 사정이 없는 한 대면에 의한 방법으로 하는 교육을 포함해야 한다.

④ 초경량비행장치 안전교육의 실시에 필요한 세부사항은 지정받은 기관·단체가 한국교통안전공단 이사장의 승인을 받아 정한다.

16 다음 중 실비행시험에서 초경량비행장치가 안전거리를 침범한 것으로 옳은 것은?

① 이착륙장 상공 10m에 위치 ② 비상착륙장 상공 10m에 위치

③ 조종자로부터 10m 위치의 상공 10m에 위치 ④ 호버링 위치 상공 30m에 위치

17 다음 중 프로펠러 규격 및 추력에 대한 설명으로 옳지 않은 것은?

① 프로펠러 규격은 직경 X 피치

② 직경은 프로펠러가 만드는 회전면의 지름

③ 피치는 프로펠러가 한 바퀴 회전하였을 때 앞으로 나아가는 거리(기하학적 피치)

④ 동일한 회전 수에서 직경과 피치가 증가할 경우 추력 감소

18 다음 중 모터의 토크/회전수/소모전류 관계에 대한 설명으로 옳지 않은 것은?

① 모터에 인가되는 전압이 일정할 때 모터의 회전수와 토크는 반비례 관계

② 토크와 소모 전류는 반비례 관계

③ 프로펠러는 모터의 부하 요소

④ 모터의 순간적 토크를 생성하기 위해 배터리 방전율 확보 필요

19 다음 중 리튬폴리머 배터리 지속시간이 2분일 때 방전율이 30C이면, 6분일 때 방전율로 옳은 것은?

① 1C　　　　② 2C　　　　③ 5C　　　　④ 10C

20 다음 중 전자변속기(ESC)에 대한 설명으로 옳지 않은 것은?

① 브러쉬리스 모터의 회전수를 제어하기 위해 사용

② 전자변속기 허용 전압에 맞는 배터리 연결 필요

③ 가급적 허용 전류가 작은 전자변속기 장착이 안전

④ 발열이 생길 경우 냉각 필요

21 다음 중 비행금지구역에 대한 설명으로 옳은 것은?

① 항공기, 대공사격 등으로 인한 위험으로부터 항공기의 안전을 보호하기 위해 설정하는 공역이다.

② 비행금지구역을 표시할 때는 금지는 뜻하는 Prohibit의 첫 글자인 P를 사용하여 표시한다.

③ 비행금지구역을 표시할 때는 금지는 뜻하는 Restrict의 첫 글자인 R를 사용하여 표시한다.

④ 초경량비행장치의 비행안전을 확보하기 위해 설정하는 공역이다.

22 다음 중 항공기, 경량항공기 또는 초경량비행장치의 안전하고 효율적인 비행과 수색 또는 구조에 필요한 정보를 제공하기 위한 공역으로 옳은 것은?

① 주권공역　　② 비행정보구역(FIR)　　③ 방공식별구역　　④ 공해

23 다음 중 초경량비행장치사고에 대한 설명으로 옳지 않은 것은?

① 초경량비행장치사고를 일으킨 조종자 또는 소유자 등은 사고 발생 시 지방항공청장에게 보고해야 한다.
② 초경량비행장치가 추락하였으나 화재가 발생하지 않은 경우에는 초경량비행장치사고에 해당하지 않는다.
③ 초경량비행장치의 위치를 확인할 수 없거나 초경량비행장치에 접근이 불가능한 경우에는 초경량비행장치사고에 해당한다.
④ 초경량비행장치에 의한 사람의 사망, 중상이 발생한 경우에는 초경량비행장치사고에 해당한다.

24 한국산업규격(KS)에서는 배터리의 전기적 요구사항, 기계적 사항과 더불어 배터리 시스템의 검사 방법 등의 요건을 규정하고 있다. 다음 중 배터리 시험 사항으로 옳지 않은 것은?

① 물리적 검사　　② 출력 전압 측정
③ 용량 시험　　④ 충격 시험

25 다음 중 사업계획의 변경에 있어서 행정정보의 공동이용을 통하여 등기사항증명서로서 확인할 수 있는 사항이 아닌 것은?

① 자본금의 변경　　② 주소 변경
③ 대표자의 변경　　④ 상호 변경

제 29 회 실전 모의고사 정답 및 해설

제 29회 실전모의고사 정답

1	④	2	②	3	③	4	④	5	②	6	③	7	④	8	③	9	④	10	④
11	①	12	④	13	③	14	④	15	④	16	②	17	④	18	②	19	④	20	③
21	②	22	②	23	②	24	④	25	②										

1 **해설** F등급은 계기비행을 하는 항공기에 비행정보업무와 항공교통조언업무가 제공되고, 시계비행 항공기에 비행정보업무가 제공되는 공역

2 **해설** 업무량, 시간 압박, 신체적 부담작업, 실수에 대한 부담감, 장시간 근무, 교대근무, 부적절한 휴식 등은 업무 관련 피로 유발 요인이다.

3 **해설** 라이다 센서는 건설 현장에서 지형 측량, 건물 구조물 스캔, 도로 및 철도 설계, 드론 기반 3D 모델링 등의 분야에서 가장 널리 활용되고 있다.

4 **해설** 동일지역에서 반복적으로 이루어지는 무인비행장치는 최대 12개월, 무인비행장치 외의 초경량비행장치를 사용하는 비행하는 경우는 최대 6개월 범위에서 비행기간을 명시하여 승인할 수 있다.

5 **해설** 존재 여부가 2개월 이상 불분명한 경우 말소 사유이다.

6 **해설** 2종은 1종 또는 2종 기체로 조종시간이 10시간 이상인 사람이 응시할 수 있다.

7 **해설** 무인비행장치의 제조 및 정비에 관한 서류는 필요 없다.

8 **해설** 유인항공기와 유사하게 무인항공기 분야 역시 사람에 의한(인적요인) 사고 비율 증가 예상

9 **해설** 의도한 오류
- 위반 : 의도적으로 부적절한 행위를 하는 것
- 실책, 착각 : 처음부터 부적절한 행위가 계획된 것 의도하지 않은 오류
- 망각, 착오 : 기억의 실패로 의도하지 않은 잘못된 행위
- 실수 : 의도하지 않은 행동으로 인지 과정에서 주의력 부족 또는 지나친 주의력 집중에 의해 발생하는 행위

10 해설 영구공역은 공역의 사용기간이 명시되어 있지 않거나 또는 통상적으로 3개월 이상 동일 목적으로 사용되는 일정한 수평 및 수직 범위의 공역이다.

11 해설 사용기간이 명시되어 있지 않은 것은 영구공역이다.

12 해설 실비행시험 영역별 평가 시작 및 평가 종료

이륙 비행	상승시 평가시작, 이륙후 점검 이후, 5초 이상 정지호버링 이후 평가 종료
호버링 기동	정지시 평가 시작, 기수 전방으로 정렬 이후, 5초 이상 정지호버링 이후 평가 종료
직진 후진 비행	직진시 평가 시작, 후진 이후, 5초 이상 정지호버링 이후 평가 종료
삼각 비행	이동시 평가 시작, A지점으로 수평 직선이동 이후, 5초 이상 정지호버링 이후 평가 종료
원주 비행	정지시 평가 시작, 이착륙장 상공에서 90 우(좌) 회전 후 5초 이상 정지호버링 이후 평가 종료
비상 조작	상승시 평가 시작, 비상착륙장 착륙 이후 평가 종료
정상접근 및 착륙	Atti 전환 시 평가 시작, 이착륙장 착륙 이후 평가 종료
측풍접근 및 착륙	B(D) 지점 이동후 정지 시 평가 시작, 이착륙장 착륙 이후 평가 종료

14 해설 무인항공 분야 항공산업의 발전을 위한 해외 판매망 구축 및 전시관 설치는 기업의 추진내용이며 국가는 무인항공분야 항공산업의 발전을 위한 국제협력 및 해외진출의 지원을 추진한다.

15 해설 초경량비행장치 안전교육의 실시에 필요한 세부사항은 지정받은 기관·단체가 국토교통부장관의 승인을 받아 정한다.

16 해설 이착륙장 후방라인부터 조종자까지 거리를 안전거리라고 한다.

17 해설 동일한 회전 수에서 직경과 피치가 증가할 경우 추력 증가

18 해설 토크와 소모 전류는 비례 관계

19 해설 방전율(C) = $\dfrac{60}{t(\text{지속시간})}$

20 해설 모터의 최대 소모전류를 허용할 수 있는 전자변속기 사용

21 해설 ① : 비행제한구역에 대한 설명, ③ : R이 비행제한구역, ④ : 초경량비행장치 비행제한구역에 대한 설명

23 해설 초경량비행장치의 추락, 충돌 또는 화재 발생도 사고이다.

24 해설 배터리 시험 : 물리적 검사, 출력 전압 측정, 용량 시험, 제품 표시 사항 규정

25 해설 등기사항증명서로 확인할 수 있는 것은 자본금의 변경, 대표자 변경, 상호의 변경이다.

참고문헌

1. 국토교통부고시 제2018-291호, 초경량비행장치 조종자의 자격기준 및 전문교육기관 지정 요령, 2018년
2. 한국항공우주연구원, 세계의 민간 무인항공기 시스템(UAS)관련 규제 현황, 2015. 5월
3. 대한안과과학회지 제44권제8호, 양안의 망막 조도차이가 입체시에 미치는 영향, 2003년
4. 압구정 S&B안과, 주시안, 주시안이란?, 2017.7.20
5. (주)시선 기술고문 강현식 교수(hskang@seesun.tv) 입체시 – 3D TV – 3D, 안경, 2010.12.10
6. 곽감독의 미디어랩, 2012.6.13
7. 아두이노 모터 강좌, 2016.3.18
8. 드론의 이해 드론(멀티콥터) 힘의 원천– 모터, 프로펠러, 배터리 파헤치기, 2015.8.2
9. 공간정보와 인터넷지도, ESC의 종류, 2015.11.8
10. SDI STORY 배터리여행, 1차전지와 2차전지, 2017.8.11
11. DIY 메카솔루션 오픈랩, 1차전지와 2차전지에 대해 알아보자. 2017.11.24
12. Wild cats, 부품강좌 Flight Controller(FC) 이야기 #2 제조사별 FC 소개, 2017.5.16
13. 과학과 기술, THE SCIENCE & TECHNOKOGY, GNSS 원리, 2014.1
14. 지금이순간, GPS, 2015.9.3
15. 항공사 면접 및 지식평가, 항법의 종류, 2017.7.21
16. Drone's DIYer, ArduCopter란?, 2013.1.9
17. 뉴시스, MS, AT&T와 전략적 파트너십 체결...클라우드·AI·5G 협력, 2019.7.18
18. 뉴시스, 양낙규 국방·외교, 양낙규의 Defence Club]배치 전부터 추락하는 대대급 무인기, 2018.9.6
19. 농축산기계신문,「기획특집」드론산업의 허와 실, 2017년
20. KISTEP 한국과학기술기회평가원, 기술동향프리프 농업용드론, 2019. 5월
21. 이데일리, 경제금용, 농협 무인헬기 사고 연40~80건...조종역량 강화해야, 2018.10.15
22. 헤럴드경제, 하늘날다 추락해도 형사책임 구멍...드론법제화 언제쯤, 2020.3.9
23. 한국교통연구원, 무인비행장치(드론) 관리를 위한 법제 개선방안 연구, 2017.9월
24. 박장환, 류영기, 2019 무인멀티콥터 드론조종 자격증, 2019.1.7
25. 서일수, 장경석, 드론 무인비행장치, 2019.2.1
26. 국토교통부, 초경량비행장치 조종자 표준교재, 2019.2월
27. 최준호, 드론의 기술, 2017.2.1
28. 김영준 등, 드론정비개론, 2018.11.14
29. 김재윤 등, 드론 초경량 무인멀티콥터 조종자격 필기·구술, 2019.8.5
30. 드론교육훈련센터, 초경량비행장치 조종교육 교관과정 교재(2021년 개정판, 2022년 5월 개정판)
31. 양정환, 드론제작노트, 2018.12.25
32. 국토교통부, 드론산업 기본 발전계획, 2017.12.22
33. Brunch, 드론의 코너링 Bankde Turn, 2016.6.27
34. 서울 서대문소방서 허창식, 소방방재신문, 소방드론과 비행금지구역 "그것이 알고 싶다"공역(空域, Air Space)이란?, 2020.3.23
35. HOOC, 쿼드로터의 비행원리, 숨은 과학원리, 2015.9.1
36. 국토교통부, 드론규제, 미리 내다보고 선제적으로 개선합니다. 보도자료, 2019.10.17
37. 매일경제 뉴스, 정부, 드론 전용 하늘신호체계 만든다, 2019.10.17
38. 항공안전기술원, 2020년 국내외 드론 산업 동향 분석 컨설팅 사업 보고서, 2020년
39. 한국교통안전공단 초경량비행장치(무인비행장치) 조종교육교관과정 교재, 2025년

참고사이트

1. 서울특별시, GNSS시스템, https://gnss.seoul.go.kr/intro/intro1.php
   ※ GNSS개요 자료출처 - 한국경제신문(www.hankyung.com), 용어검색 - http://www.kari.re.kr
   ※ GNSS 종류 및 특징 자료출처 - Trimble Dimension 2006 발표 자료 -
      Garmin GPS(www.garmin.com) - http://www.kari.re.kr
2. ARDUPILOT, https://ardupilot.org//docs/flight-modes.html
3. 한국항공우주연구원 홈페이지, https://www.kari.re.kr/kor/sub03_01.do
4. 법제처 www.moleg.go.kr
5. 국토교통부 www.molit.go.kr
6. 네이버 지식백과
7. 두산백과
8. 나무위키
9. 항공교육훈련포털 https://www.kaa.atims.kr
10. 한국교통안전관리공단 http://www.kotsa.or.kr
11. 항공안전기술원 https://www.kiast.or.k
12. 대한민국 정책 브리핑 홈페이지 http://www.korea.kr/main.do
13. 항공위키
14. ㈜열린친구 홈페이지 https://www.openmakerlab.co.kr
15. 위키피디아
16. 국토교통부 블로그